FAUNA
IBERICA

FAUNA IBERICA

Vol. 48

ANNELIDA
Polychaeta VII

Julio Parapar

Departamento de Bioloxía, Universidade da Coruña

Andrés Arias

Departamento de Biología de Organismos y Sistemas, Universidad de Oviedo

Florencio Aguirrezabalaga

Euskal Herriko Unibertsitatea UPV/EHU

Juan Moreira

Centro de Investigación en Biodiversidad y Cambio Global (CIBC-UAM),
Departamento de Biología, Universidad Autónoma de Madrid

Víctor Hugo Delgado-Blas

División de Ciencias e Ingeniería, Universidad de Quintana Roo

Óscar Díaz-Díaz

Instituto Oceanográfico de Venezuela, Cumaná, Venezuela; FAUNAMAR Ltda.
Consultorias Medio Ambientales e Investigación Marina, Santiago, Chile

José M. Viéitez

Departamento de Ciencias de la Vida, Universidad de Alcalá

Paulina J. Gárate

FAUNAMAR Ltda. Consultorias Medio Ambientales e Investigación Marina, Santiago, Chile

Eduardo López

Centro de Investigación en Biodiversidad y Cambio Global (CIBC-UAM),
Departamento de Biología, Universidad Autónoma de Madrid

Museo Nacional de Ciencias Naturales
Consejo Superior de Investigaciones Científicas
Madrid 2025

A efectos bibliográficos, la obra completa debe citarse como sigue:

PARAPAR, J., ARIAS, A., AGUIRREZABALAGA, F., MOREIRA, J., DELGADO-BLAS, V.H., DÍAZ-DÍAZ, Ó., VIÉITEZ, J.M., GÁRATE, P.J. y LÓPEZ, E., 2025. *Annelida Polychaeta* VII. En: *Fauna Ibérica,* vol. 48. RAMOS, M.A. *et al.* (Eds.). Museo Nacional de Ciencias Naturales. CSIC. Madrid. 468 pp.

Y en el caso de capítulos o apartados:

ARIAS, A. y AGUIRREZABALAGA, F., 2025. Familia *Onuphidae* Kinberg, 1865. En: *Annelida Polychaeta* VII. Fauna Ibérica, vol. 48. RAMOS, M.A. *et al.* (Eds.). Museo Nacional de Ciencias Naturales. CSIC. Madrid: 12-101.

Catálogo de Publicaciones de la Administración General del Estado:
https://cpage.mpr.gob.es

EDITORIAL CSIC: *http://editorial.csic.es* (correo: *editorialcsic@csic.es*)

Investigación (Proyectos Ref. nº PGC2018-095851-B-C61 y PGC2018-095851-B-C64) subvencionada por la Agencia Estatal de Investigación del Ministerio de Ciencia, Innovación y Universidades

Diseño: M. Antònia Miserachs
Producción: Nemac Comunicación, S.L.
NIPO: 155-25-146-8
e-NIPO: 155-25-147-3
ISBN: 978-84-00-07010-6 (obra completa)
ISBN: 978-84-00-11499-2 (volumen 48)
e-ISBN: 978-84-00-09872-8 (obra completa)
e-ISBN: 978-84-00-11500-5 (volumen 48)
Fecha de publicación: 15 de septiembre de 2025
Dep. Legal: M-19158-2025 (volumen 48)
Impreso en España - *Printed in Spain*

RELACIÓN DE AUTORES (POR ORDEN ALFABÉTICO) Y TEXTOS

Arias, A. y Aguirrezabalaga, F.   Familia *Onuphidae*
Parapar, J. y Moreira, J.   Familias *Eunicidae, Poecilochaetidae, Longosomatidae*
Delgado-Blas, V.H. y Díaz-Díaz, Ó.   Familia *Apistobranchidae*
Delgado-Blas, V.H., Díaz-Díaz, Ó. y Viéitez, J.M.   Familia *Spionidae*
Díaz-Díaz, Ó. y Gárate, P.J.   Familia *Trochochaetidae*
López, E.   Familia *Sternaspidae*
Parapar, J.   Introducción
Parapar, J., Arias, A., Aguirrezabalaga, F., Moreira, J., Delgado-Blas, V.H., Díaz-Díaz, Ó., Viéitez, J.M., Gárate, P.J. y López, E.   Apéndice 1. Nomenclatura: Lista de sinónimos y combinaciones

RELACIÓN DE DIBUJOS Y FOTOGRAFÍAS

Andrés Arias: Figuras 1-2, 30
Eduardo López: Figura 136
Yolanda Lucas: Figuras 6-11, 125-127, 129, 131-134
Yolanda Lucas y Antón Taboada Vázquez: Figura 128
Sara Pérez Polo: Figuras 35-42, 44-49, 52-56
Antón Taboada Vázquez: Figuras 3-5, 12-29, 31-34, 43, 50-51, 57-124, 130, 135

ÍNDICE

ANNELIDA
Polychaeta VII

INTRODUCCIÓN

Annelida Polychaeta VII representa un nuevo paso adelante, dentro de la Serie Fauna Ibérica, en la síntesis del conocimiento de los Anélidos marinos del litoral ibérico e islas Baleares. Tras la publicación ya de seis volúmenes dedicados a este grupo de invertebrados: volúmenes 21 (San Martín, 2003), 25 (Viéitez *et al.*, 2004), 36 (Parapar *et al.*, 2012), 41 (Parapar *et al.*, 2015), 45 (Parapar *et al.*, 2018) y 47 (Cepeda *et al.*, 2022), la presente obra representa un nuevo avance en el estudio de los clados *Errantia* (orden *Eunicida*) y *Sedentaria* (órdenes *Spionida* y *Terebellida*). El volumen incluye un estudio detallado de ocho familias de poliquetos: *Onuphidae* Kinberg, 1865, *Eunicidae* Berthold, 1827, *Apistobranchidae* Mesnil y Caullery, 1898, *Spionidae* Grube, 1850, *Trochochaetidae* Pettibone, 1963, *Poecilochaetidae* Hannerz, 1956, *Longosomatidae* Hartman, 1944 y *Sternaspidae* Rafinesque, 1815. Para ello, se aborda una revisión bibliográfica de cada una, que se concreta en la presentación de una introducción general a cada familia, en la que se sintetizan los aspectos más relevantes de su taxonomía, anatomía y sistemática, así como la elaboración de claves para la identificación tanto de géneros como de especies. Para cada una de las 124 especies incluidas en la presente obra, se incluye una detallada descripción morfológica acompañada de iconografía, así como una síntesis del conocimiento actual sobre su biología y distribución geográfica. El libro está ilustrado con láminas de dibujos originales o bien recogidos de artículos previos, así como fotografías realizadas en el Microscopio Electrónico de Barrido, y todo ello acompañado de una completa y actualizada Bibliografía, así como un Apéndice de Nomenclatura.

Agradecimientos

Los autores del presente volumen desean expresar su agradecimiento a Javier Sánchez Almazán y Paco Yagüe (Museo Nacional de Ciencias Naturales, Madrid) por el préstamo de ejemplares de las distintas familias objeto de estudio y a los Servicios Científicos-Técnicos, Unidad de Microscopía Electrónica, de la Universidad de Oviedo por su ayuda con la toma de imágenes de Microscopía Electrónica de Barrido. También quedan agradecidos a Pontxio Aguirrezabalaga (UPV-AHU; Sociedad cultural INSUB, Donostia), a Julio Parapar (Universidade da Coruña) y a Emma Sherlock y Donney Nicholson (Natural History Museum, Londres), por la cesión temporal de ejemplares de la familia Spionidae para su estudio. Además, quieren reconocer la valiosa ayuda recibida por las personas implicadas en el proceso de preparación y edición de esta obra. Para ello fueron inestimables las sugerencias y correcciones propuestas por los revisores científicos: Luis F. Carrera Parra (El Colegio de la Frontera Sur, México), Víctor Hugo Delgado-Blas (Universidad de Quintana Roo, México), Pablo Hernández-Alcántara (Universidad Nacional Autónoma de México, Ciudad de México), Mario Hernán Londoño Mesa (Universidad de Antioquia, Colombia), Eduardo López (Universidad Autónoma de Madrid), Wagner Magalhães (Universidade Federal da Bahia, Brasil), Jorge Núñez (Universidad de La Laguna), Julio Parapar (Universidade da Coruña), Nicolás Rozbaczylo (Faunamar Ltda, Santiago de Chile), Sergio I. Salazar Vallejo (El Colegio de la Frontera Sur, México), Cinthya S.G. Santos (Fluminense Federal University, Brasil), José M. Viéitez (Universidad de Alcalá) y Tulio F. Villalobos-Guerrero (El Colegio de la Frontera Sur, México). También muy valiosas resultaron las sugerencias de Hannelore Paxton (Australian Museum Research Institute, Australia). Asimismo, es obligado reconocer la gran labor realizada por los miembros de las áreas de Edición y de Gestión Administrativa del Proyecto Fauna Ibérica, en particular a Marian Ramos (Investigadora Principal del proyecto; Museo Nacional de Ciencias Naturales, Madrid) y Pepe Fernández (Museo Nacional de Ciencias Naturales, Madrid).

Todo este trabajo ha sido posible gracias a la financiación por parte del proyecto Annelida Polychaeta VII – Palpata-Canalipalpata II, del Ministerio de Ciencia e Innovación (PGC2018-095851-B-C64).

Familia *ONUPHIDAE* Kinberg, 1865

Onuphidae Kinberg, 1865. *Öfvers. K. Vetensk.-Akad. Förb.*, [1864], 21(10): 559

La familia *Onuphidae* constituye un clado de poliquetos monofilético, bien definido y soportado tanto por caracteres morfológicos como moleculares (Fauchald, 1992a; Rouse y Pleijel, 2001; Paxton, 2009; Budaeva *et al.*, 2016). Los onúfidos tienen una distribución prácticamente cosmopolita y se pueden encontrar desde la zona litoral, incluyendo estuarios y deltas, hasta las grandes profundidades abisales (Paxton, 1986). La mayoría de las especies son infaunales en sustratos blandos, aunque también se pueden encontrar formas epifaunales sobre diferentes sustratos.

Los *Onuphidae* pertenecen al orden *Eunicida*, y, por tanto, una de sus principales características es la presencia de una faringe muscular en posición ventral con un par de mandíbulas ventrales y una serie de maxilas dorsales (Paxton, 2009). Tanto las mandíbulas como las piezas de su complejo aparato maxilar están o bien mineralizadas con aragonito o calcita y cubiertas de una capa de escleroproteínas, o bien simplemente esclerotizadas con pequeñas trazas de elementos metálicos (Colbath, 1986). Basándose en la arquitectura de su complicado aparato maxilar, Paxton (2009) los clasifica junto con los *Eunicidae* dentro del grupo de los labidognatos (o eulabidognatos). Este tipo de aparato maxilar está caracterizado por su asimetría (faltando la maxila III derecha) y por la posesión de cinco a seis pares de maxilas dispuestas en semicírculos con un soporte maxilar corto unido al primer par de maxilas (fig. 1).

El prostomio de los representantes de la familia puede portar las siguientes estructuras sensoriales complejas: antenas, ojos (ocelos), palpos, labios frontales y bucales y órganos nucales (figs. 2A-C). La base de las antenas y los palpos está anillada y recibe el nombre de ceratóforo, pudiendo diferenciarse bajo el nombre de antenóforo en el caso de las antenas o palpóforo en el de los palpos. El número de anillos de los ceratóforos es variable (figs. 2A-C), pueden tener expansiones laterales (fig. 2A) y normalmente el anillo distal es más ancho que los otros. Los parápodos son subbirrámeos (fig. 3A), con la rama noto-

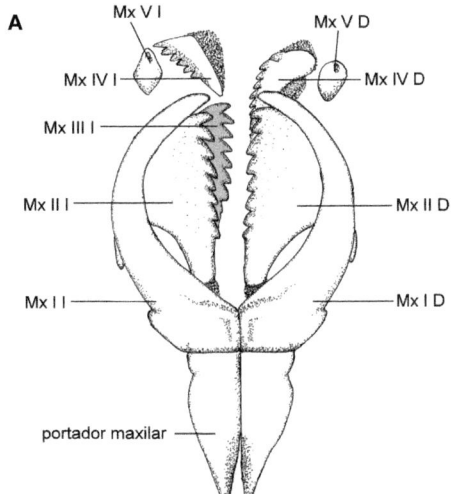
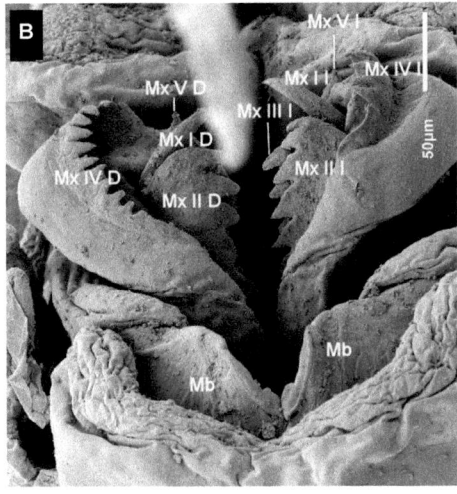

Fig. 1. Aparato maxilar eulabidognato típico de un onúfido (A) y vista del mismo bajo Microscopía Electrónica de Barrido (MEB) (B). Abreviaturas: D, derecha; I, izquierda; Mx, maxila; Mb, mandíbula.

podial o notopodio muy reducida, representada únicamente por el cirro dorsal y la base de la branquia (cuando está presente) con notoacículas finas u otros rudimentos notopodiales (figs. 3A-C). Las sedas son principalmente simples –capilares o limbadas– y en la gran mayoría de las especies están presentes sedas de tipo gancho (simple, compuesto y/o pseudocompuesto) y pectinadas (fig. 4). El pigidio presenta normalmente dos o cuatro cirros pigidiales.

Los *Onuphidae*, como consecuencia de su modo de vida más o menos sedentario dentro de tubos permanentes o semipermanentes, que ellos mismos construyen enterrados en sustratos blandos o que arrastran sobre el sustrato a modo de orugas agrimensoras, han desarrollado una cierta especialización regional representada por la posesión de cinco apéndices sensoriales bien desarrollados en el prostomio (fig. 2A), parápodos modificados en los primeros setígeros del cuerpo (fig. 3) y, en algunas especies, una región anteromedial con branquias muy bien desarrolladas en las que los filamentos branquiales están dispuestos en espiral a lo largo del eje de la branquia (e.g., *Diopatra neapolitana* Delle Chiaje, 1841; fig. 2C). Esto hace que presenten un plan corporal más complicado que el resto de los miembros del orden *Eunicida* (fig. 3).

Los parápodos anteriores modificados, desde los dos hasta los ocho primeros pares, usualmente son más largos que los siguientes, y están especializados para la excavación, la locomoción y la construcción de su tubo (Paxton, 1986a). Estos parápodos modificados tienen un cirro ventral de forma subulada (fig. 3A) que en los siguientes parápodos no modificados es sustituido por una almohadilla glandular (figs. 3B, 3C). Así, los parápodos modificados

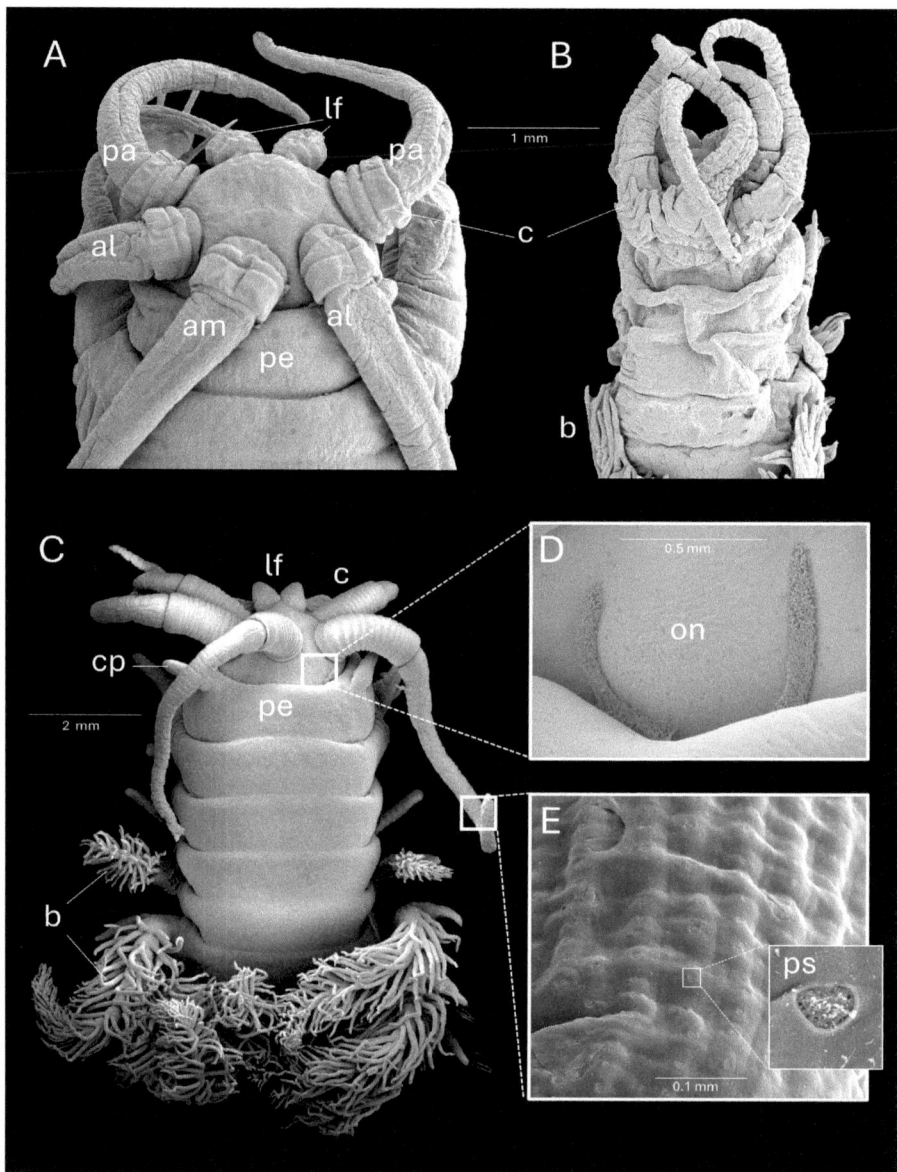

Fig. 2. Fotomicrografías de MEB de la región anterior en vista dorsal de varias especies de Onuphidae: Hyalinoecia robusta *(A)*, Diopatra hektoeni *(B)* y Diopatra neapolitana *(C–E)*. Detalles de un órgano nucal *(D)* y de las papilas sensoriales de la antena *(E)*. Abreviaturas: *al, antena lateral; am, antena media; b, branquia; c, ceratóforo; cp, cirro peristomial; lf, labios frontales; on, órgano nucal; pa, palpo; pe, peristomio; ps, papila sensorial. C-E, modificados de Arias* et al. *(2023).*

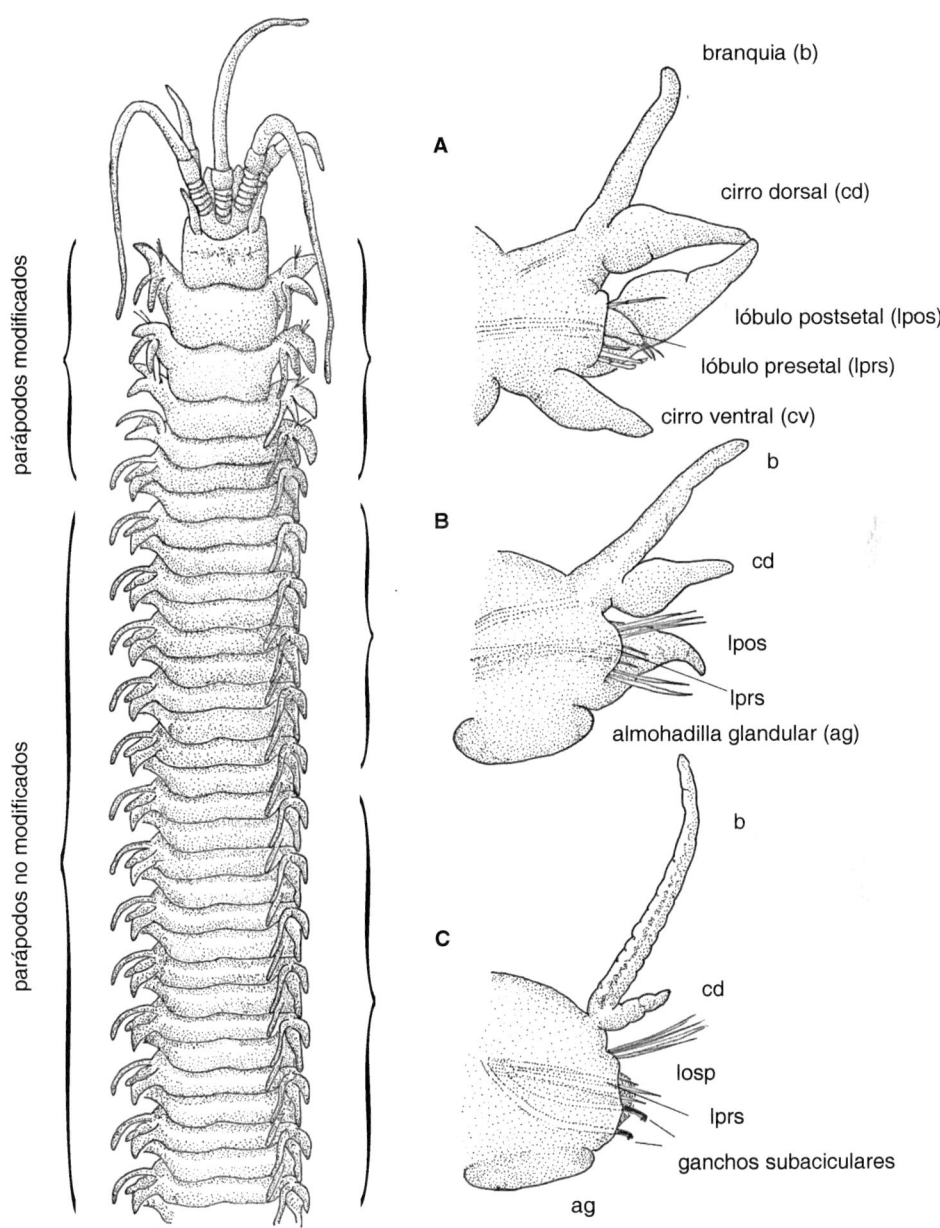

branquia (b)

A

cirro dorsal (cd)

lóbulo postsetal (lpos)

lóbulo presetal (lprs)

cirro ventral (cv)

b

B

cd

lpos

lprs

almohadilla glandular (ag)

b

C

cd

losp

lprs

ganchos subaciculares

ag

parápodos modificados

parápodos no modificados

Fig. 3. Esquema general del plan corporal de Onuphis *sp.: parápodos anteriores modificados (A), parápodo anterior no modificado sin presencia de ganchos subaciculares (B) y parápodo posterior no modificado con presencia de los ganchos subaciculares (C).*

tienen una composición setal diferente del resto (figs. 3A-C), caracterizada principalmente por la presencia de ganchos (compuestos, pseudocompuestos o simples) que normalmente portan un capuchón bivalvo terminal y que constituyen el único tipo de seda o el tipo predominante en el fascículo o haz inferior (figs. 4A-C); sin embargo, principalmente en el fascículo superior pueden estar acompañados de otros tipos de sedas como las limbadas (fig. 4E) y las pectinadas (fig. 4F). A continuación de los parápodos modificados siguen los parápodos no modificados en los cuales los tipos setales predominantes son las sedas limbadas y las pectinadas (figs. 4E, 4F); aunque los parápodos no modificados más anteriores (hasta la aparición de los ganchos subaciculares) pueden presentar también otros tipos de sedas, como los grandes ganchos mediales (fig. 4G) o las sedas limbadas compuestas o "espinígeras" (fig. 4H). La presencia de estos tipos setales tiene un gran valor taxonómico y define géneros como *Mooreonuphis* Fauchald, 1982 (con presencia de espinígeras y/o grandes ganchos mediales) o *Kinbergonuphis* Fauchald, 1982 (con presencia de grandes ganchos mediales). Los parápodos no modificados más posteriores están caracterizados por la presencia de los ganchos subaciculares (figs. 3C, 4I); la aparición de estos ganchos varía entre los segmentos setígeros 8 al 80, difiriendo entre las distintas especies, y están presentes hasta el final del cuerpo (Paxton, 1986a).

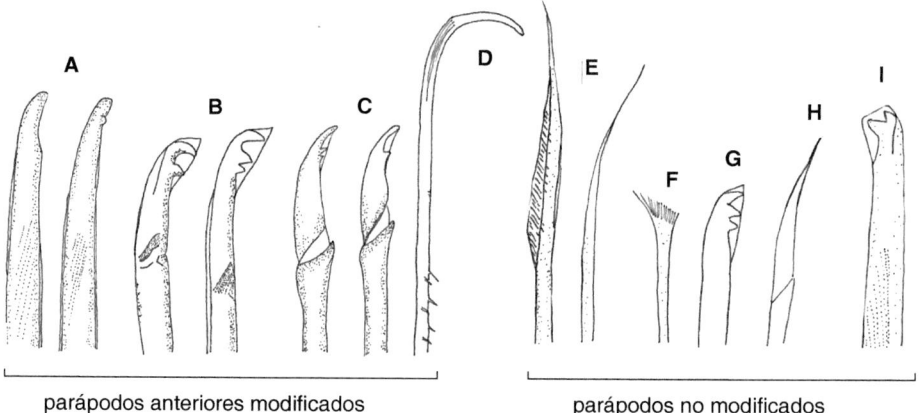

parápodos anteriores modificados   parápodos no modificados

Fig. 4. Distintos tipos setales de la familia Onuphidae: *sedas características de los parápodos anteriores modificados (A-D) y sedas presentes en los parápodos no modificados (E-I). Ganchos simples (A), ganchos pseudocompuestos (B), ganchos compuestos (C), gancho largo curvado (D), sedas limbadas (E), seda pectinada (F), gran gancho medial (G), seda limbada compuesta (= espinígera) (H) y gancho subacicular (I). A, D, E e I, modificados de Paxton (1986a).*

Sobre la base del cirro dorsal pueden poseer una branquia o carecer de ella. Así, en el primer caso, los onúfidos pueden presentar tres tipos de branquias: i) branquias simples, formadas por un único filamento branquial (fig. 5A); ii) branquias de tipo multi-filamentoso con varios filamentos en disposición pectinada –en forma de peine– (fig. 5B); iii) branquias de tipo multi-filamentoso en las que los filamentos se disponen en espiral en torno al eje de la branquia (figs. 2C, 5C).

Los poliquetos onúfidos muestran una gran diversidad de estrategias sexuales y modos de reproducción que van desde el viviparismo, en algunas especies de onúfidos de profundidad, hasta la esquizogonia (Paxton, 2000; Budaeva y Fauchald, 2010). En cuanto al tipo de desarrollo, este puede ser indirecto, con larva lecitotrófica planctónica, o directo, sin larva planctónica. La planctotrofía se ha registrado en algunas ocasiones, pero actualmente se considera que dichas citas eran infundadas, debido a la confusión entre los términos "planctónico" y "planctotrófico" (Rouse, 2000). En la familia *Onuphidae* es común encontrar especies con desarrollo directo que proporcionan un cierto cuidado parental a la progenie, son las especies denominadas "incubadoras" (Paxton, 1986a). De acuerdo con el tipo de desarrollo y con el tipo de protección brindado a la progenie por parte de los parentales, Paxton (1993) clasifica las especies del género *Diopatra* en cuatro categorías:

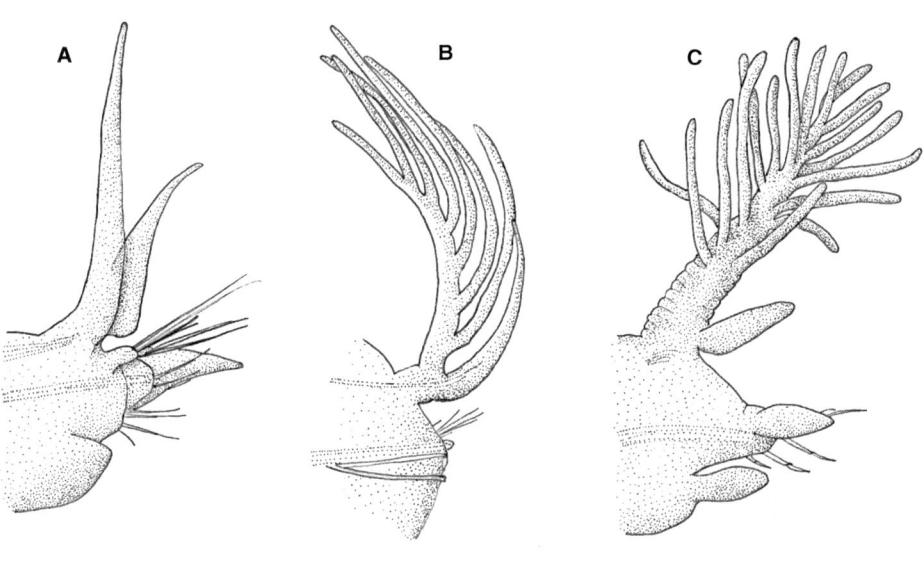

A   B   C

Fig. 5. Diferentes tipos de branquias de Onuphidae: *branquia simple (A), branquia multifilamentosa pectinada (B) y branquia con filamentos dispuestos en espiral a lo largo del eje de la misma (C). A y B, modificados de Paxton (1986a).*

Tipo I: especies con desarrollo directo y que incuban sus huevos dentro del tubo parental hasta que los juveniles alcanzan un estado de 20-30 setígeros. Ej. *D. marocensis* Paxton *et al.*, 1995

Tipo II: especies con desarrollo directo, donde los juveniles se desarrollan dentro de un capullo o "cocoon". Reportado por Day (1960) solo para una especie de *Diopatra, D. neapolitana capensis* Day, 1960, y considerado como dudoso por Paxton (1993).

Tipo III: especies con desarrollo directo o indirecto que producen masas gelatinosas de huevos adheridas al tubo parental cerca de su abertura o en la porción anterior del mismo. Ej. *D. biscayensis.*

Tipo IV: especies con desarrollo indirecto con larva planctónica. Los parentales liberan los productos sexuales al agua de mar donde se produce la fecundación y surgen larvas planctónicas por un breve periodo de tiempo. Ej. *D. neapolitana.*

Esta clasificación del modo de reproducción del género *Diopatra* ha sido posteriormente implementada por Pires *et al.* (2012a) y Arias *et al.* (2023) y extendida al resto de la familia *Onuphidae* por Budaeva y Fauchald (2010). Estos últimos autores incluyen una nueva categoría –el viviparismo– el cual se da en ciertas especies con desarrollo directo en las que los huevos se fecundan y se desarrollan dentro de la cavidad celomática del parental (p.ej., *Leptoecia vivipara* Orensanz, 1990 o *Hyalinoecia bermudensis* (Hartman, 1965)). Como resultado de los trabajos de estos autores se puede obtener una clasificación bastante representativa y precisa, no solo de los miembros de la familia *Onuphidae,* sino que también resulta extensible al resto de familias que conforman el grupo de los poliquetos euniciformes.

La mayoría de las especies de onúfidos presentan cambios ontogenéticos en su desarrollo desde sus fases juveniles hasta alcanzar la fase adulta (Blake, 1974; Paxton, 1986a, 1996; Orensanz, 1990; Fauchald, 1992). Estos cambios ontogenéticos –que incluyen modificaciones de los tipos setales presentes según la fase de desarrollo, presencia/ausencia, tipo y número de branquias, presencia/ausencia de ocelos en el prostomio y cambios en el patrón de coloración, entre otros– han sido estudiados en varias especies de la familia (Blake, 1974; Paxton, 1986a, 1996; Orensanz, 1990). Paxton (1986) estudió en detalle los cambios ontogenéticos de *Rhamphobrachium ehlersi* Monro, 1930. Los juveniles de esta especie se pueden clasificar en función de su grado de desarrollo en cuatro estados: el estado 1 se caracteriza por la presencia de solo un parápodo prolongado hacia delante, la ausencia de palpos frontales y cirros peristomiales; el estado 2, por la presencia de dos parápodos prolongados hacia delante, de palpos frontales y cirros peristomiales incipientes; el estado 3, por la presencia de cirros peristomiales bien desarrollados y la aparición de ganchos compuestos en el setígero 3; el estado 4, por la pérdida de los ganchos compuestos en el setígero 3 y su reemplazamiento por ganchos espinosos internos. Finalmente, el estado adulto posee tres parápodos prolongados con ganchos espinosos externos en los tres primeros setígeros y palpos frontales y cirros peristomiales bien desarrollados.

En los poliquetos, las diferentes modalidades y tipos de desove y fertilización están estrechamente relacionados con la forma y la ultraestructura de los espermatozoides (Jamieson y Rouse, 1989). Los espermatozoides de los animales acuáticos pueden definirse como "primitivos" o "modificados" gracias a la relación existente en su morfología y el tipo de fertilización (Franzén, 1956). Así, Rouse y Jamieson (1987) proponen la siguiente terminología para describir los distintos tipos de espermatozoides en los metazoos acuáticos: *ect-aquasperm*, *ent-aquasperm* e *introsperm*. El primer tipo, *ect-aquasperm*, se corresponde con el tipo de espermatozoide primitivo, y los otros dos tipos se corresponden con el tipo modificado. Los espermatozoides *ent-aquasperm* están adaptados para realizar la fecundación próxima al cuerpo, en cavidades de este o dentro de tubos, por el contrario, los de tipo *introsperm* están diseñados para la fecundación interna (Jamieson y Rouse, 1989). Dentro de esta familia, y consecuentemente a los diferentes modos de reproducción que presenta, se pueden encontrar los tres tipos de espermatozoides anteriormente señalados (Jamieson y Rouse, 1989; Arias *et al.*, 2013a; Budaeva *et al.*, 2013).

Tradicionalmente se ha considerado que la mayoría de las especies de la familia *Onuphidae* son gonocóricas, unisexuales o monoicas y sin dimorfismo sexual (Giangrande, 1997; Paxton, 2000), aunque recientemente se han empezado a encontrar casos de hermafroditismo y de especies con dimorfismo sexual, representado por la presencia de machos enanos (Arias *et al.*, 2013a, 2016, 2023; Arias y Paxton, 2015b, 2022). Se han registrado casos de hermafroditismo en varias especies del género *Diopatra*, i.e., *Diopatra* sp. –citada como *Diopatra* sp. nov. según Lieber (1931)–, *Diopatra marocensis* Paxton *et al.*, 1995, *D. biscayensis*, *D. neapolitana*; en el hyalinoecino *Hyalinoecia robusta* (Arias y Paxton, 2022), y se ha sugerido para otras especies como *Rhamphobrachium ehlersi* (Paxton, 1986a, 1986b).

El estudio específico de los poliquetos onúfidos ibéricos ha sido, hasta fechas muy recientes, bastante escaso y basado principalmente en citas puntuales y aisladas. A principios del siglo XX, Cabrera (1909) llevó a cabo el primer estudio específico sobre los poliquetos euniciformes de las costas de Santander, incluyendo descripciones con morfometrías detalladas de varias especies de *Onuphidae*. Posteriormente, Rioja (1918a, 1918b) amplió el número de especies conocidas para el norte de la Península con la inclusión de nuevas citas y la descripción de nuevas especies –e.g. *Hyalinoecia fauveli* Rioja, 1918–. Más tarde, Amoureux (1972, 1974), Ibáñez (1973) y Hartmann-Schröder (1975) entre otros, también otorgaron gran importancia al estudio de los onúfidos ibéricos describiendo nuevas especies para la Península –e.g., *Nothria hispanica* Amoureux, 1972, *Onuphis iberica* Hartmann-Schröder, 1975, *Parahyalinoecia apalpata* Hartmann-Schröder, 1975– o registrando nuevas citas para las costas ibéricas.

Recientemente, el estudio de los *Onuphidae* ibéricos ha recibido un nuevo impulso con la descripción de nuevas especies para las costas ibéricas –e.g., *Paradiopatra capbretonensis* Aguirrezabalaga *et al.*, 2002, *Diopatra micrura* Pires *et al.* 2010, *Mooreonuphis vespa* Arias *et al.*, 2013; *Onuphis farensis* Gil y Machado, 2014, *Paradiopatra florencioi* Arias y Paxton, 2015–, registros de nuevas citas y estudios detallados de la biología reproductiva y la ecología de las especies intermareales del género *Diopatra* (Arias *et al.*, 2013, 2016, 2023).

Uno de los principales y más antiguos usos de los poliquetos de la familia *Onuphidae,* principalmente de las especies de gran tamaño que habitan las zonas intermareales o submareales poco profundas, es su utilización como cebo de pesca (Claparède, 1869; Rioja, 1929). Actualmente algunas de las especies más valoradas, y que están sujetas a una importante explotación en las principales bahías y estuarios de países como España, Francia, Portugal o Italia, son *D. neapolitana, D. biscayensis* y *D. marocensis* (Cunha *et al.,* 2005; Núñez *et al.,* 2011; Arias *et al.,* 2013a).

Las especies tubícolas que construyen tubos permanentes en diferentes tipos de sustratos blandos, como los representantes de los géneros *Diopatra* y *Onuphis*, pueden alcanzar grandes densidades en muchos hábitats (Cunha *et al.*, 2005; Berke *et al.*, 2010) y juegan un papel ecológico muy importante estabilizando el sedimento, incrementando su complejidad estructural y potenciando la biodiversidad del mismo (Bailey-Brock, 1984), así como facilitando la fijación y el desarrollo de varias especies de algas (Thomsen y McGlathery, 2005). De la misma manera, las especies que construyen tubos que sobresalen del sedimento unos pocos centímetros (con *tube-cap*) confieren una cierta heterogeneidad al medio topográficamente plano de los alrededores, proporcionando refugios frente a la depredación y favoreciendo el asentamiento de larvas de organismos bentónicos sobre estas estructuras, aumentado la riqueza y biodiversidad de fauna bentónica (Thomsem *et al.*, 2011).

Los poliquetos euniciformes gracias a su aparato mandibulo-maxilar perdurable poseen un excelente registro fósil que data del Cámbrico Superior (490 Ma), siendo, por tanto, de un gran interés paleontológico. Los euniciformes más antiguos conocidos tenían un aparato maxilar de tipo placognato o ctenognato primitivo (Hints y Nõlvak, 2006). Muchos de estos fósiles son piezas aisladas o fragmentos de mandíbulas o maxilas que reciben el nombre de escolecodontos. Hints y Eriksson (2007) demostraron que los euniciformes primitivos del Ordovícico Inferior (480 Ma) eran mucho más abundantes y diversos de lo que se pensaba anteriormente y que alcanzaron una gran diversidad entre mediados y finales del Ordovícico.

Durante los últimos años, los onúfidos del género *Diopatra* están empezando a ganar importancia como especies bioindicadoras en ambientes costeros y estuarinos, tanto de contaminación por metales pesados como por materia orgánica o medicamentos (como el paracetamol) (Freitas *et al.*, 2012; Carregosa *et al.*, 2014). Y actualmente, también se están empezando a considerar como indicadores de cambio climático en la zona intermareal, ya que los rangos de distribución nativa de algunas especies europeas de los géneros *Diopatra* y *Onuphis* están desplazando su límite septentrional de distribución más hacia el norte como consecuencia del aumento de la temperatura (Wethey y Woodin, 2008; Wethey *et al.*, 2011; Quillien *et al.*, 2012). De igual modo, se ha relacionado su capacidad de regeneración y supervivencia con los nuevos escenarios que vaticina el cambio climático en los hábitats costeros y estuarinos (Pires *et al.*, 2015).

La familia *Onuphidae* comprende dos subfamilias: *Onuphinae* Kinberg, 1865 y *Hyalinoeciinae* Paxton, 1986. Los miembros de *Onuphinae* generalmente poseen cirros dorsales con notoacículas finas e internas, los ganchos subaciculares están en posición ventral, las sedas limbadas inferiores están ausentes en los parápodos con presencia de ganchos subaciculares y poseen un pigidio con cuatro cirros pigidiales. Por el contrario, los representantes de la subfamilia *Hyalinoeciinae* no poseen notoaciculas finas e internas sustentando al cirro dorsal, los ganchos subaciculares aparecen en una posición media en el fascículo, las sedas limbadas inferiores están presentes hasta el final del cuerpo y el pigidio consta únicamente de un par de cirros pigidiales (Paxton, 1986a). Los *Onuphinae* constituyen la subfamilia más diversa agrupando algo más de 200 especies en 17 géneros, mientras que los *Hyalinoeciinae* son menos numerosos abarcando unas 70 especies en 6 géneros (Paxton, 1986a; Budaeva y Fauchald, 2011).

Familia *ONUPHIDAE* Kinberg, 1865
 Subfamilia *HYALINOECIINAE* Paxton, 1986
    Género *Hyalinoecia* Malmgren, 1867
       Hyalinoecia robusta Southward, 1977
       Hyalinoecia tubicola (O.F. Müller, 1776)
    Género *Leptoecia* Chamberlin, 1919
       Leptoecia apalpata (Hartmann-Schroeder, 1975)
    Género *Nothria* Malmgren, 1867
       Nothria conchylega (M. Sars, 1835)
       Nothria edwardsi (Roule, 1898)
       Nothria maremontana André y Pleijel, 1989
 Subfamilia *ONUPHINAE* Kinberg, 1865
    Género *Aponuphis* Kucheruk, 1978
       Aponuphis bilineata (Baird, 1870)
       Aponuphis brementi (Fauvel, 1916)
       Aponuphis ornata (Fauvel, 1928)
       Aponuphis willsiei Cantone y Bellan, 1996
    Género *Diopatra* Audouin y Milne Edwards, 1833
       Diopatra biscayensis Fauchald, Berke y Woodin, 2012
       Diopatra marocensis Paxton, Fadlaoui y Lechapt, 1995
       Diopatra micrura Pires, Paxton, Quintino y Rodrigues, 2010
       Diopatra neapolitana Delle Chiaje, 1841
    Género *Mooreonuphis* Fauchald, 1982
       Mooreonuphis vespa Arias, Anadón y Paxton, 2013
    Género *Onuphis* Audouin y Milne Edwards, 1833
       Onuphis anadonae Arias y Paxton, 2015
       Onuphis eremita Audouin y Milne Edwards, 1883

Onuphis farensis Gil y Machado, 2014
Onuphis pancerii Claparède, 1868
Onuphis rullieriana (Amoureux, 1977)
Género *Paradiopatra* Ehlers, 1887
    Paradiopatra calliopae Arvanitidis y Koukouras, 1997
    Paradiopatra capbretonensis Aguirrezabalaga, Ceberio y Paxton, 2002
    Paradiopatra ehlersi (McIntosh, 1885)
    Paradiopatra florencioi Arias y Paxton, 2015
    Paradiopatra hispanica (Amoureux, 1972)
Género *Rhamphobrachium* Ehlers, 1887
    Subgénero *Rhamphobrachium* Ehlers, 1887
        Rhamphobrachium (*Rhamphobrachium*) *agassizii* Ehlers, 1887
    Subgénero *Spinigerium* Paxton, 1986
        Rhamphobrachium (*Spinigerium*) *brevibrachiatum* (Ehlers, 1875)

Clave de subfamilias

1. Cirros dorsales sin notoacículas finas e internas, ganchos subaciculares en posición media en el fascículo setal . . . . **Hyalinoeciinae** (p. 22)

  • Cirros dorsales con notoacículas finas e internas y ganchos subaciculares en posición ventral . . . .**Onuphinae** (p. 38)

Subfamilia **Hyalinoeciinae** Paxton, 1986

Hyalinoeciinae Paxton, 1986. *Rec. Aust. Mus.*, 38(1): 25

Prostomio con labios frontales normalmente presentes. Órganos nucales con disposición rectilínea o ligeramente curvada. Labio ventral sin sección mediana. Peristomio con pliegue mediodorsal anterior, con o sin cirros peristomiales. Setígero 1 más largo que los siguientes. Primeros uno a tres pares de parápodos modificados y dirigidos anteroventralmente, parápodo 1 normalmente prolongado. Lóbulos presetales de los parápodos modificados con forma de aurícula, igual de largos que los lóbulos postsetales. Cirros dorsales sin proceso basal, a menudo reducidos o ausentes en los parápodos posteriores. Branquias, cuando están presentes, con filamentos simples o bipectinados (con ramificación dicotómica). Parápodos subbirrámeos, con cirros dorsales sin notosedas internas. Ganchos de los parápodos modificados unidentados o bidentados o combinación de ambos. Sedas limbadas inferiores presentes hasta el final del cuerpo. Ganchos subaciculares en posición media dentro del fascículo setal. Con cuatro cirros anales. Mandíbulas comúnmente más largas que los portadores maxilares y maxilas I juntas, maxila III larga y maxila VI ausente. Células nutricias asociadas a los ovocitos formando un único grupo o clúster de células. Tubos circulares u ovales en sección transversal, compuestos de una sustancia translúcida sin recubrimiento externo o con una capa interna translúcida o apergaminada y una capa externa de partículas exógenas.

Dentro de *Onuphidae,* los miembros de la subfamilia *Hyalinoeciinae* están caracterizados por su peculiar estilo de vida, ya que, a diferencia de la mayoría de las especies de la familia (es decir los *Onuphinae*), estas son especies epibentónicas móviles. Su primer par de parápodos está agrandado y tienen sedas gruesas y largas que permiten al gusano salir parcialmente del tubo y poder moverse de un modo similar al de una oruga agrimensora, conocido como arrastramiento epibentónico (*epibenthic crawling*) (Paxton, 1986a; Meyer *et al.,* 2016).

Clave de géneros
1. Cirros peristomiales ausentes 2
- Cirros peristomiales presentes . . . .*Nothria* (p. 31)
2. Labios frontales bien desarrollados, tubos resistentes en forma de cañón de pluma . . . . *Hyalinoecia* (p. 23)
- Labios frontales ausentes, tubos aplanados con engrosamientos laterales en ambos lados . . . . *Leptoecia* (p. 29)

Género **Hyalinoecia** Malmgren, 1867
Hyalinoecia Malmgren, 1867. *Annulata Polych. Spetsbergiae Groenl. Isl. Scand.*: 67
ESPECIE TIPO: *Nereis tubicola* O.F. Müller, 1776, por designación original

Prostomio anteriormente redondeado, con un par de labios frontales bien desarrollados. Ocelos prostomiales presentes o ausentes. Antenas laterales en la parte posterior del prostomio, con 2-5 anillos en los ceratóforos y estilos largos; antena media más larga que las laterales alcanzando el setígero 8-16. Órganos nucales con disposición casi rectilínea y separación mediodorsal pequeña o moderadamente amplia. Cirros peristomiales ausentes. Primeros dos o tres pares de parápodos modificados, parápodo 1 (a veces también 2 y 3) alargado con un gran lóbulo presetal auricular y lóbulo postsetal subulado. Cirros ventrales subulados en los primeros tres a cuatro setígeros, reemplazados por almohadillas glandulares posteriormente. Cirros dorsales anteriores de moderada longitud, los posteriores reducidos. Branquias simples normalmente presentes desde los setígeros 18-33. Sedas de tipo gancho de los parápodos modificados desde simples a pseudocompuestas, con o sin capuchones y de tipología uni- a bidentada. Sedas pectinadas y limbadas dorsales desde el setígero 2, ganchos subaciculares bidentados y simples, en posición media en el fascículo, a partir de los setígeros 15-30.

Tubos córneos de sección circular y más largos que sus habitantes, con forma de cañón de pluma, con valvas internas, y constituidos por una sustancia translúcida resistente, sin cubierta externa de partículas exógenas.

Los miembros del género *Hyalinoecia*, comúnmente conocidos como "gusanos caña o cañón de pluma", son unos de los habitantes más intrigantes de las aguas profundas de los mares y océanos del globo. Este género, que comprende 21 especies aceptadas actualmente (Read y Fauchald, 2024), secreta un tubo translúcido y resistente, sin la típica capa externa de partículas exógenas característica de la mayoría de las especies de onúfidos. La composición química de estos tubos es una combinación de ácido onúfico ($C_{12}H_{22}O_{24}P_3$, rico en fósforo y de alto peso molecular), en un 70%, y una mucoproteína (Pautard y Zola, 1966). Además, son únicos porque presentan un sistema interno de doble o triple válvula que sella los extremos del tubo (Paxton, 1986a).

Clave de especies

1. Labios frontales globosos, ocelos prostomiales ausentes. . . . ***H. robusta*** (p. 24)

• Labios frontales subulados o en forma de pera (piriformes), ocelos prostomiales presentes . . . . ***H. tubicola*** (p. 26)

Hyalinoecia robusta Southward, 1977 (figs. 2A y 6)

Hyalinoecia robusta Southward, 1977. En: Reish y Fauchald (Eds.), *Essays Polych. Annel.*: 175

Especie mediana de aspecto robusto, hasta 120 mm de largo y con ancho máximo de 6 mm en el setígero 10 (excluidos los parápodos). Patrón de coloración dorsal ausente, a excepción de una mancha de pigmento oscuro en la parte anterior del prostomio. Cuerpo de color crema o rosado con iridiscencia en ejemplares preservados. Prostomio redondeado por delante con un par de labios frontales globosos (figs. 2A, 6A). Ocelos prostomiales ausentes. Órganos nucales con disposición rectilínea o ligeramente curvados. Antena media más larga que las laterales alcanzando el setígero 10-16. Peristomio con pliegue mediodorsal anterior, labio ventral sin sección media. Cirros peristomiales ausentes (fig. 6B). Primeros tres setígeros del cuerpo poco más anchos que los siguientes (fig. 6C). Primeros tres pares de parápodos modificados, parápodo 1 muy alargado, se extiende más allá del margen anterior del prostomio. Lóbulos presetales de los parápodos modificados, con forma auricular y tan largos como los lóbulos postsetales. Cirros ventrales subulados en los primeros tres pares de setígeros, parápodo 4 con cirro corto y de forma triangular, que se transforma en una almohadilla glandular a continuación (fig. 6C). Cirros dorsales sin proceso basal, reducidos o ausentes en la región posterior. Branquias simples, con un único filamento en forma de cordón, desde el setígero 18-22 hasta el final del cuerpo. Primeros dos pares de parápodos con ganchos simples bidentados, con los dientes claramente separados y capuchones cortos (fig. 6D), ausentes en el setígero 3. Sedas pectinadas y limbadas presentes desde el setígero 2 hasta el final del cuerpo. Sedas pectinadas con los márgenes laterales enrollados y con entre 19 y 21 dientes. Ganchos subaciculares bidentados desde el setígero 19-37 (figs. 6E,

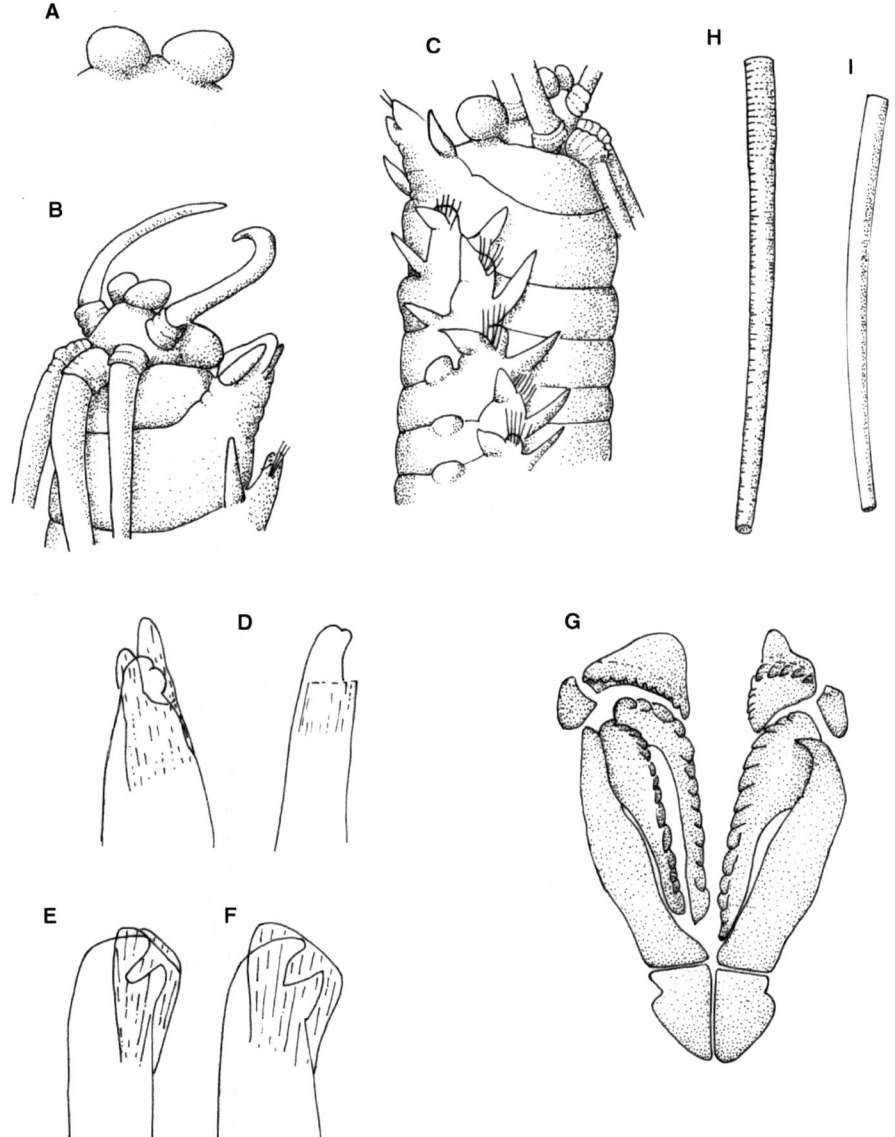

Fig. 6. Detalle de los labios frontales (A), región anterior en vista dorsolateral (B-C), ganchos simples bidentados del parápodo 1 (D), gancho subacicular de un parápodo de la región media del cuerpo (E) y de un parápodo posterior (F), aparato maxilar (G), tubo de un ejemplar grande (H) y tubo de un ejemplar joven (I) de Hyalinoecia robusta. Redibujados de Southward (1977).

6F). Fórmula maxilar: Mx I = 1 + 1, Mx II = 12-15 + 12-14, Mx III = 10-12 + 0, Mx IV = 7-10 + 8-10, Mx V = 1 + 1, Mx VI ausente (fig. 6G).

Tubos córneos, translúcidos de sección redonda y pared relativamente gruesa, curvados, más largos que sus habitantes, con forma de cañón de pluma, con valvas internas sin marcas blanquecinas en forma de medialuna y superficie de aspecto ligeramente rugoso con líneas de crecimiento marcadas (figs. 6H, 6I).

La descripción de la especie se ha tomado de Southward (1977) y Arias y Paxton (2022).

Distribución geográfica.— En aguas ibéricas esta especie se ha encontrado en el talud continental del mar Cantábrico y el Sistema de Cañones Submarinos de Avilés (golfo de Vizcaya) entre los 1.500 y los 2.300 m de profundidad. También, en el talud continental portugués y en las inmediaciones de la isla de la Gomera (islas Canarias) a 1.100 m de profundidad (Southward 1977; Arias y Paxton, 2022; Budaeva *et al.*, 2024). Recientemente, estudios genéticos basados en genes nucleares y mitocondriales han mostrado que esta especie tiene una distribución amplia, incluyendo el Atlántico este (desde el golfo de Vizcaya hasta Angola), el Atlántico oeste (Massachusetts) y el océano Índico (Goa, oeste de la India) (Budaeva *et al.*, 2024).

Biología.— Se ha registrado en los sustratos fangosos con roca y agrupaciones de corales blancos –*Desmophyllum pertusum* (Linnaeus, 1758) y *Madrepora oculata* Linnaeus, 1758– del talud continental a profundidades normalmente mayores a 1.000 m (rango batimétrico: 400-2.600 m) (Southward, 1977; Arias y Paxton, 2022; Budaeva *et al.*, 2024). *Hyalinoecia robusta* es una especie hermafrodita simultánea, con una fase adolescente protándrica, e incubadora que protege sus huevos (de 450-500 µm de diámetro) dentro del tubo parental. Su espermatozoide es de tipo *ent-aquasperm*, es decir, adaptado a la fecundación cerca del cuerpo del gusano, en cavidades corporales o dentro del tubo (Arias y Paxton, 2022). Los individuos maduros pueden desarrollar pares de papilas dorsales en la región media del cuerpo, que actúan como vesículas seminales, como vía de salida de los espermatozoides y, si se desprenden totalmente del cuerpo, pueden actuar como espermatóforos (Arias y Paxton, 2022).

Hyalinoecia tubicola (O.F. Müller, 1776) (fig. 7)
Nereis tubicola O.F. Müller, 1776. *Zool. Dan. Prodromus*: 217

Especie mediana, hasta 100 mm de largo y con ancho máximo de 4 mm en el setígero 10 (excluidos los parápodos). Patrón de coloración dorsal ausente. Cuerpo de color crema o rosado con iridiscencia en ejemplares preservados. Prostomio anteriormente redondeado con un par de labios frontales subulados o en forma de pera (fig. 7A). Un par de ocelos presente, bien desarrollados y situados entre las bases de las antenas laterales y los palpos (fig. 7B). Órganos nucales con disposición rectilínea o ligeramente curvados. Antena media más larga que las laterales, alcanza el setígero 8-12. Peristomio con pliegue mediodorsal anterior, labio ventral sin sección media. Cirros peristomiales ausentes (fig. 7B). Primeros tres setígeros del cuerpo algo más anchos que los siguientes. Primeros tres pares de parápodos modificados, parápodo 1 distintivamente alargado, se extiende más allá del margen anterior del prostomio. Lóbulos presetales de los parápodos modificados con forma auricular y tan largos como los lóbulos postsetales (fig. 7B). Cirros ventrales subulados en los primeros tres pares de setígeros, parápodo 4 con cirro corto y de forma triangular, transformándose en una almohadilla glandular a continuación. Cirros dorsales sin proceso basal, reducidos o ausentes en la región posterior. Branquias simples, con un único filamento en forma de cordón, desde el setígero 22-26 hasta el final del cuerpo. Primeros dos pares de parápodos con ganchos simples bidentados, con los dientes claramente separados y capuchones cortos (figs. 7C, 7D), ausentes en el setígero 3. Sedas pectinadas y limbadas presentes desde el setígero 2 hasta el final del cuerpo. Sedas pectinadas aplanadas con los márgenes laterales ligeramente enrollados y con entre 14 y 20 dientes. Ganchos subaciculares bidentados desde el setígero 22-26 (fig. 7E, F). Fórmula maxilar: Mx I = 1+1, Mx II = 12-13+12-13, Mx III = 8+0, Mx IV = 4-8+4-8, Mx V = 1+1, Mx VI ausente.

Tubos córneos, translúcidos, de sección circular y pared relativamente fina, ligeramente curvados, más largos que el onúfido, con forma de cañón de pluma, con valvas internas y superficie aparentemente lisa.

La descripción de la especie se ha tomado de Southward (1977), Arias y Paxton (2022) y ejemplares estudiados procedentes de la plataforma continental del mar Cantábrico y del mar Mediterráneo.

Distribución geográfica.— En aguas ibéricas, esta especie se ha citado prácticamente en la totalidad de las costas español-portuguesas: País Vasco, Santander (Cantabria), El Cachucho, Cantábrico Central, Galicia, costa portuguesa, Algeciras, mar de Alborán, islas Columbretes, Valencia, Blanes, Barcelona, islas Baleares… (Campoy, 1972; Southward, 1977; Arias y Paxton, 2022), habitualmente en profundidades correspondientes a la plataforma continental.

Biología.— Especie registrada en sustratos fangosos, detríticos, de "maërl", arenas organogénicas, "arenas de *Amphioxus*" y fondos blandos inestables de la plataforma continental (Campoy, 1972; Southward, 1977). Aunque en la bibliografía aparece una distribución batimétrica de 0 a 4.000 m de profundidad, las citas por debajo de los 300-400 m se han considerado como dudosas o cuestionables por Southward (1977) y Campoy (1982). Arias y Paxton (2022) también apoyan esta hipótesis y consideran a *H. tubicola* como una especie típica de la plataforma continental y los primeros metros del talud continental superior.

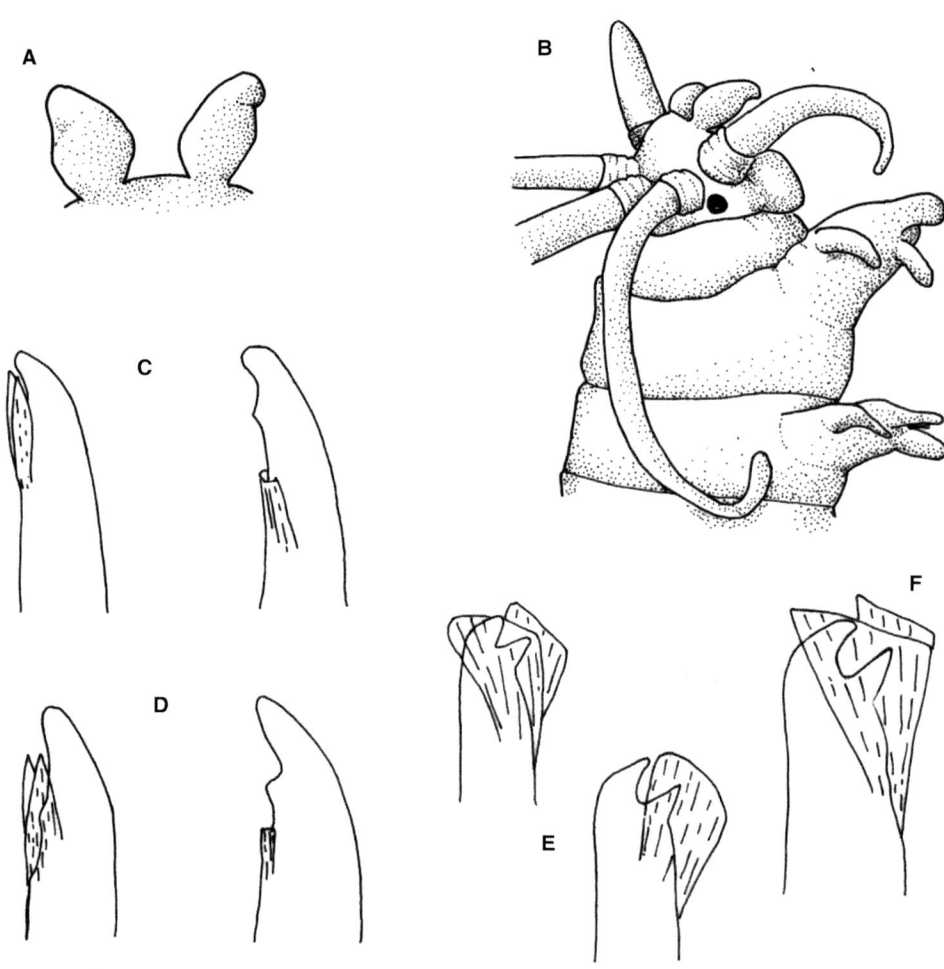

Fig. 7. *Detalle de los labios frontales (A), región anterior en vista dorsolateral (B), ganchos simples ligeramente bidentados del parápodo 1 (C), ganchos simples marcadamente bidentados del parápodo 1 (D), ganchos subaciculares de los parápodos de la región media del cuerpo (E) y gancho subacicular de un parápodo posterior (F) de* Hyalinoecia tubicola. *Redibujados de Southward (1977).*

Género **Leptoecia** Chamberlin, 1919
Leptoecia Chamberlin, 1919. *Mem. Mus. Comp. Zool. Harv. Coll.*, 48: 264
ESPECIE TIPO: *Leptoecia abyssorum* Chamberlin, 1919, por designación original

Prostomio anteriormente redondeado. Labios frontales reducidos a protrusiones semicirculares ventrales o ausentes; labios ventrales reducidos. Antenas laterales en la parte posterior del prostomio, ceratóforos cortos con 2-4 anillos o indistintos y estilos largos. Órganos nucales ligeramente curvados o ausentes. Peristomio corto o largo con un pliegue ventral poco definido. Cirros peristomiales ausentes. Primeros uno a dos pares de parápodos modificados, parápodo 1 alargado con un gran lóbulo presetal auricular y lóbulo postsetal subulado. Cirros ventrales subulados en los primeros dos setígeros, reemplazados por almohadillas glandulares en los posteriores. Cirros dorsales anteriores subulados, reducidos en la región media y ausentes en la posterior. Branquias ausentes. Sedas de tipo gancho de los parápodos modificadas desde simples a pseudocompuestas y de tipología uni- a bidentada. Sedas pectinadas y limbadas dorsales desde el setígero 2, ganchos subaciculares bidentados y simples, en posición media en el fascículo.

Tubos finos de sección ovalada o aplanada y más largos que sus habitantes, con forma de cañón de pluma, translúcidos, con engrosamientos en ambos lados, sin cubierta externa de partículas exógenas.

Leptoecia representa un género de poliquetos exclusivos de profundidades batiales y abisales repartidos por todo el globo. Actualmente se conocen siete especies, cuatro descritas para el hemisferio Sur (Antártida, Nueva Zelanda y Perú), una para el océano Pacífico (Filipinas) y dos para el Atlántico Norte; solo una de ellas íbero-balear.

Leptoecia apalpata (Hartmann-Schröder, 1975) (fig. 8)
Parhyalinoecia apalpata Hartmann-Schröder, 1975. *Mitt. Hambg. Zool. Mus. Inst.*, 72: 65

Especia pequeña, hasta 42 mm de largo y anchura máxima de unos 1,8 mm. Prostomio anteriormente redondeado. Labios frontales ausentes; labios ventrales reducidos y poco definidos (figs. 8A, 8B). Antenas laterales en la parte posterior del prostomio, ceratóforos cortos e indistintos y estilos largos (fig. 8A). Órganos nucales ligeramente curvados con pequeña separación mediodorsal. Peristomio la mitad de largo que el primer setígero. Cirros peristomiales ausentes (fig. 8A). Primeros dos pares de parápodos modificados, parápodo 1 alargado con un gran lóbulo presetal auricular y lóbulo postsetal subulado (fig. 8C). Parápodo 2 más corto, con lóbulo presetal bajo y lóbulo postsetal subcónico (fig. 8D). Cirros ventrales subulados en los primeros dos setígeros (fig. 8B), reemplazados por almohadillas glandulares posteriormente. Cirros dorsales anteriores subulados, reducidos en la región media y ausentes en la posterior. Branquias ausentes. Sedas de tipo gancho de los parápodos modificados desde simples a pseudocompuestas y de tipología bidentada (fig. 8F). Sedas pectinadas aplanadas (fig. 8G) y limbadas dorsales (fig. 8E) desde el setígero 2, ganchos subaciculares bidentados y simples, en posición media en el fascículo, desde el setígero 31.

Tubos finos aplanados y más largos que sus habitantes, con forma de cañón de pluma, translúcidos, con engrosamientos a ambos lados, sin cubierta externa de partículas exógenas.

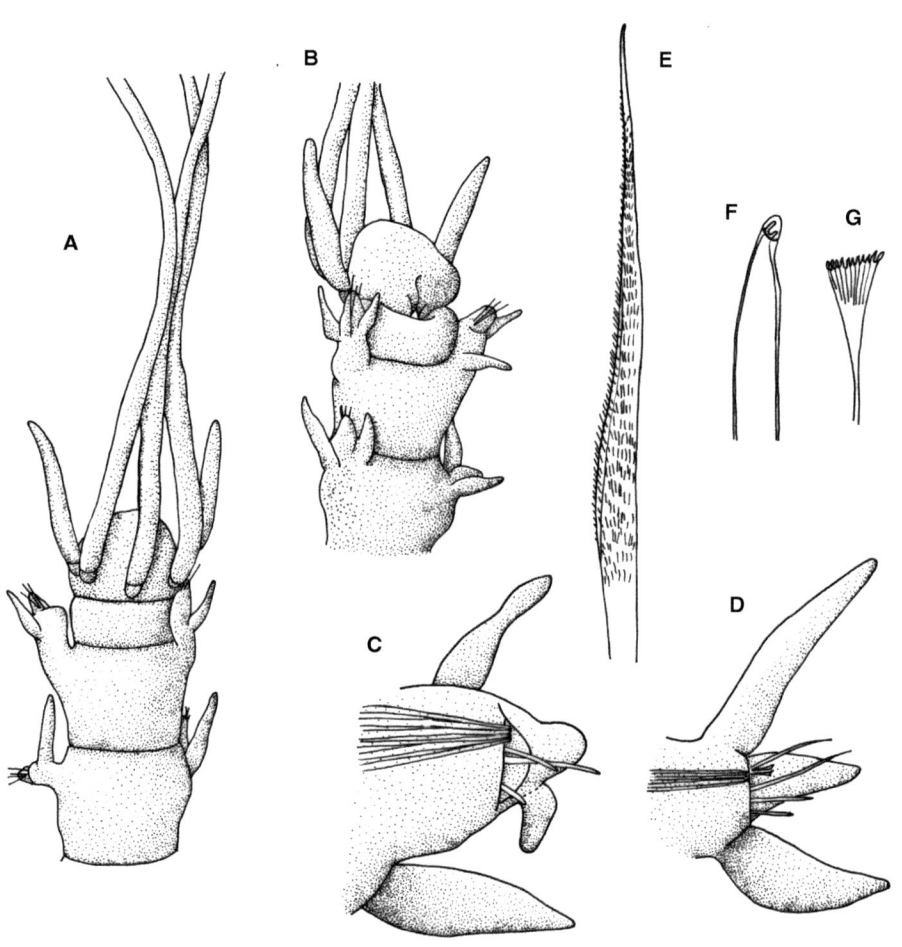

Fig. 8. *Región anterior en vista dorsal (A) y ventral (B), vista anterior de los parápodos 1 (C) y 2 (D), seda limbada de* un parápodo anterior modificado (E), gancho simple bidentado del parápodo 1 (F) y seda pectinada (G) de Leptoecia apalpata. *Redibujados de Hartmann-Schröder (1975).*

La descripción de la especie se ha basado en las de Hartmann-Schröder (1975) y Paxton (1986).

Distribución geográfica.— Hasta la fecha la especie es únicamente conocida para su localidad tipo (Hartmann-Schröder, 1975), frente a la costa portuguesa (este de la península Ibérica).

Biología.— Esta especie se ha capturado en sustratos abisales de 5.275 m de profundidad de la costa portuguesa, por el buque oceanográfico *Meteor* en 1966 (Hartmann-Schröder, 1975).

Género ***Nothria*** Malmgren, 1867
Nothria Malmgren, 1867. *Annulata Polych. Spetsbergiae Groenl. Isl. Scand.*: 66
Especie Tipo: *Onuphis conchylega* M. Sars, 1835, por designación original

Cuerpo corto, hasta 100 setígeros. Prostomio anteriormente redondeado o subtriangular, con un par de labios frontales bien desarrollados. Ocelos prostomiales presentes o ausentes. Palpos cortos y antenas moderadamente largas, ambos con 2-5 anillos en los ceratóforos. Órganos nucales con disposición casi rectilínea con una separación mediodorsal pequeña. Cirros peristomiales presentes. Primeros dos o tres pares de parápodos modificados, alargados y dirigidos anteroventralmente, con grandes lóbulos presetales auriculares. Cirros ventrales subulados en los primeros dos o tres setígeros, reemplazados por almohadillas glandulares posteriormente. Cirros dorsales digitiformes o subulados. Branquias presentes o ausentes, casi siempre simples. Sedas de tipo gancho de los parápodos modificados simples, pseudocompuestas y/o compuestas, usualmente con capuchones y de tipología uni- a bidentada (rara vez tridentada). Sedas pectinadas (por lo común con márgenes enrollados) y limbadas dorsales desde el setígero 2-3, ganchos subaciculares bidentados y simples, en posición media en el fascículo, a partir de los setígeros 7-15 (raramente posteriores). Tubos dorsoventralmente aplanados con una capa interna de aspecto apergaminado y una cubierta externa de materiales exógenos como conchas, fragmentos de conchas, espinas, pequeñas piedras, grava y/o foraminíferos.
Descripción basada en Paxton (1986), Paxton y Arias (2014), Arias y Paxton (2016) y Paxton *et al.* (2023).
Este género comprende actualmente 29 especies aceptadas (Paxton *et al.*, 2023; Read y Fauchald, 2024) y ha sido registrado prácticamente en todos los océanos del mundo desde la zona sublitoral hasta las grandes profundidades abisales (Arias y Paxton, 2016).

Clave de especies
1. Parápodos del setígero 2 con ganchos, sedas limbadas y pectinadas 2
• Parápodos del setígero 2 solo con ganchos, sin sedas limbadas ni pectinadas . . . . ***N. maremontana*** (p. 36)

2. Parápodos del setígero 3 sin ganchos, solo con sedas limbadas y pectinadas . . .
. . . . ***N. edwardsi*** (p. 34)

• Parápodos del setígero 3 con ganchos, sedas limbadas y pectinadas . . . .
. . . . ***N. conchylega*** (p. 32)

Nothria conchylega (M. Sars, 1835) (fig. 9)

Onuphis conchylega M. Sars, 1835. *Beskr. Iagttag. Nogle Maerkelige Nye Havet Bergen.*: 61

Cuerpo corto, hasta 65 mm de largo y anchura máxima de unos 5 mm en el setígero 10 (excluidos los parápodos). Patrón de coloración dorsal normalmente presente, consiste en una banda de pigmento amarronado en la parte anterior del peristomio y el margen anterior de los siguientes segmentos (fig. 9A), esta coloración solo es claramente conspicua en la región anterior del cuerpo. Prostomio anteriormente redondeado con un par de labios frontales ovoides. Ocelos prostomiales ausentes. Órganos nucales con disposición rectilínea y pequeña separación mediodorsal. Palpos que llegan al setígero 1, antenas laterales al setígero 5-6 y antena media más larga que las laterales; con 3-4 anillos en los ceratóforos. Peristomio la mitad de largo que el primer setígero. Cirros peristomiales presentes, ligeramente más largos que la longitud del peristomio. Primeros dos setígeros del cuerpo más anchos que los siguientes. Primeros tres pares de parápodos modificados, parápodo 1 alargado, alcanza el prostomio pero sin extenderse más allá de su margen anterior, con lóbulo presetal grande y auricular, lóbulo postsetal subulado, cirro dorsal digitiforme y cirro ventral subulado (fig. 9B). Parápodo 2 con lóbulo presetal más pequeño. Parápodo 3 solo ligeramente más largo que los siguientes, lóbulo presetal más reducido y cirro ventral transformado en almohadilla glandular. Del parápodo 4 en adelante, las estructuras parapodiales se vuelven más uniformes. Cirros dorsales sin proceso basal, cirros ventrales claramente subulados en los dos primeros setígeros. Branquias simples, con un filamento en forma de cordón, desde el setígero 11-13. Parápodos de los setígeros 1 a 3 con ganchos encapuchados. Primer par de parápodos con ganchos simples y/o pseudocompuestos unidentados (fig. 9C), ligeramente bidentados (fig. 9D) o bidentados (fig. 9E). Segundo par con ganchos simples y/o pseudocompuestos unidentados o ligeramente bidentados, sedas limbadas y pectinadas. Tercer par con ganchos compuestos bidentados (fig. 9F), sedas limbadas (fig. 9G) y pectinadas (fig. 9I). Ganchos subaciculares bidentados desde el setígero 11-15 (fig. 9H). Fórmula maxilar: Mx I = 1+1, Mx II = 7-8+8, Mx III = 7-8+0, Mx IV = 6-7+7-8, Mx V = 1+1, Mx VI ausente (fig. 9K).

Tubos aplanados con una capa interna de aspecto apergaminado y una cubierta externa formada por fragmentos de conchas, pequeñas piedras y grava (fig. 9A).

La descripción de la especie se ha basado en Paxton (1986), Oug (2010) y en el estudio de ejemplares topotípicos.

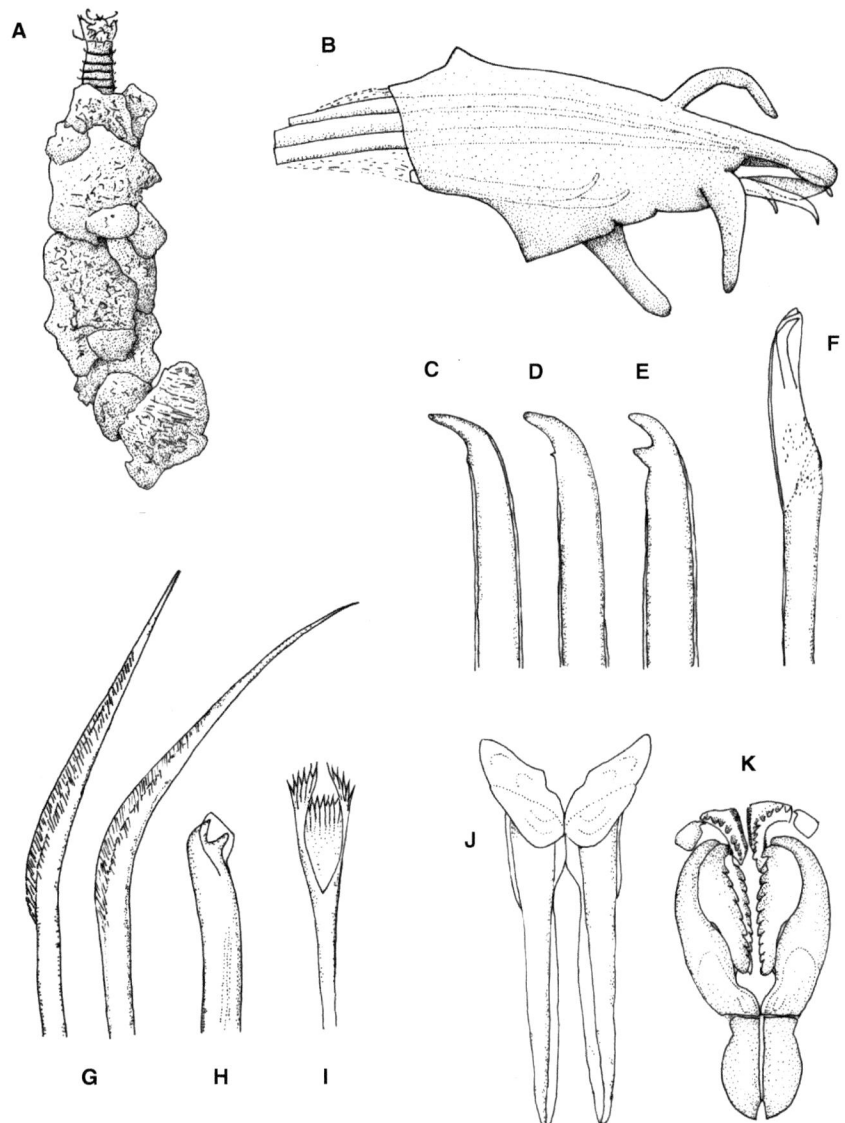

Fig. 9. Tubo en vista dorsal (A), vista posterior de los parápodos 1 (B) y 2 (C), gancho simple unidentado del parápodo 1 (C), gancho simple ligeramente bidentado del parápodo 1 (D), gancho simple bidentado del parápodo 1 (E), gancho compuesto bidentado del parápodo 3 (F), sedas limbadas del parápodo 13 (G), gancho subacicular del parápodo 30 (H), seda pectinada del parápodo 12 (I), mandíbulas (J) y aparato maxilar (K) de Nothria conchylega. B-K, redibujados de Paxton (1986).

Distribución geográfica.— En aguas ibéricas esta especie se ha citado ampliamente por diversos autores para prácticamente la totalidad del ámbito íbero-balear. No obstante, resulta complicado conocer su distribución real, ya que la mayoría de las citas de la bibliografía son escuetas en detalles y solo hacen referencia a caracteres genéricos y a la presencia de un tubo aplanado formado por conchas y fragmentos de estas. Algunos de los ejemplares estudiados de los fondos del Museo de Ciencias Naturales de Madrid (MNCN) etiquetados como *N. conchylega* se correspondían en realidad con *N. maremontana* e incluso con una especie de otro género (i.e., *Hyalinoecia*). Originalmente, *N. conchylega* fue descrita para la costa norte de Noruega, aunque si tenemos en cuenta los registros bibliográficos se trataría de una especie prácticamente cosmopolita, con muchas sinonimias e incluso variedades o morfotipos descritos (Oug, 2010).

Biología.— *Nothria conchylega* se ha registrado en diferentes tipos de fondos, principalmente detríticos y arenosos, desde la zona litoral hasta las profundidades abisales (Campoy, 1982).

Nothria edwardsi (Roule, 1898) (fig. 10)
Hyalinoecia edwardsi Roule, 1898. *Bull. Mus. Hist. Nat.*, 4(4): 193

Cuerpo corto con una anchura máxima de 2 mm en el setígero 10 (excluidos los parápodos). Sintipos incompletos, el mayor de 12 mm de longitud y 17-18 setígeros. Patrón de coloración dorsal ausente en ejemplares preservados. Prostomio anteriormente redondeado con un par de labios frontales ovoides casi el doble de largos de que anchos (fig. 10A). Ocelos prostomiales ausentes. Órganos nucales con disposición rectilínea y pequeña separación mediodorsal. Palpos alcanzando el setígero 1, antenas laterales el setígero 3-4 y antena media, más larga que las laterales, que se extiende hasta el setígero 6; con 3-4 anillos en los ceratóforos. Peristomio la mitad de largo que el primer setígero. Cirros peristomiales presentes, tan largos como la longitud del peristomio (fig. 10A). Primeros tres setígeros del cuerpo más anchos que los siguientes (fig. 10A). Primeros dos pares de parápodos modificados, parápodo 1 característicamente alargado, se extiende más allá del margen anterior del prostomio, con lóbulo presetal grande y auricular, lóbulo postsetal subulado, cirro dorsal digitiforme y cirro ventral subulado (fig. 10B). Parápodo 2 con lóbulo presetal más pequeño (fig. 10C). Parápodo 3 solo ligeramente más largo que los siguientes, lóbulo presetal más reducido y cirro ventral en forma de cono. Del parápodo 4 en adelante, las estructuras parapodiales se vuelven más uniformes, cirros dorsales gradualmente más finos y cortos, y cirros ventrales transformados en una almohadilla glandular. Cirros dorsales sin proceso basal, reducidos o ausentes en la región posterior. Branquias simples, con un filamento corto en forma de cordón, desde el setígero 12-15. Parápodos de los setígeros 1 y 2 con ganchos encapuchados. Primer par de parápodos con dos fuertes ganchos simples unidentados (figs. 10D, 10E), y un gancho simple bidentado más fino (fig. 10F).

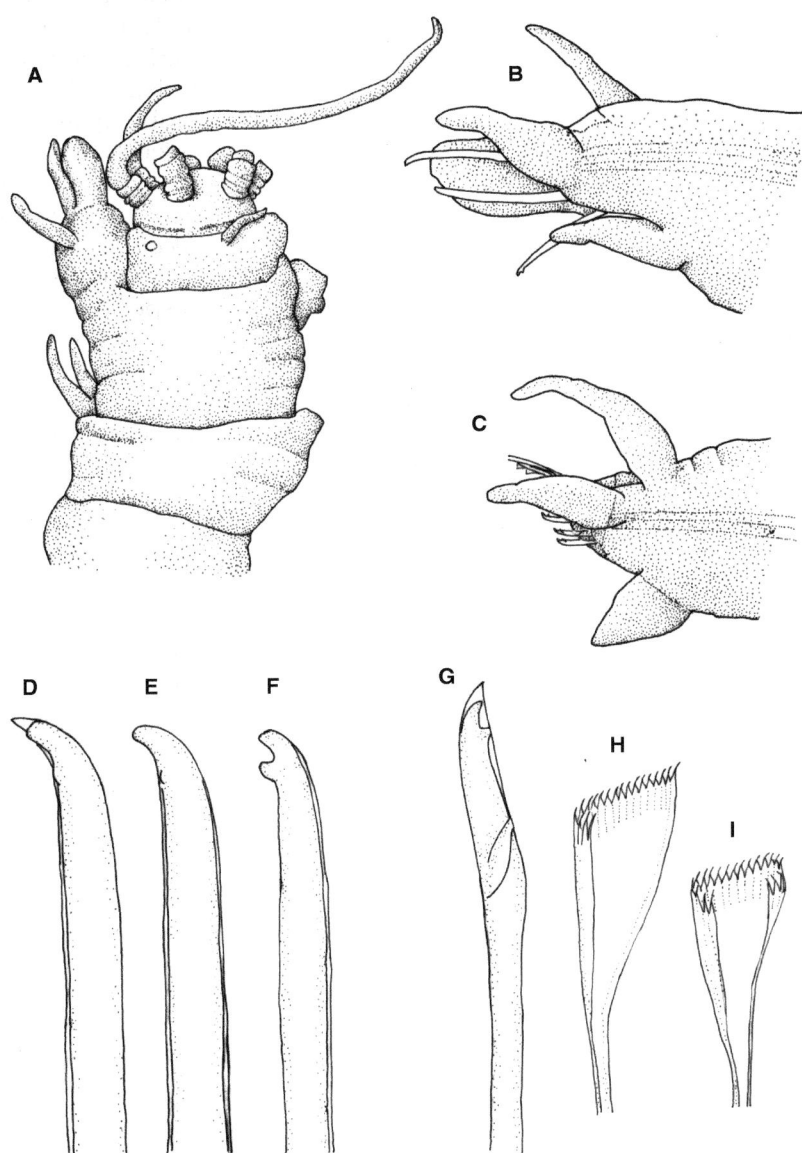

Fig. 10. Región anterior en vista dorsal (A), vista posterior del parápodo 1 (B), vista posterior del parápodo 2 (C), ganchos simples unidentados del parápodo 1 (D-E), gancho simple bidentado del parápodo 1 (F), gancho pseudocompuesto bidentado del parápodo 2 (G), seda pectinada aplanada del parápodo 2 (H), seda pectinada ligeramente enrollada del parápodo 2 (I) de Nothria edwardsi. *Redibujados de Arias y Paxton (2016).*

Segundo par con tres ganchos pseudocompuestos bidentados (fig. 10G), sedas limbadas y pectinadas. Tercer par sin ganchos, con 2-4 sedas limbadas y 2-10 sedas pectinadas. Sedas pectinadas variando desde casi totalmente aplanadas (fig. 10H) a curvadas con los márgenes laterales ligeramente enrollados (fig. 7I), con entre 17 y 20 dientes. Ganchos subaciculares bidentados desde el setígero 9-13. Mandíbulas con placas cortantes calcificadas con tres indentaciones. Fórmula maxilar no estudiada.

Tubos aplanados con una capa interna de aspecto apergaminado y una cubierta externa formada por foraminíferos y granos de arena gruesa, de hasta 2 mm de espesor.

La descripción de la especie se ha tomado de Arias y Paxton (2016).

Distribución geográfica.— En aguas ibéricas, esta especie solo se ha citado en las profundidades abisales de la costa oeste peninsular. Se encuentra en el archipiélago de las Azores y en el área abisal entre este y la Península (Roule, 1898, 1906; Fauvel, 1914; Arias y Paxton, 2016).

Biología.— Esta especie solo se ha registrado en sustratos abisales entre 4.020 y 4.255 m de profundidad del Atlántico central y nororiental. Es interesante destacar que *N. edwardsi* fue la primera especie de onúfido encontrada en la zona abisal, fue recolectada por el buque oceanográfico *Talisman* en 1883 (Roule, 1898).

Nothria maremontana André y Pleijel, 1989 (fig. 11)
Nothria maremontana André y Pleijel, 1989. *Cah. Biol. Mar.*, 30(1): 11

Descripción basada en ejemplares mayores de 1,9 mm de ancho en el setígero 10 (excluidos los parápodos). Cuerpo corto con una anchura máxima de 2,7 mm en el setígero 10. Ejemplares estudiados incompletos, el mayor de 25 mm de longitud con 35 setígeros. Patrón de coloración ausente en ejemplares conservados. Prostomio redondeado en la porción anterior con un par de labios frontales ovoides casi el doble de largos que de anchos (figs. 11A, 11B). Ocelos prostomiales normalmente presentes, situados cerca de las bases de las antenas laterales. Órganos nucales con disposición rectilínea y pequeña separación mediodorsal. Palpos que alcanzan el setígero 1, antenas laterales el setígero 4-8 y antena media más larga que las laterales, llega al setígero 7-10; con 3 anillos en los ceratóforos. Peristomio la mitad de largo que el primer setígero. Cirros peristomiales presentes y de la misma longitud que el peristomio (fig. 11A). Primeros dos setígeros del cuerpo más anchos que los siguientes (fig. 11A). Primeros tres pares de parápodos modificados, parápodo 1 muy alargado, sobrepasa el margen anterior del prostomio, con lóbulo presetal grande y auricular, lóbulo postsetal subulado, cirro dorsal digitiforme y cirro ventral subulado. Parápodo 2 similar al 1 pero con lóbulo presetal más pequeño. Parápodo 3 solo ligeramente más largo que los siguientes, lóbulo presetal más reducido y cirro ventral con forma cónica. Del parápodo 4 hacia atrás, las estructuras parapodiales se vuelven más uniformes, cirros dorsales gradualmente más finos y cortos, lóbulos postsetales ausentes desde el setígero 12-14 y cirros ventrales transformados en una almohadilla glandular (fig. 11B). Cirros dorsales sin proceso basal y cirros ventrales claramente subulados en

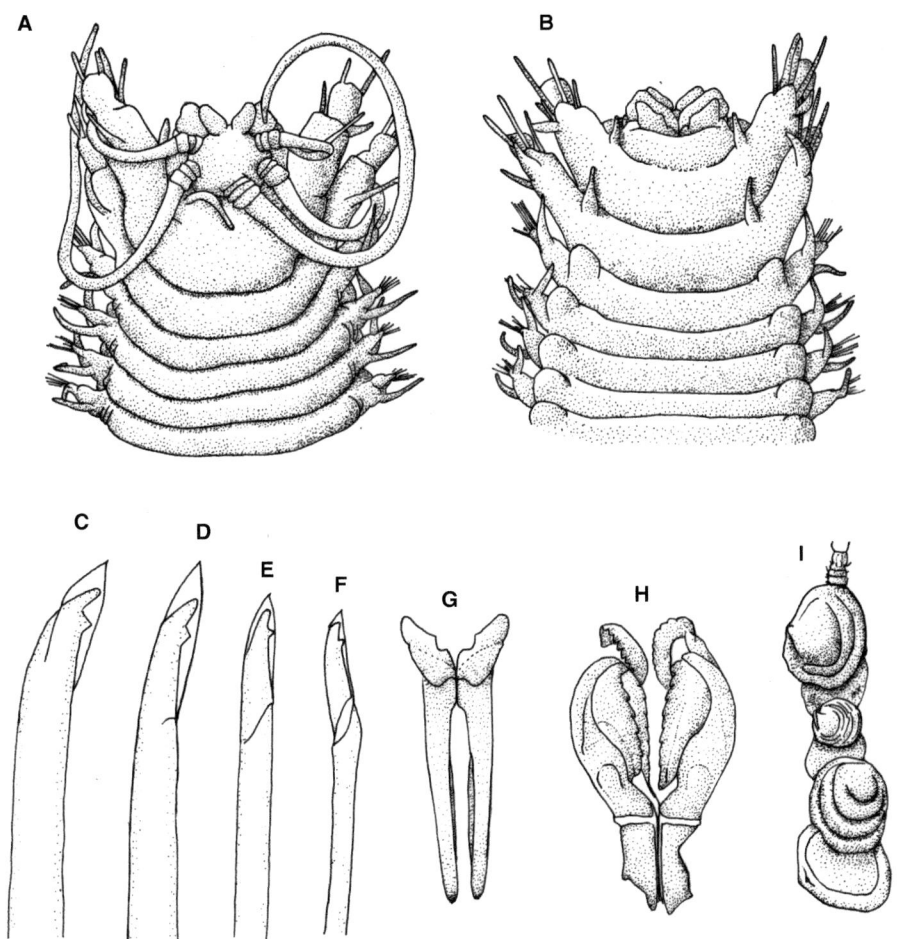

Fig. 11. Región anterior en vista dorsal (A), región anterior en vista ventral (B), gancho simple bidentado de los parápodos 1 (C) y 2 (D), gancho pseudocompuesto bidentado del parápodo 2 (E), gancho compuesto bidentado del parápodo 3 (F), mandíbulas (G), aparato maxilar (H) y tubo en vista dorsal (I) de Nothria maremontana. A, B, G y H, redibujados de André y Pleijel (1989); C-F, de Paxton y Arias (2014).

los tres primeros setígeros (fig. 11B). Branquias simples, con un filamento en forma de cordón, desde el setígero 9. Parápodos de los setígeros 1 a 3 con ganchos encapuchados. Primer par de parápodos con ganchos simples bidentados (figs. 11C, 11D). Segundo par con ganchos simples y/o ligeramente pseudocompuestos bidentados (fig. 11E), sin sedas limbadas ni pectinadas. Tercer par con ganchos compuestos bidentados (fig. 11F), sedas limbadas y pectinadas. Sedas pectinadas con los márgenes laterales enrollados, con 18-20 dientes. Ganchos subaciculares bidentados desde el setígero 10-12. Fórmula maxilar: Mx I = 1+1, Mx II = 7-8+9, Mx III = 7+0, Mx IV = 7+9, Mx V = 1+1, Mx VI ausente (fig. 11H).

Tubos aplanados con una capa interna de aspecto apergaminado y una cubierta externa formada por conchas de bivalvos del género *Limopsis*, comúnmente *L. aurita* (Brocchi, 1814) (fig. 11I).

La descripción de la especie se ha tomado de André y Pleijel (1989) y Paxton y Arias (2014).

Distribución geográfica.— *Nothria maremontana* fue originalmente descrita para las montañas submarinas Seine y Josephine del noreste Atlántico (André y Pleijel, 1989). En aguas ibéricas, esta especie se ha encontrado en el talud continental del Cantábrico central (costa de Asturias) y en las inmediaciones del Sistema de Cañones Submarinos de Avilés (Paxton y Arias, 2014). Es posible que la especie también se halle en El Cachucho y en el talud continental gallego, ya que las citas de *Nothria lepta* de Amoureux (1972, 1974) podrían corresponderse con *N. maremontana* (Paxton y Arias, 2014). De igual modo, algunos de los registros de *N. conchylega* para las costas ibéricas también podrían pertenecer en realidad a esta especie (Paxton y Arias, 2014).

Biología.— Encontrada principalmente en fondos arenosos y areno-fangosos del talud continental entre los 250 y los 1.186 m de profundidad (André y Pleijel, 1989; Paxton y Arias, 2014). *Nothria maremontana* es una especie incubadora con desarrollo directo. Paxton y Arias (2014) vieron que los ejemplares recolectados del talud continental cantábrico tenían un tamaño de huevo entre 300 y 340 µm de diámetro y registraron ejemplares incubando simultáneamente huevos y juveniles de hasta seis setígeros dentro de sus tubos. El número de huevos por puesta varía entre 27 y 30 (Paxton y Arias, 2014).

Subfamilia **Onuphinae** Kinberg, 1865
Onuphidae Kinberg, 1865. *Öfvers. K. Vetensk.-Akad. Förh.*, [1864], 21(10): 559

Prostomio con labios frontales presentes. Órganos nucales variables, desde rectilíneos hasta casi circulares. Labio ventral con sección mediana. Peristomio con o sin pliegue mediodorsal anterior, con o sin cirros peristomiales. Setígero 1 normalmente con la misma longitud que los siguientes. Primeros dos a ocho pares de parápodos modificados. Lóbulos presetales de los parápodos modificados cortos, normalmente la mitad de largos que los lóbulos postsetales. Cirros dorsales presentes en todos los setígeros; a menudo con la base hinchada, rara vez con proceso basal. Branquias, cuando están presentes, con filamentos simples, pectinadas o con filamentos dispuestos en espiral. Parápodos subbirrámeos, con cirros dorsales por lo habitual con notosedas internas. Ganchos de los parápodos modificados unidentados, bidentados y/o tridentados. Sedas limbadas inferiores generalmente simples, rara vez pseudocompuestas o compuestas (= espinígeras), ausentes en la parte posterior al origen de los ganchos subaciculares; estos últimos siempre en posición media (ventral) dentro del fascículo setal. Con cuatro cirros anales. Mandíbulas tan largas como los portadores maxilares y maxilas I juntas. Maxila III desde corta a larga, maxila VI rara vez presente. Células nutricias asociadas a los ovocitos formando dos cadenas.

Tubos de sección circular, con una capa interna apergaminada o mucosa y una capa externa de partículas exógenas generalmente presente.

Clave de géneros

1. Branquias formadas por filamentos dispuestos en espiral alrededor del tronco branquial . . . .***Diopatra*** (p. 51)
• Branquias simples, pectinadas o ausentes 2
2. Parápodos modificados con ganchos extensibles largos, distalmente recurvados, con espinas móviles y sacos setales extendiéndose internamente hasta el setígero 20-40 . . . . ***Rhamphobrachium*** (p. 96)
• Parápodos modificados con ganchos cortos, normalmente sin ejes espinosos, y distalmente uni-, bi-, tridentados o combinaciones de estos 3
3. Ganchos pseudocompuestos de los parápodos modificados con capuchones largos de extremo afilado . . . .***Paradiopatra*** (p. 84)
• Ganchos pseudocompuestos de los parápodos modificados con capuchones cortos o falcados 4
4. Peristomio sin cirros peristomiales . . . . ***Aponuphis*** (p. 39)
• Peristomio con cirros peristomiales 5
5. Ceratóforos con entre 10 y 25 anillos, palpostilos más cortos que los ceratostilos, ganchos grandes medianos ausentes . . . . ***Onuphis*** (p. 68)
• Ceratóforos con entre 3 y 7 anillos, palpostilos más largos que los ceratostilos, ganchos grandes medianos presentes, sedas limbadas compuestas (espinígeras) presentes en los parápodos anteriores no modificados . . . . ***Mooreonuphis*** (p. 65)

Género ***Aponuphis*** Kucheruk, 1978
Aponuphis Kucheruk, 1978. *Tr. Inst. Okeanol. im. P.P. Širšova*, 113: 91
Especie Tipo: *Hyalinoecia bilineata* Baird, 1870, por designación original

El género *Aponuphis* fue creado para un grupo de pequeños onúfidos delgados y sin cirros peristomiales que anteriormente se habían considerado como miembros del género *Hyalinoecia* Malmgren, 1867. Paxton (1986) reconoció siete especies de *Aponuphis*, subrayó las diferencias morfológicas diagnósticas entre los dos géneros y asignó a *Aponuphis* en la subfamilia *Onuphinae* y a *Hyalinoecia* en la subfamilia *Hyalinoeciinae*.

Pequeño tamaño, hasta 80 mm de longitud y ancho máximo de 1,6 mm en el setígero 10 (excluidos los parápodos). Prostomio extendido anteriormente, con labios frontales ovalados, palpos cortos y antenas largas, ceratóforos con hasta 20 anillos. Cirros peristomiales ausentes. Primeros tres a seis parápodos (raramente siete u ocho) modificados, pero no agrandados, con ganchos pseudocompuestos/compuestos bi- y tridentados (rara vez tetradentados), ganchos en posición media algo mayores que los otros. Cirros ventrales subulados en los primeros seis a siete setígeros. Sedas limbadas dorsales presentes desde el setígero 1, las sedas limbadas ventrales reemplazan a los ganchos en el setígero 4 o posteriores hasta que son reemplazadas por los ganchos subaciculares bidentados, entre el setígero 9 y el 15. Branquias normalmente presentes, simples y que generalmente se presentan desde el setígero 4, pocas veces desde el 1 al 7. Tubos delgados, formados por una capa mucosa interior y una capa exterior compuesta por granos de arena y/o fragmentos de conchas.

La identificación específica de *Aponuphis* ha sido muy problemática. Se puso demasiado énfasis en muy pocos caracteres diagnósticos, como las branquias y los ganchos pseudocompuestos de los parápodos anteriores modificados. Y en este género, la estructura de ambos caracteres depende del tamaño, es decir varían con la ontogenia y en algunas especies el estado adulto de un carácter solo se presenta cuando el gusano ha alcanzado, al menos, $2/3$ de su tamaño máximo. Por otro lado, aunque las diferentes especies de *Aponuphis* muestran patrones de coloración distintivos, existe una variación intraespecífica de dichos patrones debido a los distintos grados de pigmentación (fig. 12). Se desarrollaron dos escuelas de pensamiento con respecto a la nomenclatura del grupo. Por un lado, Bellan (1964) y Amoureux (1971, 1976) consideraron todas las subespecies y especies relacionadas de *A. bilineata* como "formas o variedades ecológicas" y sinónimos de esa especie; y por otro, Laubier y Paris (1962), Glémarec (1969) y Guille (1971) mantuvieron la validez original de las diferentes especies descritas.

Fauvel (1923) citó a *Aponuphis rigida* (Claparède, 1868) como *Hyalinoecia bilineata* var. *rigida* en el golfo de Vizcaya, Santander y Madeira. Sin embargo, los autores de este trabajo no hemos podido rastrear estas citas hasta un registro primario original ni acceder a ejemplares preservados de esta especie, por lo que se decidió no presentarla de forma independiente en este volumen.

Clave de especies

1. Patrón de coloración y branquias ausentes . . . . ***A. willsiei*** (p. 49)

• Patrón de coloración y branquias presentes 2

2. Branquias desde el setígero 1-2, patrón de color dorsal formado por 2 grandes manchas ovaladas por segmento en la parte anterior del cuerpo (figs. 12B, 13A) . . . . .
. . . . ***A. brementi*** (p. 44)

• Branquias desde el setígero 3-5, patrón de coloración diferente del anterior . . 3

3. Ganchos pseudocompuestos tridentados, branquias desde el setígero 3-4, patrón de coloración formado por bandas, barras y marcas horizontales (figs. 12C, 14A-C) . . . . ***A. ornata*** (p. 46)

• Ganchos pseudocompuestos bi- y tridentados, branquias desde el setígero 4-5; patrón de coloración dorsal formado por 2 líneas longitudinales pigmentadas desde el peristomio hasta la región posterior (fig. 12A izquierda) o primeros 3-4 segmentos de coloración marrón claro, seguidos de 2 franjas longitudinales laterales poco conspicuas (fig. 12A derecha) . . . . ***A. bilineata*** (p. 41)

Aponuphis bilineata (Baird, 1870) (fig. 12A y 12')

Hyalinoecia bilineata Baird, 1870. *J. Linn. Soc. Lond. Zool.*, 10: 358

Especie menuda, con una anchura máxima, sin incluir los parápodos, de 1,5 mm. Prostomio extendido anteriormente, con labios frontales ovalados (fig. 12'A). Antenas que generalmente alcanzan el setígero 10-15, máximo hasta el setígero 22; cuatro a seis anillos ceratoforales en la antena media, 7 a 11 en las antenas laterales (fig. 12'A). Primeros cinco a seis setígeros con varios ganchos pseudocompuestos bi- y tridentados (figs. 12'D-F), setígero 6-7 con solo un gancho por parápodo; ganchos delgados de apéndice largo presentes (fig. 12'D). Cirros ventrales subulados en los cinco primeros setígeros (figs. 12'B, 12'C). Ganchos subaciculares bidentados del setígero 10 en adelante (fig. 12'G). Branquias simples presentes desde el setígero 4-5. Dos formas/variaciones de coloración predominantes: morfo 1, peristomio completamente pigmentado o con cuatro manchas separadas, dos líneas (bandas) de pigmento longitudinales y dos manchas laterales segmentarias desde el setígero 1 hasta la región posterior, las líneas se vuelven discontinuas en los setígeros medios del cuerpo, formando dos manchas segmentarias a medida que la pigmentación disminuye posteriormente (figs. 12A izquierda, 12'A), coloración denominada como "típica" por Bellan (1964). Morfo 2, peristomio y primeros tres o cuatro setígeros con dos grandes manchas de color marrón claro que casi llenan la superficie dorsal del segmento, a veces fusionándose medialmente, desde el setígero 4-5 hasta la región media, dos franjas de pigmento longitudinales dorsales que discurren lateralmente cerca de los parápodos (fig. 12A derecha).

Borisova *et al.* (2018) han descrito nuevo morfotipo de color asignado al clado de *A. bilineata* consistente en una banda irregular de color marrón en el peristomio y un par de puntos oscuros dorsales en el borde anterior de cada segmento, que parece estar soportado por estudios genéticos de 16 rDNA (morfo 3). Estos mismos autores, sugieren que algunos de los morfotipos descritos dentro de *A. bilineata* podrían tener estatus específico.

Para la descripción de la especie se ha utilizado la de Arias y Paxton (2015).

Distribución geográfica.— Especie con una distribución noreste atlántica desde Noruega hasta el norte de África, mar Mediterráneo incluido (Arias y Paxton, 2015a; Borisova *et al.*, 2018). En el ámbito íbero-balear los registros de la especie

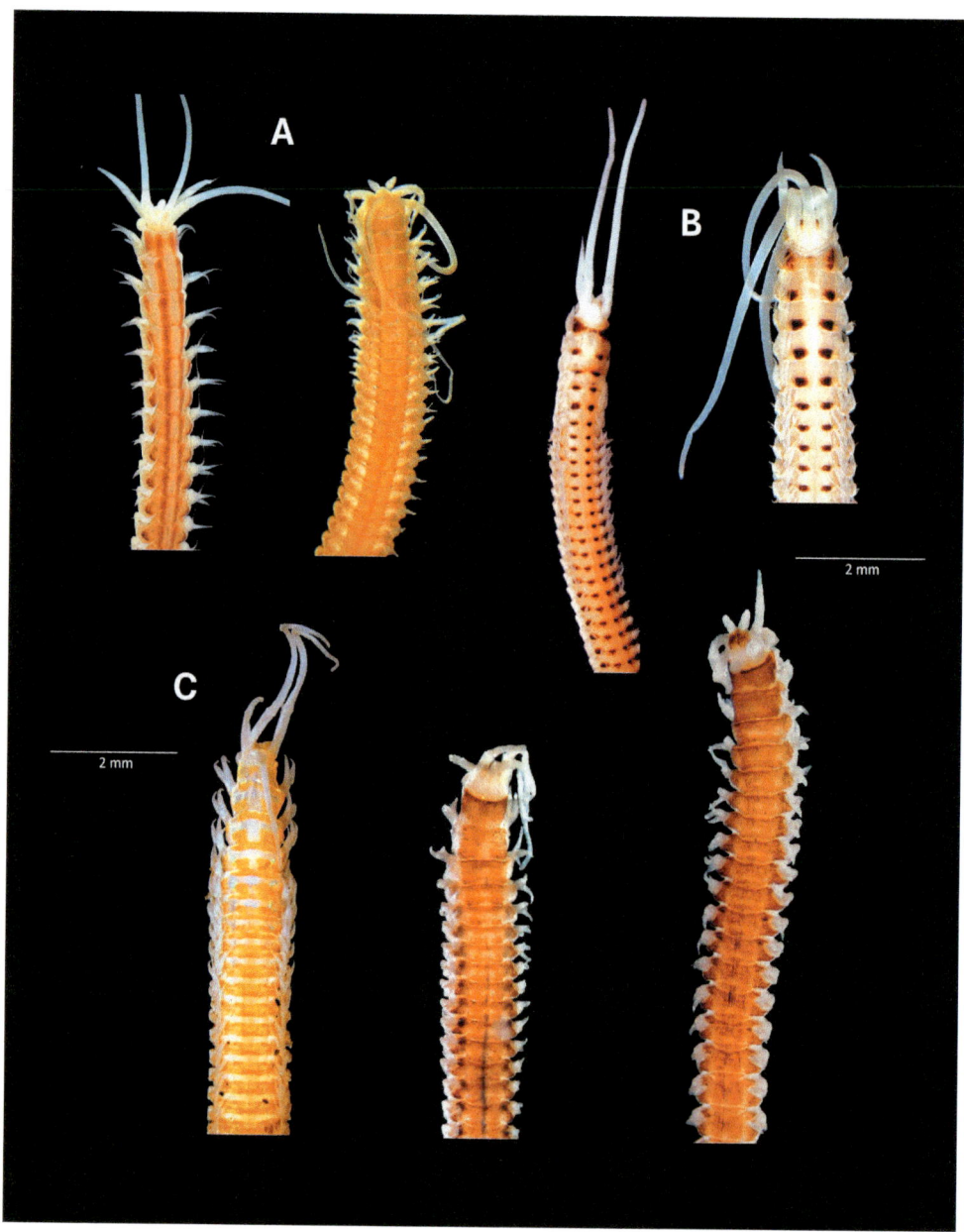

Fig. 12. Diferentes
patrones de la coloración
anterior dorsal de
Aponuphis, A. bilineata
(A), A. brementi (B) y
A. ornata (C). Fotografías
parcialmente adaptadas
de Arias y Paxton
(2015a) y Arias et al.
(2017).

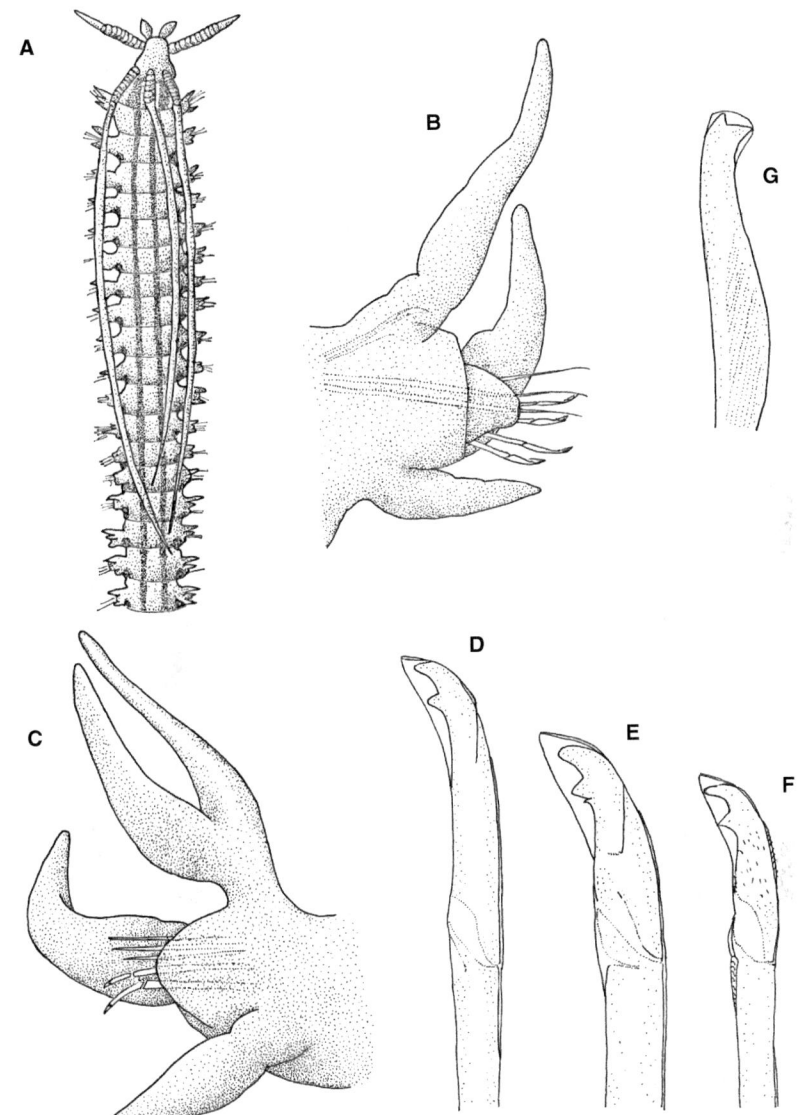

Fig. 12'. Región anterior en vista dorsal (A), vista anterior de los parápodos 1 (B) y 5 (C), gancho pseudocompuesto bidentado del parápodo 1 (D), gancho pseudocompuesto tridentado del parápodo 1 (E), gancho pseudocompuesto bidentado del parápodo 5 (F) y gancho subacicular de un parápodo de la región posterior de Aponuphis bilineata. A, redibujado de Fauvel (1923); B, D-G, de Paxton (1986).

son muy abundantes y se distribuyen por la práctica totalidad del área de estudio, no obstante, debido a la complejidad terminológica de la especie y a sus formas/subespecies es muy difícil establecer la verdadera identidad específica de las citas bibliográficas, por lo que en este volumen solo se incluyen las localidades confirmadas por autores de este documento: Cantábrico central (Asturias), plataforma continental vasca, Finisterre (Galicia), islas Cíes (Galicia), isla de Alborán, Denia (Alicante) y Valencia (Arias y Paxton, 2015a). Borisova *et al.* (2018) registran el morfo 3 de coloración de *A. bilineata* para Mallorca.

Biología.— Esta especie es típica de los sustratos arenosos o areno-fangosos de la plataforma continental, desde la zona sublitoral hasta aproximadamente los 200 m de profundidad (Baird, 1870; Arias y Paxton, 2015a; Borisova *et al.*, 2018). Excepcionalmente, se han localizado ejemplares en el talud continental cantábrico entre los 232 y los 240 m de profundidad (Arias y Paxton, 2015a), y a 1.020 m en en el Cañón de Capbretón (Aguirrezabalaga *et al.*, 2002).

Se han registrado ectosimbiontes ciliados peritricos del género *Epistylis* Ehrenberg, 1830, en los parápodos anteriores y medios de esta especie (Arias y Paxton, 2015a).

Aponuphis brementi (Fauvel, 1916) (figs. 12B y 13)
Hyalinoecia brementi Fauvel, 1916. *Bull. Inst. Océanogr. (Monaco)*, 316: 5

Especie menuda, con una anchura máxima, sin incluir los parápodos, de 1,6 mm. Prostomio extendido anteriormente, con labios frontales ovalados. Antenas que suelen alcanzar el setígero 15-20; cuatro a siete anillos ceratóforales en la antena media, siete a 11 en las antenas laterales (fig. 13A). Primeros cuatro a seis setígeros con varios ganchos pseudocompuestos tridentados (figs. 13F, 13G), setígero 5-8 con solo un gancho tridentado, raramente bidentado, por parápodo; ganchos delgados de apéndice largo presentes. Cirros ventrales subulados en los cinco a siete primeros setígeros (figs. 13B, 13C), reemplazados por almohadillas glandulares a continuación (fig. 13D). Sedas pectinadas aplanadas con 12-13 dientes (fig. 13H). Ganchos subaciculares bidentados del setígero 12-15 en adelante (fig. 13E). Branquias simples presentes desde el setígero 1-2. Patrón de coloración dorsal consistente en dos grandes manchas ovaladas (usualmente de color rojizo) en el peristomio y los setígeros 1-4 y dos manchas laterales segmentarias; a partir del setígero 5, las manchas centrales se vuelven progresivamente más pequeñas y delgadas, y a partir del setígero 10 se transforman en una fina banda (figs. 12B, 13A). Otros morfotipos de color han sido registrados por Borisova *et al.* (2018) pero hasta la fecha no se han encontrado en aguas íbero-baleares.

Descripción de la especie basada en Arias y Paxton (2015).

En los ejemplares muy pequeños (normalmente juveniles), las branquias comienzan en el setígero 6, desde ahí se van extendiendo hacia atrás y hacia delante con el crecimiento del animal y cuando este ha alcanzado aproximadamente los dos tercios de su tamaño máximo, las branquias comienzan en

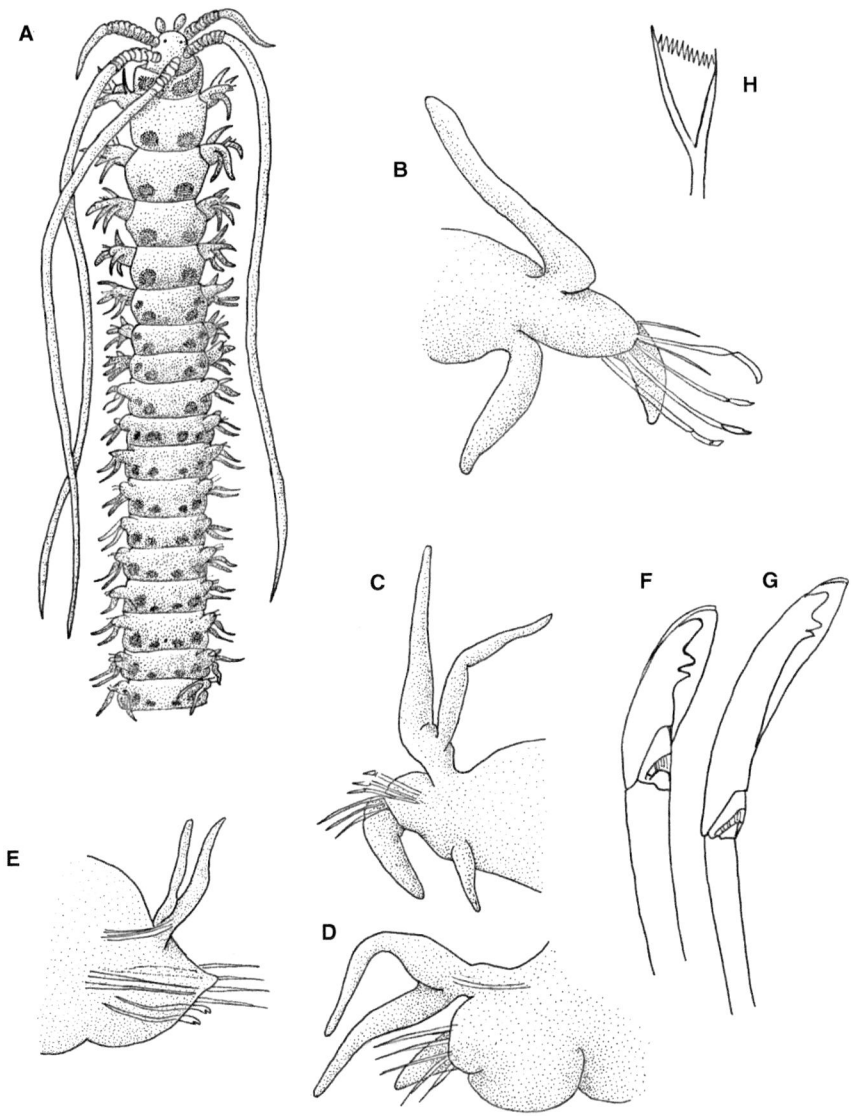

Fig. 13. Región anterior
en vista dorsal (A), vista
anterior de los parápodos
1 (B), 6 (C) y 9 (D),
vista anterior de un
parápodo de la región
media (E), ganchos
pseudocompuestos
tridentados del parápodo
1 (F, G) y seda pectinada
(H) de Aponuphis
brementi. Redibujados de
Fauvel (1923).

el setígero 1-2, que es lo que se considera la condición adulta de la especie (Arias y Paxton, 2015a). En los dos sintipos más grandes de *A. brementi*, con 0,6 y 0,8 mm de ancho respectivamente, las branquias comienzan en el setígero 2, como se indica en la descripción original, mientras que en el más pequeño (0,4 mm de ancho) estas aparecen en el setígero 4 y 5 (Arias y Paxton, 2015a). Estos mismos autores también examinaron el holotipo de *Hyalinoecia fauveli* Rioja, 1918 y encontraron que encajaba dentro del rango de variación ontogenética de *A. brementi*, proponiendo así su sinonimia con esta. Este acto taxonómico fue avalado posteriormente por los estudios genéticos de Borisova *et al.* (2018).

Distribución geográfica.— *Aponuphis brementi* es una especie con distribución noreste atlántica, desde el golfo de Vizcaya hasta el norte de África, incluido el mar Mediterráneo (Arias y Paxton, 2015a; Borisova *et al.*, 2018). En el ámbito íbero-balear los registros de *A. brementi*, o sus diferentes combinaciones o sinónimos (por ejemplo, *A. fauveli*), son muy abundantes y se distribuyen por la práctica totalidad del área de estudio, no obstante, debido a la complejidad terminológica de la especie y a sus formas/subespecies es muy difícil establecer la verdadera identidad específica de las citas bibliográficas, por lo que en este volumen solo se incluyen las localidades confirmadas por autores de este documento: Cantábrico central (Asturias), bahía de Santander, plataforma continental vasca, Punta Torrox (mar de Alborán), Salobreña (Granada) y Sagunto, Castellón y Valencia (Rioja, 1918b; Arias y Paxton, 2015a).

Biología.— Esta especie es típica de los sustratos arenosos de la plataforma continental, desde la zona sublitoral somera hasta aproximadamente los 200 m de profundidad (Fauvel, 1916; Rioja, 1918b; Arias y Paxton, 2015a; Borisova *et al.*, 2018), y, como *A. fauveli*, a 480-990 m (Aguirrezabalaga *et al.*, 2002).

Aponuphis ornata (Fauvel, 1928) (figs. 12C y 14)
Hyalinoecia bilineata ornata Fauvel, 1928. *Bull. Soc. Zool. Fr.*, 53: 12

Especie menuda, con una anchura máxima, sin incluir los parápodos, de 1,4 mm. Prostomio extendido por la región anterior, con labios frontales ovalados (figs. 14A-C). Antenas que llegan al setígero 10-16; cuatro a seis anillos ceratoforales en la antena media, 7 a 11 en las antenas laterales. Primeros tres a cinco setígeros (fig. 14D) con varios ganchos pseudocompuestos tridentados (fig. 14E) (raramente quatridentados), setígero 4-6 con solo un gancho tridentado, raramente bidentado, por parápodo; ganchos delgados de apéndice largo presentes. Cirros ventrales subulados en los cinco primeros setígeros. Ganchos subaciculares bidentados desde el setígero 10 en adelante. Branquias simples presentes desde el setígero 3-4. Patrón de coloración dorsal formado por bandas transversales de color naranja a marrón claro y manchas que varían según la región del cuerpo (fig. 12C). Peristomio con dos grandes manchas dorsales, a veces fusionadas en su parte media (fig. 14A); primeros setígeros con dos bandas anchas separadas medialmente (una cerca del borde anterior del segmento y otra cerca del posterior), dando la apariencia de cuatro barras; los setígeros posteriores presentan una banda sólida anterior y dos barras posteriores (fig. 14A); las barras y bandas pueden variar en grosor desde relativamente estrechas (fig. 14A) hasta anchas (fig. 14B). Con dos puntos laterales segmentarios desde el setígero 1 hasta la región posterior. Este patrón de coloración ha sido referido como patrón en "herradura" por Borisova *et al.* (2018). En algunos ejemplares, las bandas posteriores pueden adoptar la apariencia de manchas más o menos cuadrangulares. En otros, el patrón puede tornase aún más complicado como consecuencia de la fusión de las barras segmentarias anterior y posterior (figs. 12C, 14C).

Fauvel (1928) describió esta especie como *Hyalinoecia bilineata ornata*, la cual se diferenciaba de la especie original por su patrón de color. Sin embargo, también difiere de *A. bilineata* en varias características parapodiales y setales. *Aponuphis ornata* es muy similar a *Aponuphis grubii* (Marenzeller, 1886). Las dos especies tienen básicamente el mismo patrón de color, excepto que las barras y líneas son sustancialmente más anchas y, en general, parecen mucho más pigmentadas en *A. ornata*. Las antenas de *A. ornata* son más largas y el inicio de sus branquias se encuentra en los setígeros 3-4, en lugar del 4-5 como en *A. grubii*. Además, sus estrategias reproductoras son muy diferentes, *A. ornata* es una incubadora de desarrollo directo, mientras que *A. grubii* es no incubadora, con desarrollo indirecto y larvas lecitotróficas planctónicas (Rivain, 1983; Arias y Paxton, 2015a). Según los datos de que disponemos hasta el momento, podemos considerar a *A. grubii* como una especie de las aguas más frías del norte de Europa. Por el contrario, *A. ornata* es una especie más sureña que se encuentra desde el golfo de Vizcaya hasta Marruecos, incluido el mar Mediterráneo (Arias y Paxton, 2015a).

La descripción de la especie se ha tomado de Arias y Paxton (2015a).

Distribución geográfica.— *Aponuphis ornata* es una especie con distribución noreste atlántica desde el golfo de Vizcaya hasta el norte de África, incluyendo el mar Mediterráneo occidental y central (Fauvel, 1928; Arias y Paxton, 2015a; Borisova *et al.*, 2018). En el ámbito íbero-balear los registros de *A. ornata* o sus diferentes combinaciones no son muy abundantes, aunque es probable que las citas de *A. grubii* (o *H. bilineata grubii*) de las costas ibéricas y mediterráneas sean identificaciones incorrectas de *A. ornata*. Arias y Paxton (2015) la registran en el Cantábrico central (Asturias), Punta Torrox (mar de Alborán), cabo San Antonio (Valencia), puerto de Valencia, Barcelona y Mataró.

Biología.— Esta especie es típica de los sustratos arenosos someros de la plataforma continental, desde la zona sublitoral hasta aproximadamente los 55 m de profundidad (Fauvel, 1928; Arias y Paxton, 2015a; Borisova *et al.*, 2018). *Aponuphis ornata* es una especie incubadora y con desarrollo directo. Entre los ejemplares estudiados por Arias y Paxton (2015), procedentes del

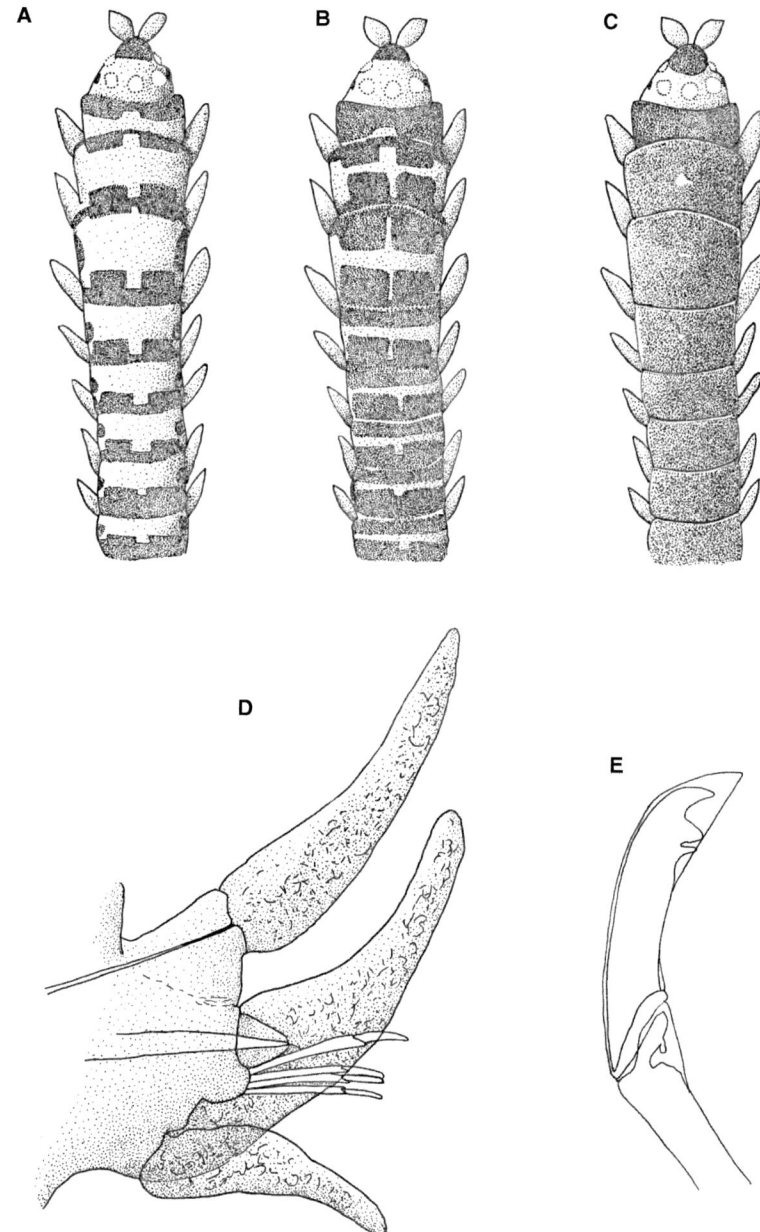

Fig. 14. Diferentes patrones de coloración dorsal de la región anterior, antenas, palpos y estructuras parapodiales omitidas (A-C), vista anterior del parápodo 1 (D), gancho pseudocompuesto tridentado del parápodo 1 (E) de Aponuphis ornata. D, E, redibujados de Núñez (1990).

mar Cantábrico y del Mediterráneo occidental, se encontraron varios adultos incubando individuos juveniles dentro de sus tubos. Los juveniles medían entre 2,0 y 4,1 mm de largo, constaban de entre 15 y 38 setígeros y los más grandes ya presentaban el patrón de coloración dorsal característico en los segmentos anteriores (Arias y Paxton, 2015a).

Aponuphis willsiei Cantone y Bellan, 1996 (fig. 15)

Aponuphis willsiei Cantone y Bellan, 1996. *Animalia (Catania)*, 21($^1/_3$): 27

Especie menuda, con una anchura máxima, sin incluir los parápodos, de 1 mm. Prostomio extendido anteriormente, con labios frontales ovalados (fig. 15A). Antenas que alcanzan el setígero 10; tres a cinco anillos ceratoforales en la antena media y en las antenas laterales (fig. 15A). Primeros cuatro setígeros (fig. 15B) con cuatro o cinco ganchos pseudocompuestos bidentados (fig. 15D) (raramente también tridentados, fig. 15E), setígero 5 con solo dos o tres ganchos bidentados por parápodo; todos los ganchos de anchura y longitud de apéndice similar, ganchos delgados de apéndice largo ausentes. Cirros ventrales subulados en los cuatro primeros setígeros (fig. 15B). Ganchos subaciculares bidentados desde el setígero 9-10 en adelante (fig. 15C). Branquias ausentes. Patrón de coloración dorsal ausente. Ejemplares preservados normalmente de color blanco iridiscente.

La descripción de la especie se ha tomado de Cantone y Bellan (1996), Arias y Paxton (2015a) y Arias *et al.* (2017).

Distribución geográfica.— *Aponuphis willsiei* es una especie con distribución típicamente mediterránea, aunque también se puede encontrar en las islas Canarias. En el ámbito íbero-balear los registros de esta especie son escasos. Arias y Paxton (2015) la citan para la isla de Alborán y el Puerto de Mazarrón (Murcia). Amoureux (1972) hizo referencia a un ejemplar incompleto de *Aponuphis* sin branquias y de 1 cm de longitud, recolectado junto con otros ejemplares de *A. bilineata* (referidos como *Hyalinoecia bilineata*) en el talud continental de Galicia y lo consideró como la forma mediterránea sin branquias reportada previamente por Bellan (1964). Arias y Paxton (2015) revisaron una gran cantidad de material procedente del talud continental gallego y no encontraron ningún ejemplar perteneciente a esta especie y dado que *A. willsiei* no ha vuelto a ser citada para las costas gallegas, consideraron esta cita como cuestionable. Es bastante probable que se tratara en realidad de una fase juvenil de otra especie de *Aponuphis*.

Biología.— Esta especie es típica de los sustratos arenosos someros de la plataforma continental, a veces asociada a praderas de fanerógamas marinas, desde la zona sublitoral hasta aproximadamente los 30 m de profundidad (Cantone y Bellan, 1996; Arias y Paxton, 2015a; Arias *et al.*, 2017). *Aponuphis willsie* es una especie incubadora y con desarrollo directo. Entre los ejemplares estudiados por Arias y Paxton (2015a) y Arias *et al.* (2017), procedentes del Mediterráneo occidental y de las islas Canarias, se encontraron varios adultos incubando individuos juveniles dentro de sus tubos.

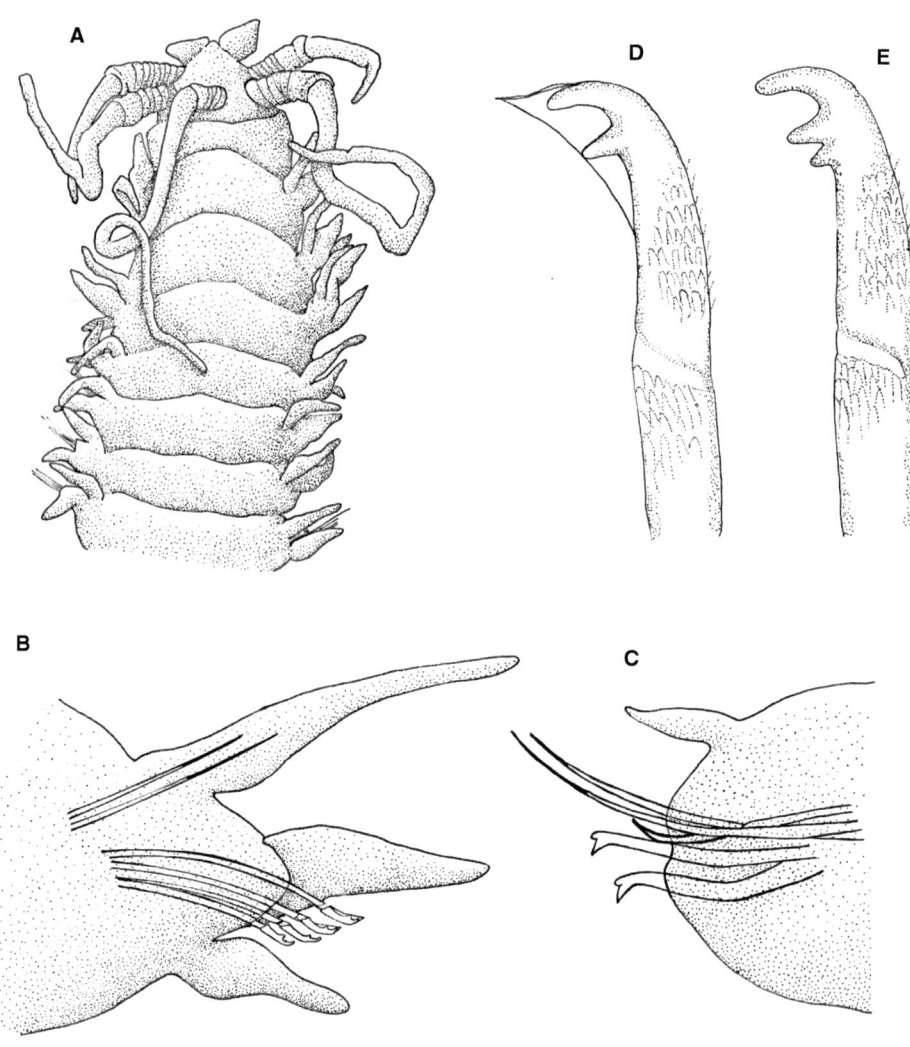

Fig. 15. *Región anterior en vista dorsal (A), vista anterior del parápodo 1 (B) y de un parápodo de la región media (C),* gancho pseudocompuesto bidentado (D) y gancho pseudocompuesto tridentado de un parápodo anterior *modificado (E) de* Aponuphis willsiei. *B, C, redibujados de Cantone y Bellan (1994).*

Género **Diopatra** Audouin y Milne Edwards, 1833
Diopatra Audouin y Milne Edwards, 1833. *Ann. Sci. Nat.*, 28: 229
Especie Tipo: *Diopatra amboinensis* Audouin y Milne Edwards, 1833, por
  designación subsecuente de Malmgren (1866)

Parte anterior del prostomio desde redondeada a ligeramente extendida, con labios frontales subulados. Antenas y palpos con ceratóforos con entre 5 y 20 anillos (a veces con proyecciones laterales) y estilos desde largos a moderadamente largos. Órganos nucales con forma de medialuna o casi circulares. Cirros peristomiales casi siempre presentes. Primeros tres a cinco pares (rara vez siete) de parápodos modificados, algo agrandados, a veces con lóbulos postsetales dobles. Pequeños lóbulos parapodiales ventrales entre los setígeros 5 y 25 presentes en algunas especies. Cirros ventrales subulados en los cuatro, cinco o seis primeros parápodos; cirros dorsales desde largos a muy largos. Branquias presentes desde el setígero 4-5, con filamentos dispuestos en espiral alrededor del tronco branquial. Ganchos de parápodos modificados, desde simples a pseudocompuestos con punta uni-, bi- o tridentada y capuchones que varían de cortos a puntiagudos. Sedas limbadas dorsales del setígero 1, limbadas ventrales que reemplazan a los ganchos desde el setígero 4 o posteriores hasta que son sustituidas a su vez por dos ganchos subaciculares encapuchados bidentados, generalmente entre los setígeros 15 y 20.

Tubos robustos, consistentes en una capa interior muco-proteica secretada y una capa exterior de arena y barro, normalmente ornamentada con materiales exógenos, como conchas, fragmentos de conchas y/o materia vegetal, adheridos en ángulo recto (fig. 16).

La presencia de filamentos branquiales dispuestos en espiral alrededor del tronco branquial central es el principal carácter definitorio de *Diopatra*. Esto hace que sea uno de los pocos géneros de poliquetos que se define principalmente por una única característica y cuyo estatus nunca ha sido modificado o enmendado (Arias *et al.*, 2023).

Diopatra es el género más diverso de la familia *Onuphidae* y está representado por 67 especies reconocidas en todo el mundo, de las cuales 21 fueron descritas antes de 1900, 43 entre 1900 y 2000 y 13 en el nuevo milenio (Arias *et al.*, 2023). Aunque el género se define únicamente por su autapomorfía de poseer branquias en espiral, la identificación específica es notoriamente difícil ya que las diferentes especies son superficialmente muy similares entre sí y carecen de características diagnósticas claras. Solo pueden distinguirse por combinaciones de caracteres que muestran diversos grados de superposición y variabilidad. Este problema de delimitación de especies fue reconocido desde hace mucho tiempo e incluso llevó al famoso poliquetólogo francés Pierre Fauvel a afirmar que la mayoría de las especies descritas de *Diopatra* constituían una única especie de gran variabilidad a nivel mundial, *D. neapolitana* (Delle Chiaje, 1841) (Arias *et al.*, 2023). Se han llevado a cabo revisiones taxonómicas notables conducentes al reconocimiento de nuevos caracteres diagnósticos, a lo que contribuyó en gran medida la llegada de la microscopía electrónica de barrido (Paxton, 1993; Arias *et al.,* 2023). Más recientemente, se han explorado y evaluado nuevos conjuntos de caracteres morfológicos, incluidos los lóbulos y pliegues parapodiales y las características maxilares. Sin embargo, la ayuda más importante para los análisis filogenéticos llegó con los estudios integrativos y la aplicación de métodos moleculares basados en secuencias genéticas (Arias *et al.,* 2023).

Actualmente, para el ámbito íbero-balear se reconocen las cuatro especies de *Diopatra* descritas a continuación. No obstante, para los archipiélagos macaronésicos de las islas Canarias y Madeira se ha registrado una mayor diversidad de especies, incluyendo, aparte de *D. marocensis, D. micrura* y *D. neapolitana* (ya citadas para la Península), a *D. gallardoi* Paxton, 2016, *D. madeirensis* Langerhans, 1880, *D. mariae* Paxton y Arias, 2017, *D. mellea* Paxton y Arias, 2017 y *D. budaevae* Paxton y Arias, 2017, siendo probablemente estas cuatro últimas endémicas de estos archipiélagos (Paxton y Arias, 2017).

Clave de especies

1. Parápodos anteriores con dos lóbulos postsetales . . . . . ***D. biscayensis*** (p. 52)
• Parápodos anteriores con un lóbulo postsetal 2
2. Prostomio redondeado, lóbulo ventral parapodial ausente . . . .
. . . . ***D. marocensis*** (p. 56)
• Prostomio extendido anteriormente, lóbulo ventral entre los parápodos 5-20 . .3
3. Antenas con bandas de pigmento de color marrón, ganchos subaciculares desde el setígero 8-13 . . . . ***D. micrura*** (p. 59)
• Antenas sin bandas de pigmento, ganchos subaciculares desde el setígero 15-25
. . . .***D. neapolitana*** (p. 62)

Diopatra biscayensis Fauchald, Berke y Woodin, 2012 (figs. 16A y 16')
Diopatra biscayensis Fauchald, Berke y Woodin, 2012. *Zootaxa*, 3395: 49

Descripción basada en ejemplares mayores de 3 mm de ancho en el setígero 10 (excluidos los parápodos). Especie grande, hasta 250 mm de largo y anchura máxima de 8,5 mm en el setígero 10. Coloración en vivo que varía desde crema claro a verde oscuro o rojo carmín. Los ejemplares conservados son en general de color crema, con dorso anterior y ceratostilos de color marrón muy claro, anillos ceratoforales de color marrón oscuro; prostomio, labios frontales y parápodos anteriores con motas y manchas marrones. Prostomio anteriormente redondeado con labios frontales subulados. Ceratóforos de palpos y antenas con 7 a 12 anillos, el distal más largo; los ceratostilos se van estrechando gradualmente hasta el extremo. Palpos hasta el setígero 1-2, antenas aproximadamente igual de largas, variando mucho entre especímenes, alcanzan el setígero 4-15. Estilos con alrededor de 20 filas longitudinales irregulares de papilas sensoriales; las glándulas serosas forman a menudo semicírculos. Órganos nucales redondeados en los ejemplares más grandes, dibujan hasta ¾ de un círculo completo; cirros peristomiales largos y delgados, más largos que el peristomio. Primeros cinco a seis pares de parápodos modificados, ligeramente prolongados y dirigidos anteroventralmente, con lóbulos presetal y postsetal doble, superior e inferior (fig. 16'A). Los dos lóbulos postsetales subulados, el superior siempre más grande que el inferior (fig. 16'A). Lóbulo postsetal superior diferenciado hasta la región posterior; lóbulo postsetal inferior presente hasta el setígero 6-7; del setígero 6-8, el lóbulo presetal se vuelve más pequeño, ausente entre los setígeros 15 y 20. Cirros dorsales subulados, volviéndose muy delgados posteriormente; los cirros ventrales subulados en los cinco o seis primeros setígeros, el sexto generalmente corto y triangular, reemplazados por almohadillas ventrales a partir del setígero 7. Branquias espiraladas presentes a partir del setígero 4-5, mejor desarrolladas entre los setígeros 6 y 10, con 9-11 verticilos y que alcanzan el peristomio o el setígero 1 cuando se extienden anteriormente. Filamentos branquiales individuales cortos, el número de filamentos disminuye gradualmente desde aproximadamente los setígeros 10 a 16; filamentos individuales a partir del setígero 50-70, dependiendo del tamaño del ejemplar, ausentes poco después. Parápodos modificados (setígeros 1 a 5-6) con 1-2 sedas limbadas simples superiores y ganchos simples (figs. 12'C, 16'B) y pseudocompuestos (figs. 16'D, 16'E), ambos con punta unidentada (fig. 16'B) y bidentada (fig. 16'C). Ganchos subaciculares simples bidentados desde el setígero 15-19, reemplazando a las sedas limbadas ventrales. Sedas pectinadas ligeramente oblicuas con entre 9 y 32 dientes, normalmente con 25-32, a excepción de las situadas en parápodos más anteriores que suelen tener menos dientes (9-20). Aparato mandíbulo-maxilar oscuramente esclerotizado y muy calcificado; mandíbulas (fig. 16'F) con placas cortantes calcáreas altas con dos hendiduras y ejes delgados; maxila I con arco falcar extendido medialmente; fórmula maxilar: Mx I = 1+1; Mx II = 7-9+8-9; Mx III = 7-9+0; Mx IV = 4-8+6-12; Mx V = 1+1 (fig. 16'G).

Tubo típico del género con una capa interna de secreción propia y una capa externa formada por partículas exógenas, principalmente conchas y fragmentos de conchas de bivalvos que recubren casi toda su longitud; en el medio natural los tubos sobresalen del sedimento varios centímetros (fig. 16A). Tubos de ejemplares juveniles normalmente con capa exterior de fango y arena con escasa ornamentación.

Descripción basada en Arias y Paxton (2015b).

Distribución geográfica.— Esta especie fue descrita originalmente procedente del golfo de Vizcaya y su presencia se conoce desde la bahía de Arcachon hasta Champeaux (bahía de Mont-Saint-Michel), con una gran separación entre las poblaciones de Dolmen du Crapaud, en el golfo de Vizcaya, y Jospinet, en el golfo Normando-bretón (Canal de La Mancha) (Woodin *et al.,* 2014). En el ámbito íbero-balear *D. biscayensis* solo se conoce en sustratos arenosos de la parte externa del estuario de San Vicente de la Barquera (Cantabria) (Arias y Paxton, 2015b). Esta distribución disyunta de la especie, entre el golfo de Vizcaya y el Canal de La Mancha, parece no estar explicada por dispersión na-

Fig. 16. Tubos de Diopatra
en la naturaleza,
D. biscayensis *(A),*
izquierda: parte anterior

de los tubos extraídos del
sedimento, D. marocensis
(B) y D. neapolitana *(C).*

tural. Los estudios genéticos y de modelado ecológico-climático realizados por Galaska *et al.* (2022) y Woodin *et al.* (2014) respaldan la hipótesis de que la conectividad filogeográfica de *D. biscayensis* es el resultado de introducciones, probablemente asociadas a la acuicultura de bivalvos de la región, y no de una

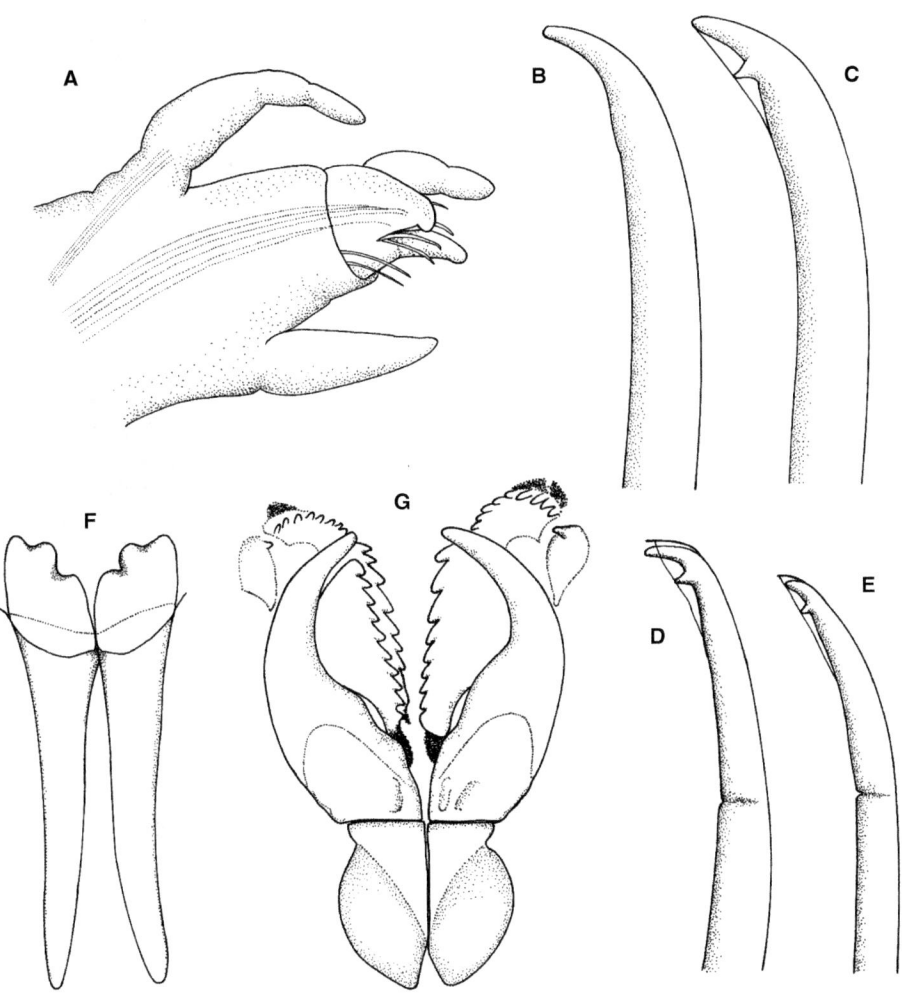

Fig. 16'. Vista anterior del parápodo 2 (A), gancho simple unidentado del parápodo 2 (B), gancho simple bidentado del parápodo 2 (C), ganchos pseudocompuestos bidentados del parápodo 2 (D-E), mandíbulas (F) y aparato maxilar (G) de Diopatra biscayensis. *Redibujados de Arias y Paxton (2015).*

contracción histórica de un área de distribución más amplia. Así, el estado de esta especie en el golfo de Vizcaya se ha categorizado como "criptogénico" (Woodin *et al.*, 2014; Arias y Paxton, 2015b; Galaska *et al.*, 2022).

Biología.— Esta especie se encuentra en las llanuras arenosas intermareales y submareales poco profundas y en la boca de los estuarios del golfo de Vizcaya. *Diopatra biscayensis* es una especie hermafrodita que deposita sus huevos (de unos 260 µm de diámetro) en masas gelatinosas que aferra a la parte anterior, y sobresaliente, de sus tubos. En la población de San Vicente de la Barquera, estudiada por Arias y Paxton (2015), esto ocurre a finales de verano, entre los meses de agosto y septiembre. Al ser una especie que alcanza un tamaño relativamente grande es muy apreciada como cebo de pesca, lo que hace que esté sometida a una considerable explotación pesquera (Arias y Paxton, 2015b).

Diopatra marocensis Paxton, Fadlaoui y Lechapt, 1995 (figs. 16B, 17 y 18)

Diopatra marocensis Paxton, Fadlaoui y Lechapt, 1995. *J. Mar. Biol. Assoc. U.K.*, 75: 950

Especie mediana, hasta 160 mm de largo y con ancho máximo de 4,5 mm en el setígero 10 (excluidos los parápodos). Coloración en vivo que oscila desde anaranjado a rosado iridiscente con patrón de pigmentación marrón irregular y pequeños puntos blancos. Los ejemplares conservados son en general de color crema, con machas irregulares y puntos de pigmento de color marrón, ese patrón de pigmentación difusa (a veces con puntos blancos) se continúa en la parte dorsal de los setígeros de la parte anterior del cuerpo (fig. 17A). Prostomio anteriormente redondeado con labios frontales subulados. Ceratóforos de palpos y antenas con 6 a 9 anillos, el distal más largo (figs. 17A, 17B); los ceratostilos se estrechan gradualmente hasta el extremo (fig. 17B). Palpos hasta el setígero 3, antenas casi tan largas, alcanzan el setígero 10-12. Órganos nucales con forma de medialuna (fig. 17B); cirros peristomiales presentes, más largos que el peristomio (figs. 17A, 17B). Primeros cuatro pares de parápodos modificados, ligeramente prolongados y dirigidos anteroventralmente, con lóbulos presetal y postsetal simples y lóbulos parapodiales ventrales ausentes (fig. 17C). Cirros dorsales subulados; cirros ventrales subulados en los primeros cuatro o cinco pares de setígeros, reemplazados por almohadillas ventrales a partir del setígero 5-6. Branquias espiraladas presentes a partir del setígero 4-5 (fig. 17D), mejor desarrolladas entre los setígeros 5 y 9, con 6-9 verticilos y que alcanzan el peristomio o el setígero 2 cuando se extienden anteriormente (fig. 17B). Filamentos branquiales individuales delgados, el número de filamentos disminuye gradualmente; filamentos individuales a partir del setígero 30-41, dependiendo del tamaño del ejemplar, ausentes poco después. Parápodos modificados (setígeros 1 a 4) con 1-2 sedas limbadas simples superiores (figs. 18A, 18B) y ganchos pseudocompuestos de punta bidentada (figs. 17E, 17F). Ganchos subaciculares simples bidentados desde el setígero 13-15 que reemplazan a las sedas limbadas ventrales. Sedas pectinadas ligeramente oblicuas con entre

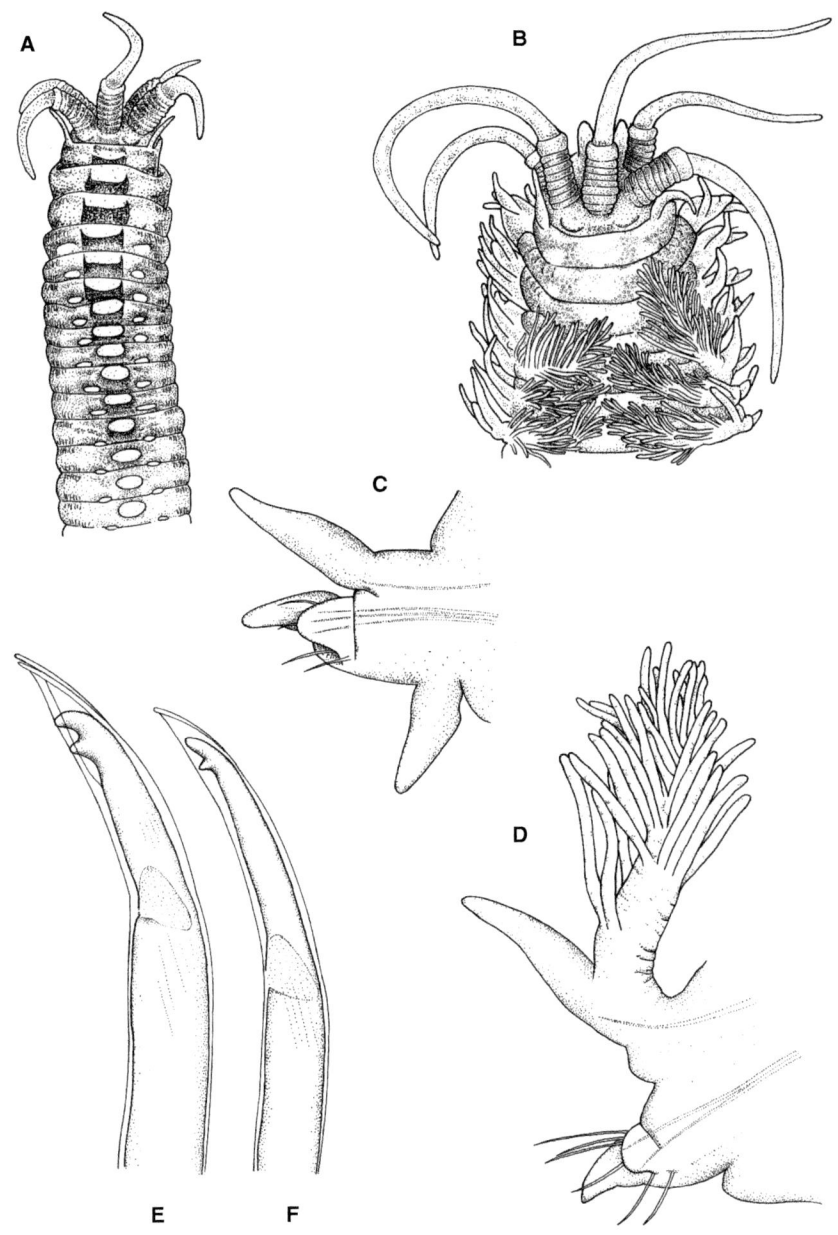

Fig. 17. Región anterior
en vista dorsal de un
morfotipo de antenas
cortas (A) y otro de

antenas largas (B), vista
anterior de los parápodos
2 (C) y 5 (D) y ganchos
pseudocompuestos

bidentados del parápodo
2 (E-F) de Diopatra
marocensis. Redibujados
de Paxton et al. (1995).

11 y 20 dientes a partir del setígero 5-7 (fig. 18C). Mandíbulas (fig. 18D) con placas cortantes calcáreas altas con dos hendiduras y ejes delgados; maxilas moderadamente esclerotizadas; fórmula maxilar: Mx I = 1+1; Mx II = 6-9+7-9; Mx III = 6-7+0; Mx IV = 5-8+8-10; Mx V = 1+1 (fig. 18E).

Tubo típico del género con una capa interna de secreción propia y una capa externa formada por partículas exógenas, principalmente material vegetal y ocasionalmente con fragmentos de conchas de moluscos; en el medio natural los tubos sobresalen del sedimento varios centímetros (fig. 16B).

La descripción de la especie se ha tomado de Paxton *et al.* (1995) y Paxton y Arias (2017).

Distribución geográfica.— La presencia de esta especie, originalmente descrita para las costas del norte de Marruecos, se ha constatado en distintos puntos del Atlántico ibérico, desde el sur de Portugal hasta el mar Cantábrico, incluyendo el archipiélago de las islas Canarias (Paxton *et al.*,

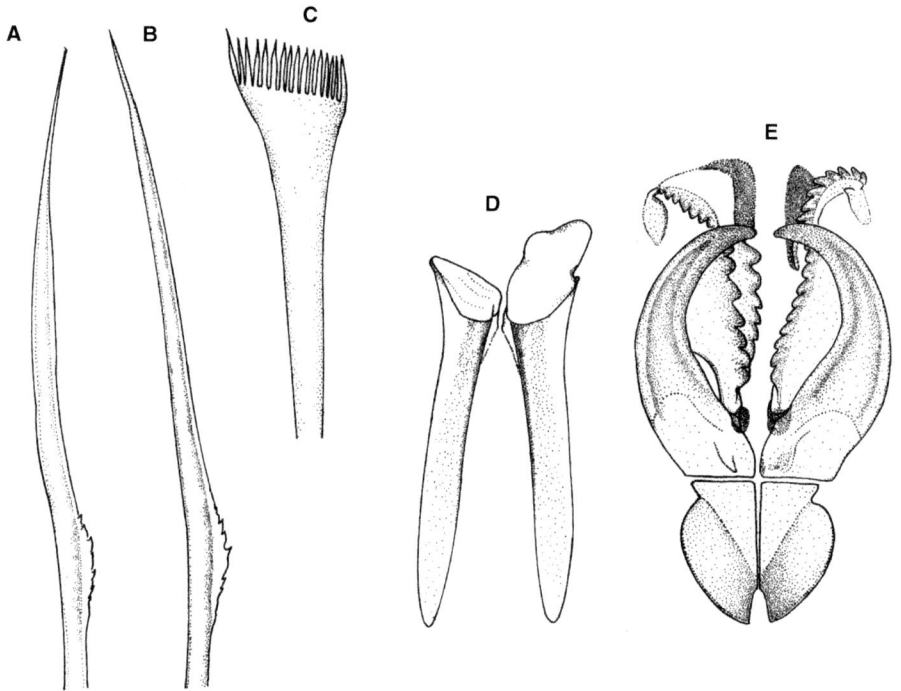

Fig. 18. Sedas limbadas de los parápodos anteriores (A-B), seda pectinada de un parápodo de la región media (C), mandíbulas (D) y aparato maxilar (E) de Diopatra marocensis. *Redibujados de Paxton* et al. *(1995).*

1995; Paxton y Arias, 2017). De igual modo, se ha citado como una especie presuntamente introducida en el Mediterráneo oriental. En el ámbito íbero-balear podemos confirmar su presencia en distintos puntos de la costa portuguesa, como la ría de Aveiro, en la ría de Camariñas (Galicia), en el estuario de la ría de Villaviciosa (Asturias) y en la bahía de Santander (Cantabria) (Rodrigues *et al.*, 2009; Arias *et al.*, 2010, 2013a; Paxton y Arias, 2017). Es probable que la especie esté más ampliamente distribuida en las costas ibéricas y que haya sido incorrectamente registrada bajo el nombre de *D. neapolitana*.

Biología.— Esta especie se encuentra en las llanuras arenosas intermareales y submareales poco profundas y en la boca de los estuarios. *Diopatra marocensis* es una especie hermafrodita simultánea e incubadora que protege sus huevos (de unos 600 µm de diámetro) dentro del tubo parental con una membrana mucosa. Su espermatozoide es de tipo *ent-aquasperm*, es decir adaptado a la fecundación cerca del cuerpo del gusano, en cavidades corporales o dentro del tubo (Arias *et al.*, 2013a). En la población del estuario de la ría de Villaviciosa, estudiada por Arias *et al.* (2013a), esto ocurre entre los meses de marzo y julio. Es una especie apreciada como cebo de pesca, por lo cual se recolecta del medio natural junto con otras especies del género para su uso en la pesca recreativa (Rodrigues *et al.*, 2009; Arias *et al.*, 2013a). Al igual que ocurre con otras especies de la familia, en *D. marocensis* también se encontraron ectosimbiontes ciliados peritricos del género *Epistylis* en los parápodos anteriores y en las branquias (Arias *et al.*, 2010).

Diopatra micrura Pires, Paxton, Quintino y Rodrigues, 2010 (fig. 19)
Diopatra micrura Pires, Paxton, Quintino y Rodrigues, 2010. *Zootaxa*, 2395: 22

Especie pequeña, hasta 78 mm de largo y anchura máxima de 4,5 mm en el setígero 10 (excluidos los parápodos). Coloración en vivo variando desde verdoso a crema anaranjado; antenoestilos y palpostilos con bandas transversales marrones muy características, de 4 a 8 en las antenas y de 2 a 4 en los palpos (fig. 19A). Labios frontales blanquecinos con pigmento marrón en la base y ceratóforos con anillos marrones. Prostomio con pigmento marrón; área de los órganos nucales más pálida. Peristomio pigmentado de color marrón en toda su superficie. Cirros peristomiales de color crema (fig. 19A). Los ejemplares conservados son en general de color crema, con bandas de pigmento marrón en los estilos de antenas y palpos y peristomio de color marrón, más oscuro que los segmentos siguientes que presentan dos manchas marrones a ambos lados de la línea media (fig. 19A). Prostomio anteriormente extendido y apuntado con labios frontales subulados. Ceratóforos de palpos y antenas con 12 a 15 anillos, el distal más largo; los ceratostilos se van estrechando gradualmente hasta el extremo (fig. 19A). Palpos hasta el

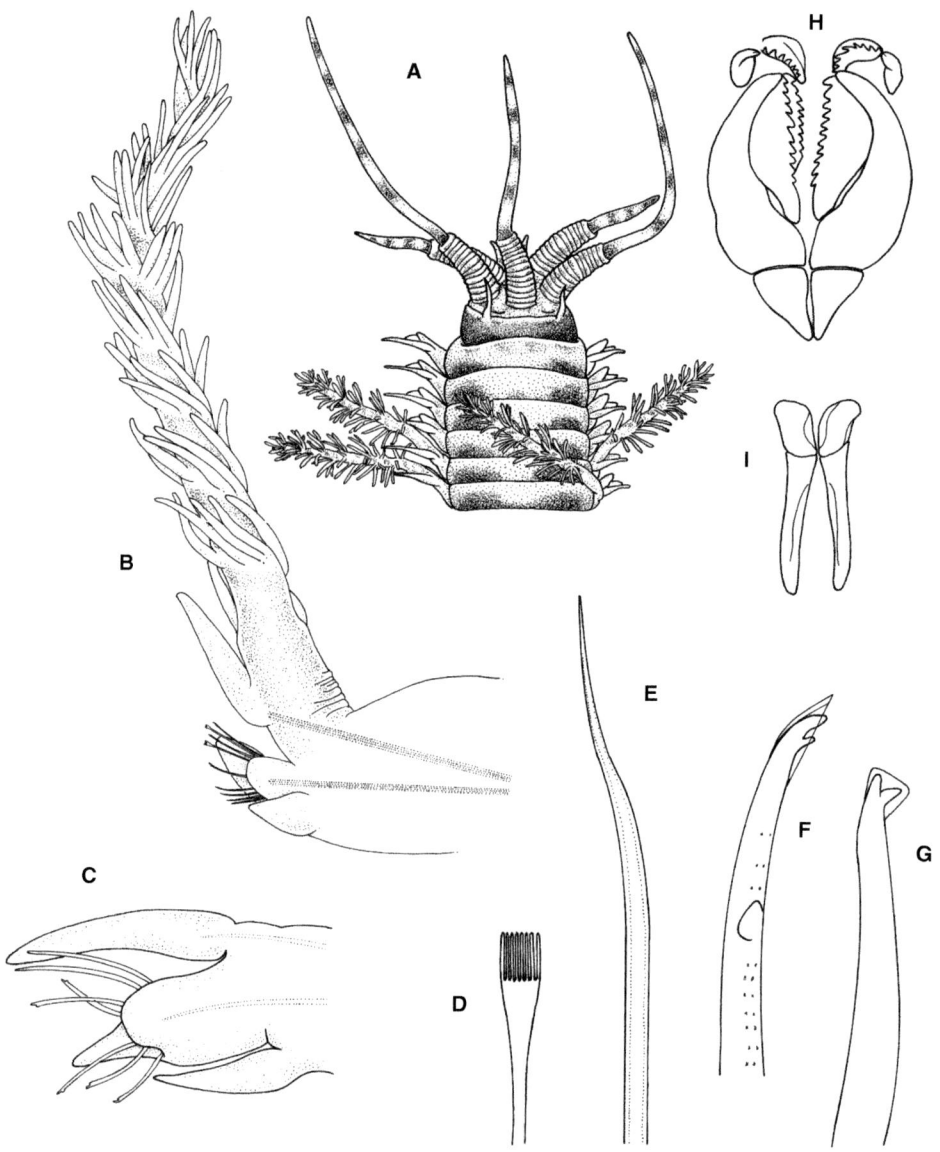

Fig. 19. *Región anterior en vista dorsal (A), vista anterior de los parápodos 6 (B) y 1 (C), seda pectinada (D), seda limbada (E), gancho pseudocompuesto bidentado de parápodo anterior modificado (F), gancho subacicular (G), aparato maxilar (H) y mandíbulas (I)* de Diopatra micrura. *Redibujados de Pires* et al. *(2010).*

setígero 2-4, antenas aproximadamente igual de largas, alcanzan el setígero 4-13. Estilos con 12-14 filas longitudinales irregulares de papilas sensoriales; las glándulas serosas forman principalmente círculos. Órganos nucales con forma de medialuna (fig. 19A); cirros peristomiales presentes, casi el doble de largos que el peristomio (fig. 19A). Primeros cuatro pares de parápodos modificados, algo prolongados y dirigidos anteroventralmente, con lóbulos presetal y postsetal simples y lóbulos parapodiales ventrales presentes entre los setígeros 5 y 14-20, con forma subulada u ovalada (fig. 19). Cirros dorsales subulados; cirros ventrales subulados en los primeros cuatro pares de setígeros, reemplazados por almohadillas ventrales a partir del setígero 5. Branquias espiraladas presentes a partir del setígero 4-5, mejor desarrolladas entre los setígeros 6 y 9, con 8-14 verticilos, y que alcanzan el prostomio cuando se extienden anteriormente (fig. 19A). Filamentos branquiales individuales delgados y cortos (fig. 19B), el número de filamentos disminuye gradualmente; filamentos individuales a partir del setígero 32-55 dependiendo del tamaño del ejemplar, ausentes a continuación. Parápodos modificados (setígeros 1 a 4) con 1-2 sedas limbadas simples superiores (fig. 19E) y 5-6 ganchos pseudocompuestos de punta bidentada y capuchones puntiagudos, con dos filas de pequeñas espinas en sus apéndices (fig. 19F). Ganchos subaciculares simples bidentados desde el setígero 8-13 y que reemplazan a las sedas limbadas ventrales (fig. 19G). Sedas pectinadas con entre 5 y 10 dientes largos a partir del setígero 5 (fig. 19D). Mandíbulas (fig. 19I) poco esclerotizadas con placas cortantes calcáreas y ejes delgados; maxilas moderadamente esclerotizadas; fórmula maxilar: Mx I = 1+1; Mx II = 8-10+8-11; Mx III = 8-11+0; Mx IV = 5-8+7-11; Mx V = 1+1 (fig. 19H).

Tubo típico del género con una capa interna de secreción propia y una capa externa formada por partículas exógenas, principalmente material vegetal y fragmentos de conchas de moluscos; en el medio natural los tubos sobresalen del sedimento varios centímetros.

Otras descripciones de la especie disponibles en Pires *et al.* (2010), Arias y Paxton (2014a) y Paxton y Arias (2017).

Distribución geográfica.— Esta especie fue originalmente descrita para la ría de Aveiro en Portugal y su presencia se ha constatado en distintos puntos del Atlántico ibérico, y del Mediterráneo del sureste de la Península (Cabo de Gata y puerto de Valencia), incluyendo el archipiélago de las islas Canarias (Pires *et al.*, 2010; Arias y Paxton, 2014a; Paxton y Arias, 2017). Es probable que la especie esté más ampliamente distribuida en las costas ibéricas y que haya sido incorrectamente registrada como *D. neapolitana*.

Biología.— Se encuentra en las llanuras arenosas intermareales y submareales poco profundas y en la boca de los estuarios (Pires *et al.*, 2010; Arias y Paxton, 2014a; Paxton y Arias, 2017).

Diopatra neapolitana Delle Chiaje, 1841 (figs. 16C y 20)
Diopatra neapolitana Delle Chiaje, 1841. *Descr. Notomia Anim. Invertebr. Sicil. Citeriore*, 3: 97

Especie muy grande, hasta 800 mm de largo y con ancho máximo de 10 mm en el setígero 10 (excluidos los parápodos). Coloración en vivo con un fondo verdoso, diferenciándose en dos patrones o morfotipos: (1) peristomio y primeros cinco a ocho setígeros completamente cubiertos de pigmento muy oscuro, casi negro, o marrón, siguientes setígeros de color crema verdoso con una barra media dorsal transversal corta y negra en el margen anterior de cada segmento, es el más común; (2) peristomio y segmentos siguientes de color crema con una barra mediodorsal transversal corta y oscura en el margen anterior de cada segmento (fig. 20A). Ambos patrones pueden presentar pequeñas manchas blancas distribuidas irregularmente a lo largo del cuerpo. Ejemplares juveniles con un patrón más complejo de líneas y parches de pigmento oscuro. Prostomio extendido por delante y apuntado con labios frontales subulados (fig. 20A). Ceratóforos de palpos y antenas con 8 a 17 anillos, el distal más largo (fig. 2C); los ceratostilos se van estrechando gradualmente hasta el extremo. Palpos hasta el setígero 1-3, antenas aproximadamente igual de largas (aunque puede variar entre ejemplares), alcanzando el setígero 4-10. Estilos con 20-22 filas longitudinales interrumpidas de papilas sensoriales (fig. 2E); las glándulas serosas a menudo forman círculos (fig. 2E). Órganos nucales con forma circular en los ejemplares más grandes, en otros completando las tres cuartas partes del círculo (figs. 2D, 20A); cirros peristomiales delgados, aproximadamente el doble de largos que el peristomio. Primeros tres o cuatro pares de parápodos modificados, ligeramente prolongados y dirigidos anteroventralmente, con lóbulos presetal y postsetal simples, los primeros de forma redondeada y los segundos agrandados y subulados, ambos disminuyen de tamaño posteriormente (fig. 20B); lóbulos presetales presentes hasta el setígero 15-20 y los postsetales hasta el final del cuerpo. Lóbulos parapodiales ventrales presentes entre los setígeros 5 y 15-20, claramente distintivos entre los setígeros 6 y 12, con forma subulada u ovalada (fig. 20C). Cirros dorsales subulados largos, llegan a alcanzar la línea mediodorsal del segmento; cirros ventrales subulados en los primeros cuatro pares de setígeros, reemplazados por almohadillas ventrales a partir del setígero 5. Branquias espiraladas presentes a partir del setígero 4-5, más desarrolladas entre los setígeros 7 y 20, con aproximadamente 20 verticilos y que alcanzan el peristomio cuando se extienden anteriormente. Filamentos branquiales individuales delgados y cortos, el número de filamentos disminuye gradualmente a partir del setígero 20; filamentos individuales a partir del setígero 50-70 dependiendo del tamaño del ejemplar, ausentes a continuación. Parápodos modificados (setígeros 1 a 3 o 4) con 1-2 sedas limbadas simples superiores y 5-8 ganchos pseudocompuestos de punta unidentada (figs. 20E, 20F) y bidentada (fig. 20G) y capuchones puntiagudos, 3-5 de apéndice grueso (fig. 20E) y 2-3 de apéndice delgado (figs. 20F, 20G). Ganchos subaciculares simples bidentados desde el setígero 16-22 reemplazando a las sedas limbadas

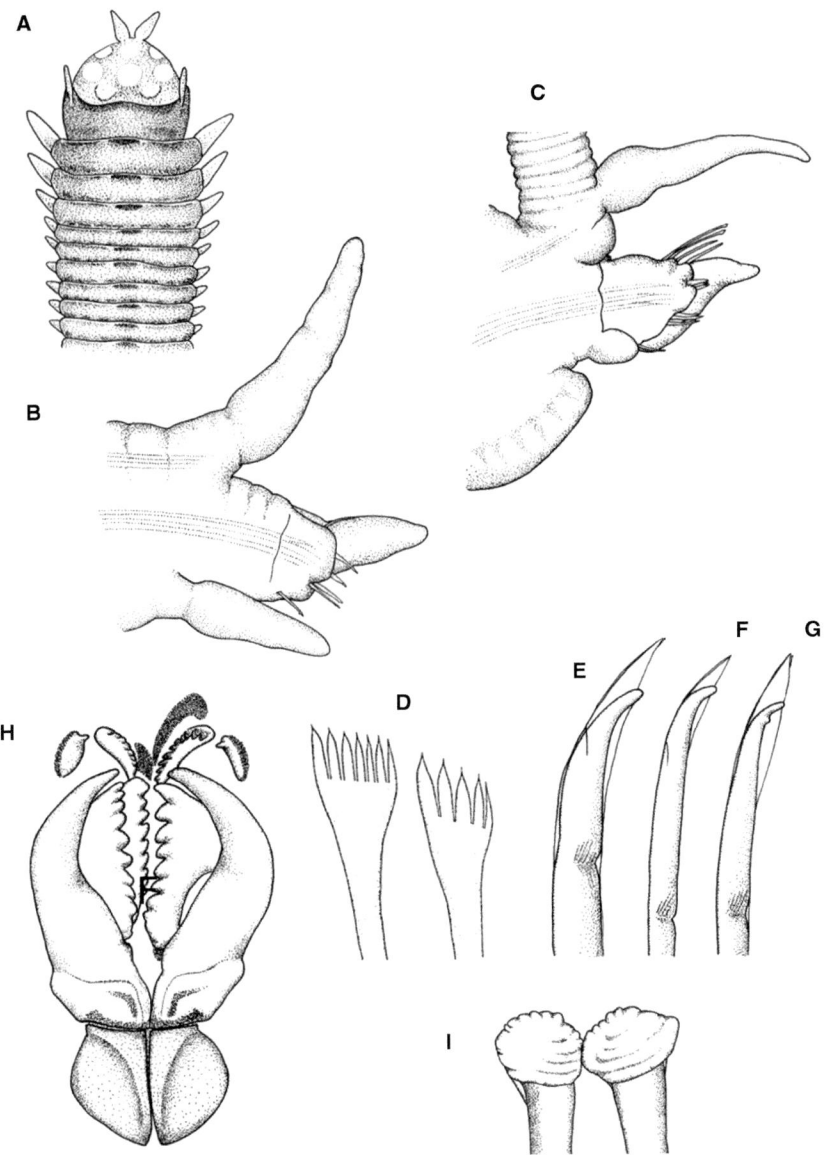

Fig. 20. Región anterior en vista dorsal –antenas, palpos y estructuras parapodiales omitidas (A), vista anterior de los parápodos 1 (B) y 6 (C), sedas pectinadas (D), gancho pseudocompuesto simple y robusto del parápodo 1 (E), gancho pseudocompuesto simple del parápodo 1 (F), gancho pseudocompuesto bidentado del parápodo 1 (G), aparato maxilar (H) y mandíbulas (I) de Diopatra neapolitana. B-I, redibujados de Arias et al. (2016).

ventrales. Sedas pectinadas con entre 5 y 10 dientes con disposición transversal o ligeramente oblicua a partir del setígero 4-5 (fig. 20D). Mandíbulas (fig. 20I) ennegrecidas y esclerotizadas con placas cortantes calcáreas y ejes delgados; maxilas moderadamente esclerotizadas; fórmula maxilar: Mx I = 1+1; Mx II = 5-8+8; Mx III = 8-9+0; Mx IV = 6+9; Mx V = 1+1 (fig. 20H). Tubo con escasa ornamentación con una capa interna de secreción propia y una capa externa formada por fango y/o arena fina, normalmente con una gran pieza de material exógeno en la zona de su abertura y dispuesto a nivel del sedimento, sin sobresalir de este (fig. 16C).

Descripción de la especie tomada de Arias *et al.* (2016).

Distribución geográfica.— Esta especie ha sido originalmente descrita para el golfo de Nápoles en el sur de la península itálica y su presencia se ha confirmado en distintos puntos del mar Mediterráneo, el Atlántico ibérico, el mar Cantábrico y el golfo de Vizcaya y los archipiélagos de las islas Canarias y de Madeira (Pires *et al.*, 2010; Arias *et al.*, 2016; Paxton y Arias, 2017). Es muy probable que la especie tenga una amplia distribución ibérica, no obstante, debido a que hasta hace relativamente poco tiempo era la única representante del género conocida para Europa, muchos de los registros ibéricos de la literatura podrían no corresponderse realmente con esta especie, sino con alguna de las otras tres especies citadas para la zona. Arias *et al.* (2016) confirman su presencia en los estuarios de las rías de Villaviciosa y del Eo (Asturias), Santander y San Vicente de la Barquera (Cantabria), rías de Arousa y de Vigo (Galicia), la bahía de Cádiz (Andalucía) y los archipiélagos de Maderia y Canarias. De igual modo, Rodrigues *et al.* (2009) y Pires *et al.* (2010) verifican su presencia en las localidades portuguesas de Aveiro, Óbidos, Guia, el estuario del Tajo y su desembocadura y Olhão.

Biología.— Se encuentra en las llanuras arenosas intermareales y submareales poco profundas y en la boca de los estuarios. *Diopatra neapolitana* es una especie hermafrodita secuencial de tipo protándrico que libera sus huevos maduros (de entre 200 y 240 µm de diámetro) al medio marino donde se produce la fecundación y tras un breve período larvario las larvas se van al fondo donde se transforman en juveniles que empiezan a construir sus propios tubos. En el momento de la madurez sexual los individuos que están pasando por una fase hermafrodita simultánea desarrollan pares de papilas dorsales (un par por segmento) en la región branquial del animal, que actúan como vesículas seminales y como vía de salida de los espermatozoides. Este hecho hizo que la primera vez que se observaron estos ejemplares se describieran como una especie distinta, *D. cryptornata* Fauchald *et al.*, 2012, la cual fue posteriormente puesta en sinonimia con la primera, ya que en realidad solo representan una fase del ciclo reproductivo de *D. neapolitana* (Arias *et al.*, 2016).

Al ser una de las especies más grandes de su género es muy apreciada como cebo de pesca y se halla sometida a una considerable explotación pesquera en diferentes puntos de la Península (Arias y Paxton, 2015b).

Genus **Mooreonuphis** Fauchald, 1982

Mooreonuphis Fauchald, 1982. *Smithson. Contrib. Zool.*, 356: 55

ESPECIE TIPO: *Onuphis nebulosa* Moore, 1911, por designación original

Prostomio con un par de labios frontales ovales, palpos cortos y antenas desde cortas hasta moderadamente largas con entre tres y cinco anillos en los ceratóforos. Ocelos prostomiales usualmente presentes. Cirros peristomiales presentes. Primeros tres a ocho pares de parápodos modificados, pero no agrandados. Cirros ventrales subulados en los primeros tres a seis setígeros (raramente más), reemplazados por almohadillas glandulares posteriormente. Cirros dorsales moderadamente largos. Branquias presentes, normalmente simples, raramente pectinadas. Ganchos de los parápodos modificados por lo común pseudocompuestos, con capuchones cortos y tridentados, rara vez combinando tipologías bidentadas y tridentadas. Ganchos medios normalmente transformados en simples y denominados "ganchos medianos grandes". Sedas limbadas dorsales desde el setígero 1, sedas limbadas ventrales compuestas (= espinígeras) desde el setígero 4, o en adelante, hasta ser reemplazadas por un par de ganchos subaciculares bidentados y simples a partir de los setígeros 13-29.

Tubos de sección circular, constituidos por una fina capa mucosa en su cara interna y recubiertos externamente por granos de arena o fango.

Mooreonuphis vespa Arias, Anadón y Paxton, 2013 (fig. 21)

Mooreonuphis vespa Arias, Anadón y Paxton, 2013. *Zootaxa*, 3741(4): 584

Especie delgada con anchura máxima de 1,9 mm en el setígero 10 (excluidos los parápodos). Ejemplares estudiados incompletos, el mayor de 68 mm de longitud con 179 setígeros. Patrón de coloración dorsal presente, formado por bandas horizontales de color marrón oscuro, dos por segmento, una en la parte anterior más fina y otra mucho más gruesa y conspicua en la posterior (volviéndose intersegmental en los segmentos medios y posteriores) (fig. 21A). Prostomio con una pequeña incisión anterior y un par de labios frontales cónicos. Un par de ocelos presente, pequeños y situados entre las bases de las antenas laterales y los palpos. Palpos que se extienden hasta el setígero 2, antenas laterales que llegan al setígero 7-8 y antena media que alcanza el setígero 6-7, todos con entre cuatro y cinco anillos en los ceratóforos. Cirros peristomiales inusualmente largos y delgados, insertados distalmente en el peristomio detrás de las antenas laterales, excediendo el margen anterior del prostomio (fig. 21A). Primeros seis setígeros del cuerpo ligeramente más anchos que los siguientes. Primeros cinco pares de parápodos modificados, no agrandados, con disposición anterolateral, con un pliegue presetal, lóbulo presetal redondeado y lóbulo postsetal subulado; cirro dorsal subulado y entre el doble y el triple de largo que el lóbulo postsetal; cirro ventral subulado en los primeros seis pares de setígeros (figs. 21C, 21D), transformándose en una almohadilla glandular a continuación (fig. 21B). Lóbulo postsetal conspicuo y subulado en los primeros 20 setígeros, haciéndose más pequeño y cónico posteriormente. Branquias simples, con un único filamento en forma de cordón, presentes desde el setígero 17-19 hasta prácticamente el final del cuerpo; los primeros filamentos branquiales más cortos que el cirro dorsal, se hacen más largos posteriormente y alcanzan el doble de la longitud del cirro dorsal en torno al setígero 76 (fig. 21E) para disminuir otra vez a partir de ahí, quedando reducidos a una pequeña papila alrededor del setígero 130. Acículas de color amarillo con puntas afiladas, generalmente dos por parápodo. Ganchos encapuchados pseudocompuestos en los primeros cinco setígeros (figs. 21F-J). Primeros cinco pares de parápodos con la siguiente composición setal, desde la parte superior a la inferior del abanico de sedas: una seda simple, dos ganchos pseudocompuestos tridentados de apéndice largo (fig. 21F), un gancho simple tridentado "gancho mediano grande" (fig. 21G), dos pseudocompuestos tridentados de apéndice corto (figs. 21H-J). Los capuchones de los ganchos pseudocompuestos son falcados (con forma de hoz) y con puntas afiladas. Desde el setígero 6 hasta el 17-18 sedas limbadas compuestas (espinígeras) aparecen reemplazando a los ganchos pseudocompuestos anteriores (fig. 21K). Sedas pectinadas aplanadas con entre 12 y 15 dientes (fig. 21L). Ganchos bidentados subaciculares presentes desde el setígero 18-21. Mandíbulas pequeñas en relación con la maxila, con placas cortantes calcificadas blancas y con ejes delgados (fig. 21M). Aparato maxilar pobremente esclerotizado, fórmula maxilar: Mx I = 1+1, Mx II = 9+8, Mx III = 7+0, Mx IV = 6+8, Mx V = 1+1, Mx VI ausente (fig. 21N).

Tubo de sección cilíndrica, con aspecto apergaminado y externamente cubierto con granos de arena.

La descripción de la especie se ha tomado de Arias *et al.* (2013b).

Distribución geográfica.— Hasta la fecha esta especie solo se ha recolectado en la plataforma continental del mar Cantábrico central (Asturias, golfo de Vizcaya).

Biología.— Esta especie ha sido registrada para los sustratos arenosos de la plataforma continental cantábrica entre los 117 y los 152 m de profundidad y siempre en bajas densidades poblaciones, lo que sugiere que podría tratarse de una especie poco abundante y con una distribución restringida en el golfo de Vizcaya (Arias *et al.*, 2013b).

El holotipo de esta especie fue recolectado junto con su tubo y en el momento de la disección de este, se encontraron 14 huevos embrionados, con claros signos de segmentación y con un diámetro de entre 510 y 680 μm (Arias *et al.*, 2013b). Debido al gran tamaño de sus huevos, se considera que esta especie incubadora tiene un desarrollo de tipo directo y una vez que los juveniles alcancen un cierto tamaño podrán abandonar el tubo parental para formar sus propios tubos en el exterior (Arias *et al.*, 2013b).

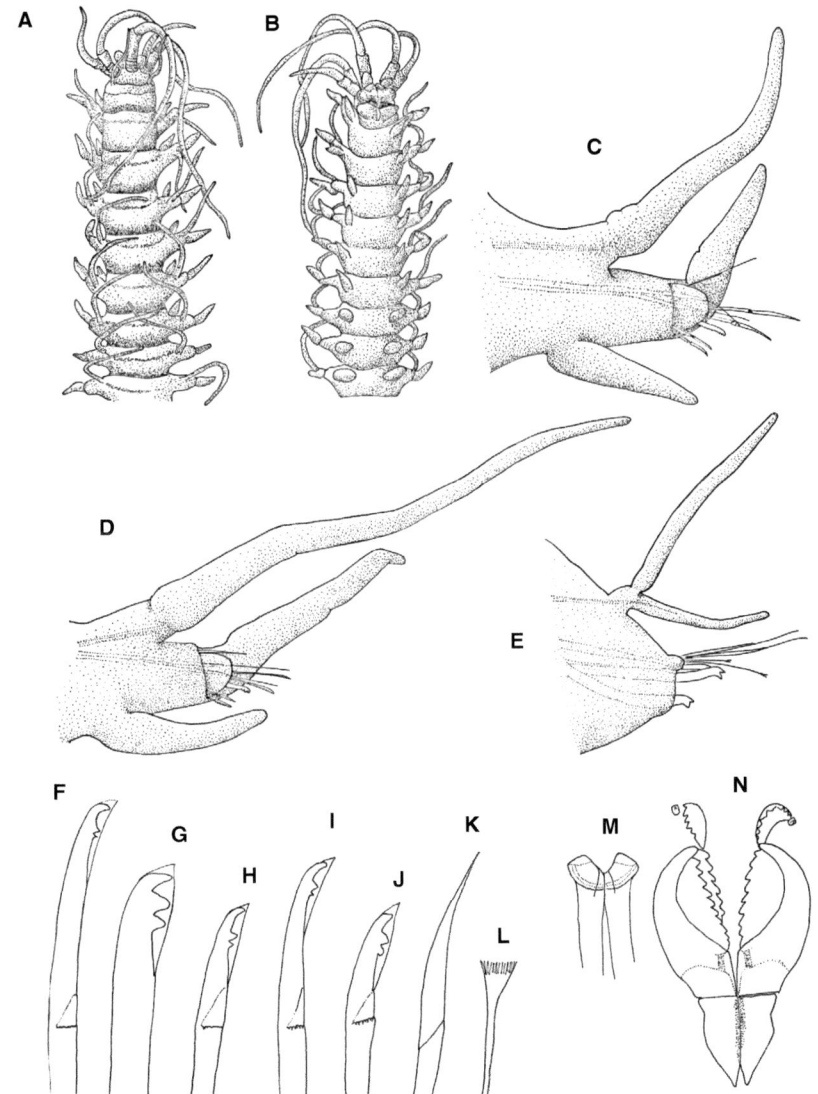

Fig. 21. Región anterior en vista dorsal (A) y ventral (B), vista anterior de los parápodos 1 (C) y 3 (D), vista posterior del parápodo 76 (E), gancho pseudocompuesto tridentado del parápodo 1 (F), gancho grande tridentado simple del parápodo 3 (G), gancho pseudocompuesto tridentado del parápodo 1 (H), ganchos pseudocompuestos tridentados del parápodo 4 (I, J), seda espinígera del parápodo 6 (K), seda pectinada del parápodo 76 (L), mandíbulas (M) y aparato maxilar (N) de Mooreonuphis vespa. *Redibujados de Arias* et al. *(2013b).*

Género **Onuphis** Audouin y Milne Edwards, 1833
Onuphis Audouin y Milne Edwards, 1833. *Ann. Sci. Nat.*, 28: 225
ESPECIE TIPO: *Onuphis eremita* Audouin y Milne Edwards, 1833, por designación
subsecuente de Malmgren (1866)

Prostomio normalmente extendido en su parte anterior, con un par de labios frontales conspicuos. Ocelos prostomiales presentes o ausentes. Antenas y palpos con 10-25 anillos en los ceratóforos y estilos de longitud variable, siendo los estilos de los palpos normalmente más cortos que la longitud de los ceratóforos. Órganos nucales con disposición casi rectilínea. Cirros peristomiales presentes. Primeros tres o cuatro (raramente cinco) pares de parápodos modificados, pero no agrandados. Cirros ventrales subulados en los primeros cuatro a seis setígeros, reemplazados por almohadillas glandulares posteriormente. Cirros dorsales moderadamente largos. Branquias rara vez ausentes, normalmente presentes desde el setígero 1, excepcionalmente desde los setígeros 3-6; simples o pectinadas con hasta un máximo de 12 filamentos. Sedas de tipo gancho de los parápodos modificados normalmente pseudocompuestas, con capuchones cortos y tridentadas, raramente solo bidentadas, a veces combinando tipologías bidentadas y tridentadas e incluso multidentadas. Sedas limbadas dorsales desde el setígero 1, sedas limbadas ventrales reemplazando a los ganchos pseudocompuestos desde el setígero 4, o en adelante, hasta ser sustituidas por un par de ganchos subaciculares bidentados y simples a partir de, usualmente, los setígeros 10-12. Tubos de sección circular, constituidos por una fina capa mucosa, o por una gruesa de aspecto apergaminado, en su cara interna y recubiertos externamente por pequeñas partículas exógenas, como granos de arena, pequeños fragmentos de conchas u otros materiales.

Onuphis es el segundo género más numeroso en especies de la familia *Onuphidae*, después de *Diopatra*, con alrededor de 40 especies válidas (Maekawa y Hayashi 1999; Arias y Paxton, 2014b, 2015a; Gil y Machado, 2014). Sin embargo, el género solo ha sido objeto de revisiones parciales (Fauchald, 1982; Maekawa y Hayashi, 1999; Arias y Paxton, 2014b, 2015a) y es muy posible que se descubran nuevas especies en un futuro próximo. El género *Onuphis* es un taxon cosmopolita y la mayoría de sus especies son características de las aguas litorales y relativamente poco profundas de regiones templado-cálidas. Sin embargo, las especies concretas del género parecen tener distribuciones limitadas y restringidas a áreas geográficas concretas (Paxton, 1986a; Arias y Paxton, 2014b, 2015a).

Clave de especies
   1. Branquias presentes desde el setígero 1 2
   • Branquias presentes desde el setígero 5, simples (con un único filamento branquial) . . . . **O. farensis** (p. 76)
   2. Branquias simples, patrón de coloración ausente o poco conspicuo, primeros 4 pares de parápodos con ganchos pseudocompuestos 3

- Branquias pectinadas presentes desde el setígero 20 aproximadamente, patrón de coloración formado por barras, manchas y puntos conspicuos en la parte dorsal, primeros 3 pares de parápodos con ganchos pseudocompuestos 4

3. Ganchos pseudocompuestos bi-, tri- y cuatridentados con capuchones falcados en los parápodos anteriores modificados (figs. 22D-G), ganchos subaciculares simples presentes desde el setígero 9, cirros ventrales subulados en los 4 primeros setígeros . . . . ***O. anadonae*** (p. 69)

- Únicamente ganchos tridentados presentes en los parápodos anteriores modificados, con capuchones moderadamente largos y triangulares (figs. 27E, 27F), ganchos subaciculares simples presentes desde el setígero 14, cirros ventrales subulados en los primeros 5 o 6 setígeros . . . . ***O. rullieriana*** (p. 82)

4. Ganchos pseudocompuestos bi- y tridentados (incluso multidentados) en los parápodos anteriores modificados, ocelos prostomiales ausentes, branquias pectinadas con hasta un máximo de 8 filamentos branquiales; especie robusta . . . ***O. pancerii*** (p. 79)

- Únicamente ganchos pseudocompuestos tridentados en los parápodos anteriores modificados, ocelos prostomiales presentes, branquias pectinadas con hasta un máximo de 5 filamentos branquiales; especie menuda . . . . ***O. eremita*** (p. 72)

Onuphis anadonae Arias y Paxton, 2015 (fig. 22)

Onuphis anadonae Arias y Paxton, 2015. *Zootaxa*, 3949(3): 347

Especie mediana, hasta 145 mm de largo y ancho máximo de 2,8 mm en el setígero 10 (excluidos los parápodos). Carece de patrón de coloración dorsal, únicamente presenta una banda de color oscuro en el peristomio (fig. 22A). Cuerpo de color crema con iridiscencia en ejemplares preservados. Prostomio globular con un par de labios frontales cónicos. Un par de ocelos bien desarrollados y situados entre las bases de las antenas laterales y los palpos. Palpos alcanzando el setígero 1-2 con 10 anillos en los ceratóforos, antenas laterales llegando al setígero 6-7 con seis anillos y antena media alcanzando el setígero 3-4 con cinco anillos basales. Papilas sensoriales de las antenas y los palpos escasas en número, inconspicuas y dispuestas en filas irregulares. Cirros peristomiales insertados distalmente en el peristomio detrás de las antenas laterales, más cortos que la longitud del peristomio y sin exceder el margen anterior del prostomio (fig. 22A). Primeros tres setígeros del cuerpo ligeramente más largos que los siguientes. Primeros cuatro pares de parápodos modificados, no agrandados, con disposición anterolateral, con un pliegue presetal bajo, lóbulo presetal triangular y lóbulo postsetal en forma de huso y más largo que la base del parápodo; cirro dorsal subulado y tan largo como el lóbulo postsetal y cirro ventral más corto que el lóbulo postsetal; cirro ventral subulado en los primeros cuatro pares de setígeros (fig. 22B), transformándose en una almohadilla glandular a continuación. Lóbulo postsetal conspicuo y subulado en los primeros 10 setígeros, haciéndose más pequeño y cónico posteriormente (fig. 22C). Branquias simples, con un único filamento en forma de cordón, presentes desde el setígero 1 hasta el setígero 180 aproximadamente, faltando en los últimos 40 setígeros del cuerpo; los filamentos branquiales comienzan a hacerse más largos a partir del setígero 20-22, hasta alcanzar el triple de la longitud que los filamentos anteriores entre el setígero 29-31 (fig. 22C) y disminuir otra vez a partir del setígero 150. Acículas de color amarillo con puntas afiladas, generalmente tres por parápodo. Ganchos encapuchados pseudocompuestos en los primeros cuatro setígeros (figs. 22D-G). Primeros dos pares de parápodos con la siguiente composición setal, desde la parte superior a la inferior del abanico setal: una seda simple, tres puntas de acículas sobresalientes, tres ganchos pseudocompuestos tridentados (fig. 22E), dos cuatridentados (fig. 22G) o tridentados con el dentículo proximal muy poco conspicuo (fig. 22E) y un gancho bidentado (fig. 22D). Parápodos 3 y 4 con seis ganchos pseudocompuestos tridentados. Los capuchones de los ganchos pseudocompuestos son falcados (con forma de hoz) y con puntas afiladas. Todos los ganchos pseudocompuestos con un grosor similar, ganchos finos y de apéndice largo ausentes. Los ganchos pseudocompuestos son reemplazados por sedas limbadas del setígero 5 en adelante. Sedas pectinadas aplanadas y ligeramente oblicuas con entre siete y nueve dientes largos, estando presentes desde el setígero 5 en adelante. Ganchos bidentados subaciculares presentes desde el setígero 9. Mandíbulas con placas cortantes calcificadas blancas y con ejes delgados (fig. 22I). Aparato maxilar débilmente esclerotizado, fórmula maxilar: Mx I = 1 + 1, Mx II = 8 + 6, Mx III = 5 + 0, Mx IV = 5 + 5, Mx V = 1 + 1, Mx VI ausente (fig. 22H). Tubo de sección cilíndrica, con aspecto apergaminado y externamente cubierto con granos de arena y fragmentos de conchas.

La descripción de la especie se ha tomado de Arias y Paxton (2015a).

Distribución geográfica.— Hasta la fecha esta especie solo se ha recolectado en la plataforma continental del mar Cantábrico central (Asturias, golfo de Vizcaya). No obstante, es probable que los ejemplares referidos como *Aponuphis holobranchiata* (= *Onuphis holobranchiata* Marenzeller, 1879) por Martínez *et al.* (2010) de la plataforma continental vasca puedan corresponderse en realidad con *O. anadonae*.

Biología.— Esta especie se ha registrado en los sustratos arenosos de la plataforma continental cantábrica entre 86 y 162 m de profundidad y siempre en bajas densidades poblacionales, lo que sugiere que podría tratarse de una especie poco abundante y con una distribución restringida en el golfo de Vizcaya (Arias y Paxton, 2015a).

En el holotipo de esta especie se encontraron ovocitos celómicos con un diámetro de entre 200 y 250 μm. No se registraron ejemplares incubando huevos y/o embriones en sus tubos ni asociados a estos. De igual modo, se registraron ectosimbiontes del grupo de los ciliados peritricos en los parápodos anteriores y medios de esta especie. Estos protozoos, pertenecientes al género *Epistylis*, se caracterizan por formar colonias que se aferran a la cutícula del onúfido gracias a un pedúnculo no contráctil (Arias y Paxton, 2015a).

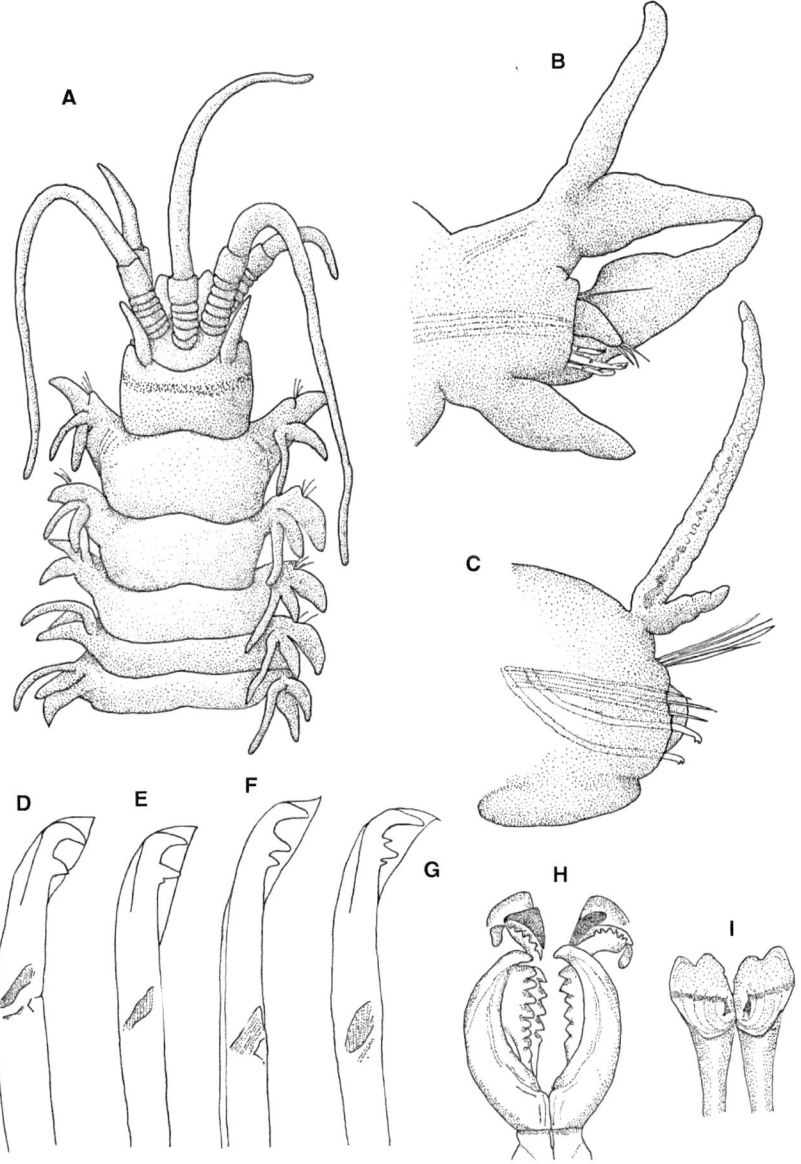

Fig. 22. Región anterior en vista dorsal (A), vista anterior de los parápodos 2 (B) y 20 (C), gancho pseudocompuesto bidentado del parápodo 2 (D), gancho pseudocompuesto ligeramente tridentado del parápodo 2 (E), gancho pseudocompuesto tridentado del parápodo 4 (F), gancho pseudocompuesto cuadridentado del parápodo 2 (F), aparato maxilar (H) y mandíbulas (I) de Onuphis anadonae. Redibujados de Arias y Paxton (2015a).

Onuphis eremita Audouin y Milne Edwards, 1883 (figs. 23 y 24)
Onuphis eremita Audouin y Milne Edwards, 1833. *Ann. Sci. Nat.*, 28: 226

Descripción basada en ejemplares mayores de 0,5 mm de ancho en el setígero 10 (excluidos los parápodos). Especie delgada, hasta 100 mm de largo y anchura máxima de 2 mm en el setígero 10. Patrón de coloración presente, incluso en ejemplares preservados, y consistente en dos hileras de manchas marrones dorsales por segmento (más conspicuas en la parte anterior del animal), que pueden llegar a formar dos barras continuas por setígero cuando las manchas llegan a fusionarse en su parte media (figs. 23A, 23B). Prostomio subtriangular, extendido anteriormente, con un par de labios frontales cónicos (fig. 23C). Un par de pequeños ocelos presente en la parte anterior del prostomio (fig. 23C). Palpos alcanzando el setígero 2-4 con 16-20 anillos en los ceratóforos, antenas laterales que llegan al setígero 7-14 con 19-22 anillos y antena media solo hasta el setígero 4-7 con 13-19 anillos basales (fig. 23A). Papilas sensoriales de las antenas y los palpos dispuestas en hileras longitudinales y con forma semicircular. Cirros peristomiales insertados distalmente en el peristomio detrás de las antenas laterales, más largos que la longitud del peristomio pero sin exceder el margen anterior del prostomio (figs. 23A, 23C). Primeros tres setígeros del cuerpo ligeramente más largos que los siguientes. Primeros tres pares de parápodos modificados, no agrandados, con disposición anterolateral, un pliegue presetal bajo, lóbulo presetal triangular y lóbulo postsetal en forma de huso y más largo que la base del parápodo; cirro dorsal subulado y tan largo con el lóbulo postsetal y cirro ventral más largo que el lóbulo postsetal; cirro ventral subulado en los primeros cinco o seis pares de setígeros (fig. 24A), transformándose en una almohadilla glandular a continuación. Lóbulo postsetal conspicuo y subulado en los primeros 10-17 setígeros, haciéndose más pequeño y cónico posteriormente. Pequeña papila interramal presente en la base del cirro dorsal de entre los setígeros 4-5 y 9. Branquias presentes, desde el setígero 1 (fig. 24A) hasta el setígero 20-26 con un único filamento en forma de cordón, se transforman a continuación en pectinadas y alcanzan un máximo de cinco filamentos branquiales en la parte media del cuerpo (figs. 24B, 24C) y volviendo a ser simples en su parte posterior. Acículas de color amarillo con puntas afiladas, generalmente tres por parápodo. Ganchos encapuchados pseudocompuestos en los primeros tres setígeros (figs. 23D-F). Primeros tres pares de parápodos con el siguiente complemento de sedas (fig. 23D), desde la parte superior a la inferior del abanico setal: una o dos sedas simples, dos sedas pectinadas aplanadas y ligeramente oblicuas con 10-13 dientes largos (fig. 23G), tres puntas de acículas sobresalientes, dos o tres ganchos pseudocompuestos tridentados de apéndice largo (fig. 23F) y dos o tres ganchos más robustos y de apéndice corto (fig. 23E). Los capuchones de los ganchos pseudocompuestos falcados y con puntas afiladas (figs. 23E, 23F). Los ganchos pseudocompuestos son reemplazados por sedas limbadas del setígero 4 en adelante. Ganchos bidentados subaciculares presentes desde el setígero 10. Pigidio con cuatro cirros

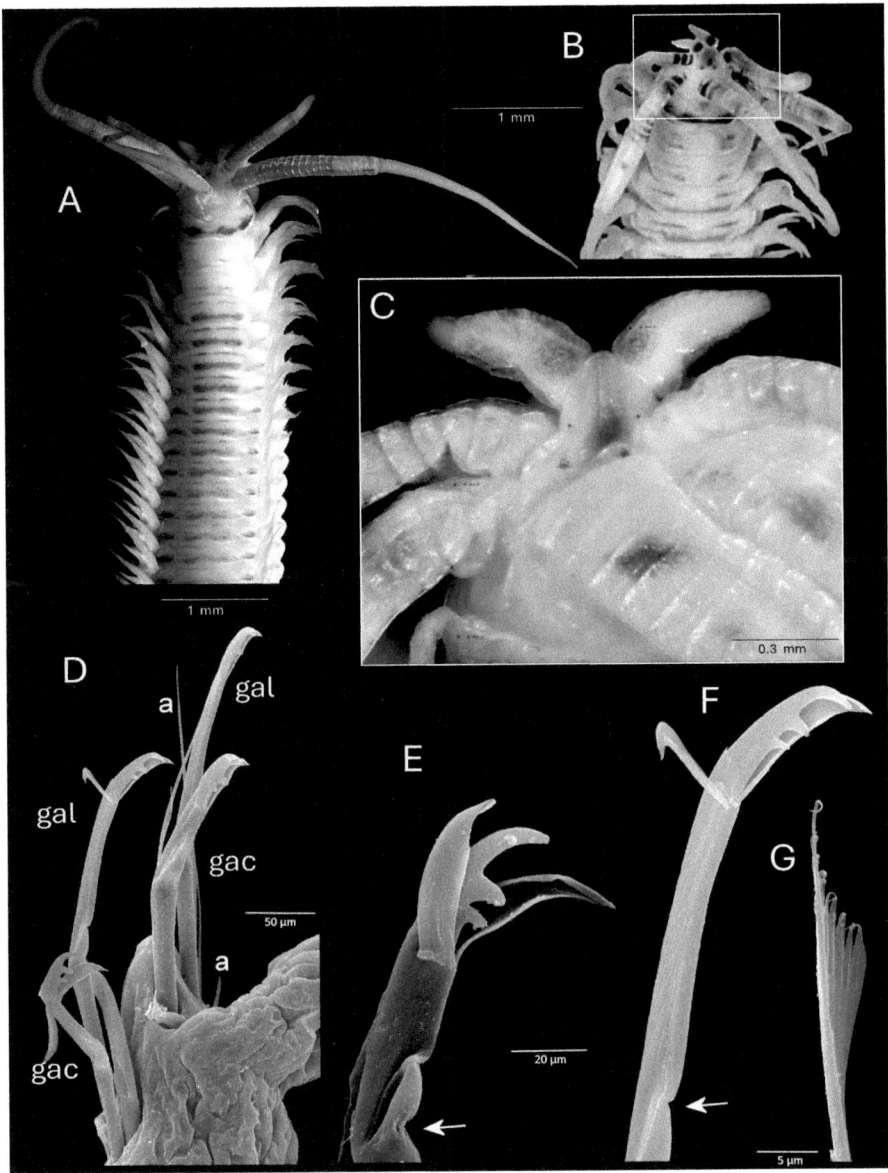

Fig. 23. Región anterior
en vista dorsal (A, B),
detalle del prostomio
mostrando los ocelos
prostomiales (C).
Fotomicrografías de MEB
(D-G): complemento
setal del parápodo 1 (D),
gancho pseudocompuesto
tridentado de apéndice
corto del parápodo 1 (E),
gancho pseudocompuesto
tridentado de apéndice
largo del parápodo 1
(F) y seda pectinada
del parápodo 10 (G)
de Onuphis eremita.
Adaptados de Arias y
Paxton (2014b).

anales, siendo los dos ventrales el doble de largos que los dorsales. Mandíbulas con placas cortantes calcificadas blancas y con ejes delgados (fig. 24E). Aparato maxilar pobremente esclerotizado, fórmula maxilar: Mx I = 1 + 1, Mx II = 7 + 7, Mx III = 8 + 0, Mx IV = 6 + 10, Mx V = 1 + 1, Mx VI ausente (fig. 24D).

Tubo de sección cilíndrica, con aspecto apergaminado y externamente cubierto con granos de arena.

La presente descripción de esta especie se ha tomado de Arias y Paxton (2014b).

La identidad taxonómica de *O. eremita*, la especie tipo del género, fue extremadamente controvertida hasta fechas recientes. Fue objeto de descripciones vagas e imprecisas, redescripciones basadas en material procedente de localidades muy distantes en el globo y del establecimiento de sinonimias dudosas durante el último siglo. En 2014, Arias y Paxton, conscientes de este problema, revisaron una gran cantidad de material asignado a esta especie, incluyendo nuevas recolecciones de material topotípico y abordaron la redescripción de *O. eremita* a través de la designación de un neotipo. Estos autores redefinieron sus características diagnósticas, restringieron su rango de distribución al Atlántico europeo y al mar Mediterráneo, y consideraron como muy improbable su conespecificidad con los especímenes citados para fuera de Europa y el Mediterráneo.

Distribución geográfica.— *Onuphis eremita sensu lato* se ha registrado como una especie de distribución prácticamente cosmopolita (Arias, 2016), pero basándonos en la redescripción de la especie por Arias y Paxton (2014b), su área de distribución estaría restringida al Atlántico ibérico, el golfo de Vizcaya y el mar Mediterráneo. En el ámbito íbero-balear se puede confirmar la presencia de la especie en los sedimentos infralitorales del mar Cantábrico (Asturias), y del Mediterráneo: Mazarrón (Murcia), Denia (Alicante), Valencia, Castellón, Barcelona y Mataró (Arias y Paxton, 2014b). *Onuphis eremita* fue citado en las islas Canarias por Herrando *et al.* (2001), pero los ejemplares referidos como tales en dicho trabajo fueron reexaminados posteriormente y se confirmó que en realidad eran representantes del género *Mooreonuophis* (Arias y Paxton, 2014b). Las citas de esta especie procedentes de fuera de Europa y del Mediterráneo deberían considerarse como dudosas y probablemente se refieran a otras especies del mismo género o de géneros próximos.

Biología.— *Onuphis eremita* habita típicamente fondos arenosos desde la zona intermareal/litoral hasta profundidades de unos 90 m. Esta especie se ha citado como uno de los taxones más dominante en los sedimentos arenosos litorales/infralitorales mediterráneos, siendo comúnmente afiliada a la biocenosis clásica de arenas finas bien calibradas (SFBC) (Gambi y Giangrande, 1986; Arias y Paxton, 2014b, 2015a). En varias localidades del golfo de Vizcaya y del Mediterráneo ibérico cohabita en simpatría con diferentes especies del género *Diopatra* (Arias y Paxton, 2014a, 2014b).

En las muestras mediterráneas ibéricas estudiadas por Arias y Paxton (2014b) se observaron ejemplares con ovocitos celómicos y extracelómicos entre los meses de marzo y junio. Los ovocitos extracelómicos presentaron un diámetro

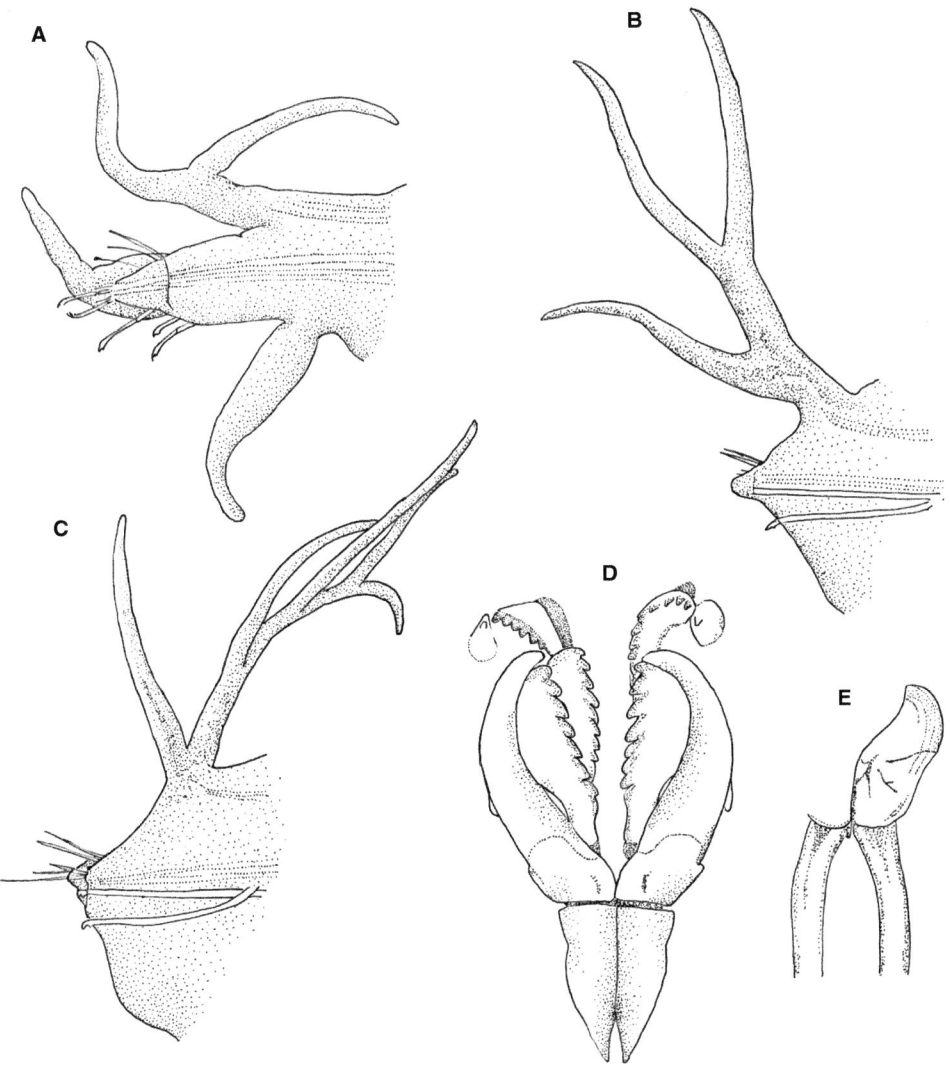

Fig. 24. Vista anterior de los parápodos 1 (A), 23 (B) y 62 (C), aparato maxilar (D) y mandíbulas *(E) de* Onuphis eremita. *Redibujados de Arias y Paxton (2014b).*

de entre 122 y 216 µm. No se encontraron ejemplares incubadores con huevos o embriones en desarrollo ni en sus tubos ni asociados a estos. Sus espermatozoides presentan la morfología característica del tipo *ect-aquasperm* definido por Jamieson y Rouse (1989) y asociado a fecundación externa (Arias y Paxton, 2014b). Al igual que ocurre con otras especies del género, en *O. eremita* también se encontraron ectosimbiontes ciliados peritricos del género *Epistylis* en los parápodos anteriores y medios (Arias y Paxton, 2015a).

Onuphis farensis Gil y Machado, 2014 (fig. 25)
Onuphis farensis Gil y Machado, 2014. *Zootaxa*, 3860(4): 345

Especie pequeña, hasta 47,5 mm de largo y anchura máxima de 1,5 mm en el setígero 10. Patrón de coloración ausente. Prostomio extendido anteriormente, con un par de labios frontales cónicos (fig. 25A). Ocelos prostomiales ausentes. Palpos que alcanzan el setígero 1-2 con 6-9 anillos en los ceratóforos, antenas laterales que llegan al setígero 4-6 con 9-10 anillos y antena media solo hasta el setígero 3-4 con 5-7 anillos basales. Cirros peristomiales insertados distalmente en el peristomio detrás de las antenas laterales, más largos que la longitud del peristomio (fig. 25B). Primeros dos-tres setígeros del cuerpo ligeramente más largos que los siguientes (fig. 25A). Primeros cuatro pares de parápodos modificados, no agrandados, con disposición anterolateral, pliegue presetal bajo, lóbulo presetal triangular y lóbulo postsetal en forma de huso y más largo que la base del parápodo; cirro dorsal subulado y tan largo con el lóbulo postsetal y cirro ventral más largo que el lóbulo postsetal; cirro ventral subulado en los primeros cuatro o seis pares de setígeros (fig. 25C), transformándose en una almohadilla glandular a continuación (fig. 25D). Lóbulo postsetal conspicuo y subulado en los primeros 8-10 setígeros, luego se hace más pequeño y cónico posteriormente. Branquias simples, presentes desde el setígero 5 hasta el setígero 100-110, alcanzado en longitud la línea mediodorsal del cuerpo en los setígeros medios (fig. 25D). Acículas de color amarillo con puntas afiladas, generalmente tres por parápodo. Ganchos encapuchados pseudocompuestos en los primeros cuatro setígeros. Ganchos pseudocompuestos bi-, tri- e incluso multidentados con dentículos adicionales más pequeños (figs. 25E-I), predominando los ganchos tridentados, con capuchones de tipo falcado. Todos los ganchos pseudocompuestos con grosor similar, ganchos finos y de apéndice largo ausentes. Los ganchos pseudocompuestos son reemplazados por sedas limbadas del setígero 4 en adelante. Sedas pectinadas aplanadas y ligeramente oblicuas con 10 dientes aproximadamente y presentes desde el setígero 5 en adelante (fig. 25J). Ganchos bidentados subaciculares presentes desde el setígero 9. Pigidio con cuatro cirros anales ventrales, siendo los dos superiores más largos que los más ventrales. Mandíbulas con placas cortantes calcificadas blancas y con ejes delgados. Aparato maxilar pobremente esclerotizado, fórmula maxilar: Mx I = 1+1, Mx II = 9+9, Mx III = 10+0, Mx IV = 7+10, Mx V = 1+1, Mx VI ausente.

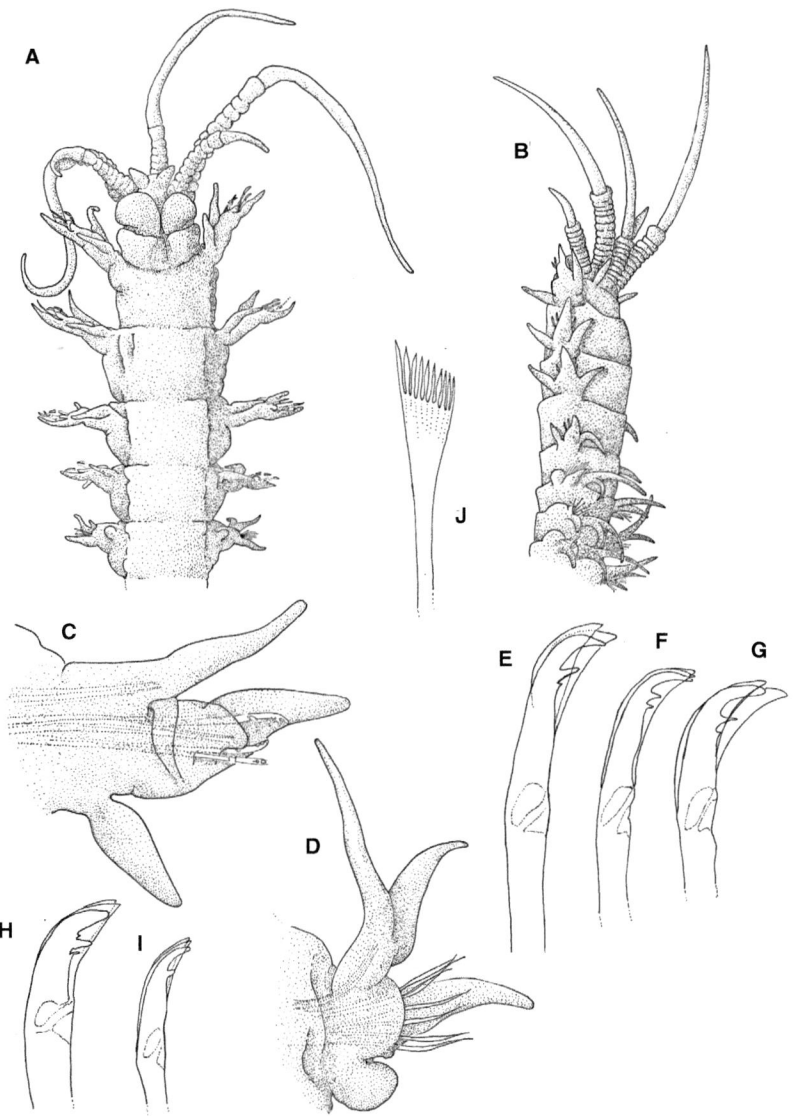

Fig. 25. Región anterior
en vista ventral (A) y
lateral (B), vista anterior
de los parápodos 1
(C) y 5 (D), gancho
pseudocompuesto
tridentado del parápodo

1 (E), ganchos
pseudocompuestos
tridentados del parápodo
2 (F, G), gancho
pseudocompuesto
multidentado del
parápodo 1 (H), gancho

pseudocompuesto
bidentado del parápodo
1 (I) y seda pectinada
del parápodo 9 (J)
de Onuphis farensis.
Redibujados de Gil y
Machado (2014).

Tubo de sección cilíndrica, con aspecto apergaminado y externamente cubierto con granos de arena.

Otras descripciones de la especie pueden verse en Gil y Machado (2014) y Arias y Paxton (2015b).

Distribución geográfica.— Gil y Machado (2014) describieron *Onuphis farensis* para el sur de Portugal y asignaron a esta nueva especie los registros anteriores de *Onuphis geophiliformis* (Moore, 1903) de isla Cristina y Cádiz presentados por Ibáñez (1972, 1973) y Campoy (1982). Las citas de *Nothria geophiliformis* de la ría de Alvor y *Onuphys geophiliformis* de la ría de Aveiro y el estuario de Sado, Portugal, registradas por Dexter (1992) y Mucha y Costa (1999) se consideraron como dudosas. Posteriormente, Arias y Paxton (2015b) revisaron el material disponible de *Onuphis geophiliformis* o su combinación original, *Nothria geophiliformis* Moore, 1903, del Atlántico este y confirmaron que los ejemplares reportados como tales procedentes de Cabo Verde (López y San Martín, 1992) pertenecían a un género distinto, *Mooreonuphis* Fauchald, 1982, y a la especie *M. nunezi* Arias, 2016. De igual modo, la revisión de los ejemplares citados como *N. geophiliformis* para el Cantábrico central a 1.025 m de profundidad (Louzao *et al.*, 2010), demostró que realmente se correspondían con *O. rullieriana* (Amoureux, 1977), una especie típica de aguas profundas. *Onuphis geophiliformis* o sus sinónimos se han citado repetidamente en listas de especies marinas del País Vasco (p.ej., Borja *et al.*, 2000), aunque recientemente se ha considerado como una especie exótica o no autóctona (NIS) para la región (p.ej., Martínez y Adarraga, 2006). Nosotros hemos reexaminado el material de onúfidos de la plataforma vasca recogido por las campañas oceanográficas de Fauna Ibérica y otras y no hemos encontrado ejemplares consistentes con la diagnosis de *O. geophiliformis* u *O. farensis*. Por tanto, a la vista de los datos que disponemos hasta el momento, las citas de *O. geophiliformis* en el Cantábrico deben considerarse dudosas. Asimismo, la distribución de *O. farensis* solo se puede avalar como restringida al intermareal-submareal somero arenoso del sur-suroeste de la península ibérica desde Ria Formosa (Faro, Portugal) hasta isla Cristina (Huelva, España).

Biología.— Los ejemplares juveniles presentan una mayor proporción de ganchos pseudocompuestos bidentados que los adultos en los parápodos anteriores modificados, que suelen estar reducidos a los tres primeros setígeros, al igual que el número de cirros ventrales con forma subulada. En las llanuras intermareales de la zona de Ramalhete (Faro, Portugal), esta especie puede llegar a alcanzar densidades de hasta 97 individuos/m^2 en los meses de verano (Gil y Machado, 2014). Al igual que ocurre con otras especies del género, en esta especie también se encontraron ectosimbiontes ciliados peritricos en los parápodos anteriores (Gil y Machado, 2014; Arias y Paxton, 2015a).

Onuphis pancerii Claparède, 1868 (fig. 26)

Onuphis pancerii Claparède, 1868. *Mém. Soc. Phys. Hist. Nat. Genève*, 19: 438

Descripción basada en ejemplares mayores de 2 mm de ancho en el setígero 10 (excluidos los parápodos). Especie mediana, hasta 148 mm de largo y anchura máxima de 3,9 mm en el setígero 10. Patrón de color presente incluso en ejemplares preservados, coloración en vivo caracterizada por machas de color violeta en palpos, antenas y dorso de los setígeros anteriores, con bandas dorsales marrones que pueden ocupar toda la superficie del setígero o solo definir sus bordes de estos, dando lugar a formas de coloración oscuras y claras (fig. 26A). Los ejemplares preservados en formol suelen tornase de color verdoso. Prostomio subtriangular, extendido anteriormente, con un par de labios frontales cónicos. Ocelos prostomiales ausentes. Palpos alcanzando el setígero 1-2 con 22-26 anillos en los ceratóforos, antenas laterales que llegan al setígero 5-6 con 21-29 anillos y antena media que solo alcanza el setígero 2-4 con 15-20 anillos basales (fig. 26A). Papilas sensoriales de las antenas y los palpos dispuestas en quincunce (disposición geométrica de cinco papilas en las que cuatro se sitúan en las esquinas de un cuadrado y la restante en el cruce de sus diagonales, semejante a la figura de un cinco de los dados) y con forma semicircular. Cirros peristomiales insertados distalmente en el peristomio detrás de las antenas laterales, más cortos que la longitud del peristomio y sin exceder el margen anterior del prostomio (fig. 26A). Primeros tres setígeros del cuerpo ligeramente más largos que los siguientes. Primeros tres pares de parápodos modificados, no agrandados, con disposición anterolateral, con un pliegue presetal bajo, lóbulo presetal triangular y lóbulo postsetal en forma de huso y más largo que la base del parápodo; cirro dorsal subulado y más largo con el lóbulo postsetal y cirro ventral más corto que el lóbulo postsetal; cirro ventral subulado en los primeros cinco o seis pares de setígeros (fig. 26B), transformándose en una almohadilla glandular a continuación. Lóbulo postsetal conspicuo y subulado en los primeros 10-19 setígeros, haciéndose más pequeño y cónico posteriormente. Pequeña papila interramal presente en la base del cirro dorsal de entre los setígeros 4-5 y 9 (fig. 26C). Superficie parapodial de los primeros setígeros con una alta densidad de receptores sensoriales. Branquias presentes, desde el setígero 1 hasta el setígero 19-24 con un único filamento en forma de cordón (fig. 26B), transformándose a continuación en pectinadas y alcanzando un máximo de seis a ocho filamentos branquiales (fig. 26D). Acículas de color amarillo con puntas afiladas, generalmente tres por parápodo. Ganchos encapuchados pseudocompuestos en los primeros tres setígeros (figs. 26E-H). Primeros tres pares de parápodos con la siguiente composición setal, desde la parte superior a la inferior del abanico de sedas: una o dos sedas simples, dos sedas pectinadas aplanadas y ligeramente oblicuas con 13-17 dientes, tres puntas de acículas sobresalientes, cinco ganchos pseudocompuestos principalmente tridentados (figs. 26G, 26H), aunque también puede haberlos bi- (fig. 26E) y cuatridentados (fig. 26G) (raramente multidentados), todos de anchura y longitud de apéndice similar. Los capuchones de los ganchos pseudocompuestos falcados y con puntas afiladas. Los ganchos pseudocompuestos son reemplazados por sedas limbadas del setígero 4 en adelante. Ganchos bidentados subaciculares presentes desde el setígero 10. Mandíbulas con placas cortantes calcificadas blancas y con ejes delgados (fig. 26J). Aparato maxilar pobremente esclerotizado, fórmula maxilar: Mx I = 1 + 1, Mx II = 7 + 7, Mx III = 8 + 0, Mx IV = 5 + 12, Mx V = 1 + 1, Mx VI ausente (fig. 26I).

Tubo de sección cilíndrica, con aspecto apergaminado y externamente cubierto con material vegetal, fragmentos de conchas y granos de arena.

Esta especie fue sinonimizada con *O. eremita* por Fauvel (1923) y permaneció así durante casi un siglo. Sin embargo, Arias y Paxton (2014) demostraron que *O. pancerii* se trataba en realidad una especie válida, morfológicamente diferente de *O. eremita*, y designaron un neotipo para ella. Aunque las dos especies están estrechamente relacionadas y, por tanto, comparten una serie de características parapodiales y setales, se pueden diferenciar fácilmente atendiendo a la siguientes características diagnósticas: *O. pancerii* es una especie más grande y robusta que *O. eremita*, con ganchos pseudocompuestos bi- y tridentados (o incluso multidentados) en los parápodos anteriores, todos de grosor y longitud de apéndice similar, mientras que *O. eremita* solo tiene ganchos pseudocompuestos tridentados, algunos de ellos delgados y de apéndice largo.

La descripción de la especie se ha tomado de Arias y Paxton (2014b).

Distribución geográfica.— Especie presente en el golfo de Vizcaya (mar Cantábrico, Noiremoutier) y en el mar Mediterráneo central (Nápoles). Los registros en el ámbito íbero-balear se limitan al intermareal arenoso de la bahía de Santander y a la plataforma continental del Cantábrico central (Asturias) (Rioja, 1918b; Arias y Paxton, 2014b). No obstante, debido a que esta especie estuvo sinonimizada con *O. eremita* durante casi un siglo, su distribución real podría ser mucho más amplia y estar enmascarada bajo los registros atribuidos a *O. eremita*.

Biología.— Esta especie habita fondos arenosos desde la zona intermareal hasta profundidades de unos 30 m. En la plataforma continental del Cantábrico Central, en profundidades de entre 15 y 32 m, se puede encontrar en simpatría con *O. eremita* (Arias y Paxton, 2014b). De igual modo, en los sedimentos intermareales de la bahía de Santander cohabita con diferentes especies del género *Diopatra* (Rioja, 1918b; Arias y Paxton, 2014b) y al igual que estas, y debido a su tamaño, es utilizada como cebo de pesca. En cuanto a su biología reproductora, Arias y Paxton (2014b) encontraron ejemplares con huevos de 190-234 µm de diámetro que sobresalían de la pared del cuerpo de algunos de los ejemplares recolectados en el mes de abril en aguas cantábricas. No se hallaron ejemplares incubando huevos o embriones dentro de sus tubos o asociados a estos (Arias y Paxton, 2014b, 2015a).

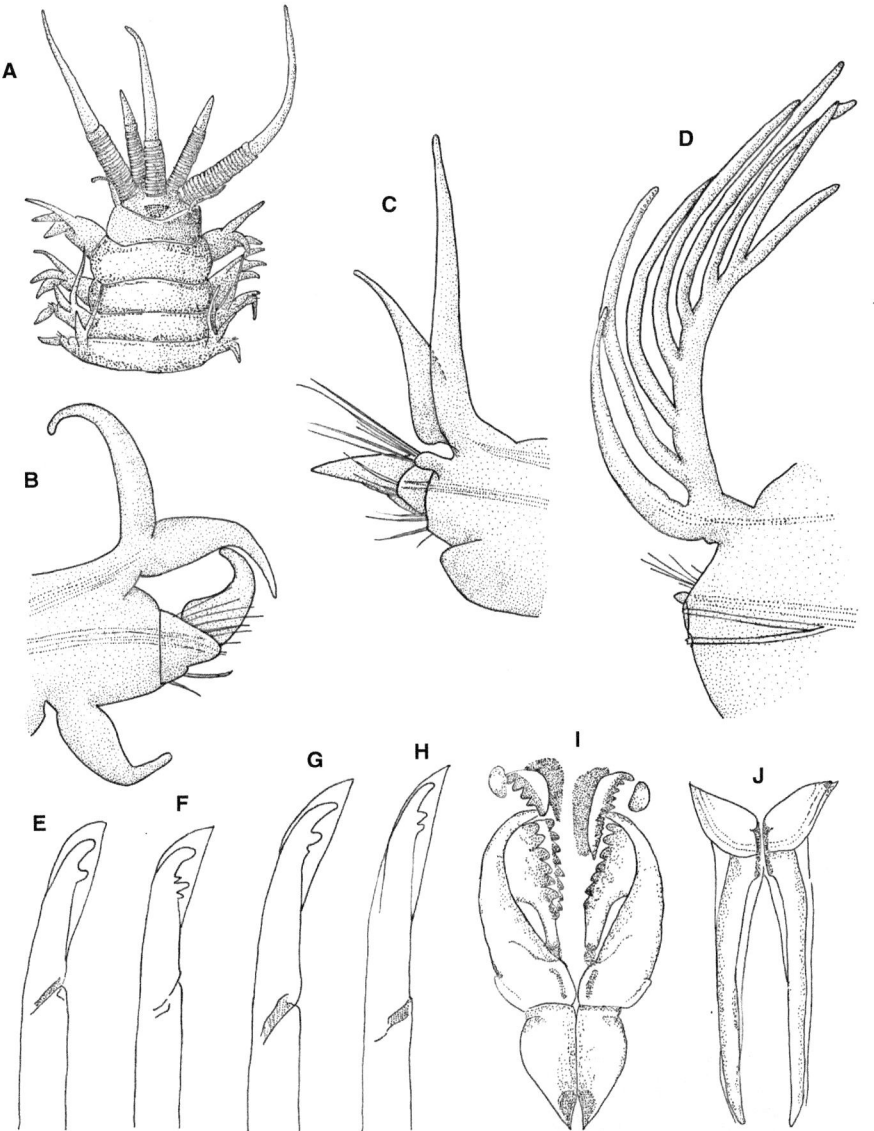

Fig. 26. Región anterior en vista dorsal (A), vista anterior de los parápodos 1 (B), 8 (C) y 53 (D), gancho pseudocompuesto bidentado del parápodo 2 (E), gancho

pseudocompuesto cuatridentado del parápodo 3 (F), gancho pseudocompuesto tridentado del parápodo 3 (G), gancho pseudocompuesto

tridentado del parápodo 2 (H), aparato maxilar (I) y mandíbulas (J) de Onuphis pancerii. *Redibujados de Arias y Paxton (2014b) y Paxton (1986a).*

Onuphis rullieriana (Amoureux, 1977) (fig. 27)
Nothria rullieriana Amoureux, 1977. *Cah. Biol. Mar.*, 18(4): 399

Especie con hasta 61 mm de longitud y anchura máxima de 2,5 mm en el setígero 10 (excluidos los parápodos). Patrón de coloración dorsal prácticamente ausente, algunos ejemplares pueden presentar una mancha de color oscuro en el prostomio y pequeños puntos de color marrón en las antenas y palpos, y en las bases de los cirros dorsales y lóbulos postsetales de los parápodos anteriores. Cuerpo de color crema con iridiscencia en ejemplares preservados. Prostomio anteriormente extendido con un par de labios frontales cónicos. Palpos que alcanzan el setígero 2, antenas laterales que llegan al setígero 12-16 y antena media hasta el setígero 8-14, con 12-13 anillos en los ceratóforos. Cirros peristomiales insertados distalmente en el peristomio detrás de las antenas laterales, más largos que la longitud del peristomio pero sin exceder el margen anterior del prostomio. Primeros tres setígeros del cuerpo ligeramente más largos que los siguientes. Primeros cuatro pares de parápodos modificados, no agrandados, con disposición anterolateral, con un pliegue presetal bajo, lóbulo presetal triangular y lóbulo postsetal en forma de huso y más largo que la base del parápodo; cirro dorsal subulado y tan largo como el lóbulo postsetal y cirro ventral más corto que el lóbulo postsetal (figs. 27A, 27B); cirro ventral subulado en los primeros seis pares de setígeros (a veces el sexto con forma cónica-transitoria, fig. 27C), transformándose en una almohadilla glandular a continuación. Lóbulo postsetal conspicuo y subulado en los primeros 12 setígeros, haciéndose más pequeño y cónico posteriormente (fig. 27D). Branquias simples, con un único filamento en forma de cordón, presentes desde el setígero 1 hasta casi el final del cuerpo (fig. 27A). Acículas de color amarillo con puntas afiladas, generalmente tres por parápodo. Ganchos encapuchados pseudocompuestos en los primeros cuatro setígeros. Ganchos pseudocompuestos tridentados con dientes con punta redondeada y siendo el intermedio más grande que los otros dos (fig. 27E), todos de grosor similar, pero los ganchos situados en la parte media del abanico setal son más finos y con una denticulación menos definida (fig. 27F). Los capuchones de los ganchos pseudocompuestos tienen forma triangular y puntas afiladas (figs. 27E, 27F) (elemento característico que contrasta con la forma falcada típica del género). Los ganchos pseudocompuestos son reemplazados por sedas limbadas del setígero 5 en adelante. Sedas pectinadas aplanadas y con bordes ligeramente curvados presentes desde el setígero 5, con entre 13 y 15 dientes, normalmente dos por parápodo. Ganchos bidentados subaciculares presentes desde el setígero 14 (fig. 27D). Mandíbulas con placas cortantes calcificadas blancas y con ejes delgados. Aparato maxilar pobremente esclerotizado, fórmula maxilar: Mx I = 1+1, Mx II = 6(8)+8(9), Mx III = 7(8)+0, Mx IV = 7(9)+9(11), Mx V = 1+1, Mx VI ausente.

Tubo de sección cilíndrica, con aspecto apergaminado y pobremente recubierto con materiales exógenos como granos de arena.

Otras descripciones de la especie pueden verse en Amoureux (1977), Aguirrezabalaga *et al.* (2002) y Arias y Paxton (2015b).

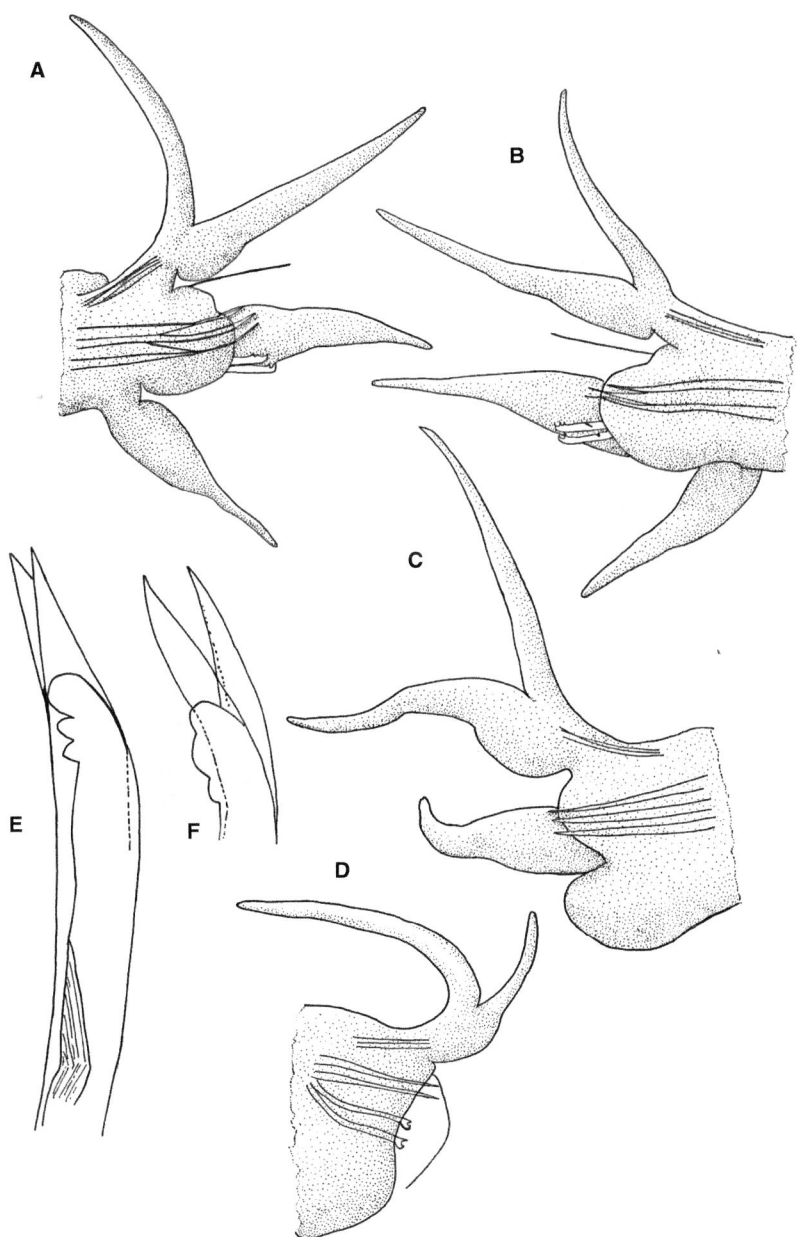

Fig. 27. Vista anterior de los parápodos 1 (A), 2 (B), 6 (C) y de uno de la región media (D) y ganchos pseudocompuestos tridentados del parápodo 1 (E, F) de Onuphis rullieriana. A-D, redibujados de Amoureux (1977); E, F, de Arias y Paxton (2015b).

Distribución geográfica.— Especie con una distribución noreste atlántica, desde Bretaña hasta el mar Cantábrico y sus proximidades (Amoureux, 1977; Arias y Paxton, 2015a). Las citas procedentes de localidades fuera del Atlántico noreste son escasas y consideradas muy dudosas, de hecho, la especie fue citada para la bahía de Wasaka (Japón) por Maekawa y Hayashi (1989) y esos mismos autores una década después transfirieron su identificación previa a *Onuphis* sp. (Maekawa y Hayashi, 1999). Los registros íbero-baleares se limitan al talud continental del Cantábrico central y a las inmediaciones del Sistema de Cañones Submarinos de Avilés (Asturias) (Arias y Paxton, 2015a).

Biología.— Esta especie es típica de aguas profundas de la zona del talud continental inferior y las partes superiores de los cañones submarinos (como el Sistema de Cañones de Avilés y de Capbretón) y siempre se ha recolectado en sustratos areno-fangosos a profundidades de entre 860 y 1.400 m (Amoureux, 1977; Aguirrezabalaga *et al.*, 2002; Arias y Paxton, 2015a).

Género ***Paradiopatra*** Ehlers, 1887
Paradiopatra Ehlers, 1887. *Mem. Mus. Comp. Zool. Harv. Coll.*, 15: 73
Especie Tipo: *Paradiopatra fragosa* Ehlers, 1887, por designación original

Prostomio anteriormente redondeado, con labios frontales. Antenas y palpos con ceratóforos con 3-10 anillos, rara vez con pequeñas proyecciones laterales; estilos desde cortos a moderadamente largos, antena mediana más corta o igual a las antenas laterales. Órganos nucales ligeramente curvados con una amplia separación mediodorsal. Cirros peristomiales presentes o ausentes. Tres primeros pares de parápodos (rara vez cuatro o cinco) modificados, pero no agrandados. Cirros ventrales subulados entre los dos y los ocho primeros setígeros; almohadillas glandulares ventrales con patrones de poros cuticulares distintivos. Cirros dorsales moderadamente largos. Branquias simples o pectinadas, presentes solo en los setígeros medios o ausentes. Ganchos pseudocompuestos de los parápodos anteriores modificados con capuchones puntiagudos de punta larga a moderadamente larga. Sedas limbadas dorsales presentes desde el setígero 1, limbadas ventrales que reemplazan a los ganchos pseudocompuestos a partir del setígero 4, o posteriores, hasta que son sustutuidas a su vez, por ganchos subaciculares encapuchados bidentados entre los setígeros 9 y 28. Sedas pectinadas a partir del setígero 9 o posteriores.
Tubos de sección circular, con una capa interna de aspecto apergaminado y una capa externa formada por partículas exógenas.
Paradiopatra es un género cosmopolita que se puede encontrar desde las zonas submareales poco profundas hasta las grandes profundidades marinas, aunque posee más especies a lo largo del talud continental y en las profundidades abisales. Se conocen un total de 32 especies válidas, de las cuales siete son propias aguas europeas (Arias y Paxton, 2015a).

Clave de especies

1. Antenas con proyecciones laterales . . . .***P. capbretonensis*** (p. 87)
- Antenas sin proyecciones laterales 2
2. Branquias presentes 3
- Branquias ausentes . . . . ***P. hispanica*** (p. 94)
3. Branquias desde los setígeros 6-7 . . . . ***P. florencioi*** (p. 91)
- Branquias después del setígero 10 4
4. Branquias desde los setígeros 10-14; ocelos prostomiales presentes . . . .
. . . . ***P. calliopae*** (p. 85)
- Branquias desde los setígeros 14-23; ocelos prostomiales ausentes . . . .
. . . . ***P. ehlersi*** (p. 89)

Paradiopatra calliopae Arvanitidis y Koukouras, 1997 (fig. 28)

Paradiopatra calliopae Arvanitidis y Koukouras, 1997. *Ophelia (Helsingør)*, 46(1): 52

Descripción basada en especímenes con un ancho superior a 0,3 mm en el setígero 10, excluidos los parápodos. Especie pequeña con anchura máxima de 0,6 mm en el setígero 10 (excluidos los parápodos). Ejemplares estudiados incompletos, el mayor con 68 setígeros y 10 mm de longitud. Prostomio anteriormente redondeado. Ocelos prostomiales presentes; palpos que alcanzan el setígero 1, antenas laterales hasta el setígero 4-11, antena mediana igual de larga que las laterales o ligeramente más corta, llega hasta los setígeros 3-7; ceratóforos con 3-5 anillos, sin proyecciones laterales (fig. 28A). Cirros peristomiales presentes (fig. 28A). Primeros tres pares de parápodos modificados; cirros ventrales subulados en los primeros tres setígeros (fig. 28B), almohadillas glandulares ventrales (fig. 28C) con un patrón de poros cuticulares de disposición irregular; lóbulos postsetales triangulares en los primeros 5 a 8 setígeros. Parápodos modificados (1 a 3) con ganchos pseudocompuestos bidentados con capuchones de punta puntiaguda moderadamente larga (fig. 28E); en el setígero 4 los ganchos son reemplazados por sedas limbadas, más largas en el haz superior y en el inferior más cortas y cultiformes (con forma de cuchillo o espina); las sedas limbadas inferiores son reemplazadas del setígero 9 en adelante por ganchos subaciculares bidentados y sedas pectinadas, ligeramente oblicuas y con entre 15 y 20 dientes, rara vez con tan solo de 10 a 14. Con branquias pectinadas que comienzan como filamentos simples entre los setígeros 10 y 14, alcanzan hasta tres filamentos branquiales en los setígeros medios y faltan entre los setígeros 35 y 40 (fig. 28D). Fórmula maxilar: Mx I = 1+1, Mx II = 9+9, Mx III = 8+0, Mx IV = 9+8, Mx V = 1+1 (fig. 28F).

Tubos cilíndricos con una capa interior de aspecto apergaminado y una capa exterior formada por partículas de limo o fango, en ocasiones con algunos fragmentos de concha incorporados.

Otras descripciones de la especie pueden hallarse en Arias y Paxton (2015c) y Paxton y Arias (2016).

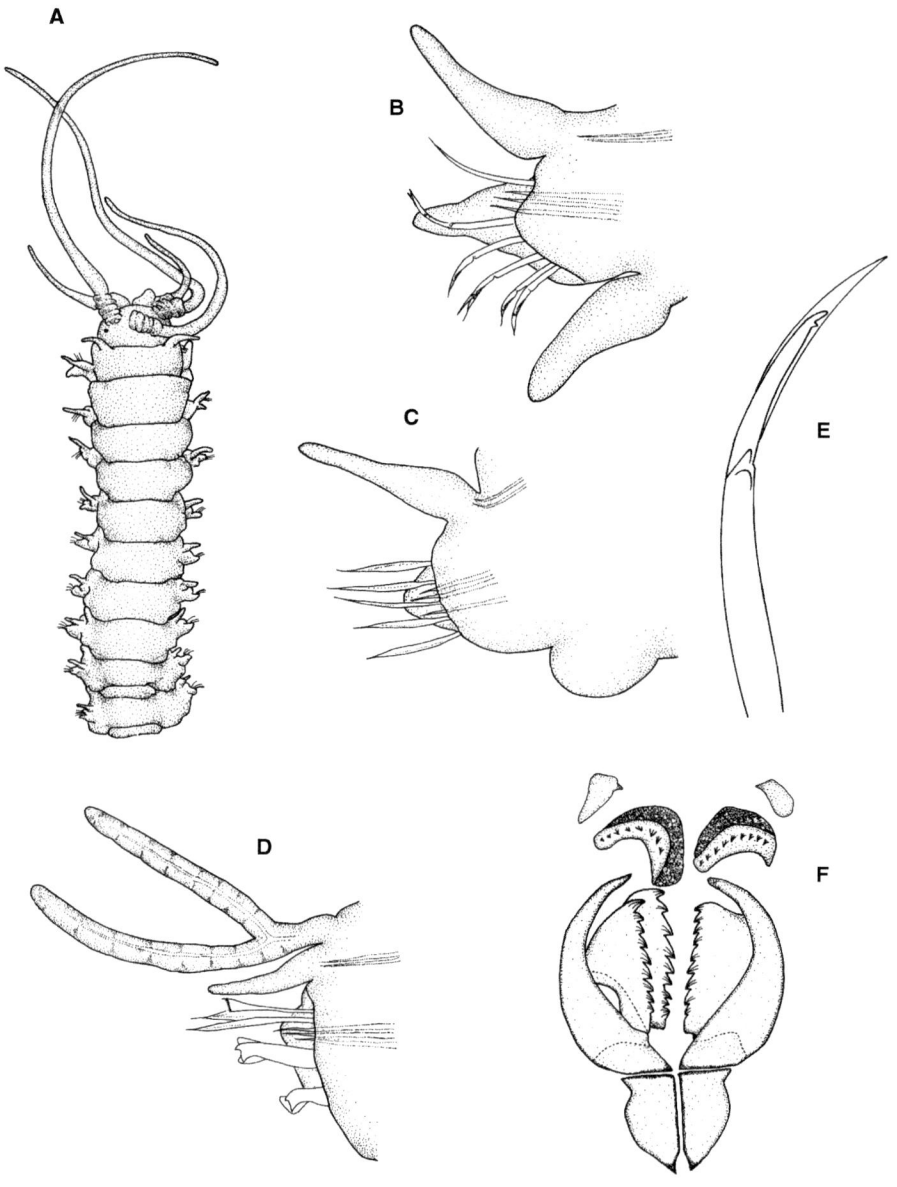

Fig. 28. Región anterior
en vista dorsal (A), vista
anterior de los parápodos
1 (B), 4 (C) y 20 (D),
gancho pseudocompuesto
bidentado del parápodo
1 (E) y aparato maxilar
(F) de Paradiopatra
calliopae. Redibujados de
Arvanitidis y Koukouras
(1997).

Distribución geográfica.— Esta especie fue originalmente descrita para las costas mediterráneas del norte del mar Egeo (Arvanitidis y Koukouras, 1997). En el ámbito íbero-balear sus registros son muy abundantes (si tenemos en cuenta las citas bajo los nombres de *P. bihanica*, *Nothria lepta* u *Onuphis lepta*) y se distribuyen por la práctica totalidad del área de estudio. No obstante, debido a la complejidad terminológica de la especie y a la ausencia o falta de detalle de las descripciones aportadas, resulta muy difícil establecer la verdadera identidad específica de las citas bibliográficas, por lo que en este volumen solo se incluyen las localidades confirmadas por los autores de este documento, confinadas al mar Cantábrico, tanto en su parte central (costa de Asturias) como en la plataforma continental vasca y el Atlántico ibérico adyacente (Banco de Galicia) (Martínez y Adarraga, 2001; Arias y Paxton, 2015c; Paxton y Arias, 2016).

Biología.— Esta especie se ha encontrado típicamente en sustratos blandos (arenosos o areno-fangosos) de la plataforma continental, hasta los 200 m de profundidad (Arias y Paxton, 2015c; Paxton y Arias, 2016). Los ejemplares juveniles, menores de 0,3 mm de ancho del setígero 10, presentan una serie de variaciones relacionadas con el tamaño y que afectan a características diagnósticas como el menor número de anillos en los ceratóforos y de dientes de las sedas pectinadas y la presencia de sedas limbadas cultriformes pseudocompuestas en el fascículo inferior, que son posteriormente reemplazadas por sedas limbadas simples según crecen (Arias y Paxton, 2015c). Por tanto, la diagnosis aquí presentada se restringe a individuos que han alcanzado los caracteres morfológicos de adultos.

Paradiopatra capbretonensis Aguirrezabalaga, Ceberio y Paxton, 2002
(fig. 29)
Paradiopatra capbretonensis Aguirrezabalaga, Ceberio y Paxton, 2002.
Steenstrupia (Cph.), 27: 23

Especie pequeña con anchura máxima de 0,6 mm en el setígero 10 (excluidos los parápodos). Ejemplares estudiados incompletos, el mayor con 76 setígeros y 22 mm de longitud. Prostomio anteriormente redondeado. Ocelos prostomiales ausentes; palpos que alcanzan el setígero 1 y antenas laterales y mediana hasta el setígero 3; ceratóforos con 4-5 anillos, con proyecciones laterales presentes y de distribución variable (figs. 29A, 29B). Cirros peristomiales presentes (fig. 29A). Primeros tres pares de parápodos modificados (fig. 29D); cirros ventrales subulados en los primeros tres setígeros (fig. 29C), almohadillas glandulares ventrales con un patrón de poros cuticulares dispuestos a lo largo de una hilera longitudinal de poros que las atraviesa; lóbulos postsetales subulados ausentes a partir del setígero 8 (fig. 29F). Parápodos modificados (1 a 3) con ganchos pseudocompuestos bidentados y tridentados con capuchones de punta moderadamente larga (figs. 29G, 29H); en el setígero 4 (fig. 29E) los

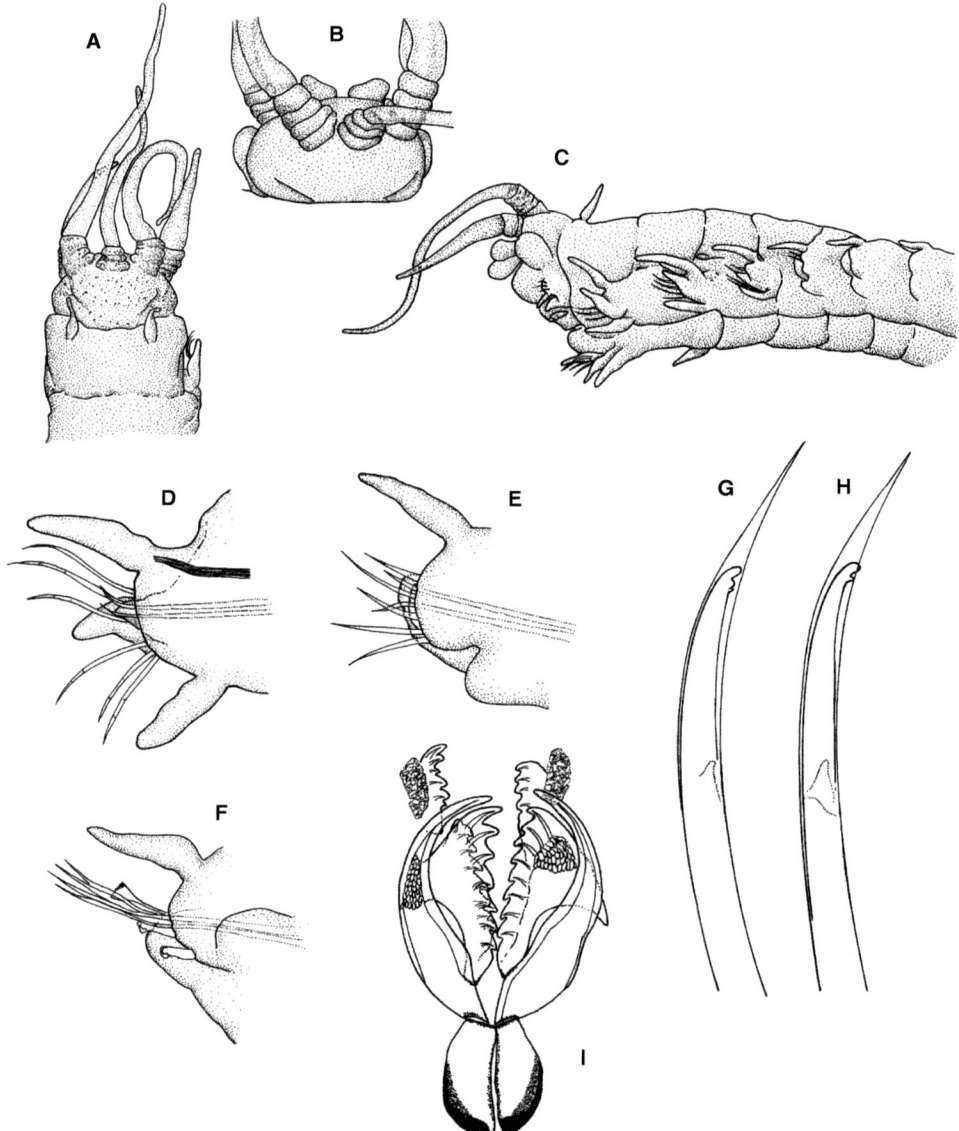

Fig. 29. *Región anterior en vista dorsal (A) y lateral (C), detalle del prostomio en vista dorsal (B), vista anterior de los parápodos 1 (D), 4 (E) y 16 (F), gancho pseudocompuesto tridentado de parápodo anterior modificado (G), gancho pseudocompuesto bidentado de parápodo anterior (H) y aparato maxilar (I) de* Paradiopatra capbretonensis. *A, C-F, I, redibujados de Aguirrezabalaga* et al. *(2002); B, G, H, de Budaeva y Fauchald (2011).*

ganchos son reemplazados por sedas limbadas y las inferiores de estas, a su vez, del setígero 11 en adelante, por ganchos subaciculares bidentados y sedas pectinadas distalmente oblicuas, con entre 14 y 17 dientes. Sin branquias. Fórmula maxilar: Mx I = 1+1, Mx II = 7+8, Mx III = 7+0, Mx IV = 5+4, Mx V = 1+1 (fig. 29I).

Tubos cilíndricos con una capa interior de aspecto apergaminado y una capa exterior formada por partículas de limo o fango.

Pueden verse otras descripciones de la especie en Aguirrezabalaga *et al.* (2002) y Arias y Paxton (2015c).

Distribución geográfica.— Esta especie, originalmente descrita para el cañón submarino de Capbretón en el sureste del golfo de Vizcaya, posteriormente se ha registrado en el Sistema de Cañones Submarinos de Avilés (SCA) y el talud continental inferior del Cantábrico central (Asturias) (Aguirrezabalaga *et al.*, 2002; Arias y Paxton, 2015c).

Biología.— Especie típica de los sustratos blandos del talud continental inferior y los cañones submarinos del golfo de Vizcaya; recolectada en sustratos areno-fangosos de entre 984 y 1.186 m de profundidad (Arias y Paxton, 2015c).

Paradiopatra ehlersi (McIntosh, 1885) (fig. 30)
Nothria ehlersi McIntosh, 1885. *Rep. Sci. Results Voyag. "Challenger", Zool.*, 12: 327

Especie mediana, hasta 153 mm de largo y ancho máximo de 4,5 mm (excluidos los parápodos). Región anterior del prostomio redondeada. Ocelos prostomiales ausentes; palpos que alcanzan el setígero 1, antenas laterales más largas, llegan hasta el setígero 2-6 y antena mediana menor, se prolonga hasta el setígero 1-4; ceratóforos con 4-9 anillos, sin proyecciones laterales (fig. 30A). Cirros peristomiales presentes (fig. 30A). Primeros tres pares de parápodos modificados; cirros ventrales subulados en los primeros tres setígeros (figs. 30B, 30C); lóbulos postsetales triangulares o digitiformes en los primeros ocho o nueve setígeros. Parápodos modificados (1 a 3) con ganchos pseudocompuestos bidentados, raramente combinados con unidentados (fig. 30J) o tridentados con capuchones de punta moderadamente larga (figs. 30F-J); en el setígero 4 los ganchos son reemplazados por sedas limbadas; las sedas limbadas inferiores, a su vez, desde el setígero 8-14 en adelante, lo son por ganchos subaciculares bidentados y sedas pectinadas distalmente oblicuas, con entre 15 y 18 dientes (fig. 30K). Poseen branquias pectinadas, comienzan entre los setígeros 14-23 y y alcanzan un máximo de cuatro o cinco filamentos branquiales (fig. 30E). Fórmula maxilar: Mx I = 1+1, Mx II = 6-13+8-13, Mx III = 8-13+0, Mx IV = 6-9+5-11, Mx V = 1+1 (fig. 30L).

Tubos con una capa interior de aspecto apergaminado y una capa exterior gruesa formada por partículas de limo o fango.

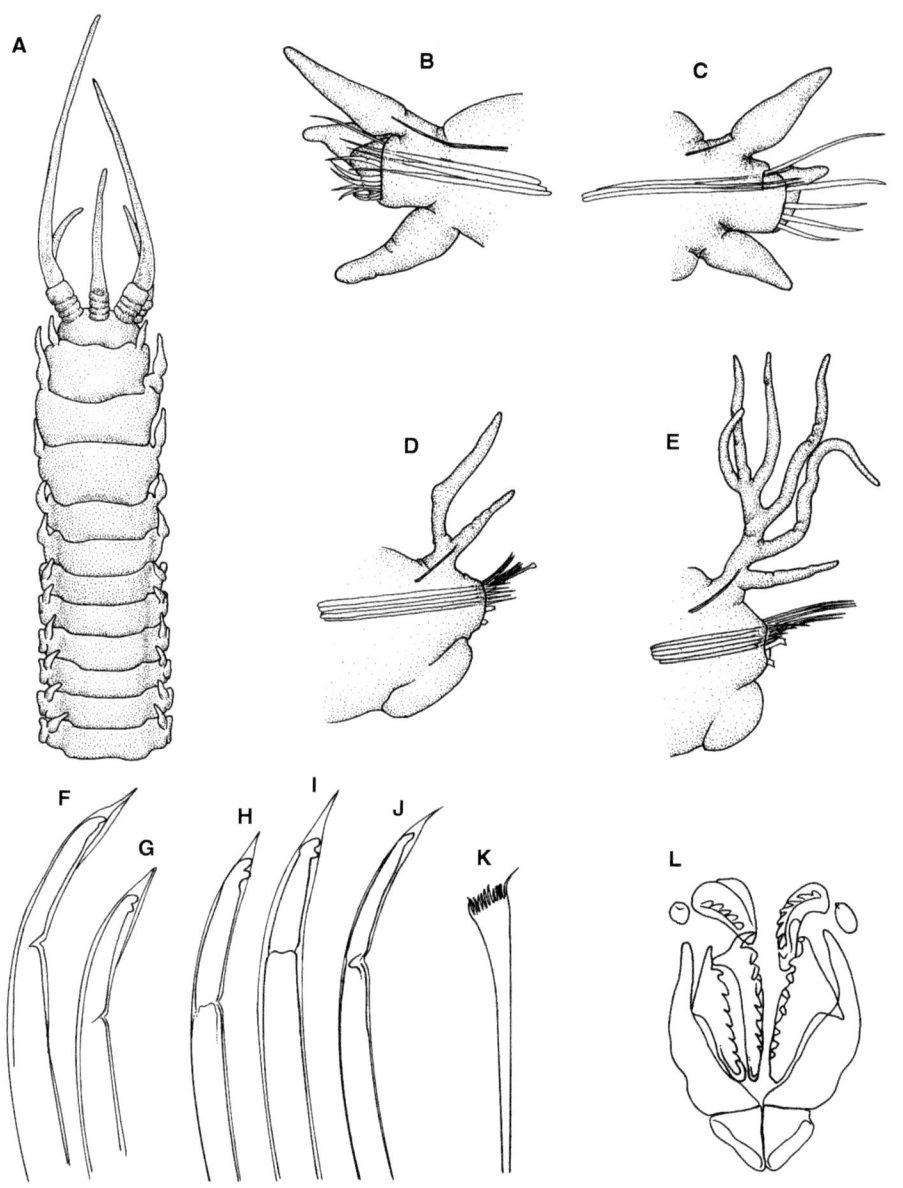

Fig. 30. Región anterior en vista dorsal (A), vista anterior de los parápodos 1 (B), 2 (C), 17 (D) y 20 (E), ganchos pseudocompuestos bidentados de los parápodos 3 (F, G), 1 (H) y 2 (I), gancho pseudocompuesto unidentado del parápodo 2 (J), seda pectinada de un parápodo de la región posterior (K) y aparato maxilar (L) de Paradiopatra ehlersi. Redibujados de Budaeva y Fauchald (2011).

Budaeva y Fauchald (2011) analizaron el complejo de seis especies de *Paradiopatra* de aguas profundas del globo, examinando material tipo y confirmaron la hipótesis previa de Kucheruk (1978) y Orensanz (1990), los cuales consideraban que este complejo de especies era en realidad una sola, *P. ehlersi*. *Onuphis (Onuphis) iberica* (realmente un miembro del género *Paradiopatra*), descrita por Hartmann-Schröder (1975) para el talud continental del noroeste ibérico (NE Atlántico), fue una de las seis especies sinonimizadas bajo el nombre de *P. ehlersi*.

Para la descripción de la especie se ha seguido a Budaeva y Fauchald (2011) y a Arias y Paxton (2015c).

Distribución geográfica.— *Paradiopatra ehlersi* es una especie de supuesta distribución cosmopolita. En el ámbito íbero-balear solo se conoce procedente de la localidad tipo de uno de sus sinónimos, *O. (Onuphis) iberica*, el talud continental inferior del noroeste de la península Ibérica (Budaeva y Fauchald, 2011; Arias y Paxton, 2015c).

Biología.— Especie típica del talud continental inferior y las zonas abisales. Se ha recolectado en sustratos blandos de entre 2.081 y 6.350 m de profundidad (Budaeva y Fauchald, 2011; Arias y Paxton, 2015c).

Paradiopatra florencioi Arias y Paxton, 2015 (fig. 31)
Paradiopatra florencioi Arias y Paxton, 2015. *Zootaxa*, 4040(2): 156

Especie pequeña con anchura máxima de 1 mm en el setígero 10 (excluidos los parápodos). Ejemplares estudiados incompletos, el mayor con 76 setígeros y 31 mm de longitud. Prostomio anteriormente redondeado. Ocelos prostomiales ausentes; palpos alcanzando el setígero 1, antenas laterales que alcanzan el setígero 3-7, antena mediana alcanzando los setígeros 1-2; ceratóforos con 5-7 anillos, sin proyecciones laterales (fig. 31A). Cirros peristomiales presentes (fig. 31A). Primeros tres pares de parápodos modificados; cirros ventrales subulados en los primeros dos setígeros, tercero con forma transitoria y cuarto ya transformado en almohadilla glandular; almohadillas glandulares ventrales con un patrón de poros cuticulares de disposición irregular; lóbulos postsetales de forma triangular a subulada en los primeros ocho setígeros (figs. 31B, 31C). Parápodos modificados (1 a 3) con ganchos pseudocompuestos bidentados y tridentados con capuchones de punta moderadamente larga (figs. 31E, 31F); en el setígero 4 los ganchos son reemplazados por sedas limbadas; las sedas limbadas inferiores son reemplazadas del setígero 9 en adelante por un par de ganchos subaciculares bidentados y sedas pectinadas. Sedas pectinadas de dos tipos: i) sedas aplanadas y distalmente oblicuas con entre 19 y 26 dientes, dos por parápodo desde los setígeros 9-10 hasta los setígeros posteriores (fig. 31H) y ii) sedas con forma cuchara, márgenes laterales enrollados, apéndice largo y con entre

19 y 21 dientes, presentes solo en los setígeros de la parte media, siempre una por parápodo (fig. 31G). Con branquias pectinadas que comienzan como filamentos simples, entre los setígeros 6 y 7, y alcanzan un máximo de tres o cuatro filamentos branquiales en los setígeros medios (fig. 31D). Fórmula maxilar: Mx I = 1+1, Mx II = 8+9, Mx III = 7+0, Mx IV = 5+9, Mx V = 1+1 (fig. 31I).

Tubos cilíndricos con una capa interior de aspecto apergaminado y una capa exterior gruesa formada por partículas de limo o fango.

Paradiopatra florencioi es muy similar a *P. quadricuspis* (M. Sars, 1872), una especie de distribución restringida al norte de Europa (de Noruega a Islandia). Las dos especies se diferencian principalmente en que la primera tiene ganchos pseudocompuestos bidentados y tridentados en los parápodos modificados anteriores, mientras que en la segunda solo son de tipo bidentado. Budaeva y Fauchald (2011) examinaron una gran cantidad de material de *P. quadricuspis* de la localidad tipo y de los mares de Noruega y Groenlandia y descubrieron que esta especie no presentaba variabilidad en la dentición de los ganchos pseudocompuestos, siendo siempre bidentados. Otras diferencias menores entre las dos especies consisten en que *P. florencioi* tiene sedas pectinadas con un mayor número de dientes (19-21) que *P. quadricuspis* (alrededor de 15) y que en la primera los cirros peristomiales son solo la mitad de largos que el peristomio, mientras que en la segunda estos tienen casi la misma longitud que el peristomio (Budaeva y Fauchald, 2011; Arias y Paxton, 2015c).

La descripción de la especie se ha tomado de Arias y Paxton (2015c).

Distribución geográfica.— *Paradiopatra florencioi* es una especie del Atlántico europeo templado, descrita originalmente para el talud continental del mar Cantábrico central (Asturias) y que está presente en otros puntos del golfo de Vizcaya y en las costas atlánticas de España y Portugal. En el ámbito íberobalear solo se puede confirmar su existencia en el mar Cantábrico central (Asturias) y oriental (País Vasco) y en el Banco de Galicia (Arias y Paxton, 2015c). Es posible que los registros de *P. quadriscupis* de Portugal (Amoureux, 1974) y el golfo de Vizcaya (Amoureux, 1973; Aguirrezabalaga *et al.*, 2002) se correspondan en realidad con *P. florencioi*. Sin embargo, se debe tener precaución ya que no todos los registros ibéricos o europeos de *P. quadricuspis* (o sus sinónimos) pueden representar a *P. florencioi*, ya que algunas de las descripciones aportadas no se corresponden con las características diagnósticas de ninguna de las dos especies.

Biología.— Esta especie se ha recolectado en sustratos blandos (arenosos y areno-fangosos) de entre 571 y 1.186 m de profundidad en el talud continental (Arias y Paxton, 2015c).

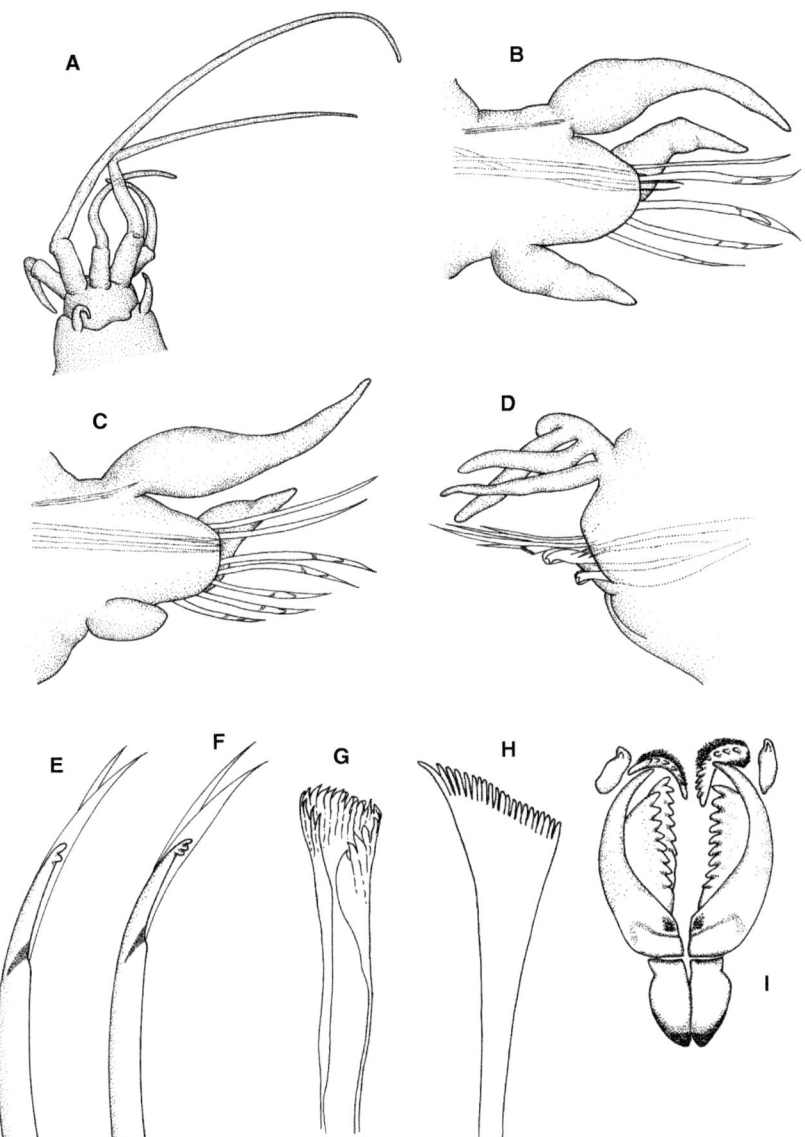

Fig. 31. Detalle del prostomio y el peristomio en vista dorsal (A), vista anterior de los parápodos 2 (B), 3 (C) y 22 (D), gancho pseudocompuesto tridentado del parápodo 2 (E), gancho pseudocompuesto bidentado del parápodo 2 (F), seda pectinada con márgenes enrollados del parápodo 30 (G), seda pectinada plana del parápodo 30 (H) y aparato maxilar (I) de Paradiopatra florencioi. A, D, redibujados de Aguirrezabalaga et al. (2002); B, C, E, F, I, de Arias y Paxton (2015c).

Paradiopatra hispanica (Amoureux, 1972) (fig. 32)
Nothria hispanica Amoureux, 1972. *Cah. Biol. Mar.*, 13: 76

Especie pequeña con anchura máxima de 0,8 mm en el setígero 10 (excluidos los parápodos). Ejemplares estudiados incompletos, el mayor con 110 setígeros y 52 mm de longitud. Prostomio redondeado en la porción anterior. Ocelos prostomiales ausentes; palpos que alcanzan el setígero 1, antenas laterales el setígero 2-5 y antena mediana el setígero 1-3; ceratóforos con 3-5 anillos, sin proyecciones laterales (figs. 32A, 32B). Cirros peristomiales presentes (fig. 32A). Primeros tres pares de parápodos modificados (figs. 32C-E); cirros ventrales subulados en los primeros tres o cuatro setígeros, seguidos por uno o dos con forma transitoria antes de transformarse por completo en almohadillas glandulares (fig. 32B); almohadillas glandulares ventrales con un patrón de poros cuticulares dispuestos a lo largo de una banda ancha formada por dos o tres filas interrumpidas de poros; lóbulos postsetales subulados ausentes a partir del setígero 9. Parápodos modificados (1 a 3) con ganchos pseudocompuestos bidentados y tridentados con capuchones de punta moderadamente larga (figs. 32G, 32H); en el setígero 4 los ganchos son reemplazados por sedas limbadas y las sedas limbadas inferiores lo son a partir del setígero 11-15 en adelante por un par de ganchos subaciculares bidentados y sedas pectinadas con entre 13 y 15 dientes (una por parápodo) (fig. 20F), dispuestas de forma espaciada entre setígeros, pueden faltar en la región media y posterior del cuerpo. Sin branquias. Fórmula maxilar: Mx I = 1+1, Mx II = 8+8, Mx III = 9+0, Mx IV = 4+7, Mx V = 1+1 (fig. 32I).

Tubos cilíndricos con una capa interior fina de aspecto apergaminado y una capa exterior, solo presente en su parte superior, y formada por partículas de limo o fango; parte inferior del tubo prácticamente transparente.

La descripción de la especie se ha tomado de Paxton y Arias (2014) y Arias y Paxton (2015c).

Distribución geográfica.— *Paradiopatra hispanica* es una especie del Atlántico europeo, pues se ha registrado desde el sur de las islas Británicas y el Canal de La Mancha hasta las costas atlánticas portuguesas, siendo una especie relativamente común en el golfo de Vizcaya (Paxton y Arias, 2014; Arias y Paxton, 2015c). En el ámbito íbero-balear se conoce procedente del talud continental del mar Cantábrico, el Banco de Galicia y el Atlántico gallego y portugués (Amoureux, 1972, 1974; Paxton y Arias, 2014; Arias y Paxton, 2015c).

Biología.— Se ha recolectado en sustratos blandos (arenosos y areno-fangosos) de entre 503 y 1.113 m de profundidad en el talud continental (Paxton y Arias, 2014; Arias y Paxton, 2015c). *Paradiopatra hispanica* es una especie incubadora, Paxton y Arias (2014) encontraron tubos de la especie con 10-12 juveniles con desarrollo sincrónico de 6 y 12 setígeros dentro del tubo parental en muestras procedentes del talud continental cantábrico.

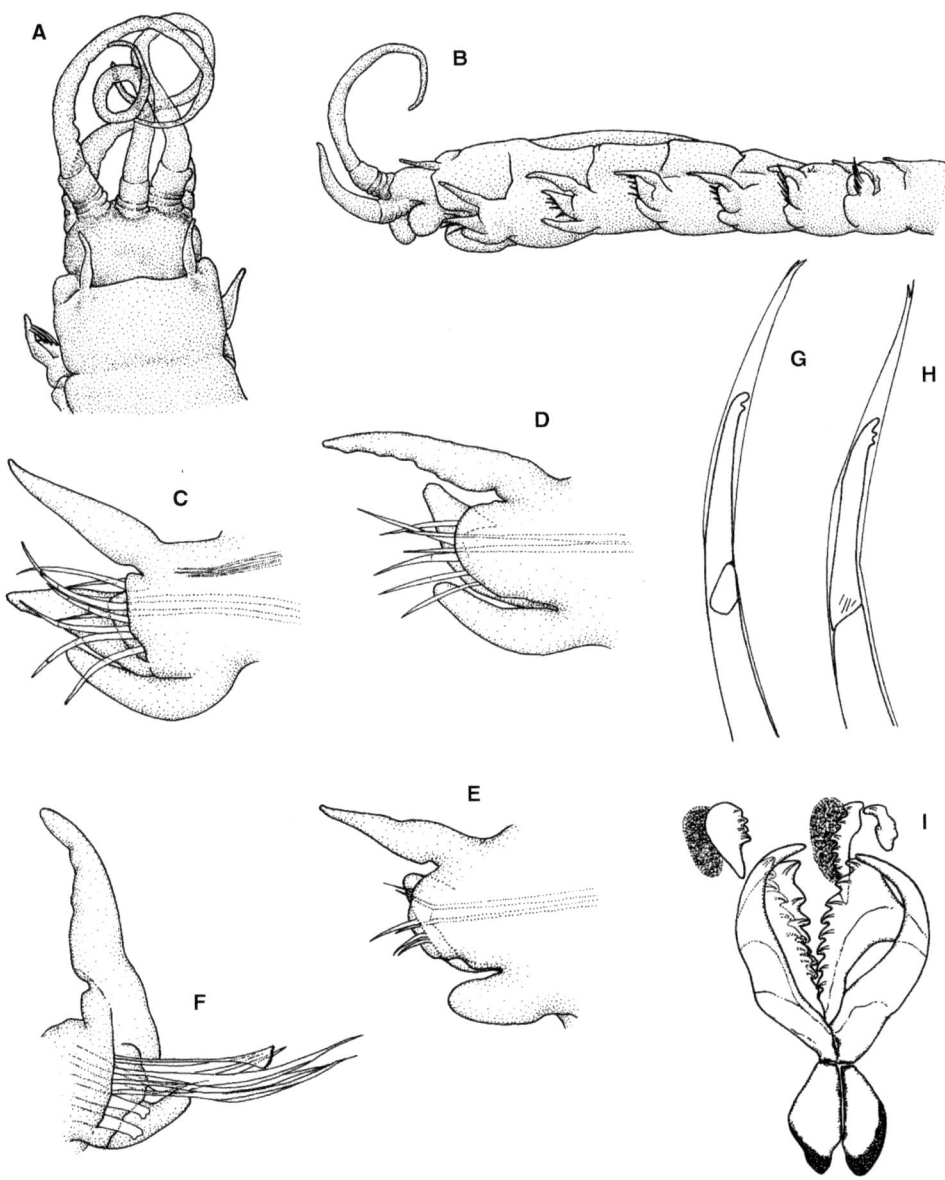

Fig. 32. Región anterior
en vista dorsal (A) y
lateral (B), vista anterior
de los parápodos 1 (C),
2 (D), 4 (E) y 14 (F),

gancho pseudocompuesto
bidentado del parápodo
1 (G), gancho
pseudocompuesto
tridentado del parápodo

1 (H) y aparato maxilar
(I) de Paradiopatra
hispanica. Redibujados
de Aguirrezabalaga et al.
(2002).

Género **Rhamphobrachium** Ehlers, 1887

Rhamphobrachium Ehlers, 1887. *Mem. Mus. Comp. Zool. Harv. Coll.*, 15: 70

ESPECIE TIPO: *Rhamphobrachium agassizii* Ehlers, 1887, por designación subsecuente de Hartman (1944)

Prostomio con palpos y antenas cortos, ceratóforos con entre dos y cinco anillos; labios frontales normalmente presentes. Peristomio con cirros peristomiales presentes (excepto en el subgénero *Minibrachium* Paxton y Budaeva, 2015). Primeros dos o tres pares de parápodos prolongados anterolateralmente, con tres largos ganchos distalmente recurvados cada uno, ganchos con dos filas de espinas móviles y sacos setales que se extienden internamente hasta el setígero 20-40. Sedas limbadas y pectinadas aplanadas desde el setígero 4, normalmente. Ganchos subaciculares en posición ventral desde los setígeros 10-16. Branquias presentes, simples o pectinadas (excepto en *Minibrachium*). Tubos de sección circular con una capa interna de aspecto apergaminado y una capa externa recubierta de partículas exógenas, como fango, granos de arena o fragmentos de conchas.

Clave de subgéneros

1. Cirros peristomiales insertados juntos el uno al otro, limbadas inferiores de tipo simple, con entre 3 y 6 ganchos subaciculares por parápodo, Mx VI presente . . . .
. . . .***Rhamphobrachium*** (p. 96)

• Cirros peristomiales insertados separados el uno del otro, limbadas inferiores de tipo pseudocompuesto a compuesto (espinígeras), máximo de 2 ganchos subaciculares por parápodo, Mx VI ausente . . . .***Spinigerium*** (p. 99)

Subgénero **Rhamphobrachium** Paxton, 1986

Peristomio con cirros peristomiales insertados muy juntos el uno del otro. Parápodos con sedas limbadas de tipo simple únicamente, sin espinígeras. Ganchos subaciaculares alcanzando un número máximo de tres a seis en los parápodos de entre los setígeros 15 y 30. Aparato maxilar con maxila VI presente.

Rhamphobrachium* (*Rhamphobrachium*) *agassizii Ehlers, 1887 (fig. 33)

Rhamphobrachium agassizii Ehlers, 1887. *Mem. Mus. Comp. Zool. Harv. Coll.*, 15: 70

Especie mediana, hasta 90 mm de largo y con ancho máximo de 6 mm en el setígero 10 (excluidos los parápodos). Patrón de coloración dorsal ausente en ejemplares conservados, ejemplares preservados con coloración uniforme rosada e iridiscente y tenues manchas de pigmento en la base de los cirros dorsales y los filamentos branquiales. Prostomio redondeado en su parte anterior, con un par de labios frontales ovoides, casi el doble de largos que de anchos. Labios inferiores con una sección media distintiva. Antenas situadas en la parte media del prostomio. Palpos alcanzando el setígero 1, antenas laterales llegando al setígero 2-4 y antena media alcanzando el setígero 1-3, con entre tres y cuatro anillos en los ceratóforos. Ocelos prostomiales aparentemente ausentes. Órganos nucales con una pequeña separación media. Peristomio entre el doble y el triple de largo que el primer setígero. Cirros peristomiales subulados y largos, llegan a la parte distal de los palpos, e insertados muy juntos, cayendo entre la antena media y las laterales. Primeros tres setígeros del cuerpo modificados y prolongados de forma característica, con disposición anterolateral y sobrepasando ampliamente el margen anterior del prostomio; con tres cortos lóbulos papiliformes, un lóbulo postsetal subulado largo y cirros dorsal y ventral subulados. Desde el setígero 4, lóbulo presetal bajo y corto y lóbulo postsetal redondeado (fig. 33A), ausente a partir del setígero 10; cirro dorsal digitiforme, más largo en los tres primeros setígeros, disminuyendo en tamaño entre los setígeros 4 y 5 y manteniéndose constante en longitud a partir del setígero 6; cirro ventral subulado en los primeros tres pares de setígeros, a continuación de forma transicional en el setígero 4 y totalmente transformado en almohadilla glandular en el setígero 5. Branquias simples o bífidas (con dos filamentos) presentes desde el setígero 15-17 hasta alcanzar un máximo de cinco filamentos en torno al setígero 30. Parápodos modificados (1 a 3) con ganchos pseudocompuestos largos de extremo recurvado (figs. 33E, 33F) y largos sacos setales internos hasta el setígero 55. Parápodos del setígero 4 con sedas limbadas simples (figs. 33B–D) y sedas pectinadas combadas con entre 12 y 25 dientes, las sedas limbadas son más largas en el fascículo superior (fig. 33B), más cortas en la parte media (fig. 33C) y muy cortas con forma de espina el fascículo inferior (fig. 33D); con tres o cuatro acículas de color marrón y con puntas afiladas sobresalientes. Uno a tres ganchos subaciculares bidentados presentes desde el setígero 14-16 (fig. 33G), alcanzando un máximo de entre tres y cinco entre los setígeros 15-16 al 20 (fig. 33H) y reduciéndose a un número de dos desde ahí hasta el final del cuerpo. Mandíbulas con placas cortantes calcificadas fuertes, distalmente serradas, y con ejes delgados (fig. 33I). Aparato maxilar pobremente esclerotizado de color marrón claro, fórmula maxilar: Mx I = 1+1, Mx II = 8+8-9, Mx III = 6-7+0, Mx IV = 6+7-9, Mx V = 1+1, Mx VI presente (placa sin dientes) (fig. 33J).

Tubo de sección cilíndrica, con una capa interna de aspecto apergaminado y otra externa recubierta de fango o arena muy fina.

La descripción de la especie ha sido tomada de Arias y Paxton (2020).

Distribución geográfica.— Esta especie fue originalmente descrita para las costas de Florida (EE. UU.). No obstante, parece presentar una distribución anfiatlántica, pues se ha registrado en Florida, Puerto Rico, Azores, Cabo Verde, el golfo de Vizcaya, Marruecos y Costa de Marfil (Paxton, 1986b; Arias y Paxton, 2020). En el ámbito íbero-balear *R. (R.) agassizii* solo se ha recolectado en el mar Cantábrico, en el Sistema de Cañones Submarinos de Avilés y El Cachucho (Banco Le Danois) (Arias y Paxton, 2020).

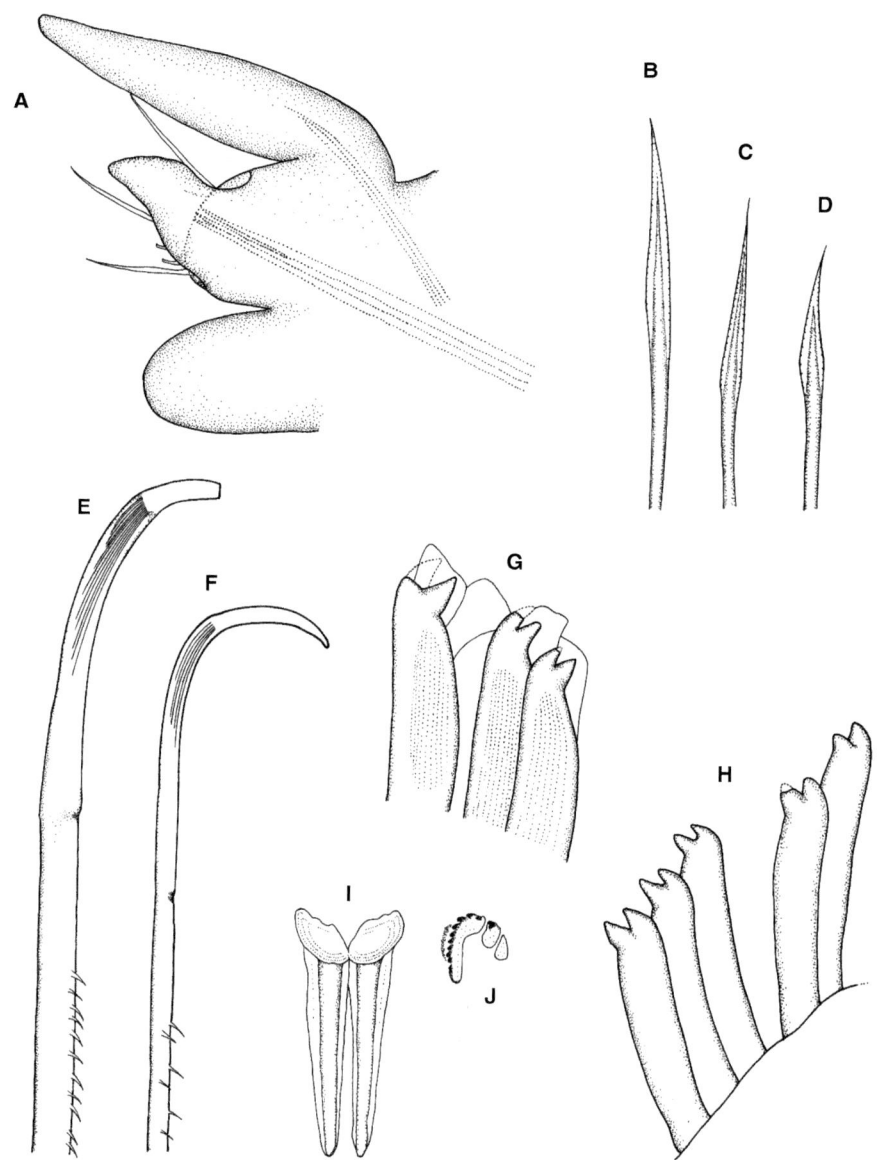

Fig. 33. Vista posterior del parápodo 4 (A), sedas limbadas del parápodo 13 (B-D), sedas largas recurvadas del parápodo 1 (D-E), ganchos subaciculares del parápodo 17 (G), ganchos subaciculares del parápodo 19 (H), mandíbulas (I) y maxilas IV, V y VI derechas de Rhamphobrachium (Rhamphobrachium) agassizii. *Redibujados de Paxton (1986a).*

Biología.— Esta especie ha sido típicamente registrada para los sustratos blandos del talud continental inferior, normalmente en profundidades superiores a los 1.000 m y con un récord máximo de 2.165 m de profundidad en el archipiélago de las Azores (Fauvel, 1914; Arias y Paxton, 2020). En el Cantábrico vive en sustratos fangosos de entre 925 y 1.207 m de profundidad. Siempre se recolectó en bajo número lo que sugiere que se trata de una especie que vive en bajas densidades de población y en un ambiente muy restringido (Paxton, 1986b; Arias y Paxton, 2020).

Subgénero *Spinigerium* Paxton, 1986

Spinigerium Paxton, 1986. *Rec. Aust. Mus.*, 38(2): 87

ESPECIE TIPO: *Rhamphobrachium longisetosum* Berkeley y Berkeley, 1938, por designación original

Peristomio con cirros peristomiales insertados separados el uno del otro. Parápodos con sedas limbadas inferiores de tipo pseudocompuesto a compuesto (espinígeras). Ganchos subaciaculares alcanzando un número máximo de dos por parápodo. Aparato maxilar con maxila VI ausente.

Rhamphobrachium (Spinigerium) brevibrachiatum (Ehlers, 1875) (fig. 34)

Diopatra brevibrachiata Ehlers, 1875. *Z. Wiss. Zool.*, 25: 49

Especie con una anchura máxima de 4,1 mm en el setígero 10 (excluidos los parápodos). Ejemplares estudiados incompletos, el mayor con 51 mm de longitud y 80 setígeros. Patrón de coloración dorsal ausente en ejemplares preservados, normalmente con manchas tenues de pigmento marrón en las antenas, cirros peristomiales y la base de los primeros tres pares de parápodos. Prostomio redondeado en su parte anterior, con un par de labios frontales globosos. Antenas situadas en la parte media del prostomio. Palpos alcanzando el peristomio o el setígero 1, antenas laterales llegando al setígero 2-3 y antena media que se extiende hasta el setígero 2-3, con entre tres y cinco anillos en los ceratóforos. Ocelos prostomiales aparentemente ausentes. Órganos nucales con una amplia separación media. Cirros peristomiales subulados y tan largos como la anchura del primer setígero, insertados distalmente en el peristomio y claramente separados el uno del otro (fig. 34A). Primeros tres setígeros del cuerpo modificados y característicamente prolongados, con disposición anterolateral, con tres cortos lóbulos papiliformes, un lóbulo postsetal subulado y cirros dorsal y ventral subulados (fig. 34A). Desde el setígero 4, lóbulo presetal bajo y corto y lóbulo postsetal redondeado, ausente a partir del setígero 10; cirro dorsal subulado y que disminuye en tamaño posteriormente; cirro ventral subulado en los primeros tres pares de setígeros. Branquias al principio simples, con un único filamento, presentes desde el setígero 11-13 hasta el setígero 14-15, a continuación, bífidas y que alcanzan un máximo de cuatro a siete filamentos entre los setígeros 26-30 para disminuir posteriormente hasta un único filamento en los setígeros 40-50. Parápodos modificados (1 a 3) (figs. 34A, 34B) con ganchos largos de extremo recurvado y espinas móviles (fig. 34D) y largos sacos setales internos (fig. 34B). Parápodos del setígero 4 con ganchos pseudocompuestos bidentados (fig. 34E) y sedas limbadas simples en el fascículo superior y sedas limbadas compuestas (espinígeras) en el fascículo inferior (figs. 34F, 34G). Región posterior del fascí-

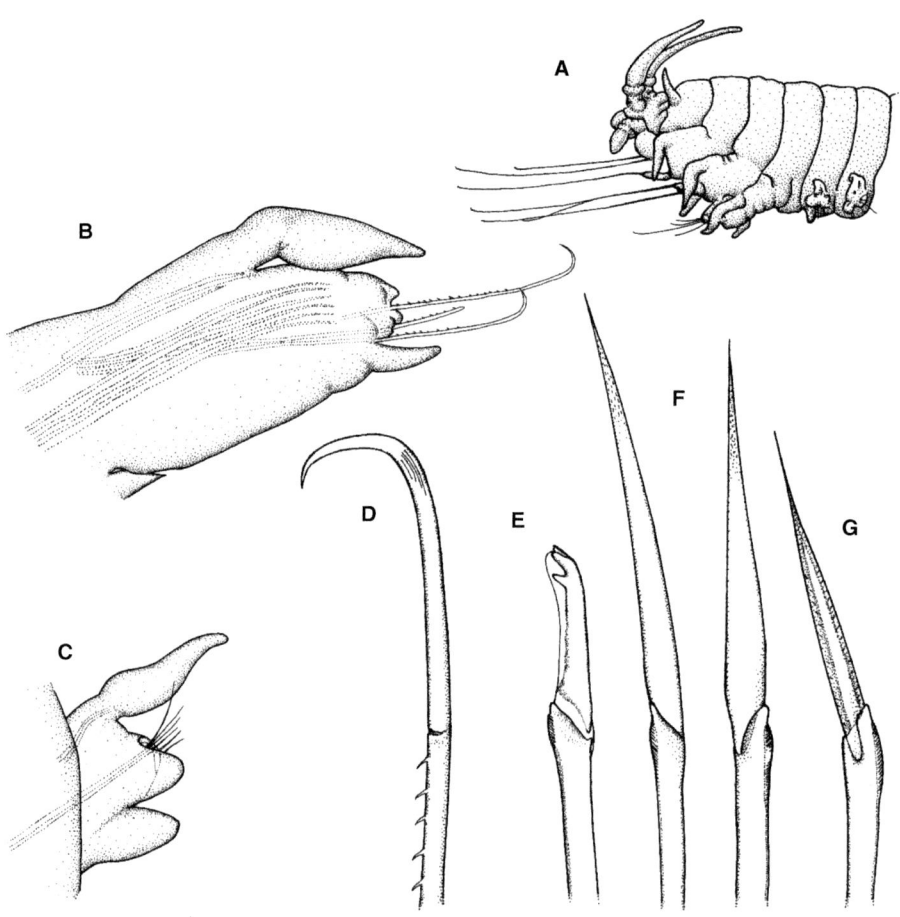

Fig. 34. Región anterior en vista lateral (A), vista posterior de los parápodos 2 (B) y 4 (C), seda larga recurvada del parápodo 2 (D), gancho compuesto bidentado del parápodo 4 (E), seda espinígera del parápodo 4 (F) y sedas espinígeras del parápodo 16 (G) de Rhamphobrachium (Spinigerium) brevibrachiatum. B-G, redibujados de Paxton (1986b).

culo superior con sedas pectinadas de entre 12 y 14 dientes, junto con las sedas limbadas simples. Ganchos subaciculares bidentados presentes de forma individual (uno por parápodo) desde el setígero 10-17, y como pares desde el setígero 12-20. Mandíbulas con placas cortantes calcificadas distalmente serradas y con ejes delgados. Aparato maxilar pobremente esclerotizado, fórmula maxilar: Mx I = 1+1, Mx II = 7-8+8, Mx III = 7-8+0, Mx IV = 5+8, Mx V = 1+1, Mx VI ausente.

Tubo de sección cilíndrica, con una capa interna de aspecto apergaminado y otra externa recubierta de granos de arena y pequeñas partículas exógenas como foraminíferos y fragmentos de conchas.

La descripción de la especie tomada de Paxton (1986) y Paxton y Arias (2014).

Distribución geográfica.— Esta especie fue originalmente descrita para el Canal de La Mancha, pero se ha registrado ampliamente en el Atlántico Norte desde el Canal hasta el Mediterráneo, incluso en el Atlántico noroeste de EE. UU. y el Pacífico japonés (Paxton y Arias, 2013). En el ámbito íbero-balear se ha citado en el talud continental Cantábrico y el Atlántico gallego, el Sistema de Cañones de Avilés y El Cachucho (Banco Le Danois) (Fauvel, 1923; Amoureux, 1972; Paxton y Arias, 2014).

Biología.— Esta especie parece ser típica de sustratos blandos del talud continental, normalmente en profundidades cercanas a los 1.000 m. No obstante, los datos bibliográficos nos aportan un rango batimétrico más amplio de entre 120 y 1.470 m (Paxton y Arias, 2014). En algunas localidades puede llegar a alcanzar densidades poblacionales altas, hasta convertirse en una de las especies de poliquetos más dominantes, como ocurre en la montaña submarina Meteor (Guillet y Dauvin, 2003).

Rhamphobrachium (S.) brevibrachiatum es una especie incubadora que protege sus huevos dentro del tubo parental. Paxton y Arias (2014) registraron un diámetro de huevo de entre 390 y 450 µm en los ejemplares procedentes del talud continental del mar Cantábrico central. De igual modo, estos autores también encontraron un ejemplar con una estructura más o menos esférica asociada a la parte anterior de su tubo. Esta contenía espermatozoides empaquetados y de cabeza alargada consistentes con el tipo *ent-aquasperm* (Jamieson y Rouse, 1989), y fue interpretada como un tipo de espermatóforo (Paxton y Arias, 2014).

Familia *EUNICIDAE* Berthold, 1827
Eunicea Berthold, 1827. *Latreille's nat. Fam. Thier.:* 227

Los eunícidos constituyen una familia bien conocida de poliquetos y con uno de los rangos de tamaños más amplio: desde 5 mm a 5-6 m de longitud y hasta 1.500 segmentos en *Eunice* Cuvier, 1817 (Fauchald, 1992a). El cuerpo suele ser de sección cilíndrica en la región anterior y deprimida en el posterior, es más ancho anteriormente y decrece en diámetro en los últimos segmentos. La forma corporal general es muy homogénea en la familia, difiriendo los géneros fundamentalmente en el número y forma de los apéndices prostomiales y en el número y distribución de las branquias. Prostomio de redondeado a cuadrangular, en algunas especies bilobulado anteriormente (figs. 46A, 47A) y cubierto en parte por el peristomio posteriormente (fig. 40A). El prostomio porta habitualmente una antena media, un par de antenas laterales y un par de palpos, todos ellos de forma semejante, pudiendo ser lisos o anillados (figs. 42A, 44A, 53A), si bien los palpos pueden faltar en ocasiones (fig. 47A), así como las antenas laterales (fig. 49A). Las antenas y palpos pueden estar articulados con el prostomio por medio de ceratóforos/palpóforos más o menos evidentes. Orrhage (1995) demostró que las tradicionalmente denominadas antenas ventrolaterales se corresponden en realidad con los palpos; así mismo, las extensiones lateroventrales consideradas tradicionalmente como "palpos" son en realidad parte del digestivo y actualmente se consideran "labios bucales" (Orrhage, 1995). El labio bucal dorsal está fusionado al lado dorsal del prostomio y el labio ventral muestra un profundo surco mediotransversal. Los ojos, en caso de estar presentes, se localizan en número par en la parte posterior del prostomio, generalmente próximos a la inserción de palpos y/o antenas laterales. Presentan órganos nucales como un par de crestas ciliadas en el límite posterodorsal del prostomio. El peristomio está bien desarrollado y consta de dos anillos que no constituyen verdaderos segmentos (Åkesson, 1967); el segundo anillo puede estar dotado de un par de cirros lisos o articulados (figs. 42A, 44A, 53A). El primer segmento es el primer setígero. Los parápodos son subbirrámeos; notopodio constituido solamente por un cirro dorsal con o sin acículas; lóbulos parapodiales y sedas ausentes. Las branquias, cuando están presentes, aparecen en posición dorsal respecto al cirro notopodial; pueden ser de tres tipos: palmeadas (fig. 50H), pectinadas (figs. 38G, 44F) o formadas por un único filamento (fig. 53D). El neuropodio, por el contrario, muestra lóbulos setígeros (presetal, setal y postsetal) redondeados o rectangulares y un cirro ventral. La dotación setígera consta de un haz dorsal de sedas capilares limbadas (ausentes en *Fauchaldius* Carrera-Parra y Salazar-Vallejo, 1998) y pectinadas (ausentes en *Fauchaldius* y *Palola* Gray, 1847), y un haz ventral de sedas compuestas falcígeras (bi- o tridentadas) o espinígeras (en *Marphysa* Quatrefages, 1866, *Euniphysa* Wesenberg-Lund, 1949, *Paucibranchia* Molina-Acevedo, 2018 y algunas especies de *Eunice*) y ganchos subaciculares (ausentes en *Palola*). Se han descrito tres tipos de sedas pectinadas en función de la longitud de los dientes laterales respecto a los dientes internos (Carrera-Parra y Salazar-Vallejo, 1998): anodontas (con todos los dientes de tamaño similar; fig. 50E), heterodontas (con uno de los dientes laterales de mayor tamaño que el resto; figs. 41D, 45G) e isodontas (con ambos dientes laterales mayores que el resto; figs. 50B, 50C). Trabajos posteriores (Molina-Acevedo y Carrera-Parra, 2015, 2017) también consideran en la caracterización de las sedas pectinadas la anchura de la parte distal de la seda y la longitud y grosor de los dientes internos. El pigidio porta dos pares de cirros.

Ehlers (1868) estudia el tracto digestivo de varios *Eunicidae* mientras que Barroso *et al.* (2022) describen en detalle el tubo digestivo de *Eunice woodwar-*

di Baird, 1869 e indican que está claramente regionalizado, dividido en faringe, esófago, estómago, e intestino, en el cual a su vez diferencia región anterior, media y posterior. La faringe corresponde a una probóscide muscular que porta ventralmente un complejo aparato maxilar. Las mandíbulas, en posición dorsal, consisten en dos mangos alargados que terminan en dos placas cortantes unidas por un ligamento (figs. 35B, 35C). El aparato maxilar es de tipo eulabidognato (*sensu* Paxton, 2009) y consiste en un par de cortos portadores ("carriers"), 4-5 placas maxilares pares y una impar identificadas con numeración romana (I a VI) (fig. 35A). Las placas maxilares son asimétricas, careciendo de la maxila III derecha (salvo en *Fauchaldius*) y siendo la maxila IV derecha más grande que la izquierda. Todos los elementos mandibulares y maxilares están más o menos esclerotizados y a menudo calcificados con aragonito.

Los eunícidos son dioicos, sin dimorfismo sexual, si bien hay casos de esquizogamia en ciertas especies, la cual implica la transformación y maduración sexual de la parte posterior del cuerpo (epítoco), que se separa del individuo para liberar los productos sexuales cerca de la superficie. En relación con ello, es bien conocido el comportamiento reproductivo del gusano palolo (*Palola*

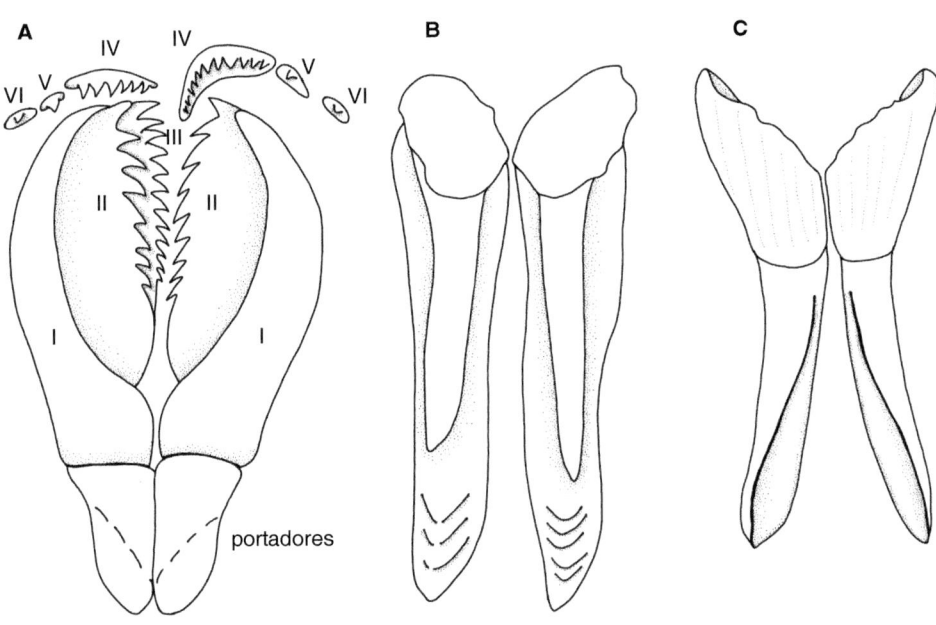

Fig. 35. Aparato maxilar de Eunice *(A) y mandíbulas de* Eunice *(B) y* Lysidice *(C). A,*

Redibujados de Fauchald (1992a); B-C, de Zanol et al. (2007). Los números romanos corresponden

a la numeración de las maxilas.

viridis Gray, 1847) el cual está ligado a los ciclos lunares en Samoa y otras islas del Pacífico en los meses de octubre y noviembre. Tras la freza que ocurre por ruptura de la pared corporal del epítoco, este muere mientras que la región anterior no modificada (la parte átoca) retorna a la galería y regenera la parte perdida (Hauenschild *et al.*, 1968). El palolo atlántico (*Eunice fucata* Ehlers, 1887) tiene un comportamiento similar, pero en los meses de junio-julio. En otros casos todo el animal adopta comportamiento pelágico, pero no muestra modificaciones morfológicas en su cuerpo. Algunos trabajos, como los realizados por Herpin (1925) y Pillai (1958), aportan datos relevantes sobre el comportamiento reproductivo en los eunícidos, reportando casos de liberación de los gametos en el agua, producción de masas gelatinosas de huevos en el bentos y desarrollos larvarios planctónicos, y retorno al medio bentónico a los 3-8 días, según la especie. Pueden llegar a vivir varios años y no se ha constatado la presencia de desarrollo directo en ninguna especie.

Los eunícidos están presentes en todos los mares del mundo, desde la banda mesolitoral hasta profundidades abisales y en todo tipo de fondos, pero preferentemente en aquellos de naturaleza rocosa. Son más habituales en aguas templadas y tropicales que en aguas frías de altas latitudes. Pueden ser de vida libre o construir tubos o excavar galerías en corales muertos, sedimento arenoso o fangoso. Asimismo, algunas especies pueden encontrarse como simbiontes de otros invertebrados como esponjas y corales blandos (Carrera-Parra y Salazar-Vallejo, 1998; Hartmann-Schröder y Zibrowius, 1998). Fauchald y Jumars (1979) recopilan los datos referidos a sus hábitos tróficos registrando casos de depredación sobre varios tipos de invertebrados como nemertinos (Winsnes, 1989), otros anélidos, pequeños crustáceos, bivalvos y quetognatos (Gathof, 1984a), así como hábitos herbívoros y carroñeros. Gathof (1984a) describe el modo de alimentación de las especies que habitan en arrecifes de coral; así, las maxilas se emplean para sujetarse al sustrato mientras que las mandíbulas funcionan como raspadores para romper el coral. Algunas especies de *Eunice*, *Lysidice* Lamarck, 1818 y *Marphysa* tienen cierta importancia económica como cebo de pesca (Gambi *et al.*, 1994; Olive, 1994; Zanol y Bettoso, 2006; Carrera-Parra *et al.*, 2008; Martin *et al.*, 2020; Simon *et al.*, 2021). Además, la forma epítoca nadadora de *P. viridis* es consumida por el ser humano en el Pacífico Sur (Schulze, 2006).

El primer eunícido descrito fue *Eunice norvegica* (como *Nereis*) por Linnaeus (1767). Si bien tradicionalmente se acreditaba a Savigny (1822) como el autor de la familia, Fauchald (1992a) demostró que la primera mención válida corresponde a Berthold (1827). Por otro lado, Fauchald (1970) admite la validez de *Paramarphysa* Ehlers, 1887 y *Heteromarphysa* Verrill, 1900 como géneros abranquiados respecto a *Marphysa*. Posteriormente, Fauchald (1977), siguiendo a Hartman (1959), reconoce 241 especies y siete géneros: *Eunice*, *Euniphysa*, *Lysidice*, *Marphysa*, *Nematonereis* Schmarda, 1861, *Palola* y *Paramarphysa*, calificando *Heteromarphysa* como indeterminable e incluyendo en *Marphysa* otros géneros de Eunícidos como *Amphiro* Kinberg, 1865, *Aphelotrix* Chamberlin, 1919, *Macduffia* McIntosh, 1885, *Nausicaa* Kinberg, 1865 y *Nauphan-*

ta Kinberg, 1865. Orensanz (1990) reconoce otro conjunto de siete géneros: *Eunice, Euniphysa, Lysidice, Marphysa, Nauphanta, Nematonereis* y *Palola*, además de *Paraeuniphysa* Wu y He, 1988, este último considerado en la actualidad como sinónimo de *Euniphysa*. Recientemente, Carrera-Parra (2009) acepta como válidos a *Eunice, Euniphysa, Fauchaldius, Marphysa, Palola, Nauphanta* y *Aciculomarphysa* Hartmann-Schröder y Zibrowius, 1998. En la actualidad se aceptan como válidos los considerados por Carrera-Parra (2009) salvo *Nauphanta* (sinónimo de *Marphysa*; Glasby y Hutchings, 2010), junto con *Leodice* Lamarck, 1818, *Lysidice, Nicidion* Kinberg, 1865, *Treadwellphysa* Molina-Acevedo y Carrera-Parra, 2017 y *Paucibranchia*. Además, *Nematonereis* es considerado actualmente como sinónimo de *Lysidice* por Zanol *et al.* (2014) si bien Molina-Acevedo y Carrera-Parra (2017) los consideran géneros diferentes. Por otra parte, el género *Lysibranchia* Cantone, 1983, descrito de la costa italiana (Cantone, 1983), fue considerado por Parapar *et al.* (1993a) como sinónimo de *Marphysa*, al considerar que el material tipo del género corresponde a las características de los ejemplares juveniles de *Marphysa bellii* (Audouin y Milne Edwards, 1833), si bien los autores no revisan el material tipo de *L. paucibranchiata* Cantone, 1983; así, WoRMS (2024) considera a *Lysibranchia* como *nomen dubium* hasta que la revisión del material tipo permita dilucidar a qué género pertenece en realidad. En cualquier caso, varias especies de *Marphysa*, incluyendo *M. bellii*, se han transferido a su vez al género *Paucibranchia* por Molina-Acevedo (2018). Finalmente, *Eunice* todavía no ha podido ser delimitado con claridad como grupo monofilético debido a la posición dudosa de algunas especies, incluyendo la especie tipo *Eunice aphroditois* (Pallas, 1788) (Zanol *et al.*, 2021).

Entre las diferentes obras publicadas con referencia a los eunícidos a lo largo de la historia destacan, en la primera mitad del siglo XX, aquellas dedicadas a recoger los resultados de diferentes campañas oceanográficas en las cuales se citan o describen distintas especies de la familia. Entre ellas cabe citar los trabajos de Fauvel (1914, 1932) sobre las campañas científicas de los buques *Hirondelle* y *Princesse-Alice*, los de Monro (1930, 1939) sobre los Poliquetos recogidos en las campañas del buque *Discovery* y la expedición BANZ a la Antártida, la monografía de Hartman (1944a) sobre las expediciones de la Fundación Allan Hancock en aguas del océano Pacífico, así como el trabajo de Wesenberg-Lund (1950) sobre la expedición danesa *Ingolf*.

A lo largo de la segunda mitad del siglo XX se realizaron diversas revisiones totales o parciales de la familia. Entre ellas cabe destacar los trabajos de Fauchald (1970) para el litoral de México occidental; Pettibone (1970) sobre la expedición *Siboga*; Knox y Green (1972) para Nueva Zelanda; Orensanz (1975, 1990) en Argentina y para las aguas antárticas y subantárticas respectivamente; Miura (1977a, 1977b, 1977c, 1986) sobre los eunícidos de Japón; Gathof (1984a) para el golfo de México; George y Hartmann-Schröder (1985) para las islas Británicas; Fauchald (1987, 1992a, 1992b) sobre *Nauphanta, Eunice* y *Palola* respectivamente; Winsnes (1989) para Escandinavia; Hartmann-Schröder (1996) para las aguas del norte de Europa; y Carrera-Parra y Salazar-Vallejo

(1998) sobre los eunícidos del mar Caribe proporcionando una clave mundial de especies del género *Eunice*.

La caracterización de los diferentes géneros y su filogenia ha sido tradicionalmente complicada con profusión de sinonimias (Orensanz, 1990). Fauchald (1992a) intentó esclarecer las relaciones filogenéticas entre los miembros de *Eunice*, pero sus resultados no fueron conclusivos. Fauchald (1992a) identifica la asimetría maxilar y la mineralización con aragonito como sinapomorfías para el clado formado por *Eunicidae* y *Onuphidae* Kinberg, 1865. Paxton (2000) añade caracteres tales como las diferentes estructuras parapodiales y la presencia de antenas. Orensanz (1990) también acepta la estrecha relación entre *Eunicidae* y *Onuphidae* y ambos como los miembros del orden *Eunicida* más derivados. Por el contrario, Rouse y Fauchald (1997) consideran a *Eunicidae* como grupo hermano de *Lumbrineridae* Schmarda, 1861 y *Dorvilleidae* Chamberlin, 1919 (= *Stauronereidae* Verrill, 1990), siendo a su vez *Onuphidae* el grupo hermano de todos ellos. No obstante, posteriores estudios moleculares apoyan de forma consistente que *Onuphidae* constituye el grupo hermano de *Eunicidae* (Struck *et al.*, 2006).

Descripciones de eunícidos fósiles pueden encontrarse en Kielan-Jaworowska (1966), Kozur (1970), Thompson y Johnson (1977) y Bergman (1987). Kozur (1970) propone a la extinta familia *Paulitinidae* Lange, 1947 como posible ancestro de *Eunicidae* y *Onuphidae*.

Entre los caracteres taxonómicos más empleados cabe citar la presencia, grado de anillación y longitud de las antenas, palpos y cirros peristomiales, desarrollo de los lóbulos parapodiales y cirros ventrales, segmentos de aparición de las branquias, su distribución a lo largo del cuerpo y el número de filamentos branquiales, tipos de sedas y coloración corporal. Ciertos caracteres habitualmente empleados como recurso para la identificación específica como la forma y aparición de los ganchos subaciculares, fórmula maxilar, naturaleza bidentada o tridentada de las sedas compuestas falcígeras, coloración de los ganchos subaciculares y número de filamentos branquiales, deben ser examinados con cuidado pues pueden variar a lo largo del cuerpo y con el tamaño (edad) del animal. En este sentido, Carrera-Parra (2009) considera la forma de las mandíbulas distinguiendo dos morfologías: forma de cucharón para *Lysidice* y *Marphysa*, y plana en el resto de los géneros, proponiendo emplear este carácter para discriminar los individuos juveniles de géneros como *Eunice* y *Marphysa* de los pertenecientes a *Lysidice*.

En la actualidad, hay alrededor de 450 especies reconocidas repartidas en 12 géneros, uno de ellos fósil (Zanol *et al.*, 2021). En aguas ibéricas se han citado seis géneros y 21 especies.

Familia *EUNICIDAE* Berthold, 1827
 Género *Eunice* Cuvier, 1817
   Eunice dubitata Fauchald, 1974
   Eunice norvegica (Linnaeus, 1767)
   Eunice pennata (O.F. Müller, 1776)

Eunice purpurea Grube, 1866
Eunice roussaei Quatrefages, 1866
Eunice schizobranchia Claparède, 1870
Eunice vittata (Delle Chiaje, 1829)
Eunice woodwardi Baird, 1869
Género *Leodice* Lamarck, 1818
   Leodice harassii (Audouin y Milne Edwards, 1833)
   Leodice laurillardi (Quatrefages, 1866)
   Leodice torquata (Quatrefages, 1866)
Género *Lysidice* Lamarck, 1818
   Lysidice collaris Ehrenberg y Grube, 1870
   Lysidice ninetta Audouin y Milne-Edwards, 1833
   Lysidice unicornis (Grube, 1840)
Género *Marphysa* Quatrefages, 1866
   Marphysa chirigota Martin, Gil y Zanol, 2020
   Marphysa gaditana Martin, Gil y Zanol, 2020
   Marphysa sanguinea (Montagu, 1813)
Género *Palola* Gray, 1847
   Palola siciliensis (Grube, 1840)
Género *Paucibranchia* Molina-Acevedo, 2018
   Paucibranchia belli (Audouin y Milne-Edwards, 1833)
   Paucibranchia fallax (Marion y Bobretzky, 1875)
   Paucibranchia kinbergi (McIntosh, 1910)

Clave de géneros

1. Un par de palpos presentes (figs. 36A, 44A, 51A, 53A, 54A) 2
• Palpos ausentes (fig. 47A) . . . .***Lysidice*** (p. 135)
2. Sin cirros peristomiales (figs. 50A, 54A) 3
• Con cirros peristomiales (figs. 36A, 44A, 53A) 4
3. Branquias a lo largo de todo el cuerpo . . . .***Marphysa*** (p. 142)
• Branquias en el tercio anterior del cuerpo . . . .***Paucibranchia*** (p. 153)
4. Ganchos subaciculares presentes (figs. 36D, 36G, 44B, 44F) 5
• Ganchos subaciculares ausentes . . . .***Palola*** (p. 150)
5. Ceratostilos y palpostilos articulados claramente (fig. 44A) . . . ***Leodice*** (p. 128)
• Ceratostilos y palpostilos generalmente no articulados o débilmente articulados
(figs. 37A, 38E, 40A, 42A, 43A) . . . .***Eunice*** (p. 108)

En eunícidos, la presencia o grado de desarrollo de muchos de los caracteres empleados en la discriminación genérica está íntimamente relacionada con la edad del animal y siguen una pauta de aparición preestablecida en su crecimiento (Parapar *et al.*, 1993b). Esto ha tenido históricamente importantes implicaciones en la taxonomía del grupo, ya que se han descrito géneros y especies que posteriormente se ha comprobado que correspondían a distintos momentos en el desarrollo ontogenético de especies ya conocidas (Fauvel, 1923; Day, 1967; Orensanz, 1975; Ben-Eliahu, 1976; Miura, 1977a, 1977b, 1977c; Cantone,

1983; Bhaud, 1987), a pesar de la existencia de trabajos previos en los que ya se aportaban evidencias sobre este hecho como Webster (1879). Por ello, la clave aquí propuesta debe ser utilizada con cautela a la hora de la identificación de individuos juveniles ya que, por ejemplo, la aparición de los apéndices prostomiales es secuencial, comenzando con la antena media para finalizar con la aparición de los palpos en caso de estar presentes en el género en cuestión (Carrera-Parra y Molina-Acevedo, 2021). Del mismo modo, la separación de los géneros *Leodice* y *Eunice* se ha realizado en función de la articulación de los apéndices prostomiales si bien hay que tener en cuenta que en algunas especies de *Eunice* tales apéndices pueden parecer ciertamente articulados; por ello, recomendamos que la confirmación de la identidad específica se combine con otros caracteres relevantes como las características de los parápodos, sedas y branquias.

Género ***Eunice*** Cuvier, 1817
Eunice Cuvier, 1817. *Règne Anim.*, 2: 524
ESPECIE TIPO: *Nereis aphroditois* Pallas, 1788

Cuerpo de hasta 1 m de longitud o más en algunas especies. Prostomio bilobulado; con un par de ojos pigmentados; cinco apéndices: tres antenas (media y dos laterales) y dos palpos, lisos o más o menos articulados. Primer anillo peristomial largo; segundo anillo más corto con un par de cirros. Cirro parapodial dorsal largo y apuntado; cirro ventral corto y globoso cerca de la base. Acículas reducidas, presentes en ocasiones también en el notopodio. Branquias ausentes o presentes, formadas por un único filamento o pectinadas. Cuatro tipos de sedas: limbadas, pectinadas, compuestas falcígeras y ganchos subaciculares encapuchados bi- o tridentados.

Diagnosis elaborada a partir de Fauchald (1986, 1992a), Winsnes (1989) y Zanol *et al.* (2014).

Los diferentes análisis filogénéticos realizados hasta la fecha no son concluyentes a la hora de delimitar la naturaleza monofilética del género (Zanol *et al.*, 2007, 2014), sobre todo en relación con la situación de su especie tipo (Zanol *et al.*, 2014, 2021). Por lo tanto, en la actualidad el género aparece caracterizado únicamente por plesiomorfías a la espera de estudios futuros que resuelvan esta cuestión (Zanol y Budaeva, 2021). En este contexto, el género consta provisionalmente de unas 250 especies a nivel mundial (WoRMS, 2024); sin embargo, este número podría ser menor debido a que probablemente algunas de ellas pertenezcan en realidad o bien a *Leodice* o a *Nicidion*. En cualquier caso, existen registros de ocho especies en el litoral íbero-balear.

Rioja (1918b) cita *Eunice floridana* (Pourtalès, 1867) (como *E. florideana*) y *Eunice punctata* (Risso, 1826) (como *Lysidice*) de la costa cantábrica ibérica. La primera fue descrita de la costa de Florida (EE. UU.); Fauchald (1992a) opina que muy probablemente todas las referencias europeas, como las de Cabrera (1909) y Rioja (1918b) en la costa cantábrica, deberían corresponder a *E. norvegica*.

Respecto a la segunda especie, Fauchald (1992a) la considera indeterminable, no siendo referida en trabajos ni recopilaciones posteriores (p.ej., Gil, 2011). *Eunice oerstedii* Stimpson, 1853, una especie descrita de la bahía de Fundy, en el Atlántico noroccidental, se ha citado en el Cantábrico por Rioja (1918b), quien presenta sendas ilustraciones de un parápodo y una seda pectinada; posteriormente, Campoy (1982) recoge varias citas de esta especie en la península Ibérica, tanto atlánticas como mediterráneas. Sin embargo, Fauchald (1992a) indica que esta especie debe considerarse indeterminable tanto por la falta de material original, como por la simplicidad de la descripción original, y las dos "diferentes tradiciones existentes en cómo identificarla", correspondientes a McIntosh (1885) y Fauvel (1914) (cfr. Fauchald, 1992a: 244). Todo ello sugiere que muy posiblemente el material identificado como *E. oerstedii* en aguas del Atlántico oriental se refiera a otros táxones como *E. norvegica*, *E. pennata* y/o *E. dubitata* (ver Discusión de esta especie). Finalmente, López (1995) identifica un ejemplar recogido en las islas Chafarinas como *Eunice cariboea* Grube, 1865, especie de distribución anfiatlántica y pacífica (Núñez *et al.*, 1997) pero que hasta ese momento no se había registrado en el litoral continental europeo, pero sí en zonas próximas como Madeira y Canarias. No se incluye aquí, sin embargo, dicha especie ya que probablemente se trate de una identificación errónea de un juvenil de otra especie (López, com. pers.). La incorporación paulatina de ciertos caracteres de relevancia taxonómica durante el desarrollo ontogénico en los eunícidos hace que este tipo de confusiones sean todavía habituales en la familia.

Clave de especies

1. Branquias a partir de los 10 primeros setígeros 2
• Branquias a partir del setígero 50 . . . . **E. schizobranchia** (p. 121)
2. Acículas y ganchos subaciculares amarillos 3
• Acículas y ganchos subaciculares negros 5
3. Ganchos subaciculares bidentados (fig. 38D) . . . . **E. pennata** (p. 114)
• Ganchos subaciculares tridentados (figs. 42B, 42C, 43G) 4
4. Sedas falcígeras con capuchón romo, sin mucrón (fig. 42D) .**E. vittata** (p. 123)
• Sedas falcígeras con capuchón mucronado (fig. 43F) . .**E. woodwardi** (p. 125)
5. Antenas largas con artejos cilíndricos. Branquias a partir de los setígeros 3-4, faltando en la mitad posterior (fig. 36G) . . . .**E. dubitata** (p. 110)
• Antenas cortas e indistintamente anilladas. Branquias a partir de los setígeros 6-10, presentes hasta el extremo posterior (figs. 37H, 40C) 6
6. Branquias pectinadas con un máximo de 12 filamentos. Sedas pectinadas isodontas con los filamentos laterales subiguales y poco más largos que los dientes centrales (figs. 37B, 37F-H) . . . .**E. norvegica** (p. 112)
• Branquias pectinadas con 15-40 filamentos. Sedas pectinadas heterodontas con los dientes laterales desiguales, uno de ellos mucho más largo que los dientes centrales (figs. 39B, 39C, 40B, 40C) 7
7. Ganchos subaciculares con los dientes formando ángulo agudo (fig. 40G) . . . .
. . . .**E. roussaei** (p. 118)
• Ganchos subaciculares con los dientes formando ángulo recto (fig. 39E) . . . . . .
. . . .**E. purpurea** (p. 116)

Eunice dubitata Fauchald, 1974 (fig. 36)
Eunice dubitatus Fauchald, 1974. *Sarsia (Bergen. Trykt utg.)*, 57: 18

Cuerpo de hasta 260 mm de longitud y 5-8 mm de anchura, con numerosos segmentos (110-200); cuerpo cilíndrico en sección, dorso ligeramente deprimido. Color en vida: rojizo, ocasionalmente con una banda blanca en el segmento 6. Prostomio bilobulado anteriormente; ojos oscuros entre la base de los palpos y las antenas laterales, por lo general ocultos por el peristomio; cinco apéndices dispuestos en un semicírculo (fig. 36A). Palpos más gruesos y cortos que las antenas, alcanzando el segundo anillo peristomial; antenas laterales hasta los setígeros 1-3; antena media más larga que las laterales y llega a los setígeros 3-5. Palpóforos y ceratóforos en forma de anillo, lisos; palpostilos y ceratostilos articulados, con hasta 10 artejos irregularmente definidos, cilíndricos basalmente y en forma de gota distalmente (fig. 36A). Peristomio mucho más largo que el prostomio; anillos peristomiales bien definidos, el primero 3-4 veces más largo que el segundo; segundo anillo con un par de cirros con 4-7 artejos, extendidos al menos hasta el borde posterior del prostomio. Mandíbulas anchas, con margen anterior calcificado. Maxilas: I = 1+1, II = 5/8+5/8, III = 7/9+0, IV = 6/8+8/13, V = 1+1, VI = 1+1. Branquias palmeadas, más cortas que los cirros dorsales; con 1-7 filamentos: a partir de los setígeros 3-5 con un único filamento (fig. 36E), setígeros 9-23 con un máximo de 2-7 filamentos (fig. 36F), setígeros siguientes hasta el 38-52 con un filamento, a veces reducido a un pequeño tubérculo; branquias ausentes en la mitad posterior del cuerpo (fig. 36G). Cirros dorsales largos, con 5-7 artejos en los primeros setígeros, hinchados basalmente, con ápice apuntado; cirros lisos a partir del setígero 20. Lóbulo presetal y postsetal como pliegues transversales. Lóbulo acicular truncado o redondeado. Cirros ventrales cortos, ovales en los primeros 4-10 setígeros (fig. 36E); con la base hinchada a partir del setígero 10 y ápice apuntado; a partir del setígero 40 bases normales, cirros gruesos y digitiformes (fig. 36G). Neuroacículas en número par por parápodo, ligeramente arqueadas distalmente y protruyendo del lóbulo acicular; de color marrón oscuro o negro en su interior y vaina clara. Sedas supraciculares: sedas limbadas de borde serrado y sedas pectinadas. Sedas pectinadas heterodontas aplanadas, con *ca.* 20 dientes, los dos dientes laterales desiguales, más largos que el resto, mango ancho y cilíndrico (fig. 36B). Sedas subaciculares: compuestas falcígeras bidentadas encapuchadas, con diente proximal más pequeño que el distal (fig. 36C). Un gancho subacicular bidentado encapuchado por parápodo desde los setígeros 28-38, diente proximal más grande que el distal (fig. 36D); color marrón oscuro a negro. Pigidio con dos pares de cirros anales, cirros del par dorsal más largos.

Descripción elaborada a partir de Winsnes (1989), Fauchald (1992a) y Núñez *et al.* (1997). Winsnes (1989) destaca el escaso desarrollo de las branquias frente al tamaño corporal y, tras revisar material de esta especie de la costa atlántica europea, indica que *E. dubitata* se ha confundido tradicionalmente con *E. oerstedii*. Esta confusión se inició tras la primera cita de esta en aguas europeas por Fauvel (1914), siendo citada posteriormente en numerosos trabajos (Fauvel, 1923; Støp-Bowitz, 1948; Amoureux, 1974; Hartmann-Schröder, 1977, 1979; Campoy, 1982; Kirkegaard, 1983), continuando con tal confusión. Asimismo, Winsnes (1989) reconoce que numerosas citas de *E. pennata* y *E. norvegica* podrían referirse a esta especie.

Distribución geográfica.— Descrita originalmente de Noruega, es una especie de aguas boreales y templado-cálidas, con citas en Islandia, Kattegat y costa

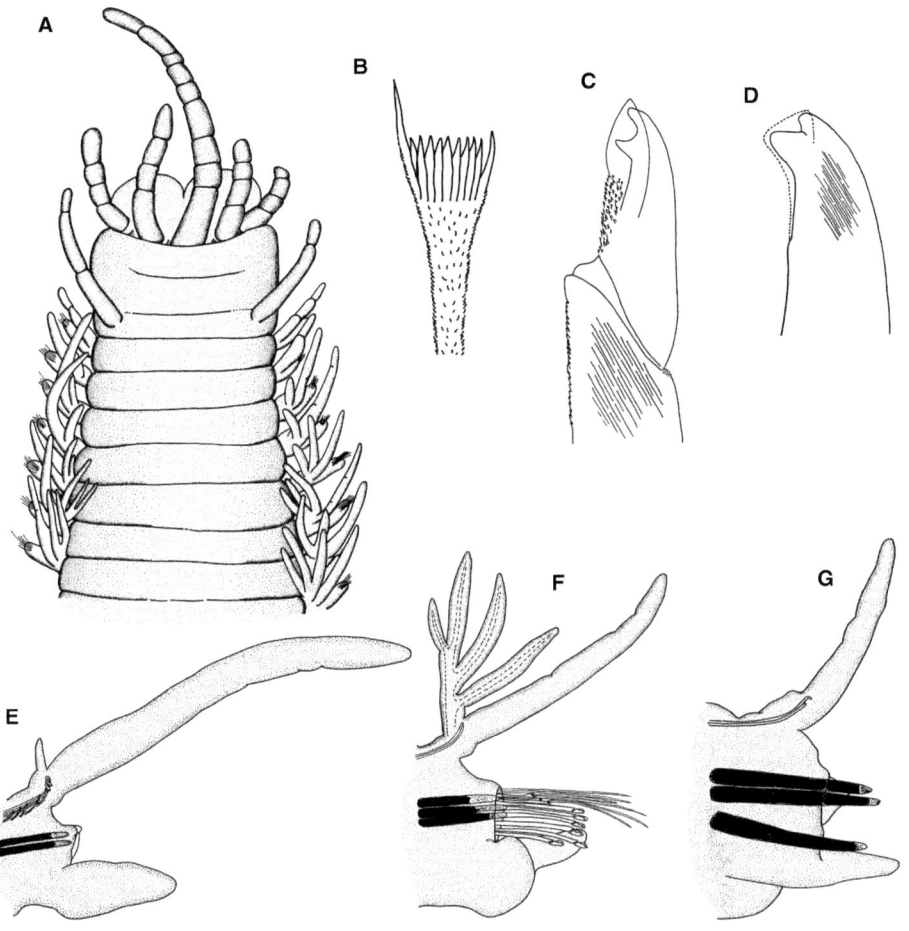

Fig. 36. Región anterior en vista dorsal (A), seda pectinada (B), seda compuesta falcígera
(C), gancho subacicular encapuchado (D) y parápodos 3 (E), 24 (F) y 76 (G) de Eunice dubitata.
E, G, sedas no ilustradas; redibujados de Winsnes (1989).

atlántica de Francia, España y Portugal, hasta Azores y Marruecos, así como en el Mediterráneo (Winsnes, 1989; Gravina *et al.*, 2021). En la península Ibérica hay citas (como *E. oerstedii*) tanto en el litoral atlántico como mediterráneo (Campoy, 1982). Winsnes (1989) revisa material de Gibraltar de Støp-Bowitz (1948) y confirma su presencia en aguas ibéricas.

Biología.— Especie de distribución infralitoral y batial, hasta 500 m de profundidad, en fondos blandos con esponjas o sobre corales (George y Hartmann-Schröder, 1985; Winsnes, 1989).

Eunice norvegica (Linnaeus, 1767) (fig. 37)
Nereis norvegica Linnaeus, 1767. *Syst. Nat.*, ed. 12, 2: 1086

Cuerpo que alcanza 200-320 mm de longitud y 9-12 mm de anchura, con numerosos segmentos (120-199). Color en vida: tono blancuzco con una fuerte iridiscencia azulada. Prostomio claramente bilobulado; dos ojos oscuros situados por detrás de las antenas laterales y generalmente ocultos por el pliegue del peristomio; cinco apéndices de grosor similar dispuestos en un semicírculo (fig. 37A). Palpos extendidos hasta la mitad del peristomio; antenas laterales, hasta el setígero 3 y antena media hasta el setígero 4. Palpóforos y ceratóforos en forma de anillo, lisos; palpostilos y ceratostilos digitiformes, en algunos ejemplares de lisos a débilmente anillados o bien con hasta 16 artejos cilíndricos (fig. 37A). Peristomio claramente más largo que el prostomio; anillos peristomiales mejor definidos en dorso y lados, el primero al menos cuatro veces más largo que el segundo; segundo anillo con un par de cirros delgados que alcanzan el extremo anterior del prostomio, desde casi lisos hasta con ocho artejos, un artejo más largo que el resto (fig. 37A). Maxilas: I = 1+1, II = 5/7+6/7, III = 7/9+0, IV = 3/6+8/12, V = 1+1, VI = 1+1. Branquias pectinadas, tan largas como los cirros dorsales; desde el setígero 7 hasta el 155 ausentes en el tercio posterior del cuerpo; con 1-7 filamentos, y hasta 15 en algunos casos: primer y últimos tres setígeros con branquias con un filamento, con 4-7 en la mayoría de setígeros (figs. 37F-H). Cirros dorsales largos, con hasta tres articulaciones en los parápodos anteriores y lisos a partir de la región branquial. Lóbulo presetal y postsetal en forma de pliegue transversal. Lóbulo acicular truncado en la parte anterior del cuerpo y redondeado en la parte posterior. Cirro ventral apuntado y grueso en los primeros seis setígeros; con la base hinchada entre los setígeros 7 y 80 y ápice digitiforme en forma de papila (figs. 37F, 37G); la base disminuye de tamaño hacia la región posterior, últimos 50 setígeros con cirros digitiformes (fig. 37H). Notoacículas presentes (6-7), reducidas. Dos neuroacículas generalmente, rectas, protruyendo del lóbulo acicular; color desde ámbar a generalmente castaño o negro. Sedas supraciculares: sedas limbadas de borde serrado y sedas pectinadas. Sedas pectinadas de aspecto piloso, aplanadas, heterodontas, con 15 dientes (fig. 37B). Sedas subaciculares: compuestas falcígeras bidentadas encapuchadas, más robustas en los setígeros posteriores, con diente proximal más grande que el distal (figs. 37C, 37D). Hay 1-2 ganchos encapuchados subaciculares bidentados por parápodo, a partir de los setígeros 30-44; diente

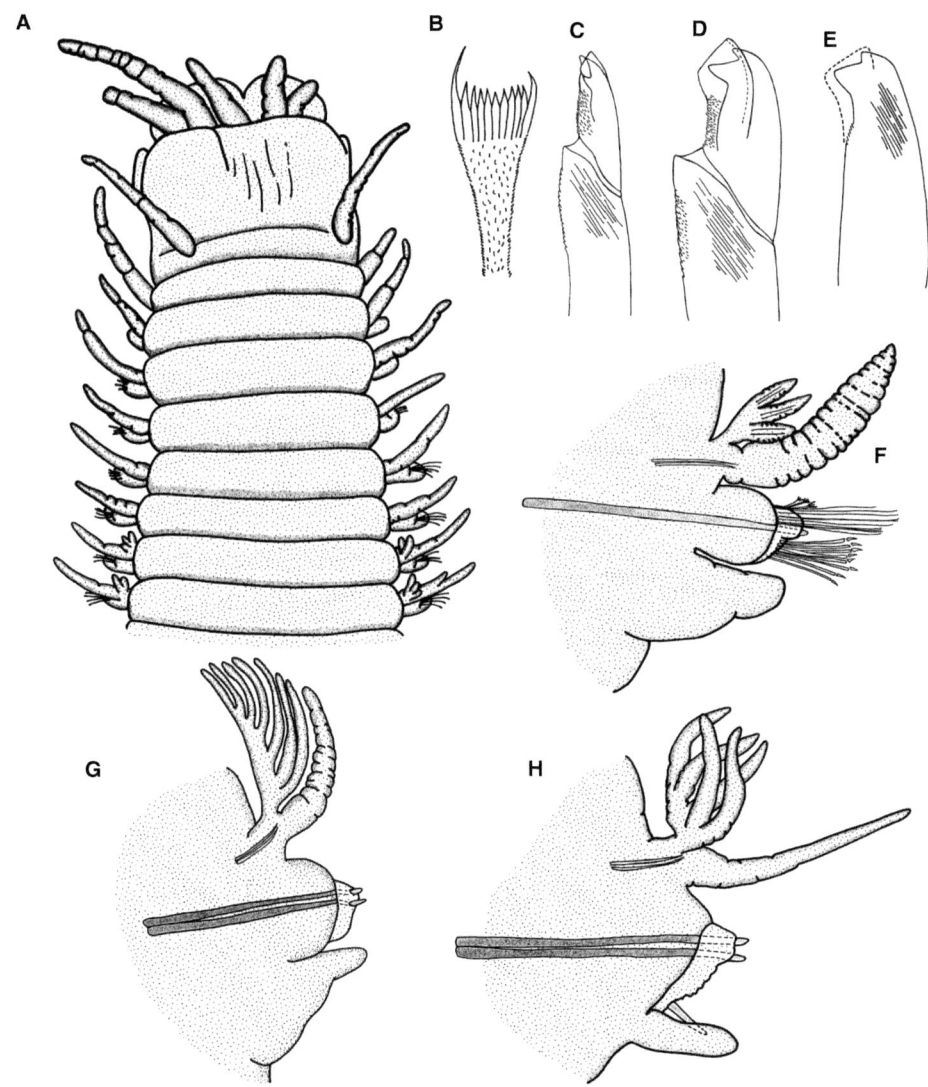

Fig. 37. Región anterior en vista dorsal (A), seda pectinada (B), sedas compuestas falcígeras (C-D), gancho subacicular encapuchado (E) y parápodos 9 (F), 27 (G) y 80 (H) de Eunice norvegica. *G, H, sedas no ilustradas; A-E, redibujados de Winsnes (1989).*

proximal más grande que el distal (fig. 37E); color de ámbar oscuro a negro. Pigidio con dos pares de cirros anales, par dorsal más largo.

Descripción elaborada a partir de Winsnes (1989) y Fauchald (1992a).

Distribución geográfica.— Descrita originalmente de Noruega, se ha citado en aguas de todo el Atlántico Norte y mar Mediterráneo, mar del Norte, Skagerrak y Oresund; registrada también en el litoral nororiental del Pacífico y océano Índico (George y Hartmann-Schröder, 1985; Núñez *et al.*, 1997). En la península Ibérica hay numerosas citas en el litoral atlántico español y portugués (Campoy, 1982); en el mar Mediterráneo se ha registrado en la costa catalana (Camp, 1976), en ocasiones como *E. floridana*.

Biología.— Se caracteriza por vivir asociada a distintas especies de cnidarios de los géneros *Madrepora* Linnaeus, 1758 y *Solenosmilia* Duncan, 1873 (George y Hartmann-Schröder, 1985), y particularmente como comensal del coral de aguas frías *Desmophyllum pertusum* (Linnaeus, 1758) (Winsnes, 1989). Secreta un tubo de apariencia apergaminada sobre las ramas del coral, el cual puede crecer a su vez sobre el tubo protegiéndolo; asimismo, *E. norvegica* puede introducirse en dichas ramas secretando el tubo en su interior (Winsnes, 1989). Reportada a profundidades de entre 100 y 1.300 m.

Eunice pennata (O.F. Müller, 1776) (fig. 38)
Nereis pennata O.F. Müller, 1776. *Zool. Dan. Prodromus*: 217

Cuerpo de hasta 160 mm de longitud y 6-8 mm de anchura, con numerosos segmentos (110-150); cuerpo con dorso convexo y superficie ventral aplanada, estrechándose gradualmente hasta el extremo posterior. Color en vida marrón amarillento en la parte anterior, más claro en la posterior. Prostomio claramente bilobulado; dos ojos de color púrpura localizados lateralmente a las antenas laterales; cinco apéndices dispuestos en un semicírculo (fig. 38E). Palpos más gruesos que las antenas y que alcanzan el segundo anillo peristomial; antenas laterales que llegan a los setígeros 4-5; antena media extendida hasta el setígero 6. Palpóforos y ceratóforos en forma de anillo, lisos; palpostilos y ceratostilos delgados y apuntados, con articulaciones irregulares, espaciadas. Peristomio claramente más largo que el prostomio; anillos peristomiales más claramente definidos dorsal y lateralmente, el primero más largo que el segundo; segundo anillo con un par de cirros cortos y delgados, con 3-4 artejos irregulares, alcanzando al menos la mitad del prostomio (fig. 38E). Mandíbulas pequeñas, anchas, en forma de X, con margen anterior calcificado. Maxilas: I = 1+1, II = 5/7+7/9, III = 8/10+0, IV = 6/8+9/12, V = 1+1, Mx VI ausentes. Branquias pectinadas, más largas que los cirros dorsales salvo en los primeros parápodos; desde el setígero 3 hasta el 30-59 y ausentes en la mitad posterior del cuerpo; con 1-19 filamentos: setígeros 3-7 con un solo filamento (fig. 38F), con un máximo generalmente de 12 filamentos entre los setígeros 15-30 (en ocasiones hasta 19) (fig. 38G), que disminuye hasta un solo filamento en los últimos setígeros con branquias. Cirros dorsales digitiformes, débilmente anillados en los primeros setígeros (1-4 articulaciones) hasta volverse lisos en la zona branquial; más cortos que las

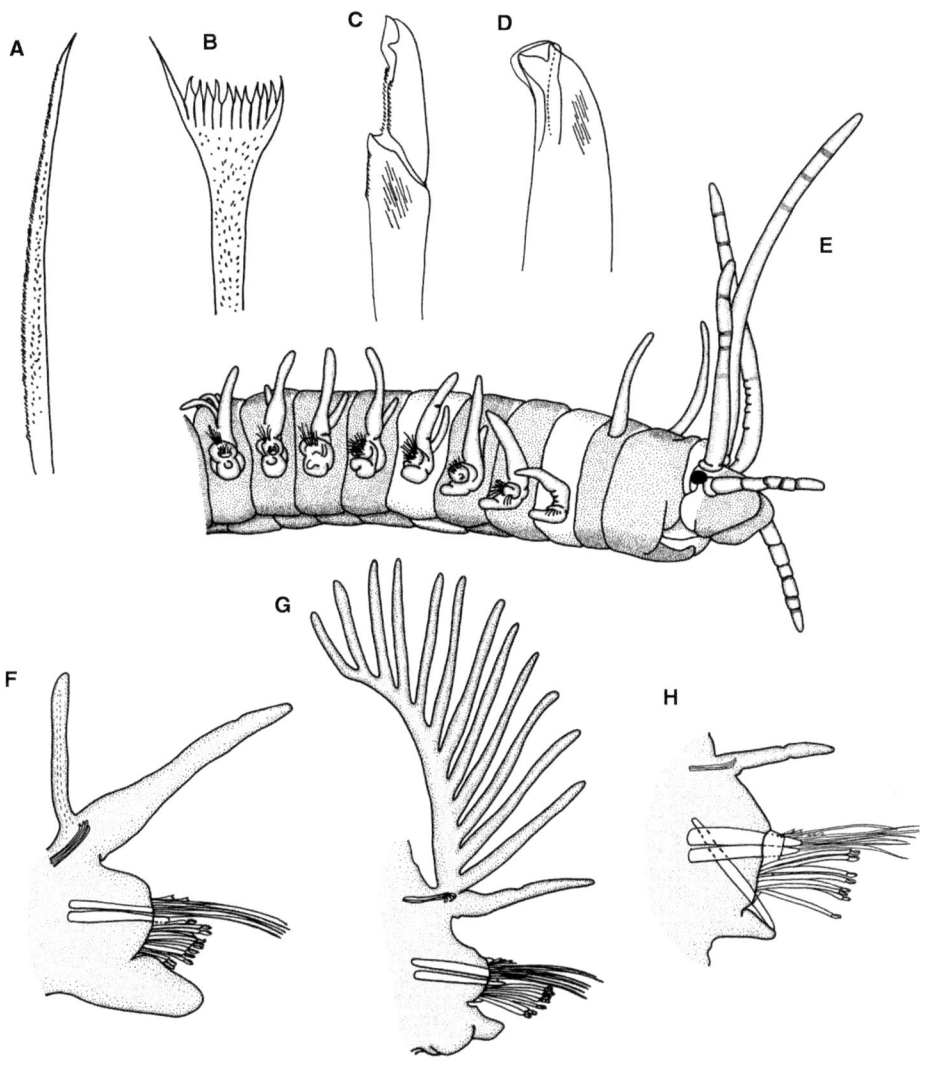

Fig. 38. Seda capilar (A), seda pectinada (B), seda compuesta falcígera (C), gancho subacicular encapuchado (D), región anterior en vista lateral (E) y parápodos 3 (F), 25 (G) y 77 (H) de Eunice pennata. Redibujados de Winsnes (1989).

branquias (figs. 38F-H). Lóbulo presetal en forma de pliegue transversal, corto, ligeramente excavado. Lóbulo postsetal de la zona prebranquial y branquial libre y redondeado, simétrico; en la región postbranquial sigue el contorno del lóbulo acicular. Lóbulo acicular truncado oblicuamente en la mitad anterior del cuerpo y redondeado en la mitad posterior. Cirro ventral cónico en los primeros setígeros; en los setígeros siguientes presenta la base hinchada y el extremo distal apuntado (fig. 38G); a partir de los setígeros 35-40 cirros cónicos y apuntados (fig. 38H). Notoacículas presentes (2-7), reducidas. Neuroacículas en número par generalmente, protruyendo del lóbulo acicular, apuntadas, rectas o ligeramente curvadas; color amarillo. Sedas supraciculares: sedas limbadas de borde piloso (fig. 38A) y sedas pectinadas. Sedas pectinadas de aspecto piloso, aplanadas, heterodontas, con 8-12 dientes, un diente lateral más largo que el resto (fig. 38B). Sedas subaciculares: compuestas falcígeras bidentadas encapuchadas, diente proximal más pequeño que el distal, artejo con margen fuertemente serrado (fig. 38C). Con 1-2 ganchos encapuchados subaciculares bidentados por parápodo, a partir de los setígeros 32-43; diente proximal más grande que el distal (fig. 38D); color amarillo. Pigidio con dos pares de cirros anales, par dorsal tan largo como los últimos cuatro setígeros.

Descripción elaborada a partir de Campoy (1982), George y Hartmann-Schröder (1985), Winsnes (1989) y Fauchald (1992a).

Distribución geográfica.— Descrita originalmente de Dinamarca, se ha citado en aguas del Ártico, y océano Atlántico, desde Groenlandia hasta las Azores, y el Mediterráneo. La mayor parte de las citas en la península Ibérica corresponden al litoral atlántico (Campoy, 1982; Parapar *et al.*, 1996) si bien también se ha mencionado en el litoral catalán por Alós *et al.* (1982).

Biología.— Vive en un tubo de textura mucosa adherido a piedras y conchas de moluscos y recubierto por guijarros, fragmentos de conchas y foraminíferos. Se encuentra en sedimentos de diferente naturaleza: arena, fango y conchas, en corales y rizoides de *Laminaria* J.V.Lamour.; desde la banda mesolitoral hasta los 3.500 m de profundidad (George y Hartmann-Schröder, 1985).

Eunice purpurea Grube, 1866 (fig. 39)
Eunice purpurea Grube, 1866. *Jahresber. Schles. Ges. Vaterl. Cult.*, 44: 68

Cuerpo de hasta 53 mm de longitud y 4 mm de anchura, con 106 segmentos. Prostomio claramente bilobulado; dos ojos localizados entre la base de los palpos y las antenas laterales; cinco apéndices de grosor similar dispuestos en un semicírculo (fig. 39A). Palpos alcanzando el segundo anillo peristomial; antenas laterales y antena media que llegan hasta el setígero 2. Palpóforos y ceratóforos en forma de anillo, lisos; palpostilos y ceratostilos apuntados, con hasta 13 artejos cilíndricos (fig. 39A). Peristomio claramente más largo que el prostomio; anillos peristomiales mejor definidos dorsalmente, el primero cuatro veces más largo que el segundo; segundo anillo con un par de cirros digitiformes, con tres artejos cilíndricos, alcanzando la mitad del primer anillo. Maxilas: I = 1+1, II = 4+5, III = 7+0, IV = 2+7, V = 1+1, Mx VI ausentes. Branquias pectinadas, más largas que los cirros dorsales; desde el setígero 5 al 100, ausentes en el tercio posterior del cuerpo; con 1-14 filamentos cortos y delgados: primeros tres y últimos 10 setígeros de la región branquial con un único filamento, hasta un máximo de 14 alrededor del setígero 20 (fig. 39B);

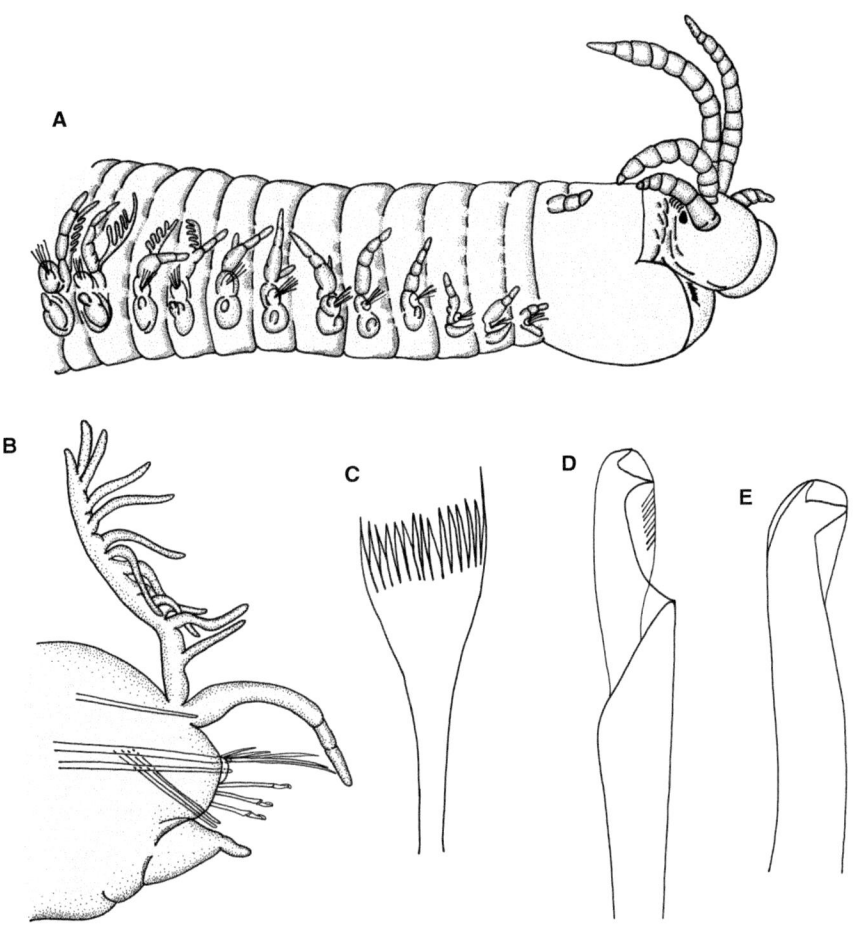

Fig. 39. Región anterior en vista lateral (A), parápodo 32 (B), seda pectinada (C), seda compuesta falcígera (D) y gancho subacicular encapuchado (E) de Eunice purpurea. Redibujados de Fauchald (1992a).

primeros dos pares de branquias muy pequeños, en forma de botón. Cirros dorsales de los primeros 50 setígeros con la base hinchada, con hasta cuatro artejos, disminuyendo en número hacia el setígero 55 a partir del cual se vuelven lisos (fig. 39B); cirros de la región posterior más delgados y cortos. Borde del lóbulo presetal y postsetal que sigue el contorno del redondeado lóbulo acicular. Cirro ventral de los cuatro primeros setígeros apuntado; con base hinchada entre los setígeros 5 y 50, ápice pequeño, en forma de botón (fig. 39B); cirros de los setígeros siguientes que se vuelven progresivamente apuntados y más largos hasta alcanzar una longitud similar a la de los cirros dorsales en los últimos setígeros. Notoacículas presentes, reducidas. Neuroacículas en número par generalmente, protruyendo del lóbulo acicular; color marrón. Sedas supraciculares: sedas limbadas de borde liso y sedas pectinadas. Sedas pectinadas, aplanadas en la región media, heterodontas, con *ca*. 15 dientes, un diente lateral más largo que el resto (fig. 39C). Sedas subaciculares: compuestas falcígeras bidentadas encapuchadas, diente proximal más largo que el distal (fig. 39D). Un gancho subacicular encapuchado bidentado por parápodo, a partir del setígero 19; diente proximal triangular, mucho más grande que el distal, dispuestos formando aproximadamente un ángulo recto (fig. 39E); color marrón.

Descripción elaborada a partir de la realizada por Fauchald (1992a).

Se trata de una especie con pocas referencias bibliográficas debido, según López (1995), a que habitualmente se la ha considerado un estado juvenil de *E. aphroditois* (Pallas, 1788) y *E. roussaei* Quatrefages, 1866. Las tres especies son consideradas válidas por Fauchald (1992a) distinguiéndose por la forma de las sedas pectinadas y de los ganchos subaciculares, estos últimos en el caso de *E. purpurea* con un diente proximal muy desarrollado y dispuesto en ángulo recto con respecto al diente distal (ver clave de especies).

Distribución geográfica.— El material tipo de la especie procede del mar Adriático (Fauchald, 1992a). En el ámbito ibérico, se ha citado en las islas Chafarinas por López y Viéitez (1999).

Biología.— Los datos sobre la biología de esta especie son escasos. López (1995) la cita en sustratos duros en la facies del alga *Vidalia volubilis* (L.) J.Agardh.

Eunice roussaei Quatrefages, 1866 (fig. 40)

Eunice roussaei Quatrefages, 1866. *Hist. Nat. Annelés Mar. Eau Douce*, [1865], 2(1): 309

Cuerpo de 300 mm de longitud y 6-8 mm de anchura, con numerosos segmentos (>400). Prostomio ligeramente bilobulado; ojos presentes; cinco apéndices dispuestos en un semicírculo (fig. 40A). Palpos poco más cortos que las antenas, alcanzan el setígero 1; antenas subiguales, llegan hasta los setígeros 1-4. Palpostilos y ceratostilos lisos o débilmente articulados, articulados distalmente en los ejemplares juveniles. Peristomio más largo que el prostomio;

anillos peristomiales mejor definidos dorsalmente; primer anillo peristomial 4-5 veces más largo que el segundo; segundo anillo con un par de cirros lisos o ligeramente articulados distalmente, alcanzando el margen anterior del peristomio (fig. 40A). Mandíbulas anchas, con margen anterior calcificado. Maxilas: I = 1+1, II = 4/6+4/7, III = 5/6+0, IV = 4-6+13, V = 1+1, VI = 1+1. Branquias pectinadas, más largas que los cirros dorsales salvo en los primeros parápodos; desde los setígeros 6-10 hasta el final del cuerpo; con 1-40 filamentos filiformes: un filamento en los primeros setígeros, un máximo de 15-40 filamentos entre los segmentos 25-30 (figs. 40B, 40C), disminuyendo hasta un único filamento en los últimos segmentos corporales. Cirros dorsales con la base hinchada, débilmente articulados en los primeros setígeros, lisos en el resto del cuerpo y de tamaño decreciente hacia la región posterior (figs. 40B, 40C). Lóbulo presetal en forma de pliegue transversal. Lóbulo postsetal de la región anterior redondeado y que sigue el contorno del lóbulo acicular en la región media. Lóbulo acicular bilobulado. Cirro ventral con la base hinchada desde el setígero 10; ápice pequeño, en forma de botón en todos los setígeros (figs. 40B, 40C). Posee 2-5 neuroacículas por parápodo, protruyendo del lóbulo acicular, extremo apuntado y recto; color marrón o negro. Sedas supraciculares: sedas limbadas delgadas y sedas pectinadas. Sedas pectinadas aplanadas, heterodontas, con *ca.* 10 dientes, un diente lateral más largo que el resto (fig. 40D). Sedas subaciculares: compuestas falcígeras bidentadas encapuchadas, con diente proximal triangular y distal curvado (fig. 40E). Cuenta con 1-2 ganchos encapuchados subaciculares bidentados por parápodo, a partir de los setígeros 66-300 (fig. 40G); en ocasiones dientes no discernibles (fig. 40F); color oscuro. Pigidio con dos pares de cirros anales, par ventral inconspicuo en ocasiones.

Descripción elaborada a partir de las revisiones de ejemplares ibéricos realizadas por Fauchald (1992a), Parapar y Harto (2001) y Zanol y Bettoso (2006).

Distribución geográfica.— Especie descrita originalmente por Quatrefages (1866) a partir de material de las islas Antillas y el golfo de Vizcaya; Salazar-Vallejo *et al.* (2011) indican que las ilustraciones originales de Quatrefages (1866) corresponden a un ejemplar europeo. Sin embargo, durante largo tiempo existió confusión respecto a la identidad de las especies "gigantes" de *Eunice* en la costa europea, en parte debido a la errónea caracterización morfológica tanto de *E. aphroditois* como de *E. roussaei* realizada por Fauvel (1923), la cual incluía varias sinonimias y material de otros océanos, así como juveniles de otras especies (cfr. Salazar-Vallejo *et al.*, 2011). Además, *E. aphroditois* fue descrita originalmente de Sri Lanka y su distribución actual reconocida comprende el Índico y Pacífico occidental (Salazar-Vallejo *et al.*, 2011). En este contexto, Parapar y Harto (2001), tras revisar el material conservado en el MNCN de Madrid, confirman la presencia de *E. roussaei* en la costa cantábrica de la península Ibérica (citada por Rioja, 1918b y Fernández-Ovies y Ortea, 1983). Otras citas peninsulares que podrían corresponder a esta especie son las de Campoy (1982) y Aguirrezabalaga *et al.* (1985, como *E. aphroditois*) y Cabrera (1909) y Nogueira de Carvalho (1929) (ambas como *E. rousseaui*).

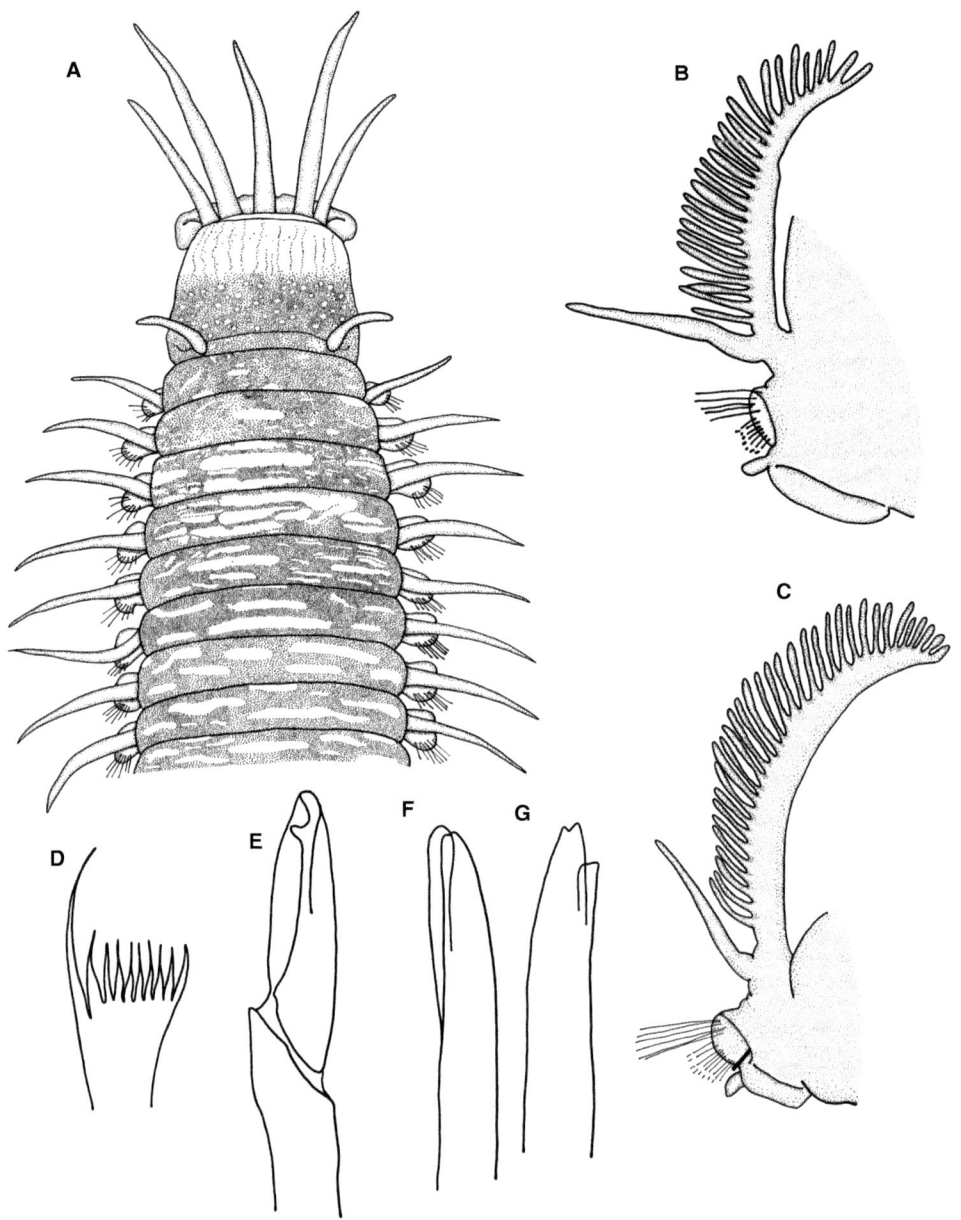

Fig. 40. *Región anterior
en vista dorsal (A),
parápodo anterior (B)
y posterior (C), seda*
*pectinada (D), seda
compuesta falcígera (E)
y ganchos subaciculares
encapuchados (F-G)*
de Eunice roussaei.
*Redibujados de Parapar y
Harto (2001).*

Biología.— Vive en fondos arenosos infralitorales a poca profundidad (Rioja, 1918b; Parapar y Harto, 2001). Núñez *et al.* (1997) la citan en fondos con *Dendrophyllia ramea* (Linnaeus, 1758) a 82 m de profundidad. Utilizada como cebo de pesca (Gambi *et al.*, 1994).

Eunice schizobranchia Claparède, 1870 (fig. 41)

Eunice schizobranchia Claparède, 1870. *Mém. Soc. Phys. Hist. Nat. Genève*, 20(2): 394

Cuerpo que alcanza los 600 mm de longitud y 4-5 mm de anchura, con numerosos segmentos (>700); primera mitad del cuerpo cilíndrica en sección, resto del cuerpo provisto de branquias y estrechándose gradualmente hasta el extremo posterior. Prostomio bilobulado anteriormente; ojos ausentes; cinco apéndices (dos palpos y tres antenas) dispuestos en un semicírculo, base de los palpos y antenas laterales muy próxima (fig. 41A). Palpos y antena media alcanzan la mitad del primer anillo peristomial; antenas laterales, solo el setígero 1. Palpóforos y ceratóforos en forma de anillo, lisos; palpostilos y ceratostilos delgados, lisos y apuntados distalmente. Peristomio claramente más largo que el prostomio; anillos peristomiales claramente definidos dorsal y lateralmente, el primero cuatro veces más largo que el segundo; segundo anillo con un par de cirros cortos y lisos, alcanzando aproximadamente el tercio posterior del primer anillo (fig. 41A). Maxilas: I = 1+1, II = 4+4, III = 6+0, IV = 2+6, V = 1+1, Mx VI ausentes. Mx V muy reducida, con los dientes apenas desarrollados. Branquias pectinadas, más largas que los cirros dorsales; desde el setígero 67 al final del cuerpo; con 1-7 filamentos: un filamento en los primeros 100 setígeros branquiales, siguientes setígeros con hasta 6-7 filamentos, no disminuyendo en número en los últimos setígeros (fig. 41C). Cirros dorsales lisos, algo hinchados en la base, con ápice apuntado, similares en longitud a lo largo de todo el cuerpo pero cuyo grosor disminuye hacia la región posterior. Lóbulo presetal y postsetal como pliegues transversales. Lóbulo acicular redondeado en los setígeros anteriores, triangular a partir de la región media y provisto de una pequeña lengüeta superior (figs. 41B, 41C). Cirros ventrales digitiformes y apuntados en los primeros nueve setígeros; con la base hinchada a partir del setígero 10 y extremo apuntado (fig. 41B); bases más gruesas y ápice más corto en la región posterior (fig. 41C). Notoacículas presentes. Neuroacículas apuntadas, rectas y protruyendo del lóbulo acicular; cuatro en los primeros setígeros y una única acícula en el resto del cuerpo; de color negro en la parte anterior, volviéndose más claras en los setígeros siguientes alcanzando un tono marrón claro en la región posterior. Sedas supraciculares: sedas limbadas de borde serrado y sedas pectinadas. Sedas pectinadas ausentes en los primeros setígeros y presentes en el resto; heterodontas, delgadas, con unos siete dientes, un diente lateral más largo que el resto (fig. 41D). Sedas subaciculares: compuestas falcígeras bidentadas encapuchadas, en dos haces en los setígeros anteriores, menos numerosas hacia la región posterior formando un solo haz y con dientes distales más delgados (figs. 41F, 41G). Un gancho subacicular bidentado encapuchado por parápodo, de aparición irregular desde el setígero 60, presente en todos los setígeros desde el 300 y protruyendo hacia el exterior en al menos un tercio de su longitud; diente proximal más grande que el distal (fig. 41E); color claro, translúcido. Pigidio con dos pares de cirros anales.

Descripción elaborada a partir de Fauchald (1992a).

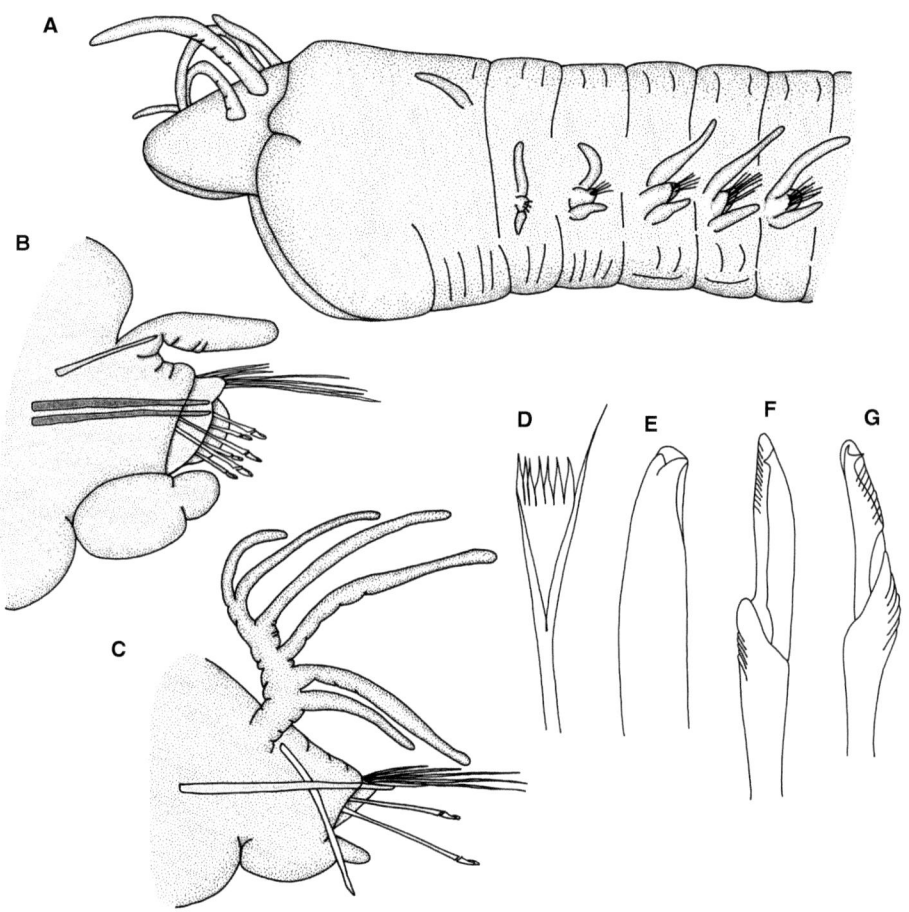

Fig. 41. Región anterior en vista dorsal (A), parápodo anterior (B) y posterior (C), seda pectinada (D), *gancho subacicular encapuchado (E) y sedas compuestas falcígeras de un parápodo anterior (F) y posterior (G) de* Eunice schizobranchia. *Redibujados de Fauchald (1992a).*

Distribución geográfica.— Descrita originalmente del golfo de Nápoles, esta especie se conoce hasta la fecha únicamente en aguas del mar Mediterráneo (Campoy, 1982). En el ámbito ibérico se ha citado en Mallorca (Rioja, 1935), Blanes e islas Columbretes (Campoy, 1982).

Biología.— Vive en praderas de *Posidonia* K.D.Koenig, detrítico costero, coralígeno y fango arenoso (Perés, 1954; Bellan, 1964; Campoy, 1982).

Eunice vittata (Delle Chiaje, 1829) (fig. 42)

Nereis vittata Delle Chiaje, 1829. *Mem. Stor. Notomia Anim. senza Vertebr. Regno Napoli*, 4: 195

Cuerpo de hasta 100 mm de longitud y anchura de 2-3 mm, con numerosos segmentos; de sección circular que se estrecha abruptamente cerca del extremo posterior. Color en vida: segmentos anteriores pardos y posteriores amarillentos, todos ellos con líneas transversales dorsales rojas. Prostomio claramente bilobulado; dos ojos oscuros localizados por detrás de los palpos y ocultos por el repliegue peristomial; cinco apéndices de grosor similar dispuestos en un semicírculo (fig. 42A). Palpos que alcanzan el setígero 1; antenas laterales el setígero 4 y antena media el setígero 8. Palpóforos y ceratóforos en forma de anillo, lisos; palpostilos y ceratostilos delgados, digitiformes y con extremo distal romo, con articulaciones poco definidas, aunque pueden distinguirse hasta ocho en la antena media (fig. 42A). Peristomio más largo que el prostomio; anillos peristomiales definidos claramente tanto dorsal como lateral y ventralmente, el primero al menos dos veces más largo que el segundo; segundo anillo con un par de cirros delgados y apuntados, con hasta tres artejos, y que alcanza al menos la mitad del prostomio (fig. 42A). Mandíbulas no calcificadas, con dientes delgados. Maxilas: I = 1+1, II = 9/10+9/10, III = 8/9+0, IV = 6/8+12, V = 1+1, Mx VI ausentes. Branquias pectinadas, tan largas como los cirros dorsales; desde el setígero 3 al 23 y ausentes en la mitad posterior del cuerpo (figs. 42F, 42G); con hasta 12 filamentos delgados alrededor del setígero 12 y un solo filamento en el último setígero branquial. Cirros dorsales anteriores un poco hinchados en la base, con extremo delgado y digitiforme (fig. 42F); cirros posteriores la mitad de cortos que los anteriores, base no hinchada, lisos, sin articulaciones. Lóbulo presetal en forma de pliegue transversal. Lóbulo postsetal de los setígeros anteriores con sección superior que cubre el lóbulo acicular y la punta de las acículas; en el resto del cuerpo el postsetal siguiendo el contorno del lóbulo acicular. Lóbulo acicular redondeado y simétrico en los setígeros anteriores, más cónico y ligeramente asimétrico en el resto del cuerpo. Cirro ventral apuntado en los primeros 4 setígeros; base hinchada, oval y ápice pequeño y apuntado entre los setígeros 5 al 25 (fig. 42G); bases fusionadas con la pared del segmento en el resto del cuerpo, quedando reducido el cirro solamente al ápice en los últimos setígeros. Notoacículas presentes, reducidas. Neuroacículas en número par, apuntadas; color amarillo transpa-

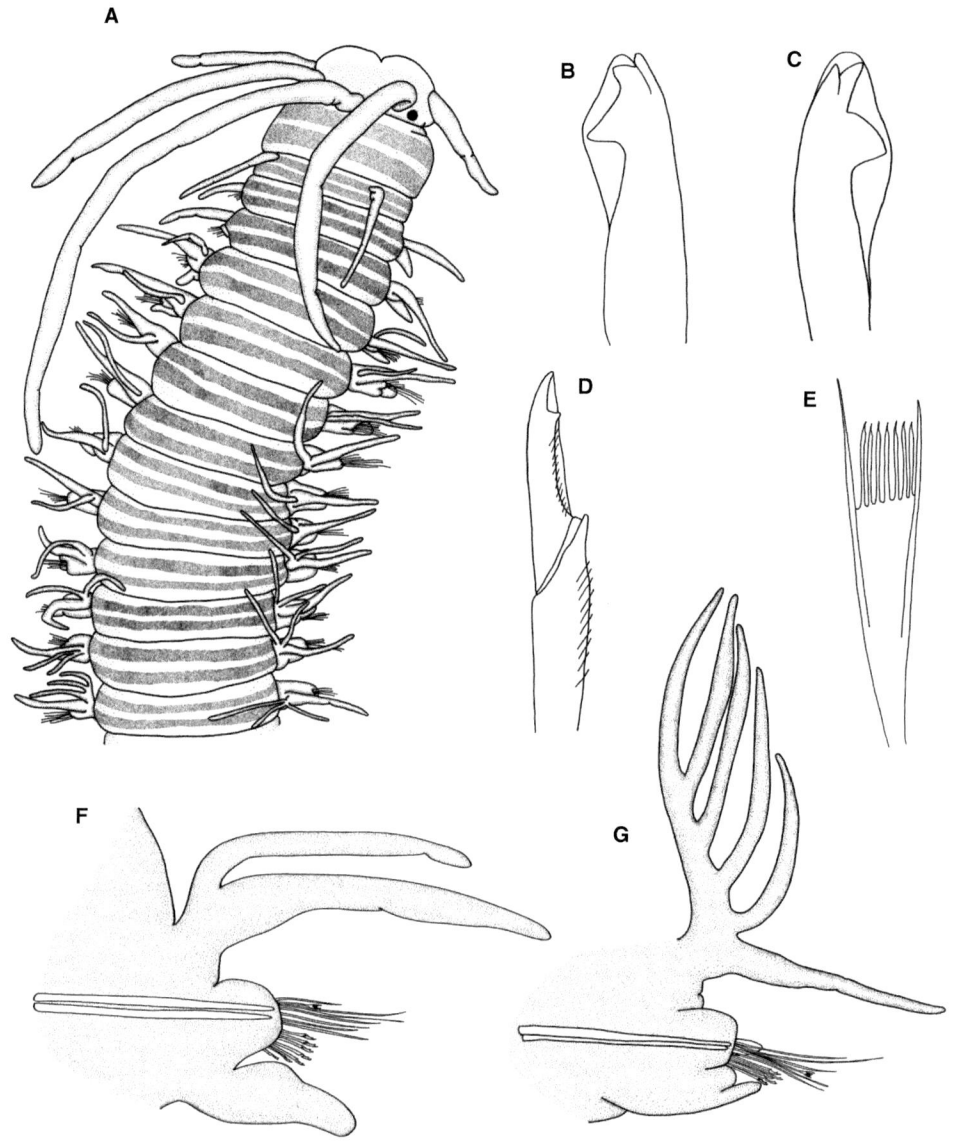

Fig. 42. *Región anterior en vista dorsal (A), ganchos subaciculares encapuchados de un segmento de la parte media del cuerpo (B) y de la parte posterior (C), seda pectinada (D), seda compuesta falcígera (E) y parápodos 3 (F) y 21 (G) de* Eunice vittata.

rente. Sedas supraciculares: sedas limbadas de aspecto capilar con borde con pilosidad muy fina y sedas pectinadas. Sedas pectinadas pequeñas, aplanadas, heterodontas, con unos cinco dientes, un diente lateral más largo que el resto (fig. 42E). Sedas subaciculares: compuestas falcígeras bidentadas encapuchadas, diente proximal triangular, diente distal recurvado, capuchón apuntado en los setígeros anteriores, pero sin formar un mucrón definido (fig. 42D). Ganchos encapuchados subaciculares tridentados, a partir de los setígeros 20-22, varios ganchos por parápodo frecuentemente; un diente proximal grande y dos dientes más pequeños en la cresta del gancho (figs. 42B, 42C); color amarillo. Pigidio con dos pares de cirros anales, par dorsal tan largo como los últimos cinco setígeros.

Descripción elaborada a partir de Fauchald (1992a), quien revisa ejemplares del golfo de Salerno próximos a la localidad tipo (bahía de Nápoles) debido a la falta del material tipo. Esta especie se ha registrado a lo largo de todo el globo, probablemente debido a la presencia de ganchos tridentados, característica que la diferencia de numerosas especies del género. Sin embargo, es posible que gran número de citas en aguas no mediterráneas o próximas hagan referencia a otras especies (Fauchald, 1992a) y posiblemente no descritas (Gil, 2011); del mismo modo, estudios recientes sugieren que el Mediterráneo puede albergar más de un taxon con ganchos tridentados además de *E. vittata* (Barroso *et al.*, 2022).

Distribución geográfica.— Se ha citado en aguas de todo el mundo por lo que se consideraba tradicionalmente cosmopolita (George y Hartmann-Schröder, 1985; Núñez *et al.*, 1997), y existen registros en todo el litoral de la península Ibérica (Ariño, 1987; Parapar *et al.*, 1996). No obstante, su distribución conocida actual es incierta y está pendiente de una profunda revisión de ejemplares con ganchos tridentados atribuidos a *E. vittata*, tanto en aguas europeas como en otras áreas geográficas (Barroso *et al.*, 2022).

Biología.— Esta especie se ha recogido en todo tipo de sustratos, desde arena, fango, grava y rocas hasta entre algas, esponjas y corales, y desde el mesolitoral hasta los 1.400 m de profundidad (George y Hartmann-Schröder, 1985).

Eunice woodwardi Baird, 1869 (fig. 43)
Eunice woodwardi Baird, 1869. *J. Linn. Soc. Lond. Zool.*, 10: 347

Cuerpo de hasta 75 mm de longitud y 4 mm de anchura, con 112 setígeros. Color en vida: cada segmento con dos bandas bien definidas de color rojo oscuro separadas por bandas de coloración rojiza más clara, patrón de coloración ligeramente menos definido desde la región branquial posterior hasta el final del cuerpo; ejemplares fijados blanquecinos o amarillentos. Prostomio casi tan ancho como el peristomio y claramente bilobulado; dos ojos oscuros ente las antenas laterales y los palpos; cinco apéndices de grosor similar dispuestos en un semicírculo (fig. 43A). Palpos alcanzando el segundo anillo peristomial; antenas laterales que llegan al setígero 2 y antena media ligeramente más larga que las laterales, se extiende hasta los setígeros 9-10. Palpóforos y ceratóforos en forma de anillo, lisos; palpostilos y ceratostilos delgados y digitiformes, lisos o bien con hasta 4-5 articulaciones largas y poco definidas. Peristomio claramente más largo que el prostomio; anillos peristomiales más claramente definidos dorsal y ventralmente, el primero más largo que el segundo (fig. 43A); segundo anillo con un par de cirros lisos, digitiformes, más delgados que los palpos y alcanzando el borde anterior del peristomio. Mandíbulas aplanadas. Maxilas: I = 1+1, II = 8/9+10, III = 9/11+0, IV = 10/11+11, V = 1+1, Mx VI ausentes. Branquias pectinadas, más largas que los cirros dorsales, desde el setígero 3 al 36-46; de 1 a 14 filamentos: primera branquia con 1-2 filamentos (figs. 43A, 43B), setígeros siguientes con 9-14, máximo en setígeros 15-25 (figs. 43C, 43D), últimos 4-5 setígeros branquiales con un filamento (fig. 43E); filamentos similares o más largos que los cirros dorsales en la región branquial media. Cirros dorsales lisos y apuntados distalmente; en setígeros prebranquiales hinchados en la zona media, volviéndose más delgados y digitiformes hacia la región postbranquial. Lóbulo presetal y postsetal en forma de pliegue transversal. Lóbulo acicular truncado. Cirro ventral con la base oval, hinchada desde el setígero 3 al 40, ápice apuntado y pequeño (figs. 43B, 43C); cirros de la región postbranquial delgados y apuntados. Longitud de los cirros dorsales y ventrales decreciente hacia el extremo posterior del cuerpo. Posee 3-4 notoacículas, delgadas, curvadas distalmente (fig. 43B). Dos neuroacículas (a veces tres), una más ancha que la(s) otra(s), protruyendo del lóbulo acicular, apuntadas y algo recurvadas distalmente (figs. 43B, 43E); color amarillo. Sedas supraciculares: 3-14 sedas limbadas anchas con borde finamente serrado (fig. 43C); 1-4 pectinadas heterodontas, con 7-9 dientes y uno externo tres veces más largos que el resto. Sedas subaciculares: 3-12 compuestas falcígeras bidentadas encapuchadas, diente proximal triangular, ligeramente más grande que el distal y perpendicular al eje del artejo, diente distal curvado dorsalmente, capuchón con margen serrado y provisto de un mucrón definido (fig. 43F). Ganchos encapuchados subaciculares tridentados; entre 1-5 ganchos, desde el setígero 16 al 31 hasta la región posterior del cuerpo; habitualmente tres en la mayoría de setígeros, aumentando de 1 a 5 desde los setígeros 25-30 hacia la región media, decreciendo posteriormente a 1-2 hacia la región posterior (figs. 43D, 43E); un diente proximal grande y dos dientes más pequeños en la cresta del gancho (fig. 43G); color amarillo. Pigidio con dos pares de cirros anales lisos, un par el doble de largo que el otro.

Descripción realizada a partir de la revisión del holotipo de Fauchald (1992a) y la redescripción de Barroso *et al.* (2022), autores que además describen por primera vez su anatomía interna. La posesión de ganchos subaciculares tridentados en *E. woodwardi* motivó que esta especie se haya considerado tradicionalmente sinónima de *E. vittata*, supuestamente la única especie europea con este carácter. Este hecho, junto a su consideración por Hartman (1959) como indeterminable, motivó que nunca se hubiese reportado posteriormente. Sin embargo, Fauchald (1992a) admite su validez y la ilustra caracterizándola por la combinación de tres caracteres: presencia de varios ganchos subaciculares en los parápodos (hasta 5), la incompleta separación entre los anillos peristomiales anterior y posterior, así como por la presencia de sedas falcígeras provistas de capuchón mucronado. Por todo

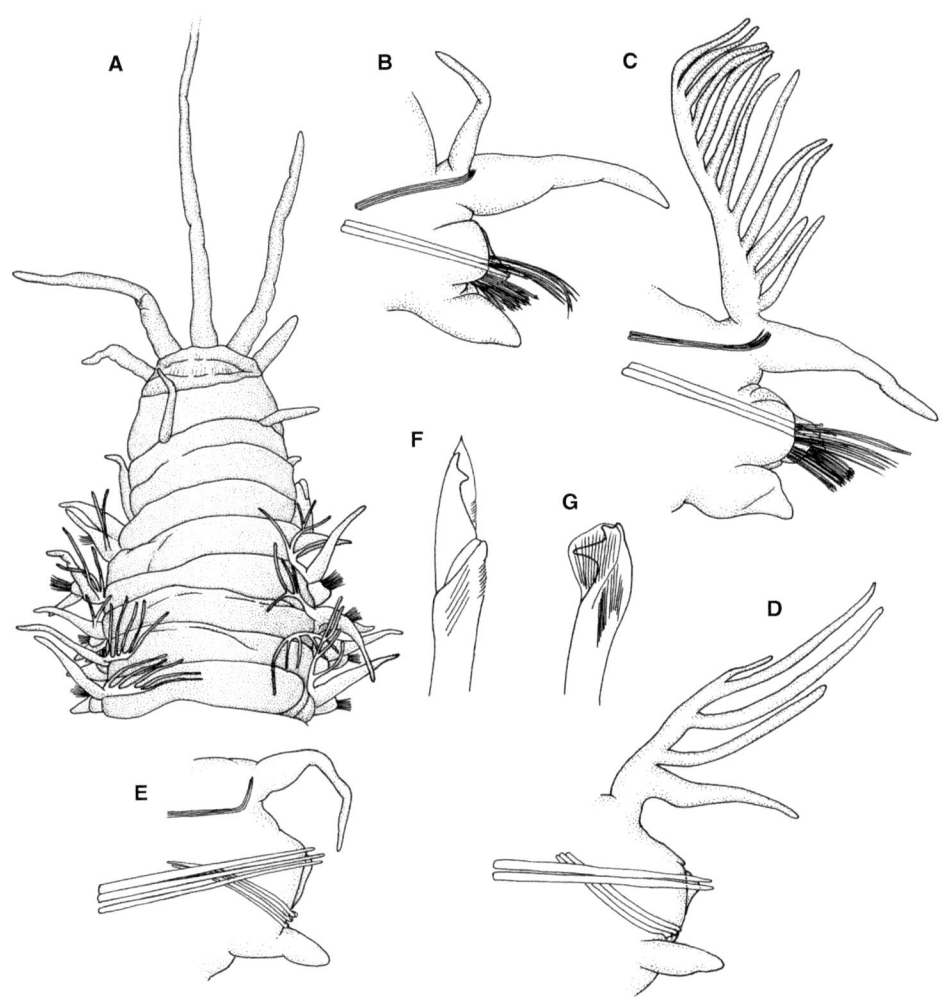

Fig. 43. Región anterior en vista dorsal (A), parápodos 3 (B), 10 (C), 42 (D) y 44(E), seda compuesta falcígera (F) y gancho subacicular encapuchado (G) de Eunice woodwardi. D, E, sedas no ilustradas; redibujados de Barroso et al. (2022).

ello, Gil (2011) no niega su validez como especie recomendando un estudio profundo de los táxones con este carácter que podría revelar la existencia de especies diferentes con ganchos tridentados. La redescripción realizada por Barroso *et al.* (2022) confirma definitivamente su validez y constata las diferencias de este taxon con ejemplares de *Eunice* con ganchos tridentados del Mediterráneo, incluyendo la comparación con ejemplares recogidos próximos a la localidad tipo de *E. vittata*. Así, *E. woodwardi* presenta sedas compuestas provistas de un mucrón distal y sedas pectinadas con 7-9 dientes, mientras que en *E. vittata sensu lato* las sedas compuestas carecen de mucrón y las sedas pectinadas presentan hasta cinco dientes.

Por otro lado, Baird (1869) propuso una posible sinonimia con *Leodice hispanica* Lamarck, 1818; no obstante, Fauchald (1992a), a partir de las observaciones de Audouin y Milne-Edwards (1833), Grube (1850), Quatrefages (1866) y Fauvel (1923), indica que, dado que el material tipo de esta última no existe y además no es posible establecer su origen, más allá de España –en la descripción original se cita como "Léodice espagnole" (*sic*)–, este taxon se considere indeterminable.

Distribución geográfica.— Se conoce del litoral coruñés (Baird, 1869) y ría de Ferrol (Barroso *et al.*, 2022), si bien probablemente esté presente al menos en toda la costa gallega y otras áreas de la costa atlántica de la península Ibérica, donde pudo haberse citado previamente como *E. vittata* (*vide supra*).

Biología.— Presente desde el mesolitoral al infralitoral somero (26 m), en fondos de variada granulometría, desde grava a fango. Gametos presentes en la cavidad celómica entre septiembre y noviembre. Cilióforos epibiontes localizados sobre la superficie de los filamentos branquiales (Barroso *et al.*, 2022). Parapar *et al.* (1993b, como *E. vittata*) estudian varios caracteres morfológicos indicando que el crecimiento en esta especie es de tipo alométrico: predomina inicialmente el aumento en el número de segmentos, seguido por un incremento en el tamaño de estos, primero en longitud y luego en anchura.

Género **Leodice** Lamarck, 1818
Leodice Lamarck, 1818. *Hist. Nat. Anim. sans Vertèbr.*, 5: 321
ESPECIE TIPO: *Leodice antennata* Lamarck, 1818

Prostomio profundamente truncado; cinco apéndices: tres antenas (una media y dos laterales) y dos palpos laterales, ambos con estilos regularmente articulados. Peristomio formado por dos anillos; anillo posterior con un par de cirros peristomiales. Maxila II con dientes presentes en la mitad o tercio anterior. Parápodos posteriores por lo habitual provistos de manchas negras laterales entre ellos. Cirros parapodiales ventrales de base hinchada y ápice apuntado. Acículas dorsales presentes al menos en los parápodos anteriores. Cuatro tipos de neurosedas: limbadas, pectinadas estrechas, compuestas falcígeras bi- o tridentadas, y ganchos encapuchados subaciculares. En caso de estar presentes, las sedas compuestas tridentadas solo aparecen en los parápodos medios y posteriores. Acículas claras u oscuras, en caso de ser oscuras las más anteriores son siempre más claras que las posteriores. Ganchos subaciculares de coloración clara u oscura, bi- o tridentados. Cirros anales dispuestos sobre una placa pigidial.

Diagnosis elaborada a partir de Zanol *et al.* (2014) y Arias *et al.* (2015). Este género fue reinstaurado por Zanol *et al.* (2014) y está compuesto por unas 33 especies a nivel mundial (WoRMS, 2024) de las que tres se han citado en el litoral íbero-balear.

Clave de especies
1. Acículas y ganchos subaciculares amarillos . . . . **L. harassii** (p. 129)
• Acículas y ganchos subaciculares oscuros 2
2. Coloración corporal naranja uniforme. Un solo gancho subacicular por parápodo medio y posterior (figs. 45D, 45E) . . . . **L. laurillardi** (p. 131)
• Coloración corporal pardo rojiza con puntos blancos dorsal y lateralmente en los segmentos medios y posteriores. Habitualmente 2 ganchos subaciculares por parápodo en los setígeros medios y posteriores (fig. 46A) . . . . **L. torquata** (p. 133)

Leodice harassii (Audouin y Milne-Edwards, 1833) (fig. 44)
Eunice harassii Audouin y Milne-Edwards, 1833. *Ann. Sci. Nat.,* 28(110): 215

Cuerpo alcanzando los 250 mm de longitud y 5-6 mm de anchura, con numerosos segmentos; cuerpo cilíndrico en sección. Color en vida: rojo violeta o pardo, segmentos con una mancha blanca en posición mediodorsal y otras 2-3 en posición dorsolateral; varias manchas blancas pequeñas en el peristomio, segundo anillo peristomial con apariencia de collar blanco (fig. 44A). Prostomio bilobulado anteriormente; ojos oscuros próximos a la base de los palpos; cinco apéndices dispuestos en un semicírculo. Palpos más cortos que las antenas, alcanzan el segundo anillo peristomial; antenas laterales hasta el setígero 2; antena media más larga que las laterales hasta alcanzar el setígero 4 (fig. 44A). Palpóforos y ceratóforos en forma de anillo; palpostilos y ceratostilos articulados, con 5-8 artejos cilíndricos. Peristomio mucho más largo que el prostomio; anillos peristomiales bien definidos, el primero 3-5 veces más largo que el segundo; segundo anillo con un par de cirros sin artejos definidos, alcanzando la mitad del primer anillo (fig. 44A). Maxilas: I = 1+1, II = 5/6+5/7, III = 6/8+0, IV = 3/6+6/8, V = 1+1. Branquias pectinadas, desde los setígeros 3-4 y a lo largo de todo el cuerpo, ausentes únicamente en los últimos 5-30 setígeros; de 1 a 16 filamentos: uno en los 2-3 primeros setígeros de la región branquial (fig. 44D), para alcanzar en los siguientes setígeros hasta 10-16 filamentos (figs. 44E, 44F), con un único filamento en la región posterior. Cirros dorsales largos, sin artejos definidos, hinchados basalmente, sobre todo en los primeros parápodos. Lóbulo presetal y postsetal como pliegues transversales.

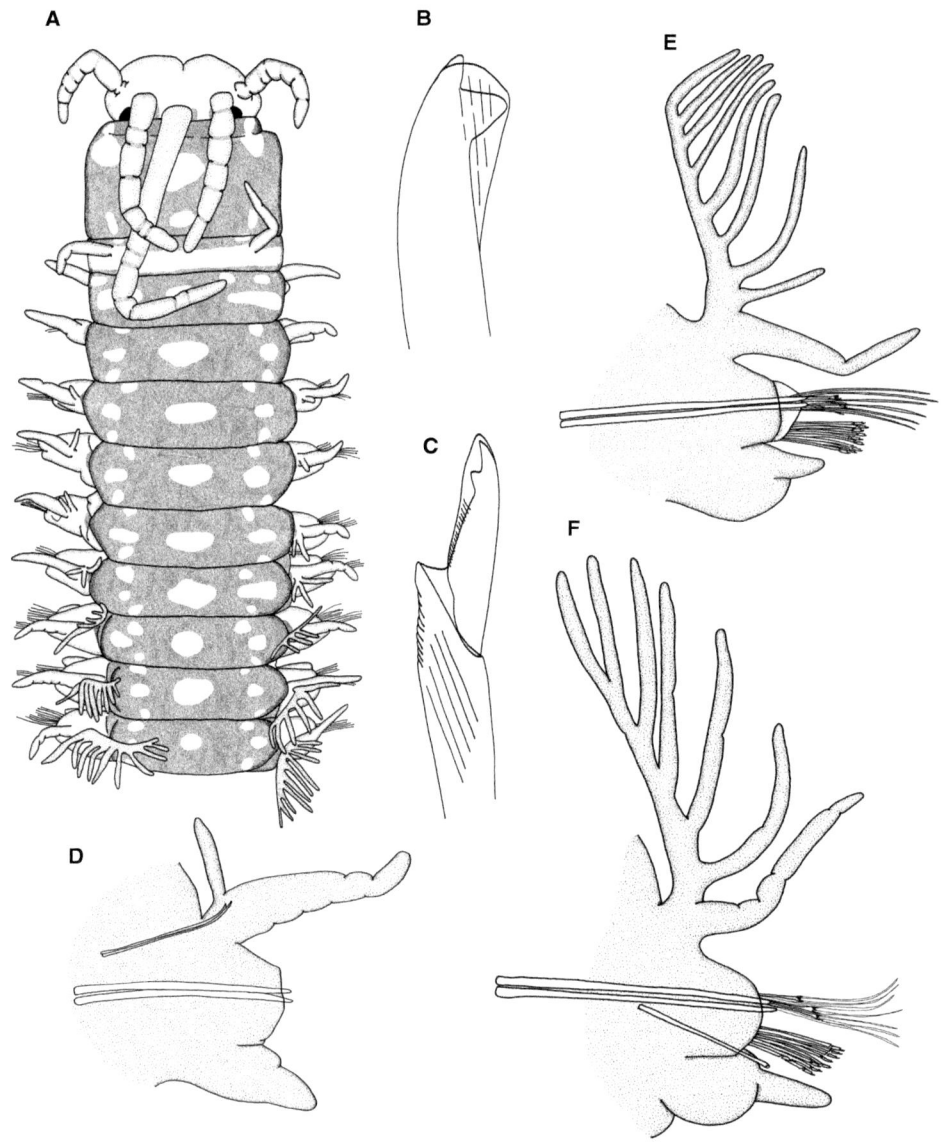

Fig. 44. *Región anterior en vista dorsal (A), gancho subacicular encapuchado (B), seda* compuesta falcígera (C) y parápodos 4 (D), 18 (E) y 33 (F) de Leodice harassii. *D, sedas no ilustradas.*

Cirros ventrales anteriores gruesos, con base hinchada desde el setígero 6 hasta el 35 y ápice apuntado (figs. 44E, 44F). Neuroacículas en número par por parápodo, rectas y apuntadas distalmente; de color ámbar en los primeros setígeros volviéndose más oscuras en el resto del cuerpo. Sedas supraciculares: sedas limbadas delgadas y sedas pectinadas. Sedas pectinadas heterodontas aplanadas, con *ca*. 12 dientes, un diente lateral más largo que el resto. Sedas subaciculares: compuestas falcígeras bidentadas encapuchadas, con ambos dientes de tamaño similar (fig. 44C). Un gancho subacicular bidentado encapuchado por parápodo desde los setígeros 27-34 (fig. 44B); diente proximal más grande que el distal; tonalidad marrón claro. Pigidio con dos pares de cirros anales, cirros del par dorsal largos, par ventral muy corto.

Descripción elaborada a partir de Campoy (1982), George y Hartmann-Schröder (1985) y Fauchald (1992a), todos como *Eunice harassii*.

Distribución geográfica.— Atlántico nororiental, Canal de La Mancha y Mediterráneo (George y Hartmann-Schröder, 1985). Especie ampliamente citada en todo el litoral de la península Ibérica (Campoy, 1982; Ariño, 1987).

Biología.— Presente en el mesolitoral inferior, de comportamiento infralapidícola, en concreciones calcáreas y ambientes endolíticos basálticos, así como en el coralígeno infralitoral (Núñez *et al.*, 1997). En ocasiones encontrada como comensal de *Ostrea edulis* Linnaeus, 1758. Se ha registrado su reproducción entre mayo y junio en el Canal de La Mancha (George y Hartmann-Schröder, 1985).

Leodice laurillardi (Quatrefages, 1866) (fig. 45)
Eunice laurillardi Quatrefages, 1866. *Hist. Nat. Annelés Mar. Eau Douce*, [1865], 2(1): 314

Cuerpo de hasta 152 mm de longitud y 4,5 mm de anchura, con 190 segmentos; cuerpo cilíndrico en sección, región posterior ligeramente comprimida dorsoventralmente. Color en vida: anaranjado brillante uniforme a lo largo de todo el cuerpo; ejemplares fijados de color crema y brillo iridiscente. Prostomio bilobulado anteriormente; ojos oscuros entre la base de los palpos y las antenas laterales; cinco apéndices dispuestos en un semicírculo (figs. 45A, 45B). Palpos más cortos que las antenas, alcanzando el setígero 1; antena media y laterales subiguales, alcanzan los setígeros 2-4 (fig. 45B). Palpóforos y ceratóforos en forma de anillo; palpostilos y ceratostilos articulados, con hasta 14 artejos cilíndricos (figs. 45A, 45B). Peristomio claramente más largo que el prostomio; anillos peristomiales bien definidos, el primero 4-5 veces más largo que el segundo; segundo anillo con un par de cirros articulados con 6-9 artejos que sobrepasan el margen anterior del primer anillo (figs. 45A, 45B). Maxilas: I = 1+1, II = 5/6+6, III = 6/8+0, IV = 5/7+8/10, V = 1+1. Branquias pectinadas, desde los setígeros 2-3 y a lo largo de todo el cuerpo, faltando únicamente en los últimos setígeros; de 1 a 10 filamentos: uno en el primer setígero de la región branquial (fig. 45C), siguientes setígeros con 2-5 filamentos más cortos que los cirros dorsales, con un máximo de 8-10 en el setígero 20 (figs. 45D, 45E), su número y su longitud disminuye a partir de los setígeros 50-60, y pre-

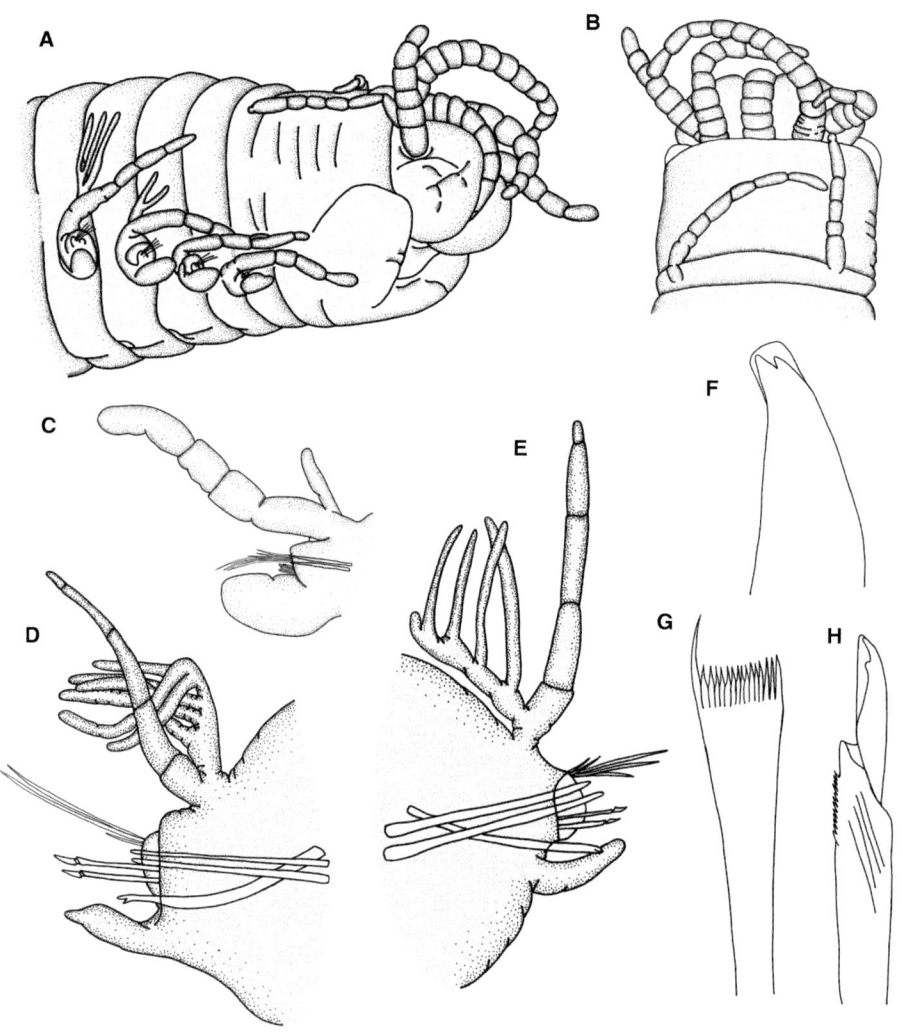

Fig. 45. Región anterior en vista lateral (A) y dorsal (B), parápodos 2 (C), 37 (D) y posterior

(E), gancho subacicular encapuchado (F), seda pectinada (G) y seda compuesta falcígera (H)

de Leodice laurillardi. A-C, redibujados de Arias et al. (2015); D-H, de Fauchald (1992a).

sentan un único filamento en la parte posterior. Cirros dorsales largos, articulados, con 4-5 artejos. Lóbulo presetal y postsetal como pliegues transversales. Cirros ventrales anteriores gruesos y ovoides, con base hinchada desde los setígeros 8-10 hasta la región media, y alargados con la base más pequeña en la región posterior. Dos neuroacículas por parápodo, apuntadas distalmente, poco curvadas en los parápodos medios y posteriores, protruyendo hacia el exterior del parápodo (figs. 45D, 45E); de color marrón oscuro, más claras en los parápodos anteriores. Sedas supraciculares: sedas limbadas delgadas y sedas pectinadas. Sedas pectinadas heterodontas aplanadas, con 9-15 dientes delgados apuntados distalmente, un diente lateral más largo que el resto (fig. 45G). Sedas subaciculares: compuestas falcígeras bidentadas encapuchadas (fig. 45H). Un gancho subacicular bidentado encapuchado por parápodo desde los setígeros 29-32 (fig. 45F); color marrón oscuro. Pigidio con dos pares de cirros anales, cirros del par dorsal tan largos como los últimos cinco setígeros, par ventral reducido a un pequeño muñón.

Descripción elaborada a partir de la redescripción de la especie realizada por Arias *et al.* (2015).

Distribución geográfica.— *Leodice laurillardi* se ha citado en el litoral del Mediterráneo central y oriental (Quatrefages 1866) y Atlántico nororiental, al sur del golfo de Vizcaya. En la península Ibérica se ha localizado en la costa de Gijón y en la bahía de Santander (Arias *et al.*, 2015).

Biología.— Especie presente en fondos duros del mesolitoral e infralitoral somero (Arias *et al.*, 2015).

Leodice torquata (Quatrefages, 1866) (fig. 46)
Eunice torquata Quatrefages, 1866. *Hist. Nat. Annelés Mar. Eau Douce*, [1865], 2(1): 312

Cuerpo de sección cilíndrica que alcanza los 250 mm de longitud y 4 mm de anchura, con numerosos segmentos. Color en vida: pardo rojizo con el setígero 4 y en ocasiones también el setígero 1 de color blanco. Prostomio bilobulado anteriormente; ojos entre la base de los palpos y las antenas laterales, ocultos tras el pliegue peristomial; cinco apéndices dispuestos en un semicírculo (fig. 46A). Palpos más cortos que las antenas, alcanzando el segundo anillo peristomial; antenas laterales hasta el setígero 1; antena media más larga que las laterales para alcanzar los setígeros 2-4. Palpóforos y ceratóforos en forma de anillo; palpostilos y ceratostilos articulados, con hasta 14 artejos moniliformes (fig. 46A). Peristomio más largo que el prostomio; anillos peristomiales claramente definidos, el primero cinco veces más largo que el segundo; segundo anillo con un par de cirros articulados, alcanzando la mitad del primer anillo, con cuatro artejos largos y cilíndricos (fig. 46A). Mandíbulas estrechas, con margen anterior calcificado. Maxilas: I = 1+1, II = 5/6+5/6, III = 6/7+0, IV = 3/5+8/10, V = 1+1, VI = 1+1. Branquias pectinadas, más largas que los cirros

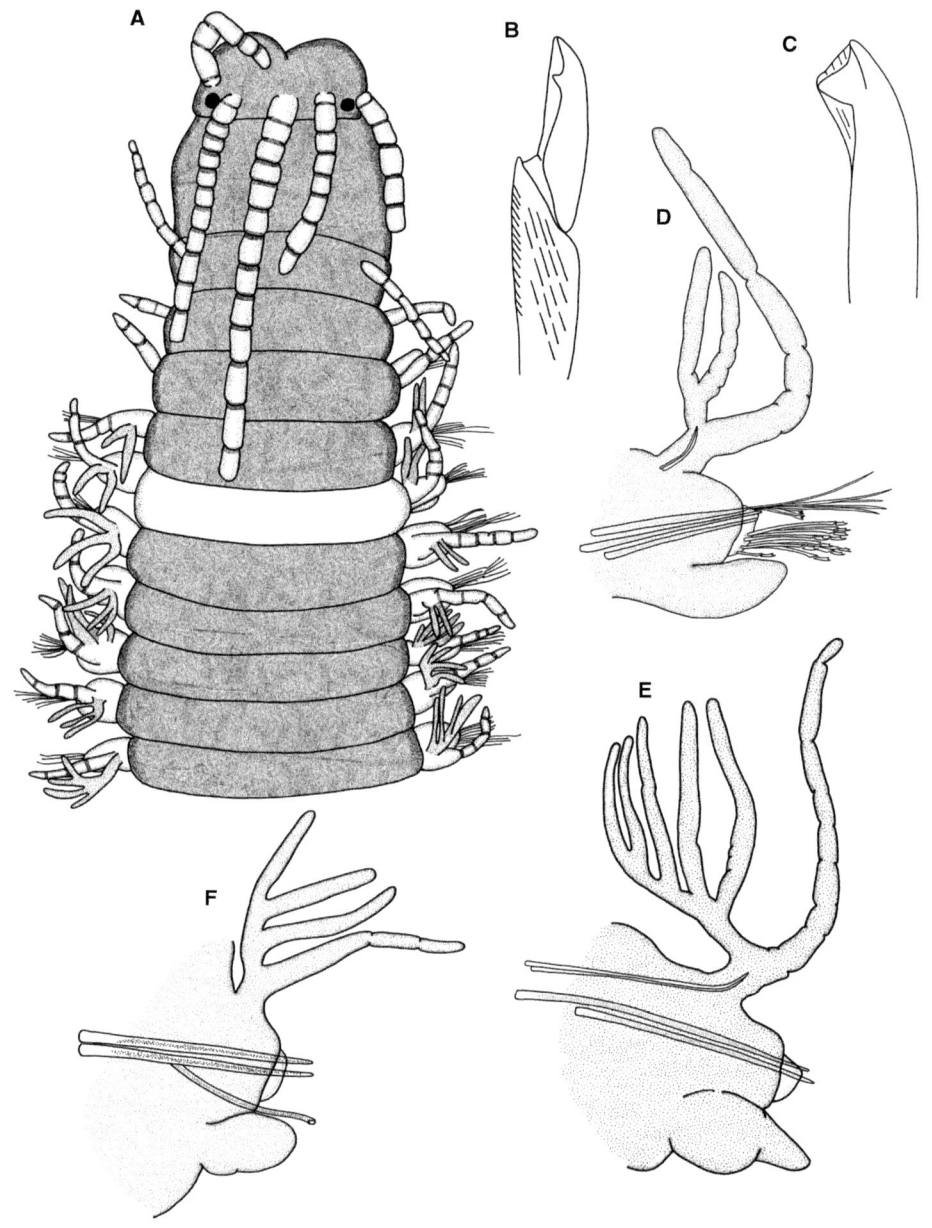

Fig. 46. Región anterior
en vista dorsal (A), seda
compuesta falcígera

(B), gancho subacicular
encapuchado (C) y
parápodos 4 (D), 14

(E) y 28 (F) de Leodice
torquata. E, F, sedas no
ilustradas.

dorsales; desde el setígero 3 y a lo largo de todo el cuerpo, faltan únicamente en los últimos 3-30 setígeros; de 2 a 14 filamentos cortos y digitiformes, con un máximo de 10-14 y que disminuyen en número a partir del setígero 30 (figs. 46D-F). Cirros dorsales articulados, con 3-5 artejos largos; algo hinchados en la base. Lóbulo presetal y postsetal como pliegues transversales. Lóbulos aciculares truncados en la región anterior y redondeados en el resto del cuerpo (figs. 46D-F). Cirros ventrales de los cuatro primeros setígeros gruesos, con base hinchada desde el setígero 5 hasta el 30, ápice apuntado. Neuroacículas en número par por parápodo, apuntadas y ligeramente curvadas distalmente, protruyendo hacia el exterior del lóbulo acicular (figs. 46E, 46F); color marrón castaño. Sedas supraciculares: sedas limbadas de margen liso y sedas pectinadas. Sedas pectinadas heterodontas aplanadas, estrechas, con ca. 12 dientes, un diente lateral más largo que el resto. Sedas subaciculares: compuestas falcígeras bidentadas encapuchadas, con diente proximal más pequeño que el distal (fig. 46B). 1-2 ganchos subaciculares bidentados encapuchados por parápodo desde los setígeros 25-38 (fig. 46C); de tonalidad oscura a marrón castaño en la mayoría de su longitud, punta ligeramente más clara. Pigidio con dos pares de cirros anales, cirros del par dorsal largos, par ventral muy corto.

Descripción elaborada a partir de Campoy (1982), George y Hartmann-Schröder (1985) y Fauchald (1992a) (todos como *Eunice torquata*).

Distribución geográfica.— Descrita originalmente de la costa de Francia, se ha citado en aguas del Atlántico nororiental y central y mar Mediterráneo (George y Hartmann-Schröder, 1985). En la península Ibérica se ha registrado en la costa atlántica, desde el Cantábrico a Portugal, y a lo largo del mar Mediterráneo (Campoy, 1982).

Biología.— Presente en coralígeno, bajo piedras en rocas y en praderas de *Posidonia*; menos común en fondos arenosos. Frecuente desde el mesolitoral hasta el infralitoral (George y Hartmann-Schröder, 1985).

Género *Lysidice* Lamarck, 1818

Lysidice Lamarck, 1818. *Hist. Nat. Anim. sans Vertèbr.*, 5: 324
Especie Tipo: *Lysidice ninetta* Audouin y Milne Edwards, 1833

Prostomio provisto de una (media) o tres antenas (media y dos laterales); palpos ausentes. Peristomio formado por dos anillos; anillo posterior sin cirros peristomiales. Mandíbulas curvadas, poco calcificadas. Aparato maxilar caracterizado por presentar el complejo de fibras musculares F1+F2 del bulbo faríngeo (*sensu* Desière, 1967) entre los portadores. Cirros dorsales presentes. Cirros ventrales con la base hinchada y redondeada y ápice diferenciado. Notoacículas ausentes, al menos en los primeros setígeros de la región media del cuerpo. Cuatro tipos de neurosedas: limbadas, pectinadas estrechas, compuestas falcígeras bidentadas y ganchos subaciculares. Ganchos subaciculares bidentados, de coloración clara u oscura, presentes desde los primeros setígeros de la región media. Dos pares de cirros anales.

Diagnosis elaborada a partir de Zanol *et al.* (2014), donde se sinonimiza a *Nematonereis* con *Lysidice*. Género compuesto por 30 especies (WoRMS, 2024) de las que tres se han citado en el litoral íbero-balear. La identidad de dos de ellas, *Lysidice collaris* y *L. ninetta*, se discute en la actualidad debido a la posible existencia de un complejo de especies no aclarado todavía (Iannota *et al.*, 2009) que podría incluir especies aún no descritas, así como a posibles sinonimias necesitadas de reconsideración (Iannota *et al.*, 2009; Kurt-Sahin y Çinar, 2009; Gil, 2011).

Clave de especies

1. Antenas laterales presentes (figs. 47A, 48A) 2
* Antenas laterales ausentes (fig. 49A) . . . . ***L. unicornis*** (p. 140)
2. Ojos reniformes. Antenas alcanzan el borde anterior del prostomio; ganchos subaciculares amarillos. Color corporal pardo uniforme (fig. 47A)   ***L. collaris*** (p. 136)
* Ojos redondeados; antenas no alcanzan el borde anterior del prostomio. Ganchos subaciculares negros. Color corporal rojo oscuro, con puntos blancos; segundo setígero blanco, con apariencia de "collar" (fig. 48A) . . . . ***L. ninetta*** (p. 138)

Lysidice collaris Ehrenberg y Grube, 1870 (fig. 47)

Lysidice collaris Ehrenberg y Grube, 1870. En: Grube, *Mon.ber. K. Preus. Akad. Wiss. Berl.*, 1869: 495

Cuerpo que alcanza los 80 mm de longitud y 2,0 mm de anchura, con 200 segmentos. Color en vida: región anterior pardo uniforme y ocasionalmente puntos blancos poco evidentes, posterior grisácea. Prostomio claramente bilobulado; un par de ojos reniformes. Tres antenas: una media y dos laterales; lisas y más estrechas en la base, base oculta por el peristomio; las tres de longitud similar, casi alcanzan el borde anterior del prostomio (fig. 47A). Peristomio ligeramente más largo que el prostomio; anillos peristomiales claramente definidos, anillo anterior casi el doble de largo que el posterior. Mandíbulas anchas, con forma de X y margen anterior calcificado. Maxilas: I = 1+1, II = 4+4, III = 4+0, IV = 3+5, V = 1+1. Branquias ausentes. Cirros dorsales subulados y poco más largos que el parápodo. Cirros ventrales cortos, ensanchados en la base. Neuroacículas de color amarillo. Sedas supraciculares: sedas limbadas y sedas pectinadas. Pectinadas isodontas, con *ca.* 20 dientes, los dos más laterales ligeramente más largos (fig. 47B). Sedas subaciculares: compuestas falcígeras bidentadas encapuchadas; artejo con diente proximal de tamaño algo mayor que el distal, extremo distal del mango y capuchón serrados (fig. 47C). Ganchos subaciculares bidentados encapuchados, desde los setígeros 22-25; dientes romos, que dejan un pequeño ángulo entre ambos (fig. 47D); color amarillo. Pigidio con dos pares de cirros anales, cirros del par dorsal más largos que los ventrales.

Descripción elaborada a partir de Martin (1987) quien cita por primera vez la presencia de esta especie en el litoral ibérico. Según Ben Eliahu (1972), esta especie es de distribución tropical y habría penetrado en el mar Mediterráneo desde el mar Rojo vía canal de Suez. En este contexto, el estudio filogeográfico de Iannota *et al.* (2007) a partir de material recogido en el Mediterráneo, apoyaría esta teoría. Sin embargo, Kurt-Sahin y Çinar (2009) revisan el material tipo de esta especie sugiriendo que su presencia es dudosa en el Mediterráneo y que sus citas podrían corresponder a *L. margaritacea* Claparède, 1868, de la que a su vez existe la sospecha de que se trate de un sinónimo de *L. ninetta* (Gil, 2011). En nuestro caso, a la vista de la situación actual, hemos seguido el criterio de Martin (1987) a la hora de distinguir

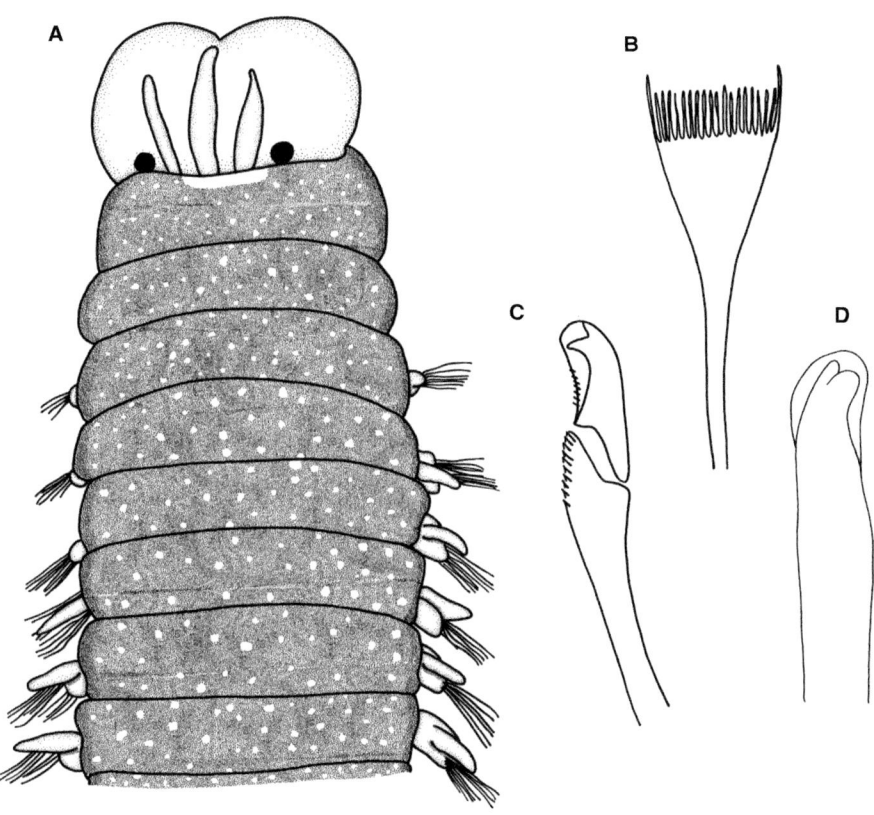

Fig. 47. Región anterior en vista dorsal (A), seda pectinada (B), seda compuesta falcígera (C) y gancho subacicular encapuchado (D) de Lysidice collaris. *Redibujados de Martin (1987).*

morfológicamente a los ejemplares presuntamente atribuidos a *L. collaris* y *L. ninetta*, a la espera de trabajos futuros que permitan esclarecer la identidad de las especies de *Lysidice* con tres antenas tanto en aguas mediterráneas en general como ibéricas en particular.

Distribución geográfica.— Aparentemente cosmopolita en mares templados y cálidos (Ben-Eliahu, 1976). En el ámbito ibérico se ha citado en la costa catalana (Martin, 1987), islas Baleares (Sardá, 1991) e islas Chafarinas (López, 1995); probablemente confundida en el pasado con *L. ninetta* por lo que su distribución peninsular podría ser más amplia.

Biología.— Común en concreciones de algas calcáreas desde el mesolitoral al infralitoral somero (Martin, 1987).

Lysidice ninetta Audouin y Milne Edwards, 1833 (fig. 48)

Lysidice ninetta Audouin y Milne-Edwards, 1833. *Ann. Sci. Nat.*, 28(110): 235

Cuerpo de hasta 150 mm de longitud y 1,0-2,0 mm de anchura, con 150-200 segmentos. Color en vida: parte anterior roja con puntos blancos y posterior rosada; el setígero 2, y en ocasiones también el setígero 5, de color blanco, iridiscentes; machos maduros de color naranja, hembras de color gris violeta. Prostomio bilobulado por delante; un par de ojos redondeados. Tres antenas: una media y dos laterales; lisas, de longitud semejante, sin alcanzar el borde anterior del prostomio (fig. 48A). Peristomio ligeramente más largo que el prostomio; anillos peristomiales bien definidos, anillo anterior más largo. Mandíbulas anchas, con forma de X y margen anterior calcificado. Maxilas: I = 1+1, II = 4+4, III = 4+0, IV = 4+4, V = 1+1. Branquias ausentes. Cirro dorsales digitiformes y poco más largos que el parápodo en la región anterior y más cortos en la posterior (figs. 48F, 48G). Lóbulo acicular de redondeado a cónico. Lóbulo postsetal redondeado. Cirro ventral corto, forma cónica en los primeros setígeros, con ápice pequeño y de aspecto bulboso en el resto del cuerpo. Neuroacículas oscuras. Sedas supraciculares: sedas limbadas (fig. 48B) y sedas pectinadas. Pectinadas isodontas, con 15-20 dientes (fig. 48C). Sedas subaciculares: compuestas falcígeras bidentadas encapuchadas; artejo con diente proximal de tamaño ligeramente mayor que el distal, extremo distal del mango y capuchón serrado (fig. 48D). Ganchos subaciculares bidentados encapuchados, desde los setígeros 15-16; dientes apuntados, ángulo amplio entre ambos, claramente divergentes (fig. 48E); color oscuro. Pigidio con dos pares de cirros anales, cirros del par dorsal más largos que los ventrales.

Descripción elaborada a partir de George y Hartmann-Schröder (1985) y Martin (1987). Iannotta *et al.* (2009) realizaron un estudio filogeográfico a partir de ejemplares atribuibles en principio a esta especie en el Mediterráneo, encontrando una importante variabilidad que parece traducirse en dos morfotipos, los cuales se corresponderían a su vez con dos haplotipos; todo ello parece revelar la presencia de al menos dos especies diferentes en este marco geográfico cuya identidad no ha sido aún aclarada (*vide supra*), diferenciables por la coloración del cuerpo y de las acículas.

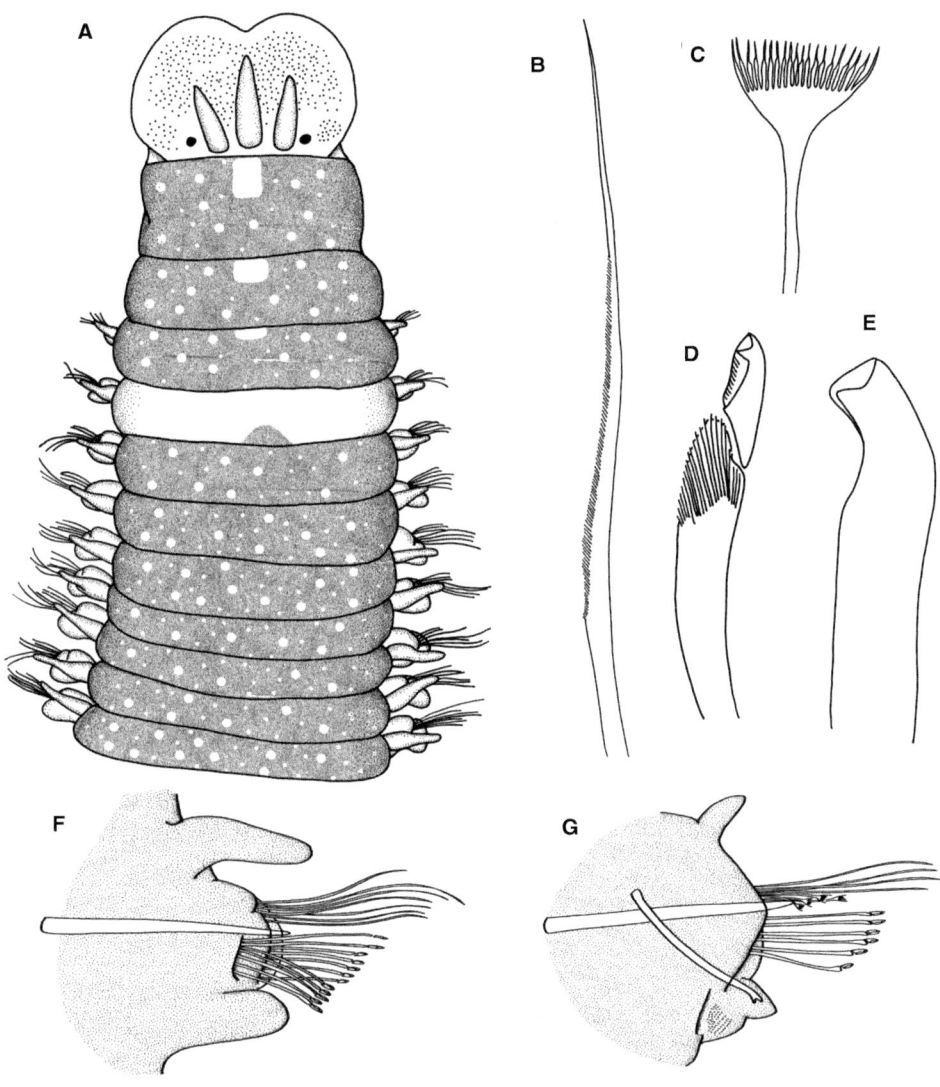

Fig. 48. Región anterior en vista dorsal (A), seda capilar (B), seda pectinada (C), seda compuesta falcígera (D), gancho subacicular encapuchado (E) y parápodos anterior (F) *y medio (G) de* Lysidice ninetta.

Distribución geográfica.— Descrita originalmente de la costa francesa, se ha citado en aguas templadas y templado-cálidas de todo el mundo (George y Hartmann-Schröder, 1985). Iannotta *et al.* (2009) sugieren que *L. ninetta* corresponde en realidad a un complejo de especies. En la península Ibérica hay numerosas citas tanto en la costa atlántica como mediterránea (p.ej., Ariño, 1987; Parapar *et al.*, 1996), registros que deben tomarse con precaución ante la posibilidad de que pueda tratarse de especies diferentes, aunque próximas morfológicamente. El morfotipo "oscuro" registrado por Iannotta *et al.* (2009) en el extremo occidental del Mediterráneo, y particularmente en la costa mediterránea ibérica (Alicante e islas Medes), es coincidente con el material atlántico, aunque su pertenencia al taxon *L. ninetta sensu stricto* no ha sido demostrada por los autores.

Biología.— Encontrada en fondos de variada naturaleza: roca, corales muertos, grava, piedras, fragmentos de conchas, coralígeno, arena, fango, rizoides de *Laminaria*, entre *Posidonia*, algas y esponjas. Desde el mesolitoral hasta 550 m de profundidad. En la costa de Jersey (Reino Unido) se han reportado hembras con huevos maduros en el mes de abril (George y Hartmann-Schröder, 1985).

Lysidice unicornis (Grube, 1840) (fig. 49)

Lumbriconereis unicornis Grube, 1840. *Actin. Echinoderm Würmer Adriat. Mittelmeers*: 80

Cuerpo que alcanza los 200 mm de longitud y 0,8 mm de anchura, con 400 segmentos. Color en vida: región anterior rosa pálido y posterior naranja o verdosa; tono iridiscente. Prostomio redondeado anteriormente; un par de ojos a ambos lados de la antena media. Antena media algo más corta que el prostomio y generalmente próxima al borde anterior del peristomio; ceratostilo liso, apuntado (fig. 49A). Antenas laterales ausentes. Peristomio tan largo como el prostomio; anillos peristomiales claramente definidos, de longitud similar. Mandíbulas anchas, en forma de X y con margen anterior calcificado. Maxilas: I = 1+1, II = 4/6+4/6, III = 4+0, IV = 4+6, V = 1+1. Branquias ausentes. Cirros dorsales digitiformes y ligeramente más largos que el parápodo (figs. 49A, 49D, 49E). Lóbulo acicular truncado. Lóbulo postsetal redondeado. Cirro ventral corto; forma cónica en los primeros setígeros y piriforme con ápice pequeño en el resto del cuerpo. Neuroacículas oscuras, 1-2 por parápodo. Sedas supraaciculares: sedas limbadas y sedas pectinadas. Pectinadas isodontas, con 10-12 dientes (fig. 49B). Sedas subaciculares: compuestas falcígeras bidentadas encapuchadas; artejo con diente proximal de tamaño similar al distal, extremo distal del mango y capuchón serrados (fig. 49C). Ganchos subaciculares bidentados encapuchados, desde el setígero 20; diente proximal más grande que el distal (fig. 49D); color oscuro. Pigidio con dos pares de cirros anales, cirros del par dorsal más largos que los ventrales.

Descripción elaborada a partir de Campoy (1982), George y Hartmann-Schröder (1985) y Núñez *et al.* (1997).

Distribución geográfica.— Descrita originalmente del Mediterráneo, se ha señalado en aguas cálidas y templado-cálidas de todo el mundo (George y Hartmann-Schröder, 1985; Núñez *et al.*, 1997). Se encuentran numerosas citas

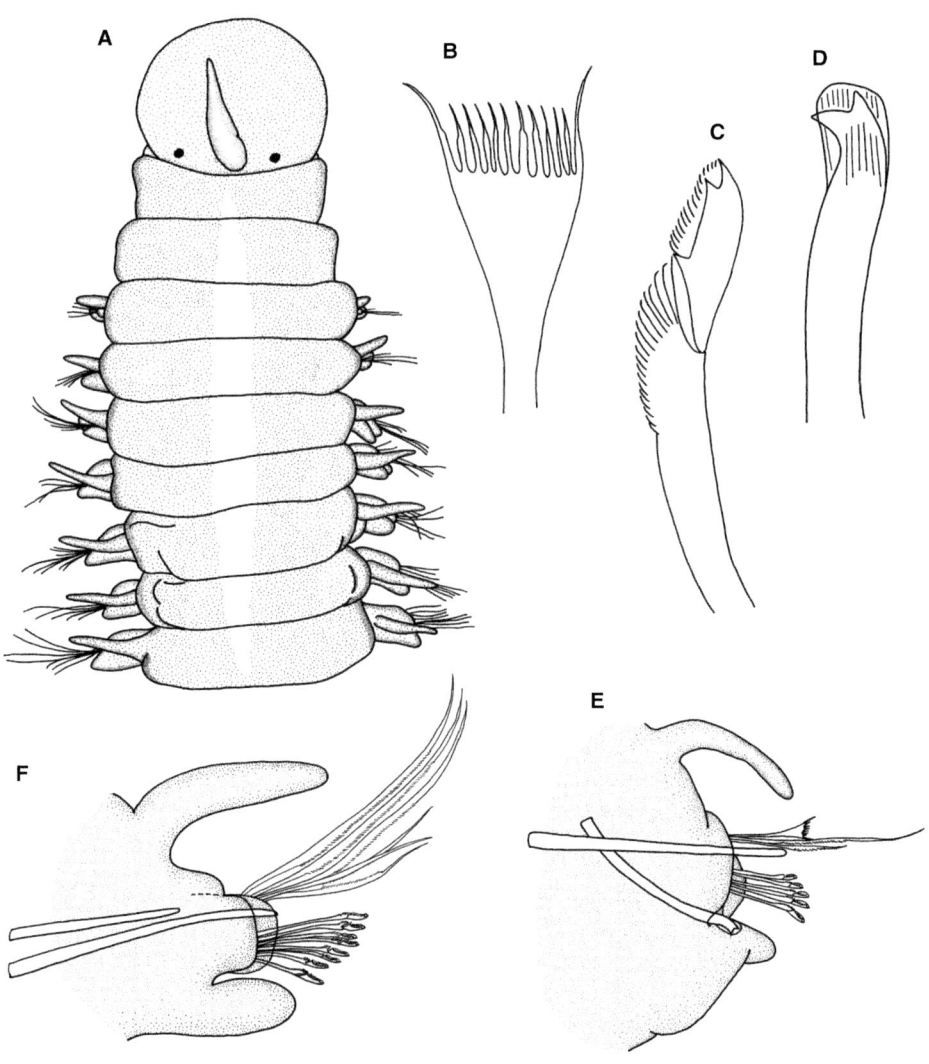

Fig. 49. Región anterior en vista dorsal (A), seda pectinada (B), seda *compuesta falcígera (C), gancho subacicular encapuchado (D) y* *parápodos anterior (E) y medio (F) de* Lysidice unicornis.

de esta especie en todo el litoral de la península Ibérica (Ariño, 1987; Parapar *et al.*, 1996).

Biología.— Encontrada en fondos de muy diferente naturaleza: arena, fango, piedras, fragmentos de conchas, coralígeno, *Laminaria* y *Posidonia*, así como endobionte de esponjas (George y Hartmann-Schröder, 1985; Núñez *et al.*, 1997). Desde el mesolitoral hasta los 300 m de profundidad (George y Hartmann-Schröder, 1985).

Género *Marphysa* Quatrefages, 1866

Marphysa Quatrefages, 1866. *Hist. Nat. Annelés Mar. Eau Douce*, [1865], 1: 331
ESPECIE TIPO: *Nereis sanguinea* Montagu, 1813

Prostomio provisto de tres antenas (una media y dos laterales) y un par de palpos laterales. Peristomio formado por dos anillos, el posterior sin cirros peristomiales. Maxilas I con un arco rectangular falcado, con el margen externo de la base de dicho arco sin curvatura en el borde basal interno. Maxila VI ausente. Branquias presentes a lo largo de todo el cuerpo. Cirros dorsales con tendencia a la reducción en tamaño hacia la parte posterior del cuerpo. Cirros ventrales con la base hinchada presentes al menos en la mitad de los setígeros. Acículas claras u oscuras. Cuatro tipos de neurosedas: limbadas, pectinadas anchas o estrechas, compuestas falcígeras bidentadas o espinígeras (pueden estar ausentes) y ganchos subaciculares. Pectinadas estrechas con ambos dientes laterales más largos que los internos a lo largo de todo el cuerpo. Ganchos subaciculares unidentados o bidentados, de coloración clara u oscura. Dos pares de cirros anales.

Diagnosis elaborada a partir de Zanol *et al.* (2014) y Molina-Acevedo y Carrera-Parra (2017). Hasta fechas recientes, el género incluía alrededor de 80 especies con una notable heterogeneidad morfológica. Grube (1878) y posteriormente Fauchald (1970) subdividieron de modo informal el género en varios grupos, en función de la distribución de las branquias en el cuerpo y tipos de sedas compuestas, respectivamente, con subsiguientes modificaciones por autores posteriores (Glasby y Hutchings, 2010). Dos revisiones recientes del grupo han supuesto la transferencia de varias especies al género *Nicidion* y la erección de dos nuevos géneros, *Treadwellphysa* y *Paucibranchia*, para acomodar a algunas especies (Molina-Acevedo y Carrera-Parra, 2017; Molina-Acevedo, 2018), si bien recientemente se han descrito varias nuevas. Así, en la actualidad el género comprende 83 especies (WoRMS, 2024). Seis especies fueron citadas en el litoral íbero-balear, si bien tres de ellas se han transferido recientemente al género *Paucibranchia*: *P. bellii*, *P. fallax* y *P. kinbergi* (Molina-Acevedo, 2018). De las tres restantes, se considera que la presencia en aguas ibéricas de *M. sanguinea* está pendiente de confirmación a la vista de trabajos recientes (Hutchings y Karageorgopoulos, 2003; Hutchings *et al.*, 2012; Lavesque *et al.*, 2017, 2019; Martin *et al.*, 2020), si bien se incluye en esta monografía a la espera de una revisión profunda de ejemplares del género tanto de la costa atlántica como mediterránea. Las otras dos especies, *M. chirigota* y *M. gaditana*, se han descrito también recientemente de la costa de Cádiz por Martin *et al.* (2020).

Clave de especies

   1. Ganchos subaciculares unidentados (figs. 50G, 50H) . . . . ***M. chirigota*** (p. 143)

   • Ganchos subaciculares bidentados (acompañados en ocasiones por uno unidentado) 2

   2. 1-2 ganchos subaciculares por parápodo, uno siempre bidentado y el 2º unidentado; sedas pectinadas anodontas de los setígeros posteriores grandes, con 5-10 dientes con ápice filiforme (fig. 51D) . . . . ***M. gaditana*** (p. 145)

   • Un gancho bidentado por parápodo; sedas pectinadas anodontas de los setígeros posteriores de talla normal, con 6-14 dientes sin ápice filiforme (fig. 52E) . . . .
. . . . ***M. sanguinea*** (p. 148)

Marphysa chirigota Martin, Gil y Zanol, 2020 (fig. 50)

Marphysa chirigota Martin, Gil y Zanol, 2020. En: Martin *et al.*, *PLoS ONE*, 15(1): 17

Cuerpo que alcanza los 265 mm de longitud y 7,9 mm de anchura, con 370 segmentos; cilíndrico en sección hasta los setígeros 20-25, resto del cuerpo aplanado dorsoventralmente. Prostomio bilobulado anteriormente; ojos subdérmicos como manchas en posición lateral respecto a las antenas laterales; cinco apéndices dispuestos en un semicírculo (fig. 50A). Palpos ligeramente más cortos que las antenas, alcanzando la mitad del setígero 1 al 3; antena media tan larga como las laterales, alcanzan desde la mitad del setígero 1 al borde posterior del setígero 3 (fig. 50A). Palpóforos y ceratóforos en forma de anillo, poco más anchos que las bases de los estilos; palpostilos y ceratostilos lisos, más gruesos en la base. Peristomio ligeramente más largo que el prostomio; anillos peristomiales bien definidos, el primero más largo que el segundo (fig. 50A). Mandíbulas con matriz esclerotizada recta distalmente y margen superior serrado. Maxilas: I = 1+1, II = 4/5+5, III = 6+0, IV = 4/5+7, V = 1+1. Branquias palmeadas, desde los setígeros 25-30; de 1 a 6 filamentos: uno en los primeros 1-2 setígeros de la región branquial, de 3 a 6 en la mayoría de dicha región para disminuir a 1-2 en los últimos setígeros con branquias (figs. 50G, 50H); branquias ausentes en los 40 setígeros anteriores al pigidio; filamentos branquiales hasta ocho veces más largos que los cirros dorsales. Cirros dorsales de forma triangular, aproximadamente tres veces más largos que anchos en su base (fig. 50F) y que disminuyen en longitud hacia el extremo posterior (fig. 50H). Lóbulo presetal más corto que el lóbulo acicular a lo largo de todo el cuerpo. Lóbulo postsetal más largo que el acicular en los primeros 40-50 setígeros, digitiforme hasta el setígero 4, redondeado en la mayoría del resto del cuerpo, con extremo apuntado en la parte posterior. Cirros ventrales digitiformes con ápice redondeado; base hinchada desde el setígero 5 y a lo

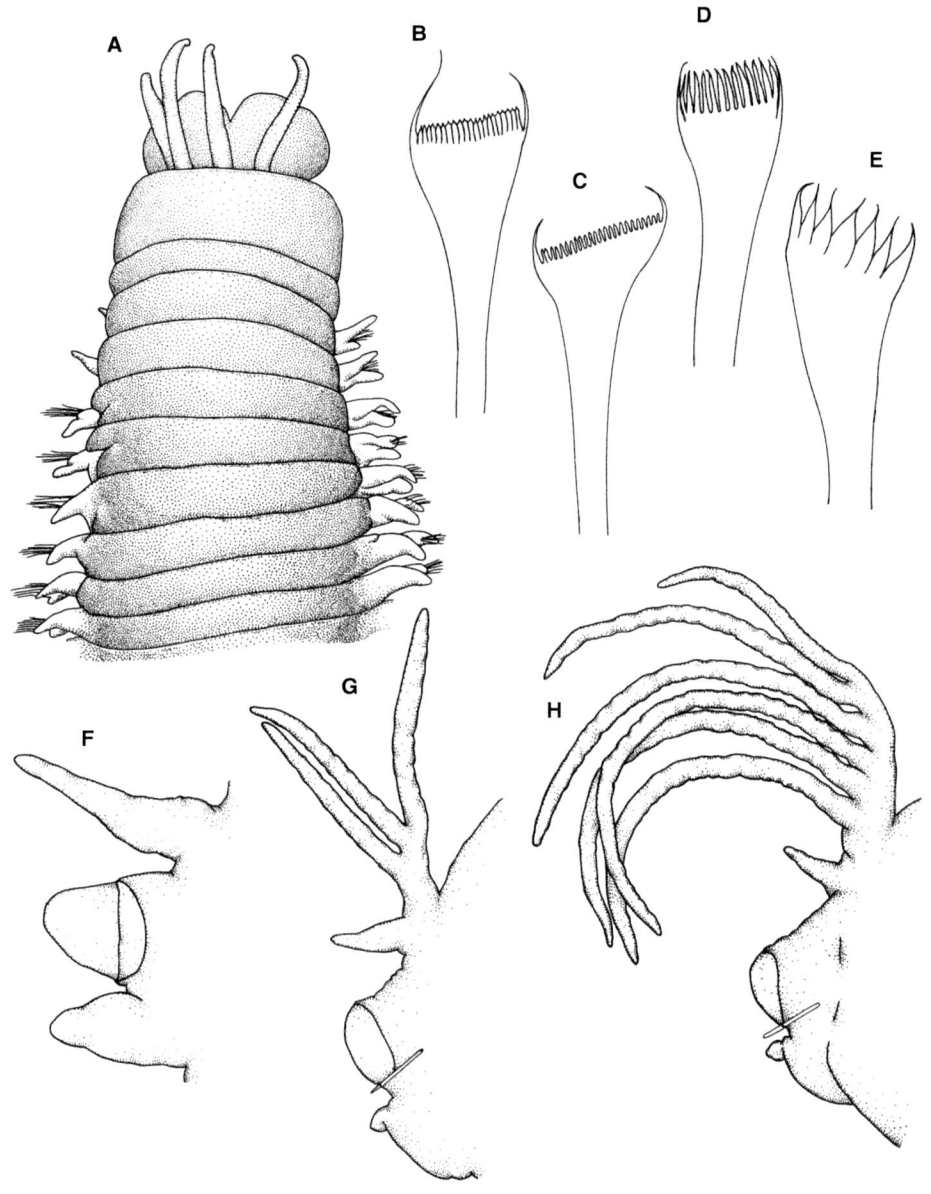

Fig. 50. *Región anterior en vista dorsal (A), sedas pectinadas (B-E) y parápodos 5 (F), 40 (G) y 130 (H) de* Marphysa chirigota. *F-H, sedas no ilustradas. Redibujados de* Martin *et al. (2020).*

largo del cuerpo (fig. 50F), en los últimos 20 setígeros con forma redondeada a triangular y ápice redondeado; cirros ventrales la mitad de largos que los dorsales en los primeros setígeros, del mismo tamaño en la región branquial (fig. 50H), decreciendo progresivamente desde el final de la región branquial. Notoacículas presentes en el segundo cuarto del cuerpo, de color amarillo claro y poco conspicuas. Neuroacículas de romas a apuntadas distalmente, con ápice protruyendo del lóbulo acicular, de color dorado oscuro; 3-4 acículas en los primeros 30 setígeros, de 4-6 hasta el 120, 3-4 en los siguientes hasta el 320 y tres en los últimos setígeros. Sedas supraciculares: sedas limbadas y sedas pectinadas. Sedas pectinadas presentes en todos los setígeros salvo en los cuatro primeros; cuatro tipos: (1) 2-10 isodontas, delgadas, con 20-30 dientes finos apuntados, los dos más externos de diferente longitud (fig. 50B); (2) 2-10 isodontas, delgadas, con 20-30 dientes finos apuntados, con grado de asimetría creciente desde los parápodos de la región anterior a la posterior (fig. 50C); (3) 5-6 isodontas, más gruesas y claramente asimétricas, con 13-16 dientes gruesos y largos de longitud variable (fig. 50D); (4) 2-5 anodontas, gruesas, anchas y asimétricas, con 4-7 dientes gruesos subtriangulares con extremos filiformes (fig. 50E). Isodontas de tipo (1) presentes en los primeros setígeros, siendo sustituidas progresivamente por las del tipo (2) a lo largo de la primera mitad del cuerpo; tipos (3) y (4) presentes en la mitad del cuerpo y parápodos posteriores, respectivamente. Sedas subaciculares: compuestas espinígeras con artejos de distinta longitud en el mismo setígero. Ganchos subaciculares unidentados gruesos, desde los setígeros 30-45 hasta el final del cuerpo (figs. 50G, 50H); uno por parápodo en la mayoría del cuerpo y dos en los últimos setígeros; capuchón ausente o poco conspicuo; color amarillo oscuro. Pigidio con dos pares de cirros anales, cirros del par dorsal alrededor de 14 veces más largos que los ventrales.

Descripción elaborada a partir de Martin *et al.* (2020).

Distribución geográfica.— Especie de reciente descripción encontrada en la costa de Cádiz y probablemente en el Algarve, Portugal (Martin *et al.*, 2020) y el golfo de Túnez (Chaibi *et al.*, 2021).

Biología.— Prefiere sustratos areno-fangosos mesolitorales hasta 2 m de profundidad; presenta interés comercial ya que se utiliza como cebo para pesca (Martin *et al.*, 2020; Chaibi *et al.*, 2021).

Marphysa gaditana Martin, Gil y Zanol, 2020 (fig. 51)
Marphysa gaditana Martin, Gil y Zanol, 2020. En: Martin *et al.*, *PLoS ONE*, 15(1): 9

Cuerpo cilíndrico en sección hasta el setígero 15 y aplanado dorsoventralmente en el resto, alcanza los 122 mm de longitud y 6,5 mm de anchura, con 205 segmentos. Prostomio bilobulado anteriormente; ojos subdérmicos como manchas en posición lateral respecto a las antenas laterales; cinco apéndices dispuestos en un semicírculo (fig. 51A). Palpos ligeramente más cortos que las antenas, llegan desde el borde anterior del setígero 2 hasta la mitad del setígero 3; antena media tan larga como las laterales, alcanza desde la mitad del setígero 2 al borde posterior del setígero 3 (fig. 51A). Palpóforos y ceratóforos en forma de anillo, poco más anchos que las bases de los estilos; palpostilos y ceratostilos lisos, más gruesos basalmente. Peristomio tan largo como el prostomio; anillos peristomiales bien definidos, el primero más largo que el segundo (fig. 51A). Mandíbulas con matriz esclerotizada recta distalmente y margen superior serrado. Maxilas: I = 1+1, II = 5+6, III = 5+0, IV = 3+5, V = 1+1. Branquias palmeadas, desde los setígeros 20-25 (figs. 51G, 51H); de 1 a 5 filamentos: uno en los primeros 1-2 setígeros de la región branquial, de 2 a 5 en la mayoría de dicha región para disminuir a 1-2 en los últimos setígeros con branquias; branquias ausentes en los 35 setígeros anteriores al pigidio; filamentos branquiales hasta 7,5 veces más largos que los cirros dorsales. Cirros dorsales de forma triangular, aproximadamente tres veces más largos que anchos en su base (fig. 51F) y cuya longitud disminuye hacia el extremo posterior (fig. 51H). Lóbulo presetal más corto que el lóbulo acicular a lo largo de todo el cuerpo. Lóbulo postsetal más largo que el acicular en los primeros 40-50 setígeros, más corto en el resto del cuerpo; forma cónica hasta el setígero 5, redondeado en la mayoría del cuerpo, con extremo apuntado en la parte posterior. Cirros ventrales digitiformes con ápice redondeado; base hinchada desde el setígero 6 y a lo largo del cuerpo (figs. 51G, 51H), en los últimos 20 setígeros con forma que varía de redondeada a triangular y ápice redondeado; cirros ventrales 2/3 de la longitud de los dorsales en los primeros setígeros, disminuyendo de tamaño hacia el extremo posterior. Notoacículas presentes desde el segundo cuarto del cuerpo, de color marrón claro y poco conspicuas. Neuroacículas de romas a apuntadas distalmente, de color dorado-marrón; 1-2 acículas por parápodo en el setígero 1, generalmente 3-4(2) en los siguientes setígeros hasta el 40, y 1-2 desde la zona media hasta el final del cuerpo. Sedas supraciculares: sedas limbadas y sedas pectinadas. Sedas pectinadas presentes en todos los setígeros; tres tipos: (1) 8-10 isodontas, ligeramente asimétricas, con 17-22 dientes apuntados, los dos más externos de distinta longitud (fig. 51B); (2) 4-6 isodontas, gruesas y ligeramente asimétricas, con 10-14 dientes gruesos, largos y con ápices filiformes cortos (fig. 51C); (3) 3-6 anodontas, gruesas, muy anchas y asimétricas, con 5-10 dientes muy largos y gruesos con ápice filiforme y muy largo, ausentes en los primeros setígeros (fig. 51D). Sedas subaciculares: compuestas espinígeras con artejos de longitud diferente en el mismo setígero. Ganchos subaciculares bidentados encapuchados, desde los setígeros 40-55, ausentes en algunos parápodos (fig. 51E); ápice redondeado, capuchón ausente o poco conspicuo; generalmente un gancho por parápodo en la mayoría del cuerpo, en ocasiones un segundo gancho, unidentado y sin capuchón; color amarillo oscuro. Pigidio con dos pares de cirros anales, cirros del par dorsal alrededor de 5-10 veces más largos que los ventrales.

Descripción elaborada a partir de Martin *et al.* (2020).

Distribución geográfica.— Al igual que *M. chirigota*, esta especie ha sido descrita recientemente a partir de ejemplares procedentes de la costa de Cádiz

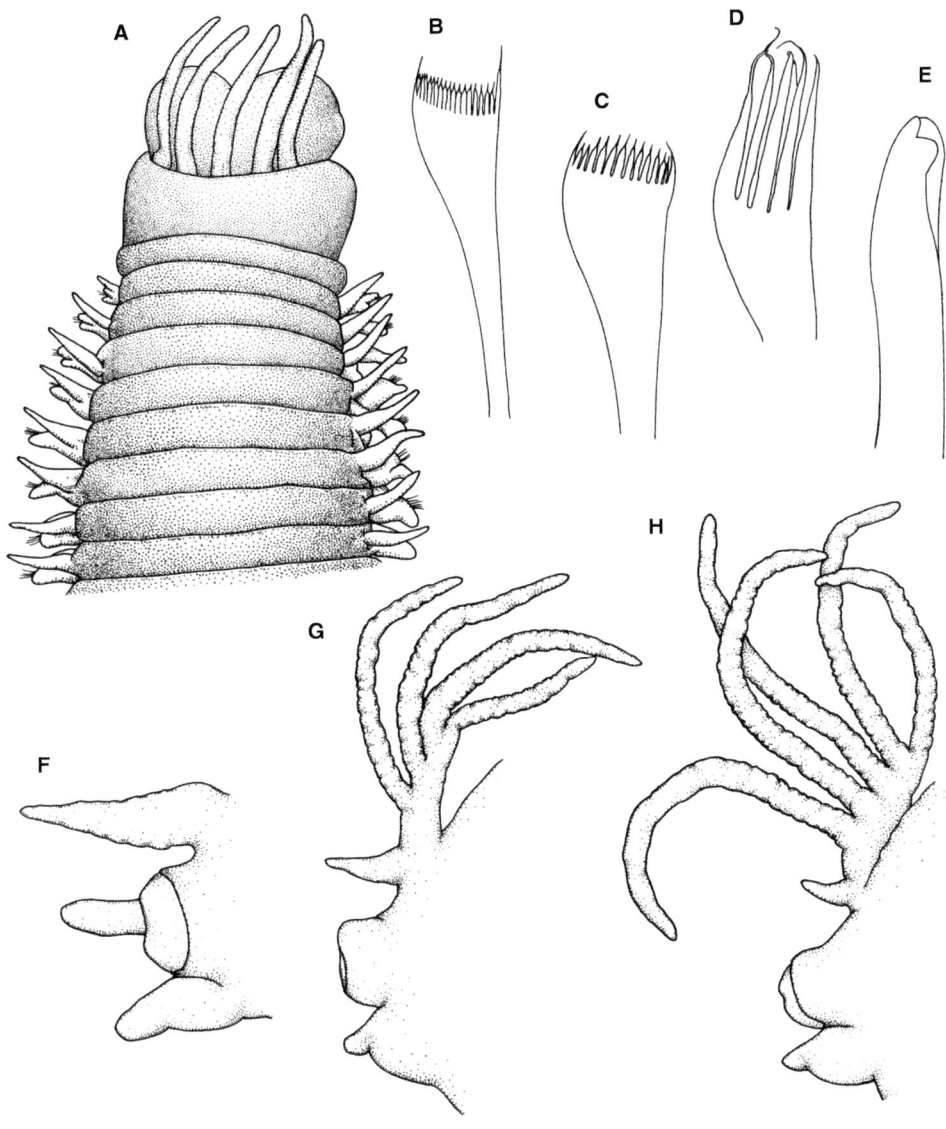

Fig. 51. *Región anterior en vista dorsal (A), sedas pectinadas (B-D), gancho subacicular encapuchado (E) y parápodos 5 (F), 40 (G) y 120 (H) de* Marphysa gaditana. *F-H, sedas no ilustradas.* Redibujados de Martin et al. *(2020).*

(Martin *et al.*, 2020). Asimismo, Martin *et al.* (2020) sugieren su presencia en Cap de la Hague (Francia), estuario del Sado (Portugal), Florida y Virginia (EE. UU.), a partir de datos moleculares de ejemplares recolectados en dichas localidades y disponibles en GenBank.

Biología.— Vive en sustratos fangosos mesolitorales; también presenta interés comercial y se utiliza como cebo para pesca (Martin *et al.*, 2020).

Marphysa sanguinea (Montagu, 1813) (fig. 52)
Nereis sanguinea Montagu, 1813. *Trans. Linn. Soc. Lond.*, 11(1): 20

Cuerpo que llega a alcanzar los 330 mm de largo y 12 mm de anchura, con 345 segmentos; rectangular en sección y aplanado dorsoventralmente. Color en vida: crema y marrón claro a amarillo verdoso y oliva oscuro, fuertemente iridiscente, con puntos o manchas claras; branquias de color rojo brillante. Prostomio bilobulado anteriormente; ojos difusos, como pequeñas manchas próximas a la base de los palpos; cinco apéndices prostomiales lisos (tres en ejemplares juveniles) (figs. 52A, 52B). Palpos más cortos que las antenas; antenas laterales que alcanzan el borde posterior del peristomio; antena media más larga que las laterales, pues llega hasta el borde anterior del setígero 1. Peristomio más largo que el prostomio; anillos peristomiales claramente definidos, el primero más largo que el segundo (fig. 52A). Mandíbulas con borde cortante provisto de ápices calcificados en forma de remo. Maxilas: I = 1+1, II = 3/4+3/5, III = 4/6+0, IV = 3/5+5/8, V = 1+1. Branquias palmeadas, presentes desde los setígeros 13-27 y a lo largo de todo el cuerpo, faltan únicamente en varios setígeros posteriores; con 1 a 6 filamentos: un filamento en los primeros setígeros de la región branquial y de 2 a 6 en los siguientes (fig. 52G). Primeros parápodos más pequeños que el resto; parápodos anteriores insertos ventrolateralmente, resto en posición lateral (figs. 52A, 52F). Cirros dorsales triangulares, alargados. Lóbulo presetal pequeño. Lóbulo postsetal triangular, de apariencia hinchada. Lóbulo acicular poco desarrollado. Cirros ventrales cónicos, con ápice redondeado. Neuroacículas de punta roma, oscuras, más numerosas en los primeros 10 setígeros (*ca.* 5), pero su número disminuye hasta uno en los parápodos posteriores. Sedas supraciculares: sedas limbadas y sedas pectinadas. Sedas limbadas lisas en los primeros setígeros volviéndose más hirsutas en los posteriores. Sedas pectinadas isodontas, entre 15 y 40, finamente denticuladas en los setígeros anteriores (13-16 dientes) y con denticulación progresivamente más gruesa (15-22 dientes) a lo largo de los setígeros medios y posteriores (fig. 52C). Sedas subaciculares: compuestas espinígeras (fig. 52D). Un gancho subacicular bidentado encapuchado (fig. 52E), desde el setígero 20 al 76, acompañado de dos sedas microcapilares (*sensu* Hutchings y Karageorgopoulos, 2003) en todos los setígeros; en ocasiones dos ganchos en los últimos setígeros; color ámbar. Pigidio con dos pares de cirros anales.

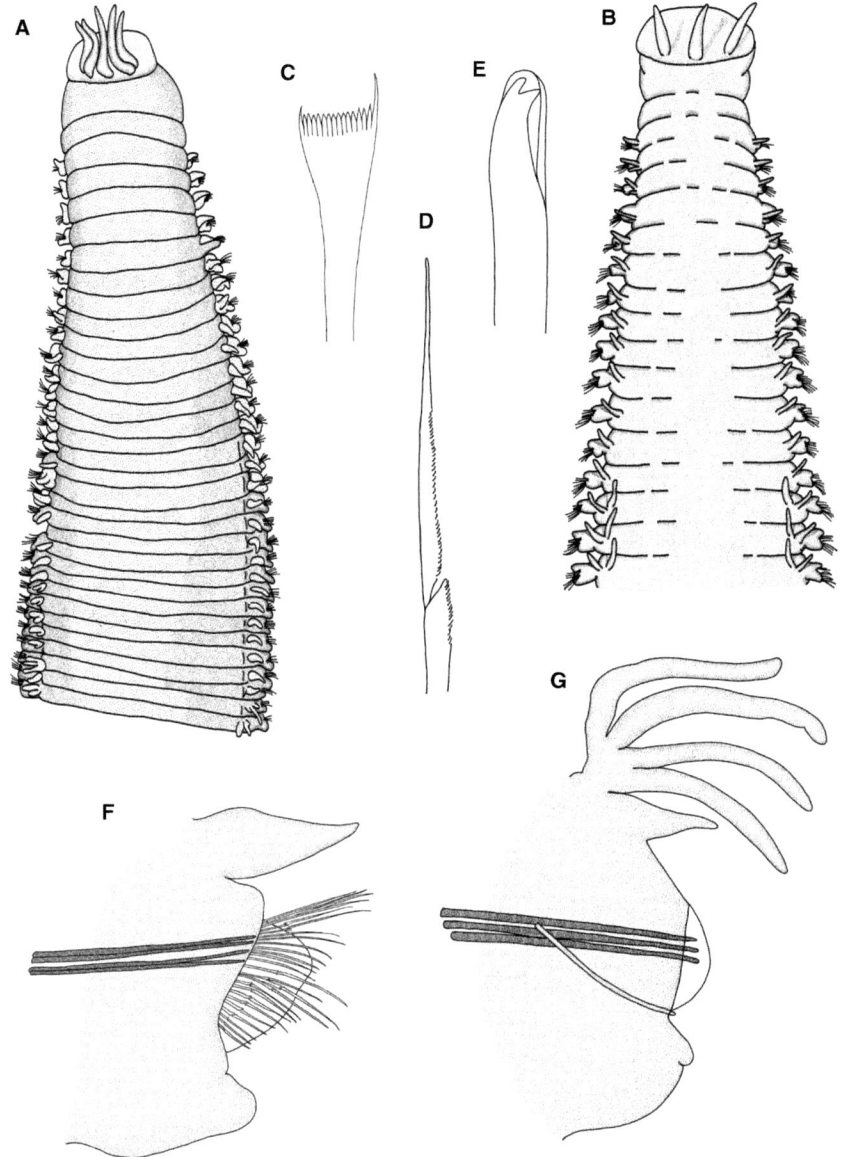

Fig. 52. Región anterior en vista dorsal de un ejemplar adulto (A) y juvenil (B), seda pectinada isodonta (C), seda compuesta espinígera (D), gancho subacicular encapuchado (E) y parápodos 8 (F) y 50 (G) de Marphysa sanguinea. G, sedas no ilustradas. A, Redibujado de Hutchings y Karageorgopoulos (2003); B, de Parapar et al. (1993a); C, de Martin et al. (2020); E, de George y Hartmann-Schröder (1985).

Descripción elaborada a partir de Hutchings y Karageorgopoulos (2003), que designan un neotipo a partir de material recogido en la costa de Cornualles (Reino Unido), así como Hutchings *et al.* (2012). Estos autores señalan que las citas fuera de la localidad tipo deberían ser revisadas ya que podrían hacer referencia a otras especies, como apoyan estudios recientes en la costa atlántica de Francia (Lavesque *et al.*, 2017), sur de la península Ibérica (Martin *et al.*, 2020) o Australia (Zanol *et al.*, 2016).

Distribución geográfica.— Esta especie se había citado en aguas de todo el mundo, incluyendo abundantes registros en la costa atlántica y mediterránea peninsular (Ariño, 1987; Parapar *et al.*, 1993a), y por tanto se consideraba cosmopolita (George y Hartmann-Schröder, 1985). Sin embargo, como ya se ha comentado anteriormente, la mayoría de las citas previas de esta especie deberían ser revisadas (Hutchings y Karageorgopoulos, 2003). Así, su distribución confirmada se extendería desde el mar del Norte, a través del Canal de La Mancha y hasta la bahía de Arcachon en Francia (Martin *et al.*, 2020), si bien es todavía dudosa en el Mediterráneo (Chaibi *et al.*, 2021); está pendiente de confirmación su presencia en la península Ibérica en el momento de la realización de esta monografía.

Biología.— Los registros previos a la redescripción de la especie por Hutchings y Karageorgopoulos (2003) indicaban que habitaba fondos de naturaleza variada, tanto en sustratos duros como blandos (George y Hartmann-Schröder, 1985). Sin embargo, los registros confirmados indican que está presente principalmente en sustratos duros mesolitorales, por lo que los registros de ejemplares hallados en otros sustratos (blandos principalmente) podrían corresponder a otras especies, como es el caso de *M. victori* Lavesque, Daffe, Bonifácio y Hutchings, 2017 en Arcachon y *M. chirigota* y *M. gaditana* en la costa de Cádiz (Martin *et al.*, 2020). Hutchings y Karageorgopoulos (2003) señalan que el período de liberación de los gametos de *M. sanguinea* ocurre a lo largo de septiembre y que la fecundación es externa en la columna de agua.

Género **Palola** Gray, 1847
Palola Gray, 1847. En: Stair, *Proc. Zool. Soc. Lond.*, 15: 17
Especie Tipo: *Eunice siciliensis* Grube, 1840

Prostomio con cinco apéndices lisos, sin articulaciones: tres antenas (una media y dos laterales) y un par de palpos laterales. Peristomio formado por dos anillos; anillo posterior con un par de cirros peristomiales. Maxilas I, II, IV y V pares, maxila III impar (izquierda), maxilas VI presentes en algunas especies. Mandíbulas muy calcificadas y curvadas, con aspecto de cucharón y rodeando a las maxilas. Branquias presentes en el segundo tercio del cuerpo (*ca.* setígero 100), si bien pueden faltar en gran parte del cuerpo o estar totalmente ausentes en algunas especies; con un único filamento. Cirros dorsales apuntados o digitiformes. Cirros ventrales con la base hinchada en la parte media o posterior del cuerpo. Lóbulo presetal distalmente truncado o redondeado; lóbulo postsetal similar. Dos tipos de neurosedas: simples limbadas o capilares (supraciculares), y compuestas falcígeras bidentadas (subaciculares); pectinadas, compuestas espinígeras y ganchos subaciculares ausentes.

Diagnosis elaborada a partir de Fauchald (1992b). Género compuesto por 14 especies (WoRMS, 2024) de las que en el litoral íbero-balear se ha citado únicamente *Palola siciliensis*.

Palola siciliensis (Grube, 1840) (fig. 53)
Eunice siciliensis Grube, 1840. *Actin. Echinoderm Würmer Adriat. Mittelmeers*: 83

Cuerpo alcanzando los 300 mm de longitud y 5 mm de anchura, con más de 700 segmentos; de sección cilíndrica en la zona anterior y aplanado dorsoventralmente en el resto del cuerpo. Color en vida: región anterior blanco rosácea o marrón, región branquial azul grisácea o verde oscura, región posterior incolora. Prostomio bilobulado anteriormente, escotadura media bien marcada; un par de ojos, entre los palpos y las antenas laterales; cinco apéndices lisos (fig. 53A). Palpos más cortos que las antenas, alcanzan hasta el segundo anillo peristomial; antenas laterales hasta el setígero 1; antena media más larga que las laterales, se extiende hasta el setígero 2. Palpóforos y ceratóforos en forma de anillo; palpostilos y ceratostilos lisos con ápice redondeados distalmente. Peristomio algo más largo que el prostomio; anillos peristomiales claramente definidos, el primero más del doble de largo que el segundo; segundo anillo con un par de cirros cortos (fig. 53A). Mandíbulas en forma de cucharón que engloban totalmente las maxilas. Maxilas: I = 1+1, II = 3+²/₃, III = 1+0, IV = 1/2+1/2, V = 1+1. Branquias sencillas, con un único filamento, más largo que los cirros dorsales; presentes en la zona media del cuerpo desde los setígeros 92-180 y ausentes en los posteriores (fig. 53D). Cirros dorsales de los dos primeros setígeros más largos que el resto (fig. 53B); digitiformes en la región anterior, más apuntados en los siguientes setígeros y aplanados y triangulares en los últimos setígeros (figs. 53C, 53D). Cirros ventrales apuntados en los primeros 8-9 setígeros, a partir del setígero 10 con base hinchada y ápice cónico, apuntado (figs. 53C, 53D). Lóbulo acicular truncado, redondeado. Lóbulo presetal en forma de pliegue transversal pequeño. Lóbulo postsetal de forma y contorno similar al lóbulo acicular. Acículas rectas, apuntadas, interiormente de color marrón; una en los setígeros anteriores y pareadas en los restantes (figs. 53B-D). Sedas supraciculares: varias limbadas largas, rectas y con margen liso. Sedas subaciculares: varias compuestas falcígeras bidentadas encapuchadas; artejos con diente proximal más pequeño que el distal, de tamaño similar en los setígeros posteriores (fig. 53E). Pigidio con de dos pares de cirros anales, el par dorsal más largo.

Descripción elaborada a partir de Fauchald (1992b) y Núñez *et al.* (1997).

Distribución geográfica.— Descrita originalmente del mar Mediterráneo (costa de Sicilia), se ha citado en aguas cálidas circuntropicales (Núñez *et al.*, 1997). En la península Ibérica hay numerosas citas en la costa mediterránea (Ariño, 1987), así como en la costa portuguesa (Saldanha, 1974; Marques *et al.*, 1984) y del País Vasco (Ibáñez *et al.*, 1984).

Biología.— Encontrada en fondos mesolitorales e infralitorales hasta 7 m de profundidad bajo piedras y en sustratos areno-fangosos, concreciones calcáreas y endobionte de esponjas y hexacorales (Núñez *et al.*, 1997).

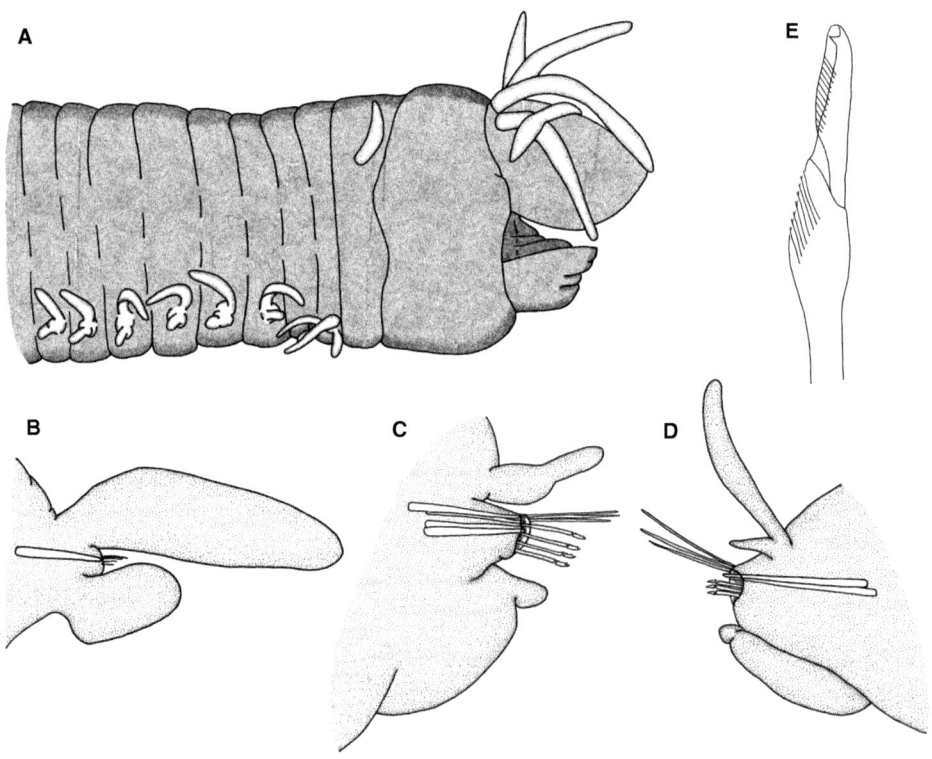

Fig. 53. Región anterior en vista lateral (A), parápodos 1 (B), 65 (C) y 200 (D) y seda compuesta falcígera (E) de Palola siciliensis. *Redibujados de Fauchald (1992b).*

Género **Paucibranchia** Molina-Acevedo, 2018
Paucibranchia Molina-Acevedo, 2018. *Zootaxa*, 4489(1): 6
ESPECIE TIPO: *Eunice bellii* Audouin y Milne-Edwards, 1833

Prostomio entero o bilobulado; tres antenas (una media y dos laterales) y un par de palpos laterales; ojos presentes o ausentes. Peristomio formado por dos anillos, el posterior sin cirros peristomiales. Maxilas I con un arco falcado redondeado, borde externo con base recta y una curvatura en el borde basal interno. Maxila VI ausente. Branquias limitadas a la región anterior del cuerpo. Cirros dorsales lisos, más largos que los ventrales; cirros de la región branquial alargados, tan gruesos o más que los filamentos branquiales, y en la región postbranquial delgados, tan largos o más que los de los setígeros anteriores. Lóbulo postsetal bien desarrollado, más largo en la región branquial que en la prebranquial. Cirros ventrales poco desarrollados, ovales, con la base hinchada solo en la región anterior. Acículas oscuras o translúcidas. Neurosedas de cuatro tipos: limbadas, pectinadas, sedas compuestas falcígeras y/o espinígeras, los artejos del mismo tamaño o diferente en sedas del mismo setígero. Pectinadas isodontas de dos tipos: con dientes largos y delgados en la región anterior, y dientes cortos y delgados en la región posterior. Ganchos subaciculares uni- o bidentados, basalmente rojizos y translúcidos o de color ámbar distalmente, o solo translúcidos o ámbar. Dos pares de cirros anales lisos.

Diagnosis elaborada a partir de Molina-Acevedo (2018). Este género fue propuesto por Molina-Acevedo (2018) para acomodar 13 especies del subgrupo I del género *Marphysa* según Fauchald (1970), así como seis nuevas especies, para un total de 19; de ellas, tres se han citado previamente en el litoral íbero-balear como pertenecientes al género *Marphysa*.

Clave de especies

   1. Sedas compuestas solo espinígeras (fig. 56B) . . . . *P. kinbergi* (p. 158)
   • Sedas compuestas falcígeras y espinígeras (figs. 54D, 54E) 2
   2. Branquias con 9-22 filamentos. Sedas falcígeras con artejos de distinta longitud en los setígeros anteriores (fig. 54H) . . . . *P. bellii* (p. 153)
   • Branquias con 1-3 filamentos. Sedas falcígeras con artejos de longitud similar en el mismo setígero a lo largo de todo el cuerpo (fig. 55G) . . . . *P. fallax* (p. 156)

Paucibranchia bellii (Audouin y Milne Edwards, 1833) (fig. 54)
Eunice bellii Audouin y Milne Edwards, 1833. *Ann. Sci. Nat.*, 28: 223

Cuerpo cilíndrico, ligeramente aplanado ventralmente, alcanza al menos 200 mm de longitud y 3 mm de anchura, con 300 segmentos. Color en vida gris rosáceo o grisáceo; branquias rojo brillante, muy iridiscentes. Prostomio redondeado; un par de ojos (generalmente difíciles de discernir); cinco apéndices dispuestos en un semicírculo (fig. 54A); prostomio más cónico con tres apéndices en los ejemplares juveniles (fig. 54B). Palpos alcanzando el primer o segundo anillo del peristomio; antenas laterales hasta el segundo anillo peristomial o el setígero 1; antena media aislada del resto por una incisión, llega hasta el segundo anillo peristomial o la mitad del setígero 2 (fig. 54A). Palpóforos y ceratóforos en forma de anillo, cortos y delgados; palpostilos y ceratostilos lisos, apuntados distalmente. Peristomio más ancho que el prostomio, casi dos veces más ancho que largo, dividido en dos anillos, el anterior dos veces más largo que el posterior; cirros tentaculares ausentes (figs. 54A, 54B). Labio inferior con una ligera incisión ventral. Mandíbulas oscuras, placas cortantes blanquecinas. Maxilas: I = 1+1, II = 6/8+7/9, III = 6/8+0, IV = 5/7+9/10, V = 1+1. Branquias pectinadas, con hasta 9-22 filamentos, desde los setígeros 7-15 a 22-43; filamentos más largos que los cirros dorsales (fig. 54H). Dos primeros pares de parápodos más pequeños, gradualmente mayores entre los setígeros 4-29 y disminuyendo gradualmente de tamaño en los setígeros siguientes (figs. 54G, 54H). Cirros dorsales cónicos, gradualmente de mayor tamaño a partir del setígero 5 para disminuir a partir del 35. Lóbulo presetal en todos los setígeros, en forma de pliegue transversal. Lóbulo postsetal bien desarrollado en los primeros 32-72 setígeros, en forma de lengüeta en los primeros setígeros y cónico y más delgado en la región branquial, disminuye de tamaño entre los setígeros 33-57 y resulta poco conspicuo en los siguientes (figs. 54G, 54H). Cirros ventrales digitiformes en los setígeros 1-4, con base hinchada y ápice digitiforme entre los setígeros 4-78, digitiformes y gradualmente más pequeños en los siguientes. Neuroacículas romas, oscuras en los setígeros anteriores, en los siguientes de tonalidad más clara y ambarina; 2-3 acículas en los setígeros 1-16, dos en los setígeros 17-26 y una a partir del setígero 27. Sedas supraciculares: varias sedas simples limbadas de dos tamaños en el mismo setígero y 1-5 sedas pectinadas. Sedas pectinadas: setígeros anteriores con 1-2 isodontas estrechas con hasta 4-5 dientes largos y delgados; en segmentos siguientes 4-5 isodontas estrechas con hasta 10-13 dientes cortos y delgados (fig. 54C). Sedas subaciculares: en los primeros 23-53 setígeros 6-7 compuestas espinígeras con artejos de longitud similar (fig. 54D), y en todos los setígeros un número mayor de falcígeras bidentadas, con artejos de dos tamaños en los primeros setígeros y artejos del mismo tamaño en setígeros siguientes, ligeramente más cortos que en los primeros setígeros (fig. 54E). 1-2 ganchos subaciculares encapuchados bidentados por parápodo desde los setígeros 24-38; diente distal más pequeño que el proximal y dirigido hacia arriba, proximal dirigido lateralmente (fig. 54F); color ámbar. Pigidio con dos pares de cirros anales, par dorsal tan largo como los últimos cuatro setígeros, par ventral tan largo como el último setígero.

Descripción elaborada a partir de la revisión de la especie realizada por Molina-Acevedo (2018). Parapar *et al.* (1993a) describen ejemplares juveniles de *P. bellii* (como *M. bellii*) a partir de material obtenido en la banda mesolitoral de la ría de Ferrol y proponen la sinonimia del género *Lysibranchia* con *Marphysa* y por tanto a *L. paucibranchiata* Cantone, 1983 con esta especie si bien no revisan el material tipo de esta especie.

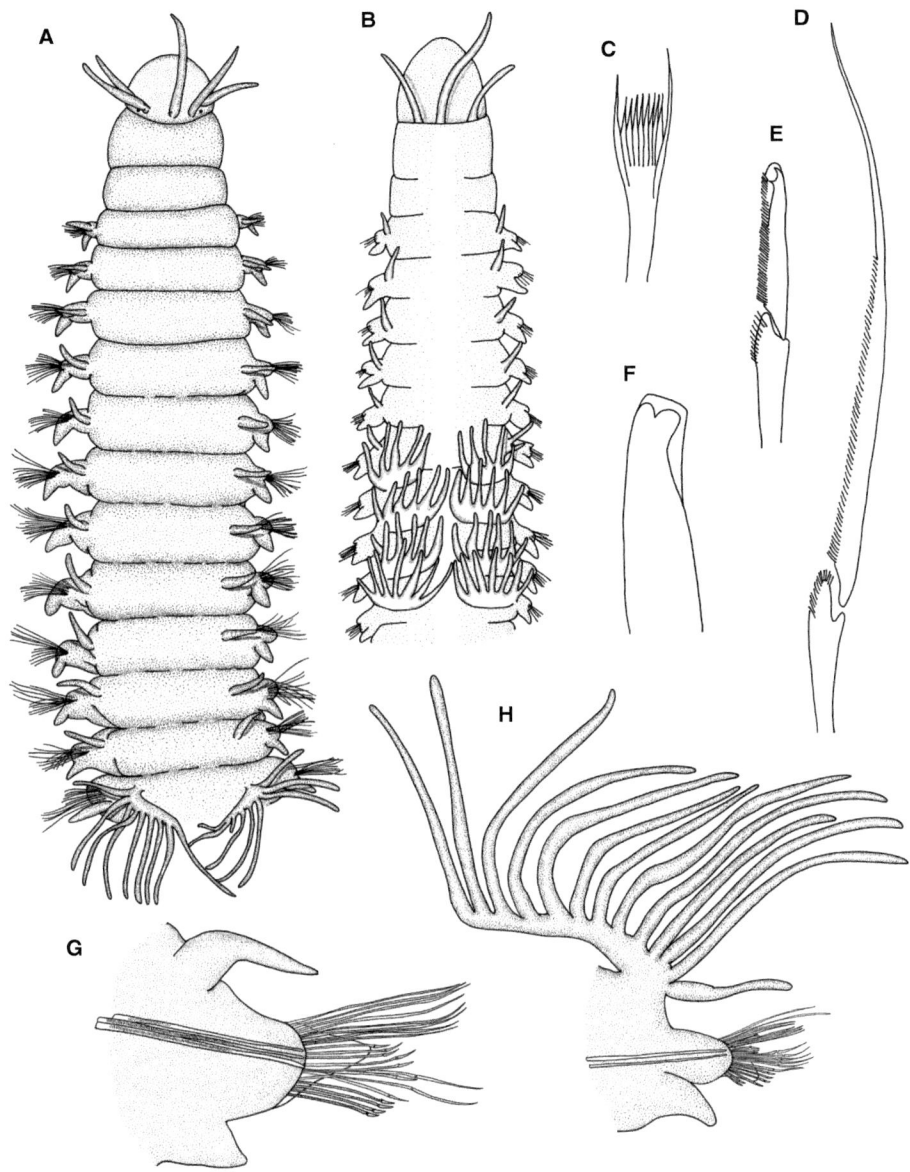

Fig. 54. Región anterior
en vista dorsal de un
ejemplar adulto (A)
y juvenil (B), seda
pectinada isodonta

(C), seda compuesta
espinígera (D) y falcígera
bidentada (E), gancho
subacicular encapuchado
(F) y parápodos 7 (G) y

17 (H) de Paucibranchia
belli. *B, Redibujado de*
Parapar et al. *(1993a).*

Distribución geográfica.— Descrita originalmente de Francia, se ha citado posteriormente a lo largo del Atlántico Norte, Mediterráneo, Índico y Pacífico (George y Hartmann-Schröder, 1985); sin embargo, la revisión de material de la especie por Molina-Acevedo (2018) confirma su presencia desde las islas Británicas hasta el Mediterráneo occidental, considerando que las citas previas en otras regiones (p.ej., Atlántico noroccidental, golfo de México, Vietnam) corresponden a otras especies, y sugiriendo que su presencia en el Mediterráneo oriental y golfo Pérsico es dudosa. Especie ampliamente citada en todo el litoral de la península Ibérica (Ariño, 1987; Parapar *et al.*, 1993a).

Biología.— Encontrada desde la banda mesolitoral hasta fondos infralitorales someros (*ca.* 20 m), desde arena gruesa a fango (Cantone, 1983; Parapar *et al.*, 1993a).

Paucibranchia fallax (Marion y Bobretzky, 1875) (fig. 55)
Marphysa fallax Marion y Bobretzky, 1875. *Ann. Sci. Nat., Zool.*, 6(2): 13

Cuerpo cilíndrico, ligeramente aplanado en la región ventral, alcanza al menos 40 mm de longitud, 1,1 mm de anchura y 121 segmentos. Color en vida rojo claro con puntos blancos; primer anillo peristomial rojo violeta, segundo anillo blancuzco (fig. 55A). Prostomio ligeramente bilobulado; un par de ojos marrones entre los palpos y las antenas laterales; cinco apéndices dispuestos en semicírculo. Palpos que alcanzan la mitad del primer anillo o el segundo anillo del peristomio; antenas laterales hasta la mitad del segundo anillo peristomial o el setígero 1; antena media aislada del resto por una incisión, llega hasta el segundo anillo peristomial o el setígero 1 (fig. 55A). Palpóforos y ceratóforos en forma de anillo, cortos y gruesos; palpostilos y ceratostilos lisos, gruesos y apuntados distalmente. Peristomio más ancho que el prostomio, casi dos veces más ancho que largo, dividido en dos anillos, el anterior dos veces más largo que el posterior. Labio inferior con una ligera incisión central. Mandíbulas oscuras, placas cortantes blanquecinas. Maxilas: I = 1+1, II = 7/8+6/7, III = 7/8+0, IV = 3/4+8/10, V = 1+1. Branquias pectinadas, entre los setígeros 15-16 a 28-48, con 2-3 filamentos hasta el setígero 34, y uno entre los setígeros 35-48; filamentos más largos que los cirros dorsales (fig. 55G). Dos primeros pares de parápodos más pequeños, gradualmente mayores entre los setígeros 4-47 para disminuir de tamaño también de modo gradual en los setígeros siguientes. Cirros dorsales cónicos, gradualmente de mayor tamaño entre los setígeros 4-29 y menores en los siguientes (figs. 55F, 55G). Lóbulo presetal en todos los setígeros, en forma de pliegue transversal. Lóbulo postsetal bien desarrollado en los primeros 14-28 setígeros, cónico (fig. 55G), disminuyendo de tamaño entre los setígeros 11-28, y poco conspicuo en los siguientes. Cirros ventrales digitiformes en los setígeros 1-6, con base hinchada y ápice digitiforme en los setígeros 6-32, digitiformes y gradualmente menores en los siguientes (figs. 55F, 55G). Neuroacículas romas, translúcidas; 3 acículas en los

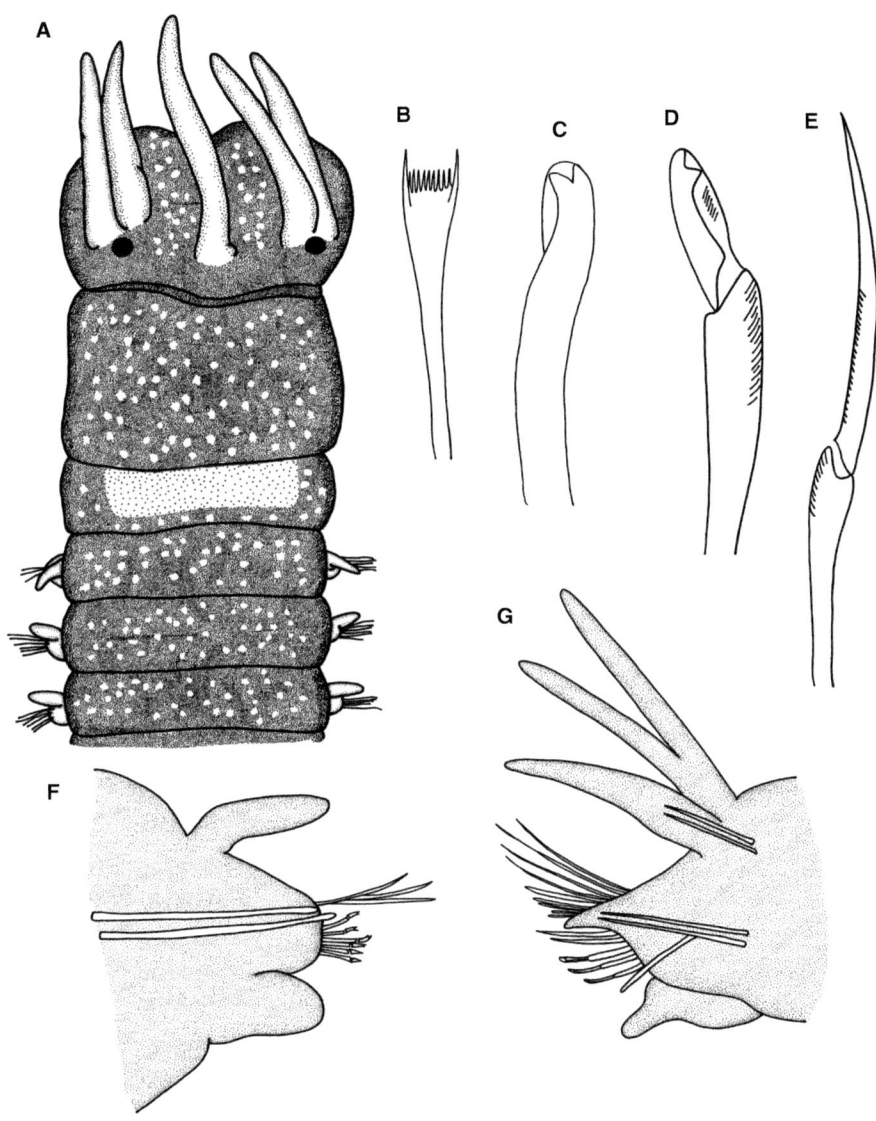

Fig. 55. Región anterior en vista dorsal (A), seda pectinada isodonta (B), gancho subacicular encapuchado (C), seda compuesta falcígera bidentada (D) y espinígera (E) y parápodos anterior (F) y de la región branquial (G) de Paucibranchia fallax. A, F, redibujados de Núñez et al. (1997); B-E, G, de George y Hartmann-Schröder (1985).

setígeros 1-13, dos en los setígeros 14-19 y una a partir del setígero 20. Sedas supraciculares: varias sedas simples limbadas de dos tamaños en el mismo setígero y 1-4 pectinadas. Sedas pectinadas: setígeros anteriores con 1-2 isodontas estrechas, con hasta 11-12 dientes largos y delgados (fig. 55B); en segmentos siguientes 3-4 isodontas estrechas con hasta 12 dientes cortos y delgados. Sedas subaciculares: en los primeros 19-26 setígeros 3-4 compuestas espinígeras con artejos de longitud similar (fig. 55D), y en todos los setígeros un número mayor de falcígeras bidentadas, con artejos de tamaño similar en el mismo setígero, ligeramente más cortos en la región media-posterior (fig. 55E). Un gancho subacicular encapuchado bidentado por parápodo desde los setígeros 20-25, translúcido; diente distal más pequeño que el proximal y dirigido hacia arriba, proximal dirigido lateralmente (fig. 55C). Pigidio con dos pares de cirros anales, par dorsal tan largo como los últimos 11 setígeros, par ventral tan largo como los últimos tres setígeros.

Descripción elaborada a partir de la revisión de la especie realizada por Molina-Acevedo (2018).

Distribución geográfica.— Descrita originalmente del golfo de Marsella, Francia, Molina-Acevedo (2018) confirma su presencia desde el noroeste de Marruecos hasta el Mediterráneo central; las citas previas en el Atlántico nororiental, Índico y Pacífico (George y Hartmann-Schröder, 1985) deberían ser revisadas. En la península Ibérica se ha citado en el cañón de Setúbal, Portugal (Gil, 2011). Núñez *et al.* (1997) describen ejemplares juveniles atribuibles a esta especie de las islas Canarias.

Biología.— Molina-Acevedo (2018) reporta esta especie entre 15 y 25 m de profundidad. George y Hartmann-Schröder (1985) la citan en diferentes tipos de sustratos: fondos de coralígeno, grava, roca y arena gruesa con fragmentos de conchas, desde la banda mesolitoral hasta los 400 m de profundidad, si bien la existencia de citas dudosas (*vide supra*) aconseja cautela respecto a estos datos.

Paucibranchia kinbergi (McIntosh, 1910) (fig. 56)
Marphysa kinbergi McIntosh, 1910. *Monogr. Br. Annel.*, 2(2): 451

Ejemplares conocidos incompletos; cuerpo cilíndrico, ligeramente aplanado ventralmente, alcanza al menos 81 mm de longitud y 3 mm de anchura, con 64 segmentos. Ejemplares fijados de coloración rosa claro. Prostomio redondeado, carente de ojos y con cinco apéndices. Palpos alcanzando el segundo anillo del peristomio; antena media solo hasta el setígero 2 y antenas laterales hasta la mitad del setígero 1-2 (fig. 56A). Palpóforos y ceratóforos en forma de anillo; palpostilos y ceratostilos lisos, apuntados distalmente. Peristomio más ancho que el prostomio, casi dos veces más ancho que largo, dividido en dos anillos, el anterior casi dos veces más largo que el posterior (fig. 56A). Mandíbulas os-

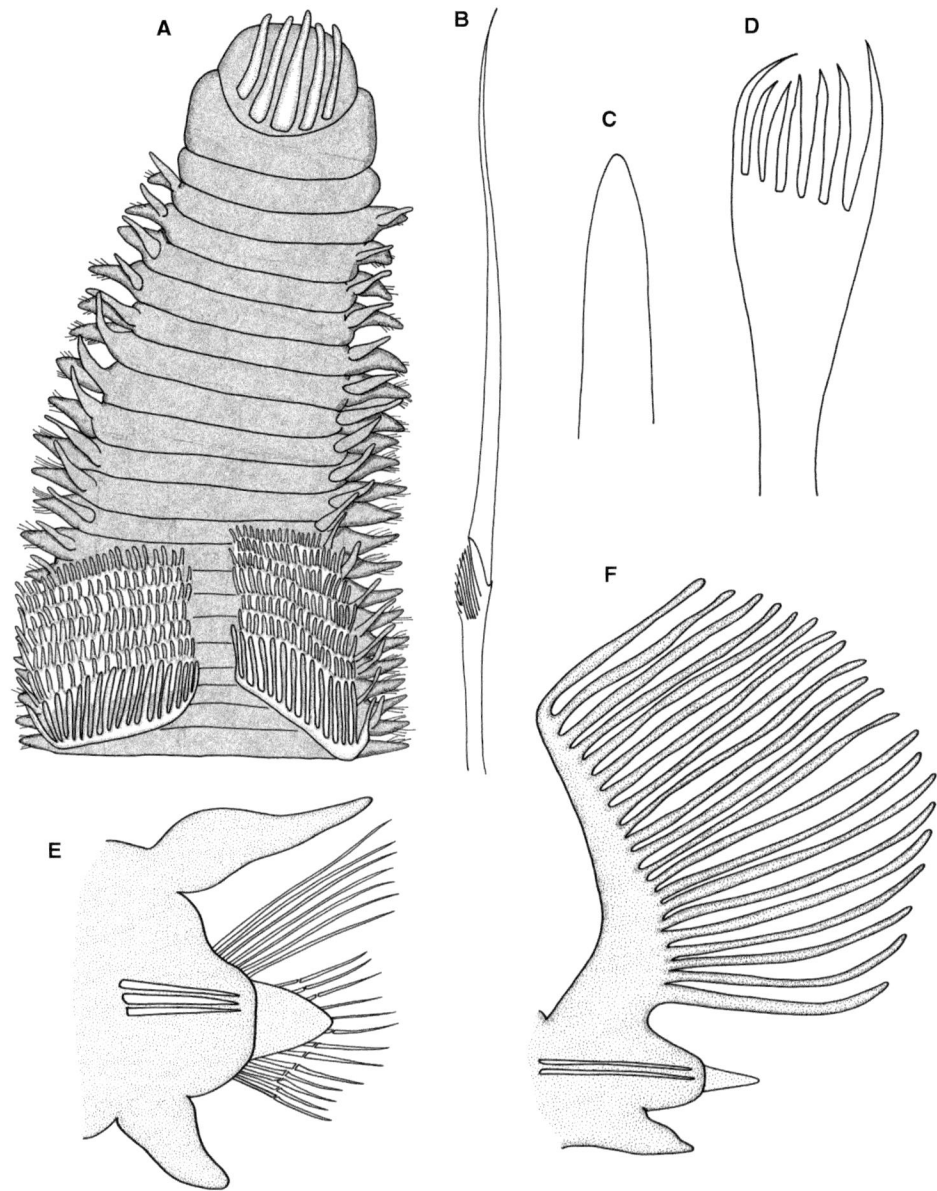

Fig. 56. *Región anterior en vista dorsal (A), seda compuesta espinígera (B), gancho subacicular (C),* seda pectinada isodonta *(D) y parápodos 10 (E) y 30 (F) de* Paucibranchia kinbergi. F, *sedas no* ilustradas. *A, Redibujados de Kurt-Sahin (2014); B, E, F, de McIntosh (1910); C, D, de Molina-Acevedo (2018).*

curas, placas cortantes translúcidas. Maxilas: I = 1+1, II = 5/6+6/7, III = 6/7+0, IV = 3/4+6/10, V = 1+1. Branquias pectinadas, con 8-23 filamentos, desde los setígeros 9-16 a 17-33; filamentos basales más largos y delgados que los cirros dorsales (figs. 56A, 56F). Primer par de parápodos más pequeños, gradualmente mayores entre los setígeros 4-36 y disminuyendo de tamaño en los setígeros siguientes (figs. 56E, 56F). Cirros dorsales cónicos, aumentan de modo gradual de tamaño entre los setígeros 4-30 y en setígeros siguientes son más delgados y filiformes. Lóbulo presetal en todos los setígeros, en forma de pliegue transversal. Lóbulo postsetal bien desarrollado en los setígeros 29-64, en forma de lengüeta en los primeros setígeros y cónico en la región branquial (figs. 56E, 56F). Cirros ventrales digitiformes en los setígeros 1-3, con base hinchada y ápice apuntado en los setígeros 4-52, digitiformes y disminuyendo gradualmente en tamaño a partir del setígero 53. Neuroacículas romas, basalmente rojizas y punta de color ámbar; una acícula en los setígeros 1-3 y a partir del setígero 34, tres en los setígeros 4-13 y dos en los setígeros 14-33. Sedas supraciculares: 6-8 simples limbadas y 1-4 sedas pectinadas. Sedas pectinadas: setígeros de la región anterior con 1-2 isodontas estrechas con hasta siete dientes largos y delgados (fig. 56D); setígeros de la mitad posterior con 3-4 isodontas estrechas con hasta 7 dientes cortos y delgados. Sedas subaciculares: 8-10 compuestas espinígeras con artejos de longitud similar (figs. 56B, 56E). Un gancho subacicular unidentado por parápodo desde los setígeros 23-48 (fig. 56C); tono rojizo basalmente y punta de color ámbar.

Descripción elaborada a partir de las revisiones del material tipo de la especie realizadas por Kurt-Sahin (2014) y Molina-Acevedo (2018).

Distribución geográfica.— Atlántico ibérico (desde Finisterre al golfo de Cádiz), golfo de Guinea (Molina-Acevedo, 2018). La presencia de esta especie en Uruguay (Orensanz, 1975) se considera dudosa (Molina-Acevedo, 2018).

Biología.— Los datos sobre la biología de esta especie son escasos, si bien se ha registrado su presencia entre 24 y 148 m de profundidad en fondos arenofangosos (Rullier, 1965; Molina-Acevedo, 2018).

Familia *APISTOBRANCHIDAE* Mesnil y Caullery, 1898
Apistobranchiens Mesnil y Caullery, 1898. *Bull. Sci. Fr. Belg.*, 31: 147

Los apistobránquidos son poliquetos de cuerpo alargado que habitan diferentes tipos de sedimentos, incluidas arenas, arenas mixtas y lodos limosos finos, desde aguas someras hasta profundidades de más de 3.000 m y tienen una distribución global desde el Ártico hasta el Antártico. Actualmente se reconoce un solo género, *Apistobranchus* Levinsen, 1883 (Blake 1996a; Petti *et al.*, 2007). Los componentes de esta familia se parecen a *Spionidae* Grube, 1850 y *Trochochaetidae* Pettibone, 1963, pero también comparten algunas características morfológicas con *Orbiniidae* Hartman, 1942 y *Paraonidae* Cerruti, 1909. El prostomio está fusionado con el peristomio y tiene un par de palpos acanalados como ocurre en los espiónidos. Toda la región del prostomio está densamente ciliada, como una banda ventral desde la boca hasta cerca del pigidio. Los parápodos están sostenidos por acículas internas, una característica inusual en los poliquetos sedentarios y tubícolas. Por otro lado, también presentan cirros interramales y algunas lamelas postsetales tienen fimbrias superficiales que también están presentes en algunos orbínidos.

Fauchald (1977) reportó que *Apistobranchus* es tubícola, pero Orrhage (1962) y Webster y Benedict (1887) no observaron ningún tubo. Para Petti *et al.* (2007) probablemente los tubos son frágiles y delgados que se destruyen o se pierden durante el tamizado y la fijación. Los grandes palpos de los apistobránquidos son similares a los que poseen los espiónidos y se cree que los usan para alimentarse, aunque Fauchald y Jumars (1979) asignaron a los apistobránquidos al gremio de alimentación SDT (alimentadores de depósito superficial, discretamente móviles y tentaculados). Las concentraciones isotópicas de carbono y nitrógeno en *Apistobranchus glacierae* Hartman, 1978, en la Antártida están muy relacionadas con las del sedimento y microfitobentos asociados con su hábitat y representan una evidencia adicional de que son depositívoros (Petti, datos inéditos). Jumars *et al.* (2015) predijeron una fuerte selección de alimentos, como las diatomeas bentónicas. Kedra *et al.* (2012) registraron valores de $\delta 15N$ y $\delta 13C$ para *A. tullbergi* (Théel, 1879) recolectados a 15 m de profundidad en Kongsfjorden, Svalbard (Noruega), consistente con otros valores de gremios funcionales de depósitos de alimentación (Jumars *et al.*, 2015).

Su biología reproductiva es en gran parte desconocida. Orrhage (1974) encontró especímenes de *A. tenuis* Orrhage, 1962 con óvulos y espermatozoides maduros desde enero a octubre, lo que sugiere un largo período de reproducción. Los huevos tenían un diámetro de 70 a 80 µm. La morfología de los espermatozoides es del tipo de cabeza corta, denominados plesiomorfos por Franzén (1956) y son de tipo *ect-acuaespermio*, relacionados con la fertilización externa por Rouse y Jamieson (1987), constituyendo el tipo más común de espermatozoides en poliquetos. La presencia de huevos relativamente pequeños y espermatozoides primitivos sugiere a Blake (1996a) una fertilización libre y posterior desarrollo embrionario en el medio acuático. Sin embargo, nunca se han identificado larvas planctónicas de *Apistobranchus*, y sin embargo, Petti *et al.* (2007) sí encontraron pequeños juveniles de 5 setígeros de la especie antártica *A. glacierae* Hartman, 1978, lo que sugiere un desarrollo de tipo directo en los miembros de esta familia. El prostomio/peristomio, ambos con la superficie ciliada, están fusionados con el primer segmento inusualmente agrandado, con los siguientes segmentos secuencialmente más pequeños. El pigidio consta de dos cirros anales muy largos.

El prostomio es redondeado y fusionado dorsalmente con el peristomio. Prostomio y peristomio están cubiertos de una banda de cilios que se extienden desde la boca y a lo largo de toda la superficie ventral del cuerpo hasta el pigidio. Hay un par de palpos acanalados y gruesos, se localizan en la unión del prostomio y el segmento del setígero 1; estos palpos se pierden con frecuencia durante el proceso para la conservación (Orrhage, 1962). También hay un par de órganos nucales presentes en la región posterolateral de la base de los palpos. La boca es ventral, con un labio inferior rugoso, del cual puede emerger una pequeña probóscide en forma de saco.

Los parápodos son subbirrámeos con notopodios reducidos y con forma de maza, más gruesos en el ápice que en la base, y continuos a lo largo del cuerpo desde el setígero 2, o ausentes en los setígeros, 6-11, 7-10 u 8-11 según la especie de que se trate. Estos notopodios ciliados probablemente funcionan como branquias, y están sostenidos por acículas internas. Se ha observado que los especímenes juveniles de *A. tenuis* carecen de notopodios en los setígeros 6-11, siendo reemplazados por un "órgano lateral", visible en secciones delgadas (Orrhage, 1962). Los notopodios que faltan se desarrollan durante el crecimiento en *A. tullbergi*, pero aparentemente no en *A. tenuis*, *A. typicus* (Webster y Benedict, 1887) y *A. ornatus* Hartman, 1965. Un cirro interramal puede estar presente entre el notopodio y el neuropodio de algunos setígeros anteriores. Los neuropodios de los primeros 11-12 setígeros están especializados. Los primeros siete están agrandados y tienen numerosas sedas. Estas sedas se reducen gradualmente en número, de modo que a partir del setígero 8, el neuropodio es una pequeña estructura cilíndrica con pocas sedas. Las lamelas neuropodiales postsetales de los setígeros anteriores están especializadas; los setígeros 1-3 tienen un lóbulo ventral digitado corto; el setígero 4 puede ser simple o con varios lóbulos. Los setígeros 5-6 tienen lamelas ventrales anchas con papilas diminutas a lo largo de su borde. Las lamelas ventrales del setígero 7 están muy modificadas y divididas en unos 10 grandes lóbulos vacuolados; el número de lóbulos depende del tamaño (Orrhage, 1962). Las lamelas ventrales de los setígeros 8-11 (o 12) son anchas y tienen papilas diminutas, parecidas a las de los setígeros 5-6. A partir del setígero 13, las lamelas neuropodiales se reducen a unas pocas papilas o un solo cirro.

Aparte de la acícula interna, las notosedas están ausentes. También hay una acícula en los neuropodios pero, a diferencia de los notopodios, en *A. typicus* y está visible, a menudo en posición ventral al fascículo principal de las neurosedas (Hausen, 2005). En *A. glacierae*, los neuropodios están sostenidos por dos fuertes acículas, una en forma acuminada y la otra con una punta redondeada o en forma de cuchara (Petti *et al.*, 2007). En *A. ornatus*, se observan acículas protuberantes lisas de punta roma (Blake, datos inéditos). Las neurosedas de los setígeros 1-7 son cortas y robustas, por lo común de color dorado y están dispuestas en densos fascículos de numerosas sedas. Las neurosedas de los segmentos siguientes son menos numerosas y consisten en: 1) sedas capilares largas, algunas con puntas mucronadas (Pettibone, 1963; Imajima, 1974); o provistas de una vaina de fibrillas; 2) sedas limbadas moderadamente largas, con limbos a menudo rotos que las hacen parecer de tipo compuesto. De hecho, las sedas compuestas reportadas por Hartmann-Schröder y Rosenfeld (1988) para la especie antártica *A. gudrunae* Hartmann-Schröder y Rosenfeldt, 1988 eran sedas limbadas que se habían astillado (Petti *et al.*, 2007), lo que hizo que estos autores propusieran su sinonimia con *A. glacierae*. En los segmentos posteriores de *A. glacierae* se ha reportado la presencia de espinas neuropodiales distalmente falcadas y dentadas que probablemente se encuentren en otras especies (Petti *et al.*, 2007); también *A. ornatus* presenta espinas gruesas y curvas o acículas proyectadas fuera del tegumento (Blake, datos inéditos). El ano se encuentra en la región dorsal del pigidio y tiene dos cirros digitiformes dorsolaterales cortos y dos cirros filiformes alargados ventrales. En la mayoría de las descripciones, sin embargo, los cirros filiformes alargados no se han señalado y es probable que se hayan perdido. Petti *et al.* (2007) mencionaron que el par dorsal de cirros pigidiales son más cortos que el par ventral.

El único trabajo sobre la anatomía interna de *Apistobranchidae* es el de Orrhage (1974), quien investigó tanto la anatomía como histología de esta familia en un esfuerzo por establecer su posición en la sistemática de los poliquetos. Importantes similitudes entre ellos, los espiónidos y los trocoquétidos, pero menos similitud con paraónidos y orbínidos.

La historia taxonómica de *Apistobranchus* fue revisada por Blake (1996a), quien demostró conceptos erróneos del pasado introducidos por Wesenberg-Lund (1951) y seguidos por otros autores, lo que condujo a una literatura muy confusa. El primer apistobránquido descrito formalmente fue *Apistobranchus tullbergi* por Théel (1879) en aguas del océano Ártico y dentro del género *Aricia* en la familia *Orbiniidae*. El género *Apistobranchus* se estableció más tarde para esta especie por Levinsen (1883). La familia *Apistobranchidae* fue establecida años después por Mesnil y Caullery (1898). La especie tipo, *A. tullbergi*, se ha citado ampliamente en Europa (Eliason, 1916, 1962; Hartmann-Schröder, 1971, 1996), golfo de México (Gathof, 1984b), noroeste del Pacífico (Banse, 1972; Hobson y Banse, 1981), Japón (Imajima, 1974) y el océano Ártico (Reish, 1965). Muy probablemente, algunos registros no europeos de este taxon se refieran a otras especies. La segunda especie descrita fue *Ethocles typicus* por Webster y Benedict (1887), en Maine (Nueva Inglaterra). Estos autores refirieron la especie a la familia *Chaetopteridae* ignorando tanto los artículos antes citados como la existencia del género *Apistobranchus*. Mesnil y Caullery (1898), Eisig (1914) y Pettibone (1963) sinonimizaron *A. typicus* con *A. tullbergi*. Sin embargo, Hartman (1965) refirió especímenes de *Apistobranchus* del talud continental del Atlántico a *A. typicus*. Esta especie se ha observado en otras partes del noreste de los Estados Unidos (Blake, datos inéditos) y los especímenes de *A. typicus* utilizados para los análisis moleculares ya mencionados se recolectaron en Groenlandia.

Wesenberg-Lund (1951) describió *Skardaria fragmentata* de la costa de Islandia, pero según Blake (1996a), el autor probablemente tradujo mal la descripción original de Théel y malinterpretó las diferencias percibidas entre sus especímenes y *A. tullbergi* por lo que seguramente se trate de esta especie. Wesenberg-Lund (1951) también asumió que la ausencia de palpos en *A. tullbergi* tenía importancia taxonómica, aunque Eliason (1916) ya había demostrado su existencia en los especímenes del Báltico. Blake (1996a) documentó que estos errores y otros no fueron cuestionados a través de varios artículos y revisiones (p.ej., Hartman, 1965). La sinonimia de *A. tullbergi* y *Skardaria fragmentata* ahora cuenta con un amplio apoyo (Eliason, 1962; Pettibone, 1963; Hartmann-Schröder, 1971, 1996; Fauchald, 1977; Blake, 1996a), sin embargo, según Read y Fauchald (2021) *Apistobranchus fragmentata* es considerada como especie válida.

Apistobranchus tenuis, descrito por Orrhage (1962), puede representar una especie pequeña o quizás una fase neoténica de *A. tullbergi*, porque faltan los cirros interramales de algunos setígeros anteriores. Posteriormente, *A. tenuis* es considerado sinónimo de *A. tullbergi* por Hartmann-Schröder (1971, 1996). El nombre *Apistobranchus ornatus* fue introducido por Hartman (1965) para nombrar registros de *Apistobranchus* de California que anterior y erróneamente se habían referido a *S. fragmentata*. Las ilustraciones, introducidas por Hartman (1969), pero, como señaló Blake (1996a), contenían errores quien la describió e ilustró con precisión. La especie fue reportada en el Pacífico NE por Banse y Hobson (1968) y Hobson y Banse (1981) y se encontró en altas densidades en aguas poco profundas de Columbia Británica (Blake, datos inéditos). Posteriormente, se describió *A. glacierae* (Hartman, 1978) de la península Antártica. El estado de esta especie fue revisado por Blake (1996a) y más recientemente por Petti *et al.* (2007) quienes además propusieron la sinonimia de *A. gudrunae* con *A. glaciaerae*. La especie descrita recientemente es *A. jasoni* Neal y Paterson, 2020, de la cuenca del norte de las Malvinas.

La posición filogenética de *Apistobranchus* dentro de *Annelida* es todavía un enigma. Morfológicamente, exhiben una combinación inusual de caracteres que a lo largo de los años ha resultado en comparaciones con *Orbiniidae* si bien más habitualmente con las familias espioniformes. De hecho, la presencia de palpos pareados fueron un carácter clave que Rouse y Fauchald (1997) utilizaron para incluir *Apistobranchus* dentro de *Canalipalpata*. Los apistobránquidos se consideraron originalmente como parte de *Orbiniidae* debido a la presencia de numerosas lamelas postsetales en algunos neuropodios y la presencia de cirros interramales. Orrhage (1974) encontró estrechas similitudes en la anatomía interna entre *Apistobranchidae*, *Spionidae* y especialmente *Trochochaetidae*, y poca con *Paraonidae* y *Orbiniidae*. Como parte de un análisis cladístico de *Spionidae* y familias relacionadas, Blake y Arnofsky (1999) encontraron que *Apistobranchus* se comportaba más como un grupo externo que como un grupo interno. Un carácter completamente pasado por alto, que puede ayudar a definir la proximidad morfológica de *Apistobranchus* con otros poliquetos, es la presencia de una banda ciliar ventral que se extiende desde la boca a lo largo del plano ventral corporal hasta el extremo posterior. Esto fue reportado por primera vez por Orrhage (1962) para *A. tenuis*, pero también presente en *A. glacierae*. Worsaae *et al.* (2004) y Mackie *et al.* (2005) mostraron que *Nerillidae* y *Aberranta* si poseen este mismo carácter lo que confirmó su proximidad filogenética.

Hasta la fecha, los esfuerzos abordados en el campo de la filogenia molecular para identificar las relaciones de parentesco *Apistobranchus* con otros poliquetos no han sido concluyentes y con resultados probablemente poco reales. El primer trabajo que abordó estas posibles afinidades fue Bleidorn *et al.* (2003) quien empleó datos de secuencias de 18S ARNr de 70 especies. Mostrando una relación próxima entre *Apistobranchus typicus* y *Owenia fusiformis* Delle Chiaje, 1844; pero, también con la ostra, *Ostrea edulis* Linnaeus, 1758. Dado que tal relación es improbable, los autores notaron que las probabilidades bayesianas a posteriori no son fáciles de interpretar. Bleidorn (2009) actualizó su análisis y presentó un nuevo estudio de conjunto de datos de máxima verosimilitud de 18S rRNA; en este árbol, *A. typicus*, *Chaetoderma nitidulum* Lovén, 1844, una especie de molusco aplacóforo, y dos especies de owénidos (*O. fusiformis* y *Myriochele* sp.) formaron un clado que de acuerdo con al análisis con bootstrap, no fue fuertemente apoyado. Rousset *et al.* (2007) presentaron una filogenia molecular de anélidos utilizando dos genes ribosómicos nucleares, 18s rDNA, y la región D1 del 28S rDNA, un gen codificador de una proteína nuclear, Histona H3, y un gen ribosómico mitocondrial, 16S rDNA. Se utilizaron un total de 217 táxones. Los resultados de un consenso estricto de 144 árboles permitieron obtener un clado en el que *Apistobranchus* y dos nemertinos eran un grupo hermano de *Owenia* Delle Chiaje, 1844, *Myriochele* Malmgren, 1867 y tres especies de moluscos. Este sorprendente resultado fue poco respaldado. Otro consenso estricto que utilizó un conjunto de datos más restringido resultó en un clado basal distinto para *Apistobranchus* sin los owénidos, nemertinos y moluscos, aunque estos táxones aparecían en clados adyacentes. Struck *et al.* (2008) presentaron un nuevo análisis de las secuencias de 18S rRNA y 28S rRNA, el cual tuvo como objetivo abordar el problema de las sustituciones múltiples en las posiciones de los nucleótidos que tienden a anular la señal, una situación denominada saturación. En el primer árbol ML, donde se excluyó la posibilidad de saturación, *Apistobranchus typicus* fue una vez más parte de un clado con *Owenia fusiformis*, pero también con *Cerebratulus lacteus* (Leidy, 1851), un nemertino. Este clado no tuvo soporte nodal en el análisis. El segundo cladograma ML, sin excluir la saturación, produjo otro clado con *A. typicus*, *O. fusiformis*, *C. lacteus* y dos braquiópodos, *Terebratalia transversa* (Sowerby, 1846) y *Glottidia pyramidata* (Stimpson, 1860). Los únicos comentarios sobre estos resultados, realizados por Struck *et al.* (2008), encontraron que *Apistobranchus* era un género hermano de *Owenia* en ambos análisis, ignorando el vínculo genético percibido con nemertinos y braquiópodos. De acuerdo con Blake y Petti (2015), este análisis y otros en los que *Apistobranchus* y *Oweniidae* se unen en un clado con otros invertebrados no relacionados (nemertinos, moluscos y braquiópodos) tiene graves fallas y requiere alguna explicación antes de que tales resultados puedan usarse en cualquier clasificación o esquema filogenético. El esfuerzo más reciente que contribuye a la comprensión de dónde podría situarse *Apistobranchus* en la filogenia de los poliquetos fue presentado por Zrzavý *et al.* (2009), quienes intentaron combinar datos morfológicos y moleculares como parte de un análisis de "evidencia total". En este análisis, *Apistobranchus* se agrupó de manera más o menos consistente con, o como grupo hermano de, un clado que incluía a *Orbiniidae* y *Parergodrilidae*, que los autores denominaron clado OPC. No hubo evidencia de una relación cercana con *Oweniidae* como en los análisis estrictamente moleculares. Blake y Petti (2015) mencionan que la amplia gama de resultados con filogenia molecular hasta la fecha y la improbabilidad de algunas de las relaciones sugeridas con nemertinos, moluscos y braquiópodos. A la vista de estos resultados, revelan que no se ha demostrado una filogenia definitiva de *Apistobranchus* con otros poliquetos. Sin embargo, es evidente que *Apistobranchus* no es parte de *Spionida*, lo cual fue más o menos demostrado por Blake y Arnofsky (1999), cuando el género se comportó como un grupo externo en lugar de un grupo interno dentro del análisis de espiónidos más amplio realizado por estos autores. Hausen (2005) mostró que el modelo de crecimiento de las sedas en *Apistobranchus typicus* es completamente diferente al que muestran los espioniformes. En lugar de que las sedas se desarrollen y organicen en distintas filas a partir de la posición dorsal a la ventral, las sedas recién formadas de *Apistobranchus* se desarrollan en la parte posterior del fascículo y después en la parte anterior formando una disposición irregular de sedas, nunca en filas distintas. Sin embargo, las observaciones de Petti y Blake (2015) sugieren que las sedas a veces sí se disponen en filas en especímenes más pequeños de *A. glacierae*. En un artículo posterior, Hoffmann y Hausen (2007) encontraron que las sedas de orbínidos se desarrollaron de la misma manera que en los espioniformes. El vínculo potencial con *Orbiniidae*, identificado por Zrzavý *et al.* (2009) en el análisis combinado morfología/molecular, es interesante porque el primer apistobránquido que se describió, *A. tullbergi*, se describió como un orbínido (Théel, 1879). De hecho, hay varios caracteres compartidos con *Orbiniidae*, como la presencia de acículas que sostienen los notopodios y el reciente descubrimiento de acículas que sostienen los neuropodios (Hausen, 2005; Petti *et al.*, 2007), la presencia de numerosas lamelas postsedales en algunos neuropodios anteriores y la presencia de cirros interramales. Sin embargo, como se señaló anteriormente, el desarrollo de las sedas en los orbínidos (y los espioniformes) difiere del de *Apistobranchus*; y los orbínidos carecen de palpos acanalados y de la banda ciliar ventral. Este último carácter, presente en *Aberranta* y *Nerillidae*, se debe explorar en nuevos estudios de las relaciones de *Apistobranchus* con esos táxones, los cuales, por cierto, no se incluyeron en la mayoría de los estudios moleculares realizados hasta la fecha.

En la actualidad se reconocen siete especies válidas de *Apistobranchus*: *A. glacierae, A. ornatus, A. tenuis, A. tullbergi, A. typicus, A. fragmentata* y *A. jasoni* con muy pocos caracteres morfológicos disponibles para separarlas (Blake, 1996a; Petti *et al.*, 2007; Neal *et al.*, 2020). En la península Ibérica únicamente se ha registrado la presencia de *Apistobranchus tullbergi* (Martínez y Adarraga, 2001).

Familia *APISTOBRANCHIDAE* Mesnil y Caullery, 1898
  Género *Apistobranchus* Levinsen, 1883
    Apistobranchus tullbergi (Théel, 1879)

Género **Apistobranchus** Levinsen, 1883

Apistobranchus Levinsen, 1883. *Vidensk. Medd. Dan. Naturbist. Foren.*, 45: 114
ESPECIE TIPO: *Aricia tullbergi* Théel, 1879

Prostomio de redondeado a algo puntiagudo en la parte anterior, más ancho en la posterior, con dos pliegues nucales y un par de palpos largos y contráctiles (a menudo caducos, ausentes o en regeneración); sin ojos; peristomio estrecho, típicamente fusionado con prostomio e indistinguible. Región de la cabeza densamente cubierta con cilios; extendiéndose ventralmente como una estrecha banda ciliada desde la boca, hasta cerca del extremo posterior. Región anterior del cuerpo con neuropodios modificados, incluidos algunos setígeros con lóbulos provistos de flecos subpodiales. Notopodios reducidos a cirros simples sostenidos por una o dos acículas internas. Cirros interramales presentes desde el setígero 1. Todas las sedas de tipo simple, incluiyéndo capilares largas y curvas y capilares limbadas más cortas; estas últimas a veces con puntas mucronadas o astilladas; neurosedas posteriores falcadas o espinas han sido reportadas para algunas especies; acículas delgadas no emergentes presentes en los notopodios; acículas delgadas y emergentes presentes en los neuropodios posteriores en *A. typicus*, *A. gladiae* y *A. ornatus*, éstas suelen ser más gruesas, a veces con puntas redondeadas.
Descripción elaborada a partir de Hartmann-Schröder (1996).

Apistobranchus tullbergi (Théel, 1879) (fig. 57)

Aricia tullbergi Théel, 1879. *K. Sven. Vetensk.akad. Handl.*, 16(3): 45

Cuerpo regionalizado en tórax y abdomen; tórax algo más ancho y aplanado que el abdomen. Prostomio y peristomio fusionados, en conjunto más anchos que largos y distalmente redondeados y sin apéndices cefálicos (figs. 57A, 57B). Prostomio a menudo tan largo como ancho, con el borde posterior extendido hasta formar una cresta nucal sobre la mitad del primer setígero. Boca grande, situada en la región inferior y posterior del prostomio y que muestra una probóscide corta. Entre el borde posterior del peristomio y la cresta nucal se insertan los palpos surcados, que suelen ser muy largos, incluso más que la longitud del cuerpo. Tórax dorsoventralmente aplanado, constituido por once setígeros diferenciados entre sí. Todos los segmentos abdominales similares entre sí, aunque los notopodios son similares a los del tórax y dorsalmente se disponen bandas ciliadas entre ellos. Parapodios birrámeos. Notopodios con una delgada acícula en su interior, excepto el primero que carece de esta, pero sin sedas; cirro dorsal de lanceolado a braniforme y ciliado. Entre primer y séptimo setígero hay un cirro interramal, ciliado, lanceolado y ligeramente más corto que el notopodio. Neuropodios de los siete segmentos anteriores más pequeños que los subsiguientes, los cuales suelen ser muy grandes y cilíndricos, con numerosas sedas ligeramente curvadas y delgadas acículas internas; lamelas neuropodiales postsetales cortas, amplias y redondeadas. Entre los setígeros I–III o II–III hay una papila subpodial triangular (fig. 57C); setígero IV con lóbulo subpodal provisto de 4-6 grandes papilas redondeadas; setígeros V y VI con grandes lóbulos subpodiales triangulares, extendidos ventralmente casi hasta la línea media y provistos de numerosas papilas pequeñas; setígero VII con lóbulo subpodal de 6-14 papilas cónicas gruesas (figs. 57A, 57D) y setígeros VIII–XI con lóbulo subpodal finamente papilado (fig. 57E). Lamela postsetal neuropodial del setígero 1 baja e inconspicua, las de los setígeros 2-4 subtriangulares, con ápice redondeado y borde liso, la mayor es la del setígero 4; setígeros 5 y 6 con lamelas largas con extremos dorsal y ventral levemente proyectados, forma triangular y margen papilado (fig. 57A); lamela postsetal del setígero 7 alargada y hasta con 10 grandes lóbulos triangulares en el margen (fig. 57E), que disminuyen de tamaño en los setígeros 8-10, mientras que en setígeros subsiguientes la lamela postquetal se reduce y la proyección ventral desaparece (fig. 57F). Cirro interramal triangular presente en todos los segmentos torácicos y ausente en los abdominales. Todas las sedas simples (fig. 57G); en los primeros cinco segmentos son capilares de dos tipos: cortas, anchas. muy curvadas, y distalmente agudas u obtusas o bifurcadas; y sedas mas largas, delgadas, agudas, un poco menos curvadas. Sedas de otros segmentos todas del mismo tipo, muy separadas y terminadas en un ápice delgado. Sedas del quinto setígero más cortas y menos curvadas que las de setígeros anteriores sin formar una hoz. Sexto setígero incluso con menos sedas que los precedenres; además, todas las sedas más cortadas y afiladas y ninguna tiene la punta bifurcada. Sedas del séptimo setígero, y los subsecuentes parapodios, escasas, cortadas, cónicas y muy aguzadas distalmente, sin evidencia de bifurcación en la punta. Octavo setígero con pocas sedas. Pigidio con dos cirros anales filiformes dorsales y uno ventral.

Descripción elaborada a partir de Hartmann-Schröder (1996).

Distribución geográfica.— Ártico, Pacífico norte, Atlántico norte (hasta los mares Mediterráneo y Adriático), norte del mar del Norte, Skagerrak (Noruega), Kattegat y Öresund (Suecia) hasta la bahía de Kiel (Alemania). En el ámbito íberobalear se ha citado en Guipúzcoa, golfo de Vizcaya (Martínez y Adarraga, 2001b).

Biología.— *Apistobranchus tullbergi* vive en grava, arena gruesa que contiene guijarros, suelos mixtos y limo blando, entre *Zostera* L. y algas. La distribución vertical se extiende desde el sublitoral superior hasta unos 360 m. La especie tolera salinidades euhalinas y mesohalinas. Pettibone (1963) considera que *A. tullbergi* habita en tubos y que estos gusanos son alimentadores de depósito superficial que emplean los tentáculos para capturar partículas de alimento de la superficie del sedimento.

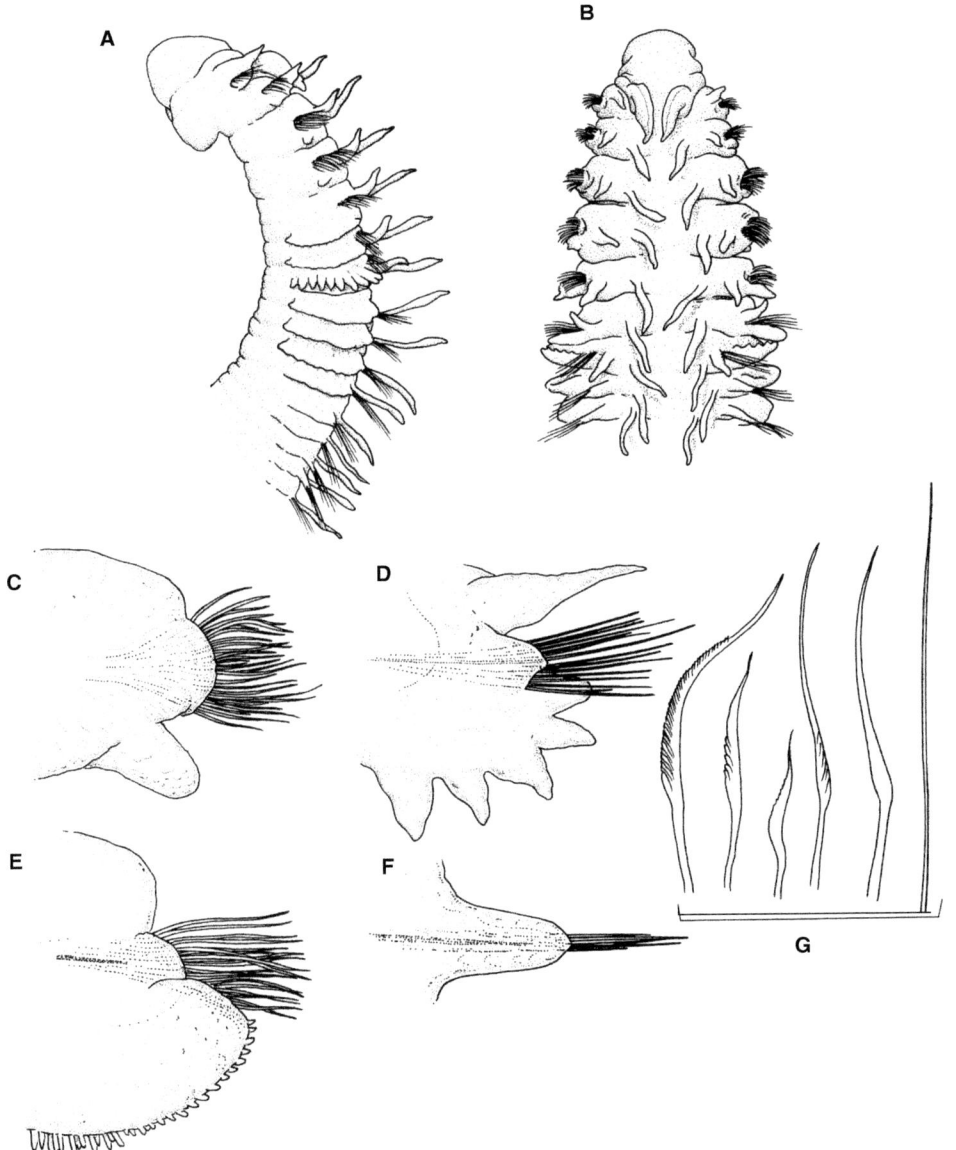

Fig. 57. Extremo anterior
en vista lateral (A) y
dorsal (B), vista anterior
de los setígeros 3 (C), 5
(D), 7 (E) y 15 (F) y sedas
(G) de Apistobranchus
tullbergi. Redibujados
de Hartmann-Schroder
(1996).

Familia *SPIONIDAE* Grube, 1850

Spiodea Grube, 1850. *Arch. Naturgesch.*, 16(1): 314

Los espiónidos constituyen una de las familias más diversas y abundantes de poliquetos. Por lo general, los espiónidos son pequeños, encontrándose en un rango de 1 mm a 5 cm; sin embargo, algunas especies de los géneros *Lindaspio* Blake y Maciolek, 1992, *Spio* Fabricius, 1785, *Scolelepis* Blainville, 1828 y *Dipolydora* Verrill, 1881 llegan a medir hasta 14-15,9 cm (Blake *et al.*, 2017). La mayoría de los espiónidos habitan diferentes tipos de hábitat en el medio marino, siendo comunes en fondos blandos de aguas someras, pero raros en aguas profundas, aunque ciertos géneros están bien representados (p.ej., *Spiophanes* Grube, 1860) en ese ambiente (Fauchald y Hancock, 1981). Existen 17 especies registradas en agua dulce (Glasby y Timm, 2008) o en las vecindades de las fosas hidrotermales (p.ej., *Xandaros acanthodes* Maciolek, 1981). Numerosas especies viven libremente en limo y arena como las pertenecientes a *Aonides* Claparède, 1864 y *Scolelepis*, respectivamente. Muchas especies viven en galerías en sustratos calcáreos o en rocas (p.ej., del género *Polydora* Bosc, 1802) o construyen tubos permanentes en sustratos blandos (p.ej., del género *Paraprionospio* Caullery, 1914), mientras otras pueden combinar las dos actividades, como algunas especies de *Polydora* (Fauchald, 1977). Varias especies del complejo *Polydora* taladran sustratos calcáreos y son consideradas plagas en la industria de maricultura. También se sabe que otros polidóridos forman tubos dentro o sobre esponjas.

El cuerpo de los espiónidos es alargado, subcilíndrico en corte transversal y no está regionalizado. Los segmentos son numerosos, cortos y similares entre sí, pero los anteriores normalmente son más anchos y el cuerpo se va adelgazando posteriormente. La forma del prostomio es variable: puede ser redondeado (figs. 63A, 96A), puntiagudo (figs. 59A, 106A, 109A), con forma de campana (fig. 80A) o con proyecciones laterales en forma de T como si fueran cuernos frontales (fig. 117A). En la región anterior del prostomio se observan papilas como "protuberancias" prostomiales (fig. 90A), de importancia taxonómica, en algunas especies de *Paraprionospio* (Ehlers, 1901; Dauer, 1985; Delgado-Blas y Carrera-Parra, 2018), *Marenzelleria* Mesnil, 1896 (Dauer, 1997), *Prionospio* Malmgren, 1867 (Maciolek, 1985; Delgado-Blas, 2014, 2015) y *Streblospio* Webster, 1879 (Dauer *et al.*, 2003; Delgado-Blas *et al.*, 2018a). Estas papilas son eversibles y pueden ser de naturaleza sensorial para la selección o rechazo de partículas de sedimento (Dauer, 1997; Dauer *et al.*, 2003). En la región posterior del prostomio se puede desarrollar una carúncula (fig. 75A) y en algunas especies puede extenderse por varios setígeros (fig. 80A) y sobre ella puede presentarse un tentáculo occipital como en *Laonice* Malmgren, 1867, *Scolelepis* y *Spiophanes* Grube, 1860 (fig. 116A), aunque *Polydora biocciptalis* Blake y Woodwick, 1972 tiene dos antenas sobre la carúncula (Blake y Woodwick, 1972). En *Streblospio*, una estructura similar (antena o papila) está separada del prostomio, encontrándose entre las branquias (Delgado-Blas *et al.*, 2018a). Los ojos pueden faltar o consistir en varios pares y pueden ser rojos o negros, ubicados en la región media del prostomio (fig. 117A); en la región posterior del prostomio se encuentra un par de órganos nucales (fig. 117A) que varían considerablemente en tamaño y apariencia. Pueden ser cortos, extendiéndose solo hasta el final de la carúncula, o pueden continuar por muchos segmentos a lo largo del cuerpo (fig. 116A). Estos órganos nucales alargados pueden aparecer como un par continuo a lo largo del dorso o ser interrumpidos segmentariamente; pueden ser rectos, curvos o diagonales (fig. 117A). La ciliación nucal continúa a través de la segmentación y suele ir acompañada de bandas ciliares transversas (fig. 118A). Además, hay otras bandas ciliares que pueden formar grupos longitudinales a lo largo del cuerpo (fig. 117A) y que reciben el nombre de bandas ciliares segmentarias o metaméricas. Todos los espiónidos poseen un par de palpos tentaculares (fig. 61A) que emergen de la región posterodorsal del prostomio; son largos y muy activos y se emplean para recolectar partículas de la columna de agua o de la superficie del sedimento para la construcción de tubos y/o alimentación (Dorsett, 1961). Cada palpo presenta un surco ciliado (fig. 84A) que actúa como un canal para transportar partículas a la boca e ingerirlas. En *Paraprionospio*, hay un par de fundas basales que rodea la base de los palpos. Una funda similar está presente en *Scolelepis*, pero típicamente se fusiona con el palpo y es difícil de discernir. El borde de esta funda puede ser papilado en algunas especies de *Scolelepis* (Blake, 1996b).

La faringe es blanda, sin maxilas, ciliada y ligeramente eversible (Blake, 1996b). El peristomio es aqueto y puede ser largo; ventralmente, alrededor de la boca y en la parte dorsal del prostomio frecuentemente desarrolla un par de lóbulos (alas) laterales que algunas veces se amplían hasta formar alas membranosas erectas que cubren parte del prostomio (e.g., *Paraprionospio*, *Prionospio* y *Streblospio*) (fig. 98A), o puede estar completamente fusionado al prostomio como ocurre en *Aonides paucibranchiata* Southern, 1914 (fig. 60A).

La división del peristomio con el primer setígero es difícil de distinguir, pero este último es usualmente birrámeo (fig. 112B) y bien desarrollado (Foster, 1971). Sin embargo, en muchos géneros (*Polydora* y en algunas especies de *Boccardia* Carazzi, 1893, *Prionospio* y *Scolelepis*) no hay notosetas en el segmento 1; el resto de los parápodos son birrámeos y constan de crestas pequeñas o almohadillas sin acículas; hay usualmente lamelas postsetales asociadas a los notopodios y neuropodios de la región anterior. Todas las lamelas tienden a decrecer en tamaño en la región posterior. En algunos géneros (*Prionospio*), las lamelas o lóbulos notopodiales postsetales están bien desarrolladas y en ocasiones forman una o varias membranas dorsales (crestas o costillas) (fig. 101B) que se extienden entre los pares de parápodos de los segmentos inmediatamente posteriores a las branquias, o pueden aparecer en los setígeros medios o posteriores de algunas especies de *Prionospio* y *Laonice*. Estas crestas pueden ser grandes y altas, con apariencia membranosa o pueden ser elevaciones de escaso relieve. Normalmente, las crestas dorsales son más altas en el primer segmento de aparición, convirtiéndose en más bajas y menos prominentes en los siguientes (fig. 101B). También, se han reportado crestas ventrales, pero solo para *Laubierellus* Maciolek, 1981 y en dos especies de

Prionospio (*P. pacifica* Zhou y Li, 2009 y *P. cristaventralis* Delgado-Blas, Díaz-Díaz y Viéitez, 2019a). Otros grupos (*Laonice*, algunas especies de *Prionospio*, *Aonidella* López-Jamar, 1989 y *Spiophanes*) pueden desarrollar bolsas interparapodiales o membranas interramales, algunas veces llamadas bolsas genitales.

Para identificar a los espiónidos, tradicionalmente se han utilizado las formas de las branquias, y la fusión o no de las branquias con las lamelas notopodiales. Hay algunas especies de espiónidos sin branquias (*Spiophanes*; *Spiogalea* Aguirrezabalaga y Ceberio, 2005); cuando están presentes pueden estar restringidas a pocos setígeros anteriores, solo en la región posterior o en la región anterior y media. Las branquias pueden estar parcial (figs. 110C, 111C, 111F) o totalmente unidas (fig. 108B) o separadas de la notolamela postsetal (figs. 103A, 103B); se han reportado branquias ventrales para *Lindaspio*. También hay otro tipo de branquias, llamadas branquias accesorias, que pueden ser de forma palmeada y ramificada (fig. 74G) y surgen directamente de la parte posterior de las lamelas notopodiales en las especies de *Dispio* Hartman, 1951. La forma de las branquias es muy variable, pueden ser cirriformes (fig. 74D), triangulares (fig. 93B), arrugadas (fig. 79C), pinnadas (figs. 99A, 99D), lamelares apiladas como ocurre en las especies de *Paraprionospio* o acintadas como *Spio multioculata* (Rioja, 1918) (fig. 110E) o en algunas especies de *Prionospio* (*Minuspio*). En algunos casos, las branquias son tan largas que las puntas del par de branquias se tocan o se solapan entre ellas (fig. 75A) en la línea media dorsal. Los dos pares pequeños de branquias en *Aurospio dibranchiata* Maciolek, 1981 se fusionan básicamente con las lamelas notopodiales de los setígeros 3-4 (Maciolek, 1981). En contraste, las branquias de las especies de *Prionospio* están generalmente libres de las lamelas notopodiales (figs. 91D-G).

Los lóbulos parapodiales están reducidos a una almohada glandular llamada *torus*, donde emergen las setas o sedas. Estas pueden ser de varios tipos: 1) Capilares simples, largas, generalmente con una vaina hialina que le da la apariencia de un ala o limbo (sedas limbadas) (fig. 59F). Este tipo de sedas es utilizado para arrastrarse dentro del tubo o sobre el sedimento, ya que algunos espiónidos tienen la capacidad de abandonarlo en ciertas condiciones. 2) Ganchos, generalmente pequeños y robustos; son sedas especializadas con un diente principal y uno o más dientes accesorios con o sin cubierta hialina (capuchón) (fig. 59G). En algunas formas puede haber una cubierta primaria externa y una cubierta secundaria interna y en otras la cubierta es simple. Posiblemente con este tipo de sedas incrementan su tracción y, por su constitución, morfológica proporcionan características diagnósticas precisas para la asignación específica. 3) El setígero 5 está modificado en los polidóridos y presenta espinas principales modificadas proyectadas lateralmente, gruesas y largas (fig. 85E), que pueden ser simples, con dientes accesorios, o exhibir una punta distal en forma de cepillo. Estas sedas están adaptadas para escarbar en diferentes tipos de sustratos calcáreos y derivan de notosetas que se han movido ventralmente para ocupar una posición intermedia entre la que ocupan el noto- y neuropodio de los otros segmentos y pueden funcionar perfectamente para el raspado. 4) Espinas principales modificadas, con o sin sedas acompañantes, que generalmente son lanceoladas o con punta de cepillo y posiblemente tengan la misma función de las sedas tipo 3. 5) Ganchos en forma de garfios notopodiales modificados, gruesos o formando grupos de espinas en forma de agujas (fig. 86C) que pueden encontrarse en notopodios posteriores de algunos polidóridos y posiblemente están adaptadas para engancharse durante la cópula. 6) Las especies del género *Spiophanes* siempre llevan en el neuropodio del setígero 1 sedas curvadas, largas y gruesas (fig. 117D); posiblemente estas son empleadas para sostenerse fuertemente en el tubo cuando se alimentan. Casi todos los géneros se caracterizan por tener sedas sable en los neuropodios en setígeros medios y posteriores (figs. 114E, 114H). Las sedas sable (fig. 90G) son neurosedas modificadas que probablemente cumplen, conjuntamente con los ganchos, una función de anclaje al interior del tubo y/o también probablemente se utilizan para arrastrarse junto con las sedas capilares.

Algunos géneros como *Spiophanes* tienen órganos glandulares parapodiales de tamaño visible y que se abultan profundamente debajo de la epidermis que invade el saco celomático. Los órganos glandulares están asociados directamente con los parapodios de la región media del cuerpo, comprendiendo los setígeros 5 a 14-15. Los órganos glandulares grandes, generalmente presentes en los setígeros 5 a 7 (raramente 5 a 8), muestran diferentes tipos de aberturas específicas para cada especie y denominadas "esparcidores setales" ("chaetal spreader" en la literatura en inglés) (fig. 117B), mientras que los órganos glandulares pequeños, presentes en el setígero 9, siempre se abren en una rendija vertical simple (Meißner y Hutchings, 2003; Meißner, 2005).

El pigidio adquiere varias formas, incluida la presencia de lóbulos accesorios adicionales, cirros, cojines, discos, collares y combinaciones de estas formas (figs. 58E, 63F, 85F, 111N).

La reproducción sexual en los espiónidos es gonocórica, aunque el hermafroditismo se ha registrado para algunas especies de *Polydora* y *Spio* (Schroeder y Hermans, 1975). También, existen dos tipos de reproducción asexual entre los espiónidos: paratomía y arquitomía. La paratomía está reportada para *Polydora tetrabranchia* Hartman, 1945, *Pseudopolydora prolifera* (Augener, 1914) y *P. stolonifera* Blake y Kudenov, 1978. La arquitomía se ha reportado en laboratorio para *Polydora socialis* Schmarda, 1861, *Pygospio elegans* Claparède, 1863 y *Pygospio californica* Hartman, 1936 (Blake y Arnofsky, 1999). El desarrollo larvario de los espiónidos puede dividirse en tres grupos: desarrollo enteramente pelágico, enteramente en cápsulas ovígeras o desarrollo mixto. Algunas especies protegen a las crías, que se desarrollan dentro del cuerpo de la hembra (Blake, 1969; Rice, 1981; Yokoyama, 1981; Radashevsky, 1994; Blake, 1996b; Williams y Radashevsky, 1999; Williams, 2004); algunos táxones tienen larvas lecitotróficas y en otras son planctotróficas. Los huevos pueden ser fertilizados o no dentro de las cápsulas. En en esta última situación, las larvas desarrolladas ingieren los huevos no fertilizados en la misma cápsula ovígera; este proceso se llama adelfofagia y aparentemente se encuentra en más de la mitad de las especies de los espiónidos estudiados (Blake y Kudenov, 1981).

Algunas especies de espiónidos tienen varios modos de desarrollo según su ámbito geográfico o época del año; esto es un fenómeno que se conoce como poecilogonia, y algunas de las características son vida plánctónica más larga y presencia de huevos no fertilizados en las cápsulas que influyen en la nutrición de la larva (Blake y Arnofsky, 1999); este fenómeno se ha observado en algunas especies de *Boccardia*, *Pygospio* y *Streblospio* (Gibson *et al.*, 1999; Morgan *et al.*, 1999).

Los espiónidos son alimentadores selectivos de partículas de depósito superficial (Dauer *et al.*, 1981), empleando para ello los palpos peristomiales que arrastra sobre la superficie del sedimento; estas partículas son transportadas hacia la boca por su canal ciliado; en ocasiones pueden actuar como suspensívoros, con sus palpos capturan plancton y partículas en suspensión (Johnson, 1984); y en otros casos exhiben ambos tipos de alimentación (Dauer *et al.*, 1981).

Muchas veces se ha observado que en condiciones de una alta densidad, algunas especies de espiónido tiene la habilidad de cambiar su patrón de alimentación de depositívoro a suspensívoro (e. g. *Rhynchospio glutaea* Ehlers, 1897). La habilidad para alternar el comportamiento alimentario de los dos modos depende de la presencia o ausencia de partículas suspendidas en la columna de agua (Taghon *et al.*, 1980). Cuando las partículas son muy grandes, se utilizan para construir tubos, los cuales son reforzados por secreciones mucosas de sus glándulas segmentarias; las partículas que utilizan para la construcción del tubo se capturan cuando las especies actúan como suspensívoros.

El complejo *"polidora"* comprende varios géneros relacionados: *Amphipolydora* Blake, 1983, *Boccardia*, *Boccardiella* Blake y Kudenov, 1978, *Carazziella* Blake y Kudenov, 1978, *Dipolydora*, *Pseudopolydora* Czerniavsky, 1881, *Polydora*, *Polydorella* Augener, 1914 y *Tripolydora* Woodwick, 1964. La característica común más importante del grupo es la modificación del setígero 5 que está muy muscularizado y tiene espinas especializadas ya descritas. Las especies de estos géneros utilizan las conchas de los moluscos (mejillones y ostras) para su protección; no se alimentan de la carne del molusco ya que atrapan las partículas del plancton de la columna de agua. Las especies de este grupo, además de perforar las conchas, pueden habitar grietas o hendiduras en la concha o ser de vida libre construyendo tubos de arena.

Según Blake (1996b), el establecimiento en las conchas se inicia cuando las larvas (e.g., *P. websteri* Hartman en Loosanoff y Engle, 1943) buscan grietas en su superficie que les permitan establecerse. Probablemente esas grietas proporcionan a los juveniles un lugar para penetrar lentamente en la concha o formar un tubo simple y anclarse e iniciar el proceso de disolución de la concha y subsecuentemente la ampliación de la galería. Las actividades de perforación u horadación del grupo *Polydora* producen galerías de distintas formas dependiendo de la especie (Blake y Evans, 1973): en forma de U (*P. ciliata* Jonhston, 1938; *P. giardi* Mesnil, 1893), en forma de pera, conocidas como ampollas de lodo (*P. websteri*) o ramificadas complejas (*P. concharum* Verrill, 1880). Wargo y Ford (1993) mencionan que una vez que la larva se deposita sobre la concha, las ampollas están presentes en un 56 y 94% al primer y segundo año respectivamente. La perforación del molusco se realiza usando las espinas del setígero 5 modificadas; las espinas mayores actúan por abrasión mecánica o por procesos químicos, lo que incluye la secreción de un ácido que disuelve la matriz calcárea y/o la combinación de ambos mecanismos (Blake, 1996b). Esta modificación del setígero 5 y la presencia de esas espinas solo se encuentran en el grupo de los polidóridos.

El orden *Spionida* (Pettibone, 1982) está constituido por las familias *Spionidae* Grube, 1850, *Apistobranchidae* Mesnil y Caullery, 1898, *Longosomatidae* Hartman, 1944, *Poecilochaetidae* Hannerz, 1956, *Trochochaetidae* Pettibone, 1963 y *Uncispionidae* Green, 1982; a estas familias se les conoce como espioniformes. Posteriormente, con el análisis cladístico de poliquetos de Rouse y Fauchald (1997), se incluyen *Chaetopteridae* Audouin y Milne-Edwards, 1833 y *Magelonidae* Cunningham y Ramage, 1888.

La familia *Spionidae* fue establecida con los géneros *Spio* Fabricius, 1785, *Polydora*, *Scolelepis* de Blainville, 1828 y *Malacoceros* de Quatrefages, 1843 (Blake, 1996b). Mesnil (1896) propuso la primera clasificación de espiónidos basándose en caracteres morfológicos, dividiendo a la familia en dos grupos: 1) especies con un prostomio estrecho, como *Polydora, Boccardia, Laonice, Spio, Microspio* (Mesnil, 1896), *Nerinides* Mesnil, 1896, *Aonides, Nerine* Johnston, 1838, *Spionides* Webster y Benedict, 1887 y *Pygospio* Claparède, 1863; y 2) especies con procesos laterales o cuernos en el prostomio, como *Scolelepis*, y *Marenzelleria*. Posteriormente, Söderström (1920) incluyó caracteres sobre reproducción sexual, proponiendo el establecimiento de las subfamilias *Spioninae, Nerininae, Laonicinae* y *Disominae*, sin embargo esta última ha sido transferida a otra familia. Esta clasificación ha sido generalmente aceptada y solo ha sido parcialmente modificada por estudios más recientes (Hannerz, 1956; Orrhage, 1964); en concreto Orrhage (1964) estableció una nueva subfamilia *Scolelepidinae* (= *Nerininae* Söderström, 1920). Al día de hoy se reconocen tres subfamilias: *Spioninae, Laonicinae* y *Scolelepidinae*.

Actualmente, se han realizado análisis cladísticos para clarificar la sistemática de los espiónidos. Sigvaldadóttir *et al.* (1997) realizaron una evaluación de las relaciones intergenéricas usando 25 caracteres morfológicos de las especies tipo de 28 géneros; y al final argumentaron que su resultado debería considerarse preliminar, debido a la falta de información de caracteres de muchos géneros. Inmediatamente, Blake y Arnofsky (1999) mencionaron que el soporte de los clados obtenidos por Sigvaldadóttir *et al.* (1997) era débil ya que la selección del grupo externo (*Poecilochaetus* Claparède in Ehlers 1875, *Trochochaeta* Levinsen, 1884 y *Uncispio* Green, 1982*)*, y géneros de espiónidos presentan una fuerte homología con la morfología de huevos y larvas. Estos autores realizaron otro análisis, incluyendo características reproductivas, larvales y adultas de 36 taxa, y excluyeron algunos géneros de espiónidos por falta de información. El árbol resultante arrojó tres clados: 1) *Pygospiopsis* Blake, 1983, 2) *Microspio, Pygospio, Spio*, y "polidoras" (*Amphipolydora, Boccardia, Boccardiella, Carazziella* Blake y Kudenov, 1978, *Dipolydora* Verrill, 1881, *Tripolydo-*

ra Woodwick, 1964, *Polydora y Pseudopolydora* Czerniavsky, 1881) los cuales constituyen la tradicional subfamilia *Spioninae*, 3) un clado grande que consta de 21 géneros, que se puede dividir en cuatro pequeños clados: A) complejo *Prionospio*, incluyendo *Streblospio* Webster, 1879; B) *Dispio, Aonides* y *Aonidella*; C) ocho o nueve grupos de géneros (*Lindaspio* Blake y Maciolek, 1992, *Spiophanes, Rhynchospio* Hartman, 1936, *Scolecolepides* Ehlers, 1907, *Malacoceros, Marenzelleria, Scolelepis* y *Parascolelepis* Maciolek, 1987) y D) *Laonice*, junto con géneros ajenos a *Spionidae* como *Heterospio* Ehlers, 1874, *Uncispio, Poecilochaetus* y *Trochochaeta* que demuestran la relación que se deriva de los que tienen huevos con una densa envoltura en forma de panal; debido a este resultado preliminar, propusieron que el estatus independiente de las familias *Uncispionidae, Trochochaetidae, Longosomatidae* y *Poecilochaetidae*, necesita ser revisado en conjunto, dado que este resultado muestra que *Spionidae* es una familia parafilética.

Las relaciones filogenéticas de los géneros del complejo *Prionospio* fueron estudiadas por Sigvaldadóttir (1998), quien utilizó para este análisis 10 especies representantes de todos los géneros y subgéneros de este complejo, y como grupo externo *Laonice*. Para el análisis de *Prionospio* usó 16 especies e incluían como grupo externo a *Orthoprionospio* Blake y Kudenov, 1978, pero esta selección no fue justificada, ya que *Orthoprionospio* es considerado como parte del complejo *Prionospio*. Los resultados del análisis genérico fueron que los subgéneros *P. (Minuspio), P. (Aquilaspio)* y el género *Apoprionospio* Foster, 1969 no formaban parte de un *Prionospio* monofilético y, por lo tanto, eran todos sinónimos de *Prionospio sensu lato*. Sin embargo, la codificación de ciertos caracteres y los estados de los caracteres utilizados en este análisis no fue la correcta. Por ejemplo, se codificaron de la misma manera todas las branquias pinnadas, tanto aquellas con pínulas digitiformes como aquellas con lamelas planas apiladas, y ambas tienen morfologías completamente diferentes. Sin embargo, Sigvaldadóttir consideró a su análisis como preliminar, ya que la mayoría de los datos sobre los caracteres y estados de los caracteres se derivaron de la literatura en lugar de una revisión real de especímenes. Por estos motivos, los resultados del análisis filogenético de los géneros de *Prionospio* realizado por Sigvaldadóttir (1998) deben usarse con precaución.

Rice y Levin (1998) evaluaron las posibles relaciones filogenéticas entre las tres especies y una subespecie conocidas de *Streblospio* con *Spiophanes kroyeri* Grube, 1860 y *Paraprionospio pinnata* Ehlers, 1901 como grupos externos. Construyeron un cladograma, utilizando 16 caracteres: morfológicos, de desarrollo y reproductivos. El árbol de consenso estricto agrupa a *S. gynobranchiata* Rice y Levin, 1998 y *S. benedicti* Webster, 1879 como un clado con *S. benedicti japonica* y *S. shrubsolii* Buchanan, 1890 formándose una politomía. Por tanto, es necesaria más información sobre los caracteres de estas dos últimas especies para resolver la politomía en el árbol de consenso de *Streblospio*.

Yokoyama (2007) realizó un análisis filogenético de las especies de *Paraprionospio* e incluyó algunos géneros del complejo *Prionospio*. Sin embargo, en su análisis filogenético no consideró uno de los caracteres morfológicos más importantes del género *Paraprionospio* como son las formas de las lamelas notopodiales, así como también dejó fuera de su análisis filogenético a varias especies de *Prionospio* que presentan las supuestas apomorfias de *Paraprionospio* señaladas por él mismo. Tampoco se incluyeron varios caracteres morfológicos de algunas de las especies que fueron sinonimizadas antes de realizar el análisis filogenético, por lo que sería necesario realizar otro análisis.

Recientemente, Delgado-Blas y Carrera-Parra (2018) realizaron un nuevo análisis filogenético de *Paraprionospio* basado en la revisión de materiales tipo y descripciones originales de algunas especies. La reconstrucción filogenética de *Paraprionospio* consta de 45 caracteres morfológicos de las 14 especies de *Paraprionospio* que se validan en ese estudio, y proporcionaron evidencia que refutan la sinonimia de *P. treadwelli* Hartman, 1951, *P. tamaii* Delgado-Blas, 2004 y *P. yokoyamai* Delgado-Blas, 2004 con *P. alata* Moore, 1923. Además, los autores siguieron a Sigvaldadóttir *et al.* (1997) incluyendo como parte del grupo externo a *Laubieriellus grasslei* Maciolek, 1981, y *Prionospio steenstrupi* Malmgren, 1867, que son miembros del complejo *Prionospio* y se consideran estrechamente relacionados con *Paraprionospio*, e incluyen también a *Streblospio benedicti* siguiendo la hipótesis filogenética anterior de Yokoyama (2007).

Los primeros estudios moleculares a nivel de género son los de Meißner y Blank (2009) quienes investigaron las relaciones filogenéticas entre cinco especies de *Spiophanes*; sus resultados confirmaron los estudios morfológicos, en que los especímenes de "*S. bombyx*" Claparède, 1870 de Europa y California son genéticamente distintos y formaron clados monofiléticos en las filogenias resultantes.

En otro estudio Radashevsky *et al.* (2016a) compararon las secuencias de los genes moleculares de varias poblaciones de *Pygospio* de California y Oregon (EE. UU.), Escocia y el mar Blanco, y el mar de Okhotsk (Rusia). Los resultados mostraron una similitud genética generalizada entre las poblaciones de *P. elegans*; también los resultados revelaron dos poblaciones genéticamente distintas que divergen de *P. elegans*. Sin embargo, los autores no las describieron como nuevas y argumentaron que se requieren estudios adicionales de su morfología y biología reproductiva. Radashevsky *et al.* (2014, 2016b) evaluaron el género *Rhynchospio* utilizando secuencias moleculares, morfología adulta y diferencias reproductivas para ayudar a separar especies estrechamente relacionadas y que han sido frecuentemente consideradas como sinónimos subjetivos.

Sato-Okoshi *et al.* (2016) compararon las secuencias de genes: ARNr 18S nuclear, ARNr 28S, ARNr 16S mitocondrial y citocromo b de las poblaciones de *Polydora hoplura* Claparède, 1868 y *P. uncinata* Sato-Okoshi, 1998 de Australia, Japón y Sudáfrica. Los resultados demostraron que además de la similitud morfológica no hubo diferencias genéticas entre estas poblaciones; por lo que los autores concluyeron que las dos especies sean sinonimizadas.

En la actualidad se conocen 618 especies de la familia *Spionidae* agrupadas en 39 géneros. En las aguas del ámbito íbero-balear se conocen 67 especies pertenecientes a 19 géneros. El patrón de tinción de verde metilo solamente se especifica en aquellas especies que lo presenten.

Familia *SPIONIDAE* Grube, 1850
 Género *Aonidella* Maciolek, 1989
   Aonidella cf. *dayi* Maciolek, 1989
 Género *Aonides* Claparède, 1864
   Aonides oxycephala (M. Sars, 1862)
   Aonides paucibranchiata Southern, 1914
 Género *Atherospio* Mackie y Duff, 1986
   Atherospio guillei (Laubier y Ramos, 1974)
 Género *Aurospio* Maciolek, 1981
   Aurospio abranchiata Neal, Paterson y Soto, 2016
   Aurospio dibranchiata Maciolek, 1981
 Género *Boccardia* Carazzi, 1893
   Boccardia cf. *proboscidea* Hartman, 1940
   Boccardia polybranchia (Haswell, 1885)
   Boccardia semibranchiata Guérin, 1990
 Género *Dipolydora* Verrill, 1881
   Dipolydora armata (Langerhans, 1880)
   Dipolydora caulleryi (Mesnil, 1897)
   Dipolydora coeca (Örsted, 1843)
   Dipolydora flava (Claparède, 1870)
   Dipolydora giardi (Mesnil, 1893)
   Dipolydora langerhansi (Mesnil, 1896)
   Dipolydora quadrilobata (Jacobi, 1883)
   Dipolydora tentaculata Blake y Kudenov, 1978
 Género *Dispio* Hartman, 1951
   Dispio elegans Delgado-Blas, Díaz-Díaz y Viéitez, 2018
   Dispio glandulosa Delgado-Blas, Díaz-Díaz y Viéitez, 2019
 Género *Laonice* Malmgren, 1867
   Laonice alberti Sikorski, Langeneck y Pavlova, 2021
   Laonice appelloefi Söderström, 1920
   Laonice bahusiensis Söderström, 1920
   Laonice barcinensis Sikorski, 2021
   Laonice junoyi Aguirrezabalaga y Ceberio, 2005
 Género *Malacoceros* Quatrefages, 1843
   Malacoceros fuliginosus (Claparède, 1868)
   Malacoceros girardi Quatrefages, 1843
   Malacoceros tetracerus (Schmarda, 1861)
 Género *Microspio* Mesnil, 1896
   Microspio mecznikowiana (Claparède, 1869)
 Género *Polydora* Bosc, 1802
   Polydora ciliata (Johnston, 1838)
   Polydora colonia Moore, 1907
   Polydora cornuta Bosc, 1802
   Polydora hoplura Claparède, 1868
 Género *Prionospio* Malmgren, 1867

Subgénero *Minuspio* Foster, 1971

Prionospio (Minuspio) fauchaldi (Maciolek, 1985)

Prionospio (Minuspio) hermesia Neal y Paterson, 2016

Prionospio (Minuspio) pulchra Imajima, 1990

Prionospio (Minuspio) rikardoi Martínez y Adarraga, 2019

Prionospio (Minuspio) sanmartini Delgado-Blas, Díaz-Díaz y Viéitez, 2019

Prionospio (Minuspio) vallensis Neal y Paterson, 2016

Subgénero *Prionospio* Malmgren, 1867

Prionospio (Prionospio) amarsupiata Neal y Altamira, 2016

Prionospio (Prionospio) caspersi Laubier, 1962

Prionospio (Prionospio) cf. *ehlersi* Fauvel, 1928

Prionospio (Prionospio) cristaventralis Delgado-Blas, Díaz-Díaz y Viéitez, 2018

Prionospio (Prionospio) dubia Day, 1961

Prionospio (Prionospio) ehlersi Fauvel, 1928

Prionospio (Prionospio) fallax Söderström, 1920

Prionospio (Prionospio) parapari Delgado-Blas, Díaz-Díaz y Viéitez, 2018

Género *Pseudopolydora* Czerniavsky, 1881

Pseudopolydora antennata (Claparède, 1869)

Pseudopolydora paucibranchiata (Okuda, 1937)

Pseudopolydora pulchra (Carazzi, 1893)

Género *Pygospio* Claparède, 1863

Pygospio elegans Claparède, 1863

Género *Scolelepis* Blainville, 1828

Subgénero *Parascolelepis* Maciolek, 1987

Scolelepis (Parascolelepis) tridentata (Southern, 1914)

Subgénero *Scolelepis* Maciolek, 1987

Scolelepis (Scolelepis) bonnieri (Mesnil, 1896)

Scolelepis (Scolelepis) cantabra (Rioja, 1918)

Scolelepis (Scolelepis) foliosa (Audouin y Milne Edwards, 1833)

Scolelepis (Scolelepis) mesnili (Bellan y Lagardère, 1971)

Scolelepis (Scolelepis) neglecta Surugiu, 2016

Scolelepis (Scolelepis) squamata (O.F. Müller, 1806)

Género *Spio* O. Fabricius, 1785

Spio decorata Bobretzky, 1870

Spio martinensis Mesnil, 1896

Spio multioculata (Rioja, 1918)

Género *Spiogalea* Aguirrezabalaga y Ceberio, 2005

Spiogalea vieitezi Aguirrezabalaga y Ceberio, 2005

Género *Spiophanes* Grube, 1860

Spiophanes afer Meißner, 2005

Spiophanes bombyx (Claparède, 1870)

Spiophanes cf. *bombyx* (Claparède, 1870)

Spiophanes convexus Delgado-Blas, Díaz-Díaz y Viéitez, 2019

Spiophanes pulchram Delgado-Blas, Díaz-Díaz y Viéitez, 2019
Género *Streblospio* Webster, 1879
   Streblospio eunateae Martínez y Adarraga, 2019
   Streblospio padventralis Delgado-Blas, Díaz-Díaz y Viéitez, 2018

Clave de géneros

1. Con 1-2 ganchos gruesos en el primer neuropodio; o con 2 placas quitinosas en forma de chevrón o placa quitinosa única que rodea la parte anterior del prostomio . . 2

• Sin ganchos gruesos en el primer neuropodio y sin placas quitinosas en forma de chevrón 3

2. Con 1-2 ganchos gruesos en el primer neuropodio; sin placas quitinosas en forma de chevrón . . . .***Spiophanes*** (p. 330)

• Sin ganchos gruesos en el primer neuropodio; con 2 placas quitinosas en forma de chevrón o placa quitinosa única que rodea la parte anterior del prostomio . . . .
. . . . ***Spiogalea*** (p. 328)

3. Setígero 5 con sedas modificadas 16

• Setígero 5 sin sedas modificadas 4

4. Prostomio con la región anterior puntiaguda o cónica con el ápice redondeado . . . 5

• Prostomio con la región anterior redondeada o expandida, o con cuernos laterofrontales, o en forma de campana 7

5. Branquias desde el setígero 1; el setígero 1 con sedas extremadamente largas
. . . . ***Dispio*** (p. 220)

• Branquias desde el setígero 2; el setígero 1 sin sedas extremadamente largas . . . 6

6. Prostomio puntiagudo anteriormente; peristomio bien desarrollado y con o sin alas laterales; branquias en casi todo el cuerpo, totalmente fusionadas basalmente o libres de la notolamela . . . . ***Scolelepis*** (p. 302)

• Prostomio cónico anteriormente; peristomio pobremente desarrollado y sin alas laterales; branquias libres de la notolamela en setígeros anteriores, ausentes en los posteriores . . . .***Aonides*** (p. 184)

7. Prostomio aplanado dorsoventralmente con forma de espatula; sin carúncula
. . . . ***Aonidella*** (p. 181)

• Prostomio sin forma de espatula; con carúncula 8

8. Prostomio en forma de campana, con cuernos laterofrontales, cono bilobulado en su región anterior . . . . ***Malacoceros*** (p. 240)

• Prostomio redondeado, truncado o inciso en su región anterior 9

9. Peristomio sin alas laterales desarrolladas; cuerpo sin branquias o con branquias desde el setígero 3 y con 2 pares de branquias apinnadas digitiformes y parcialmente fusionadas a la lamela notopodial . . . .***Aurospio*** (p. 191)

• Peristomio con alas laterales diversamente desarrolladas 10

10. Branquias limitadas a los setígeros medioposteriores del cuerpo, excepto por un solo par en el setígero 2 en machos maduros sexualmente . . . .***Pygospio*** (p. 299)

• Branquias desde los setígeros 1 o 2, continuan por un número variable de setígeros 11

11. Branquias concentradas en los setígeros anteriores (1-22) como máximo 12

• Branquias presentes en la mayor parte del cuerpo 14

12. Branquias desde el setígero 1 13

- Branquias desde el setígero 2, con 4 o más pares de branquias apinnadas: triangulares, cirriformes o arrugadas o con 4 o 5 pares de branquias pinnadas y apinnadas triangulares, cirriformes o arrugadas y completamente libres de la lamela notopodial
....***Prionospio*** (*sensu lato*) (p. 256)

13. Con un par de branquias cirriformes; con un collar dorsal a través del setígero 2
....***Streblospio*** (p. 344)

- Con 3 pares de branquias pinnadas; con una cresta dorsal a través del setígero 1
....***Paraprionospio*** *

14. Branquias desde el setígero 1, no fusionadas a la notolamela 15

- Branquias desde el setígero 2, basalmente fusionadas a la notolamela ....
....***Microspio*** (p. 246)

15. Notopodios anteriores con lamelas grandes; con un par de órganos nucales extendiéndose hasta la región media del cuerpo; con antena occipital .....***Laonice*** (p. 227)

- Notopodios anteriores con lamelas pequeñas o inconspicuas; con un par de órganos nucales cortos; sin antena occipital ....***Spio*** (p. 320)

16. Branquias completamente fusionadas con las lamelas notopodiales postsetales
....***Atherospio*** (p. 188)

- Branquias completamente libres de las lamelas notopodiales postsetales 17

17. Branquias desde el setígero 2 (a veces inconspicuas); espinas del setígero 5 de dos tipos, distalmente capitadas hirsutas o dentadas y espinas falcadas simples ......
....***Boccardia*** (p. 196)

- Branquias desde los setígeros 6-11 18

18. Manubrio de ganchos encapuchados con constricción 19

- Manubrio de ganchos encapuchados sin constricción ....***Dipolydora*** (p. 204)

19. Setígero 5 moderadamente modificado; espinas del setígero 5 de 2 tipos, arregladas en doble hilera en forma de U o J ....***Pseudopolydora*** (p. 294)

- Setígero 5 muy modificado; espinas del setígero 5 de 1 tipo arreglado en una sola línea curva, espinas falcadas con un diente lateral ....***Polydora*** (p. 249)

* Se confirma la presencia del género, sin embargo, en el presente estudio no se vio material en buenas condiciones por lo que no se pudo asignar a una especie concreta.

Género ***Aonidella*** Maciolek, 1989
Aonidella Maciolek, 1989. En: López-Jamar, *Bol. Inst. Esp. Oceanogr.*, 5(2): 107
Especie Tipo: *Prionospio cirrobranchiata* Day, 1961, por designación subsecuente

Prostomio ancho y aplanado dorsoventralmente, a veces con una débil muesca en la región anterior. Carúncula y tentáculo occipital ausentes; ojos presentes o ausentes. Setígero 1 reducido y parcialmente fusionado al peristomio. Órganos nucales pareados que se extienden de la región posterior del prostomio hasta el setígero 21. Con 10-16 pares de branquias a partir del setígero 2; branquias apinnadas, triangulares, alargadas; separadas de las lamelas notopodiales. Sin crestas dorsales. Lamelas notopodiales postsetales triangulares y similares a lo largo del cuerpo. Lamelas neuropodiales postsetales más angostas que las notopodiales. Con o sin bolsas laterales interparapodiales. Sedas de dos tipos: capilares limbadas en la región anterior del cuerpo; ganchos encapuchados noto- y neuropodiales, bi-, tri- o quadridentados con capucha secundaria pequeña en la región posterior. Sedas sable generalmente ausentes. Pigidio con 4-6 cirros anales subiguales.

Aonidella es similar a *Aonides* en la forma de los ganchos encapuchados, branquias y pigidio. En *Aonides* el prostomio es cónico, estrecho y afilado tanto anterior como posteriormente, mientras que en *Aonidella* el prostomio es muy ancho y aplanado en la región anterior, casi como una espátula, y la región posterior se fusiona con el dorso del cuerpo, careciendo de carúncula.

Actualmente, se conocen tres especies en el género, *Aonidella cirrobranchiata* (Day, 1961), *A. dayi* Maciolek in López-Jamar, 1989 y *A. insolita* (Greaves, Meißner y Wilson, 2011), de las que solo la segunda se ha citado en aguas ibéricas.

Aonidella cf. *dayi* Maciolek, 1989 (fig. 58)
Aonidella dayi Maciolek, 1989. En: López-Jamar, *Bol. Inst. Esp. Oceanogr.*, 5(2):107

Especie de pequeño tamaño, hasta 16,5 mm de largo por 0,6 mm de ancho con 55 setígeros. Color blanquecino en alcohol, pero con una banda transversal pigmentada en la parte anterior del prostomio; notolamelas de los setígeros 2-5 también pigmentadas. Prostomio redondeado y aplanado, expandido anteriormente, con una suave muesca apenas perceptible en la zona medioanterior, justo por detrás de la banda pigmentada (fig. 58A) y con dos órganos nucales que alcanzan el setígero 21. Peristomio fusionado con el setígero 1, sin formar alas laterales. Branquias, en posición dorsal, 12 a 16 pares a partir del setígero 2; digitiformes, simples, lisas y adyacentes a las notolamelas, pero no fusionadas con ellas (fig. 58A). Notolamelas triangulares, de tamaño similar a lo largo del cuerpo excepto las del setígero 1, más pequeñas y esbeltas; sin formar crestas dorsales. Neurolamelas también triangulares, pero menos anchas y de menor tamaño que las dorsales; en el setígero 1 son más pequeñas (fig. 58A). Ambas ramas de los setígeros anteriores con todas las sedas capilares y dispuestas en dos filas, las de la fila anterior más cortas que las de la posterior; son limbadas, estriadas y ligeramente granuladas (fig. 58B); a partir del neuropodio del setígero 14-20 comienzan a aparecer los ganchos encapuchados, al principio solo uno, pero su número se incrementa hasta un máximo de 6 hacia la región posterior; ganchos de los notopodios desde el setígero 20-37, en número de 4; ganchos con 2-4 pequeños dientes sobre el diente principal y capuchón secundario muy corto (figs. 58C, 58D); sedas capilares acompañando a los ganchos en ambas ramas, similares a las antes descritas; hay una seda sable en cada neuropodio de los últimos 10-12 setígeros. Pigidio formado por cuatro cirros casi iguales que rodean al ano (fig. 58E).

Descripción basada en López-Jamar (1989).

En la diagnosis del género *Aonidella* se indica que no posee sedas sable, pero tanto los individuos recolectados en el golfo de Cádiz como los de Portugal sí las presentan, en los últimos 10-12 setígeros en el primer caso y en los 21 últimos en los segundos. Meißner *et al.* (2014), modifican parcialmente la diagnosis del género indicando que las sedas sable están generalmente ausentes. Este aspecto requiere nuevos estudios que puedan clarificarlo. Entre la descripción de Maciolek (2000) y la de López-Jamar (1989) hay diferencias morfológicas importantes, como son la presencia de sedas sable, número de pares branquiales y el inicio de ganchos neuropodiales encapuchados. Estas diferencias nos indican que se trata de dos especies diferentes; sin embargo, López-Jamar (1989) decidió registrar a *Aonidella dayi* para la fauna ibérica en lugar de describirla como una nueva especie.

Distribución geográfica.— Océano Atlántico, costa este de Estados Unidos, islas Canarias, mar Mediterráneo. En el ámbito íbero-balear se ha citado en el Atlántico andaluz (López-Jamar, 1989) y Portugal (Gil y Sardá, 1999; Gil, 2011).

Biología.— Fondos de sedimentos de arena media con conchas y bajo contenido en materia orgánica. Desde 488 m hasta 3.000 m de profundidad.

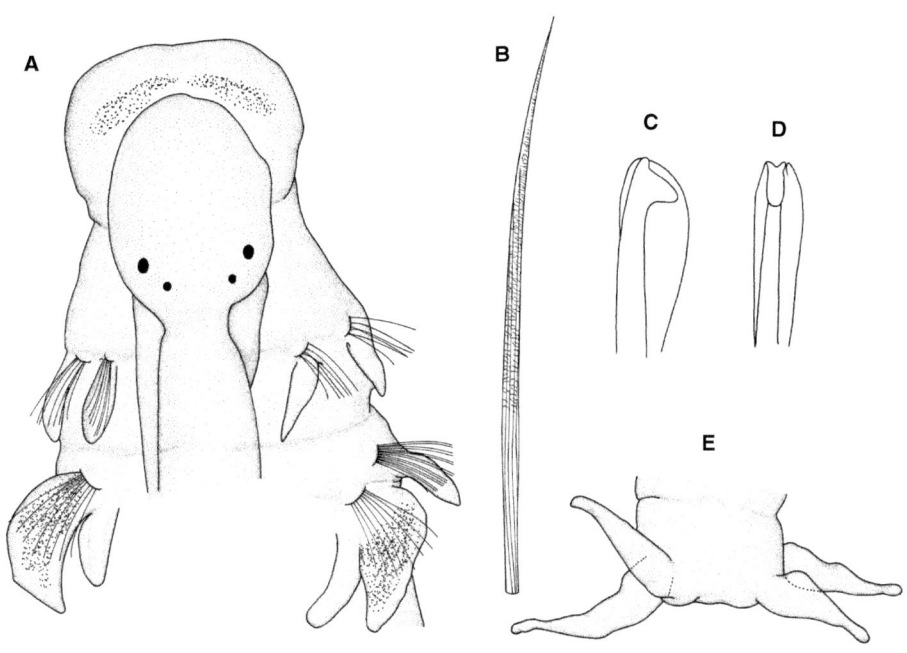

Fig. 58. Extremo anterior en vista dorsal (A), seda limbada (B), gancho encapuchado, en *vista lateral y frontal, respectivamente (C, D) y extremo posterior en vista dorsal (E) de* Aonidella *dayi. Redibujados de Lopez-Jamar (1989).*

Género **Aonides** Claparède, 1864

Aonides Claparède, 1864. *Mém. Soc. Phys. Hist. Nat. Genève*, 17(2): 505
Especie Tipo: *Aonides auricularis* Claparède, 1864 = *A. oxycephala* (M. Sars, 1862), por monotipia

Prostomio cónico, tanto en la región anterior como la posterior. Ojos y antena occipital presente o ausente. Peristomio pobremente desarrollado y fusionado al prostomio, sin alas laterales. Branquias a partir del setígero 2, presentes solo en la región anterior del cuerpo; todas apinnadas y cirriformes y separadas de las lamelas notopodiales. Ganchos encapuchados bidentados, tridentados o tetradentados y se encuentran en los notopodios y neuropodios de la región media y posterior del cuerpo. Pigidio con dos cirros anales cortos y tres largos.

Aonides es un género pequeño con nueve especies conocidas, de las que en aguas ibéricas solamente se han registrado dos. Sin embargo, varias especies no han sido revisadas desde su descripción original. Los órganos nucales a menudo no se observan, sin embargo, cuando están presentes son como bandas ciliadas dorsales transversales metaméricas desde el setígero 1 hasta el último setígero branquial.

Clave de especies

1. Con 10-30 pares de branquias; ganchos encapuchados bidentados . . . .*A. oxycephala* (p. 184)

• Con 6-11 pares de branquias; ganchos encapuchados tridentados . . . . *A. paucibranchiata* (p. 186)

Aonides oxycephala (M. Sars, 1862) (fig. 59)

Nerine oxycephala M. Sars, 1862. *Forh. Vidensk.-Selsk. Christiania*, 1861: 64

Cuerpo alargado con 12-38 mm de longitud, 2-3 mm de anchura y un máximo de unos 160 setígeros. Prostomio agudo en sus dos extremos, con una zona central más ensanchada que le confiere un aspecto romboidal; su parte posterior llega hasta el fin del setígero 1 y está provisto de un tentáculo occipital erguido. Puede presentar dos o cuatro ojos en disposición trapezoidal (a veces faltan). Peristomio que rodea la parte posterior del prostomio (fig. 59A). Palpos largos, llegan hasta el setígero 20 y presentan el borde fruncido y un surco medio ciliado. Notolamela postsetal del setígero 1 es más pequeña que la de los siguientes segmentos, subtriangular y ligeramente alargada (fig. 59B); en el setígero 2 y los siguientes pertenecientes a la región branquial, esta es mayor y más ancha en la base (fig. 59C), alcanzando su máximo tamaño hacia el setígero 10 (fig. 59D); a partir de esta región se va haciendo paulatinamente más pequeña y triangular. Neurolamela postsetal del primer setígero de aspecto más bien cónico y menor tamaño que la notolamela (fig. 59B); en los segmentos siguientes son similares de aspecto y también menores que las dorsales (figs. 59C, 59D), pero van aumentando poco a poco de tamaño hasta llegar a ser, en la región postbranquial, prácticamente iguales a las notolamelas (fig. 59E). Tanto las lamelas presetales notopodiales como las neuropodiales son prácticamente inexistentes. Todas las branquias apinnadas (figs. 59C, 59D), aparecen en el setígero 2, en número de 12 a 24 pares, según el tamaño del animal, a razón de un par por segmento; lo más habitual es que presenten 18-19 pares, situadas en la región dorsal, adyacentes a las notolamelas, pero sin fusionarse con ellas; su superficie presenta una densa ciliatura. Sedas de los setígeros anteriores todas capilares muy ligeramente limbadas, con la punta larga y estrecha (fig. 59F); en las noto- y neurolamelas se disponen en dos hileras, las de la hilera anterior más cortas; ganchos encapuchados neuropodiales que aparecen hacia el setígero 17-35, llegando a ser 5 por fascículo; los notopodiales aparecen entre el 30-38 y su número máximo es 3; todos bidentados (fig. 59G). No hay sedas sable. Pigidio con 4-8 cirros anales (fig. 59H).

Descripción basada en Ramos (1976).

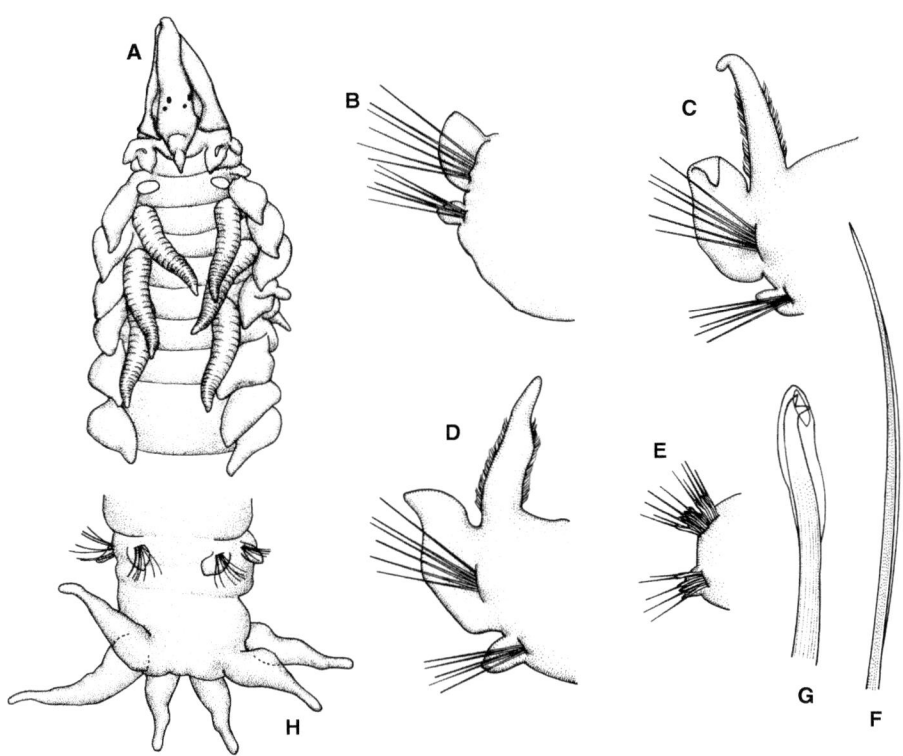

Fig. 59. Extremo anterior en vista dorsal (A), setígeros 1 (B), 2 (C) y 10 (D), setígero posterior (E), seda unilimbada (F), gancho encapuchado en vista lateral (G) y extremo posterior en vista dorsal (H) de Aonides oxycephala. Redibujados de Ramos (1976).

Aonides oxycephala originalmente fue descrita de Noruega, pero se ha reportado en todo el mundo y se considera cosmopolita. Sin embargo, estos registros probablemente comprenden complejos de especies crípticas, por lo tanto, se necesitan comparaciones morfológicas más detalladas y análisis moleculares para aclarar su taxonomía (Radashevsky, 2015).

Distribución geográfica.— Atlántico este, Mediterráneo oeste, sur de Australia, Japón, mar de Andamán (océano Índico). En el ámbito íbero-balear se ha encontrado en el País Vasco (Campoy, 1982; Aguirrezabalaga, 1984; García Arberas, 1998), Cantabria (Rioja, 1916, 1917a, 1925, 1931; Lastra, 1991; Serrano López, 2002), Asturias (Gómez y San Martín, 1985); Galicia (Viéitez, 1979; García *et al.*, 1979; López-Jamar; 1982; Viéitez y López Cotelo, 1982; Villalba y Viéitez, 1985; López-Jamar y González, 1986; Parapar, 1991; Sánchez Mata, 1996; García Gallego, 1998; Gómez Gesteira, 2001; Parada Encisa, 2005; Parra Descalzo, 2007), Portugal (Amoureux y Calvário, 1981; Monteiro-Marques *et al.*, 1982; Dexter, 1992; Pardal *et al.*, 1992; Mucha y Costa, 1999; Gil, 2011); Atlántico (López Serrano, 1999) y Mediterráneo andaluz (Amoureux, 1976; Sardá, 1984; Estacio Gil, 1996) y Mediterráneo levantino-balear (Rioja, 1920, 1931; Desbruyères *et al.*, 1972; Ramos, 1976; Capaccioni, 1983; Cardell Corral, 1986; Sardá, 1986; Alós, 1988; Capaccioni, 1988; Martín Sintes, 1991; Méndez Ubach, 1994; Pinedo, 1998; Malonda, 2008).

Biología.— Prefiere facies de *Halopteris* Kützing y rizomas de *Posidonia* (Alós, 1988). Se encuentra en bajamar entre arena, bajo piedras, en acúmulos de algas; también en dragados costeros.

Aonides paucibranchiata Southern, 1914 (fig. 60)

Aonides paucibranchiata Southern, 1914. *Proc. R. Ir. Acad., B Biol. Geol. Chem. Sci.*, 31(47): 100

Cuerpo largo y delgado, longitud de hasta 28 mm, anchura de unos 0,3 mm y 54-80 segmentos. Prostomio fusiforme, con sus dos extremos aguzados, el anterior menos puntiagudo que el posterior (fig. 60A); presenta cuatro ojos de disposición más o menos trapezoidal; parte posterior del prostomio que llega hasta aproximadamente la mitad del primer setígero; carece de tentáculo occipital. Peristomio poco desarrollado y solo rodea al prostomio en su parte posterior quedando tapado por este en la mitad anterior, en vista dorsal (fig. 60A). Notolamelas postsetales del primer setígero pequeñas y ovaladas (fig. 60A); en la región branquial más grandes y triangulares (fig. 60B), en los setígeros siguientes se hacen más pequeñas y ovales, y en la región posterior están muy reducidas (fig. 60C). Neurolamelas postsetales de los setígeros anteriores poco desarrolladas, alargadas y semiovales (fig. 60B); después se hacen subtriangulares y cada vez más pequeñas; en los segmentos posteriores hay glándulas en su interior. Todas las lamelas presetales muy reducidas, prácticamente inexistentes. Branquias en la región dorsal, que aparecen en el setígero 2, largas, apinnadas y totalmente independientes de las notolamelas; un par por segmento, de 6-11 pares en total, aspecto digitiforme y más o menos iguales entre sí, notablemente más largas que las lamelas dorsales (figs. 60A, 60B). Notopodio y neuropodio con sedas capilares tenuemente limbadas y lisas (fig. 60D), dispuestas en dos hileras verticales, notosetas de mayor tamaño que las neurosetas; a partir del setígero 22-36 en el notopodio y del 17-31 en el neuropodio aparecen ganchos encapuchados tridentados, con dos dientes pequeños apicales sobre el diente principal, dispuestos en hilera vertical (fig. 60E). Blake (1983), en ejemplares de Argentina, señaló que los neuroganchos se inician a partir del 11-13 y los notoganchos a partir del 18; además, indicó la coexistencia de ganchos bi y tridentados. Pigidio con dos pares de cirros anales, el par ventral de menor tamaño.

Descripción basada en Jirkov (2001).

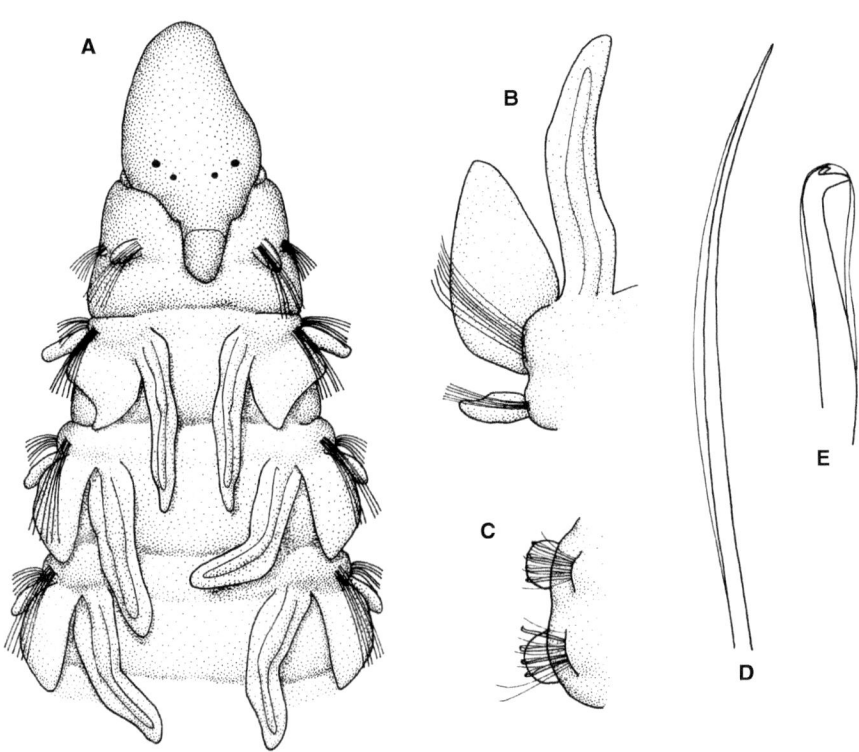

Fig. 60. Extremo anterior en vista dorsal A), setígero 2 (B), setígero posterior (C), seda unilimbada D), gancho encapuchado en vista lateral (E) de Aonides paucibranchiata. Redibujados *de Jirkov (2001).*

Distribución geográfica.— Atlántico noreste; islas Británicas; mar del Norte; Skagerrak; Kattegat; mar Mediterráneo; mar Negro; mar Egeo; Atlántico suroeste (suroeste de Argentina). En el ámbito íbero-balear se ha citado en el País Vasco (Sanz Acha, 1987), Galicia (García Gallego, 1998; Parada Encisa, 2005) y Cataluña (Cardell Corral, 1986).

Biología.— Habita en fondos sedimentarios de arena fina, desde el intermareal hasta 500 m.

Género **Atherospio** Mackie y Duff, 1986
Atherospio Mackie y Duff, 1986. *Ophelia (Helsingør)*, 25(3): 140
ESPECIE TIPO: *Atherospio disticha* Mackie y Duff, 1986, por monotipia

Prostomio inciso profundamente en la región anterior, más largo que ancho, posteriormente cónico y no se extiende como una carúncula. Antena occipital presente o ausente, o como un proceso pequeño en la posición de la antena. Órgano nucal pequeño o indistinto. Branquias dorsales desde el setígero 7 y continúan durante los siguientes 4-6 setígeros; branquias con procesos digitiformes distales y margen externo branquial completamente fusionado con las lamelas notopodiales postsetales. Lamelas notopodiales y neuropodiales postsetales bien desarrolladas, con capilares alimbados, principalmente hirsutos. Neuropodios de los setígeros 4 y 5, o solo en el setígero 5, con sedas modificadas, pueden ser falcadas puntiagudas o espinas aristadas; se disponen en una hilera superior corta e irregular a varias sedas capilares. Ganchos neuropodiales posbranquiales junto a capilares; son uni- o bidentados, con un diente secundario debajo del colmillo principal; presentan distalmente una capucha estrechamente pegada. Ganchos notopodiales ausentes. Sedas sable ausentes, aunque hay varios capilares en posición más inferior a lo largo de todo el cuerpo. Bolsas interparapodiales ausentes. Pigidio rodeado por varios pares de cirros laterales.

Atherospio disticha Mackie y Duff, 1986 presenta branquias engrosadas y completamente fusionadas con las notolamelas del setígero 7, presentes en los siguientes seis setígeros. La misma disposición branquial está presente en *A. guillei* redefinido por Meißner y Bick (2005). Actualmente se reconocen dos especies: *Atherospio disticha* y *Atherospio guillei*; en aguas ibéricas solamente se ha registrado la última de ellas.

Atherospio guillei (Laubier y Ramos, 1974) (fig. 61)
Polydora guillei Laubier y Ramos, 1974. *Vie Milieu, Sér. A Biol. Mar.*, 24(3): 480

Ejemplares unos 10 mm de longitud y hasta 1,4 mm de anchura, aproximadamente, y unos 58 setígeros; color blanquecino con manchas dispersas por todo el cuerpo. Prostomio alargado, de contorno más o menos rectangular, su parte anterior presenta una escotadura mediana que produce dos lóbulos laterales redondeados. Antena occipital ausente, sustituida por una pequeña elevación o proceso puntiagudo diminuto en la parte posterior del prostomio; dos pares de ojos en la parte media del prostomio, el par anterior más separado; órgano nucal discreto, situado muy cerca del extremo posterior del prostomio y extendido hasta aproximadamente la mitad del primer setígero (fig. 61A). Peristomio muy pequeño por su parte dorsal, a ambos lados lleva insertos los palpos, gruesos y de bordes fruncidos, que pueden llegar, estirados, hasta aproximadamente el setígero 10; a través de su boca, puede asomar una trompa globosa. Setígeros 1-4 con noto- y neuropodios bien desarrollados y lamelas postsetales de subtriangulares a redondeadas (figs. 61A, 61B), con similar forma y tamaño en ambas ramas, aunque la neuropodial es ligeramente más grande; lóbulo setígero con hileras de numerosas sedas capilares alimbadas hirsutas. Setígero 5 del mismo tamaño que los adyacentes, con lamelas postsetales con forma subtriangular a redondeada (figs. 61A, 61C), como en los setígeros precedentes. Setígero 6 muy similar en forma a los setígeros 1-4, sin seda modificada. En los segmentos branquiales, notolamelas postsetales de aspecto foliáceo y totalmente fusionadas al borde externo de las branquias (figs. 61A, 61D); similares en los segmentos postbranquiales a las prebranquiales, pero más pequeñas y ligeramente más gruesas (figs. 61E, 61F); en los últimos son triangulares alargadas casi cirriformes (fig. 61G). Neurolamelas en setígeros branquiales redondeadas (fig. 61D) y en los postbranquiales vuelven a ser como las de los setígeros anteriores (figs. 61E, 61F); las de los últimos setígeros son casi cirriformes (fig. 61G). Un par de branquias en cada segmento, dispuestas dorsalmente (figs. 61A, 61D) y presentes en los setígeros 7-13, pero en los ejemplares más pequeños se presentan en los setígeros 7-11/12; branquias cirriformes con un proceso digital distal, el margen externo completamente fusionado al lóbulo postsetal notopodial y el interno ciliado, que se extiende a la banda transversal ciliada a través del ancho del setígero (fig. 61A). Notosedas de todos los setígeros capilares, alimbadas; en los setígeros más posteriores más delgadas y dirigidas dorsalmente. Neurosedas del setígero 1-4 capilares, similares a las notopodiales de esos setígeros; en el setígero 5 el notopodio tiene un fascículo de numerosas sedas capilares hirsutas, mientras que el neuropodio tiene varias sedas capilares hirsutas alimbadas, en posición inferior, y dos tipos de espinas, el primer tipo representado por espinas falcadas y el segundo tipo por varias espinas puntiagudas más delgadas con la parte distal muy estrecha y distalmente con una ligera curvatura (figs. 61C, 61H). Setígero 6 con sedas como las de los 4 primeros. A partir del setígero 15-16 aparecen hasta un máximo de 5 ganchos curvados, la mayoría de ellos unidentados (figs. 61G, 61I), aunque en los primeros setígeros postbranquiales pueden ser bidentados, con el diente distal de mayor tamaño (fig. 61J), solamente en estos ganchos bidentados se puede observar un estrechísimo capuchón; segmentos más posteriores con disminución del número tanto de capilares como de ganchos. Sedas sable ausentes, pero en su posición aparecen una o unas pocas sedas capilares en la mayor parte del cuerpo. Pigidio rodeado por cuatro pares de cirros laterales; los más dorsales y ventrales, más largos.

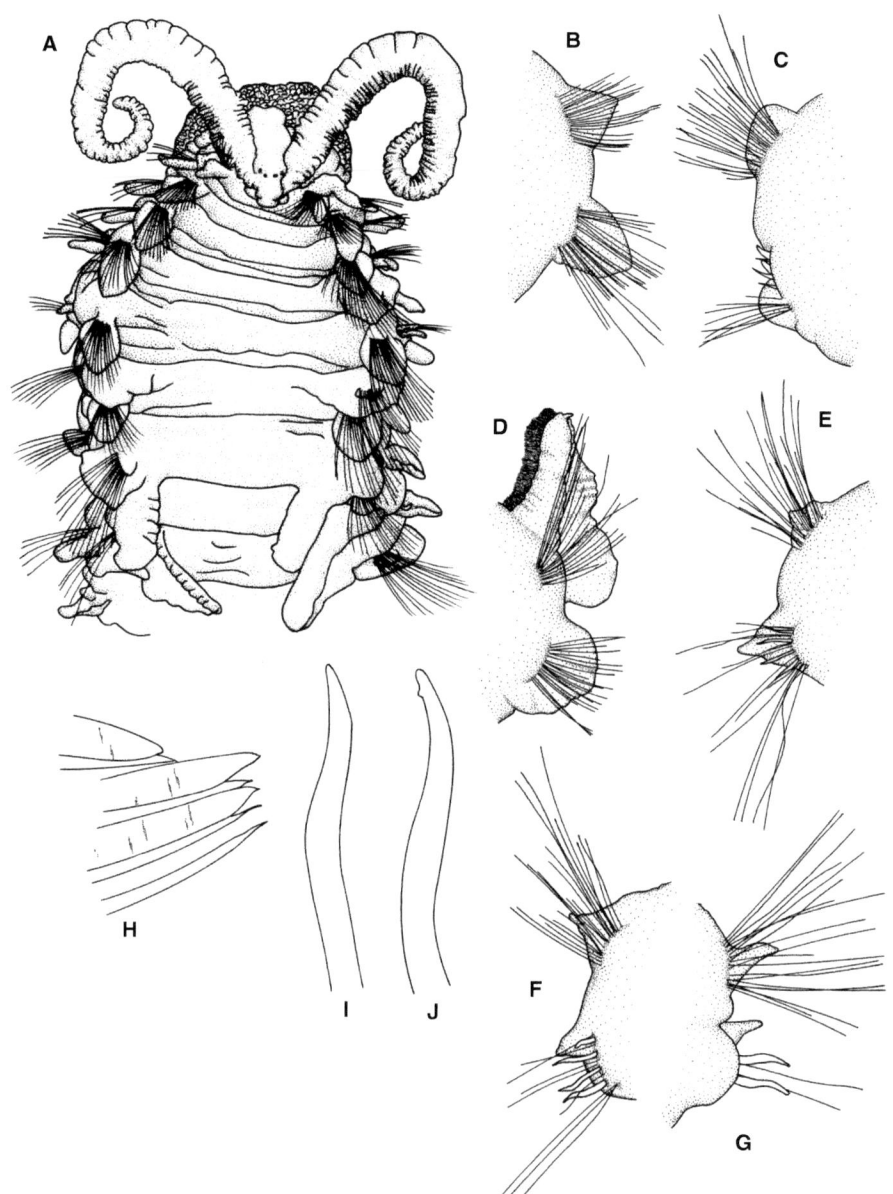

Fig. 61. Extremo anterior
en vista dorsal (A),
vista anterior de los
setígeros 4 (B), 5 (C),
9 (D), 15 (E) y 24 (F),
setígero posterior en vista
anterior (G), neurosedas
modificadas del setígero
5 (H), neurogancho
unidentado del setígero
24 (I) y neurogancho
bidentado de setígeros
postbranquiales anteriores
(J) de Atherospio guillei.
A, Redibujados de Laubier
y Ramos (1974); B-J, de
Meißner y Bick (2005).

Descripción basada en Meißner y Bick (2005).

Patrón de tinción con verde metilo. No se observa.

Laubier y Ramos (1974), asignaron originalmente esta especie al género *Polydora* debido a la presencia del setígero 5 modificado; sin embargo, en ese género las sedas modificadas son notopodiales (Mackie y Duff, 1986; Blake *et al.*, 2019; Radashevsky y Fauchald, 2000), mientras que en *A. guillei* están presentes en el neuropodio. Mackie y Duff (1986) analizaron las características morfológicas y concluyeron que esta especie está muy próxima a los géneros *Atherospio* y *Pygospiopsis*. Meißner y Bick (2005) la incluyen en el género *Atherospio*.

Distribución geográfica.— Mar del Norte y mar Mediterráneo (Meißner y Bick, 2005). En el ámbito íbero-balear se conoce procedente del Mediterráneo levantino-balear (Laubier y Ramos, 1974).

Biología.— Se encuentra en fondos de arenas medias, bajo contenido en materia orgánica (1,79%), a 38-41 m de profundidad en el mar del Norte. En el Mediterráneo, en fondos de fango, arena y grava desde 44 a 99 m de profundidad (Simboura, 1994). Hembras con huevos en octubre.

Género ***Aurospio*** Maciolek, 1981

Aurospio Maciolek, 1981. *Proc. Biol. Soc. Wash.*, 94(1): 229

Especie Tipo: *Aurospio dibranchiata* Maciolek, 1981, por designación original

Prostomio muy redondeado con el margen anterior con o sin protuberancias; posteriormente se extiende como una carúncula hasta el final del setígero 1-2. Con 0-2 pares de ojos, tentáculo occipital ausente. Peristomio parcial o completamente fusionado al setígero 1, desarrolla alas laterales bajas o bien desarrolladas o carece de ellas. Setígero 1 con lamelas notopodiales y neuropodiales presentes o ausentes. Sin branquias o con uno a tres pares de branquias sobre los setígeros 3-5, cortas, cirriformes, digitifomes a ligeramente triangulares, parcialmente fusionadas o separadas de las lamelas notopodiales. Bolsas interparapodiales ausentes. Todas las sedas anteriores capilares; ganchos neuropodiales y notopodiales encapuchados multidentados desde los setígeros 9-19 y 23-61, respectivamente; ganchos multidentados (3-13 pares de dientes) con o sin capucha secundaria; sedas sable presentes desde los setígeros 9-16. Pigidio con dos cirros laterales cortos y un cirro largo en posición media.

Aurospio está estrechamente relacionado con *Prionospio* en la naturaleza del desarrollo del peristomio y el setígero 1, la forma de las lamelas notopodiales y la naturaleza del pigidio. La principal característica que separa a ambos géneros es la aparición inicial de las branquias sobre el setígero 3 en *Aurospio* y en el setígero 2 en *Prionospio*.

Maciolek (1981) estableció *Aurospio* para incluir especies con el peristomio parcialmente fusionado al setígero 1 y sin alas laterales, con dos pares de branquias cirriformes a partir del setígero 3 parcialmente fusionadas a la lamela notopodial, así como, los ganchos noto- y neuropodiales sin cubierta secundaria. Sin embargo, Paterson *et al.* (2016) enmendaron la diagnosis del género para incluir aquellas especies con 1-3 pares de branquias o sin branquias. Por su parte, Blake *et al.* (2017) propusieron que los géneros *Apoprionospio* Foster, 1969, *Aurospio* Maciolek, 1981a, *Laubieriellus* Maciolek 1981b, *Orthoprionospio* Blake y Kudenov, 1978, *Paraprionospio* Caullery, 1914, *Prionospio* Malmgren, 1867, y *Streblospio* Webster, 1879, fueran agrupados en el complejo *Prionospio*, incluyendo además las sinonimias de *Minuspio* y *Aquilaspio*, hechas por Sigvaldadóttir (1998). Siguiendo esta propuesta, solo validada para los últimos géneros señalados, Peixoto y Paiva (2019) describieron dos nuevas especies de *Prionospio* (*P. solisi* Peixoto y Paiva, 2019 y *P. nonatai* Peixoto y Paiva, 2019), cuyas características principales (presencia, número y posición de las branquias) las ubicaría en dentro del género reconocido *Aurospio* y no *Prionospio*. Considerando que el carácter morfológico que distingue al género debe ser el inicio de las branquias a partir del setígero 3 y su morfología (cirriformes o triangulares), y excepcionalmente la ausencia de las branquias como lo señalan Paterson *et al.* (2016); y que la propuesta de Blake *et al.* (2017) aún no ha sido validada, las dos especies descritas por Peixoto y Paiva (2019) deberían reubicarse en el género *Aurospio*, a la espera de que nuevos avances tanto en estudios moleculares como en la consideración de aspectos morfológicos de las especies de *Aurospio* y *Prionospio* permitan evaluar la necesidad de establecer un nuevo género con aquellas especies sin branquias (con características diferentes de *Spiophanes* y *Spiogalea*). Con la presente enmienda de la diagnosis de *Aurospio*, el género incluye 8 especies, dos de ellas citadas para la fauna ibérica.

Clave de especies

1. Sin branquias; lamelas noto- y neuropodiales del setígero 3 mayores que las de los restantes setígeros . . . . ***A. abranchiata*** (p. 192)

• Con 2 pares de branquias pequeñas sobre los setígeros 3-4; notolamelas de los setígeros 2-6 de tamaño muy similar entre sí . . . . ***A. dibranchiata*** (p. 194)

Aurospio abranchiata Neal, Paterson y Soto, 2016 (fig. 62)

Aurospio abranchiata Neal, Paterson y Soto, 2016. En: Paterson *et al.*, 2016.
   Zootaxa, 4092(1): 24

Cuerpo pequeño y estilizado, cilíndrico, cuya longitud supera los 5,7 mm (no se conocen ejemplares enteros) y su anchura en el setígero 1 es de unos 0,2 mm; color en alcohol amarillento pálido. Prostomio redondeado en su margen anterior que es entero y sin protuberancias; presenta una carúncula corta y roma que alcanza la parte anterior del setígero 1; ojos ausentes. Peristomio bien desarrollado, distinguible ventral y lateralmente, pero en el lado dorsal está parcialmente fusionado al setígero 1, formando un collar alrededor del prostomio, pero sin llegar a crear alas laterales (fig. 62A). Branquias ausentes. Setígero 1, con noto- y neurolamelas pre- y postsetales muy reducidas; setígeros 2 y 3 con notolamelas postsetales casi cuadradas (fig. 62A), encontrándose las de uno y otro lado en el centro hasta cubrir el dorso en los ejemplares de mayor tamaño y algo separadas en los menores; en los setígeros 4-5 más pequeñas, aproximadamente la mitad que las del setígero 3, cambiando gradualmente hacia una forma más redondeada en el setígero 6 y siguientes, en los que no llegan a cubrir el dorso. Aparecen crestas dorsales a partir de los setígeros 8-12. Bolsas interparapodiales ausentes. Neurolamelas postsetales del setígero 2 cuadradas, pero de esquinas redondeadas; las del setígero 3 son muy anchas, rectangulares, de bordes redondeados (en ocasiones algo onduladas en el borde externo), con aspecto de alas que, a veces, se extienden horizontalmente por el cuerpo; las de los siguientes segmentos son parecidas, algo más redondeadas y de tamaño similar. Tanto notopodio como neuropodio poseen sedas capilares dispuestas en dos hileras verticales; a partir del setígero 10 aparece una única seda sable en cada neuropodio, robusta, muy curvada y lisa; también en los neuropodios a partir de los setígeros 11-12 hay ganchos encapuchados en número máximo de 5 en cada neuropodio; presentan al menos cinco pares de dientecillos secundarios sobre el diente principal y poseen un capuchón secundario rudimentario (fig. 62B). A partir del setígero 38 aparece un único gancho encapuchado en los notopodios. No se conoce el pigidio.

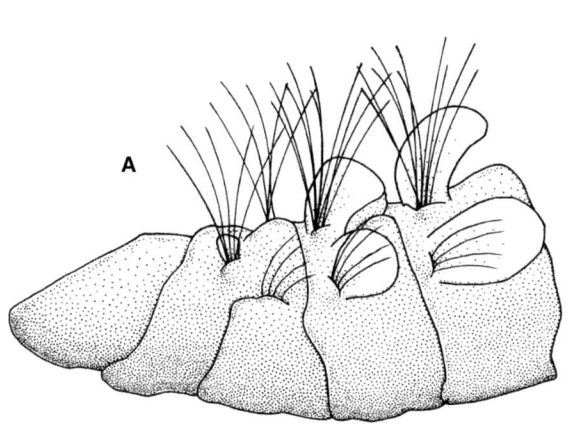

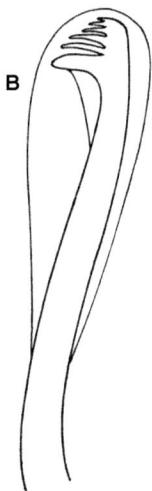

Fig. 62. Extremo anterior en vista lateral (A) y gancho encapuchado (B) de Aurospio abranchiata. *Redibujados de Paterson* et al. *(2016).*

Descripción basada en Paterson *et al.* (2016).

Patrón de tinción con verde metilo. Se tiñe intensamente en los laterales de los setígeros 5-17 y permanece teñido incluso seis meses después.

Distribución geográfica.— Citada del Atlántico noreste, en la llanura abisal Porcupine. En el ámbito íbero-balear se ha encontrado en Portugal (Paterson *et al.*, 2016).

Biología.— Especie de aguas profundas, hasta 4.800 m, en fondos sedimentarios.

Aurospio dibranchiata Maciolek, 1981 (fig. 63)

Aurospio dibranchiata Maciolek, 1981. *Proc. Biol. Soc. Wash.*, 94(1): 230

Pequeño tamaño, con una longitud de aproximadamente 10 mm y una anchura de 0,6 mm y más de 45 setígeros. Coloración en alcohol blanquecina amarillenta, pudiendo presentar manchas pigmentarias doradas en la parte posterior del prostomio y la porción dorsal del setígero 1. Prostomio ampliamente redondeado en su parte anterior, y la posterior se estrecha abruptamente formando una pequeña quilla, que alcanza el límite posterior del setígero 1 (fig. 63A); pueden presentar un par o dos de ojos, de color rojizo; no poseen tentáculo occipital. Peristomio bien individualizado en las partes ventral y lateral, pero parcialmente fusionado al setígero 1 y no se distingue bien de él en la porción dorsal; forma un reborde alrededor de la punta posterior del prostomio, pero no alas laterales (fig. 63A). Palpos situados a ambos lados de la parte posterior del prostomio y que pueden alcanzar hasta el setígero 20 aproximadamente. Superficie ventral de la trompa muy muscular y superficie anterolateral ciliada. Posee dos pares de branquias, situadas sobre los setígeros 3 y 4; pequeñas y fusionadas en su parte basal a las notolamelas, a las que no sobrepasan en tamaño, por lo que quedan ocultas bajo ellas (figs. 63A, 63B); primer par con ciliatura en su borde interno que se continúa transversalmente sobre el dorso del setígero 3 hasta enlazar ambas branquias; esto no se aprecia en el segundo par de branquias. Notolamelas del setígero 1 muy reducidas; las del setígero 2-6 grandes, anchas y foliáceas, proyectándose hacia la línea mediodorsal (fig. 63A); a partir del setígero 7 se van haciendo gradualmente menores, de forma que en setígeros posteriores quedan restringidas a lóbulos redondeados pequeños. Neurolamelas del setígero 1 pequeñas, redondeadas y dirigidas hacia el lado dorsal; las de los setígeros 2 y 3 ya se dirigen lateralmente y tiene forma auricular, siendo más grandes las del setígero 3 (figs. 63A, 63B); en los siguientes setígeros van disminuyendo de tamaño, siendo en los más posteriores muy similares a las notolamelas. Notosedas capilares bilimbadas, con estrías longitudinales sobre las que se aprecian pequeños gránulos, dispuestas en dos hileras verticales; en los últimos setígeros del cuerpo son muy largas; a partir de los setígeros 24-38, aparecen 2-3 ganchos con capuchón largo (fig. 63D), provistos de tres pares de pequeños dientes secundarios sobre el diente principal; no poseen capuchón secundario (fig. 63E); acompañando a estos ganchos hay hasta 3 sedas capilares. Neurosedas también capilares bilimbadas, como las notosedas, pero las del setígero 2 particularmente largas (fig. 63A); las de los últimos setígeros corporales también; a partir del setígero 10 (en algunos desde el 9 o el 11) aparecen 6-9 ganchos con capuchón de las mismas características que los notoganchos; acompañando a los ganchos hay hasta 8 sedas capilares y una (raramente 2) seda en sable bilimbada y densamente granulosa (fig. 63C). Pigidio con un cirro central y dos cortos lóbulos laterales fuertes (fig. 63F).

Descripción basada en Maciolek (1981).

Aurospio dibranchiata posiblemente incluya más de una especie. Maciolek (1981), al examinar especímenes de áreas geográficas muy distantes, refirió mucha variación morfológica en ellos. Tales variaciones van referidas a la forma del prostomio, la presencia o ausencias de protuberancias en el margen anterior del prostomio, la ausencia o presencia de una pequeña neurolamela en el setígero 1 y la presencia y ausencia de branquias dorsales. Es muy probable que los registros en la Fauna Ibérica referidos a esta especie correspondan a una nueva especie.

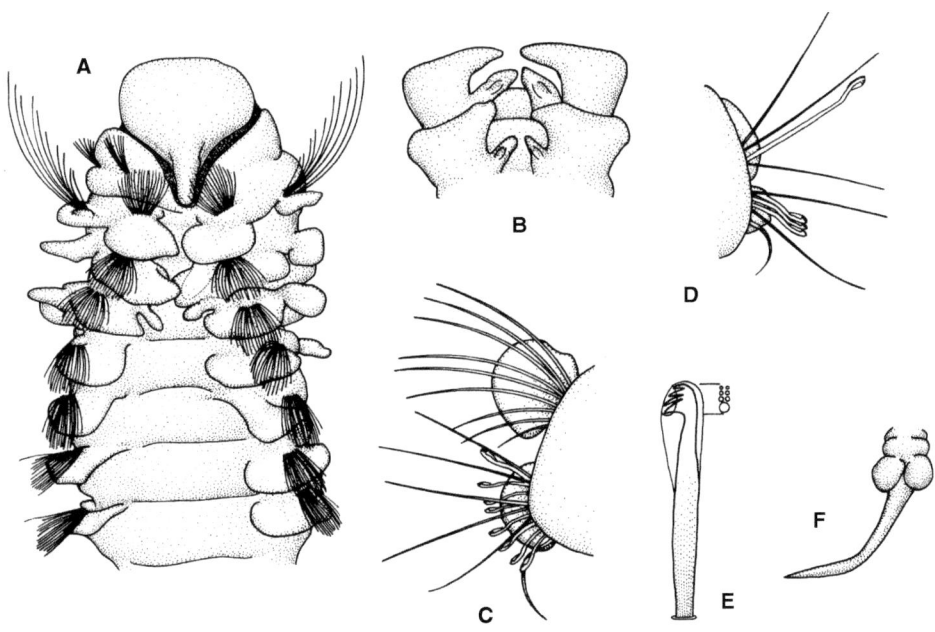

Fig. 63. Extremo anterior en visa dorsal (A), setígeros 2 y 3 en vista dorsal (B), vista anterifr de los setígeros 10 (C) y 24 (D), gancho encapuchado (E) y pigidio (F) de Aurospio dibranchiata. *Redibujados de Macioleck (1981).*

Distribución geográfica.— Se trata de una especie de muy amplia distribución, en ambas orillas del océano Atlántico, desde Islandia en el norte hasta Argentina en el sur; también presente en el océano Pacífico, en la falla de las Galápagos. En el ámbito íbero-balear se conoce en el País Vasco (Aguirrezabalaga y Ceberio, 2005) y Cantabria (Maciolek, 1981).

Biología.— Es una especie batial, encontrada desde los 300 a los 3.600 m de profundidad.

Género **Boccardia** Carazzi, 1893
Boccardia Carazzi, 1893. *Mitth. Zool. Stn. Neapel Zugleich Repert. Mittelmeerkd.*, 11: 15
ESPECIE TIPO. *Boccardia polybranchia* Haswell, 1885, por monotipia

Prostomio redondeado anteriormente o inciso que se extiende posteriormente como carúncula. Setígero 1 con o sin notosedas. Setígero 5 modificado, con dos tipos de espinas principales: falcado simple y liso, o con ápice con collar expandido o una capa de cerdas; con pocas notosedas capilares o sin ellas. Ganchos bidentados encapuchados con un ángulo conspicuo entre los dientes, algunas especies con ganchos que pierden el diente apical en los segmentos posteriores; sobre el eje de los ganchos sin constricción; ganchos desde los setígeros 7-11. Espinas notopodiales posteriores presentes o ausentes. Branquias desde el setígero 2, ausentes en el setígero 5, luego presentes y continúan por un número variable de setígeros. Pigidio en forma de disco, con o sin lóbulos separados, o reducido a lóbulos o manguitos.

Boccardia es uno de los géneros más diversos de los polidóridos. Se reconocen 24 especies válidas que se han registrado en hábitats de diversas mezclas de sedimentos y son perforadores calcáreos. Todas, excepto dos de las 24 especies conocidas de *Boccardia*, se encuentran en el Indo-Pacífico o áreas cercanas; la mayoría de las especies son propias del Pacífico oriental, a lo largo de las costas de Norte y Sudamérica, Nueva Zelanda y Australia. *Boccardia chilensis*, *B. polybranchia*, *B. proboscidea* y *B. wellingtonensis* se distribuyen ampliamente por el Pacífico y *B. proboscidea* también se ha introducido en Europa y Sudáfrica. Solo dos especies tienen su área nativa fuera de los límites del océano Pacífico, *B. semibranchiata*, descrita del mar Mediterráneo por Guérin (1990), y *B. salazari*, del mar Caribe por Delgado-Blas (2008). En el ámbito íbero-balear se han citado 3 especies.

Clave de especies
   1. Notosedas ausentes en el setígero 1; sedas modificadas de la hilera anterior del setígero 5 subdistalmente ensanchadas con apariencia de yunque e hirsutas en la parte distal . . . . **B. polybranchia** (p. 200)
   • Notosedas presentes en el setígero 1; sedas modificadas de la hilera anterior del setígero 5 con o sin collar subdistal y distalmente lisas o hirsutas 2

2. Branquias hasta la región media del cuerpo; sedas modificadas de la hilera anterior del setígero 5 con collar subdistal, y distalmente lisas ...... ***B. semibranchiata*** (p. 202)

• Branquias hasta la región posterior del cuerpo, entre 4 y 10 segmentos antes del pigidio; sedas modificadas de la hilera anterior del setígero 5 sin collar subdistal y distalmente hirsutas .... ***B.*** cf. ***proboscidea*** (p. 197)

Boccardia cf. *proboscidea* Hartman, 1940 (fig. 64)
Boccardia proboscidea Hartman, 1940. *J. Wash. Acad. Sci.*, 30(9): 383

Ejemplares con tallas de hasta 13 mm de largo y 1,26 mm de ancho con hasta 64 setígeros. El cuerpo, de los ejemplares vivos, suele ser de color amarillo verdoso, con dos bandas negras conspicuas a ambos lados del prostomio, que se vuelven difusas hacia el extremo anterofrontal del mismo. Prostomio redondeado por delante con un pequeño surco medio en la zona anterior a los ojos, solo apreciable mediante tinción (fig. 64A). En vista ventral, en la parte anterior del prostomio, se aprecia una escotadura media. Número de ojos variable, desde 2 hasta 4 pares de manchas oculares, también dispuestos de modo variable, aunque en algunos casos suelen hacerlo en arreglo trapezoidal o rectangular. Tentáculo nucal ausente. Carúncula extendida hasta el margen posterior del setígero 3. Peristomio bien desarrollado, ventralmente llega a ocultar al setígero 1, lateralmente se observa como lóbulos lameliformes (fig. 64B). Palpos que no alcanzan más allá del setígero 10. Lóbulos parapodiales bien desarrollados en los primeros setígeros y ausentes en el setígero 5. A partir de los setígeros 14-15, lóbulos notopodiales inconspicuos, mientras que en el neuropodio son inconspicuos a partir del setígero 10. Branquias de forma alargada y cilíndrica y están presentes en los setígeros 2-4 a 6 (fig. 64A), alcanzando el mayor desarrollo entre los setígeros 15-25; se continúan hasta prácticamente el final del cuerpo y faltan en los 4-10 últimos setígeros. Setígero 1 es corto, aproximadamente de la mitad de la longitud del setígero 2, porta entre 4 y 10 notosedas capilares de diferente longitud. Setígeros 2, 3, 4, 6 y siguientes muestran sedas capilares bilimbadas, dispuestas en dos hileras, siendo las de la hilera anterior más cortas y numerosas, hasta 15 sedas por notopodio; mientras que la hilera posterior tiene 4 o 5 sedas más largas que las de la hilera anterior; el número de sedas disminuye hacia los notopodios posteriores. Limbo de estas sedas estriado y en algunos casos fimbriado (figs. 64C-G); en la región posterior limbo reducido, adoptando las sedas una forma casi capilar con distintas longitudes; en algunos casos presentan un aspecto distalmente espinoso (fig. 64F); setígero 5 sin notosedas. Neurosedas del setígero 1 capilares cortas dispuestas en un pequeño fascículo; las de los setígeros 2, 3, 4 y 6 similares a las notosedas en cuanto a forma y disposición, aunque algo más cortas. A partir del setígero 7, neurosedas sustituidas por los ganchos encapuchados bidentados; con el diente principal dispuesto de tal manera que forma un ángulo subagudo respecto al eje; diente distal o secundario de cerca de un tercio de la longitud del principal (fig. 64J). Capucha de los ganchos presenta superficie estriada, borde débilmente aserrado y se encuentra abierta distalmente (fig. 64K). En los setígeros 7-9 estos ganchos van acompañados por hasta 24 sedas capilares limbadas. Setígeros de la región media con entre ocho y diez ganchos por neuropodio, número que va disminuyendo hacia el extremo posterior; en los últimos 10 setígeros solo se observa una fina seda capilar acompañando a los ganchos (figs. 64H, 64I). Setígero 5 más ancho y largo que el resto y más desarrollado que los restantes (figs. 64A, 64B). Sedas especiales de dos tipos y se disponen en dos series laterales (fig. 64A). La hilera más dorsal ocupada por tres sedas robustas, curvadas y terminadas en punta; la inferior presenta 3-4 sedas gruesas con el extremo ensanchado y coronado por una matriz pilosa (fig. 64L) y ventralmente un pequeño fascículo de neurosedas. Glándulas parapodiales presentes desde los setígeros 7-9 en ejemplares adultos. Pigidio terminado en un disco dividido indistintamente en dos o cuatro lóbulos (fig. 64M), en el caso de ser tetralobulado, estos pueden ser de igual tamaño o los dorsales ligeramente menores que los ventrales. El ano es terminal.

Descripción basada en Martínez *et al.* (2006).

Martínez *et al.* (2006) y Martínez y Adarraga (2006a) refieren la presencia de *Boccardia proboscidea* para la península Ibérica (País Vasco). Sin embargo, en el presente trabajo la denominamos *B.* cf. *proboscidea* porque hay diferencias importantes entre los ejemplares descritos para la Península con los de la descripción original (Hartman, 1940) e incluso con la redescripción de Gibson *et al.* (1999) con material de California y Columbia Británica. Entre las diferencias encontradas destacan la longitud del cuerpo y número de setígeros; en *B. proboscidea sensu stricto* este es largo, deprimido y más ancho en la región de los segmentos 8-16, con entre 125 a 150 segmentos y una longitud total de 30-35 mm, mientras que en los ejemplares ibéricos de *B.* cf. *proboscidea* tiene hasta 13 mm de longitud y 64 segmentos. El prostomio en *B. proboscidea* presenta en el margen anterior una hendidura media visible dorsalmente, mientras que en el material de la Península es redondeado y presenta un pequeño surco central en la zona anterior a los ojos. El peristomio tiene apariencia bilobulada en el material de la Península, no así en la descripción original ni en la redescripción. Martínez *et al.* (2006) no describen la morfología de las noto- ni neurolamelas postsetales de sus ejemplares, pero sus esquemas muestran diferencias, especialmente en la notolamela postsetal del setígero 1, que es triangular en la descripción original y redondeada en los ejemplares ibéricos. Otras diferencias se encuentran en las neurolamelas postsetales, que son de forma auricular en *B. proboscidea* y redondeadas en el material del golfo de Vizcaya, en las glándulas parapodiales, que en *B.* cf. *proboscidea* se encuentran entre los setígeros 7-9 y en *B. proboscidea* están presentes en los segmentos medios y se encuentran mejor desarrolladas en los segmentos posteriores. El alcance de las branquias difiere entre ambas especies, estando ausentes en los últimos 2-4 segmentos en *B. proboscidea* y ausentes en los últimos 4-10 en el material de la Península. Finalmente, el capuchón de los ganchos en *B.* cf. *proboscidea* está abierto distalmente, presenta una superficie estriada y tiene un borde débilmente aserrado, mientras que en Hartman (1940) no se describe y ni se dibuja así. Ante estas diferencias y debido a que el material de la Península

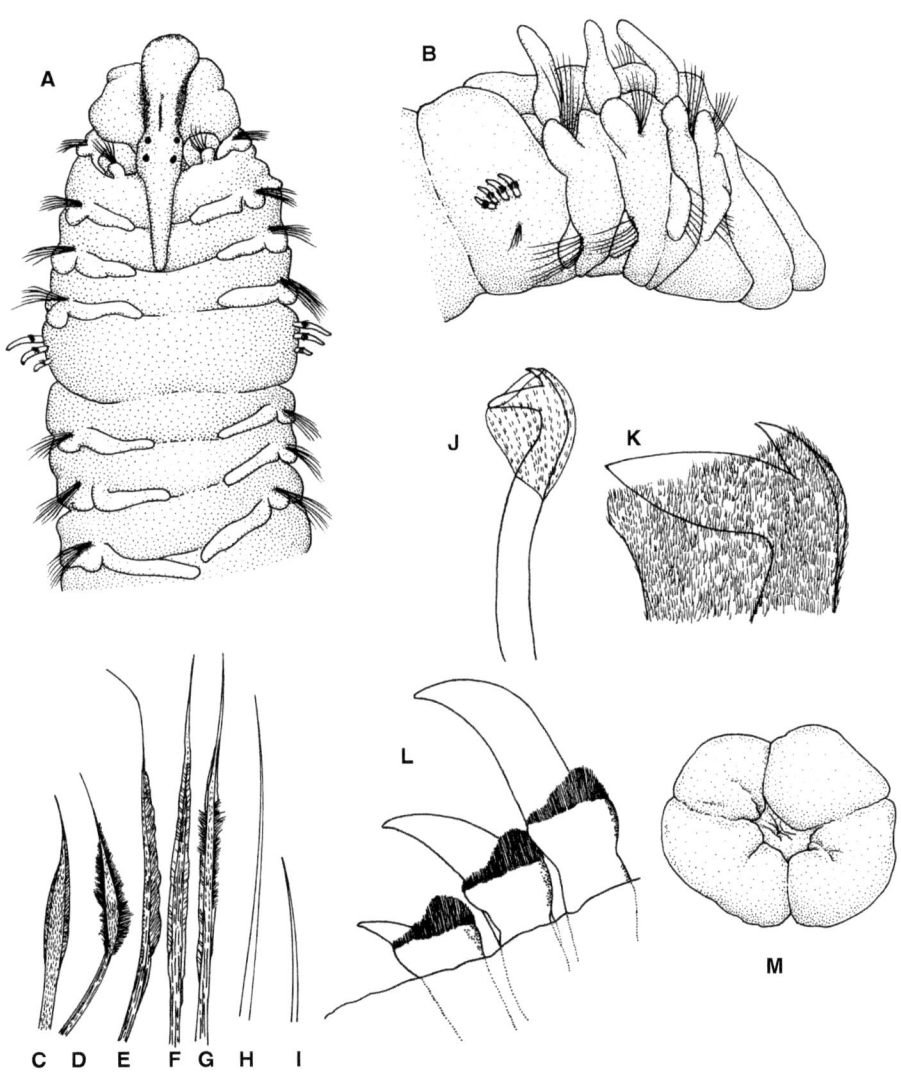

Fig. 64.Extremo anterior en vista dorsal (A) y lateral (B), sedas limbadas (C-G), seda capilar posterior (H), neuroseda capilar acompañante (I), gancho encapuchado (J), extremo distal del gancho encapuchado (K), sedas modificadas del setígero 5 (L) y pigidio en vista frontal (M) de Boccardia cf. proboscidea. Redibujados de Martínez et al. (2006).

no estaba disponible para su examen consideramos adecuado citar la misma como *B.* cf. *proboscidea*, hasta que se pueda reexaminar dicho material para determinar si se trata de una nueva especie.

Distribución geográfica.— Se trata de una especie de amplia distribución en el océano Pacífico: oeste de Canadá, sur de California, Panamá, Japón, Hawái y Australia. En el ámbito íbero-balear hasta la fecha solo se ha citado en las costas del País Vasco (Martínez *et al.*, 2006)

Biología.— *Boccardia* cf. *proboscidea* fue recolectada en la zona intermareal, entre 0,40-0,70 m, en una estación dominada por una comunidad de *C. elongata* localizada en un sustrato rocoso con elevado grado de exposición y muy próxima a la desembocadura de un importante colector de aguas residuales urbanas. Martínez *et al.* (2006) refieren que la biocenosis donde fue obtenida esta especie se caracteriza por la abundancia del tanaidáceo *Hexapleomera robusta* (Moore, 1894), los bivalvos *Mytilaster minimus* (Poli, 1795) y *Mytilus galloprovincialis* Lamarck, 1819, los poliquetos *Platynereis dumerilii* (Audouin y Milne Edwards, 1833) y *Syllis gracilis* Grube, 1840 y el anfípodo *Jassa marmorata* Holmes, 1903.

Boccardia polybranchia (Haswell, 1885) (fig. 65)

Polydora (Leucodore) polybranchia Haswell, 1885. *Proc. Linn. Soc. N.S.W.*, 10(2): 275

Cuerpo algo grueso anteriormente y aguzado posteriormente y puede alcanzar cerca de 30 mm de longitud y 2 mm de anchura, con hasta 125 segmentos. Prostomio que suele presentar una incisión medioanterior que le confiere apariencia bilobulada, ambos lóbulos distalmente redondeados; región media del prostomio un poco más ancha y en ella se localizan dos pares de ojos, en algunos casos hasta tres pares, el par anterior por lo general de mayor tamaño (fig. 65A). Extremo posterior extendido formando una carúncula que alcanza los segmentos 2-3. Segmentos 1-4 con lamelas postsetales subtriangulares en ambos podios (fig. 65B); lamelas postsetales de los segmentos subsiguientes son muy pequeñas (fig. 65C). Branquias que comienzan en el setígero 2, son digitiformes y están ausentes en los setígeros 1 y 5. Notosedas capilares a lo largo del cuerpo, excepto en el setígero 1 donde solo hay neurosedas capilares. Notosedas dispuestas en dos hileras, las de la hilera posterior ligeramente más delgadas y largas que las de la anterior. Neurosedas de los setígeros 1-4 y 6 capilares (fig. 65B); a partir del neuropodio 7 aparecen entre 6-10 ganchos encapuchados bidentados, con capucha abierta (figs. 65C, 65D), siendo el diente distal más pequeño que el basal y separado de este (fig. 65D). Setígero 5 bastante más ancho y alargado que los restantes y en él solo se observan dos hileras de sedas modificadas en posición neuropodial; la anterior consta de al menos 5 ganchos gruesos, subdistalmente ensanchados con apariencia de yunque, y distalmente hirsutos (figs. 65F, 65G), mientras que la hilera posterior consta de hasta cinco sedas gruesas distalmente falcadas, en la curvatura se observa una concavidad que se describe como una cuchara lateral a dicha curvatura, extremo distal redondeado y eje estriado (fig. 65E). Pigidio lobulado. Mesnil (1896) describe las notolamelas anteriores, setígeros 2-4, como triangulares; sin embargo, en sus esquemas, estas aparecen como redondeadas.

Descripción basada en Mesnil (1896).

Distribución geográfica.— Es una especia de amplia distribución: se ha registrado en Australia, Nueva Zelanda, Perú, Argentina, Brasil, Canal de La Mancha, mar del Norte y mar Mediterráneo. Blake *et al.* (2019) señalan que el registro de Chile, hecho por Blake (1983), corresponde a *B. wellingtonensis*. En el ámbito íbero-balear se ha citado de Asturias (Rioja, 1919) y País Vasco (Ruellet, 2004).

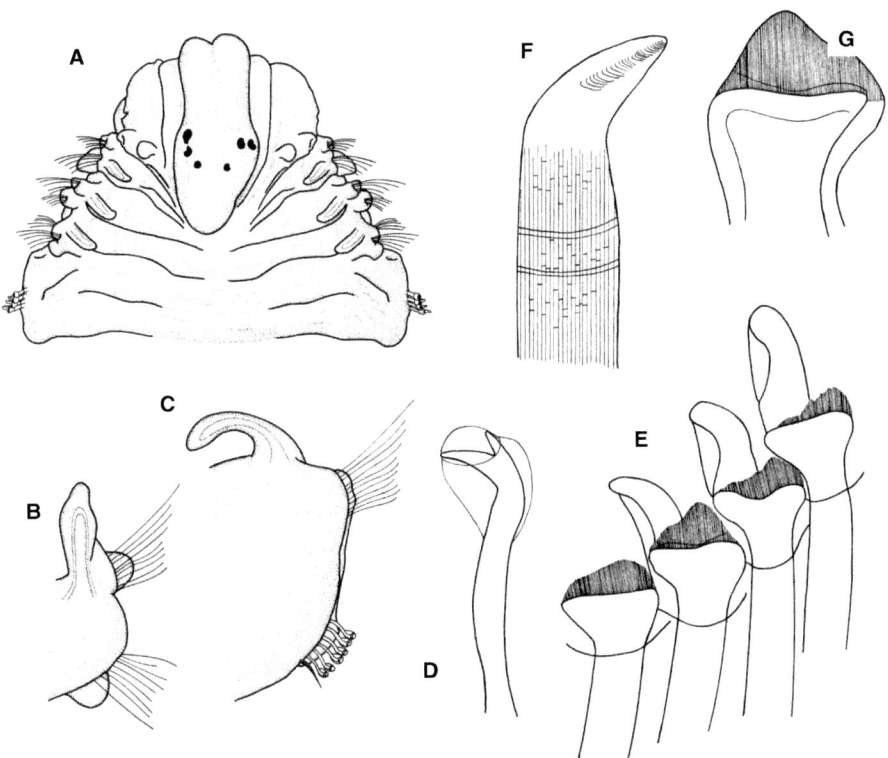

Fig. 65. Extremo anterior, vista dorsal (A), setígeros 2 (B) y 7 (C), gancho encapuchado bidentado (D), seda modificada *de la hilera posterior del setígero 5 (E), sedas modificadas del setígero 5 (F) y seda modificada de la hilera anterior* *del setígero 5 (G) de* Boccardia polybranchia. *Redibujados de Mesnil (1896).*

Biología.— Es una especie considerada horadadora de sustrato calcáreo, generalmente conchas de bivalvos. Ruellet (2004) considera que se trata de una especie introducida en las costas atlánticas francesas, ya que su localidad tipo es el río Hunter en Australia.

Boccardia semibranchiata Guérin, 1990 (fig. 66)

Boccardia semibranchiata Guérin, 1990. *Ann. Inst. Océanogr.*, 66(1-2): 39

Cuerpo que puede alcanzar 18 mm de longitud y hasta 1 mm de ancho, con hasta 73 setígeros. Prostomio (fig. 66A) con una pequeña incisión en el margen anterior; la parte media presenta, por lo general, hasta dos pares de ojos dispuestos en forma trapezoidal; carúncula que se extiende posteriormente hasta alcanzar la mitad del setígero 3, y porta un pequeño tentáculo occipital en la región anterior (fig. 66A). Peristomio formado por varios lóbulos visibles tanto en el lado dorsal como en el ventral o lateral. Palpos ventralmente surcados y ciliados, suelen ser muy largos y, por lo general, son de color gris con parches blancos a lo largo; generalmente se extienden hasta el setígero 25. Setígero 1 que lleva pocas sedas capilares en ambas ramas. Los notopodios en los setígeros 2-4 y 6 llevan tres hileras de sedas: la anterior es de capilares muy delgadas, la media de capilares limbadas con limbo delgado (fig. 66B) y la hilera posterior posee capilares limbadas lanceoladas, un poco más cortas y gruesas que las de las hileras anteriores (fig. 66C). Neuropodios de los setígeros 2-4 y 6 provistos de sedas capilares similares a las del notopodio, pero más cortas; sin embargo, a partir del setígero 15, gradualmente, va quedando solo un tipo de sedas capilares (fig. 66D). Ganchos encapuchados comienzan en el setígero 7 y son bidentados; sin embargo, estos dientes pueden tener aspectos muy diferentes de un setígero a otro, pudiendo ser muy aguzados distalmente (figs. 66E, 66F) o apenas visibles. Suele haber 6 ganchos encapuchados neuropodiales en la región anterior, mientras que en las regiones media y posterior se observan hasta 4 ganchos por neuropodio. Setígero 5 bastante más ancho y alargado que los restantes. Neuropodio posee dos hileras de sedas modificadas; la hilera anterior consta de al menos 4 ganchos gruesos distalmente cónicos y subdistalmente con una especie de collar que solapa parcialmente el extremo distal de la misma (fig. 66G), mientras que la hilera posterior consta de hasta 4 sedas gruesas distalmente falcadas y con capuchón subdistal (figs. 66H, 66I), y ventralmente un haz de sedas capilares distalmente hirsutas. Branquias presentes y bastante desarrolladas, aunque faltan en el setígero 5; en los setígeros 2-4, 6 y 7 son pequeñas, un poco más grandes en los 8 y 9, luego exceden en gran medida la línea media para desaparecer en la región media del cuerpo. Pigidio muy corto, formado por dos lóbulos pequeños a cada lado de la línea media del cuerpo (fig. 66J).

Descripción basada en Guérin (1990).

Distribución geográfica.— Francia, mar Mediterráneo. En el ámbito íbero-balear se conoce procedente del País Vasco, San Sebastián (Martínez *et al.*, 2006).

Biología.— Es una especie considerada horadadora de sustrato calcáreo, generalmente conchas de bivalvos. Tanto Guérin (1990) como Martínez *et al.* (2006) la refieren asociada a *Magallana gigas* (Thunberg, 1793).

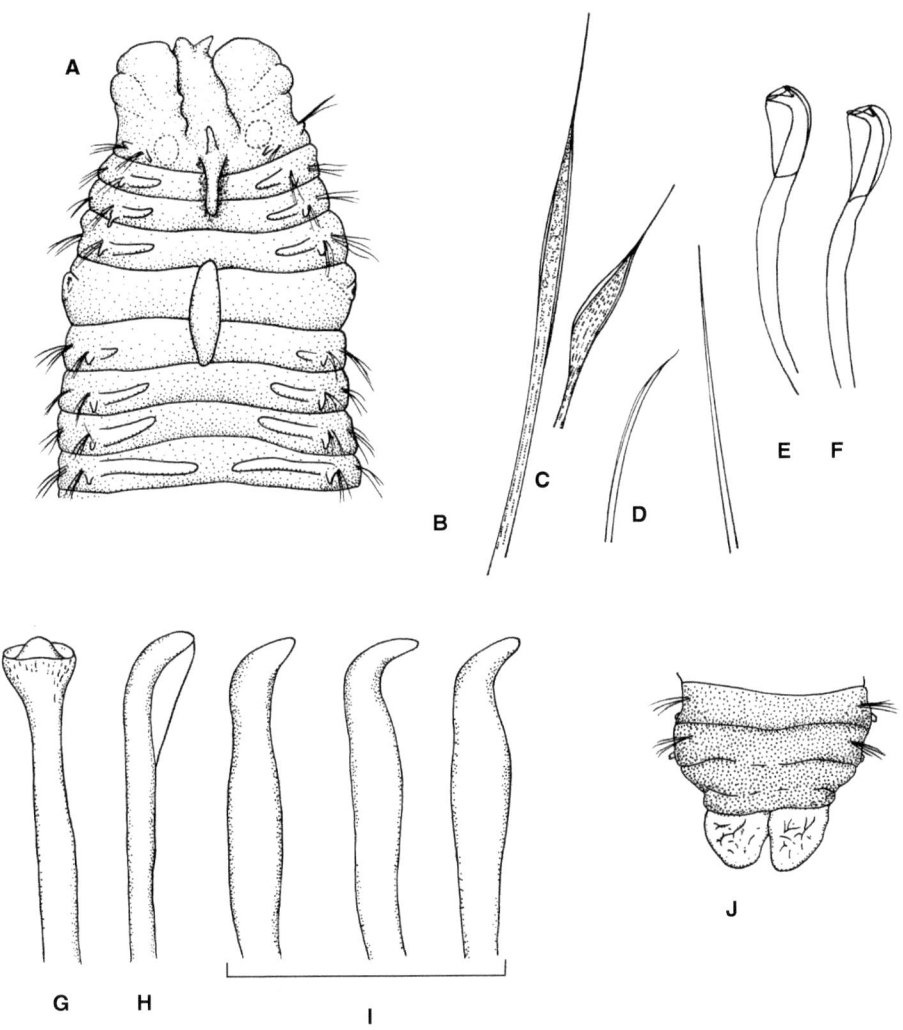

Fig. 66. *Extremo anterior en vista dorsal (A), sedas notopodiales en hilera anterior en setígeros anteriores (B-C), seda notopodial en hilera anterior en setígeros posteriores (D) ganchos encapuchados (E-F), seda modificada de la hilera anterior del setígero 5 (G), sedas modificadas de la hilera posterior del setígero 5 (H, I) y extremo posterior en vista dorsal (J) de* Boccardia semibranchiata. A, E-I, *redibujados de Guérin (1990); B-D, de Martínez* et al. *(2006).*

Género **Dipolydora** Verrill, 1879
Dipolydora Verrill, 1881. *Trans. Conn. Acad. Arts Sci.*, 4: 320
Especie Tipo: *Polydora concharum* Verrill, 1879, designada por Verrill (1881)

Prostomio entero o inciso anteriormente; que se extiende posteriormente como carúncula. Manchas oculares presentes o ausentes. Setígero 1 con notosedas. Setígero 5 modificado, con sedas principalmente de un tipo, con o sin sedas acompañantes; sedas modificadas arregladas en una sola fila curva, estas pueden ser falcadas simples, con pestañas laterales, dientes, y/o pilosidad apical; con notosedas dorsales superiores a las sedas modificadas y sedas acompañantes. Sedas aciculares notopodiales posteriores presentes o ausentes. Ganchos bidentados encapuchados neuropodiales, por lo general con el eje curvo sin constricción o manubrio, diente principal formando gran ángulo con el eje y ángulo estrecho y agudo con el diente apical; primeros ganchos presentes desde el setígero 7-17. Pigidio en forma de disco, con 2-4 lóbulos de diversas formas, o con cuatro o más papilas pequeñas. Parte anterior del tracto digestivo a veces con una estructura parecida a una molleja agrandada y gruesa.

El género *Dipolydora* fue revalidado por Blake (1996b). Los principales caracteres morfológicos utilizados para separar las especies de *Dipolydora* de *Polydora* incluyen la presencia de notosedas en el setígero 1, ganchos bidentados encapuchados con un eje curvo sin constricción y con el diente principal formando un amplio ángulo con el eje y un ángulo agudo con el diente apical. La morfología pigidial es variable. Actualmente se reconocen 43 especies. Para la Península se han registrado ocho especies.

Clave de especies

1. Con sedas aciculares en los notopodios de setígeros posteriores 2
   * Sin sedas aciculares en los notopodios de setígeros posteriores 4
2. Sedas modificadas del setígero 5 sin dientes accesorios, rebordes o collares . . .
   . . . . **D. coeca** (p. 210)
   * Sedas modificadas del setígero 5 con dientes accesorios, rebordes o collares . .3
3. Sedas modificadas del setígero 5 bidentadas con extremo distal piloso, conectadas por un borde o capucha lateral; sin ojos . . . .**D. armata** (p. 205)
   * Sedas modificadas del setígero 5 bidentadas con un mechón hirsuto entre los dos dientes, sin borde lateral o capucha; con ojos . . . .**D. quadrilobata** (p. 217)
4. Sedas modificadas del setígero 5 con el ápice extremadamente largo, plano, curvo y con pilosidad en cepillo . . . . **D. caulleryi** (p. 208)
   * Sedas modificadas del setígero 5 con o sin diente accesorio o estructura accesoria, extremo distal sin pilosidad 5
5. Sedas modificadas del setígero 5 subdistalmente recurvadas, sin dientes ni estructuras accesorias 6
   * Sedas modificadas del setígero 5 subdistalmente recurvadas pero con dientes o estructuras accesorias 7
6. Prostomio con tentáculo occipital; espinas principales del setígero 5 simples, falcadas . . . .**D. tentaculata*** (p. 219)

- Prostomio sin tentáculo occipital; espinas principales de setígero 5 con hinchazón subterminal débil . . . .**D. flava** (p. 212)
  7. Sedas modificadas del setígero 5 con un diente accesorio largo sobre el lado cóncavo y pequeño espolón sobre el lado convexo . . . .**D. giardi** (p. 213)
- Sedas modificadas del setígero 5 con un pequeño collar en el lado convexo de la misma . . . .**D. langerhansi** (p. 215)

* Ver comentarios en la sección de Otras especies.

Dipolydora armata (Langerhans, 1880) (fig. 67)
Polydora armata Langerhans, 1880. *Z. Wiss. Zool.*, 34(1): 93

Cuerpo relativamente pequeño, hasta 5 mm de longitud y 0,4 mm de ancho, con 25-35 setígeros; suelen ser incoloros, excepto por algunas manchas amarillas en los primeros segmentos y palpos. Prostomio distalmente redondeado (fig. 67A), en algunos casos con una pequeña incisión media en el extremo anterior que le confiriere una apariencia bilobulada; cuando están presente ambos lóbulos son distalmente redondeados y algo alargados; sin ojos; posteriormente la carúncula se extiende hasta el margen anterior del segundo setígero (fig. 67A). Palpos que suelen ser bastante largos. Primer setígero con sedas capilares en ambas ramas, dos o tres sedas en el notopodio y lamelas postsetales bien desarrolladas. Notolamelas y neurolamelas postsetales de los segmentos subsiguientes poco inconspicuas y desarrolladas, se observan solo como pequeña elevación en ambas ramas. Segmentos anteriores con notosedas y neurosedas capilares, siendo las notopodiales de mayor longitud que las neuropodiales. A partir del setígero 7 en el neuropodio aparecen 3-4 ganchos encapuchados bidentados con ambos dientes desiguales, el basal más largo y grueso que el distal, con el eje estriado y sin constricción (fig. 67B). Setígero 5 más largo que los segmentos anteriores y posteriores, con 2-3 sedas modificadas de extremo distal recurvado, terminan en punta y presentan una cresta pilosa, con sedas acompañantes con limbo amplio (fig. 67C); sin notosedas. En los últimos 8-12 setígeros, notolamela que envuelve de 8 a 12 sedas dispuestas en espiral formando una especie de armadura cónica (fig. 67D), acompañada por una o dos sedas capilares. Branquias que se inician en el séptimo setígero, suelen ser poco numerosas, hasta 7 pares (5-7 pares), con forma foliácea, distalmente redondeadas y por lo general todas de la misma longitud. Pigidio con forma de collar y una incisión ventral (fig. 67E).

Dipolydora armata fue descrita por Langerhans (1880) de Madeira, su descripción original y las figuras muestran sedas modificadas bidentadas en el segmento 5, sin sedas acompañantes, seis pares de branquias y los segmentos posteriores, generalmente los últimos 5-6 con sedas aciculares. Sin embargo, la descripción de la disposición de las espinas posteriores es vaga. Informes posteriores de *D. armata* de otros trabajos (p.ej., Woodwick, 1964; Blake y Kudenov, 1978; Blake, 1983; Martin, 1996; Bick, 2001; Radashevsky y Nogueira,

2003) extendieron su distribución y cada vez se fue agrandando su diagnosis. Radashevsky y Nogueira (2003), examinaron material de muchas localidades, desde Portugal hasta Belice y desde Tailandia hasta Nueva Zelanda y redescribieron a *D. armata* con especímenes de São Paulo, Brasil, siendo esto incorrecto, ya que debieron haberla redescrito con los paratipos de Madeira. Los autores, mencionaron que no encontraron variación morfológica importante entre los organismos de las diversas localidades; sin embargo, esas diferencias que no se mencionaron pueden ser sumamente importantes conforme se avance con el descubrimiento de nuevas especies. Sin embargo, esas posibles nuevas especies caerán dentro de ese amplio rango de caracteres morfológicos de *D. armata* presentada por los autores y quedarán sin describir. Por lo que nosotros no estamos de acuerdo con la diagnosis y la amplia distribución de *D. armata* presentada por Radashevsky y Nogueira (2003) porque la descripción difiere de la descrita por Langerhans y por la mezcla de material de diversas localidades y por no haber mencionado esas diferencias morfológicas. Creemos que es necesario que se redescriba con el material tipo o material cercano a la localidad tipo, también deberán realizarse estudios moleculares con los especímenes de las diversas localidades donde se han registrado esa supuesta presencia de *D. armata*.

Distribución geográfica.— De amplia distribución en aguas templadas, tropicales y subtropicales, desde el intermareal hasta las 100 m de profundidad. En el Atlántico ha sido registrada en Brasil, Canal de La Mancha, Madeira, Francia y España. En el Pacífico, en California, Australia, Nueva Zelanda y Filipinas (Radashevsky, 2015). En el ámbito íbero-balear se ha citado del País Vasco (Campoy, 1982; Zaballa *et al.*, 1983); Cantabria (Campoy, 1982; Lastra, 1991); el Mediterráneo andaluz (Amoureux, 1976; San Martín *et al.*, 1982; Sardá, 1984) y el Mediterráneo levantino-balear (Campoy y Jordana, 1978; San Martín y Viéitez, 1979; Campoy, 1982; Alós, 1988).

Biología.— La especie se encuentra, a lo largo de la costa del mar Mediterráneo, principalmente asociada a algas calcáreas del género *Lithothamnium* Philippi, en las cuales excava galerías. Radashevsky y Nogueira (2003) refieren que *D. armata* es un perforador no especializado de sustratos calcáreos, ya que se ha registrado como horadador del hidrozoo *Millepora complanata* Lamarck, 1816 en arrecifes de coral en Barbados (Antillas), asociada a la esponja *Cliona viridis* (Schmidt, 1862), en las valvas de lamelibranquios, en los cuales produce pequeñas vesículas (*mud blister*) que suelen estar cargadas de materia orgánica y en algunos casos en la concha de gasterópodos. Bick (2001) refirió que esta especie fue comúnmente encontrada en las conchas habitadas por cangrejos ermitaños *Calcinus tubularis* (Linnaeus, 1767), *Clibanarius erythropus* (Laterille, 1818) y en conchas vacías de gasterópodos. Martin (1996) describió ejemplares recolectados al noroeste del Mediterráneo como *Polydora rogeri*; sin embargo, tanto Bick (2001) como Radashevsky y Nogueira (2003) consideraron que estos se trataban de *Dipolydora armata*. Bick (2001) señaló que las diferencias encontradas por Martin respecto a la forma del prostomio y extensión de la carúncula son artefactos de preservación o ángulo de observación; por estas razones consideró a *D. rogeri* como sinónimo posterior de *D. armata*.

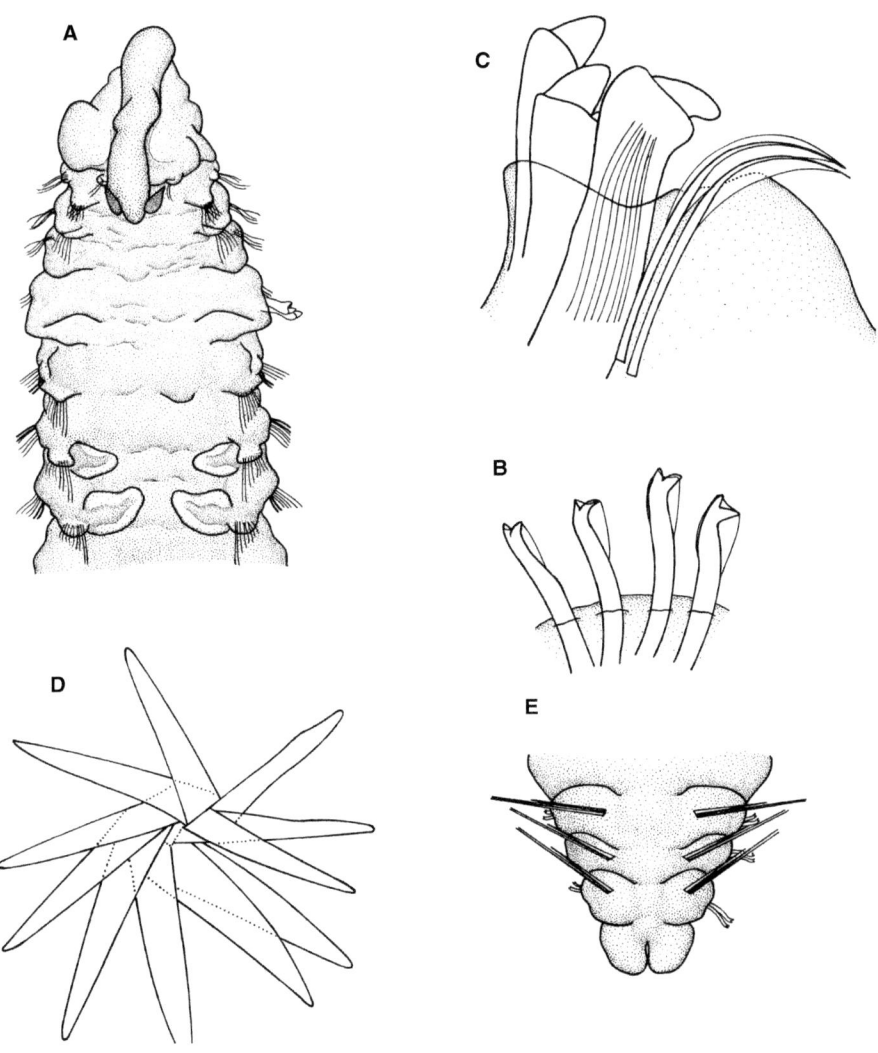

Fig. 67. Extremo anterior en vista dorsal (A), ganchos encapuchados bidentados (B), sedas modificadas del setígero 5 (C), sedas aciculares de los setígeros posteriores (D) y extremo posterior en vista dorsal (E) de Dipolydora armata. *A, redibujado de Martin (1996).*

Dipolydora caulleryi (Mesnil, 1897) (fig. 68)
Polydora caulleryi Mesnil, 1897. *Bull. Sci. Fr. Belg.*, 30: 89

El cuerpo puede alcanzar hasta 50 mm de longitud y 2 mm de anchura, constituido por hasta 150 segmentos. Algunos ejemplares suelen tener, dorsalmente, coloración rojo óxido en los segmentos anteriores. Prostomio provisto de una profunda incisión media en el extremo anterior, produciendo dos lóbulos redondeados. Carúncula extendida hacia atrás hasta alcanzar los setígeros 3-4 (fig. 68A). Ojos presentes o ausentes; de existir suelen ser dos pares, el anterior generalmente de mayor tamaño que el posterior y a menudo reniforme; el par posterior habitualmente más pequeño y con forma ovalada (fig. 68A). Palpos delgados y alcanzan hasta el setígero 10. Setígeros 1-4 con lamelas postsetales foliáceas, subtriangulares (figs. 68B, 68C). Setígero 1 con notosedas capilares cortas y delgadas, mientras que en los setígeros 2-4, 6 y subsiguientes son largas y limbadas (fig. 68D). Sin embargo, en los segmentos más posteriores estas son reemplazadas por sedas aciculares gruesas dispuestas formando una curva. Setígeros 1-4 y 6 con neurosedas capilares largas y delgadas. A partir del setígero 7 comienzan a aparecer los ganchos bidentados encapuchados (fig. 68E), acompañados por un haz de sedas capilares en posición ventral. Ganchos distalmente recurvados, con un diente principal dispuesto en ángulo casi recto al eje y un diente secundario más pequeño en posición distal. Alrededor de 13 ganchos en los setígeros anteriores, el número disminuye gradualmente hasta que en los segmentos más posteriores solo se pueden encontrar alrededor de 5 por parapodio, acompañados de una o dos sedas capilares. Setígero 5 más ancho y largo que el resto y se superpone al setígero 6. Espinas modificadas grandes, distalmente recurvadas e hirsutas (figs. 68F, 68G), y dispuestas en un semicírculo elevado anteriormente, acompañado de unas pocas sedas capilares muy finas (fig. 68H). Una hilera de sedas limbadas dorsales se encuentra antes y por encima de las espinas modificadas. Las neurosetas consisten en un mechón de setas capilares curvas. Branquias que comienzan en el setígero 7 (fig. 68A), pequeñas al principio y alcanzan su mayor desarrollo en el setígero 11, fantan en el último tercio del cuerpo. Pigidio compuesto de cuatro lóbulos iguales.

Descripción basada en Blake (1971).

Distribución geográfica.— Atlántico norte (Canadá, golfo de México, Nueva Inglaterra, Canal de La Mancha, Irlanda); mar Mediterráneo y Pacífico norte: Alaska y California. En el ámbito íbero-balear se ha citado en Galicia (Parapar, 1991; Parada Encisa, 2005), el Mediterráneo andaluz (Sardá, 1986; Baratech y San Martín, 1987, como *Polydora* cf. *quadrilobata*) y el Mediterráneo levantino-balear (Alós, 1988).

Biología.— La especie se distribuye desde el intermareal inferior (Pettibone, 1954) hasta 200 m de profundidad (Hartman, 1965), tanto en fondos arenosos, o con conchas, como en sustratos duros de concreciones calcáreas. *Polydora caulleryi* y *P. brachycephala* fueron sinonimizadas por Pettibone (1954). Los especímenes de California poseen espinas posteriores similares a aquellos de Nueva Inglaterra, entre otras características.

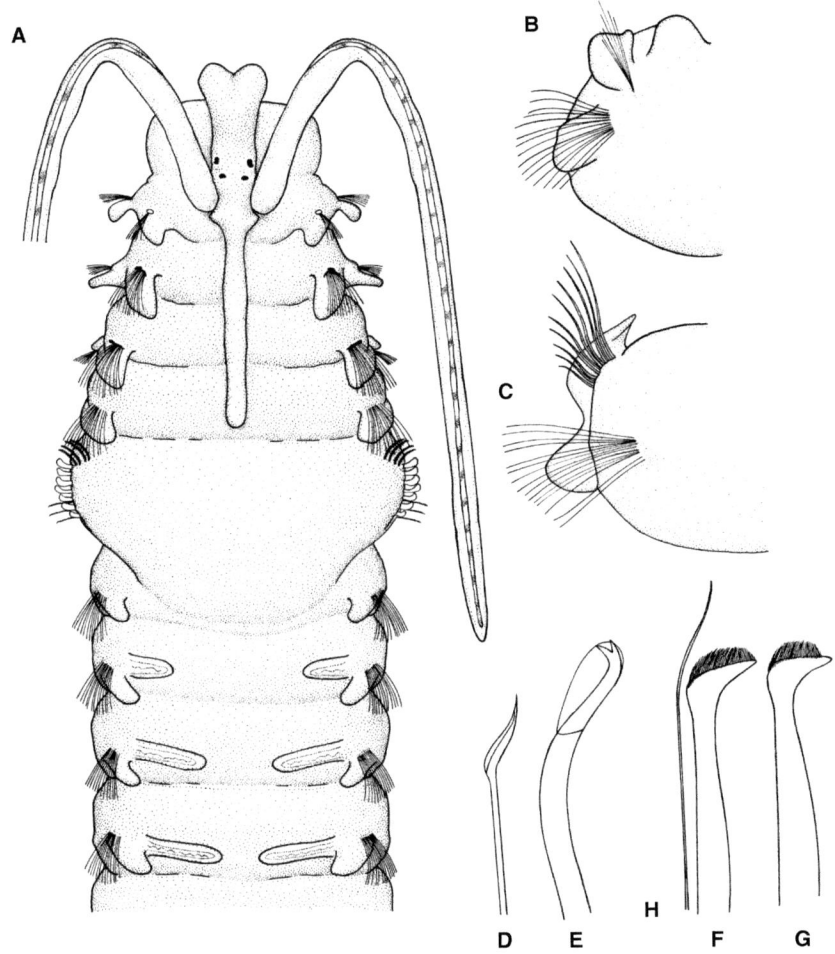

Fig. 68. Extremo anterior en vista dorsal (A), setígeros 1 y 4 (B, C), seda limbada (D), gancho encapuchado bidentado (E), sedas modificadas del setígero 5 (F, G) y seda acompañante del setígero 5 (H) de Dipolydora caulleryi. *Redibujados de Blake (1971).*

Dipolydora coeca (Örsted, 1843) (fig. 69)
Leucodorum coecum Örsted, 1843. *Annulator. Danicor. Conspec.*, (1): 39

Cuerpo considerablemente largo y robusto, constituido por 70-130 setígeros, longitud entre 20 y 40 mm y anchura de 1 mm. Prostomio con una escotadura medioanterior que le confiere una apariencia bilobulada (fig. 69A); ojos presentes o ausentes, cuando presentes suelen ser dos pares localizados en la región mediodorsal del prostomio; porción posterior del prostomio prolongada hasta la mitad del segundo setígero (fig. 69A), palpos largos y delgados. Primer setígero con lamela postsetal en ambas ramas y sedas noto- y neuropodiales capilares. Notolamelas postsetales anteriores (2-4) triangulares, estrechas y cortas; mientras que las neurolamelas postsetales anteriores son anchas y bajas. Notolamelas postsetales de segmentos branquíferos triangulares, con la base un poco más ancha en los anteriores, y neurolamelas postsetales que suelen ser anchas y con el margen liso y redondeado (figs. 69B, 69C). A lo largo del cuerpo, las notosedas son capilares unilimbadas (fig. 69D), excepto en los setígeros más posteriores, donde algunas sedas limbadas son reemplazadas por sedas aciculares más gruesas y de menor longitud que las limbadas (fig. 69E). Sedas de los neuropodios anteriores 1-4 y 6 capilares limbadas. A partir del setígero 7 aparecen los ganchos encapuchados bidentados, con el diente distal de mayor tamaño que el subdistal, cuyo eje no presenta constricción (fig. 69F) y suelen contabilizarse entre 3 y 4 ganchos por neuropodio. Sedas modificadas del quinto setígero gruesas y subdistalmente presentan una concavidad que les confiere forma de cuchara (figs. 69G, 69H); no presentan ni espina ni ceja lateral; están acompañadas por sedas lanceoladas (fig. 69I). Branquias presentes a partir del setígero 8 (fig. 69A); sin embargo, están ausentes en la mitad posterior del cuerpo. Pigidio con forma de embudo y muesca dorsal, en algunos casos puede presentar muescas laterales y ventrales también.
Descripción basada en Fauvel (1928).

Distribución geográfica.— Mar del Norte, Canal de La Mancha, mar Mediterráneo (España, Grecia); Ártico, mar de Beaufort, Atlántico norte (Canadá); Atlántico sur (Mozambique y Sudáfrica). Blake (1996b) refirió que la presencia de esta especie en el Mediterráneo es dudosa. En el ámbito íbero-balear se ha citado del País Vasco (Angulo *et al.*, 1978; Aguirrezabalaga, 1980, 1984; Campoy, 1982; Altuna *et al.*, 1983; Sanz Acha, 1987); de Cantabria (Rioja, 1917a, 1925, 1931); de Galicia (García *et al.*, 1979; Villalba y Viéitez, 1985; Parapar, 1991), de Portugal (Saldanha, 1974, 1984; Hartmann-Schröder, 1977; Amoureux y Calvário, 1981), del Mediterráneo andaluz (Fauvel, 1914; Sardá, 1984, 1986; Templado *et al.*, 1986; Acero y San Martín, 1986) y del Mediterráneo levantino-balear (Alós *et al.*, 1982; Cardell Corral, 1986; Martin, 1987; Alós, 1988; Capaccioni, 1988; Pinedo, 1998).

Biología.— La especie se ha encontrado generalmente asociada a algas calcáreas, esponjas y valvas de moluscos. Sin embargo, Blake (1996b) refiere que

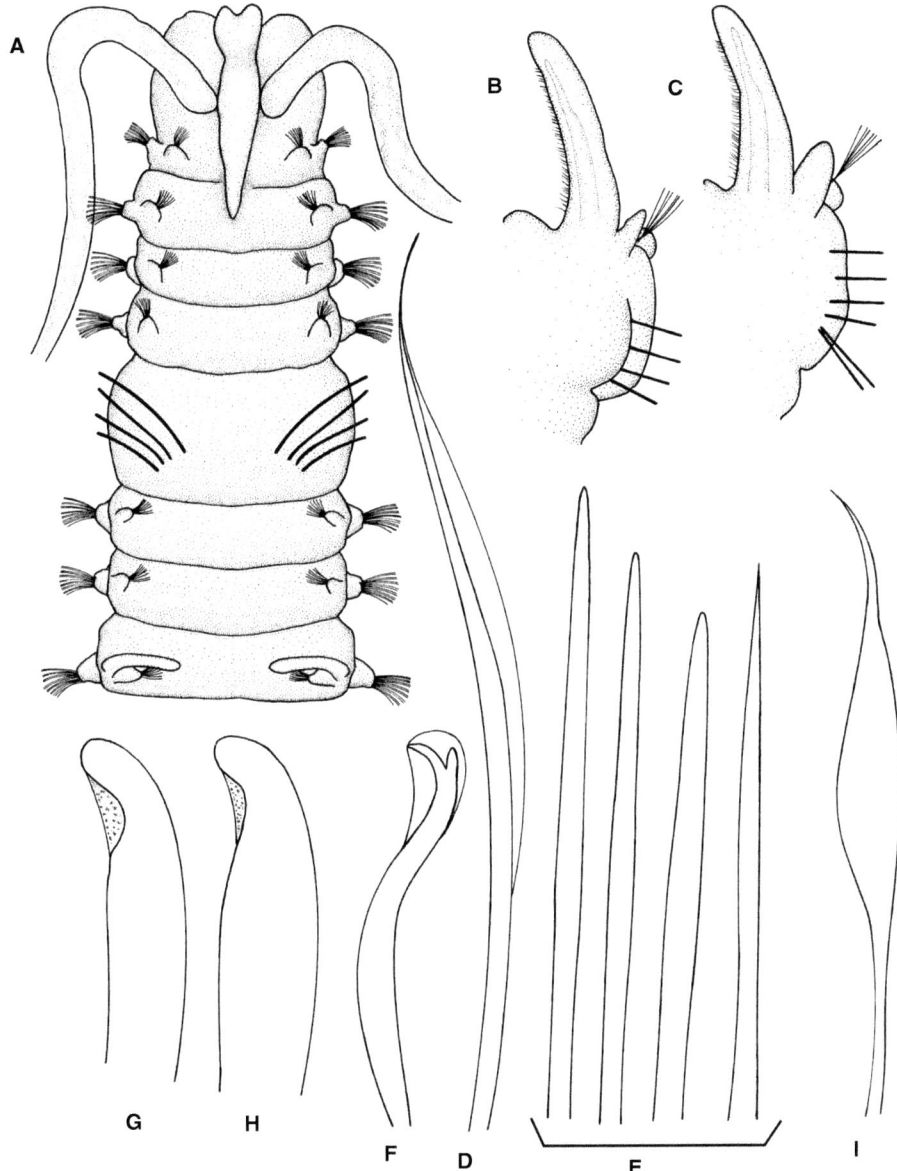

Fig. 69. Extremo
anterior en vista dorsal
(A), primer segmento
branquífero (B), segmento
branquífero posterior
(C), seda limbada
notopodial anterior (D),
notosedas aciculares en
notópodos posteriores (E),
gancho encapuchado
(F), seda modificadas
del setígero 5 (G, H)
y seda acompañante
lanceolada del setígero 5
(I) de Dipolydora coeca.
Redibujados de Fauvel
(1928).

fue descrita originalmente asociada a fondos blandos y advierte que forma parte de un grupo de especies con morfologías similares que alberga a otras 14 especies de *Dipolydora*.

Dipolydora flava (Claparède, 1870) (fig. 70)
Polydora flava Claparède, 1870. *Mém. Soc. Phys. Hist. Nat. Genève*, 20(2): 487

Cuerpo alargado con una longitud de hasta 45 mm y hasta con 150 setígeros. Región anterior del prostomio muy bilobulada, ambos lóbulos algo alargados y dirigidos anteriormente, cada uno de ellos con el extremo distal redondeado. Ojos ausentes; extremo posterior del prostomio extendido formando una carúncula que alcanza la región anterior del setígero 2 (fig. 70A). Palpos tan largos que suelen alcanzar el setígero 20. Setígero 1 con notolamela postsetal ovalada y neurolamela postsetal subtriangular; setígeros 2-4 con notolamela postsetal más ancha y

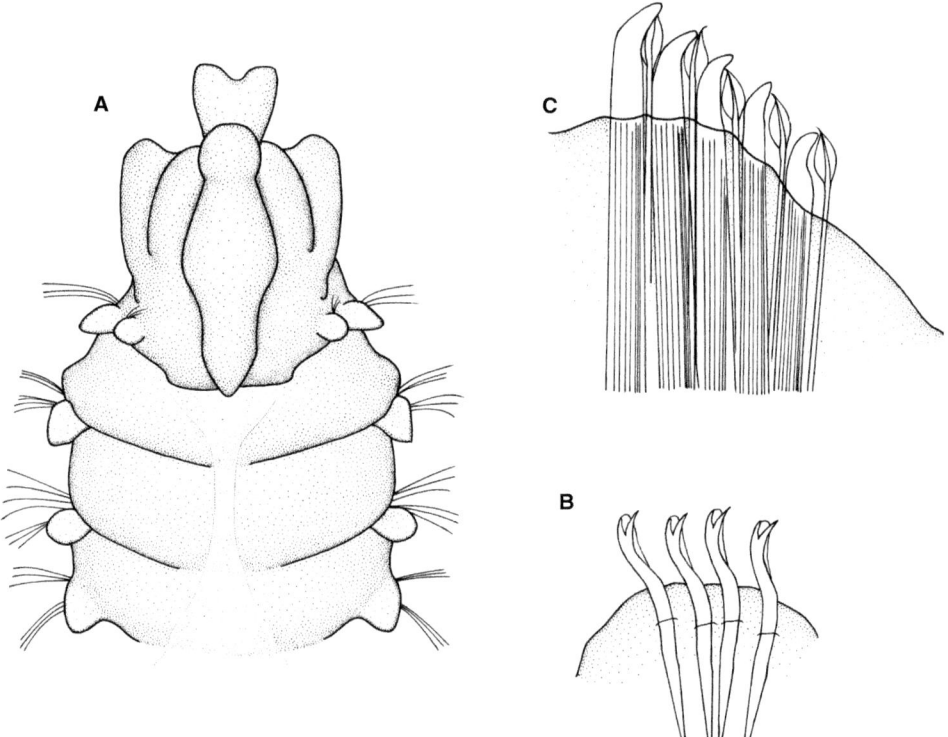

Fig. 70. *Extremo anterior en vista dorsal (A), ganchos encapuchados* bidentados (B) y espinas *y sedas modificadas del setígero 5 (C) de* Dipolydora flava. Redibujados de Fauvel *(1927).*

subtriangular y neurolamela casi igual en forma, aunque un poco más ancha en la base. Setígeros medios y posteriores con lamelas postsetales reducidas, subtriangulares en el notopodio y anchas y muy bajas en el neuropodio, apenas distinguibles en los setígeros más posteriores. Notosedas capilares a lo largo del cuerpo, aunque por detrás del setígero 5 se hacen muy finas, y con el limbo muy estrecho; neurosedas de los setígeros anteriores capilares limbadas y, a partir del setígero 7, son substituidas por ganchos encapuchados bidentados, de 3 a 4 ganchos por neuropodio, con el diente distal ligeramente más corto que el subdistal (fig. 70B). Sedas modificadas del setígero 5 gruesas, subdistalmente recurvadas y distalmente redondeadas, sin ceja ni espina lateral, con sedas acompañantes lanceoladas (fig. 70C). Branquias que comienzan entre los setígeros 7-9 y su número es variable, aunque por lo general faltan en el tercio posterior del cuerpo. Pigidio con forma de collar, muescas dorsal, ventral y dos laterales, lo que le confiere una apariencia tetralobulada.

Descripción basada en Fauvel (1928).

Distribución geográfica.— Atlántico, mar Mediterráneo, Pacífico: Japón y costas de Sumatra. En el ámbito íbero-balear se ha citado de Cantabria (Rioja, 1918a; Ibáñez, 1973; Serrano López, 2002); Galicia (Rioja, 1923, 1931; Currás, 1990; Parapar, 1991; Sánchez Mata, 1996; García Gallego, 1998, como *Polydora flava/socialis*; Parada Encisa, 2005, como *Polydora flava/socialis*); en el Mediterráneo andaluz (Ibáñez, 1973; Sardá, 1982, 1984) y el levantino-balear (Desbruyères *et al.*, 1972; Campoy, 1982; Martin, 1987; Alós, 1988).

Biología.— La especie es común en el intermareal y submareal, en fondos arenosos finos donde habita pequeños tubos de lodo; también ha sido registrada en zonas rocosas, entre las grietas de las rocas, asociada a *Lithothamnium* y conchas de moluscos.

Dipolydora giardi (Mesnil, 1893) (fig. 71)
Polydora giardi Mesnil, 1893. *C.R. Hebd. Séances Acad. Sci.*, 117(19): 643

Cuerpo de unos 5-10 mm de longitud y 0,3-0,4 mm de anchura con hasta 75 setígeros, aunque algunos ejemplares pueden medir 20 mm de longitud y poseer hasta 100 setígeros. Prostomio con una incisión media anterior que le confiere apariencia bilobulada; posteriormente la carúncula se extiende hasta los setígeros 3-5; ojos y antena occipital ausentes (fig. 71A). Palpos extendidos posteriormente hasta el setígero 10-15. Setígero 1 con lamelas postsetales bien desarrolladas en ambas ramas; con noto- y neurosedas capilares cortas, en menor número que en los setígeros subsiguientes 2, 3, 4, 6 y subsecuentes setígeros anteriores con fascículos de sedas unilimbadas arregladas en dos hileras, las de la hilera anterior cortas y gruesas; las de la posterior. delgadas y largas; espinas posteriores ausentes. Neurosedas de los setígeros 2, 3, 4 y 6 capilares unilimbadas dispuestas de manera similar a las notosedas del mismo segmento;

notopodios posteriores solo con capilares. Ganchos encapuchados bidentados (fig. 71B) y se inician en el setígero 7, hasta 5 ganchos por parápodo, acompañados de 3-4 sedas capilares inferiores limbadas en los setígeros 7-9, y de 1 o 2 capilares delgadas situadas entre los ganchos en unos pocos setígeros posteriores. Estos ganchos tienen el eje ligeramente curvado, con un ángulo agudo entre el diente principal y el secundario, y amplio entre el diente principal y el eje del mismo. Setígero 5 sin lamela postsetal, dorsalmente presentan un haz de (2 o 3) sedas capilares geniculadas y 4 o 5 espinas gruesas que se alternan con sedas acompañantes distalmente bilimbadas y un haz de sedas capilares (4-5) en posición ventral. Espina mayor falcada, con un diente lateral en el lado cóncavo y un pequeño talón o protuberancia en el lado convexo (figs. 71C,

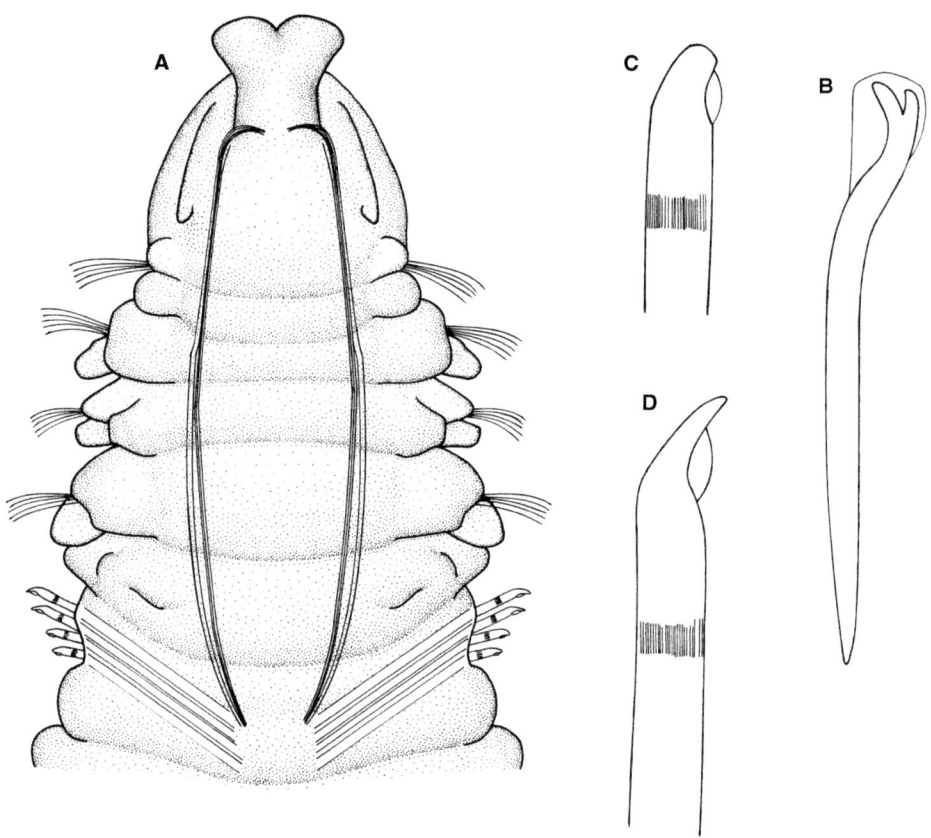

Fig. 71. *Extremo anterior en vista dorsal (A), gancho encapuchado bidentado (B) y sedas* *modificadas del setígero 5 (C, D) de* Dipolydora giardi. *Modificados de Mesnil (1893).*

71D); espinas dispuestas formando una hilera diagonal ligeramente curvada; las más viejas (parte anterior de la fila) con diente lateral roto o desgastado. Branquias presentes desde los setígeros 9-10, aunque generalmente se inician en el 10, y ausentes en la mitad posterior del cuerpo. Branquias foliáceas, con superficies orientadas paralelas al eje del cuerpo, separadas de las lamelas postsetales notopodiales. Cerca del setígero 17 se observa una estructura interior en forma de molleja. Pigidio pequeño, con forma de copa, y un lóbulo ventral y dos dorsales más pequeños.

Descripción basada en Mesnil (1893).

Distribución geográfica.— Se distrinuye por el Canal de La Mancha, Francia, Irlanda, España, Reino Unido, mar Mediterráneo, costa del Atlántico norteamericano y océano Pacífico: Australia y Nueva Zelanda. En el ámbito íbero-balear se ha sido hallado en el País Vasco (Campoy, 1982; Altuna *et al.*, 1983; Aguirrezabalaga, 1984; Sanz Acha, 1987); Galicia (Viéitez, 1981); Portugal (Amoureux y Calvário, 1981); Atlántico andaluz (López Serrano, 1999); Mediterráneo andaluz (Amoureux, 1976; Sardá, 1984; Estacio Gil, 1996) y Mediterráneo levantino-balear (Alós *et al.*, 1982; Alós, 1988).

Biología.— Vive desde el intermareal al infralitoral; en fondos sedimentarios, areno-fangosos o con rizomas de *Posidonia*; también en fondos duros, sobre todo en los que predominan las concreciones calcáreas tales como las asociadas al precoralígeno y coralígeno y facies de *Balanus* Da Costa, 1778 (Alós, 1988).

Dipolydora langerhansi (Mesnil, 1896) (fig. 72)
Polydora langerhansi Mesnil, 1896. *Bull. Sci. Fr. Belg.*, 29: 202

Longitud de hasta 1,5 cm, color amarillo y cuerpo constituido por hasta 81 segmentos. Prostomio que anteriormente presenta una pequeña escotadura que le confiere apariencia bilobulada. Ojos, cuando están presentes, de forma irregular. Setígero 1 con sedas capilares en ambas ramas, notopodio en posición más dorsal con la lamela notopodial postsetal mayor que la neuropodial. Setígeros 2-4 y 6 con sedas capilares. A partir del setígero 7 aparecen hasta 4 ganchos encapuchados neuropodiales, bidentados (fig. 72A), acompañados por sedas capilares. Quinto setígero más ancho y largo que el resto, posee hasta cinco sedas gruesas, en algunos individuos son simplemente romas y en otros tienen un pequeño collar en el lado convexo de la misma (fig. 72B); además, portan el mismo número de sedas distalmente lanceoladas, con una hilera de sedas capilares tanto dorsal como ventralmente. Branquias que comienzan en el setígero 8-10 y se extienden hasta el setígero 38-41; en animales más pequeños estas pueden alcanzar el extremo posterior. Pigidio con forma de disco redondo.

Dipolydora langerhansi (Mesnil, 1896) fue originalmente descrita por Langerhans (1880) para Madeira como *Polydora ciliata* var. *minuta*. Mesnil (1896) examinó el material tipo recolectado por Langerhans y consideró que se trataba de una especie no descrita hasta entonces y propuso *Polydora langerhansi* ("He examinado cuidadosamente un ejemplar completo de la colección original del material recolectado por Langerhans e identificado como *P. ciliata* var. *minuta*, y estoy convencido de que Langerhans había estado tratando con una nueva especie que no se ha descrito desde entonces. Por lo tanto, propongo llamarlo *P. langerhansi*"). Sin embargo, Mesnil plantea algunas dudas y termina señalando que *P. langerhansi* es muy similar a *P. giardi*, *P. socialis* y *P.coeca*, de las cuales se diferencia por la ausencia de faringe y la forma de las sedas modificas del setígero 5; además indicó que los jóvenes de *P. armata* son

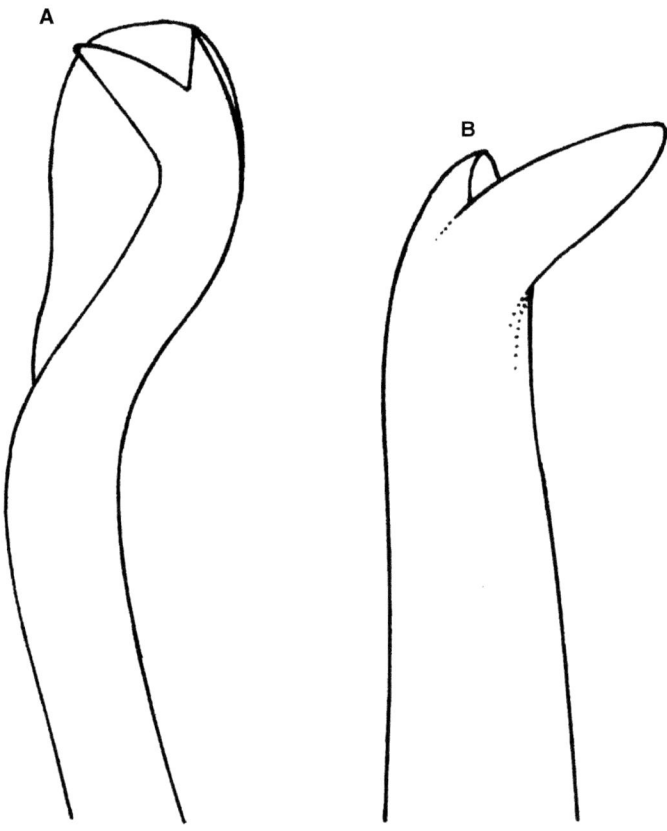

Fig. 72. Gancho encapuchado (A) y seda modificada del setígero 5 (B) de Dipolydora lagerhansi. *Redibujados de Mesnil (1896).*

bastante similares, a la especie por él propuesta. Lamentablemente las descripciones tanto de Langerhans (1881) como de Mesnil (1896) son poco detalladas y tan solo presentan los esquemas de la seda modificada del setígero 5 y del gancho encapuchado, realizados. El registro de Rioja (1925) para el Cantábrico es aún menos detallado y señala que el ejemplar examinado está muy dañado pero que las sedas del setígero 5 y los ganchos encapuchados coinciden con la descripción de Mesnil (1896). Por otro lado, Blake (1996b) refiere a *D. langerhansi* como parte del grupo *Dipolydora barbilla/bidentata* debido a la presencia de ese collar en la parte subdistal de la seda modificada del setígero 5.

Descripción basada en Langerhans (1881) y Mesnil (1896).

Distribución geográfica.— Madeira y costa del Atlántico español. En el ámbito íbero-balear se ha encontrado en Cantabria (Rioja, 1925), el Mediterráneo andaluz (Sardá, 1984; López García, 1995; Tena Medialdea, 1996) y el Mediterráneo levantino-balear (Martin, 1987).

Biología.— Langerhans (1881) señala la presencia de una hembra ovada, con los huevos localizados en los setígeros 23 al 58, de color rojizo, mientras que en los machos el esperma se encontraba en casi todos los segmentos.

Dipolydora quadrilobata (Jacobi, 1883) (fig. 73)
Polydora quadrilobata Jacobi, 1883. *Anat.-histol. Unters. Polydoren Kiel. Bucht.*: 3

Los ejemplares pueden alcanzar hasta 50 mm de longitud y 1-3 mm de ancho, y tener hasta 140 segmentos. Prostomio, peristomio y margen anterior de los primeros siete segmentos a menudo pigmentados por numerosas manchas marrones dispuestas irregularmente, sin ningún patrón de coloración; aunque suele ser más conspicua a ambos lados del peristomio. Prostomio claramente bilobulado en su margen anterior y continúa posteriormente con una carúncula que se extiende hasta el setígero 3 (fig. 73A). Posee de dos a tres pares de ojos dispuestos formando casi una línea transversal recta; los dos pares externos pueden fusionarse en un solo par. Palpos largos, con un surco ciliado prominente. Setígero 1 provisto de un lóbulo setal bien desarrollado con notosedas capilares, neuropodio con lamela postsetal triangular también con sedas capilares (fig. 73A). Notopodios del setígero 2-4 con capilares limbadas (fig. 73B), desde el setígero 6 y en aquellos de la región media y media posterior el número de notosedas disminuye, estas son limbadas pero con limbo estrecho (fig. 73C), y son completamente reemplazadas por espinas engrosadas, largas y puntiagudas en segmentos más posteriores (fig. 73D); estas espinas se disponen formando una estructura semicircular y proporcionan al extremo posterior una apariencia espinosa. Neuropodios 2-4 y 6 con fascículos de sedas capilares limbadas con limbo estrecho; a partir del setígero 7 aparecen los ganchos encapuchados bidentados, entre 3-4 por parápodo (fig. 73E), suelen ir acompañados por 2-3 sedas capilares finas (fig. 73F). Setígero 5 sin lóbulos pa-

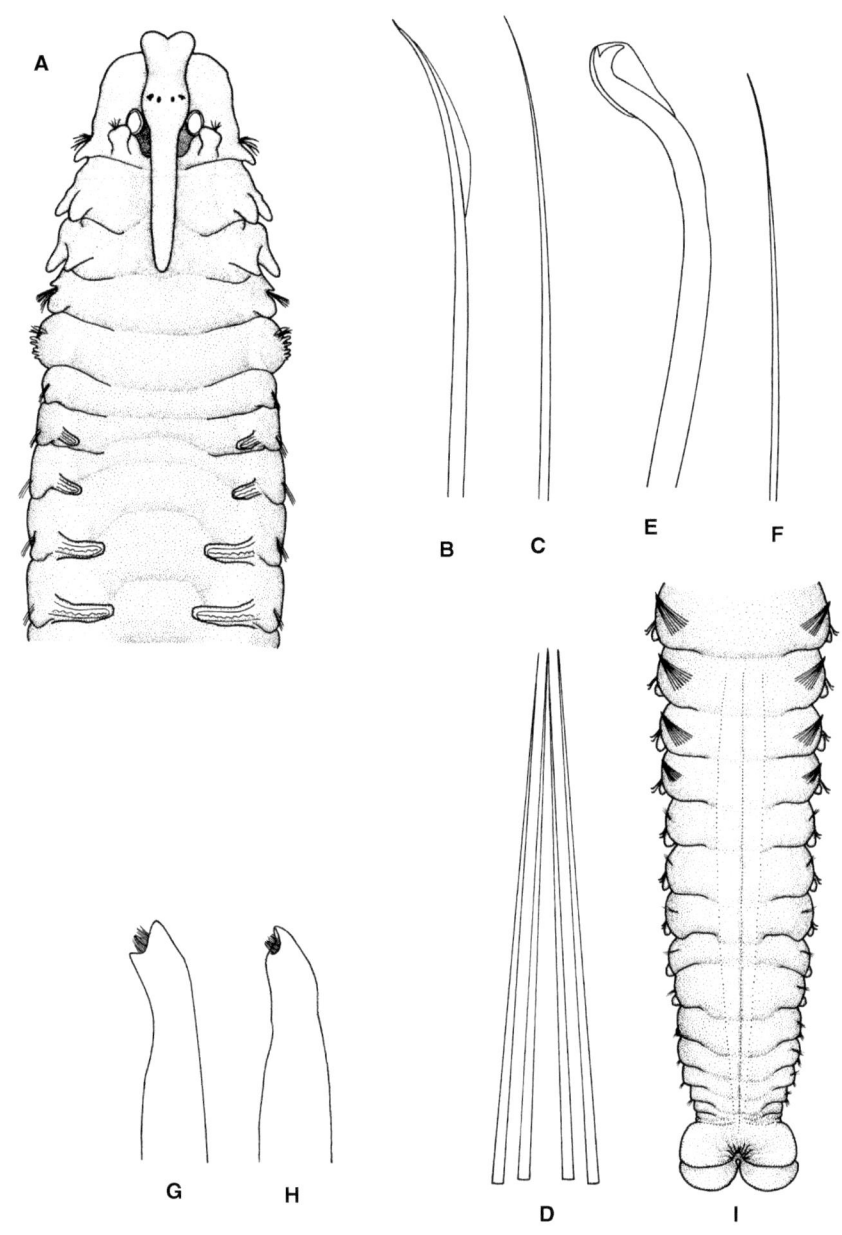

Fig. 73. Extremo anterior
en vista dorsal (A), sedas
capilares (B), sedas
capilares de velo estrecho
(C), espinas aciculares de
los notópodos posteriores
(D), gancho encapuchado
bidentado (E), seda
capilar (F), espinas
modificadas del setígero 5
(G, H) y extremo posterior
en vista dorsal (I), de
Dipolydora quadrilobata.
A, D, H-J, redibujados de
Blake (1971).

rapodiales y mucho más ancho y largo que los segmentos cercanos, tiene tres grupos de sedas: un fascículo dorsal y otro ventral, ambos con sedas capilares, y una hilera de 10-13 espinas modificadas gruesas, sin sedas acompañantes entre ellas, con el extremo distal recurvado y distalmente bifurcado, formando dos dientes entre los cuales se encuentra un fino mechón piloso (fig. 73G); en algunas ocasiones tanto los dientes como el mechón piloso pueden estar reducidos o desgastados por el uso (fig. 73H). Branquias que se inician en el setígero 7, cortas, anchas y alcanzan su máximo desarrollo entre los setígeros 12-15; faltan en el tercio posterior del cuerpo. Pigidio con cuatro lóbulos redondeados subiguales (fig. 73I).

Descripción basada en Blake (1971).

Distribución geográfica.— Océano Atlántico (Alemania, canal de Kiel, localidad tipo), España, Francia, Irlanda, Inglaterra, mar del Norte, este de Canadá, Nueva Inglaterra, golfo de San Lorenzo, Carolina del Norte, Brasil, océano Pacífico oriental: sur de California. En el ámbito íbero-balear, ha sido registrada de Galicia (Parada Encisa, 2005), del Mediterráneo andaluz (Sardá, 1984; Templado *et al.*, 1986; Baratech y San Martín, 1987) y de las islas Chafarinas (López García, 1995).

Biología.— *Polydora quadrilobata* es una especie común en fondos fangosos en Nueva Inglaterra, donde construye tubos frágiles que sobresalen del sedimento. Radashevsky (1993) refiere que la especie puede alcanzar densidades de varios miles de individuos por metro cuadrado. Blake (1996b) ha señalado que la especie generalmente se asocia con otros espiónidos, maldánidos y sabélidos.

OTRAS ESPECIES

Las especies *Dipolydora tentaculata* (Blake y Kudenov, 1978) y *Dipolydora socialis* (Schamarda, 1861) también se han citado para la Península, pero no se incluyen en esta monografía en primer lugar porque no hay evidencia morfológica para confirmar si existen en la región. La primera especie fue registrada por Zorita *et al.* (2009) en aguas del País Vasco y publicada en una lista de especies presentada en un informe, editado en forma de libro, para el Gobierno Vasco, pero sin caracterización taxonómica ni esquemas y, por otro lado, este material no estuvo disponible para su examen y caracterización correspondiente. En el caso de la segunda especie, Martínez y Adarraga (2006a, 2006b) la señalan en listas de especies para el País Vasco en dos libros editados, sin que en los mismos se muestre ni caracterización taxonómica ni esquemas de la misma, y, al igual que el caso anterior, el material no estuvo disponible para su examen. Cabe señalar que la localidad tipo de estas especies son el sudoeste de Australia y Chile, respectivamente. Es necesario la evaluación de este material para confirmar la presencia de estas especies en la Península.

Género ***Dispio*** Hartman, 1951

Dispio Hartman, 1951. *Publ. Inst. Mar. Sci., Univ.Texas*, 2: 86

ESPECIE TIPO: *Dispio uncinata* Hartman, 1951, por monotipia (Delgado-Blas y Díaz-Díaz, 2016: 153-154)

Prostomio con varias formas: fusiforme, cacahuete, ovoide, rectangular, cuña, reloj de arena; con carúncula corta extendiéndose hasta el medio o el margen posterior del setígero 1. Peristomio moderadamente desarrollado, formando alas laterales poco desarrolladas y separadas de setígero 1. Ojos presentes o ausentes. Lamelas notopodiales postsetales papiladas en la región anterior; las lamelas notopodiales pueden tener papilas hasta el setígero 13, posteriormente son enteras (lisas) o todas las lamelas notopodiales enteras. Lamelas neuropodiales anteriores papiladas, enteras, redondeadas o triangulares y neurolamelas de los setígeros posteriores enteras. Lamelas notopodiales y neuropodiales presetales bien desarrolladas en la región anterior y poco desarrollas en la región posterior. Branquias a partir del setígero 1, fusionadas por completo o parcialmente con las lamelas notopodiales, los extremos distales libres, continuando hasta casi el final del cuerpo. Branquias accesorias presentes en la superficie posterior de los notopodios de segmentos medios y posteriores, o están ausentes. Cada segmento con un par de bandas ciliadas dorsales en forma de C o en forma de J (dispuestas oblicuamente) (= órganos metaméricos ciliados dorsales) y con una banda transversal de cilios entre ellos. Entre las lamelas notopodiales y neuropodiales postsetales órganos laterales presentes o ausentes. Notopodios solo presentan sedas capilares y arregladas en un grupo de sedas capilares dorsales y dos hileras de sedas: una hilera anterior con capilares gruesos, y una hilera posterior con capilares más delgadas. Neurosedas dispuestas en tres grupos: dos hileras similares a la morfología de las notosedas, más un fascículo ventral de sedas inferiores en posición de sedas sable; los ganchos neuropodiales encapuchados unidentados presentes en larvas y juveniles (raro en adultos, con ganchos bidentados y unidentados encapuchados integrados en el mismo fascículo). Ganchos en adultos bidentados y reemplazan la hilera anterior de neurosedas capilares de los setígeros 15-44. Algunas capilares y sedas sable con un eje fuertemente reticulado y granulado, otros solo con granulación (*D. magnus, D. brachychaeta*). Algunas capilares en las hileras anteriores reticuladas y granuladas. Pigidio con un colgajo o brida medioventral y uno o dos pares de cirros largos o ausentes, o pigidio reducido con papilas pequeñas en la superficie ventral.

La especie tipo, *Dispio uncinata*, se describió para el golfo de México (Hartman, 1951), pero también se ha registrado en ambientes intermareales y submareales en el sur de California en arenas gruesas a finas (Hartman, 1969). Sin embargo, algunos de estos registros se han referido posteriormente a las especies recién descritas por Delgado-Blas y Díaz-Díaz (2016). Se han descrito un total de 16 especies; sin embargo, es probable que los registros de *D. uncinata* en áreas alejadas de su localidad tipo correspondan realmente a especies no descritas. Se han citado dos especies para la región ibérica.

Clave de especies

1. Todas las branquias casi completamente fusionadas a las lamelas notopodiales; branquias accesorias presentes; lamelas notopodiales anteriores con papilas digitiformes; margen de las lamelas noto- y neuropodiales sin células glandulares . . . .
. . . .*D. elegans* (p. 221)

• Todas las branquias completamente fusionadas a las lamelas notopodiales; branquias accesorias ausentes; lamelas notopodiales anteriores y posteriores con margen entero; margen de las lamelas noto- y neuropodiales con células glandulares . . . .
. . . . **D. glandulosa** (p. 224)

Dispio elegans Delgado-Blas, Díaz-Díaz y Viéitez, 2018 (fig. 74)
Dispio elegans Delgado-Blas, Díaz-Díaz y Viéitez, 2018. *Zootaxa*, 4410(3): 525

Especie de tamaño medio, supera los 53 mm de longitud con una anchura de hasta 3,7 mm al nivel del setígero 15; puede superar los 120 setígeros; color beige claro en alcohol; tiene una gran capacidad de autotomía de su parte posterior por lo que es muy difícil capturar ejemplares completos. Prostomio oblongo lanceolado, con extremo anterior agudo y el posterior prolongado en una larga y estrecha carúncula que se muestra como un largo resalte longitudinal que llega hasta el inicio del setígero 2; posee un par de ojos negros redondos, situados en la mitad posterior del prostomio (fig. 74A). Peristomio corto, envuelve parcialmente al prostomio y se extiende alrededor de las cicatrices de los palpos, formando unas alas laterales bajas y se halla separado del setígero 1 (fig. 74A); palpos muy caedizos. Branquias presentes desde el setígero 1 y se continúan hasta el final del cuerpo; un par en cada setígero y están erguidas sobre la cara dorsal del animal; lisas, más largas que las notolamelas, casi totalmente fusionadas con ellas pero con su ápice libre, y lanceoladas en su parte superior; cada branquia con su borde interno profusamente ciliado (figs. 74B-H). Branquias accesorias que aparecen a partir del setígero 18-23 sobre la parte posterior de la base de los notopodios; en los primeros setígeros como un único lóbulo digitiforme, pero paulatinamente el número se va incrementando hasta llegar a 8 en los setígeros medios, dispuestas en dos filas (figs. 74F, 74G); faltan en los últimos segmentos. En la porción dorsal de cada segmento se observa un par de dobles bandas ciliadas, con forma de J, dispuestas oblicuamente, con una banda transversal de cilios entre ellas (no se observan en todos los individuos) (fig. 74H). Algunos individuos poseen entre las notolamelas y sus correspondientes neurolamelas un órgano lateral a partir del setígero 12. Todas las notolamelas postsetales parcialmente fusionadas a sus correspondientes branquias, pero con su parte distal libre y puntiaguda; las de los setígeros 1 y 2, están dirigidas hacia el lado dorsal y son ligeramente aserradas (figs. 74B, 74C); así, las del setígero 1 llevan 0-4 papilas digitiformes a lo largo de su margen distal externo y las del setígero 2, 0-2. Notolamelas de los setígeros 3-7 de borde externo redondeado en la parte basal y fruncido en las partes media y distal (figs. 74D, 74E); las de los siguientes setígeros con borde entero y a partir del 15-28 poseen una prolongación hacia el lado ventral y van decreciendo gradualmente hacia la parte final del cuerpo (fig. 74F); en algunos ejemplares la parte inferior de la notolamela y la superior de la neurolamela de un mismo parápodo pueden llegar a contactar a partir del setígero 41-45 (fig. 74G). Notolamelas presetales del setígero 1 redondeadas y bajas (fig. 74B); las de los setígeros 2 al 4, redondeadas y anchas, con borde superior ensanchado (figs. 74C, 74D); a partir de aquí van incrementando su tamaño hasta alcanzar la máxima anchura sobre los setígeros 5-35 (fig. 74F), se hacen triangulares entre el 36-41 y más estrechas y reducidas en los posteriores (fig. 74G). Todas las neurolamelas de los setígeros 2-6 son redondeadas y lisas y las de los dos primeros setígeros están dirigidas dorsalmente (figs. 74B-D); en el setígero 7 son rectangulares y anchas (fig. 74E), y van ampliando su borde dorsal sobre los setígeros 26-33 (fig. 74F) para desarrollar un borde puntiagudo sobre los setígeros 28-40; posteriormente van decreciendo en tamaño con su borde dorsal y ventral triangular, hasta el final (fig. 74G); neurolamelas presetales pequeñas, redondeadas y anchas; van disminuyendo gradualmente de tamaño hacia los setígeros de la parte posterior; no se fusionan las neurolamelas pre- y postsetales por debajo de las sedas (figs. 74B-G). Todas las notosedas se disponen en un fascículo superior y otro inferior formado por dos hileras verticales. En el setígero 1, el fascículo superior está constituido por sedas capilares largas, sin limbo y lisas, que se extienden más allá del borde de la notolamela y las dos hileras del inferior son sedas capilares largas, sin limbo y lisas, de las cuales las de la primera hilera son de menor longitud que las de la posterior; en el setígero 2 las sedas superiores son como las del setígero 1 pero las sedas inferiores de la hilera anterior son capilares unilimbadas, estriadas en su parte basal, granulosas, con la punta corta (fig. 74N) y las de la hilera posterior capilares sin limbo, lisas, con su parte basal estriada pero de ápice largo y puntiagudo (fig. 74J); en los siguientes setígeros, las sedas más dorsales son como en los dos setígeros anteriores, y las de la hilera anterior del fascículo inferior son similares a las del setígero 2 pero con el limbo más ancho (fig. 74N), mientras que las de la hilera posterior son capilares largas sin limbo y granulosas (fig. 74K); en los setígeros medios y posteriores el fascículo dorsal se compone de sedas capilares unilimbadas y estriadas (fig. 74L), hilera anterior de las dos inferiores formada por sedas capilares unilimbadas, ligeramente estriadas, granulosas y reticuladas (fig. 74N), y la posterior por capilares sin limbo ligeramente granulosas (fig. 74K). No hay ganchos de capuchón dorsales. Neurosedas de todos los setígeros dispuestas en dos fascículos: en la parte superior dicho fascículo se compone de dos hileras verticales y en la parte más ventral de un único haz de sedas; en el setígero 1, hilera anterior del fascículo superior formada por sedas capilares unilimbadas cortas, granuladas y reticuladas (fig. 74P); hilera posterior por capilares lisas sin limbo, puntiagudas, más largas que las de la hilera anterior; fascículo más ventral compuesto de cinco sedas capilares sin limbo, cortas y lisas; neurosedas del setígero 2 iguales a las del setígero 1, excepto las capilares del fascículo posterior que son unilimbadas granulosas y con largas puntas afiladas; en los siguientes setígeros, se

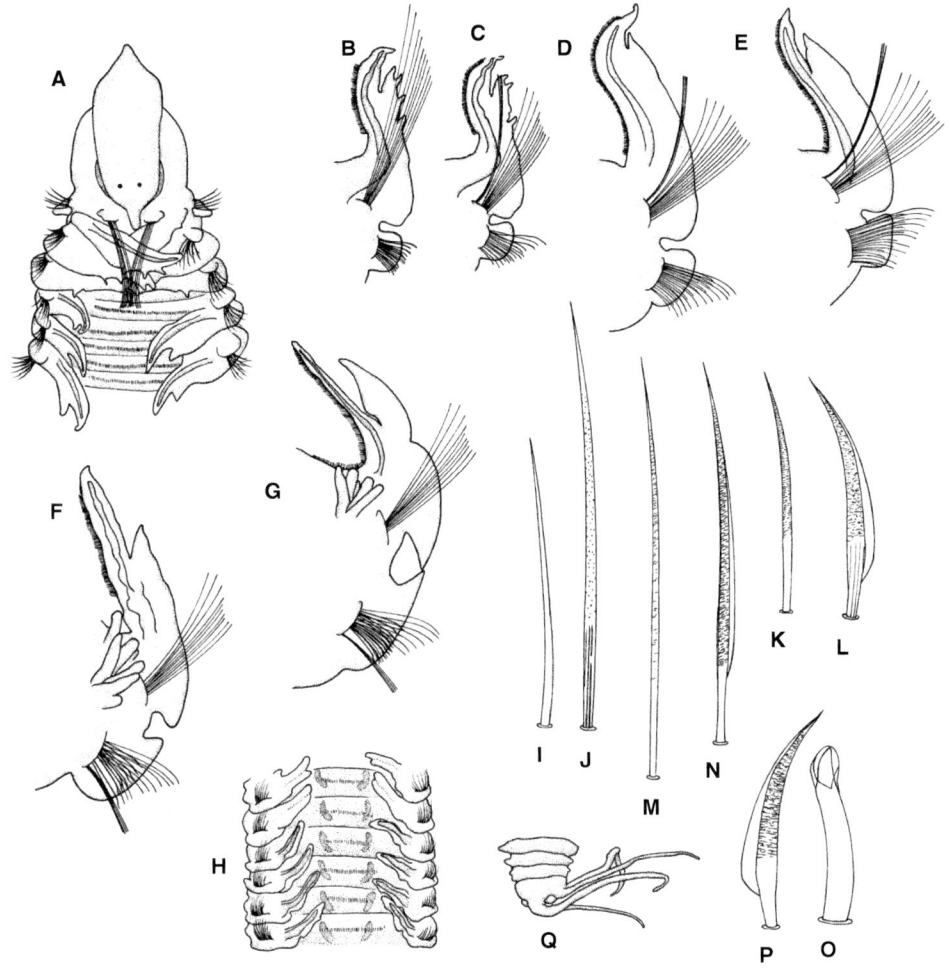

Fig. 74. Extremo anterior en vista dorsal (A), parápodos de los setígeros 1 (B), 2 (C), 4 (D), 7 (E), 26 (F) y 44 (G), órganos dorsales de los segmentos medio en vista dorsal (H), seda notopodial de la hilera anterior en setígeros anteriores (I), seda notopodial de la hilera posterior en setígeros anteriores (J), seda notopodial de la hilera posterior en setígeros medios y posteriores (K), seda neuropodial del haz ventral en setígeros medios (L), seda neuropodial del haz ventral en setígeros posteriores (M), seda neuropodial de la hilera anterior del setígero 1 (N), gancho encapuchado neuropodial unidentado (O), seda capilar acompañante (P) y pigidio en vista dorsal (Q) de Dispio elegans. Redibujados de Delgado-Blas et al. (2018a).

disponen como en el segundo, pero en el fascículo más ventral las capilares son más granulosas; a partir del setígero 23-27 en la hilera anterior parecen de 5 a 8 sedas de capuchón unidentadas con capuchón abierto (fig. 74O), y cada una acompañada por 2-3 finas sedas capilares sin limbo y lisas, muy pequeñas (fig. 74I); la hilera posterior presenta sedas capilares unilimbadas, granulosas y reticuladas; el fascículo ventral formado por capilares sin limbo, granulosas y reticuladas (fig. 74M); en los setígeros posteriores sedas de la hilera posterior capilares lisas y unilimbadas mientras que el fascículo más ventral posee capilares unilimbadas, granulosas y reticuladas (fig. 74L), situadas en la posición de las sedas sable, que no existen. Pigidio con dos pares de largos cirros dorsales y uno ventral más grueso y corto (fig. 74Q).

Descripción basada en Delgado-Blas *et al.* (2018a).

Distribución geográfica.— Especie descrita recientemente de la península Ibérica, por lo que su distribución es por el momento muy restringida. Mar Cantábrico: País Vasco (este estudio), Asturias (Ibáñez y Viéitez, 1973) y Galicia (Viéitez, 1981; Laborda y Viéitez, 1984; Junoy *et al.*, 2005). Todas estas citas como *Dispio uncinata* Hartman, 1951.

Biología.— Se ha encontrado desde el intermareal arenoso de playas expuestas o semiexpuestas, hasta 15 m de profundidad, en sedimentos de arenas medias o finas con contenido en materia orgánica bajo o moderado.

Dispio glandulosa Delgado-Blas, Díaz-Díaz y Viéitez, 2019 (fig. 75)
Dispio glandulosa Delgado-Blas, Díaz-Díaz y Viéitez, 2019. *Zootaxa*, 4604(3): 563

Por el momento solo se conocen ejemplares incompletos, por lo que de su longitud sabemos que puede superar los 5 mm, anchura de 2,2 mm y más de 100 setígeros. Pigmentación en alcohol, blanquecina. Prostomio de contorno elíptico, puntiagudo hacia su parte anterior y estrecho hacia su parte posterior, en la que aparece una larga y estrecha carúncula, con aspecto de largo resalte nucal longitudinal que se extiende hasta el margen anterior del setígero 2; pueden presentar dos pares de pequeños ojos negros dispuestos en línea transversal (fig. 75A); no se pudieron observar los palpos; hay un par de órganos ciliados dorsales, con forma de U, que comienzan entre las cicatrices de los palpos y el inicio de la carúncula y llegan hasta el setígero 2 (fig. 75A). Peristomio largo y envuelve parcialmente al prostomio, formando alas laterales bajas bien separadas del setígero 1 (fig. 75A). En todos los setígeros, a partir del 2, en la región dorsal aparecen un par de bandas ciliadas dobles con forma de O entre cada banda transversal de cilios (fig. 75A). Todas las notolamelas postsetales de los setígeros anteriores completamente fusionadas a las branquias, son cortas y con el ápice puntiagudo (figs. 75A-E); la del setígero 1 se encuentra desplazada hacia el lado dorsal y su anchura es aproximadamente ½ de la de las subsiguientes (figs. 75A-C); enteras, cortas y estrechas en los dos primeros setígeros, a continuación se van haciendo más anchas y largas (fig. 75D), con margen basal ensanchado y redondeado; en los setígeros 24-28 (fig. 75E) el borde ventral se alarga y gradualmente se adelgaza hacia los setígeros 29-30, llegando a hacerse puntiagudo, superponiéndose a los bordes superiores de las neurolamelas postsetales (fig. 75F); notolamelas postsetales de los segmentos posteriores con ápice puntiagudo y separado de la branquia (figs. 75G, 75H); a partir del setígero 5 y hasta el final del cuerpo, se aprecia en las regiones medias y distales de cada notolamela postsetal un incremento de células glandulares (figs. 75A, 75C-H); esto mismo ocurre en las notolamelas presetales y en las neurolamelas post- y presetales, así como en la región ventral de los segmentos medianos (figs. 75G, 75H); notolamelas presetales de los setígeros anteriores anchas y redondeadas; se van haciendo más pequeñas hacia la región posterior (figs. 75B-H). Con órganos laterales entre las noto- y las neurolamelas postsetales a partir de los setígeros 16-18 (fig. 75I); de distribución irregular. Neurolamelas postsetales del setígero 1 con forma de lengua y lisas, estando desplazadas hacia el lado dorsal (fig. 75B); son redondeadas en los setígeros 2-6 (figs. 75B, 75D), más anchas y rectangulares en los setígeros 7-14, redondeadas en los setígeros 15-17 y desarrollan una punta en el borde superior ente los setígeros 27-37 (fig. 75F); neurolamelas presetales de los setígeros anteriores pequeñas, redondeadas y anchas (figs. 75B-75D), las de los subsiguientes son más grandes y, tras la región media, van disminuyendo de tamaño hasta el final con su parte superior triangular y redondeada en su borde inferior (figs. 75E-75H); neurolamelas pre- y postsetales no se fusionan entre sí por su base. Banquias que aparecen en el setígero 1 y siguen hasta el final de los fragmentos; son un par en cada segmento y están erguidas sobre el dorso del animal, presentando sus bordes internos profusamente ciliados; las de los segmentos anteriores y medios son lisas, largas y están completamente fusionadas a las notolamelas postsetales (figs. 75A-F); a partir del setígero 48-52, la parte distal de la branquia se independiza de la notolamela, es puntiaguda y presenta abundancia de células glandulares marginales; son más largas que las notolamelas (figs. 75G, 75H). Carece de branquias accesorias. Notosedas del setígero 1 dispuestas en dos fascículos: uno superior, formado por sedas capilares sin limbo, cortas, finas y lisas que sobresalen del borde de la notolamela; y otro inferior, dispuesto en dos hileras verticales, la anterior con sedas capilares unilimbadas, basalmente estriadas, reticuladas, granulosas y de puntas cortas (fig. 75J) y la hilera posterior con sedas capilares unilimbadas, basalmente estriadas, lisas y de puntas agudas y largas (fig. 75K); notosedas del setígero 2 y subsiguientes, iguales que las del setígero 1, pero con las sedas del haz superior más largas; hacia el setígero 12, las notosedas del fascículo superior son iguales a las de los anteriores, pero las de la hilera anterior tienen el limbo más desarrollado (fig. 75L) y las de la hilera posterior son capilares unilimbadas largas y estriadas (fig. 75M); en los notopodios de la región posterior hay un fascículo dorsal de sedas capilares unilimbadas, granulosas y reticuladas. No posee ganchos de capuchón dorsales. Neurosedas del setígero 1 y subsiguientes se disponen en dos hileras verticales, la anterior compuesta de sedas

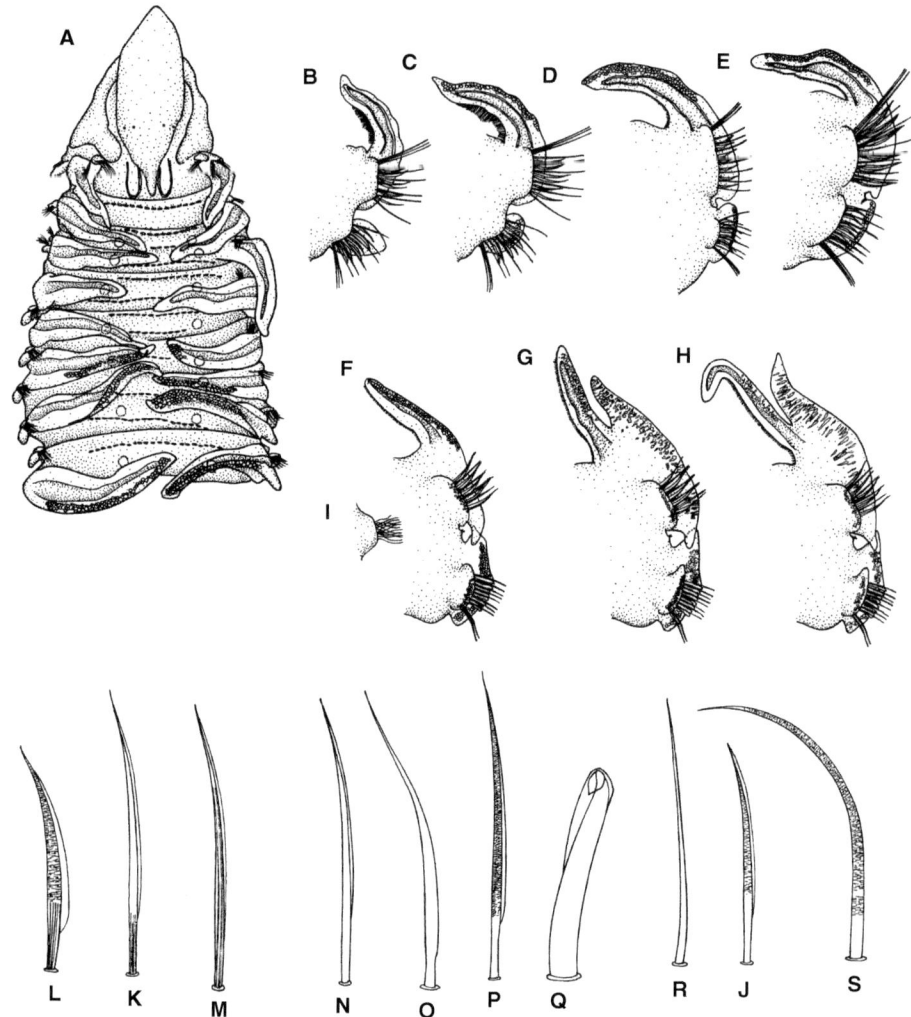

Fig. 75. Extremo anterior, en vista dorsal (A), parápodos de los setígeros 1 (B), 2 (C), 3 (D), 24 (E), 29 (F), 48 (G) y 50 (H), órgano lateral parapodial (I), seda notopodial de la hilera anterior del setígero 1 (J), seda notopodial capilar unilimbada de la hilera posterior del setígero 1 (K), seda notopodial de la hilera anterior del setígero 12 (L), seda notopodial unilimbada de la hilera posterior del setígero 12 (M), seda neuropodial unilimbada de la hilera posterior en setígeros anteriores (N), seda neuropodial del haz ventral en setígeros anteriores (O), seda neuropodial unilimbada del haz ventral del setígero 13 (P), gancho encapuchado neuropodial unidentado (Q), seda capilar acompañante (R) y seda neuropodial del haz ventral en setígeros posteriores (S) de Dispio glandulosa. Redibujados de Delgado-Blas et al. (2019a).

capilares unilimbadas cortas, reticuladas y granuladas (fig. 75N) y la posterior con sedas capilares sin limbo, lisas y de punta aguda más largas que las de la hilera anterior; hay además un fascículo inferior de 3 sedas capilares sin limbo, cortas, lisas y finas (fig. 75O), situadas en la posición de las sedas sable; hacia el setígero 13, las sedas de este fascículo inferior son capilares unilimbadas y reticuladas (fig. 75P); a partir del setígero 30-31, aparecen en la hilera anterior de 4 a 8 ganchos encapuchados unidentados, con capuchón abierto y limbos subdistalmente algo recurvados (fig. 75Q), cada una de ellas acompañada de 2-3 sedas capilares sin limbo, cortas, muy finas y lisas (fig. 75R); en la hilera posterior sedas capilares unilimbadas, reticuladas y granulosas; fascículo inferior de estos setígeros provisto de sedas capilares sin limbo, reticuladas y granulosas, en la posición más ventral (fig. 75S). No se conoce el pigidio.

Descripción basada en Delgado-Blas *et al.* (2019a).

Distribución geográfica.— Hasta ahora solo se conoce procedente del golfo de Valencia, en una zona que va del Puerto de Sagunto al Puerto de Castellón.

Biología.— Habita a pocos metros de profundidad en fondos arenosos. No se conocen más datos de esta especie.

Género *Laonice* Malmgren, 1867

Laonice Malgren, 1867. *Annulata Polych. Spetsbergiae Groenl. Isl. Scand.*: 91
ESPECIE TIPO: *Nerine cirrata* M. Sars, 1851, designada por Malmgren (1867)

Prostomio de redondeado a ligeramente inciso en la región anterior, o en forma de campana; cuernos frontales presentes o ausentes. Órgano (s) nucal (es) extendido (s) hacia atrás por un número variable de setígeros. Antena occipital presente (excepto en *L. dayianum* Sikorski, 1997). Peristomio reducido y con alas laterales poco desarrolladas o ausentes, y separadas del prostomio; en algunas especies el peristomio está agrandado y fusionado al margen anterior del prostomio. Branquias desde el setígero 2, apinnadas o con pínulas digitiformes; branquias separadas o parcialmente fusionadas a las lamelas notopodiales postsetales y continúan posteriormente hasta por lo menos la mitad de la longitud del cuerpo. Lamelas notopodiales y neuropodiales postsetales grandes, expandidas en los setígeros anteriores, y reducidas en los setígeros posteriores. Bolsas genitales interparapodiales presentes. Notopodios con capilares; ganchos notopodiales encapuchados presentes o ausentes. Neurosedas incluyen capilares, ganchos encapuchados y sedas sable. Ganchos con un colmillo principal y uno a varios dientes apicales. Pigidio con cirros anales.

Sikorski *et al.* (2017), propusieron que el género *Laonice* debe ser dividido en cuatro subgéneros: *Laonice, Sarsiana* Sikorski, Gunton y Pavlova, 2017, *Appelloefia* Sikorski, Gunton y Pavlova, 2017 y *Norgensia* Sikorski, Gunton y Pavlova, 2017; tal propuesta obedece a la fusión del prostomio y peristomio, el desarrollo de los órganos nucales, la presencia de ganchos notopodiales, el número de hileras de setas capilares en los setígeros anteriores, la distribución de las branquias y las bolsas genitales. Sin embargo, Neal *et al.* (2022) indicaron que dicha propuesta no se basa en un enfoque filogenético rechazando de esa manera los subgéneros arriba indicados. Tomando en cuenta esta consideración, hasta que la posición de *Laonice* dentro de *Spionidae* sea clarificada en la presente monografía se mantiene lo señalado por Neal *et al.* (2022).

Actualmente se reconocen unas 41 especies de *Laonice* (Sikorsky *et al.*, 2021a), y cinco de ellas se han registrado para la zona ibérica.

Clave de especies

1. Prostomio fusionado al peristomio; lamelas notopodiales anteriores en forma de oreja; con crestas dorsales transversales . . . . **L. bahusiensis** (p. 232)
- Prostomio no fusionado al peristomio; lamelas notopodiales anteriores subtriangulares a ovales 2
2. Órganos nucales se extienden hasta los setígeros 5-7 3
- Órganos nucales se extienden hasta los setígeros 8-13 4
3. Bolsas interparapodiales desde los setígeros 8-9 . . . . **L. junoyi** (p. 237)
- Bolsas interparapodiales desde los setígeros 21-34 . . . .**L. alberti** (p. 228)
4. Sin crestas dorsales . . . . **L. appelloefi** (p. 230)
- Con crestas dorsales . . . . **L. barcinensis** (p. 235)

Laonice alberti Sikorski, Langeneck y Pavlova, 2021 (fig. 76)

Laonice alberti Sikorski, Langeneck y Pavlova, 2021. En: Sikorski *et al.*, *Zootaxa*, 4908(4): 517

El prostomio es más largo que ancho, triangular a acampanado, con una incisión apical muy pequeña con un par de manchas oculares tenues y una antena occipital digitiforme muy corta insertada al final del prostomio, justo al nivel posterior del primer par de parapodios. Los órganos nucales están dispuestos como bandas ciliares dobles en forma de U que se extienden posteriormente hasta los setígeros 5-7 (fig. 76A). Las esquinas anterolaterales del prostomio se conectan al peristomio por pliegues ventrales muy delgados y casi imperceptibles ocultos en el surco entre el prostomio y el peristomio. (fig. 76A). Las branquias están presentes desde el setígero 2, continuando posteriormente hasta los setígeros 31-39; estas son libres; las de los primeros segmentos branquíferos son un poco más largas que las lamelas postsetales notopodiales, aumentando su longitud significativamente justo después del final de los órganos nucales y llegando a ser el doble de largas que las lamelas postsetales notopodiales después del setígero 10-12. La longitud de las branquias más largas alcanzan la mitad del ancho del cuerpo. Las lamelas postsetales notopodiales son más largas entre los setígeros 5-12, disminuyen gradualmente hacia los segmentos posteriores. Las lamelas postsetales notopodiales de los primeros 3 segmentos tienen el extremo distal moderadamente agudo (fig. 76D), pero los márgenes superiores de todas las lamelas postsetales notopodiales posteriores son ampliamente ovalados (figs. 76E, 76F). Las lamelas postsetales neuropodiales son triangulares a lo largo del cuerpo (figs. 76D, 76E). Las lamelas presetales neuropodiales son inconspicuas. Las crestas dorsales transversas continuas están ausentes en los segmentos de la mitad del cuerpo, donde las lamelas postsetales notopodiales se fusionan con crestas dorsales, que no se fusionan entre sí en la zona mediodorsal (fig. 76C). Las bolsas interparapodiales están presentes desde los setígeros 21-34. Las sedas son capilares lisas y están dispuestas en

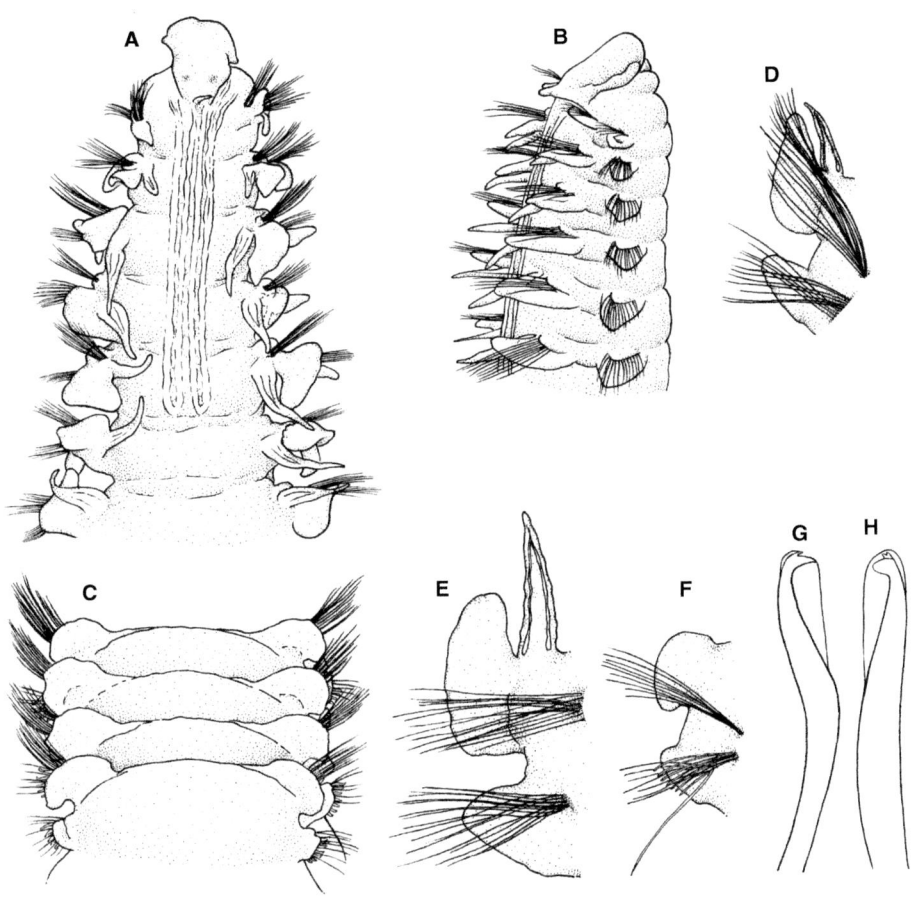

Fig. 76. Extremo anterior, en vista dorsal (A) y lateral (B), setígeros 47-50, en vista dorsal (C), setígero 3, en vista anterior (D), setígeros 12 (E) y 50 (F), en vista anterior, gancho encapuchado neuropodial del setígero 50, en vista lateral (G) y latero-frontal (H) de Laonice alberti. *Redibujados de Sikorski et al. (2021b).*

dos filas verticales tanto en los notopodios como en los neuropodios de los parapodios anteriores. Los ganchos encapuchados neuropodiales aparecen desde el setígero 35-38, en número de 8-10 por paquete, son tridentados, con un par de dientes apicales sobre el diente principal (figs. 76G, 76H). Las sedas sable están presentes desde el setígero 20-22 (fig. 76F). El pigidio es desconocido.

Descripción basada en Sikorski *et al.* (2021b).

Distribución geográfica.— Malta (Mediterráneo central). En el ámbito íberobalear se ha registrado en las islas Baleares y en el cañón submarino de Blanes. Sikorski *et al.* (2021b) han señalado, basándose en un ejemplar recolectado, que la especie podría estar también en el golfo de Cádiz.

Biología.— Habita en sedimentos limo-arcilloso entre 1.200 y 2.400 m de profundidad.

Laonice appelloefi Söderström, 1920 (fig. 77)
Laonice appelloefi Söderström, 1920. *Stud. Polychätenfam. Spionidae*: 225

Cuerpo alargado y aplastado dorsoventralmente. Ejemplares incompletos de unos 12 mm de largo por unos 2 mm de anchura, excluidos los parápodos. Prostomio acampanado o casi triangular, con el margen anterior redondeado, ligeramente festoneado y con una incisión en su porción media (fig. 77A); en algunos ejemplares se observa un par de ojos poco visibles; presenta un conspicuo tentáculo occipital, cirriforme y puntiagudo. Hay una larga carúncula que puede alcanzar el setígero 14 (fig. 77A). El peristomio no está fusionado al primer setígero y, en el lado dorsal, forma unas pequeñas alas laterales; presentan órganos nucales que llegan hasta el setígero 8-13. En la región anterior, los segmentos corporales están bianillados ventralmente siendo, en cada segmento, el anillo posterior el doble de tamaño que el anterior. Lamelas presetales de todos los setígero muy pequeñas, tanto las notopodiales como las neuropodiales; lamelas postsetales del primer setígero más pequeñas que las de los siguientes; todas tienen forma subtriangular, claramente puntiagudas; en los setígeros anteriores son muy grandes, pero después van decreciendo paulatinamente (fig. 77A); en ningún caso forman crestas dorsales transversales. Neurolamelas postsetales todas de forma subtriangular, pero claramente más pequeñas que las correspondientes notolamelas. Aparecen bolsas interparapodiales a partir de los setígeros 5/6-7/8. Las branquias aparecen en el setígero 2, a razón de un par por segmento; se sitúan dorsalmente, insertadas muy próximas a la base de las notolamelas, pero totalmente independientes de ellas (fig. 77B); en el setígero 2 son aproximadamente de la misma altura que las lamelas postsetales, pero en los segmentos siguientes son más largas; aparecen en número de hasta 23 pares, pero son muy caedizas; su aspecto es cilíndrico y muy puntiagudas, con una altura similar a la de las notolamelas. Todas las notosedas son capilares (figs. 77C-E); las neurosedas de los setígeros anteriores también son

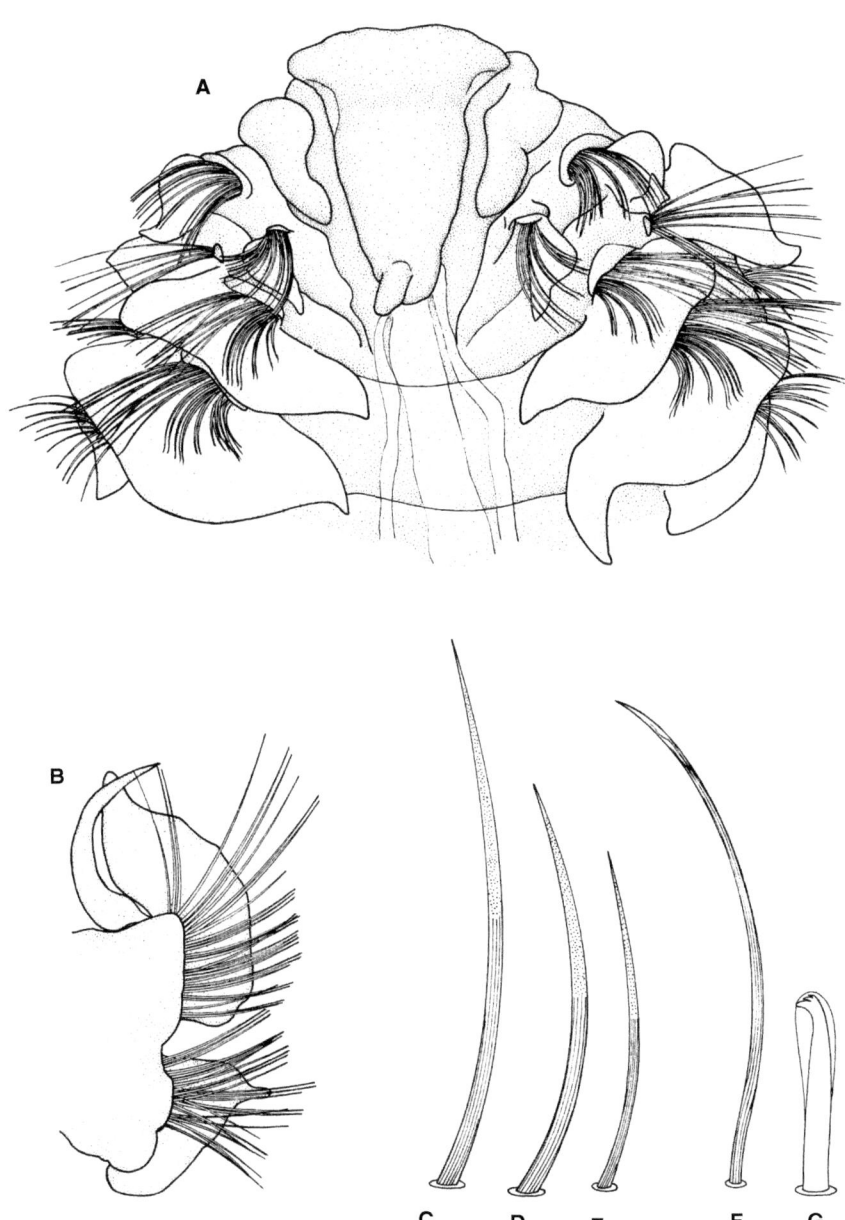

Fig. 77. *Extremo anterior, en vista dorsal (A), setígero 2 (B), notosedas capilares alimbadas (C-E), seda sable (F) y gancho encapuchado (G) de* Laonice appelloefi. *Redibujados de Aguirrezabalaga y Ceberio (2005).*

capilares; en los primeros 12-13 setígeros son limbadas y se disponen en cinco o seis hileras transversas; poseen un color dorado brillante; en los segmentos medianos son más largas y delgadas y están dispuestas en dos hileras; a partir del setígero 10-13, aparecen en los neuropodios de 2-4 sedas en sable, claramente puntiagudas y con su superficie granulosa (fig. 77F); a partir del setígero 17-23, se añaden unos 6 ganchos encapuchados, que en vista lateral parecen tridentados pero al verlos en posición frontal se observan claramente tetradentados: un diente principal sobre el cual se encuentra dos dientes intermedios más pequeños que el principal y un dentículo pequeño dispuestos en la parte superior (fig. 77G); completan las sedas del neuropodio un total de 20 sedas capilares aproximadamente. No se conoce el pigidio.

Descripción basada en Aguirrezabalaga y Ceberio (2005) y la sinonimia de Meißner *et al.* (2014).

Patrón de tinción con verde de metilo. En el prostomio aparece una ancha banda transversa que se continúa con los lóbulos laterales del peristomio; también los lóbulos postsetales se tiñen más intensamente; la superficie ventral del cuerpo está más coloreada a partir del setígero 6-7 y más intensamente teñida a partir del setígero 11-12.

Distribución geográfica.— Hjeltefjorden y Sognefjorden (Noruega), en el límite del mar del Norte y el mar de Noruega. En el ámbito íbero-balear hasta ahora solo se conoce procedente del golfo de Vizcaya, en el Cañón de Capbreton, citada como *Laonice maciolekae* por Aguirrezabalaga y Ceberio (2005). Meißner *et al.* (2014) revisaron el material tipo de *L. appelloefi* y *L. maciolekae* y no encontraron diferencias entre ambas especies y consideraron a esta última como sinónimo posterior de la primera. Si bien, Aguirrezabalaga y Ceberio (2005) señalan que los ganchos encapuchados son tetradentados, la distribución de los dientes es errada; por otro lado, estos autores, posiblemente establecieron la diferencia entre ambas especies basados en la redescripción de *L. appelloefi* hecha por Sikorski (1999) donde señala que tales ganchos son tridentados. Pero estos autores no revisaron el material tipo.

Biología.— Vive de 10 a 1272 m de profundidad en todo tipo de sedimentos, pero más frecuentemente en arena fangosa o fango.

Laonice bahusiensis Söderström, 1920 (fig. 78)

Laonice bahusiensis Söderström, 1920. *Stud. Polychätenfam. Spionidae*: 223

Pueden alcanzar una longitud de 60 mm con una anchura de 1,6 mm y un total de hasta 120 setígeros. Sin pigmentación. El prostomio es de aspecto triangular con el borde frontal ancho y truncado lateralmente o bien ligeramente recurvado y fusionado con el peristomio en sus bordes anteriores (fig. 78A); presenta un tentáculo occipital conspicuo y una carúncula que puede alcanzar el setígero 6-35; en los adultos hay un par de ojos muy netos, con forma de pequeña barra transversal irregular (fig. 78A) (en los juveniles aparecen dos pares de ojos); los palpos son muy cortos y caedizos y pueden alcanzar solo hasta el setígero 2-4. Las notolamelas presetales son prácticamente inexistentes; las postsetales presentan forma de oreja; en el setígero 1 son triangulares con ápice agudo (figs. 78A, 78B); en la región branquial sobresalen netamente sobre el dorso (figs. 78A, 78C), mientras que en la región postbranquial se quedan prácticamente al mismo nivel del dorso, disminuyendo paulatinamente de tamaño excepto en los últimos setígeros 18-21; el margen dorsolateral de estas notolamelas presentan un pico más o menos prominente y en el margen ventral surge una protuberancia inferior; a partir de los primeros segmentos postbranquiales o de los últimos a los que llegan los órganos nucales, las notolamelas de uno y otro lado se unen entre sí en cada segmento, formando crestas dorsales transversales durante un número variable de segmentos, con un máximo de 21; dicho número no guarda relación con el tamaño del animal. No se observan las neurolamelas presetales; las postsetales de los segmentos branquiales son triangulares con punta aguda (fig. 78C); en los setígeros post-branquiales las neurolamelas van disminuyendo de tamaño paulatinamente haciéndose redondas e inferiores a los ganchos encapuchados; en los últimos 10-15 setígeros aumentan ligeramente de tamaño. A partir de los setígeros 6-25 se observan bolsas genitales. Las branquias aparecen a partir del setígero 2 en número de 11 a 36 pares; excepto las del setígero 2, todas son más largas que las correspondientes notolamelas (figs. 78A, 78C); a partir del setígero 6 son aproximadamente el doble de largo que las notolamelas. Las notosedas son capilares y están dispuestas en dos hileras verticales; además hay un fascículo superior de sedas capilares más finas y largas. Las neurosedas son también capilares y se disponen igualmente en dos hileras verticales; hay además un fascículo más inferior de unas pocas sedas capilares; a partir del setígero 10-21 este fascículo se ve sustituido por sedas sable en número máximo de 3; los ganchos encapuchados aparecen en el setígero 14-35, en número de 3 a 14 por neuropodio; los situados en la parte inferior del neuropodio están más apretados que los de la parte superior; estos ganchos presentan cinco dientecillos: uno principal, dos más pequeños en serie vertical sobre el principal y otros dos más pequeños aun en el ápice del gancho, dispuestos en paralelo, difíciles de observar (fig. 78D). El pigidio presenta, rodeando al ano, de 4 a 7 largos cirros dorsales y un par de cirros más gruesos, o lóbulos, en el lado ventral; debido a que los cirros largos son muy frágiles, a menudo se observan solamente los cirróforos.

Descripción basada en Sikorski (2003).

Patrón de tinción con verde metilo. Prácticamente todo el cuerpo presenta una tinción difusa, excepto las zonas puntiagudas de las notolamelas postseta-les de los setígeros 4-5 a 6-12.

Distribución geográfica.— Atlántico noreste, desde el mar Mediterráneo, mar Adriático, mar Egeo y mar Negro, hasta el sur del mar de Noruega e islas Feroe. En el ámbito íbero-balear se ha mencionado de Portugal (Gil y Sardá, 1999; Gil,

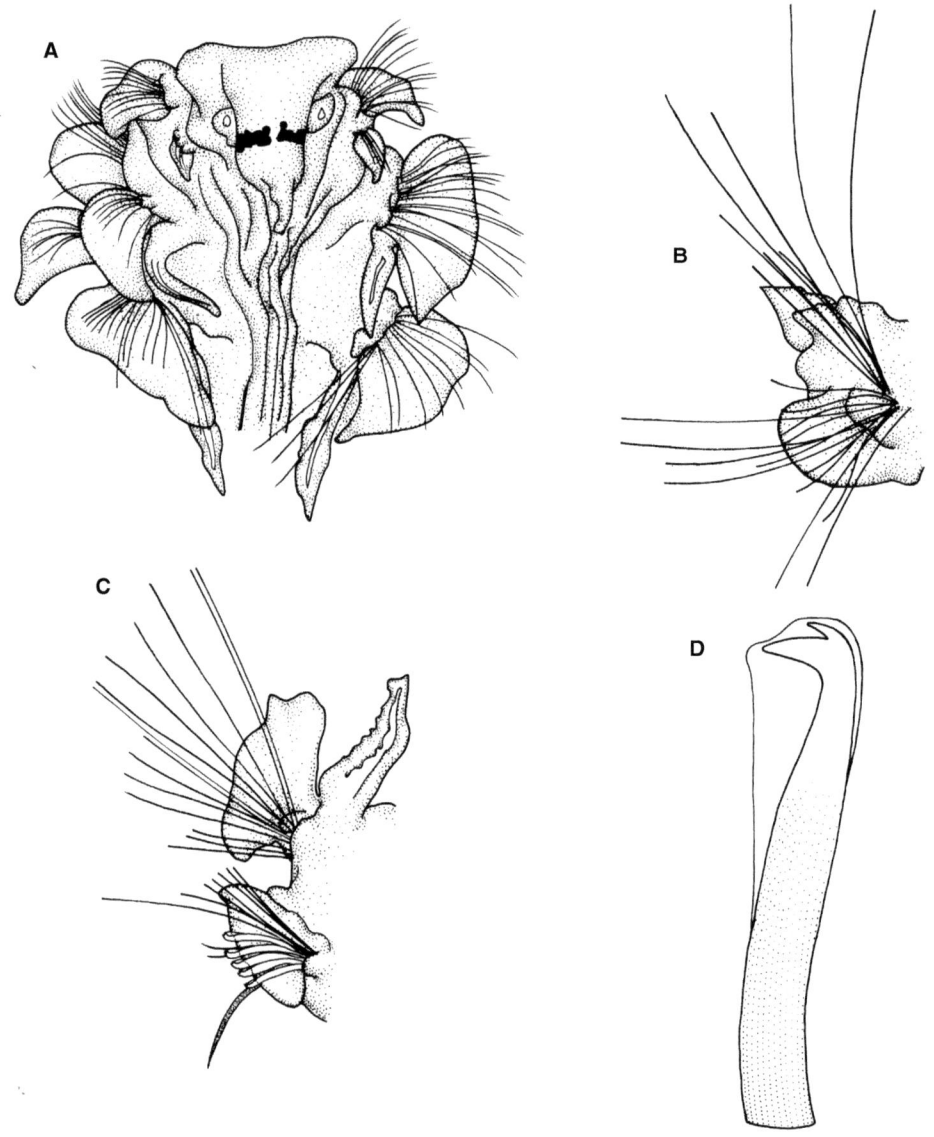

Fig. 78. Extremo anterior,
en vista dorsal (A),
setígeros 1 (B) y 3 (C) y
gancho encapuchado (D)
de Laonice bahusuensis.
Redibujados de Sikorski
(2003).

2011). Según Sikorsky *et al.* (2021a), es muy poco probable que esta especie viva en las costas de la península Ibérica, ya que su distribución estaría restringida al norte de Europa (Noruega, Suecia y Dinamarca).

Biología.— De 10 a 210 m de profundidad en todo tipo de sedimentos, pero con más frecuencia en arena fangosa o fango.

Laonice barcinensis Sikorski, 2021 (fig. 79)
Laonice barcinensis Sikorski, 2021. En: Sikorski *et al., Zootaxa*, 4908(4): 521

Prostomio más largo que ancho, casi triangular, ligeramente en forma de T (fig. 79A) hasta casi cuadrangular, con margen anterior truncado o ligeramente redondeado con ligera concavidad, con manchas oculares casi imperceptibles, los individuos más pequeños pueden mostrar un par de manchas oculares alargadas pero tenues cerca de la base de la antena occipital. Antena occipital, inserta en la parte posterior del prostomio, larga y muy delgada (tan larga o más que las lamelas postsetales notopodiales del setígero 1), suele ser distalmente filiforme y en algunos casos lleva un ensanchamiento medio bulboso. Prostomio completamente separado del peristomio. Órganos nucales representados por largas bandas ciliares dobles en forma de U, que se extienden posteriormente hasta los setígeros 9-11 (fig. 79A). Branquias libres, presentes desde el setígero 2 y a lo largo de casi todo el cuerpo, aunque faltan en los 18-19 setígeros más posteriores. Estas un tercio más cortas que las lamelas notopodiales postsetales entre los setígeros 1-4, luego aumentan gradualmente de longitud y alcanzan aproximadamente la misma longitud que las lamelas notopodiales del setígero 7-9 (figs. 79A, 79C), y se vuelven 1,2-1,3 veces más largas que las lamelas notopodiales en los segmentos subsiguientes (figs. 79B, 79D-F), excepto en los más posteriores, donde se acortan aproximadamente un tercio de su longitud (fig. 79G). Branquias desde la mitad del cuerpo terminadas en un proceso filiforme (fig. 79F), las más posteriores delgadas y subuladas (fig. 79G). Lamelas presetales notopodiales visibles desde el setígero 3 hasta el 12-22, alcanzando su tamaño máximo en los setígeros 9-10. Lamelas postsetales notopodiales de los primeros 4 a 7 setígeros en forma de hoja con puntas puntiagudas alargadas (fig. 79C), las de los setígeros 7-25 más largas (figs. 79D, 79E). Setígeros posteriores a los órganos nucales con lamelas postsetales notopodiales más obtusas, con márgenes superiores ampliamente redondeados sin extensión hacia arriba después del setígero 45 (fig. 79F), volviéndose lanceolados en el setígero 85 (fig. 79G) y finalmente desapareciendo 4 segmentos antes del pigidio. Lamelas presetales neuropodiales visibles desde el setígero 2 hasta el 12-13, alcanzan su tamaño máximo en los setígeros 7-9. Lamelas postsetales neuropodiales alcanzan su tamaño máximo en los setígeros 8-17 (fig. 79C), luego disminuyen gradualmente más hacia atrás, volviéndose muy cortas en los 40-45 setígeros posteriores (fig. 79G). Lamelas postsetales neuropodiales

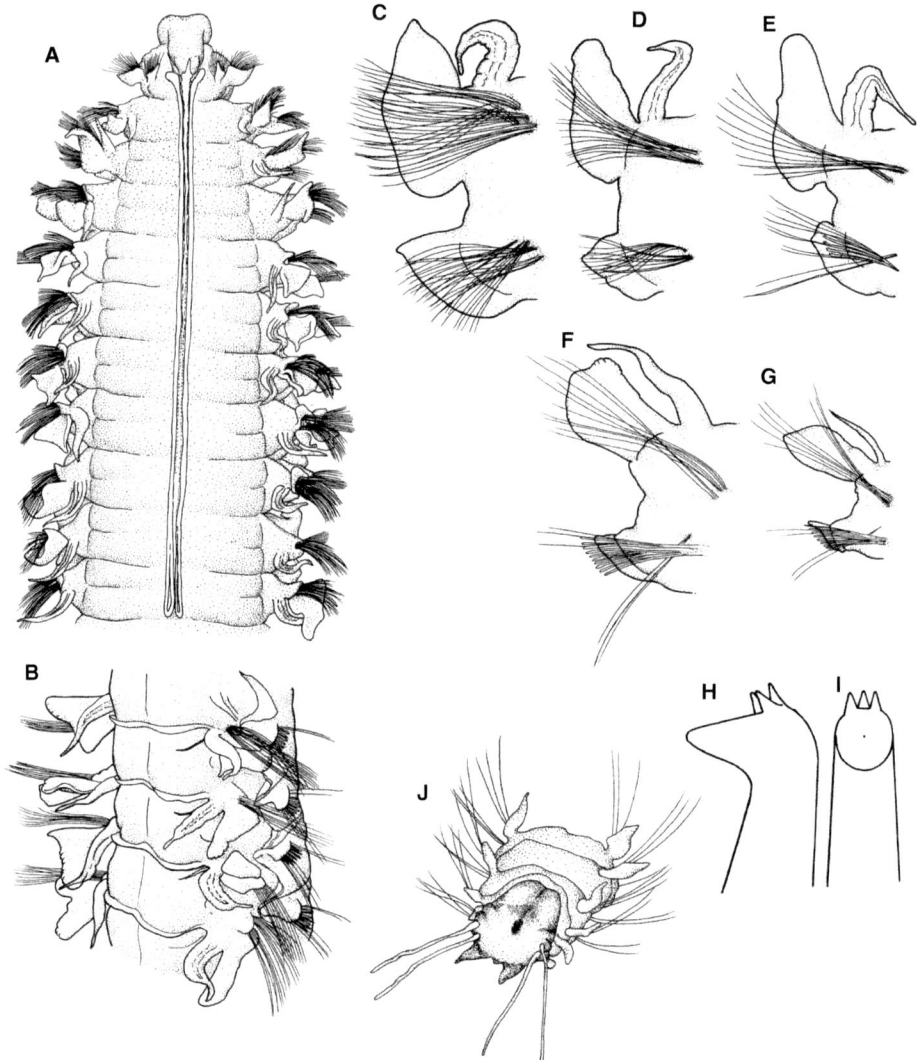

Fig. 79. Extremo anterior, en vista dorsal (A), setígeros medios (37-40), en vista lateral, mostrando las crestas dorsales (B), setígeros 7 (C), 18 (D), 30 (E), 57 (F) y 111 (G), en vista anterior, gancho neuropodial del setígero 52, en vista lateral (H) y frontal (I) y pigidio, en vista dorsal (J) de Laonice barcinensis. *Redibujados de Sikosrki* et al. *(2021b)*.

con extremo dorsal triangular en los primeros 7 setígeros (fig. 79C), que va disminuyendo hasta hacerse menos evidente o redondeado en los setígeros subsiguientes (figs. 79D, 79E); mientras que las postsetales neuropodiales de los setígeros de la mitad posterior del cuerpo vuelven a hacerse triangulares (figs. 79F, 79G). Crestas dorsales transversales que conectan las bases de las lamelas postsetales notopodiales desde el setígero 12-15 hasta el setígero 50-74 (fig. 79B); son generalmente bajas, alcanzan la altura máxima entre los setííeros 15-47. Bolsas interparapodiales presentes desde los setígeros 5 a 8 hasta casi el final del cuerpo, terminando 5-7 setígeros antes del pigidio; pueden iniciarse en segmentos no pareados en lados opuestos del mismo espécimen (diferencia de hasta 2 segmentos). Parapodios anteriores con sedas capilares notopodiales dispuestas en más de 2 filas verticales en los setígeros 1-15 (con hasta 6 filas en los setígeros 8-10), en 2 filas verticales desde el setígero 16; y capilares neuropodiales dispuestos en más de 2 filas verticales en los 12 setígeros más anteriores (fig. 79C), en 2 filas solo en los setígeros más posteriores. Ganchos encapuchados neuropodiales que aparecen en el setígero 19-22, en número de 9-11, y con 3 dientes apicales sobre el diente principal (figs. 79H, 79I, 79K). Seda sable aparece en el setígero 11-12, con 3-4 sedas, y luego 1-2 desde el setígero 16. Pigidio con un par de lóbulos ventrales cortos y dos pares de cirros anales laterales delgados y largos, similares a hilos (fig. 79J).

Descripción basada en Sikorski *et al.* (2021b).

Patrón de tinción con verde metilo. El margen anterior del prostomio y peristomio, antena occipital y márgenes de las lamelas postsetales, se tiñen intensamente, también entre el notopodio y el neuropodio aparece una pequeña mancha ovalada.

Distribución geográfica.— Mar Mediterráneo: se conoce solo de la localidad tipo, el Cañón submarino del Foix (Cataluña) (Sikorski *et al.*, 2021b).

Biología.— Vive hasta 500 m de profundidad.

Laonice junoyi Aguirrezabalaga y Ceberio 2005 (fig. 80)
Laonice junoyi Aguirrezabalaga y Ceberio, 2005. *Mar. Biol. Res.*, 1: 272

Los ejemplares descritos no están completos, por lo que no se conoce la longitud; su anchura oscila entre 0,68 y 0,88 mm, excluidos los parápodos, a la altura del setígero 6. De momento solo se conocen el holotipo y un paratipo. El prostomio es de forma acampanada (fig. 80A), con su margen anterior redondeado, en el que hay una pequeña incisión central y pequeñas protuberancias; no se observan ojos, aunque los autores de esta especie mencionan un par de pequeños ojos en la parte posterior del prostomio; presentan un tentáculo cirriforme puntiagudo occipital. El peristomio es corto y forma unas alas laterales al prostomio cortas; no está fusionado con el setígero 1 (fig. 80A); poseen una carúncula que se bifurca a la altura del setígero 3 y ambas ramas alcanzan el setígero 6-7; en paralelo y por el exterior, corren órganos nucales que alcanzan también el setígero 6-7 (fig. 80A). Todos los parápodos son birrámeos; las notolamelas presetales

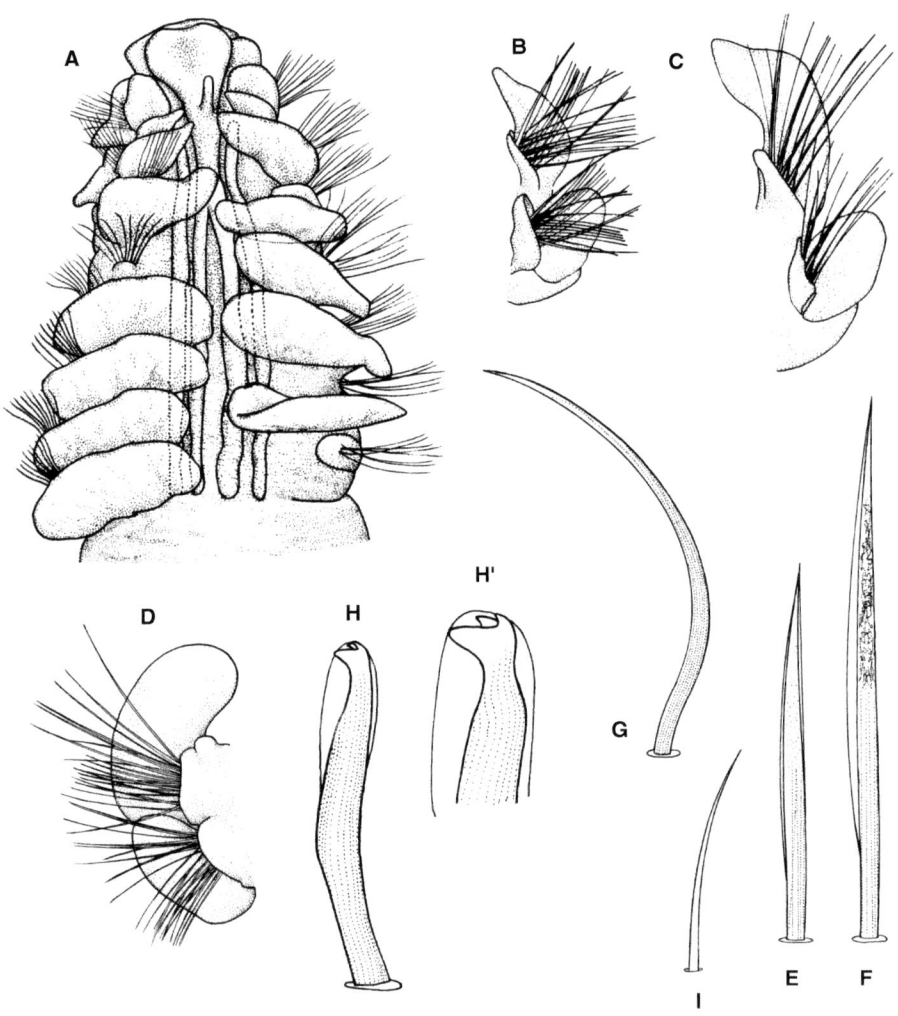

Fig. 80. *Extremo anterior, en vista dorsal (A), setígeros 1 (B), 3 (C) y 9 (D), notosedas capilares alimbadas (E, F), seda* *sable (G), gancho encapuchado (H, H´) y seda acompañante (I) de* Laonice junoyi, *A, D, E, redibujados* *de Aguirrezabalaga y Ceberio (2005); B, C, E-G, I, de Díaz-Díaz* et al. *(2018).*

están bien desarrolladas en los setígeros de la región branquial, siendo las del setígero 1 más bajas que las de los siguientes (figs. 80A, 80B), que son de margen redondeado, como laminillas dorsalmente angulosas (figs. 80B, 80C); las de la región postbranquial son similares pero más bajas; las noto-lamelas postsetales del setígero 1 son subtriangulares con el borde externo redondeado y el ápice destacado (fig. 80B); las de los setígeros 2-4, con el borde externo redondeado, ligeramente alargado dorsalmente y con el ápice anguloso (fig. 80C); en los siguientes setígeros con forma arriñonada, bien desarrolladas en los setígeros 7-9 (fig. 80D), haciéndose redondeadas en los siguientes segmentos branquiales; las de los segmentos postbranquiales no se han podido describir debido al mal estado de los ejemplares. Las lamelas postsetales notopodiales se unen a partir de los setígeros 10-12, formando crestas dorsales bajas, solo apreciables en un ejemplar; además, en el setíge-ro 6 se aprecia una cresta ciliada transversal. Las neurolamelas presetales son poco aparentes; en el primer y segundo setígeros son alargadas en sentido dorsoventral (figs. 80B, 80C), a partir del tercero se hacen más redondeadas; las neurolamelas postsetales del setígero 1 son subovales con la porción dorsal ligeramente alargada, pero de ápice ancho (fig. 80B); en los setígeros 2-4, son también subovales, con la borde ventral algo destacado (fig. 80C); las siguientes son de mayor tamaño y de forma arriñonada, disminuyendo su tamaño a partir del setígero 21. Hay bolsas interparapodiales a partir del setígero 8, solo visibles en el paratipo. Las branquias aparecen en el segundo setígero, separadas por completo de las notolamelas postsetales; se despren-den muy fácilmente, de modo que en los ejemplares solo se observa un par en el holotipo. Las notosedas son capilares unilimbadas, con el mango cen-tral estriado y las porciones distal y subdistal granuladas; se disponen en dos hileras transversales, incluso en el primer setígero; las de la hilera anterior son más cortas que las de la posterior (figs. 80E, 80F); también aparecen, en la porción inferior, sedas capilares sin limbo ni gránulos (fig. 80I); a partir del setígero 15 son más gruesas. Las neurosedas con la misma estructura y disposición que las notosedas. Las sedas sable aparecen en el setígero 10-12; son densamente granulosas (fig. 80G); ganchos encapuchados tridentados, con dos dientecillos dispuestos al mismo nivel sobre el principal, más grue-so, a partir del setígero 31, sin capuchón secundario (figs. 80H, 80H´). No se conoce el pigidio.

Descripción basada en Díaz-Díaz *et al.* (2018).

Patrón de tinción con verde metilo. El prostomio y los lóbulos laterales del peristomio aparecen suavemente teñidos; las lamelas postsetales más intensa-mente teñidas; la superficie ventral del cuerpo está más coloreada a partir del setígero 7-8 y más intensamente teñida a partir del setígero 12-13.

Distribución geográfica.— Conocida solo de la localidad tipo, Cañón de Capbreton en el golfo de Vizcaya (Aguirrezabalaga y Ceberio, 2005).

Biología.— Fondos sedimentarios a una profundidad entre 984 y 1.029 m.

Género **Malacoceros** Quatrefages, 1843

Malacoceros Quatrefages, 1843. *Mag. Zool. Anat. Comp. Paléontol.*, (2), 5: 8

Especie Tipo: *Spio vulgaris* Johnson, 1827, designada por Pettibone (1963: 98)

Prostomio ancho anteriormente, en forma triangular, campana o T. Antena occipital ausente. Con 0-4 pares de ojos dispuestos irregularmente. Carúncula entera, trilobulada o con forma de botón. Órganos nucales como dos pequeños surcos ciliados redondeados posterolaterales a la carúncula. Palpos ventralmente acanalados. Peristomio reducido o moderadamente desarrollado y con alas laterales. Branquias presentes desde el setígero 1 hasta el final o casi el final del cuerpo; estas son cirriformes, con la base ligeramente ensanchada o subtriangulares y pueden estar basalmente fusionadas o libres de las lamelas notopodiales, o branquias alargadas en forma de correa y fusionadas completamente a las lamelas notopodiales. Órganos ciliados dorsales desde el setígero 2 y se extienden a través del dorso entre las bases de las branquias. Parapodios 1-3 pueden estar desplazados dorsalmente en comparación a los segmentos subsiguientes. Lamelas notopodiales distalmente cónicas, lanceoladas, elípticas, o triangulares en la región anterior y media del cuerpo; lamelas notopodiales de los setígeros posteriores digitiformes, triangulares, lanceoladas, cirriformes o rectangulares. Lamelas neuropodiales anteriores triangulares, pentagonales, subcuadradas, foliares, elípticas o redondeadas; las lamelas neuropodiales de los setígeros medios y posteriores con proyección distal, similar a un pezón, redondeadas o triangulares. Cada segmento con una fila transversal media de cilios. Sedas incluyen la presencia de notosedas capilares simples en todo el cuerpo, estas pueden ser muy largas en los setígeros 1-3. Neurosedas incluyen capilares, sedas anteriores en forma de bisturí a menudo con una arista. Ganchos encapuchados pueden ser uni-, bi-, tri- o cuadridentados desde los setígeros 21-90, la capucha principal de los ganchos puede ser completa o con una abertura apical a través de la cual se ven los dientes. Sedas sable inician en el setígero 5 hasta el 90. Pigidio con 2, 4, 6, 6-8, o 15-30 cirros anales, o con dos cirros anales y un lóbulo dorsal redondeado, o con un lóbulo dorsal espatuliforme y dos cirros anales.

Malacoceros es un género cercano a *Rhynchospio*, con cuernos frontales, pero con branquias desde el setígero 1 en lugar del setígero 2. Actualmente, se conocen 16 especies, tres de ellas para la región ibérica.

Clave de especies

1. Branquias completamente fusionadas a las notolamelas de la región anterior . . 2

• Branquias parcialmente fusionadas a las notolamelas de la región anterior; ganchos encapuchados bidentados presentes desde los setígeros 30-45 . . . . **M. fuliginosus** (p. 241)

2. Ganchos encapuchados tridentados presentes desde los setígeros 30-40; pigidio con 15 a 30 cirros anales . . . .**M. girardi** (p. 243)

• Ganchos encapuchados bidentados presentes desde los setígeros 21-28; pigidio con 6 a 8 cirros anales . . . . **M. tetracerus** (p. 244)

Malacoceros fuliginosus (Claparède, 1868) (fig. 81)

Spio fuliginosus Claparéde, 1868. *Annel. Chétop. Golfe Naples*: 322

Los ejemplares son largos y finos de una longitud que puede alcanzar los 60 mm con una anchura máxima de unos 2 mm, excluidas las sedas. Pueden llegar hasta los 160 segmentos. Los animales en vivo presentan un color general rojizo con el prostomio con tintes verdosos; a veces presentan en el prostomio una mancha blanquecina y en los primeros segmentos algunas bandas transversales negras; estas con frecuencia persisten en los ejemplares conservados. El prostomio presenta forma de T, con su extremo posterior prolongado en carúncula puntiaguda (fig. 81A); con un par de cuernos frontales claramente visibles, y la parte frontal, que sobrepasa claramente por delante el peristomio, con una ligera escotadura en su parte central; posee cuatro ojos dispuestos de forma trapezoidal, los del par anterior, de forma arriñonada, más separados y más grandes que los del posterior (fig. 81A); con carúncula triangular que llega a alcanzar la parte anterior del setígero 2; el peristomio forma pequeñas alas laterales y está completamente separado del setígero 1 (fig. 81A); palpos largos y con bandas oscuras. En los segmentos anteriores hay una o dos bandas ciliadas transversales y, en el segundo setígero aparecen, a ambos lados, dos órganos ciliados semicirculares enfrentados entre sí; a partir del setígero 3 estos órganos en lugar de estar enfrentados, son concéntricos, con su concavidad hacia el lado externo del cuerpo (fig. 81A). Las branquias aparecen desde el setígero 1, donde son ligeramente menores que en los siguientes setígeros, y llegan hasta casi el final del cuerpo (fig. 81A); son un par por segmento, de aspecto cirriforme, y están fusionadas en el tercio inferior de su longitud con la notolamela postsetal a la cual rebasan claramente (figs. 81A-C). Las notolamelas postsetales de los segmentos anteriores y medios son de forma ovalada, y están bien desarrolladas; hacia la parte posterior van decreciendo en tamaño y haciéndose más redondeadas; las notolamelas presetales son muy pequeñas (figs. 81B, 81C). Las neurolamelas postsetales son redondeadas y van haciéndose más estrechas y alargadas hacia la zona media, mientras que en los setígeros posteriores adquieren una forma foliácea y son más grandes; las presetales son muy pequeñas (figs. 81B-D). Las sedas de los segmentos anteriores son todas capilares y están dispuestas en dos hileras verticales; son lisas y ligeramente limbadas, siendo las de la hilera posterior más largas; las de la neurosedas son algo más cortas; a partir del setígero 30-45 aparecen, además de las capilares, ganchos encapuchados de dos dientes (fig. 81E) en número máximo de 5 por setígero (figs. 81C, 81D); en algunos ganchos el diente distal parece con una ligera bifurcación, mientras que en otros dicho diente apical es sumamente pequeño (fig. 81F). A partir del mismo setígero donde aparecen los ganchos, también aparecen sedas sable, granulosas y sin limbo, pudiendo ser hasta 5 por rama (fig. 81G). El pigidio presenta una corona de 5 a 8 cirros anales foliáceos.

Descripción basada en Jirkov (2001).

Distribución geográfica.— Océano Pacífico norte, océano Atlántico norte, mar del Norte; estrechos de Skagerrak y Kattegat, Canal de La Mancha, mar Mediterráneo, mar Adriático, mar Egeo, mar de Mármara, mar Negro y mar Rojo. En la península Ibérica se ha citado procedente del País Vasco (Sola *et al.*, 1986), Cantabria (Rioja, 1916, 1925), Asturias (Rioja, 1917b; Gómez y San Martín, 1985); Galicia (Ibáñez, 1973; Viéitez, 1981; Villalba y Viéitez, 1985; López-Jamar y Mejuto, 1986; López Serrano y Viéitez, 1987; Junoy, 1988; Currás, 1990; Parapar, 1991; Sánchez Mata, 1996; García Gallego, 1998; Parra Descalzo, 2007); Portugal (Amoureux y Calvário, 1981; Andrade, 1984; Calvário, 1984; Quintino y Gentil, 1987; Cancela da Fonseca *et al.*, 1989; Quintino *et al.*, 1989; Dexter, 1992; Pardal *et al.*, 1992; Saldanha, 1995; Mucha y Costa, 1999); Atlántico andaluz (Ibáñez, 1973; Rallo *et al.*, 1987); Mediterráneo andaluz (Ibáñez, 1973; Rodríguez *et al.*, 1980; Sardá, 1984; Estacio Gil, 1996); y Mediterráneo levantino-balear (Campoy y Jordana, 1978; Campoy, 1982, 1988; Cardell Corral, 1986; Martín Sintes, 1991; Méndez Ubach, 1994; Pinedo, 1998). La mayoría de las citas como *Scolelepis fuliginosa*.

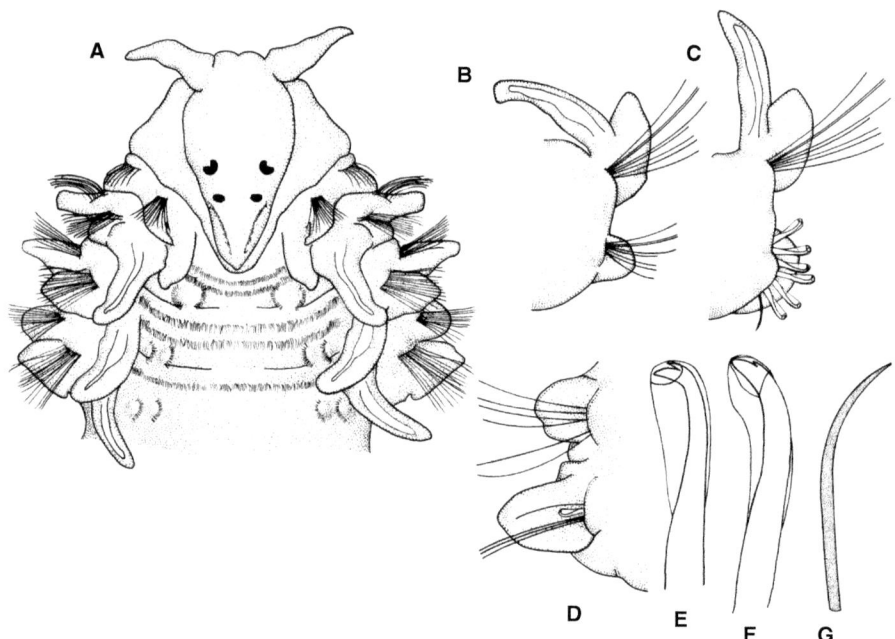

Fig. 81. Extremo anterior, en vista dorsal (A), vista anterior de los setígeros 1 (B), 4 (C) y de un setígero posterior (D), gancho encapuchado bidentado (E, F) y seda sable (G) de Malacoceros fuliginosus. *Redibujados de Jirkov (2001).*

Biología.— Habita arenas finas o gruesas con más o menos fango y entre algas o maërl, praderas de *Posidonia* y *Zostera* o fondos fangosos. Desde el intermareal hasta 500 m de profundidad.

Malacoceros girardi Quatrefages, 1843 (fig. 82)

Malacoceros girardi Quatrefages, 1843. *Mag. Zool. Anat. Comp. Paléontol.*, (2), 5: 10

Los ejemplares son bastante grandes, ya que pueden alcanzar hasta 100 mm de longitud con unos 300 segmentos, por una anchura máxima de unos 6 mm,

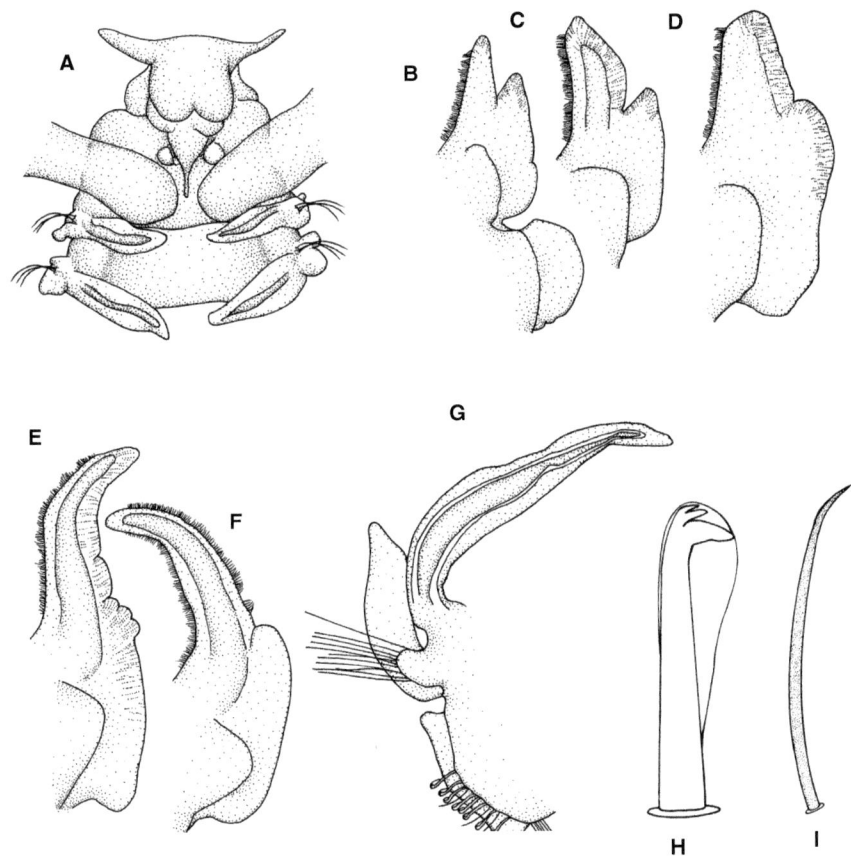

Fig. 82. Extremo anterior, en vista dorsal (A), setígeros anteriores con branquias (B-F), setígero de la región media (G), gancho encapuchado tridentado (H) y seda sable (I) de Malacoceros girardi. *Redibujados de Mesnil (1893).*

lo que le confiere un aspecto foliáceo. Su coloración es rojiza en la mayor parte del cuerpo, pero en la porción final es verdoso oscuro. El prostomio es de forma triangular con su borde frontal liso, sin escotadura, del que salen en posición lateral un par de cuernos; su parte posterior es puntiaguda y alcanza el setígero 2 (fig. 82A); solo los ejemplares jóvenes presentan ojos. El peristomio no forma alas laterales (fig. 82A), presenta un par de palpos relativamente gruesos y con tenues bandas oscuras. Las branquias comienzan en el setígero 1, son pequeñas e independientes de la notolamela postsetal; todas las branquias son de aspecto cirriforme, están profusamente ciliadas en todos los setígeros hasta casi el final del cuerpo. Las notolamelas postsetales de los primeros setígeros presentan dos partes separadas por una escotadura: la parte más dorsal es una lámina fina adherida a la branquia por su parte externa, y la porción basal también adherida a la branquia, tiene forma ovalada (figs. 82A-F). A partir del setígero 40-42 la lamela ya no bordea la branquia, ya que es mucho más pequeña y presenta su borde superior puntiagudo (fig. 82G). Las notolamelas presetales son muy pequeñas y de contorno elíptico. Las neurolamelas postsetales son de aspecto semicircular y van decreciendo hacia la parte posterior del cuerpo; las presetales tienen el mismo aspecto, pero son notablemente más pequeñas (figs. 82B-E). Las notosedas son todas capilares lisas ligeramente limbadas y se disponen en dos hileras verticales. Las neurosedas son iguales, hasta el setígero 30-40, en el que aparecen los ganchos encapuchados, que son tridentados (fig. 82H) y muy numerosos ya que pueden aparecer hasta 21 o 25 por podio; dichos ganchos van acompañados de 3 a 4 sedas capilares, y con 2-3 sedas sable (fig. 82I). El pigidio presenta de 15 a 30 cirros anales.

Descripción basada en Mesnil (1893).

Distribución geográfica.— Océano Atlántico noreste, mar del Norte y mar Adriático. En la península Ibérica está citada del País Vasco (Sola, 1985; Zaballa, 1985); Cantabria (Rioja, 1917a; Lastra, 1991, como *Scolelepis girardi*); Galicia (López-Jamar *et al.*, 1986; Parra Descalzo, 2007) y del Mediterráneo levantino-balear (Desbruyères *et al.*, 1972).

Biología.— Prefiere fondos fangosos o areno-fangosos, bajo piedras, en fondos de *Zostera* y entre *Fucus* L. Desde el intermareal hasta 210 m de profundidad.

Malacoceros tetracerus (Schmarda, 1861) (fig. 83)
Colobranchus tetracerus Schmarda, 1861. *Neue Wirbellose Thiere*, 1(2): 66

Los ejemplares presentan una longitud entre 30-40 mm con una anchura máxima de unos 2 mm, excluidas las sedas. Pueden llegar a presentar algo más de 100 segmentos. Color rojizo, sin manchas de pigmentación. El prostomio presenta forma de campana en los ejemplares algo contraídos y forma de T con su extremo posterior puntiagudo en los más relajados; con un par de cuernos frontales netamente visibles, una pequeña escotadura media, y con su extremo anterior sobrepasando claramente del peristomio (fig. 83A); posee cuatro ojos dispuestos de forma trapezoidal, el par anterior reniformes, más separado y más grandes que el par posterior; carúncula triangular que llega a alcanzar la parte anterior del setígero 2; está flanqueada por un par de órganos nucales que llegan también hasta el setígero 2. El peristomio forma pequeñas alas laterales y está parcialmente separado del setígero 1 (fig. 83A); palpos largos, más o menos rizados. Las branquias del primer setígero son más pequeñas que las de los siguientes y llegan hasta casi el final del cuerpo (fig. 83B); son un par por segmento, de aspecto cirriforme, relativamente puntiagudas y llevan fusionadas hasta casi su mitad la notolamela postsetal en los setígeros anteriores (figs. 83A, 83B); a partir de los segmentos medios solo se fusiona por su parte basal (fig. 83C). Notolamela postsetal del primer setígero, subcuadrada; las de

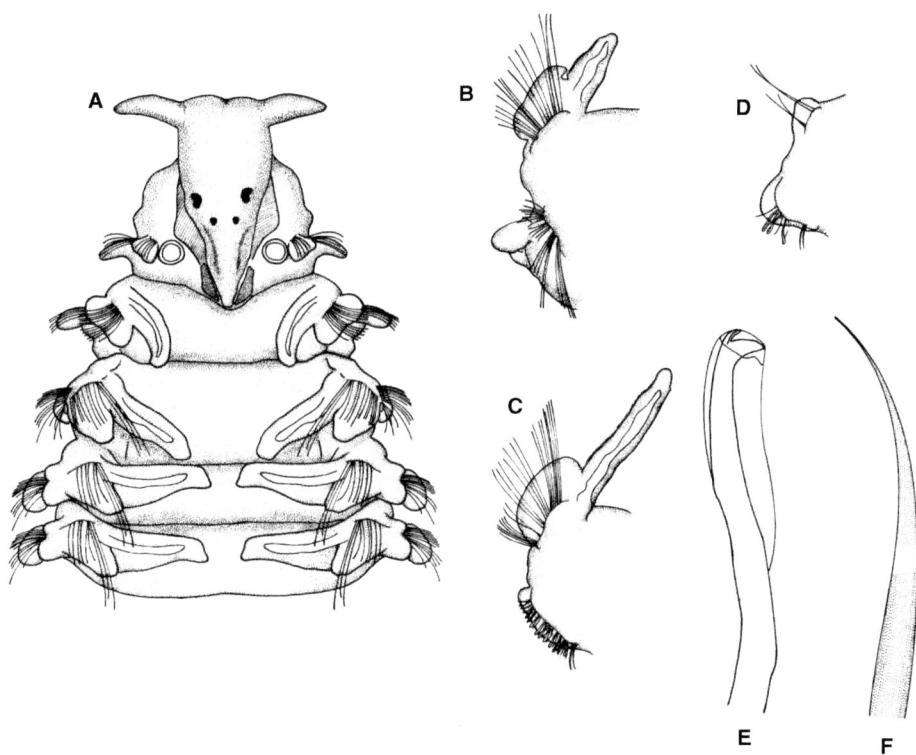

Fig. 83. Extremo anterior, en vista dorsal (A), segmentos branquíferos anteriores (B, C), setígero posterior (D), gancho encapuchado bidentado (E) y seda sable (F) de Malacoceros tetracerus. Redibujados de Jirkov (2001).

los siguientes segmentos son ovaladas y llegan hasta aproximadamente algo menos de la mitad de la longitud de la branquia; hacia la parte posterior van decreciendo en tamaño, se hacen más netamente ovaladas y no sobrepasan un cuarto de la longitud de la branquia (figs. 83B, 83C); las notolamelas presetales son muy pequeñas en los primeros setígeros, pero en los medianos se aprecian bien y se unen por debajo de las notosedas con la notolamela postsetal; en los posteriores vuelven a ser muy pequeñas. Las neurolamelas postsetales de los tres primeros setígeros son foliáceas con tres lóbulos desiguales, a partir del setígero 4 son ovaladas y van decreciendo en tamaño hacia la parte posterior, donde quedan reducidas a un pequeño lóbulo; las presetales son muy pequeñas y elípticas (fig. 83D). Las sedas de los segmentos anteriores son todas capilares y están dispuestas en dos hileras verticales; son lisas y las de la hilera posterior son más largas; en los setígeros posteriores las sedas capilares son más largas; en la rama neuropodial, a partir del setígero 21-28 aparecen, además de las capilares, ganchos encapuchados de tres dientes en número máximo de 12 por setígero (figs. 83C, 83E). A partir del setígero 15-21 aparecen sedas tipo sable, granulosas y sin limbo, pudiendo ser hasta 5 por rama (fig. 83F). El pigidio presenta una corona de 6 a 8 cirros anales foliáceos.

Descripción basada en Jirkov (2001).

Distribución geográfica.— Se distribuye por el océano Atlántico oriental, mar del Norte, estrechos de Skagerrak, Kattegat y Sund, canal de Kiel, Canal de La Mancha, mar Egeo y mar Negro. En la península Ibérica se ha encontrado en el País Vasco (Rodríguez *et al.*, 1979; Sanz Acha, 1987), Cantabria (López Cotelo *et al.*, 1982; Lastra, 1991), Asturias (Gómez y San Martín, 1985), Galicia (Rioja, 1923; Ibáñez, 1973; Viéitez, 1977; Laborda y Viéitez, 1984; López-Jamar *et al.*, 1986; Junoy, 1988; García Gallego, 1998; Gómez Gesteira, 2001; Parra Descalzo, 2007), Portugal (Amoureux y Calvário, 1981; Sousa-Reis *et al.*, 1982; Monteiro-Marques, 1987; Quintino y Gentil, 1987; Cancela da Fonseca *et al.*, 1989; 2006; Quintino *et al.*, 1989; Dexter, 1992; Pardal *et al.*, 1992), Mediterráneo andaluz (Ibáñez, 1973) y Mediterráneo levantino-balear (Desbruyères *et al.*, 1972; Méndez Ubach, 1994). La mayoría de las citas como *Scolelepis ciliata*.

Biología.— En el intermareal y hasta 25 m de profundidad, en fondos arenofangosos. También en el limo que se forma en bancos de mejillones o de ostras; entre *Fucus* y entre matas de *Zostera*, así como bajo piedras.

Género **Microspio** Mesnil, 1896
Microspio Mesnil, 1896. *Bull. Sci. Fr. Belg.*, 29: 119
ESPECIE TIPO: *Spio mecznikowianus* Claparède, 1869, designada por Söderström (1920)

Prostomio redondeado o bilobulado con una profunda incisión anterior, cuernos frontales o laterales ausentes. Manchas oculares y antena occipital presentes o ausentes. Órganos nucales como bandas laterales a la carúncula;

M. hartmanae con extensiones posteriores bilobuladas de la carúncula y los órganos nucales sobre los setígeros 2-3; los órganos ciliados dorsales metaméricos normalmente están presentes. Bandas ciliares transversales se presentan entre las bases de las branquias en algunas especies. Branquias desde el setígero 2, limitadas a la región anterior del cuerpo o continuando hacia el extremo posterior, libres o parcialmente fusionadas a las bases de las lamelas notopodiales postsetales. Glándulas epidérmicas ventrales presentes o ausentes. Notosedas capilares de varios tipos; espinas notopodiales presentes o ausentes; las neurosedas incluyen capilares, sedas sable y ganchos encapuchados bi-, tri- o multidentados. Pigidio con 2-4 cirros anales, generalmente con glándulas bacilares.

Microspio se distingue de *Spio* por tener el primer par de branquias en el setígero 2 en lugar del setígero 1. Por otra parte, Söderström (1920) separa ambos géneros basándose en el número de bandas ciliares que constituyen los órganos ciliados dorsales metaméricos. Según el diagnóstico de Söderström se encuentran dos bandas en *Microspio* y cuatro bandas en *Spio*. Este problema no se ha resuelto completamente y se han asignado varias especies a *Spio* o *Microspio* que aún deben validarse (Bick y Meißner, 2011). La mayoría de las especies de *Microspio* tienen glándulas bacilares conspicuas en las lamelas postsetales noto- y neuropodiales y cirros anales. Actualmente, 21 especies son referidas a *Microspio* y una de ellas se ha registrado para la región ibérica.

Microspio mecznikowiana (Claparède, 1869) (fig. 84)

Spio mecznikowianus Claparède, 1869. *Mém. Soc. Phys. Hist. Nat. Genève*, 20(1): 64

Cuerpo alargado que consta de 30-48 setígeros; su longitud oscila entre 15-40 mm con una anchura de 0,7-1 mm. A menudo presenta manchas ovales parduscas. El prostomio es alargado y algo estrecho, con el margen anterior redondeado o con una débil escotadura; en su región posterior presenta dos pares de ojos dispuestos en trapecio, el primer par más separado entre sí; a veces solo se observa un par; el peristomio está fusionado al prostomio (fig. 84A). Los palpos son gruesos y de tamaño variable, de aspecto más o menos anillado o moteado (fig. 84A). El primer par notopodial postsetal de aspecto foliáceo y rematadas en punta aguda y carece de sedas. Las neurolamelas postsetales son cortas y redondeadas, sin escotaduras. A partir del setígero 2 con un par de branquias en cada segmento, completamente libres (fig. 84B); estas están presentes hasta casi el final del cuerpo. Notopodios con sedas capilares unilimbadas exclusivamente (figs. 84C, 84D); en los neuropodios aparecen ganchos encapuchados, a partir del setígero 8-11, en número de 2-5; son bi o tridentadas con capuchón (fig. 84E). Bolsas glandulares a partir del setígero 2. Los machos presentan en su madurez unos espermatóforos muy característicos. El pigidio presenta un par de cirros anales dorsales pequeños y otro par ventral, estos últimos son más anchos y parduscos.

Descripción basada en Giordanella (1969).

Distribución geográfica.— Océano Atlántico noreste, mar del Norte, Canal de La Mancha, mar Mediterráneo, mar Adriático, mar Egeo, mar Negro y océano Pacífico norte. En el ámbito íbero-balear se conoce procedente del País Vasco (Zaballa *et al.*, 1983; Sola e Ibáñez, 1986; Sola, 1994; García Arberas, 1998), bahía de Santander (Lastra, 1991), Galicia (Anadón, 1977; López-Jamar, 1982; Parada Encisa, 2005), Portugal (Dexter, 1992; Pardal *et al.*, 1992; Sprung, 1994; Amaral y Costa, 1999; Mucha y Costa, 1999), Mediterráneo andaluz (Sardá, 1984) y Mediterráneo levantino-balear (Alós *et al.*, 1982; Desbruyères *et al.*, 1972; Méndez Ubach, 1994).

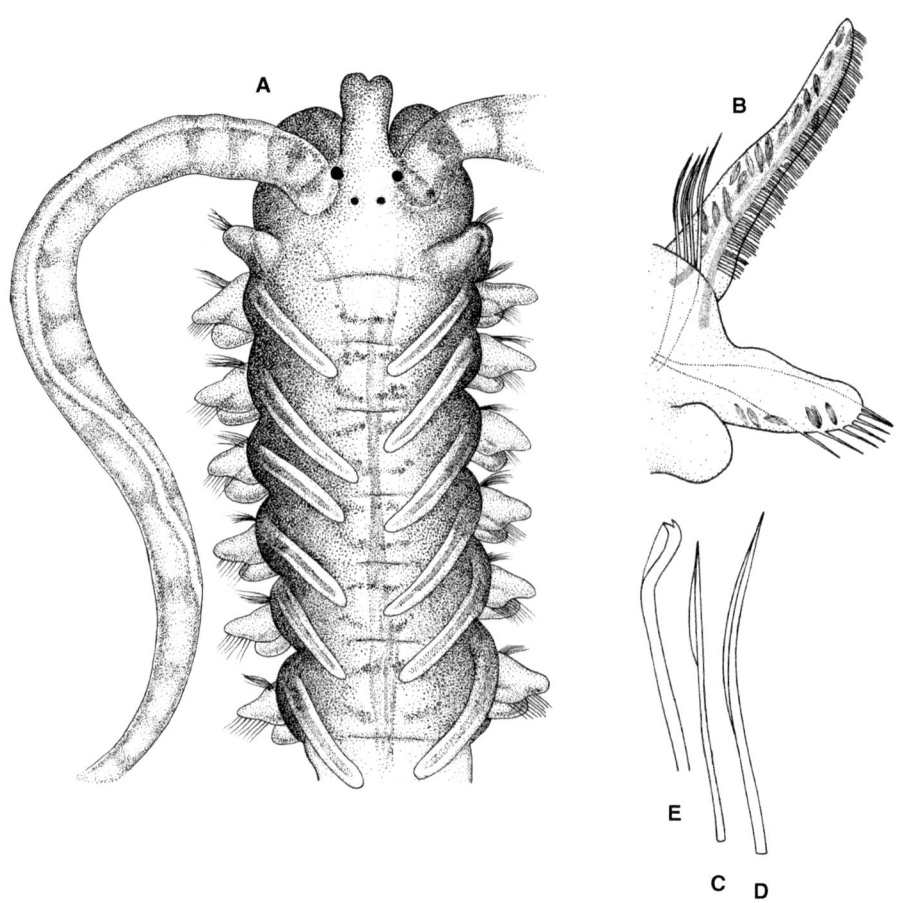

Fig. 84. Extremo anterior, en vista dorsal (A), parápodo branquífero (B), sedas capilares unilimbadas (C, D) y gancho encapuchado (E) de Microspio mecznikowiana. *Redibujados de Mesnil (1896).*

Biología.— Especie que habita en arenas finas y arenas fangosas en bajamar o a pocos metros de profundidad.

Género *Polydora* Bosc, 1802

Polydora Bosc, 1802. *Hist. Nat. Vers*, 1: 150
ESPECIE TIPO: *Polydora cornuta* Bosc, 1802, por monotipia

Prostomio entero o anteriormente inciso que se extiende posteriormente como una carúncula; ojos presentes o ausentes. Setígero 1 sin notosetas. Setígero 5 fuertemente modificado, con espinas principalmente de un tipo, generalmente acompañadas por delgadas setas acompañantes; espinas dispuestas en una sola fila curva; espinas típicamente curvadas apicalmente con dientes accesorios o bridas o collares. Espinas notopodiales posteriores presentes o ausentes. Ganchos encapuchados neuropodiales presentes desde los setígeros 7-14, bidentados con un ángulo visible entre los dientes y con constricción en el eje. Pigidio discoidal, por lo general con el borde entero, excepto por una escotadura dorsal.

El género incluye numerosas especies que son perforadoras de conchas de moluscos y que a menudo se consideran plagas de las granjas de cultivos de moluscos. Al menos 53 especies son reconocidas en el género. Para la península Ibérica se han registrado ocho especies; sin embargo, la presencia de seis de estas es cuestionable debido principalmente a que sus localidades tipo son remotas y a la falta de información morfológica y figuras de las estructuras en los estudios que han registrado a las especies en la región Ibérica para poder clarificar su presencia.

Clave de especies
1. Antena occipital presente; carúncula alcanza la región posterior del setígero 3 . . . 2
• Antena occipital ausente; carúncula alcanza la mitad del setígero 2 4
2. Prostomio bilobado; setígero 5 con espinas principales falcadas con un pequeño diente accesorio; ganchos notopodiales ausentes en setígeros posteriores . . . .
. . . .*P. cornuta* (p. 251)
• Prostomio débilmente inciso 3
3. Setígero 5 con espinas principales con reborde lateral; notopodios posteriores sin espinas falcadas; con bolsas glandulares desde el setígero 7 . . .*P. triglanda** (p. 256)
• Setígero 5 con espinas principales falcadas con un reborde subterminal grande, que parecen dientes en ciertas orientaciones y dependiendo del desgaste; notopodios posteriores con espinas falcadas; sin bolsas glandulares en los setígeros . . . .
. . . .*P. hoplura* (p. 253)
4. Espinas modificadas del setígero 5 bífidas con un collar subterminal; ganchos notopodiales presentes en setígeros posteriores . . . .*P. colonia** (p. 256)
• Espinas modificadas del setígero 5 bífidas sin collar subterminal; ganchos notopodiales ausentes en setígeros posteriores . . . .*P. ciliata* (p. 250)
* Ver comentarios en la sección de Otras especies.

Polydora ciliata (Johnston, 1838) (fig. 85)
Leucodore ciliatus Johnston, 1838. *Mag. Zool. Bot.*, 2(7): 66

El cuerpo es largo y delgado, con 60-180 setígeros, con hasta 30 mm de longitud y 2 mm de ancho. El prostomio presenta anteriormente una escotadura que le confiere una apariencia bilobulada; la parte media es ensanchada y en esta se localizan dos pares de ojos que se disponen trapezoidalmente (fig. 85A); sin embargo, estos pueden estar ausentes en ejemplares adultos. La región posterior más angosta se extiende hasta alcanzar la mitad del segundo setígero. Palpos finos y muy largos. En el setígero 1, el notopodio está representado por un lóbulo subtriangular, pero sin sedas; mientras que en el neuropodio la lamela postsetal es triangular con un haz de sedas capilares (fig. 85B). En los setígeros 2-4, la lamelas postsetales notopodiales son triangulares, poste-

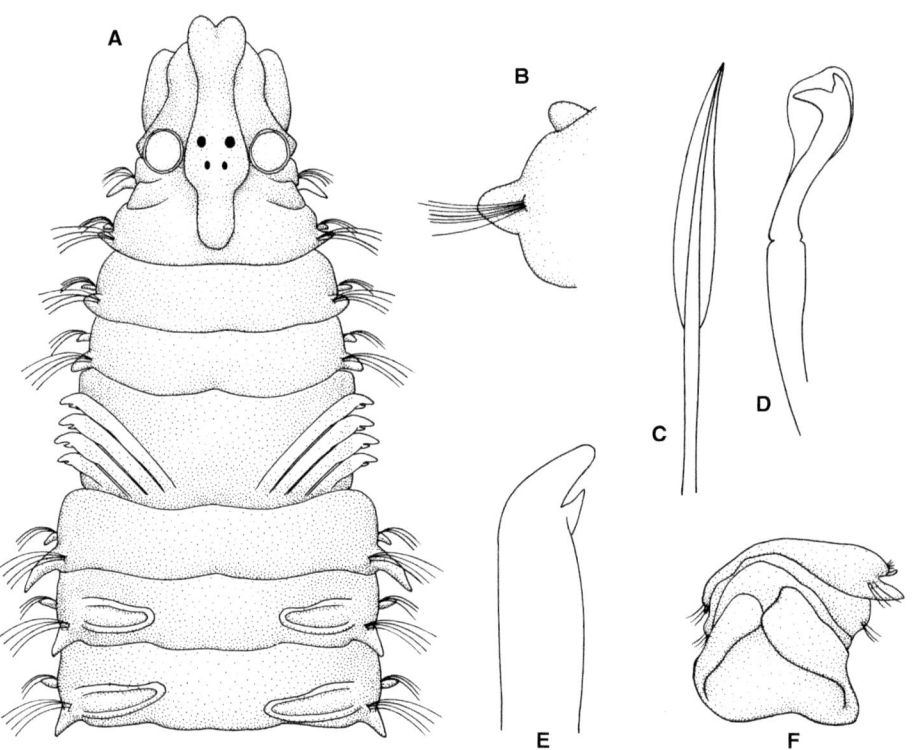

Fig. 85. Extremo anterior, en vista dorsal (A), primer setígero, en vista anterior (B), seda capilar (C), gancho encapuchado (D), seda modificada del setígero 5 (E) y pigidio en vista dorsal (F) de Polydora ciliata. *Redibujados de Mustaquin (1986).*

rior al setígero 6 estas se reducen, pero mantienen su forma hasta los setígeros más posteriores. Las lamelas postsetales neuropodiales son triangulares, pero de menor tamaño que los notopodiales, y en el último tercio del cuerpo estas se reducen hasta formar un reborde bajo e inconspicuo. En la región dorsal de los setígeros 2-3, se disponen, transversalmente, bandas ciliadas. Las sedas notopodiales son todas capilares bilimbadas (fig. 85C), excepto en el primer y quinto setígero donde están ausentes; mientras que en el neuropodio las sedas de los setígeros 1-4, y 6 son también capilares limbadas; a partir del setígero 7, aparecen los ganchos encapuchados bidentados (fig. 85D), hasta 10 ganchos por neuropodio. El setígero 5 es más ancho y largo que el resto, las sedas modificadas son gruesas y distalmente curvadas con una pequeña espina lateral (fig. 85E) y van acompañadas por sedas lanceoladas. Branquias desde el setígero 7 (fig. 85A) hasta cerca del extremo distal del cuerpo, por lo general los últimos 10 setígeros carecen de branquias. El pigidio tiene forma discoidal con una gran escotadura dorsal (fig. 85F).

Descripción basada en Fauvel (1927).

Distribution geográfica.— Mar Báltico; Atlántico norte, desde Escocia hasta el Canal de La Mancha; Senegal, Atlántico oeste (islas Malvinas), mar Mediterráneo, mar Rojo; océano Índico (India; Madagascar) y océano Pacífico (Japón). En el ámbito íbero-balear la especie se ha registrado para el País Vasco (Rodríguez et al., 1979; Campoy, 1982; Zaballa et al., 1983; Aguirrezabalaga, 1984; Sola, 1985, 1994; Sola e Ibáñez, 1986; Rallo, 1988; García Arberas, 1998), Cantabria (Rioja, 1917a, 1918a, 1925, 1931; Ibáñez, 1973; López Cotelo et al., 1982; Serrano López, 2002), Galicia (Ibáñez, 1973; Viéitez, 1981; Viéitez y López Cotelo, 1982; Planas et al., 1984; Villalba y Viéitez, 1985; Parapar, 1991; García Gallego, 1998), Portugal (Amoureux y Calvário, 1981; Pinto, 1984; Calvário, 1984; Quintino et al., 1987), Atlántico andaluz (López Serrano, 1999), Mediterráneo andaluz (Ibáñez, 1973; Amoureux, 1976; Sardá, 1984; Estacio Gil, 1996) y Mediterráneo levantino-balear (San Martín y Viéitez, 1979; Alós et al., 1982; Alós, 1983, 1988; Cardell Corral, 1986; Méndez Ubach, 1994).

Biología.— La especie se ha encontrado perforando galerías en sustrato calcáreo y en *Lithothamnion* Heydrich.

Polydora cornuta Bosc, 1802 (fig. 86)
Polydora cornuta Bosc, 1802. *Hist. Nat. Vers*, 1: 151

El mayor ejemplar completo tiene 14 mm de longitud y un total de 46 segmentos. Las longitudes de los restantes ejemplares oscilan de 3 a 14 mm de longitud y hasta 1,5 mm de anchura. Prostomio ensanchado anteriormente, formado por dos lóbulos redondeados, y prolongándose hacia la parte posterior formando una carúncula que alcanza el margen posterior del setígero 3. Dicha carúncula posee un tentáculo occipital, cónico en los ejemplares más pequeños, a la altura del setígero 1. Cuatro ojos, un par anterior, más grande y más separado que el par posterior. Dos palpos con un surco longitudinal ciliado, largos y muy caedizos que pueden alcanzar hasta el décimo setígero

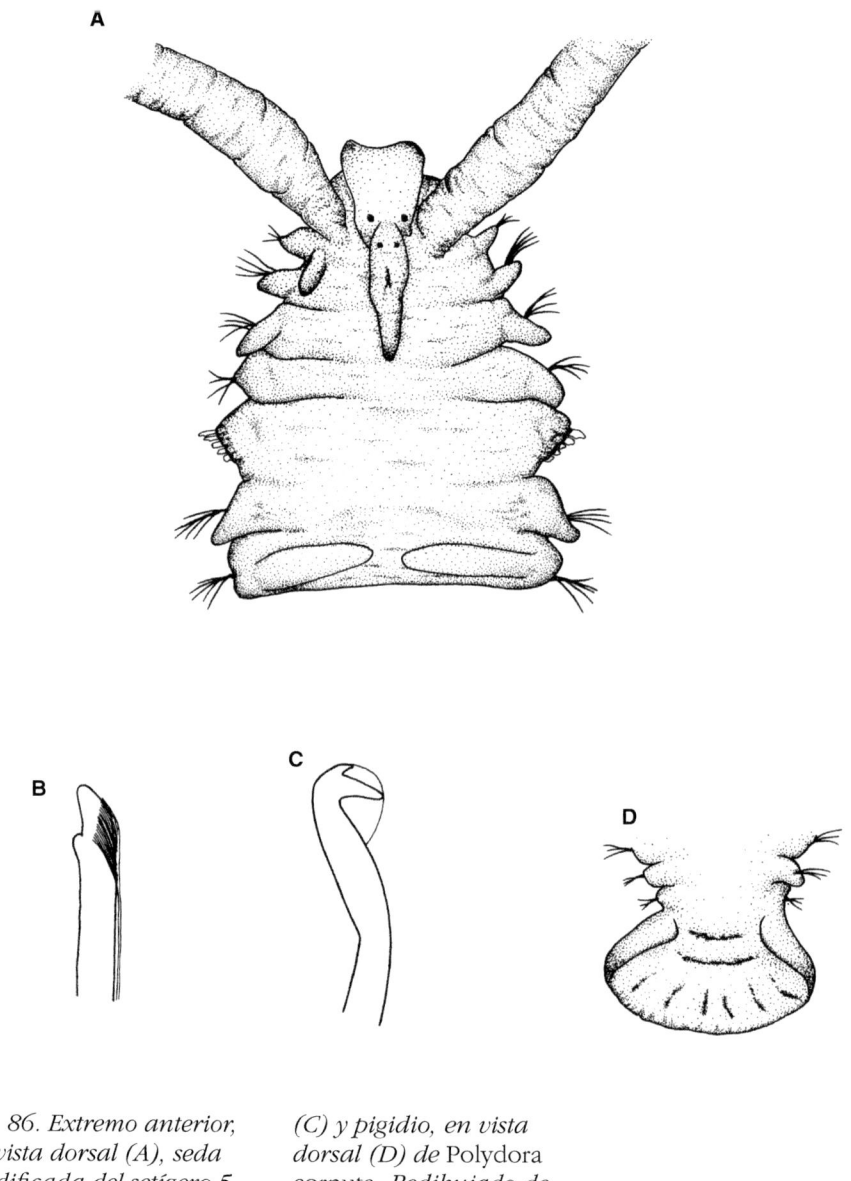

Fig. 86. Extremo anterior, en vista dorsal (A), seda modificada del setígero 5 (B), gancho encapuchado (C) y pigidio, en vista dorsal (D) de Polydora cornuta. *Redibujado de* Tena *et al. (1992).*

(fig. 86A). Primer setígero con ¡amela notopodial digitiforme y sin notosedas; lamela neuropodial, más corla que la anterior, cónica y con neurosedas capilares. Los siguientes con fascículos de notosedas capilares uni- o bilimbadas, dispuestas en dos filas. Setígero 5 altamente modificado; con una fila curvada de seis o siete sedas principales en forma de grandes espinas, acompañadas de otras sedas más pequeñas, plumosas y adheridas dorsalmente a las principales (fig. 86B). Las grandes espinas poseen un pequeño diente accesorio romo debajo del rostro. Algunos ejemplares tienen además, tres o cuatro sedas capilares notopodiales. Neurosedas similares a las notosedas. Ganchos encapuchados a partir del setígero 7 en número superior a 15 por rama, con una constricción sobre el mango y un diente accesorio que forma un ángulo conspícuo con el diente principal (fig. 86C). Algunos ejemplares con diente secundario extremadamente reducido haciendo muy difícil de observar el ángulo entre ambos. Blake y Maciolek (1987) hacen notar estas mismas observaciones, aunque solo en los últimos segmentos de sus ejemplares. Branquias a partir del setígero 7, aumentando de tamaño hacia la zona posterior. Son anchas y delgadas, y se pliegan sobre la línea media del cuerpo. Pigidio con disco ensanchado y ano en la cara dorsal (fig. 86D).

Basada en la caracterización hecha por Tena *et al.* (1991).

Distribution geográfica.— Se encuentra ampliamente distribuida en las costas de Norteamérica, tanto en el Atlántico como en Pacífico, y norte de Europa. En el ámbito íbero-balear se ha citado en el País Vasco (Sola, 1994) y Galicia (Planas, 1986, como *P.* cf. *ligni*; Sánchez Mata, 1996; García Gallego, 1998; Parada Encisa, 2005).

Biología.— Es una especie de aguas litorales superficiales, entre 0,5 y 21 m de profundidad, eurihalina y frecuente en estuarios (Blake, 1971; Hartmann-Schröder, 1971; Light, 1978). Se ha capturado en fondos fangosos y arcillosos (Hartman, 1936; Hartmann-Schröder, 1971), arenas medias y finas y en sedimentos constituidos por una mezcla de los anteriores (Hartmann-Schröder, 1971). En cuanto a sustratos duros, se ha mencionado en grietas de rocas, sobre maderas y conchas (Blake, 1971), y en colonias de *Ficopomatus enigmaticus* (Fauvel, 1923) (ver Hartman, 1936). Está considerada como una especie oportunista, que coloniza rápidamente medios contaminados o sometidos a estrés ambiental (Levin, 1981).

Polydora hoplura Claparède, 1868 (fig. 87)
Polydora hoplura Claparède, 1868. *Annel. Chétop. Golfe Naples*: 318

El cuerpo de los ejemplares examinados mide entre 8-14 mm de longitud, 1,5 mm de anchura con 72-90 setígeros; sin embargo, esta especie puede alcanzar 30 mm de longitud con 175 setígeros. El prostomio posee una pequeña incisión anterior que le confiere una apariencia bilobulada (fig. 87A); antena occipital presente o ausente, la presencia se ha referido en individuos grandes y por lo general suele ser pequeña; solo en uno de los ejemplares examinados se observó una pequeña papila. Con dos pares de ojos dispuestos en forma trapezoidal, siendo el par anterior de mayor tamaño que el par posterior; la carúncula se extiende hasta el margen posterior del setígero 3 (fig. 87A). Los palpos suelen ser largos, alcanzando cerca del setígero 25, con bandas pigmentadas, imperceptibles en ejemplares preservados durante mucho tiempo. En el setígero 1 el notopodio está representado por un lóbulo subtriangular (fig. 87A), mientras que el neuropodio presenta cortas sedas capilares limbadas. Las lamelas postsetales, en ambas ramas, suelen ser subtriagulares con el extremo distal redondeado, excepto en el setígero 5 y en los notopodios posteriores, donde suele estar muy poco desarrollada. Los setígeros 2-4 con sedas capilares limbadas en ambas ramas; desde el setígero 6 hasta cerca del final de cuerpo (setígeros 62-82). Con sedas capilares notopodiales; en los últimos 8-10 setígeros estas son remplazadas por 1-2 gruesas espinas recurvadas, una con forma sigmoidal con el extremo distal fuertemente recurvado lo que le confiere una forma de hoz (figs. 87B, 87C), estas van acompañadas con un haz de sedas capilares delgadas. A partir del setígero 7 en el neuropodio aparecen hasta diez ganchos encapuchados bidentados con una sutil constricción en el eje (fig. 87D), dispuestos en una sola hilera, sin sedas acompañantes. El setígero 5 tiene hasta cuatro sedas capilares limbadas dorsales, seis espinas gruesas, falcadas que poseen un reborde lateral y con sedas acompañantes capilares lanceoladas, con limbo amplio (fig. 87E), y hasta seis sedas capilares limbadas en posición ventral. Branquias presentes desde el setígero 7 hasta casi el extremo posterior del cuerpo. El pigidio tiene forma de copa con una amplia escotadura dorsal (fig. 87F).

Descripción basada en Radashevsky *et al.* (2017).

Distribución geográfica.— La especie fue descrita originalmente para la bahía de Nápoles, Italia, sin embargo tiene una amplia distribución en aguas atlánticas europeas hasta el mar del Norte, Atlántico sudoccidental, Sudamérica, Pacífico oriental (California) y occidental (Nueva Zelanda, Corea del Sur). En al ámbito íbero-balear se ha constatado su presencia en el País Vasco (Angulo *et al.*, 1978; Campoy, 1982; Aguirrezabalaga, 1984; García Arberas, 1998), Cantabria (Rioja, 1917a; Serrano López, 2002), Galicia (García *et al.*, 1979; Acuña *et al.*, 1984; Villalba y Viéitez, 1985; Parapar, 1991), Portugal (Amoureux y Calvário, 1981), Mediterráneo andaluz (Rioja, 1917c; Sardá, 1982; 1984; Acero y San Martín, 1986) y Mediterráneo levantino-balear (Rioja, 1931; Alós *et al.*, 1982; Cardell Corral, 1986; Alós, 1988).

Biología.— La especie se ha reportado como perforadora de sustrato calcáreo, generalmente en gasterópodos *Stramonita haemastoma* (Linnaeus, 1767) y bivalvos *Ostrea edulis* Linnaeus, 1758, *Magallana gigas* (Thunberg, 1793), *Pecten maximus* (Linnaeus, 1758), incluso en conchas vacías del gasterópodo *Ocenebra erinaceus* (Linnaeus, 1758) ocupadas por el cangrejo ermitaño *Cli-*

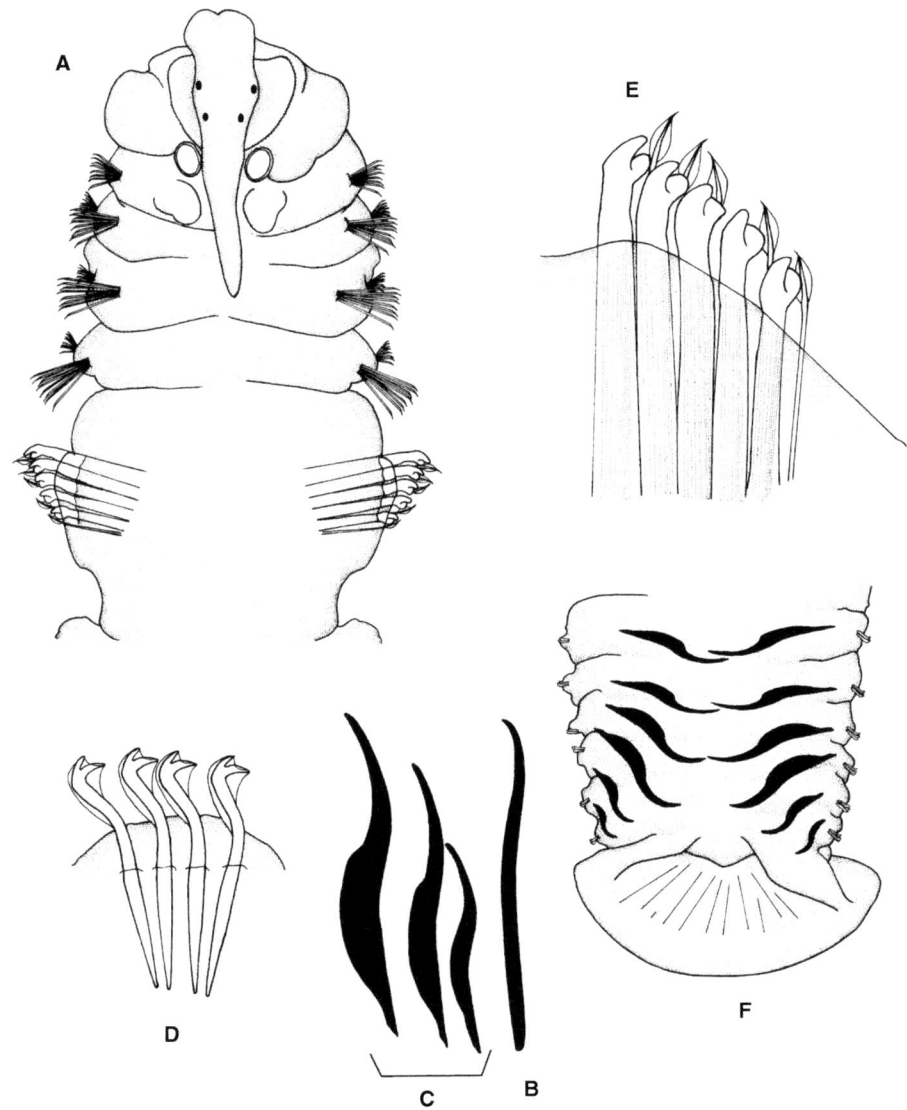

Fig. 87. Extremo anterior, en vista dorsal(A), espina de uno de los últimos segmentos (B), notosedas de los setígeros posteriores (C), ganchos encapuchados (D), sedas modificadas del setígero 5 (E) y pigidio, en vista dorsal (F) de Polydora hoplura.

banarius erythropus (Latreille, 1818), en cuyas conchas suele construir madrigueras con forma de U. Como en muchas otras especies de polidóridos perforadores, estos tubos suelen estar llenos de detrito y forman en la cara interna de las conchas ampollas oscuras.

OTRAS ESPECIES

Polydora triglanda Radashevsky y Hsieh, 2000 y *Polydora colonia* Moore, 1907 también se han citado en la Península; sin embargo, no se incluyen en esta monografía por varias razones. En el caso de la primera, la especie fue citada por Borrell *et al.* (2017) en la costa de Asturias (mar Cantábrico), basada únicamente en el análisis molecular, sin proporcionar información taxonómica, ni gráfica de esta y, por otro lado, el material no estaba disponible para el análisis morfológico. Por lo que incluir la especie en este trabajo basándose en la descripción original de Radashevsky y Hsieh (2000) para la costa este y sur de China y estrecho de Taiwán sería repetir los errores que se han practicado en otras regiones donde se han insertado nombres de especies de otras latitudes. Respecto a *Polydora colonia*, Aguirre *et al.* (1986) la registran, caracterizan y esquematizan con material recolectado en la Playa Torrecilla en Nerja (Málaga), procedente de concreciones calcáreas del alga *Mesophyllum* Me.Lemoine; a pesar de que el material biológico no estuvo disponible para su estudio, se ha comparado la descripción original con la descripción de Aguirre *et al.* (1986) y se han encontrado diferencias morfológicas que confirman que no corresponde a dicha especie. Como son: el prostomio es truncado anteriormente y no redondeado como en *P. colonia*; la carúncula alcanza hasta el margen posterior del primer setígero y no hasta la mitad del segundo setígero, las notosedas del quinto setígero son diferentes y no refieren las sedas acompañantes en el mismo setígero. La descripción de los notoganchos sigmoidales de los setígeros posteriores es poco detallada y solo ilustran un gancho, la forma del pigidio también difiere de la descripción original. Si bien a esta especie se le ha dado un amplio rango de distribución (localidad tipo Massachusetts, Estados Unidos) las diferencias encontradas son suficientes para excluir ambas de esta monografía.

Género **Prionospio** Malmgren, 1867

Prionospio Malmgren, 1867. *Annulata Polych. Spetsbergiae Groenl. Isl. Scand.*: 93

Especie Tipo: *Prionospio steenstrupi* Malmgren, 1867, por monotipia

Prostomio subtriangular, rectangular u ovalado, con el margen anterior redondeado, truncado, a veces débilmente inciso, a menudo con prominencias y sin cuernos frontales; la región posterior del prostomio se extiende como una carúncula hasta el setígero 1-4; ojos presentes o ausentes; antena occipital ausente. Peristomio parcialmente fusionado con el setígero 1, desarrollando alas laterales. Parapodios del setígero 1 reducidos; las lamelas noto- y neuropodiales más grandes en la región branquial, y reducidas posteriormente; las lamelas notopodiales a menudo conectadas por costillas o crestas altas o bajas. Branquias presentes desde el setígero 2 y limitadas a los setígeros anteriores, 2-15 pares, raramente en más setígeros; las branquias son de diversas formas: todas apinnadas, todas pinnadas, o varias combinaciones de ambas; las branquias pinnadas con pínnulas digitiformes; las branquias apinnadas de diversas formas: cirriformes, triangulares aplanadas o arrugadas; cada branquia completamente libre de las lamelas notopodiales. Bolsas interparapodiales presentes o ausentes. Sedas capilares limbadas en los setígeros anteriores; ganchos noto- y neuropodiales encapuchados presentes en setígeros posteriores, bi-, tri- o multidentados, con capucha secundaria. Sedas sable neuropodiales presentes o ausentes. Pigidio con un cirro dorsomedio largo y dos lóbulos ventrolaterales más cortos, los tres algunas veces fusionados.

Con las categorías de subgéneros (*Aquilaspio* Foster, 1971 con todas las branquias pinnadas, *Prionospio* Malmgren, 1867 branquias pinnadas y apinnadas y *Minuspio* Foster, 1971 con todas las branquias apinnadas) incluidas, hay 111 especies, lo que hace de *Prionospio* el género con mayor riqueza de especies de los espiónidos. La mayoría de las especies se encuentran desde ambientes someros hasta las profundidades de la plataforma continental donde a veces son dominantes en las comunidades bentónicas.

Clave de subgéneros

1. Con 4 pares de branquias pinnadas y apinnadas . . . . ***Prionospio*** (p. 271)
- Con 4 o más pares de branquias apinnadas . . . . ***Minuspio*** (p. 257)

Subgénero ***Minuspio*** Foster, 1971

Minuspio Foster, 1971. *Stud. Fauna Curaçao Caribb. Isl.*, 36(129): 106
ESPECIE TIPO: *Prionospio cirrifera* Wirén, 1883, por designación original

Incluye especies con 2-39 pares de branquias a partir del setígero 2. Las branquias pueden ser triangulares, cirriformes y arrugadas; los ganchos neuropodiales inician a partir del setígero 11-27, excepto en *P.* (*M.*) *thalanji* Wilson y Humphreys, 2001 que inician en los setígeros 60-65; la mayoría de las especies con ganchos notopodiales, excepto *P.* (*M.*) *thalanji*; los ganchos pueden presentar 2-6 pares de dientes accesorios; también la mayoría de las especies presentan setas sable a partir de los setígeros 10-21, excepto *P.* (*M.*) *perkinsi* Maciolek, 1985, *P.* (*M.*) *branchilucida* Altamira, Glover y Paterson en Paterson *et al.*, 2016, *P.* (*M.*) *hermesia* Neal y Paterson en Paterson *et al.*, 2016 y *P.* (*M.*) *kaplani* Altamira, Glover y Paterson en Paterson *et al.*, 2016 que carecen de setas sable. Todas las especies carecen de bolsas interparapodiales, excepto *P.* (*M.*) *aluta* Maciolek, 1985 y las especies pueden tener o no crestas dorsales.

Actualmente, incluye 29 especies y 6 de ellas se encuentran registradas en la península Ibérica.

Clave de especies

1. Con 2-4 pares de branquias de lisas a arrugadas 2
- Con 6 o más pares de branquias 5

2. Con 2 pares de branquias cirriformes; sin setas sable; posee una combinación de ganchos bidentados y multidentados (combinación 1 + 3); crestas dorsales desde el setígero 8 hasta aproximadamente el setígero 25 . . . . ***P. (M.) bermesia*** (p. 260)
- Con 4 pares de branquias 3

3. Branquias arrugadas 4
- Branquias lisas; lamelas neuropodiales postsetales del setígero 1 redondeadas; acuminadas y alargadas ventralmente en el setígero 2; trapezoidales, más agudas ventralmente en el setígero 3; ganchos encapuchados neuropodiales con 4-5 pares de dientes accesorios, y capuchón secundario presente . . . . ***P. (M.) rikardoi*** (p. 264)

4. Primer y 4° par de branquias de tamaño similar; setas capilares neuropodiales del setígero 3 extremadamente largas; sedas sable delgadas y carente de ellas en la parte posterior del cuerpo; ganchos encapuchados con 4 pares de dientes accesorios, y capuchón secundario inconspicuo . . . . ***P. (M.) fauchaldi***[1] (p. 259)
- Primer par de branquias mucho más largas que el 4° par; setas capilares neuropodiales del setígero 3 cortas; sedas sable gruesas; ganchos encapuchados con 6 pares de dientes accesorios, y capuchón secundario bien desarrollado . . . . ***P. (M.) vallensis*** (p. 269)

5. Con 6 pares de branquias: 1er y 6° par cirriformes y 2-5 triangulares . . . . ***P. (M.) cirrifera***[2]
- Con 8-10 pares de branquias 6

6. Con 8-10 pares de branquias cirriformes, el 1er par es el más largo y el resto son subiguales en tamaño, 1,5 veces más largos que las notolamelas; setígero 1 con notopodio; sin crestas dorsales; las sedas sable presentes desde el setígero 13-15; ganchos encapuchados con 4-5 pares de dientes accesorios . . . . . ***P. (M.) sanmartini*** (p. 267)
- Con 9-10 pares de branquias cirriformes, pares 1-4 muy largas extendiéndose hasta el setígero 8-11; setígero 1 sin notopodio; con crestas dorsales; las sedas sable presentes desde el setígero 11-12; ganchos encapuchados con 3 pares de dientes accesorios . . . . ***P. (M.) pulchra*** (p. 262)

---

[1] *Prionospio* (*Minuspio*) *fauchaldi*. Maciolek (1985) refiere la presencia de esta especie en la bahía de Vizcaya, pero al igual que otras especies descritas por Maciolek, la distribución latitudinal y batimétrica es muy amplia. Extrañamente en el apartado referido a la distribución no refiere algunas localidades, entre ellas aquella de la península Ibérica.

[2] *Prionospio* (*Minuspio*) *cirrifera*. La presencia de esta especie en la Península es cuestionable. La distribución de la misma está restringida a las aguas frías: mar de Kara como la zona más norteña y la zona más sureña es Escocia. Mackie, revisó el material examinado por Söderström (1920) recolectado en Portugal y determinó que pertenecía a otra especie. Posiblemente los registros para la península Ibérica correspondan a otra especie. Por lo que su caracterización no se incluye en esta monografía, aun cuando por razones históricas y de referencia se incluye en la clave.

Prionospio (Minuspio) fauchaldi Maciolek, 1985 (fig. 88)
Prionospio fauchaldi Maciolek, 1985. *Zool. J. Linn. Soc.*, 84: 347

Especie de pequeño tamaño, algo superior a 4,5 mm. El color de los ejemplares en alcohol es blanquecino o amarillo oscuro. El prostomio es rectangular en sus dos terceras partes más anteriores, prolongándose en una estrecha carúncula en el tercio más posterior, que puede llegar hasta el segundo setígero;

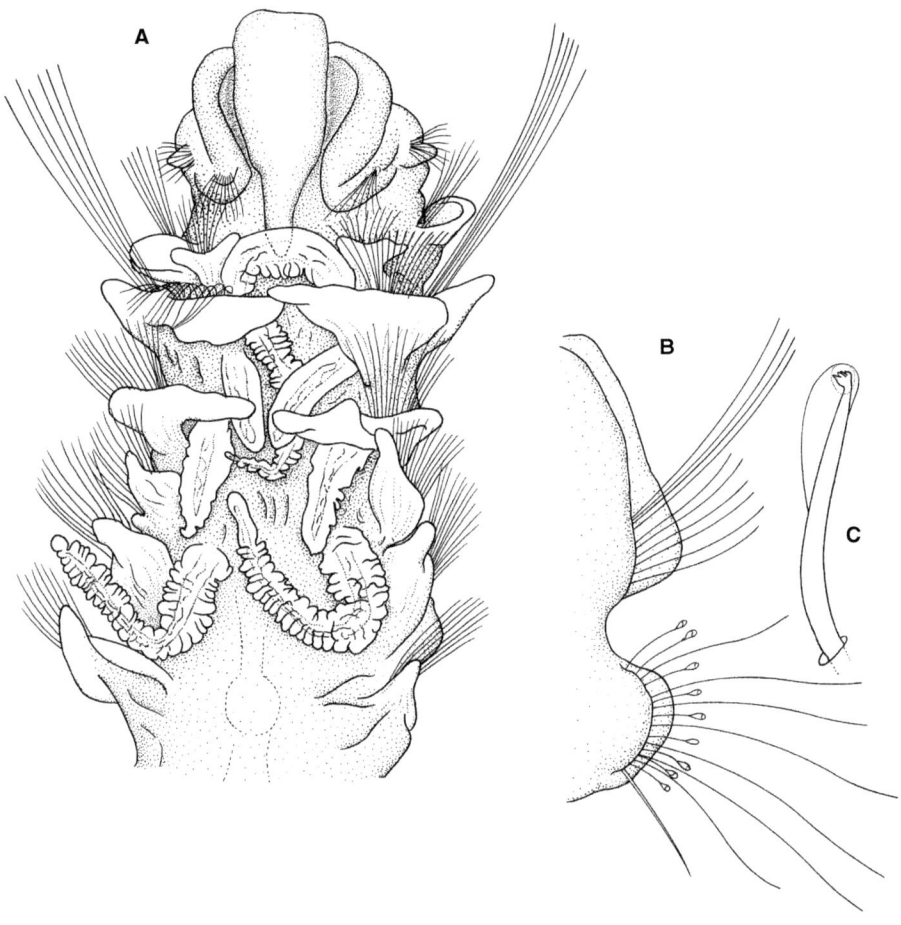

Fig. 88. Extremo anterior, en vista dorsal (A), setígero posterior, en vista anterior (B) y gancho encapuchado (C) de Prionospio (Minuspio) fauchaldi. *Redibujados de Macioleck (1985).*

sin ojos (fig. 88A). El peristomio, tanto ventral como lateral, se distingue del setígero 1, pero se fusiona en la porción dorsal dando el aspecto de pequeñas alas laterales. Presenta cuatro pares de branquias todas ellas desprovistas de pínulas, dispuestas en los setígeros 2-5. Las del primer y último par son de mayor longitud (fig. 88A), y presentan un aspecto arrugado en casi toda su longitud, mientras que las del segundo y tercer par son anchas en la base y se van adelgazando hacia la punta, lisas o poco arrugadas y fuertemente ciliadas. Notolamelas postsetales del primer setígero pequeñas; en los setígeros 2-5 más anchas, subtriangulares; en los setígeros siguientes van disminuyendo de tamaño, pero se conectan dorsalmente formando una pequeña cresta a partir del setígero 7-11; en los segmentos posteriores son pequeñas y redondeadas; neurolamelas postsetales pequeñas y redondeadas (fig. 88B); las presetales son elípticas. No presenta bolsas interparapodiales. Sedas capilares muy finas, muy tenuemente limbadas y sin gránulos; en los notopodios se disponen en tres hileras hasta el setígero 15-17, con las sedas de la fila anterior más cortas y fuertemente curvadas; en los setígeros posteriores tres largas capilares dorsales y cuatro a seis más cortas; en los neuropodios son menos numerosas y en los segmentos anteriores se disponen en dos hileras, las anteriores más cortas, y las posteriores del tercer setígero desmesuradamente más largas. Los ganchos encapuchados neuropodiales aparecen en el setígero 12-13, hasta 10 por fascículo, acompañados por hasta 8 capilares; no se han observado ganchos encapuchados dorsales, pero si los hubiere no aparecen antes del setígero 30; los ganchos son pequeños y presentan cuatro o cinco pares de dientecillos sobre el diente principal (fig. 88C); capuchón secundario imperceptible; Las sedas sable son muy delicadas, aparecen en algunos setígeros pero faltan en la mayoría y son más cortas que las capilares, pero no más anchas. Pigidio desconocido.
Descripción basada en Maciolek (1985).

Distribución geográfica.— Especie de amplia distribución anfiatlántica: Atlántico oeste, desde Nueva Inglaterra a Argentina, y Atlántico este, desde Irlanda hasta Sudáfrica. En el ámbito íbero-balear se ha citado solo en el País Vasco (Maciolek, 1985). La cita de *P. fauchaldi* de Aguirrezabalaga y Ceberio (2005) debe ser referida a *P. vallensis*, que es muy similar en la forma del prostomio, peristomio, branquias, el inicio de las setas sable y ganchos neuropodiales que comienzan en los mismos segmentos.

Biología.— Vive en fondos sedimentarios de 530 a 4.950 m de profundidad.

Prionospio (Minuspio) hermesia Neal y Paterson, 2016 (fig. 89)
Prionospio hermesia Neal y Paterson, 2016. En: Paterson *et al.*, 2016. *Zootaxa*, 4092(1): 13

Especie de pequeño tamaño con una longitud algo mayor de 5,65 mm, una anchura de 0,08 mm en el setígero 1 y más de 53 setígeros. Color, en alcohol, amarillo pálido. El prostomio es ovalado, el margen anterior tenuemente redondeado y de bordes lisos, alargado en su parte posterior en una carúncula corta que alcanza la parte anterior del setígero 2; hay un pequeño órgano nucal ciliado a cada lado de la carúncula; carece de ojos (fig. 89A). El peristomio está bien desarrollado ventral y lateralmente y está dorsalmente fusionado con el setígero1, formando un collar alrededor del prostomio, pero sin constituir alas laterales. Poseen dos pares de branquias presentes en el dorso de los setígeros 2-3; son apinnadas, lisas y de bordes ligeramente fruncidos; el primer par es el más largo, es cónico y esbelto, aproximadamente 2 veces más largo que las correspondientes notolamelas postsetales (fig. 89B); se insertan lateralmente a la base de estas, hacia la línea mediodorsal, pero sin llegar a contactar con ellas; las branquias del segundo par aproximadamente ¹/₃ de largas que las del pri-

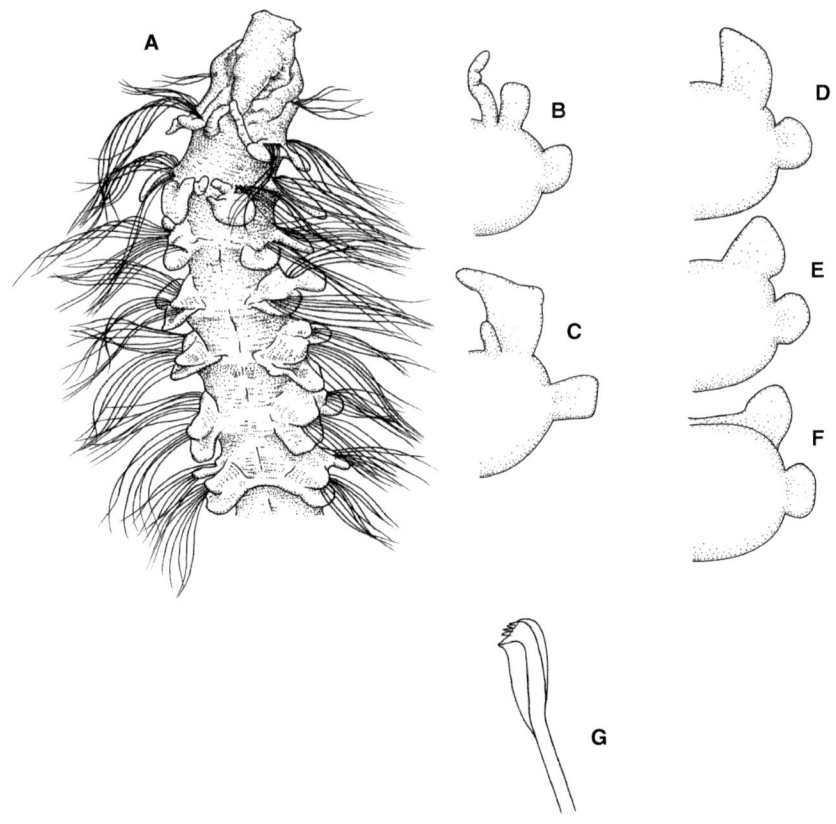

Fig. 89. Extremo anterior, en vista dorsal (A), vista anterior de los setígeros 2 (B), 3 (C), 5 (D), 6 (E) y 8 (F) (sedas omitidas) y gancho encapuchado (G) de Prionospio (Minuspio) hermesia. *Redibujados de Paterson* et al. *(2016).*

mer par y la mitad que las correspondientes notolamelas, están insertas cerca de la base de estas (fig. 89C). No hay notolamelas postsetales en el setígero 1; las del setígero 2 son pequeñas y subcuadrangulares; las del setígero 3 son notoriamente más grandes, subtriangulares con su ápice distal dirigido hacia la línea mediodorsal; en los siguientes setígeros las notolamelas se van haciendo gradualmente redondeadas y pequeñas (figs. 89D-F). Se forman crestas dorsales a partir del setígero 8 (fig. 89F) hasta aproximadamente el 25. El setígero 1 no posee neurolamelas, las siguientes están bien desarrolladas, aunque son pequeñas y redondeadas en todos los segmentos con excepción del setígero 3 en el que son rectangulares y el doble de tamaño que, en el resto de los setígeros, con forma que recuerda a un remo, a veces sobresaliendo del cuerpo horizontalmente. Las notosedas y las neurosedas de los setígeros anteriores se disponen en dos hileras verticales muy densas de sedas capilares limbadas ligeramente granulosas; las de la hilera anterior notablemente más largas; no hay sedas sable; los ganchos encapuchados aparecen en el setígero 13-14; en principio aparece un solo gancho por fascículo, pero van incrementando gradualmente hacia atrás, hasta un máximo de 7; presentan un diente principal y, sobre él, uno, dos o algunos dientecillos más, que se disponen en una sola hilera (fig. 89G); presentan un mango largo y un capuchón primario redondeado, que marca firmemente la cabeza del gancho y uno secundario bien desarrollado; los ganchos notopodiales aparecen en el setígero 48, uno solo en cada fascículo. No se conoce el pigidio.

Descripción basada en Paterson *et al.* (2016).

Patrón de tinción con verde metilo. La mitad anterior del prostomio y el peristomio se tiñen intensamente; las noto- y neurolamelas de los setígeros 4-14 se tiñen más débilmente.

Distribución geográfica.— Hasta la fecha solo se ha encontrado en los cañones de Nazaré, Cascais y Setúbal, en Portugal (Paterson *et al.*, 2016).

Biología.— Especie de aguas profundas, entre 3.214 y 4.364 m, en fondos sedimentarios orgánicamente enriquecidos.

Prionospio (Minuspio) pulchra Imajima, 1990 (fig. 90)
Prionospio pulchra Imajima, 1990. *Bull. Natl. Sci. Mus., Tokyo, Ser. A (Zool.)*, 16(2): 68

El cuerpo es alargado, con un tamaño aproximado de 11 mm de longitud, con 60 setígeros. El prostomio es redondeado en su extremo anterior y de contorno subtriangular extendiéndose en su parte posterior hasta el setígero 1, formando una estrecha carúncula (figs. 90A, 90B). Dicho prostomio presenta cinco pequeñas protuberancias en su borde, una en el ápice, dos en los ángulos ánterolaterales y dos laterales, en todos los casos dispuestas simétricamente; además hay una sexta papila en posición media dorsal algo retrasada con relación a la apical (fig. 90A). Presenta dos pares de ojos, de disposición más

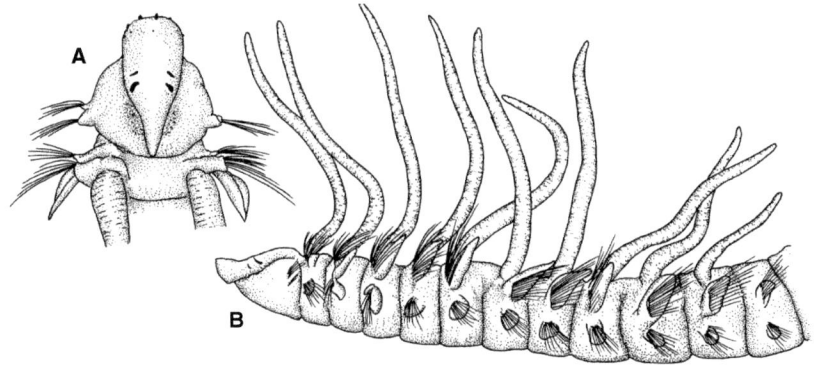

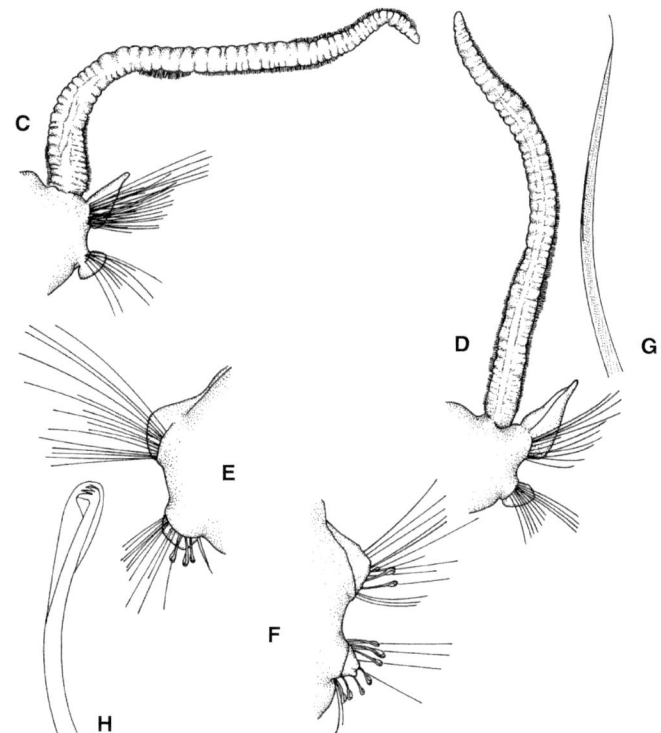

Fig. 90. Extremo anterior, en vista dorsal (A) y lateral (B), vista anterior de los setígeros 4 (C), 7 (D), de un setígero de la región media (E) y de uno posterior (F), seda sable (G) y gancho encapuchado (H) de Prionospio (Minuspio) pulchra. A-F, redibujados de Imajima (1990); G, H, de Moreira et al. (2000).

o menos trapezoidal, los del par anterior notablemente más pequeños que el posterior y con mayor separación entre ellos (fig. 90A). El peristomio está fusionado con el primer setígero, formando unas alas laterodorsales de desarrollo moderado. Las branquias comienzan en el segundo setígero, son cilíndricas, largas y apinnadas, en número de ocho a diez pares (figs. 90A, 90B). Los cuatro primeros pares son los más largos alcanzando hasta el setígero 8-11; los tres últimos pares son los más cortos abarcando hasta tres setígeros. Los parápodos del setígero 1 reducidos, sin lamela postsetal notopodial, con la lamela postsetal neuropodial pequeña y con sedas en ambas ramas. Los setígeros 2-4 con la notolamela postsetal triangular, erguida y con la neurolamela postsetal pequeña y redondeada (fig. 90C). Las notolamelas de los siguientes setígeros, correspondientes a la región branquial, más anchas y en forma de V (figs. 90B, 90D); en la región postbranquial, dichas notolamelas son redondeadas, y forman crestas dorsales bajas en varios segmentos. Las neurolamelas de la región branquial son redondeadas (figs. 90B, 90C) y en la región posterior, más pequeñas y casi rectangulares (figs. 90E, 90F). Tanto las noto- como las neurosedas de los setígeros anteriores, son capilares con un fino limbo. Las sedas sable (fig. 90G) aparecen a partir del setígero 11 (a veces en el 12), presentando una o dos sedas por fascículo. Los ganchos encapuchados neuropodiales, presentan tres pares de dientecillos sobre el mango principal (fig. 90H); aparecen a partir del setígero 16-18 (en algún ejemplar pequeño a partir del 14-15) con hasta 7 ganchos en cada neuropodio; los notoganchos aparecen generalmente a partir del setígero (22-35 en casos extremos) con hasta 4 ganchos por notopodio. El pigidio presenta un cirro mediodorsal largo y dos más cortos ventrolaterales.

Descripción basada en Moreira *et al.* (2000).

Distribución geográfica.— Océano Pacífico: Japón y Costa Rica. En el ámbito íbero-balear se ha citado en Galicia (Parapar, 1991; Moreira *et al.*, 2000).

Biología.— Se ha colectado desde el intermareal hasta 67 m de profundidad; en fondos blandos, adheridos a las boyas y entre los organismos adheridos a cuerdas (Imajima, 1990a); en zonas de estuarios, en sedimento con alta materia orgánica. Dada su distribución fuertemente disyunta, probablemente esta especie haya sido introducida accidentalmente en Galicia, junto con material destinado a la acuicultura (Moreira *et al.*, 2000).

Prionospio *(Minuspio) rikardoi* Martínez y Adarraga, 2019 (fig. 91)
Prionospio (Minuspio) rikardoi Martínez y Adarraga, 2019. *Graellsia*, 75(2): 3

No se conocen ejemplares completos. Los fragmentos con la región anterior pueden alcanzar hasta 15,05 mm de largo con una anchura máxima de 0,76 mm y 57 setígeros; el fragmento de la región posterior más largo es de 8,98 mm y consta de 32 setígeros. El color en alcohol es blanquecino o beige claro. El prostomio tiene forma de botella dispuesta con el cuello hacia la parte posterior, con su parte anterior ligeramente truncada, con una larga y estrecha carúncula que alcanza la parte posterior del setígero 2 (fig. 91A); dos pares de ojos, de rojizos a marrones, dispuestos trapezoidalmente, los del par anterior más pequeños y esféricos, en posición transversal y con forma de medialuna, los del par posterior, son más grandes (figs. 91A, 91B). A cada lado de la carúncula hay un órgano nucal, en forma de V abierta hacia el lateral externo. El peristomio rodea al prostomio, está parcialmente fusionado con el setígero 1 y forma moderadas alas laterales (figs. 91A, 91B). No se han observado los palpos. Presenta 4 pares de branquias desde el setígero 2 (figs. 91A, 91B, 91D-G), cilíndricas, apinnadas, con ciliatura por el margen; las del primer par son 1, 3 o 2 veces más largas que las demás, las cuales presentan un tamaño muy similar entre sí. Las notolamelas postsetales del setígero 1 están fusionadas a los bordes dorsales posteriores del peristomio y son redondeadas a subtriangulares (fig. 34C); las de los setígeros 2-6, en posición erecta, son esbeltas y triangulares, siendo las de los setígeros 3-5 las más altas (figs. 91A, 91B, 91D-F); en los siguientes setígeros se hacen cortas y cuadrangulares redondeadas; las de la región posterior son ovales y más agudas (fig. 91H); las notolamelas de los setígeros 7-22/30 se unen por su parte basal mediante una membrana, formando crestas dorsales bien definidas. Las notolamelas presetales del setígero 1 son inconspicuas; pequeñas y redondeadas en los demás, siendo las de los últimos setígeros menores. Neurolamelas postsetales del setígero 1 claramente redondeadas (fig. 91C); en el setígero 2 son acuminadas y notablemente alargadas en su borde ventral (fig. 91D); las del setígero 3 son trapezoidales marcadamente agudas en su borde ventral (fig. 91E); a partir del setígero 4 se hacen redondas-ovaladas, aunque en los últimos setígeros son triangulares (fig. 91H). Neurolamelas presetales todas pequeñas y redondeadas (figs. 91C-H). Los márgenes ventrales de los setígeros 8-19/26 sobresalen hacia la parte anterior como sobreponiéndose, a veces de forma patente, al setígero precedente, pero sin definir crestas ventrales. No hay bolsas interparapodiales. Sedas capilares largas, limbadas, granuladas (fig. 91I) y dispuestas en dos filas, siendo las de las filas anteriores más cortas y de limbo más ancho (fig. 91J), tanto en los notopodios como en los neuropodios de los setígeros 1-14. A partir del setígero 15-25 dichas sedas se disponen en una sola fila, son más delgadas y tanto el limbo como la granulación van desapareciendo paulatinamente. A partir del setígero 10 aparecen las sedas sable, 1-2 por neuropodio; las de los setígeros anteriores son robustas, mientras que las del resto del cuerpo son algo más curvadas, largas y con un filamento apical (fig. 91K). A partir del setígero 15-21, aparecen ganchos encapuchados en los neuropodios, en un máximo de 10 por fascículo; presentan 4-5 pares de dientes secundarios sobre el diente principal (figs. 91L, 91M); tienen capuchón secundario, aunque no se observa en algunos; en los notopodios aparecen también ganchos encapuchados, a partir del setígero 37-44, hasta 8 por fascículo, de tamaño y forma similar a los neuropodiales. En los setígeros medios y posteriores hay sedas capilares lisas y sin limbo en ambas ramas (fig. 91N), acompañando a los ganchos. El pigidio presenta tres cirros, uno mediodorsal notablemente más largo y dos ventrolaterales triangulares (fig. 91O).

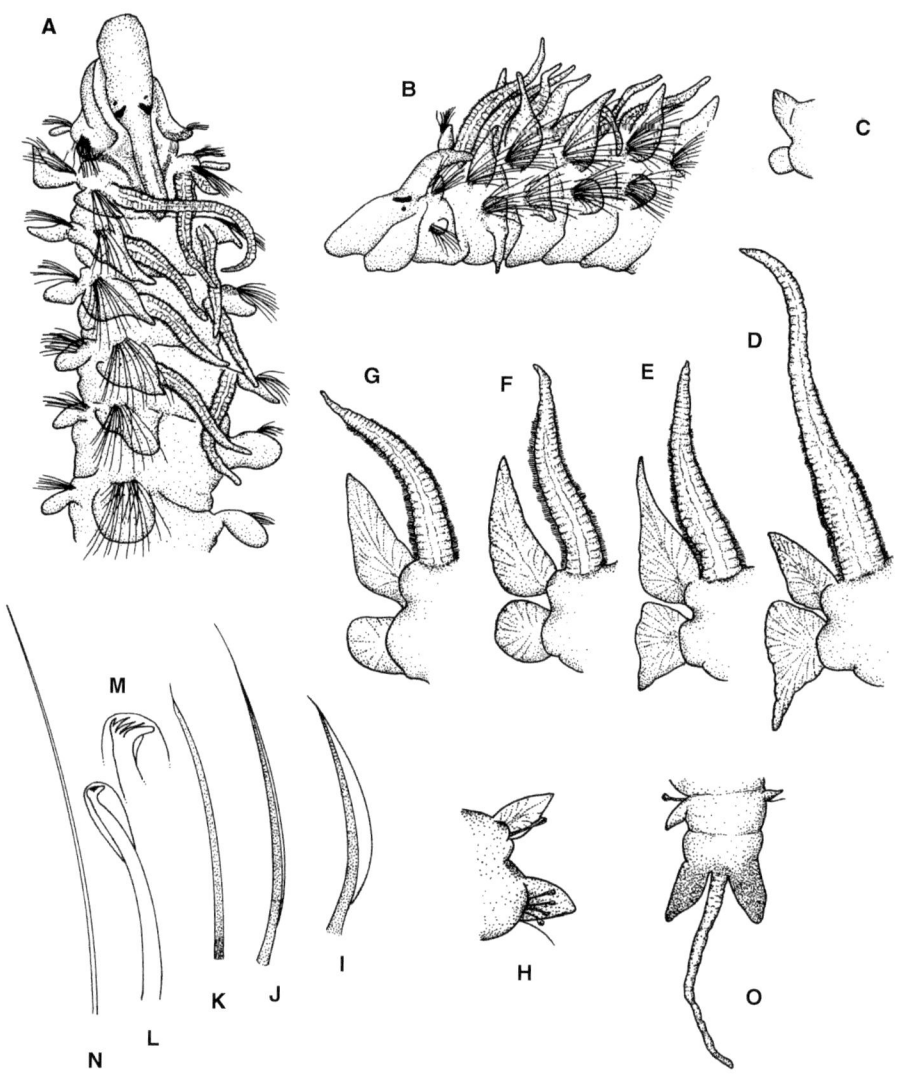

Fig. 91. Extremo anterior en vista dorsal (A) y lateral (B), vista anterior del setígeros 1 (C), de setígeros branquíferos (D-G) y de uno de la región posterior (H), sedas limbadas de la hilera posterior (I, J), seda sable (K), gancho encapuchado (L), extremo distal del gancho encapuchado (M), seda capilar acompañante de los ganchos encapuchados (N) y extremo posterior en vista ventral (O) de Prionospio (Minuspio) rikardoi. Redibujados de Martínez y Adarraga (2019a).

Descripción basada en Martínez y Adarraga (2019a).

Distribución.— Al ser una especie de reciente descripción, hasta la fecha solo se ha citado de las costas ibéricas del País Vasco (Martínez y Adarraga, 2019a).

Biología.— Fondos de arenas puras, arenas gruesas y gravas con contenido de materia orgánica bajo a moderado y a profundidades que van desde los 36 a los 105 m

Prionospio (Minuspio) sanmartini Delgado-Blas, Díaz-Díaz y Viéitez, 2019 (fig. 92)
Prionospio (Minuspio) sanmartini Delgado-Blas, Díaz-Díaz y Viéitez, 2019. *Zootaxa*, 4604(3): 568

Especie de pequeño tamaño, puede medir hasta 16 mm de longitud, por una anchura de hasta 8 mm con 85 setígeros. El color en alcohol es blanquecino. El prostomio es triangular, con su parte anterior ancha y casi recta, estrechándose hacia la parte posterior, con una larga y estrecha carúncula que alcanza la parte anterior del setígero 2 (fig. 92A); dos pares de ojos negros a parduscos dispuestos trapezoidalmente, con los del par anterior más pequeños, en posición transversal y más separados que los del par posterior, que son grandes y están en posición longitudinal; todos los ojos con forma de media luna (figs. 92A, 92B); el peristomio de desarrollo moderado, con forma de collar que rodea al prostomio y está fusionado dorsalmente con la notolamela del setígero 1 (figs. 92A-C). No se han observado los palpos. Con 8-10 pares de branquias desde el setígero 2 (figs. 92A, 92B); las del primer par son más largas que las demás y todas son cirriformes, casi iguales entre sí, y vez y media más largas que las correspondientes notolamelas, a las que no están fusionadas. Las notolamelas postsetales del setígero 1 son grandes y redondeadas; las del setígero 2 son cortas y triangulares; las del setígero 3-10 son alargadas, subtriangulares y de punta roma; van decreciendo de tamaño progresivamente; en los setígeros 11-12 se hacen más cortas, anchas y ovales (figs. 92B, 92D); a partir del setígero 13 son redondeadas y siguen decreciendo en tamaño hasta convertirse en un pequeño lóbulo redondo (fig. 92H); los notopodios de los setígeros 10-17 se unen dorsalmente formando una cresta baja (fig. 92G); los bordes ventrales de los notopodios no contactan con los lóbulos dorsales de las neurolamelas en ninguno de los parápodos. Las notolamelas presetales son pequeñas, redondeadas en la región anterior; no contactan con las notolamelas postsetales. Las neurolamelas postsetales del setígero 1 son pequeñas y redondeadas (figs. 92A-C); las del setígero 2 son ovaladas, con el borde ventral más ancho que el dorsal (fig. 92B); las de los setígeros 3-5 tienden hacia una forma rectangular de contorno redondeado, más altas que anchas (figs. 92B, 92D, 92E); desde el setígero 6 en adelante se van haciendo más redondeadas y pequeñas

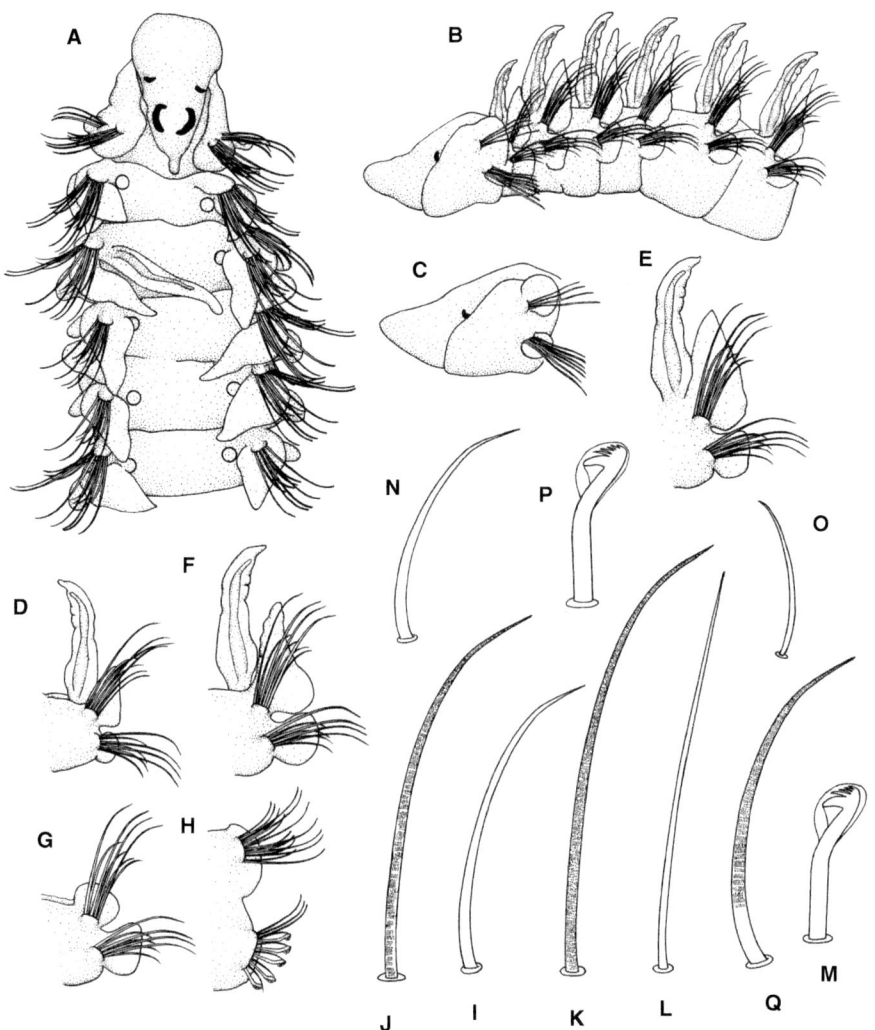

Fig. 92. Extremo anterior en vista dorsal (A) y lateral (B), detalle del peristomio fusionado al setígero 1, en vista lateral (C), setígero 2 en vista dorsal(D), vista anterior de los setígeros 3 (E), 4 (F), 10 (G) y de uno posterior (H), notoseda capilar de la hilera anterior, en setígero anterior (I), notoseda capilar de la hilera posterior, en setígero anterior (J), notoseda capilar de la hilera posterior, en setígero medio (K), notoseda capilar, en setígero posterior (L), notogancho encapuchado (M), sedas acompantes (N, O), neurogancho encapuchado (P) y seda sable (Q) de Prionospio (Minuspio) sanmartini. Redibujados de Delgado-Blas et al. (2019a).

(fig. 92F), las de los setígeros posteriores son bajas y ligeramente ovaladas (fig. 92H); las neurolamelas presetales de los setígeros anteriores y medios son pequeñas y redondeadas. No hay bolsas interparapodiales. Las notosedas de los setígeros anteriores se disponen en dos hileras verticales: las de la hilera anterior son capilares sin limbo lisas y cortas (fig. 92I); las de la hilera posterior son capilares sin limbo, más largas, más gruesas y granulosas (fig. 92J); en los setígeros medios se disponen igualmente en dos hileras; las de la hilera anterior son capilares sin limbo lisas y cortas; las de la hilera posterior son capilares sin limbo, ligeramente granulosas y con una larga punta (fig. 92K); las de los setígeros posteriores son capilares sin limbo, lisas y muy largas y finas (fig. 92L); a partir del setígero 32-35, aparecen ganchos encapuchados que tienen 4 pares de pequeños dientes sobre el grueso diente principal y poseen un pequeño capuchón secundario (fig. 92M). Las neurosedas del setígero 1 se disponen en un único fascículo; desde el setígero 2 y siguientes se disponen en dos hileras y son capilares como las notosedas; a partir del setígero 13-17 aparecen los ganchos encapuchados, hasta 8 por fascículo, acompañados por finos capilares sin limbo (figs. 92N, 92O); estos ganchos presentan cinco pares de diminutos dientes sobre el grueso diente principal y poseen un pequeño capuchón secundario (fig. 92P). A partir del setígero 12-16 están las sedas sable, dos como máximo por parápodo, son sedas gruesas, fuertes, netamente curvadas, lisas en su parte basal y densamente granuladas en sus porciones media y distal (fig. 92Q). El pigidio lleva un cirro anal largo y dos pequeños lóbulos. Descripción basada en Delgado-Blas *et al.* (2019a).

Distribución.— Mar Cantábrico de Galicia (Junoy, 1988) y Atlántico andaluz (López-Serrano, 1999). Todas las citas como *Prionospio multibranchiata* Berkeley, 1927.

Biología.— Se encuentra en fondos areno-fangosos del piso intermareal. Uno de los ejemplares del mes de mayo de 1988, de la desembocadura del río Piedras, llevaba óvulos.

Prionospio (Minuspio) vallensis Neal y Paterson, 2016 (fig. 93)
Prionospio (Minuspio) vallensis Neal y Paterson, 2016. En: Paterson *et al., Zootaxa*, 4092(1): 8

Los ejemplares pueden alcanzar una longitud de 12,4 mm, por una anchura de 0,25 mm en el setígero 1 y unos 65 segmentos. Color, en alcohol, amarillo pálido. El prostomio es rectangular en sus ²/₃ anteriores, con su margen frontal recto, y después se continúa por una carúncula triangular que se extiende hasta el borde anterior del setígero 2; su perímetro es liso; hay un órgano nucal densamente ciliado a cada lado de la carúncula, sin llegar a tocarse entre sí en la parte posterior del prostomio (fig. 93A); sin ojos, aunque en algunos ejemplares se observa un par de ojos incoloros en la zona de inicio de la carúncula (en ejemplares teñidos se observan mejor). El peristomio está bien desarrollado ventralmente y está dorsalmente fusionado con el setígero 1, formando alas laterales bien definidas. Con cuatro pares de branquias en el dorso de los setígeros 2-5; son todas apinnadas de bordes fruncidos (figs. 93B-E); el primer par es el más largo, alcanza hasta el setígero 8, y es aproximadamente 6 veces más largo que las notolamelas postsetales del setígero 2, donde se encuentran; estas branquias son claramente fruncidas y densamente ciliadas, con surcos profundos, engrosadas en la base, después cilíndricas y terminadas en punta roma; el cuarto par de branquias son similares de aspecto, pero aproximadamente ¼ más cortas y unas 4 veces más largas que las correspondientes notolamelas; el segundo y tercer par de branquias son casi iguales entre sí, notablemente más cortas que los otros pares, solamente algo mayores que sus correspondientes notolamelas, son densamente ciliadas y con la superficie fruncida, de forma triangular, más anchas en la base y de punta estrecha; ambos pares están parcialmente cubiertas por las respectivas notolamelas que

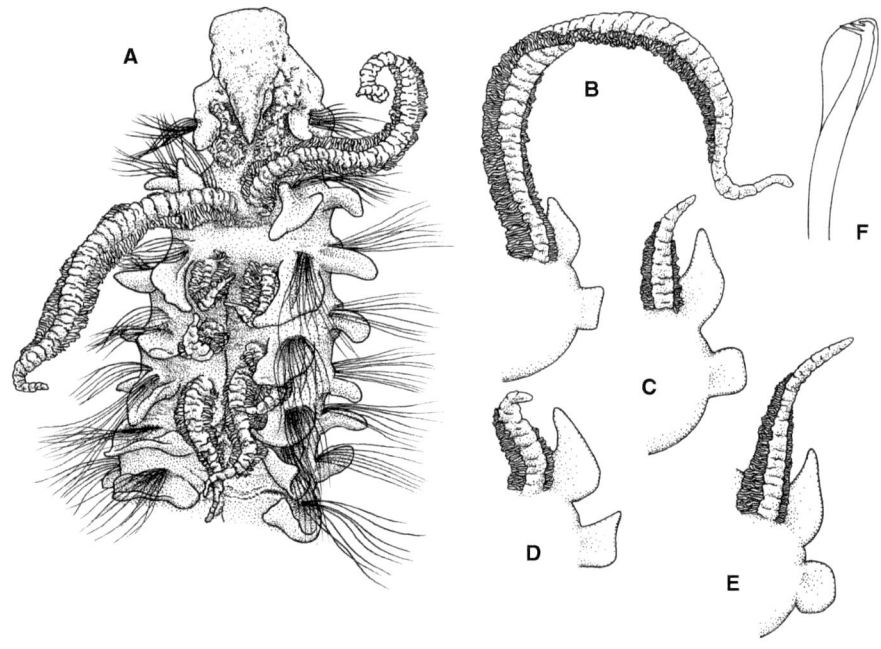

Fig. 93. Extremo anterior en vista dorsal (A), setígeros branquíferos en vista anterior (B-E) y gancho encapuchado (F) de Prionospio (Minuspio) vallensis. *Redibujados de Paterson* et al. *(2016).*

están ensanchadas; los cuatro pares de branquias están situadas al lado de las notolamelas de sus respectivos podios por su parte interna, pero ligeramente retrasadas con respecto a ellas y totalmente independientes. Las notolamelas postsetales del setígero 1 son pequeñas y redondeadas (fig. 93A); las del setígero 2 están bien desarrolladas, son redondeadas en su parte basal y acuminadas en el ápice (fig. 93B); son de la misma forma, pero más grandes en los setígeros 3-5, con sus ápices puntiagudos dirigidos hacia la línea mediadorsal (figs. 93C-E); a partir del setígero 6 se hacen más pequeñas y desde el 7 son pequeñas, triangulares, de ápice puntiagudo y con frecuencia están dobladas; en los setígeros de la zona media del cuerpo son de aspecto globoso; presentan crestas dorsales sobre los setígeros 6-21. Las neurolamelas postsetales de los segmentos branquíferos son las más grandes (figs. 93B-E); son pequeñas y redondeadas en el setígero 1, cuadradas en el 2, de forma similar, pero con un ápice puntiagudo dirigido dorsalmente en el 3, en el setígero 4 sin dicho ápice y en el 5 son redondeadas; a partir del 6 son similares al 5 pero más pequeñas. Carecen de bolsas interparapodiales. Las notosedas y las neurosedas de los setígeros anteriores se disponen en dos densas hileras verticales de sedas capilares granulosas. Las sedas sable, aparecen en el setígero 10, son robustas, netamente curvadas y densamente granuladas; aparecen dos como máximo por fascículo. Los ganchos encapuchados aparecen en el setígero 12 (ocasionalmente en el 13); presentan un diente principal y, sobre él, seis pares de dientecillos que van siendo gradualmente menores a medida que están más distantes del mango; presentan un capuchón primario inflado y uno secundario bien desarrollado (fig. 93F); hay hasta un máximo de 8 ganchos por podio. Los ganchos notopodiales aparecen en el setígero 45, en número de dos por fascículo; son largos y estilizados. El pigidio es cónico y no se han observado apéndices, pero pudiera ser que se hubieran caído.

Descripción basada en Paterson *et al.* (2016).

Patrón de tinción con verde metilo. Los bordes del prostomio, carúncula incluida, el peristomio y las crestas dorsales de los setígeros 12-21, intensamente teñidos.

Distribución geográfica.— Hasta la fecha solo se ha encontrado en los cañones de Nazaré, Cascais y Setúbal, en Portugal (Paterson *et al.*, 2016).

Biología.— Especie de aguas profundas, entre 3.199 y 4.419 m, en fondos sedimentarios orgánicamente enriquecidos. Se ha encontrado formando parte de poblaciones con altas densidades, 784-918 ind/m².

Subgénero *Prionospio* Malmgren, 1867

Incluye especies con branquias pinnadas y apinnadas desde el setígero 2, con 4-5 pares. El arreglo de las branquias pinnadas y apinnadas tienen diversas combinaciones; con cuatro pares de branquias: dos pares de branquias pinnadas bidigitiformes en los setígeros 2 y 5, y 2 pares de branquias triangulares en setígeros 3-4. Dos pares de branquias digitiformes en setígeros 2 y 4 y dos pares de branquias cirriformes en setígeros 3 y 5. Branquias digitiformes en setígeros 2, 3 y 5, más un par de branquias triangulares en el setígero 4. Un par de branquias digitiformes o verticiladas en el setígero 2, dos pares de branquias triangulares en los setígeros 3-4, más un cuarto par cirriforme lisas en el setígero 5. Tres pares de branquias triangulares en setígero 2-4 más un par digitiforme en setígero 5. Incluye especies con cinco pares de branquias: Tres pares de branquias digitiformes en los setígeros 2, 5-6 y dos pares de branquias triangulares en los setígeros 3-4. Cada branquia completamente libre de las lamelas notopodiales. Actualmente, incluye 76 especies, de las cuales ocho se han registrado para la península Ibérica.

Clave de especies

1. Los primeros 3 pares de branquias apinnadas y el 4° par con pínnulas; o el 1er par de branquias con pínnulas y los pares 2-4 apinnadas 2
   • El 1er y 4° par de branquias pinnadas y los pares 2-3 apinnadas 5
2. Los primeros 3 pares de branquias apinnadas y el 4° par con pínnulas; una cresta dorsal sobre el setígero 7; lamelas presetales notopodiales muy grandes en los setígeros anteriores, fusionadas basalmente con las lamelas postsetales notopodiales; bolsas inter-parapodiales ausentes; todos los ganchos encapuchados bidentados . . . .
. . . . *P. (P.) caspersi* (p. 275)
   • 1er par de branquias con pínnulas y pares 2-4 apinnados 3
3. Sin bolsas ventrolaterales; 1er par branquial con un pequeño número de pínnulas
. . . . *P. (P.) amarsupiata* (p. 273)
   • Con bolsas ventrolaterales; 1er par branquial con un mayor número de pínnulas . . .4
4. El 2°y 3er par de branquias ligeramente expandidas distalmente, con puntas cortas y afiladas; una cresta pequeña sobre el setígero 5; sedas sable limbadas . . . .
. . . .*P. (P.) ehlersi* (p. 286)
   • El 2° y 3er par de branquias triangulares y gruesas; un cordón dorsal sobre el se-tígero 5; las sedas sable sin limbo . . . . *P. (P.) cf. ehlersi* (p. 278)
5. Crestas ventrales presentes sobre los setígeros 11-12 hasta 15-19; con crestas dor-sales grandes sobre los setígeros 10-11 y crestas dorsales pequeñas sobre los setígeros 3-4, 12-22 hasta 34; lamelas presetales notopodiales muy grandes en los setígeros ante-riores, fusionadas basalmente con las lamelas postsetales notopodiales . . . .
. . . . *P. (P.) cristaventralis* (p. 281)
   • Crestas ventrales ausentes 6
6. Con crestas dorsales 7
   • Sin crestas dorsales; prostomio en forma de bolo . . . . . .*P. (P.) dubia*[1] (p. 284)
7. Crestas dorsales desde los setígeros 6 o 7 y continúan en los siguientes setígeros . 8
   • Cresta dorsal sobre el setígero 7; 2° y 3er par de branquias subtriangulares . . . . .
. . . . *P. (P.) fallax* (p. 289)
8. Prostomio con forma de botella; 2° y 3er par de branquias subtriangular; con cres-tas dorsales pequeñas desde el setígero 6 y continúan hasta el setígero 15-21; pliegues dorsolaterales desde el setígero 4 y continúan hasta el setígero 9-13 . . . .
. . . . *P. (P.) steenstrupi* [2]

- Prostomio con forma cuadrada; 2º y 3ᵉʳ par de branquias cirriformes; con cresta dorsal grande en el setígero 7 y pequeñas crestas sobre los setígeros 8-9; sin pliegues dorsolaterales .... ***P. (P.) parapari*** (p. 291)

¹ *P. (P.) dubia.* La especie fue registrada por Maciolek (1985) para la bahía de Vizcaya, con base a un único ejemplar recolectado por H.L. Sanders el 18 de julio de 1968. Sin embargo, es probable que se trate de otra especie (ver explicación de la descripción de la especie).

² *P. (P.) steenstrupi.* Su presencia en la Península es cuestionable; esta especie tiene una distribución restringida al norte del Atlántico, Islandia (Sigvaldadóttir y Mackie, 1993). Por lo que no se incluye en la presente monografía. Posiblemente los registros correspondan a algunas de las especies recientemente descritas para la Península. Se incluye en la clave por razones históricas y de referencia.

Prionospio (Prionospio) amarsupiata Neal y Altamira, 2016 (fig. 94)

Prionospio (Prionospio) amarsupiata Neal y Altamira, 2016. En: Paterson *et al.*, *Zootaxa*, 4092(1): 5

Los ejemplares pueden alcanzar una longitud de más de 15 mm (no se conocen ejemplares completos) por una anchura de 0,63 mm en el setígero 1. Color en alcohol, amarillo pálido. El prostomio tiene forma de botella, con su porción anterior redondeada y ligeramente expandida, aguzado en la porción final (fig. 94A), con una carúncula que se extiende hasta el borde anterior del setígero 2; hay un órgano nucal a cada lado de la carúncula, ambos están ligeramente arqueados hacia el centro confluyendo por detrás de esta (fig. 94A); sin ojos apreciables. El peristomio está bien desarrollado, envuelve al prostomio casi como un collar y está parcialmente fusionado con el setígero 1, formando pequeñas alas laterales (fig. 94B). Poseen cuatro pares de branquias presentes en el dorso de los setígeros 2-5 (figs. 94C-F); el primer par es el más largo, alcanza hasta el setígero 10, es estilizado y cilíndrico aunque algo aplanado en su porción basal y con el ápice ligeramente rizado (fig. 94C); casi toda su superficie es lisa o ligeramente fruncida, pero en la porción inferior presenta 1-3 pínnulas; el cuarto par es de aspecto similar al primero, pero aproximadamente la mitad de largo y con ausencia total de pínnulas (fig. 94F); el segundo y tercer par de branquias son apinnadas, casi iguales entre sí, notablemente más cortas que los otros pares, incluso menores que sus correspondientes notolamelas, de aspecto foliáceo y con la punta roma (figs. 94D, 94E), ciliadas en los bordes laterales; los cuatro pares de branquias están situadas al lado de las notolamelas de sus respectivos podios por su parte interna, pero ligeramente retrasadas con respecto a ellas. Las notolamelas postsetales del setígero 1 son redondeadas y parecen estar en continuidad con la parte superior de las alas peristomiales; las de los setígeros 2-21, son anchas y redondeadas, más en los setígeros branquíferos y en especial en el 3 y 4; son algo más estrechas en el setígero 5, pero a partir del 6 van incrementando su anchura hasta hacerse casi cuadradas en el setígero 10 (figs. 94G, 94H); a partir del setígero 21 se reducen de tamaño ha-

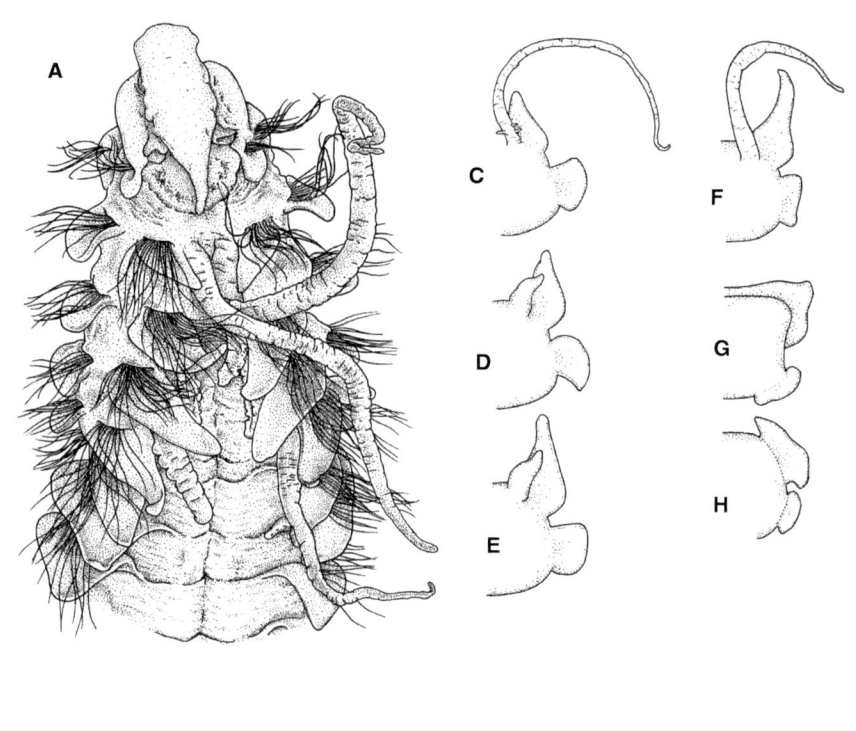

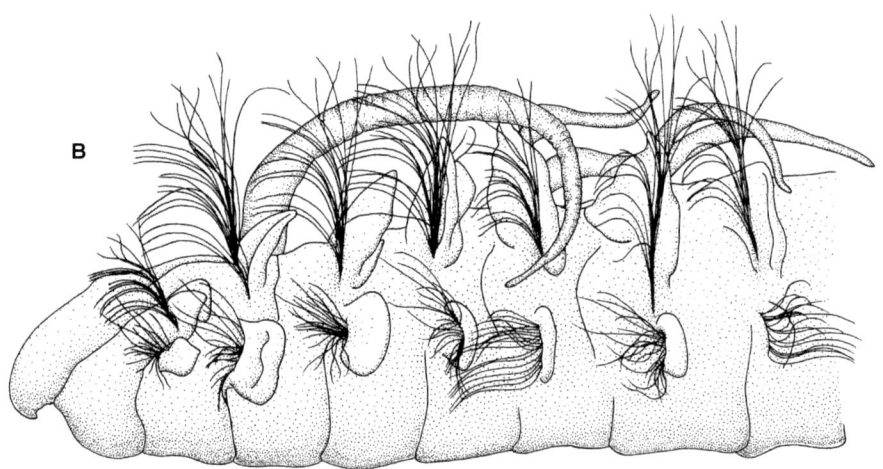

Fig. 94. *Extremo anterior en vista dorsal (A) y lateral (B), vista anterior de los setígeros 2 (C), 3 (D), 4 (E), 5 (F), 10 (G) y22 (H) de* Prionospio *(Prionospio) amarsupiata. Redibujados de Paterson* et al. *(2016).*

ciéndose aplastadas con una forma ovoidal con el borde dorsal agudo y el ventral redondeado; a partir del setígero 5-21, se forman crestas dorsales (fig. 94G). Las neurolamelas postsetales del setígero 1 son pequeñas y redondeadas, se hacen más grandes en los setígeros branquíferos y a partir de ellos se van reduciendo gradualmente; las del setígero 2 tienen forma de abanico con los bordes redondeados; las del setígero 3 son similares pero tienen su borde inferior puntiagudo; en el setígero 4 son redondeadas y las del setígero 5 rectangulares bajas; a partir del setígero 6 se hacen más redondeadas ventralmente adquiriendo una forma ovoidal con el borde ventral algo aguzado (figs. 94G, 94H). Carecen de bolsas interparapodiales. Las notosedas de los setígeros anteriores se disponen en cuatro hileras verticales de sedas capilares amarillas; las neurosedas capilares se disponen en dos hileras. Tanto las sedas sable como los ganchos encapuchados neuropodiales aparecen en el setígero 19 (setígero 18 en los de menor tamaño); las sedas sable, en número de 1-2 por fascículo, son largas y netamente curvadas, con su mitad basal granulada; los ganchos encapuchados presentan un diente principal y, sobre él, seis pares de dientecillos; estos ganchos son largos y presentan un capuchón primario inflado y uno secundario estriado; el mango presenta una constricción al inicio del capuchón principal; hay hasta un máximo de 10 ganchos por podio; no se han observado ganchos dorsales en los ejemplares estudiados, que llegan hasta el setígero 42. No se conoce el pigidio. El holotipo (BMNH 2015.1042) está en general bien conservado, aunque faltan los parapodios derechos de los setígeros 3 a 6 y el setígero 2 está erosionado. Además, carece del primer par de branquias.

Descripción basada en Paterson *et al.* (2016).

Patrón de tinción con verde metilo. El prostomio, peristomio y los bordes de las noto- y neurolamelas de los primeros 4 setígeros se tiñen intensamente; en el resto solamente los bordes de las lamelas notopodiales y las crestas dorsales se tiñen tenuemente.

Distribución geográfica.— Ampliamente distribuida en mares profundos. En el archipiélago de las islas Crozet, el océano Índico, el océano Pacífico ecuatorial y en el océano Atlántico noreste; en la llanura abisal de Cabo Verde y Madeira. En el ámbito íbero-balear se ha encontrado solamente en los cañones de Nazaré, Cascais y Setúbal, en Portugal (Paterson *et al.*, 2016).

Biología.— Especie de aguas profundas, hasta 4.800 m, en fondos sedimentarios.

Prionospio (Prionospio) caspersi Laubier, 1962 (fig. 95)
Prionospio caspersi Laubier, 1962. *Vie Milieu, Sér. A Biol. Mar.*, 13(2):135

Los ejemplares estudiados miden unos 15 mm, con una anchura de 0,5 mm y la coloración en alcohol es blanquecina. El prostomio es ensanchado en su parte anterior donde acaba en un lóbulo de bordes redondeados, en el que destaca una pequeña protuberancia mediana; se va estrechando hacia atrás y se prolonga en una carúncula mediana, que puede llegar a alcanzar el límite posterior del setígero 1 (fig. 95A). Los palpos se desprenden con mucha facilidad no habiéndose observado en ningún ejemplar. La probóscide es globosa, como es habitual en la familia. El primer setígero está bien desarrollado, carece de branquias, el notopodio y el neuropodio con un fascículo de sedas capilares. Las lamelas notopodiales y neuropodiales son más pequeñas que las de los segmentos siguientes y las sedas menos numerosas. Los cuatro setígeros siguientes poseen branquias, insertas justo detrás del parápodo, en posición látero dorsal. Los tres primeros pares de branquias, correspondientes a los setígeros 2-4, son idénticas entre sí, cirriformes sin ningún tipo de pínnulas, tan solo con una profusa ciliatura dispuesta sobre toda su superficie (fig. 95B). Las branquias del cuarto par, en el setígero 5, son de mayor longitud y están provistas de pínnulas digitiformes sobre todo en su porción látero posterior externa, irregularmente dispuestas (fig. 95C). Según el estado de contracción de los ejemplares estas branquias pueden aparecer cortas, gruesas, con marcas anulares, con las pínulas apretadas o, por el contrario, finas, largas y lisas con pínulas dispersas; en los individuos jóvenes el número de pínnulas es menor, de 23 a 32, pero pueden llegar hasta 43. En estos individuos jóvenes las branquias presentan una porción apical desnuda, mucho más larga que la de los individuos adultos. La capa externa de la branquia, que lleva las pínnulas, está ligeramente ciliada, pero mucho menos que los tres primeros pares. Las lamelas notopodiales del setígero 5 están bien desarrolladas, poseen una acusada punta terminal, que se atenúa rápidamente en los segmentos posteriores. La noto- y neurolamelas son idénticas a las de los tres segmentos precedentes y a las de los 3 o 4 siguientes. Aparece una cresta dorsal alta en el setígero 7. En los subsiguientes setígeros, las lamelas notopodiales y neuropodiales cambian de forma, se hacen más bajas y se extienden sobre una porción mayor de la circunferencia del cuerpo, sin llegar a constituir verdaderas crestas como la del segmento 7. Las sedas capilares notopodiales de los primeros setígeros están agrupadas en dos hileras y las de cada uno de estos dos fascículos son ligeramente diferentes de las del otro; las del fascículo anterior tienen una parte distal externa limbada, dilatada con relación a la parte proximal inserta en el interior del parápodo (fig. 95D); estas sedas son un poco más cortas que las del fascículo posterior, que son lisas y carecen de limbo (fig. 95E). Las sedas capilares neuropodiales son del mismo tipo que las del notopodio, pero más pequeñas (figs. 95F, 395G). En los neuropodios del setígero 11 aparecen las sedas sable (fig. 95H); generalmente hay una de estas sedas por podio; son ligeramente recurvadas, bilimbadas y su porción central es granulosa. En el setígero 18-19 aparecen, en los neuropodios, los ganchos encapuchados (figs. 95I, 95J), al principio 1-2 por podio, después pueden llegar hasta 5-6; llegan hasta el final del cuerpo. Los ganchos notopodiales aparecen mucho más posteriormente, siendo difícil de precisar dónde ya que se han descrito muy pocos ejemplares enteros; están presentes en el setígero 40, su número máximo es de 4, y llegan hasta el final del cuerpo. Los ganchos encapuchados, tanto neuropodiales como notopodiales, son bidentados con el diente secundario casi

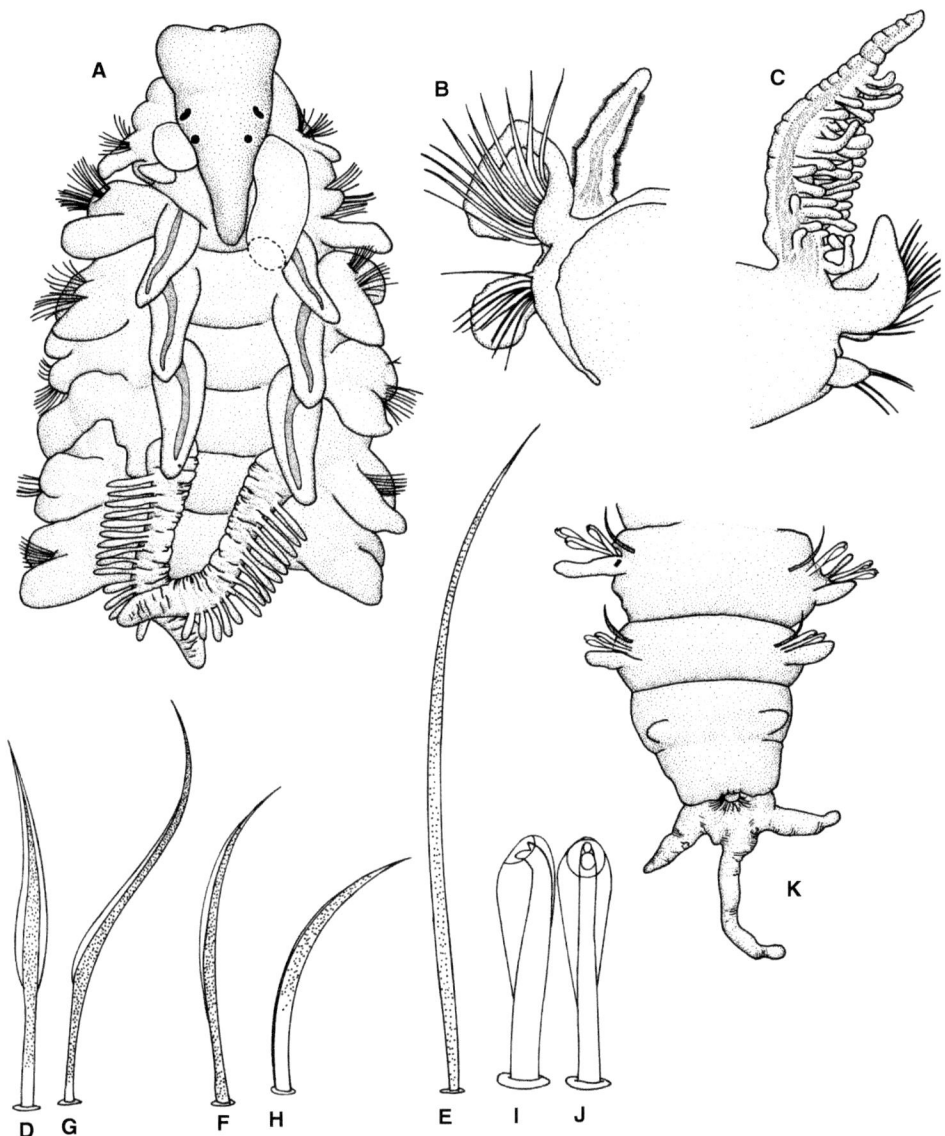

Fig. 95. Extremo anterior
en vista dorsal (A), vista
anterior de los setígeros
3 (B) y 5 (C), sedas
notopodiales de la hilera
anterior (D) y posterior
(E), sedas neuropodiales
de la hilera anterior (F) y
posterior (G), seda sable
(H), gancho encapuchado
(I, J) y extremo posterior
en vista ventral (K) de
Prionospio (Prionospio)
caspersi. Redibujados de
Laubier (1962).

del mismo tamaño que el principal. El capuchón es abierto (figs. 95I, 95J). El pigidio tiene tres cirros en cuya base desemboca el ano. El cirro mediano es de mayor tamaño que los otros dos (fig. 95K).

Descripción basada en Laubier (1962).

Distribución geográfica.— Mediterráneo: laguna de Venecia. En las costas ibéricas se ha citado en el litoral levantino-balear (Desbruyères *et al.*, 1972; Cardell Corral, 1986; Méndez Ubach, 1994; Pinedo, 1998; Serrano Samaniego, 2012; Delgado-Blas *et al.*, 2018b).

Biología.— Fondos sedimentarios a poca profundidad.

Prionospio (*Prionospio*) cf. *ehlersi* Fauvel, 1928 (fig. 96)
Prionospio ehlersi Fauvel, 1928. *Bull. Soc. Zool. Fr.*, 53: 10

Todos los ejemplares están incompletos y miden entre 3 y 11 mm de longitud por una anchura de entre 0,6 y 1 mm para 13-40 setígeros. También se dispone de un fragmento posterior de 9 mm de longitud y 0,8 mm de anchura para 26 setígeros. En algunos ejemplares se observan oocitos en los setígeros 30 a 34. El color en alcohol es blanquecino. El prostomio tiene forma de botella, redondeado en su parte anterior (fig. 96A) y cónico en la posterior con una carúncula estrecha y corta que se extiende hasta el borde anterior del setígero 2; a cada lado de la carúncula se extiende un órgano nucal triangular (fig. 96A). Con dos pares de ojos negros subdérmicos, dispuestos trapezoidalmente: el par anterior de ojos son pequeños y redondeados, el par posterior algo más grandes y de forma arriñonada anterior (fig. 96A). Los palpos se insertan a los lados del prostomio, justo por delante de los órganos nucales, y presentan una pequeña funda basal. El peristomio es corto, con forma de collar que rodea al prostomio, y está parcialmente fusionado dorsalmente a la amplia notolamela ovalada del setígero 1 (fig. 96A); la neurolamela postsetal del setígero 1 es pequeña, redondeada, menor que la notolamela (fig. 96A). Probóscide protruida en forma de saco. Cuatro pares de branquias presentes en los setígeros 2 a 5, de las cuales las del primer par son más largas y más gruesas (fig. 96B); en algunas ocasiones el cuarto par es de la misma longitud que el primero o incluso ligeramente más largo; las branquias del primer par son cilíndricas, gruesas y de punta roma, provistas densamente de largas pínnulas en sus lados posterior y lateral, llegando hasta el ápice (figs. 96A, 96B); las de los pares 2-4 son apinnadas y de ellas, las de los pares 2 y 3 (figs. 96B, 96C) son más cortas que las pinnadas y que las correspondientes notolamelas, de forma triangular, gruesas con su porción distal expandida, de punta redondeada y densamente ciliada en el lateral; las del cuarto par son cirriformes (fig. 96B), iguales o más largas que la notolamela y están unidas basalmente por un cordón dorsal corto. Las notolamelas del setígero 2 son cortas y subtriangulares (figs. 96A, 96B), las de los setígeros 3-7 son triangulares de base ancha (figs. 96B, 96C), más anchas en los setígeros 3-4, con puntas triangulares largas; en algunos ejemplares se tocan unas con otras; se van haciendo gradualmente más pequeñas, más redondeadas y más dorsalmente dirigidas hacia el setígero 8 (fig. 96D); hacia el setígero 19 son subtriangulares y presentan un proceso angular dirigido ventralmente; las notolamelas subsiguientes van decreciendo progresivamente y se llegan a hacer redondeadas y anchas con bordes ventrales puntiagudos (fig. 96E); en los setígeros posteriores se hacen ovales; a partir del setígero 6, las notolamelas de uno y otro lado se unen entre sí a través del dorso en cada setígero formando crestas dorsales bajas (fig. 96B) continuando como pliegues dorsales bajos o crestas anchas hasta casi el final del cuerpo (fig. 96F); los bordes ventrales de las notolamelas y los dorsales de las neurolamelas de cada setígero, se tocan o incluso se solapan desde los setígeros 7 o 10 hasta aproximadamente el 21 (fig. 96G); las notolamelas presetales de los setígeros anteriores son bajas y redondeadas, las de los posteriores rudimentarias. Las neurolamelas postsetales del setígero 2 son redondeadas; las del setígero 3 más angulosas y dirigiéndose hacia el lado dorsal (fig. 96C); las de los setígeros siguientes hasta el 15 son ovales; las de los siguientes hasta el final del cuerpo, son pequeñas y redondeadas; las neurolamelas presetales son bajas en la región branquial (fig. 96D), en los siguientes van creciendo; algunos ejemplares en la región media presentan lóbulos ventrales pequeños redondeados como extensiones de las neurolamelas presetales, rudimentarios en los setígeros posteriores. A partir del setígero 4-5 hasta la región posterior, aparecen bolsas interparapodiales (fig. 96G) fusionadas con las neurolamelas presetales. Los dos primeros setígeros presentan notosedas capilares unilimbadas cortas, finas y ligeramente granuladas (fig. 96H) dispuestas en dos hileras verticales, siendo más largas las de la hilera posterior; desde el setígero 3-13, se disponen en tres hileras, las de la hilera anterior son las más cortas; las más dorsales son muy largas y agudas, las más ventrales muy cortas y agudas; las de la región corporal media son capilares unilimbadas lisas; las capilares de los setígeros posteriores sin limbo, largas y lisas; los neuropodios anteriores poseen sedas capilares unilimbadas granulosas dispuestas en dos hileras siendo las de la hilera anterior mucho más pequeñas; en la región media las capilares sin limbo y ligeramente granulosas mientras que en la región posterior son capilares sin limbo y lisas. Las sedas sable aparecen en los neuropodios a partir del setígero 17-21 en número de dos como máximo por cada parápodo (fig. 96I). Los ganchos encapuchados (fig. 96J) aparecen en los neuropodios a partir del setígero 18-21 en número máximo de 15 por fascículo; presentan seis pares de dientecillos sobre el principal, más grueso y redondeado y un capuchón grande; poseen un capuchón secundario muy estriado que le confiere apariencia plumosa (fig. 96J). El pigidio presenta un cirro mediano largo y dos lóbulos laterales cortos y redondeados (fig. 96K).

Descripción basada en Delgado-Blas *et al.* (2018b).

Prionospio (*Prionospio*) cf. *ehlersi*, es muy similar a *P. ehlersi* por la forma del prostomio, la disposición branquial, la estructura de los ganchos encapuchados y la posesión de bolsas interparapodiales; sin embargo, se distinguen en que la primera tiene las notolamelas postsetales del setígero 1 ovales en lugar de triangulares o subtriangulares, que en las neurolamelas de los setígeros 4-5 ovales en lugar de redondeadas, en tener el segundo y tercer par de branquias triangulares y gruesas en lugar de expandidas o hinchadas distalmente, en presentar un cordón dorsal corto uniendo las bases

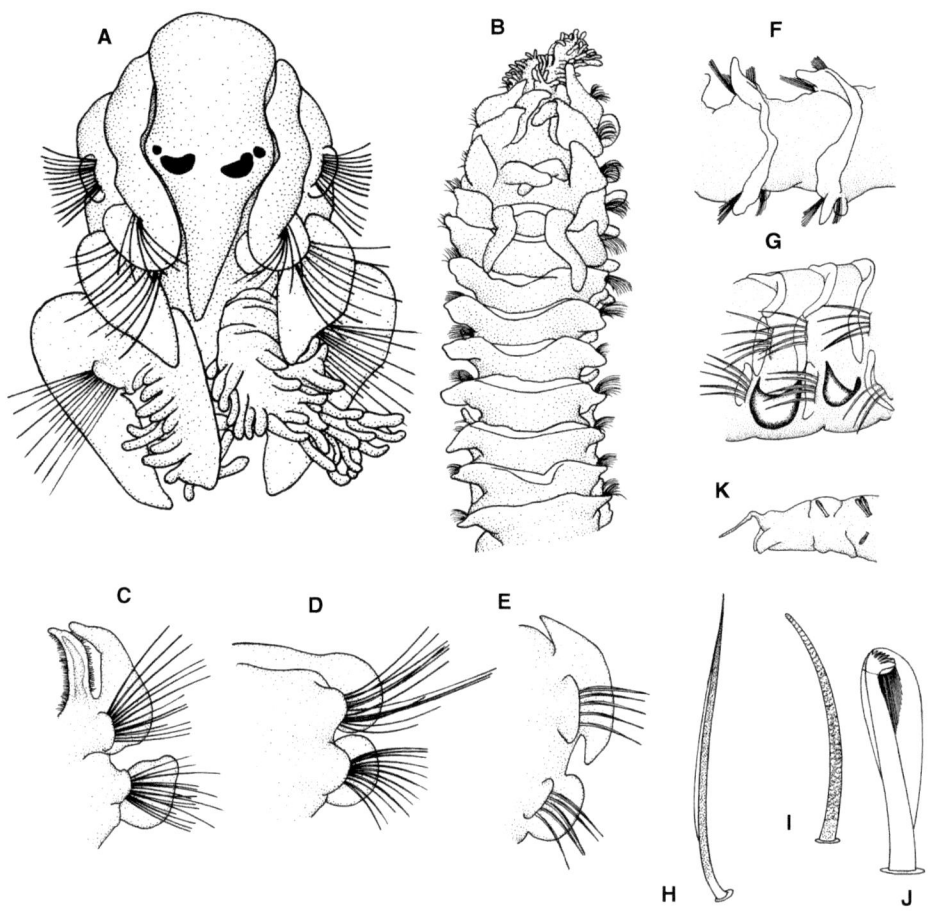

Fig. 96. Extremo anterior en vista dorsal (A), segmentos anteriores en vista dorsal (B), setígero branquñífero 3 en vista anterior (C), vista anterior de los setígeros 10 (D) y 19 (E), segmentos medioanteriores en vista dorsal (F), bolsas interparapodiales (G), notoseda limbada (H), seda sable (I), gancho encapuchado (J) y extremo posterior en vista lateral (K) de Prionospio (Prionospio) cf. ehlersi. Redibujados de Delgado-Blas et al. (2018b).

del último par de branquias en lugar de una cresta dorsal baja y por tener las sedas sable sin limbo en lugar de limbada. A pesar de estas diferencias no nos hemos atrevido a erigirlos en nueva especie debido a la variabilidad puesta de manifiesto en algunas estructuras de *P. ehlersi* por parte de Mackie y Hartley (1990) y no haber podido disponer de los ejemplares de la serie tipo de Fauvel (1928).

Distribución geográfica.— Los ejemplares examinados proceden de la rías de Arousa y Muros-Noya (La Coruña) y de la plataforma continental frente a La Coruña.

Biología.— Hasta el momento solo se ha encontrado en fondos sedimentarios del infralitoral.

Prionospio (Prionospio) cristaventralis Delgado-Blas, Díaz-Díaz y Viéitez, 2018 (fig. 97)
Prionospoio cristaventralis Delgado-Blas, Díaz-Díaz y Viéitez, 2018. *ZooKeys*, 810: 8

Los ejemplares pueden alcanzar una longitud de más de 18 mm por una anchura de 1,1 mm con más de 34 setígeros. Color, en alcohol, blanquecino. El prostomio tiene forma de botella, con su porción anterior redondeada y abocardada, que está aplastada dorsoventralmente; hacia atrás se va estrechando paulatinamente y continuándose con una carúncula larga que se extiende hasta el borde posterior del setígero 2; hay un órgano nucal con forma de U a cada lado de la carúncula (fig. 97A). Con dos pares de ojos negros, dispuestos en trapecio; los del par anterior son pequeños, redondeados y los del posterior muy grandes, con forma de media luna (fig. 97A). Los palpos son muy caedizos y no se han observado. El peristomio es de tamaño moderado, rodea al prostomio y no está fusionado dorsalmente con las notolamelas del setígero 1 (fig. 97A). Poseen cuatro pares de branquias en el dorso de los setígeros 2-5 (fig. 97A); el primer par es el más largo; los pares 1 y 4 poseen gran cantidad de pínnulas delgadas, largas, digitiformes dispuestas a lo largo de la cara posterior de las branquias, que son muy largas; la zona distal de las branquias es lisa, desprovista de pínnulas y bastante larga; las del segundo y tercer par son apinnadas, triangulares, bien desarrolladas, cirriformes y densamente ciliadas en su parte lateral, con el ápice puntiagudo (fig. 97A); son casi iguales entre sí, más cortas que las del primer y cuarto par, pero ligeramente más largas que las notolamelas de sus respectivos setígeros; tanto las del tercer como las del cuarto par están unidas entre sí por una cresta dorsal transversal. Las notolamelas postsetales del setígero 1 son ovaladas de tamaño moderado (fig. 97B); las de los setígeros 2-7 son foliáceas con amplias bases y sus mitades superiores estrechas y alargadas; más grandes y anchas en los setígeros 3-4, con ápices puntiagudos; más ovales en los setígeros 8-10 (fig. 97C); y a partir de aquí decreciendo paulatinamente en tamaño y se hacen subtriangulares en los setígeros 15-19 adoptando una forma más angulosa con una prolongación hacia el lado ventral (fig. 97D); en los setígeros subsiguientes disminuyen de tamaño y se hacen subtriangulares. En los setígeros 10 y 11 hay crestas dorsales altas; desde el 12-22/34 hay crestas

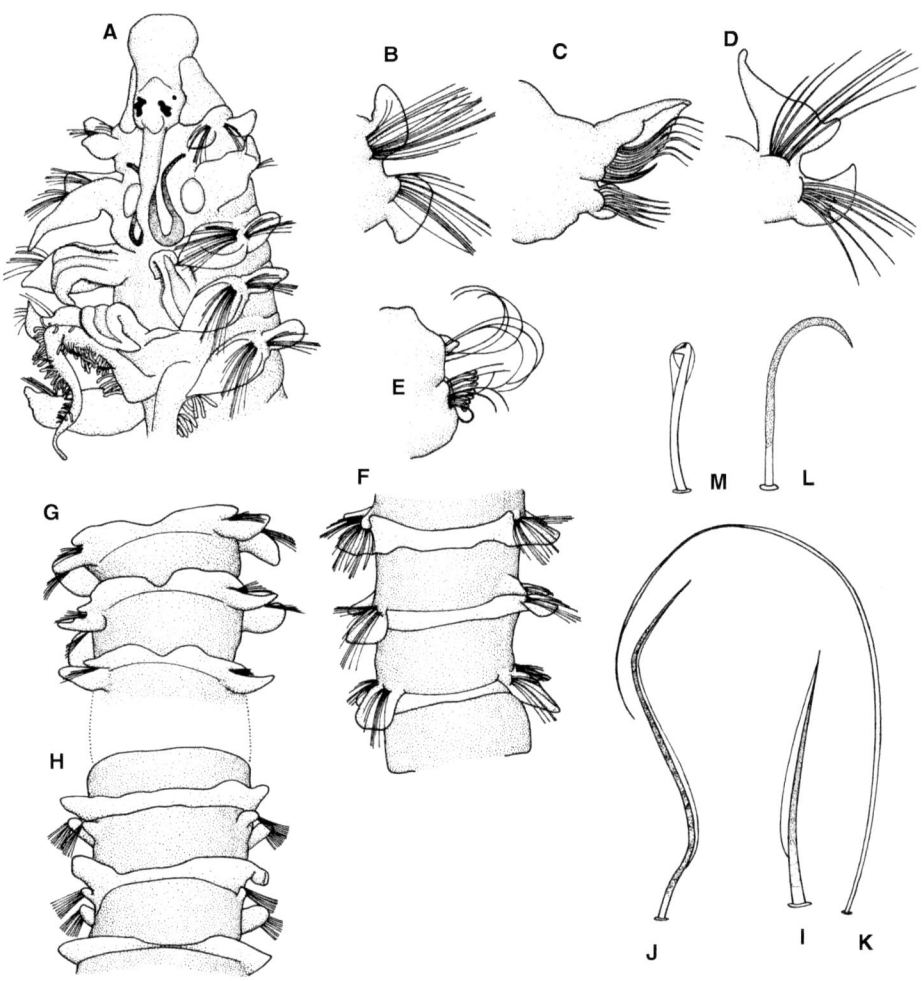

Fig. 97. Extremo anterior en vista dorsal (A), setígero 1 en vista dorsal (B), vista anterior de los setígeros 7 (C), 19 (D) y uno posterior (E), crestas dorsales de setígeros medioanteriores en vista dorsal (F), crestas ventrales (G-H), notosedas de la hilera anterior (I), notoseda de la hilera posterior (J), notoseda en setígeros posteriores (K), seda sable (L) y gancho encapuchado (M) de Prionospio (Prionospio) cristaventralis.

bajas (fig. 97F). En ningún setígero el borde ventral de la notolamela contacta con el borde dorsal de la neurolamela (figs. 97B-D). Las notolamelas presetales faltan en el setígero 1; las del resto de los segmentos anteriores son muy anchas y se fusionan basalmente con las notolamelas postsetales (fig. 97C); a partir del setígero 11-15 decrecen paulatinamente de tamaño y se hacen más redondas y pequeñas (figs. 97D, 97E). Las neurolamelas postsetales del setígero 1 están más desarrolladas que las notolamelas, ovales, anchas y con el borde ventral alargado (fig. 97B); las del setígero 2 son anchas, triangulares y también con el borde ventral alargado; las neurolamelas postsetales de los setígeros 3-9 son ovales, de los setígeros 10-13 son pequeñas y redondeadas (fig. 97C); a partir de aquí se hacen triangulares con punta aguda y en los subsiguientes son más pequeñas. Las neurolamelas presetales faltan en el setígero 1; las del resto de los segmentos anteriores son bajas (figs. 97C, 97D), pero van aumentando progresivamente de tamaño, llegando a ser en los setígeros 11-12 muy anchas y redondeadas, conectándose entre sí mediante crestas ventrales bien desarrolladas, formando depresiones en forma de U en la línea media (figs. 97G, 97H); dichas crestas aparecen hasta el setígero 15 o 19. No tienen bolsas interparapodiales. Las notosedas de los setígeros 1-5 se disponen en dos hileras verticales; las de la hilera anterior son capilares cortas, muy puntiagudas, ampliamente unilimbadas y densamente granuladas (fig. 97I); las de la hilera posterior, más finas, más delgadas y más granuladas (fig. 97J); en el setígero 6 se disponen en tres hileras, similares a las sedas anteriores Capilares notopodiales en los setígeros medios dispuestas en dos filas: fila anterior corta, granulada, monolimbada; las de la fila posterior granuladas, unilimbadas, con puntas muy largas y agudas; los setígeros posteriores con sedas capilares sin limbo muy largas, delgadas y lisas (fig. 97K). Las neurosedas de los setígeros 1-5 dispuestas en dos filas; en los setígeros 6-10 dispuestas en tres filas; todas las sedas capilares con la misma estructura que las notopodiales. A partir del setígero 10 aparecen sedas sable en los neuropodios, una por fascículo; son robustas, claramente curvadas, basalmente lisas, muy granuladas medial y distalmente y sin limbos (fig. 97L). Aparecen ganchos encapuchados en los neuropodios a partir del setígero 15, hasta 10 por fascículo; presentan seis pares de dientes pequeños sobre el diente principal grande, y capuchas secundarias cortas y pequeñas (fig. 97M); están acompañados de finas sedas capilares sin limbos. En los ejemplares estudiados hasta ahora, que tienen un máximo de 34 setígeros, no aparecen ganchos dorsales. El pigidio se desconoce.

Descripción basada en Delgado-Blas *et al.* (2018b).

Distribución geográfica.— Hasta la fecha esta especie solo se ha encontrado en la costa cantábrica española, en Asturias entre cabo Vidio y cabo de Peñas (Delgado-Blas *et al.*, 2018b).

Biología.— Vive en fondos sedimentarios a poca profundidad.

Prionospio (Prionospio) dubia Day, 1961 (fig. 98)
Prionospio dubia Day, 1961. *J. Linn. Soc. Lond. Zool.*, 44(299): 489

Los ejemplares de mayor tamaño pueden alcanzar 35 mm de longitud por una anchura de 0,75 mm con cerca de 100 setígeros. El prostomio es redondeado en su extremo anterior y de contorno pentagonal más o menos marcado extendiéndose en su parte posterior hasta el setígero 1, formando una estrecha carúncula (fig. 98A). Puede presentar dos pares de ojos, aunque a menudo faltan. El peristomio rodea al prostomio formando casi un collar abierto en su lado dorsal, donde se fusiona con la notolamela redondeada del primer setígero (fig. 98B). Cuatro pares de branquias, entre los setígeros 2-5. El primer y el cuarto par están pinnados, pero el primero es entre dos y tres veces más largo y presenta las pínnulas dispuestas en la parte posterior, dejando el ápice apinnado; en el cuarto par las pínnulas se disponen en el margen lateral externo, dejando también el ápice apinnado (fig. 98D); su tamaño es aproximadamente igual al de la notolamela de ese setígero; las branquias del segundo y tercer par son apinnadas, subtriangulares (fig. 98C), densamente ciliadas en sus laterales y aproximadamente del mismo tamaño que las del cuarto par; son casi del mismo tamaño que sus respectivas notolamelas. Tanto las noto- como las neurolamelas del primer setígero están reducidas en comparación con las de los setígeros siguientes; las notolamelas postsetales de los segmentos branquíferos, son más largas que las de los siguientes, subtriangulares (figs. 98C, 98D), siendo las de los setígeros 3 y 4 más grandes que las de los otros dos; en los siguientes setígeros van gradualmente disminuyendo su tamaño y haciéndose más redondeadas (figs. 98E, 98F); no forman nunca crestas dorsales; las notolamelas presetales son rudimentarias a lo largo de todo el cuerpo del animal. Neurolamelas postsetales de los setígeros 2 y 3 van aumentando su anchura, de contorno subrectangular en el setígero 2 y más bien foliácea con punta hacia el dorso, en el 3; en los siguientes se va redondeando y disminuyendo progresivamente, es más o menos elíptica hacia el setígero 16 (fig. 98E) y se hace ancha y baja en los últimos setígeros (fig. 41F); no se forman bolsas interparapodiales; las neurolamelas presetales son rudimentarias a lo largo de todo el cuerpo. Sedas capilares tenuemente unilimbadas y granuladas en los setígeros anteriores, dispuestas en dos filas; en los segmentos medios y posteriores son más largas, finas y sin gránulos (fig. 98G). Las sedas sable comienzan entre el setígero 11-21 (18-19 en los ejemplares de Cap Breton citados por Aguirrezabalaga y Ceberio (2005); 18-21 en los citados por Gil (2011) del sudoeste de Portugal), con un máximo de dos por setígero, bajo las capilares del neuropodio y se dirigen ventralmente hacia la porción central; son ligeramente limbadas y granuladas. Los neuroganchos encapuchados comienzan entre el setígero 13-21 (19-21 en los ejemplares de Cap Breton citados por Aguirrezabalaga y Ceberio (2005); 18-21 en los citados por Gil (2011) del sudoeste de Portugal), con un máximo de 8 por fascículo; los notoganchos encapuchados aparecen entre el setígero 25-70 en número máximo de dos por fascículo, acompañados de un par de sedas capilares; los ganchos presentan 3 o 4 pares de dientecillos sobre el diente

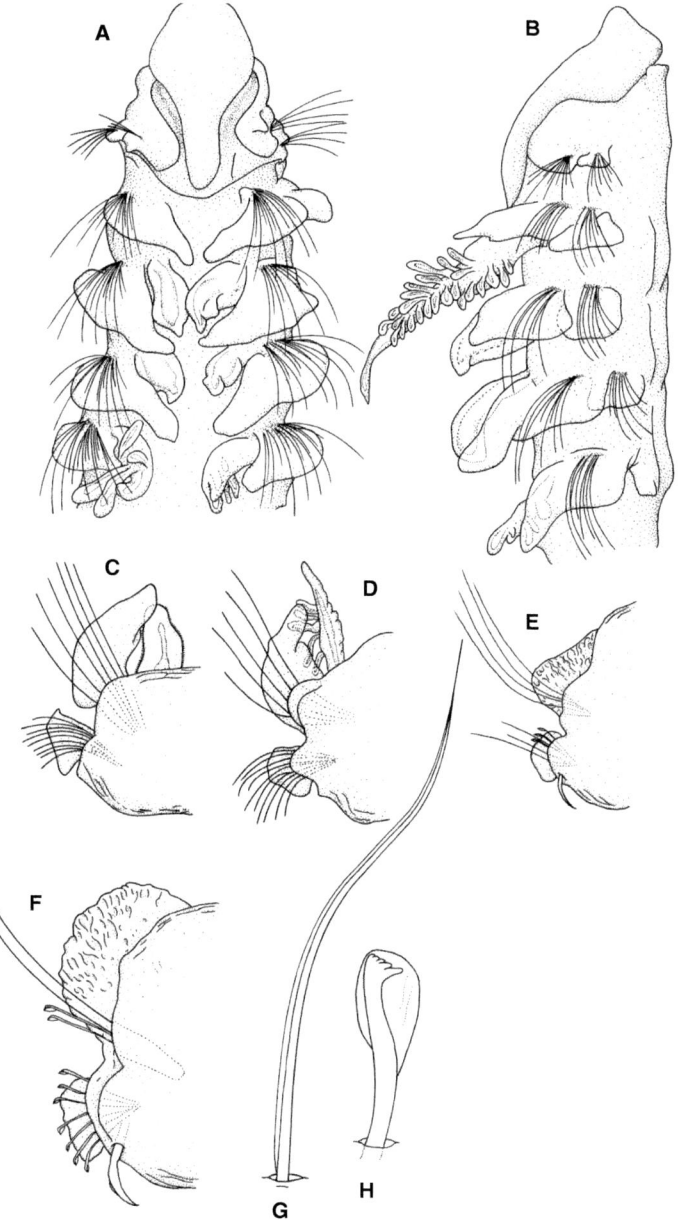

Fig. 98. Extremo anterior en vista dorsal (A) y lateral (B), vista anterior de los setígeros 4 (C), 5 (D), uno de la región media (E) y otro posterior (F), seda monolimbada de setígeros medios y posteriores (G) y notoganchos encapuchados (H) de Prionospio (Prionospio) dubia. *Redibujados de Sigvaldadóttir y Mackie (1993)*.

principal (fig. 98H). No se observa capuchón secundario. El pigidio presenta dos lóbulos laterales y un largo cirro mediodorsal, que se va aguzando hacia su ápice.

Descripción basada en Sigvaldadóttir y Mackie (1993).

Esta es una especie de identidad controvertida y Sigvaldadóttir y Mackie (1993) refieren varios aspectos que deben ser considerados. En primer lugar, el material tipo no está disponible y la descripción original (Day, 1961) es muy breve y poco detallada. Por otro lado, la descripción de material europeo hecha por Söderström (1920), seguida por Fauvel (1927) y otros investigadores, da cuenta que se trata de, al menos, dos especies. Wilson (1990) por su parte refiere que la redescripción de Maciolek (1985) presenta rangos muy amplios referidos a la aparición de las setas sable, ganchos encapuchados neuropodiales, aunado a la amplia distribución latitudinal y batimétrica, por lo que este autor señala que podrían estar involucradas al menos dos especies diferentes. Por su parte, Imajima (1990a) registró la especie para el Pacífico (Japón) y sus ejemplares también muestran rangos diferentes en la aparición de las setas sable y ganchos encapuchados noto- y neuropodiales. Ante este panorama y la ausencia de otros datos, Sigvaldadóttir y Mackie (1993) decidieron mantener el estatus de amplia distribución; sin embargo, sugirieron la necesidad de revisar materiales completos para poder resolver este problema. Por consiguiente, dudamos la presencia de *P. (P.) dubia* en la península Ibérica, pero los autores de esta monografía sugieren cautela a la hora de registrar nuevamente a la especie sin el examen o resolución taxonómica adecuado.

Distribución geográfica.— Se trata de una especie con una distribución muy amplia, prácticamente cosmopolita: Atlántico noroeste, desde Massachusetts hasta Surinam; Atlántico noreste, desde Islandia hasta el Mediterráneo; Atlántico sudeste, Sudáfrica, y Pacífico: Australia, Japón y California. En el ámbito íbero-balear se ha mencionado procedente del País Vasco (Aguirrezabalaga y Ceberio, 2005) y de Portugal (Gil y Sardá, 1999; Gil, 2011).

Biología.— Desde la plataforma continental hasta fondos abisales; de 85 a 2.379 m de profundidad.

Prionospio (Prionospio) ehlersi Fauvel, 1928 (fig. 99)
Prionospio ehlersi Fauvel, 1928. *Bull. Soc. Zool. Fr.*, 53: 10

Pueden superar los 25 mm de longitud, entre 0,3 y 1 mm de anchura. El prostomio tiene forma de botella, aunque con los bordes laterales bastante rectos; truncado en la porción anterior, disminuyendo su anchura en la porción posterior. Carúncula larga y estrecha, que llega hasta el setígero 2 (fig. 99A); a cada lado de la carúncula, un órgano nucal, triangular, que llega casi hasta el final del prostomio (fig. 99B). Dos pares de ojos en disposición trapezoidal, con el primer par más separado en que cada ojo se observa como un único punto, mientras que en el segundo par cada ojo presenta varios puntos. El par de palpos es sumamente frágil, por lo que resulta muy difícil obtener ejemplares con ellos, pero por las cicatrices se observa que están insertos entre las notolamelas del setígero 1 y el prostomio, justo delante de los órganos nucales, a la altura del segundo par de ojos. El peristomio, rodea al prostomio y está fusionado con el primer setígero el cual presenta las notolamelas bien desarrolladas y agudas dando un aspecto de collar; las neurolamelas también están bien desarrolladas y son redondeadas (fig. 99C); hay sedas en ambos parapódos. Con cuatro pares de branquias entre los setígeros 2 al 5; el primer y el último par, de mayor longitud que los otros dos y aproximadamente iguales entre sí; solo las branquias del setígero 2 presentan pínnulas digitiformes, que se disponen por la parte posterior de cada branquia y llegan hasta su ápice (fig. 99D); las branquias de los setígeros 3 y 4 son apinnadas, más gruesas y están ciliadas en los laterales, presentando en la parte distal un pequeño saliente puntiagudo (figs. 99E, 99F). El cuarto par es cirriforme, de ápice romo y sus dos branquias están unidas entre sí basalmente por una membrana transversal baja (fig. 99G). Las notolamelas postsetales de los setígeros anteriores son foliáceas, más largas en los setígeros 3 y 4 (figs. 99E, 99F), donde alcanzan aproximadamente la longitud de sus branquias; a partir de aquí pasan de ser más anchas y más subtriangulares (fig. 99H) a uniformemente redondeadas (figs. 99I, 99J), para posteriormente hacerse más pequeñas y presentar una punta hacia el lado ventral (figs. 99K, 99L). Aparecen crestas dorsales, desde el setígero 6-31/36. Las notolamelas presetales son pequeñas, pero bien patentes entre los setígeros 2 y 4, siendo las del setígero 3 las más grandes (figs. 99D-99F). El resto de las notolamelas presetales son rudimentarias, excepto las de los setígeros comprendidos entre el 10-12 y el 16-17. Las neurolamelas postsetales son anchas; redondeadas en el setígero 2 (fig. 99D), agudas con la punta dirigida dorsalmente en el setígero 3 (fig. 99E) y en los siguientes setígeros ampliamente redondeadas, llegando a hacerse elípticas (figs. 99F-99L). Las neurolamelas presetales son, generalmente, pequeñas, siendo ligeramente más grandes entre los setígeros 18-25. A partir del setígero 17-18y hasta el 25-38, aparece una pequeña cresta uniendo transversalmente, y por el lado ventral, las neurolamelas presetales (figs. 99K, 99L). A partir del setígero 4 aparecen bolsas interparapodiales; no se conoce hasta qué setígero llegan. Sedas de los setígeros anteriores son capilares limbadas con gránulos, dispuestas en triple fila vertical en los notopodios y en doble fila en los neuropodios. Las sedas sable aparecen a partir del setígero 17-19, en número máximo de 3, pero más frecuentemente 1 o 2; dichas sedas son robustas, con limbo y nítidamente granulosas. Los ganchos encapuchados, aparecen en los neuropodios a partir del setígero 18-21 en número máximo de 16 por cada rama; son multidentados, con 6-7 dientes secundarios dispuestos en doble fila sobre el diente principal (fig. 99M). Los ganchos encapuchados notopodiales aparecen más retrasados, en el 25-32; son más finos y están en menor número en cada parápodo. Presentan un capuchón secundario estriado dándole un aspecto plumoso bajo el diente principal.

Descripción basada en Mackie y Hartley (1990).

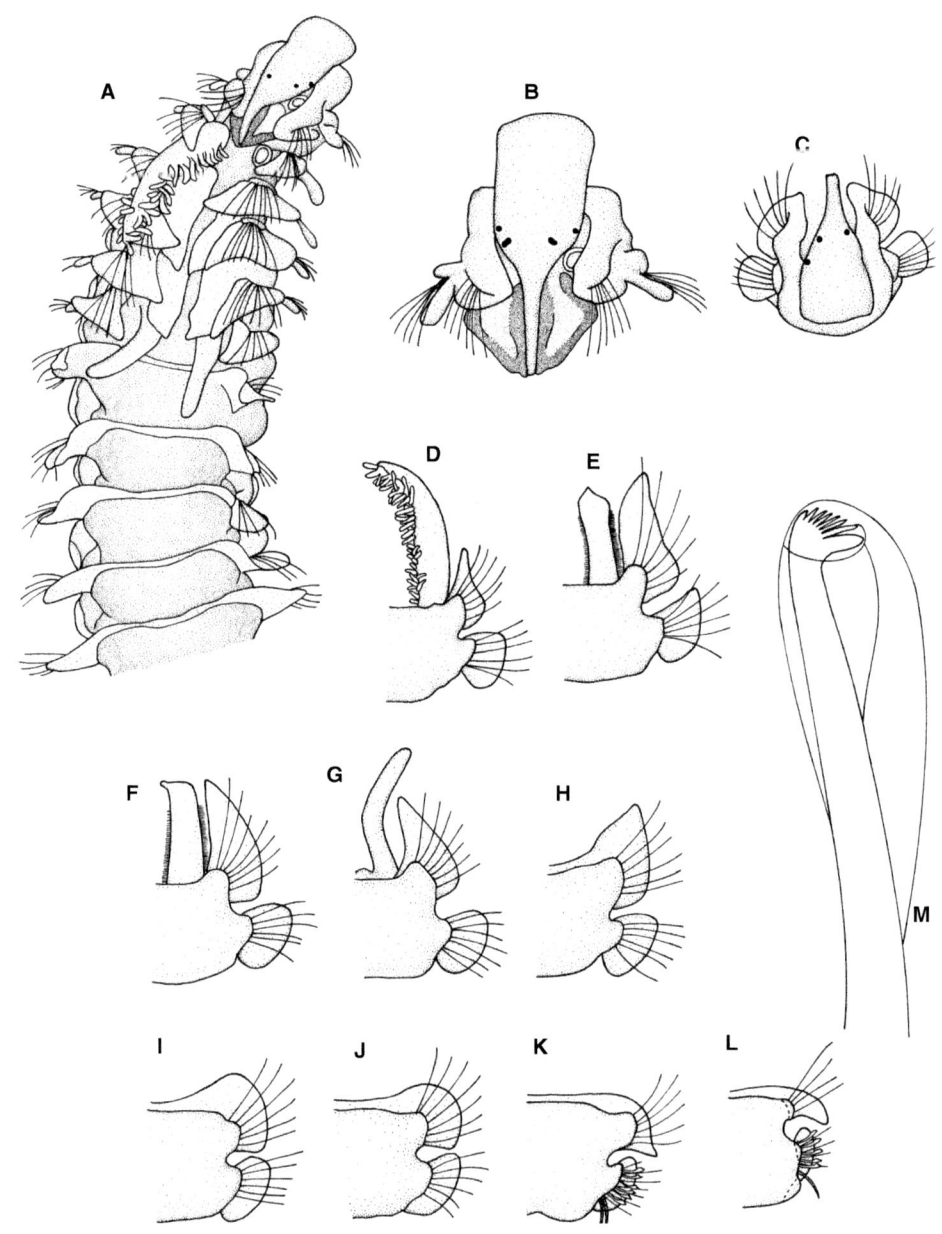

Fig. 99. *Extremo anterior en vista dorsal (A-B), detalle del notopodio 1 fusionado al peristomio, en vista dorsal (C),* vista anterior de los setígeros branquíferos 2-5 (D-G), del setígero 6 (H), de setígeros medio-anteriores (I-J) y medio- *posteriores (K-L) y gancho encapuchado (M) de* Prionospio (Prionospio) ehlersi. *Redibujados de Mackie y Hartley (1990).*

Distribución geográfica.— Atlántico este, desde el golfo de Vizcaya a Marruecos e islas Canarias, y mar Mediterráneo; plataforma continental de Nueva Inglaterra y de México, Australia, islas Salomón, Surinam y suroeste de África. En el ámbito íbero-balear se ha colectado en el País Vasco (Sanz Acha, 1987; Aguirrezabalaga y Ceberio, 2005), Cantabria (Amoureux, 1973b, 1974), Galicia (Amoureux, 1972; López-Jamar y González, 1986) y Portugal (Amoureux, 1974; Pardal *et al.*, 1992; Gil, 2011).

Biología.— Se halla en fondos fangosos, areno-fangosos y de arena fina a una profundidad entre 65 y 1.113 m.

Prionospio (Prionospio) fallax Söderström, 1920 (fig. 100)
Prionospio fallax Söderström, 1920. *Stud. Polychätenfam. Spionidae*: 235

Longitud de unos 8 mm para unos 60 setígeros, con una anchura de unos 0,5 mm. Color en alcohol, blanco o marrón claro. Prostomio con forma de botella o guitarra, pero truncado en su parte anterior, con bordes laterales redondeados y algo cóncavos, estrechándose posteriormente, con una carúncula larga y roma que se extiende hasta el borde anterior del setígero 2. Con dos pares de ojos de disposición trapezoidal, los del par anterior pequeños y redondeados, y los del par posterior más anchos y reniformes (fig. 100A). Algunos ejemplares conservados carecen de ojos. Incluso hemos observado un individuo con una única mancha ocelar pardusca. Presentan cuatro pares de branquias entre los setígeros 2-5 (figs. 100B-E); las del primer y cuarto par con pínnulas digitiformes (figs. 100B, 100E); las del segundo y tercer par sin pínnulas, triangulares y de menor tamaño que las pinnadas (figs. 100C, 100D). Noto- y neurolamelas postsetales del setígero 1, pequeñas y redondeadas; notolamelas de los setígeros 2-4, más grandes y foliáceas; van decreciendo progresivamente en tamaño pasando del setígero 5 al 10 a ser redondeadas. Las neurolamelas postsetales, son más anchas en la región branquial: en el setígero 2, son anchas, subtriangulares con vértice puntiagudo ventralmente (fig. 100B); las del setígero 3 puntiagudas hacia el lado dorsal (fig. 100C); se hacen redondeadas en los setígeros medios (figs. 100F, 100G); y llegan a ser inconspicuas en los posteriores (fig. 100H). Hay una única cresta dorsal en el setígero 7 (fig. 100G). Sin bolsas interparapodiales. La región anterior presenta sedas capilares granuladas; se hacen más finas y sin granulación en los podios medios y posteriores. A partir del setígero 10 aparecen las sedas sable (fig. 100I), en un máximo de dos por fascículo; ganchos encapuchados neuropodiales (fig. 100J) a partir del setígero 12-14; los notoganchos comienzan a partir del setígero 40-43, si bien se ha mencionado que estos pueden comenzar desde el setígero18 (Sigvaldadóttir y Mackie, 1993).
Descripción basada en Delgado-Blas *et al.* (2018b).

Distribución geográfica.— Atlántico noreste, desde el norte de Escocia (islas Shetland) hasta el Mediterráneo; mar Adriático y mar Egeo. En el ámbito íbero-balear se ha citado procedente de Galicia (García Gallego, 1998; Gómez Gesteira, 2001; Parra Descalzo, 2017), Portugal como *Prionospio malmgreni* (Quintino y Gentil, 1987; Quintino *et al.*, 1989; Dexter, 1992; Pardal *et al.*, 1992) o como *Prionospio (Prionospio) fallax* (Gil y Sardá, 1999; Gil, 2011) y en el

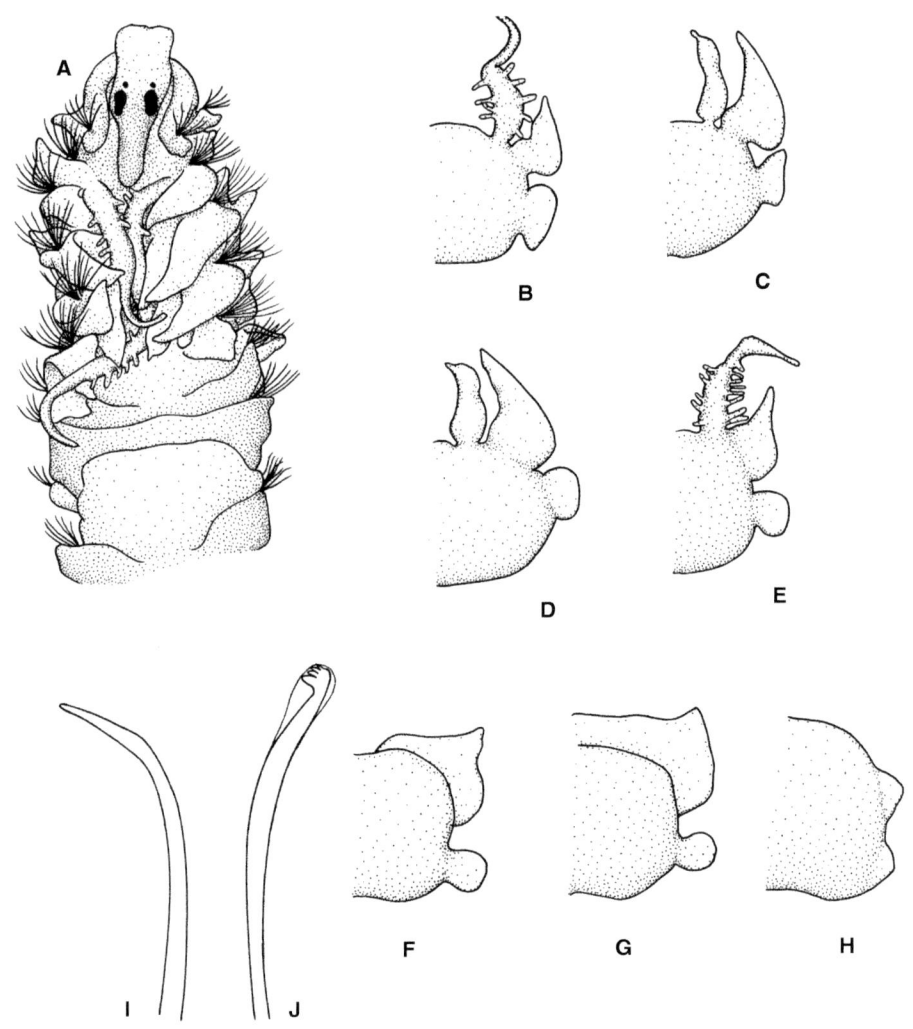

Fig. 100. *Extremo anterior en vista dorsal (A), setígero 2, en vista dorsal (B), vista anterior de los* setígeros 3 (C), 4 (D), 5 (E), 6 (F), 7 (G) *y de uno posterior (H), seda sable (I) y gancho encapuchado* (J) de Prionospio (Prionospio) fallax. *Redibujados de Mackie y Hartley (1990).*

Mediterráneo levantino-balear (Pinedo, 1998; Malonda, 2008; Serrano Samaniego, 2012).

Biología.— Suele encontrarse en fango y arenas con abundante materia orgánica, entre 4 y 245 m de profundidad.

Prionospio (Prionospio) parapari Delgado-Blas, Díaz-Díaz y Viéitez, 2018 (fig. 101)

Prionospoio (Prionospio) parapari Delgado-Blas, Díaz-Díaz y Viéitez, 2018. *ZooKeys*, 810: 12

Los ejemplares pueden alcanzar una longitud de 21 mm por una anchura de 0,8 mm con hasta 68 setígeros. Color, en alcohol, blanquecino. El prostomio tiene forma de botella, con su porción anterior truncada y estrecha, ensanchado en la región media y aguzado en la porción final (fig. 101A), con una carúncula larga que se extiende hasta el borde anterior del setígero 2; hay un órgano nucal con forma de V a cada lado de la carúncula (figs. 101A, 101B); dos pares de ojos negros o parduscos, dispuestos en trapecio; los del par anterior son pequeños y los del posterior muy grandes, los cuatro con forma de media luna; pueden faltar los ojos (figs. 101A, 101B). Los palpos son muy caedizos y no se han observado. El peristomio es de tamaño moderado, rodea al prostomio y se fusiona en el lado dorsal con las notolamelas del setígero 1. Poseen cuatro pares de branquias presentes en el dorso de los setígeros 2-5 (figs. 101B, 101D, 101G); el primer par es aproximadamente vez y media más largo que el cuarto par y ambos poseen en su zona media gran cantidad de pínnulas gruesas, largas, digitiformes dispuestas a lo largo de la cara posterior de las branquias, que son muy largas (fig. 101B); la zona distal de las branquias es lisa, desprovista de pínnulas y bastante larga; las del segundo y tercer par son apinnadas, bien desarrolladas, cirriformes y densamente ciliadas en su parte lateral, con el ápice puntiagudo (fig. 101D); son casi iguales entre sí, aproximadamente un tercio de largas que las del primer y cuarto par, pero más largas que las notolamelas de sus respectivos setígeros (figs. 101B, 101E). Las notolamelas postsetales del setígero 1 son anchas y redondeadas y las neurolamelas con la misma forma que estas, pero con la mitad de tamaño (fig. 101C); las notolamelas de los setígeros 2-6 son triangulares y esbeltas (figs. 101D-G); más grandes en los setígeros 3-4, con puntas triangulares cortas (figs. 101D, 101E); más anchas en los setígeros 5 y 6 (fig. 101F) y a partir de aquí van decreciendo paulatinamente de tamaño; son pequeñas y redondeadas en los setígeros medios y posteriores (fig. 101H). En el setígero 7 las notolamelas de uno y otro lado se unen a través del dorso formando una cresta alta y en los setígeros 8 y 9 (en algunos solo en el 8) la cresta es baja (fig. 101B); en los setígeros siguientes no hay crestas. En el setígero 3 el borde ventral de la notolamela contacta con el borde dorsal de la neurolamela (fig. 101D). Las notolamelas presetales de los segmentos branquíferos son ovales y de tamaño moderado (figs. 101D, 101E) no fusionándose basalmente con las notolamelas postsetales; en los demás setígeros son inconspicuas (figs. 101F-H). Las neurolamelas postsetales anteriores son todas redondeadas (figs. 101C, 101F-H) excepto en los setígeros 2 y 3, que son más anchas que las del resto; en el setígero 2 son triangulares, amplias, con el borde inferior agrandado y puntiagudo; en el setígero 3 son ovales con el borde dorsal expandido (fig. 101D); en los setígeros medios son pequeñas y redondeadas y en los finales son pequeños lóbulos redondeados (fig. 101H). Las neurolamelas presetales de la región anterior son bajas (figs. 101C-G) y rudimentarias en las restantes. No tienen bolsas interparapodiales. Todas las notosedas de los segmentos anteriores y medios se disponen en dos hileras verticales; las de los setígeros 1-9 son capilares unilimbadas fuertemente granulosas (figs. 101I, 101J); las de la hilera posterior son más largas y más densamente granulosas (fig. 101J); en la región media las notosedas de ambas hileras son unilimbadas, lisas y finas (figs. 101K, 101L), las de la hilera anterior a lo más la mitad de largas que las de la posterior; en la región posterior las notosedas son unilimbadas lisas dispuestas en una hilera (fig. 101M). Todas las neurosedas capilares dispuestas en dos filas; las del setígeros 1 son unilimbadas ligeramente granulosas; las de los setígeros 2-9 son unilimbadas fuertemente granuladas; las de la hilera posterior más densamente granuladas y con el limbo más amplio que las notosedas; en los setígeros subsiguientes las neurosedas son capilares lisas unilimbadas, las de la hilera anterior aproximadamente $1/3$ más cortas y anchas que las de la posterior, pero estas tienen el limbo más ancho que aquellas; en los neuropodios de los setígeros posteriores las sedas se disponen en un único haz. A partir del setígero 10-12 aparecen sedas sable en los neuropodios, en número máximo de dos por fascículo; son fuertes, bilimbadas, curvadas y granulosas (fig. 101N). Aproximadamente en el setígero 12-15 aparecen ganchos encapuchados en los neuropodios; presentan un total de 9 dientes cada gancho, con un diente principal sobre el que hay 4 pares de pequeños dientecillos en tamaño decreciente hacia la cúspide y con un amplio capuchón secundario (figs. 101O, 101P); el número máximo es de 8 por fascículo y alternan con sedas capilares sin limbo, largas y finas (fig. 101Q); en la rama dorsal aparecen unos ganchos idénticos, pero a partir del setígero 29-38, en número máximo de 6 por fascículo, que también alternan con sedas capilares sin limbo, largas y finas; las sedas de capuchón de los setígeros finales son de mayor tamaño que las de los setígeros precedentes. El pigidio presenta un cirro anal mediano largo y dos lóbulos laterales (fig. 101R).

Descripción basada en Delgado-Blas *et al.* (2018b).

Distribución geográfica.— Hasta la fecha esta especie solo se ha encontrado en las costas atlánticas españolas, en Galicia y la costa atlántica andaluza (Delgado-Blas *et al.*, 2018b).

Biología.— Fondos sedimentarios del intermareal o en el infralitoral a poca profundidad.

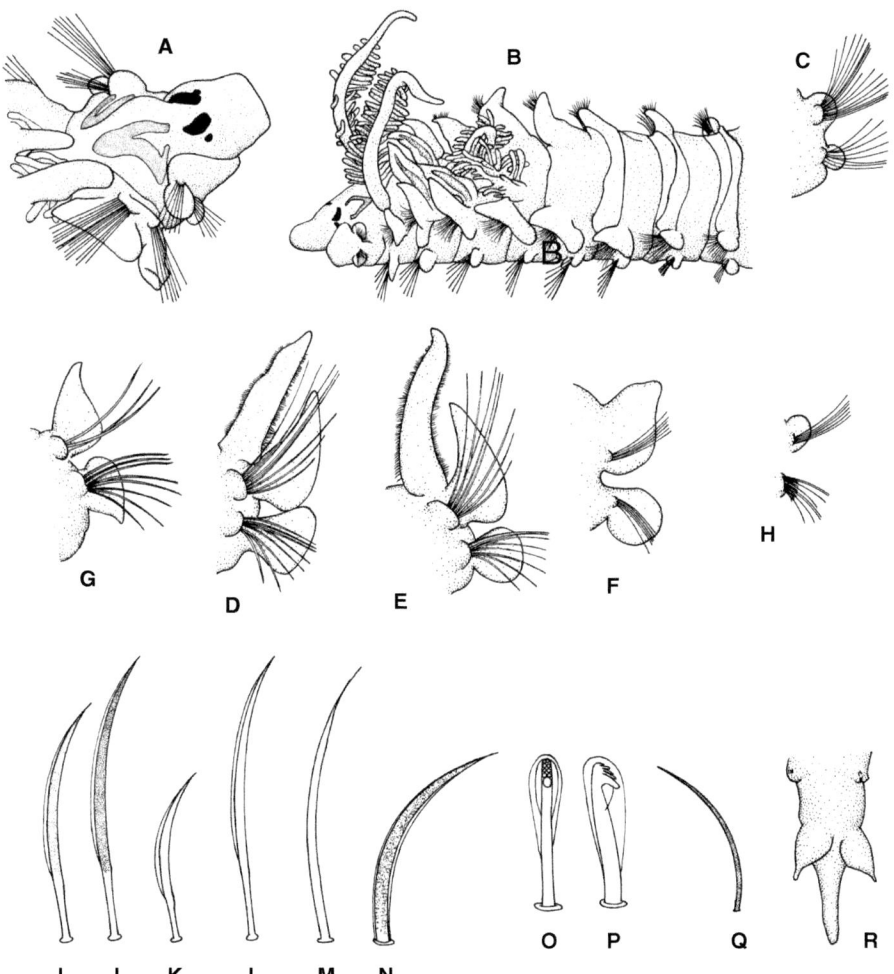

Fig. 101. Extremo anterior en vista dorsal (A) y laterodorsal (B), vista anterior de los setígeros 1 (C), 3 (D), 4 (E), 6 (F), 7 (G) y de uno posterior (H), notosedas unilimbadas de las hileras anterior y posterior de los setígeros anteriores (I-J) y medios (K-L), notoseda unilimbada de setígeros posteriores (M), seda sable (N), gancho encapuchado, en vista frontal y lateral respectivamente (O-P), seda capilar acompañante (Q) y extremo posterior en vista ventral (R) de Prionospio (Prionospio) parapari. Redibujados de Delgado-Blas et al. (2018b).

Género **Pseudopolydora** Czerniavsky, 1881
Pseudopolydora Czerniavsky, 1881. *Bull. Soc. Imp. Nat. Mosc.*, 56(2): 362
Especie Tipo: *Polydora antennata* Claparède, 1870, por designación original

Prostomio entero o inciso en la región anterior que se extiende posteriormente como una carúncula. Antena occipital y manchas oculares presentes o ausentes. Setígero 1 generalmente reducido, con o sin notosedas. Setígero 5 moderadamente modificado, frecuentemente las lamelas postsetales bien desarrolladas; fascículos de notosedas capilares; y neuropodio con una hilera anterior de sedas acompañantes y una hilera posterior de espinas modificadas; a menudo, dispuestas en forma de J o U. Ganchos notopodiales posteriores presentes o ausentes. Ganchos encapuchados neuropodiales presentes desde el setígero 8, bidentados, con diente secundario muy cercano al diente principal, eje del gancho con constricción; con sedas capilares acompañantes presentes o ausentes. Primer par de branquias presentes posteriores al setígero 5. Pigidio alargado o reducido, con forma de disco, o forma de collar, o dividido en lóbulos o pequeños cojines.

Blake *et al.* (2017) refieren que la mayoría de las especies de este género se encuentran en la región del Indo-Pacífico; dos especies en Europa (*P. antennata* y *P. pulchra*) y señalan respecto a los registros globales de *P. antennata* que los mismos corresponden a otras especies.

Las especies de *Pseudopolydora* se encuentran entre las menos modificadas del complejo *Polydora*. Actualmente se reconocen 25 especies. Cuatro especies han sido registradas para la península Ibérica; sin embargo, se incluyen solo tres especies en este trabajo, se excluye *P. kempi* por ser una especie de Japón y porque los dos registros de esta especie para la Península son referidos en literatura gris, y los escasos ejemplares señalados en esos dos trabajos de grado no estuvieron disponibles para confirmar la presencia de esta especie en la Península.

Clave de especies

   1. Espinas del setígero 5 bidentadas; carúncula extendida hasta los setígeros 5-6 . . . .***P. antennata*** (p. 294)
   • Espinas del setígero 5 unidentadas; carúncula alargada hasta el setígero 1-3 2
   2. Carúncula extendida hasta el setígero 1 . . . . ***P. pulchra*** (p. 296)
   • Carúncula que alcanza hasta el setígero 3 . . . . . .***P. paucibranchiata***** (p. 299)
   * Ver sección de Otras especies.

Pseudopolydora antennata (Claparède, 1869) (fig. 102)
Polydora antennata Claparède, 1869. *Mém. Soc. Phys. Hist. Nat. Genève*, 20(1): 60

El cuerpo es vermiforme, atenuado posteriormente. El prostomio presenta anteriormente una muesca profunda que le confiere una apariencia bilobulada; en la región media presenta de 1 a 2 pares de ojos dispuestos en forma trapezoidal, en la media posterior presenta una antena occipital que generalmente es delgada y erecta; la carúncula alcanza hasta el quinto setígero (fig. 102A). Por lo general, el prostomio carece de pigmentación. Los lóbulos notopodiales del primer setígero son prominentes, aunque las sedas están ausentes (fig. 102A). Los setígeros 3-4 y 6-10 tienen dos filas de notosedas; en la fila anterior las sedas son capilares limbadas (fig. 102B) dispuestas en forma de J, las de la segunda fila también son capilares limbadas, pero más numerosas y largas que las de la fila anterior, presentando además un fascículo dorsal superior de notosedas aún más largas; estas son menos numerosas en los setígeros posteriores. Neurosedas del setígero 1 capilares limbadas dispuestas en una sola fila. Los ganchos encapuchados neuropodiales aparecen en el setígero 8; son bidentados (fig. 102C), con constricción subdistal en el eje, el ángulo de separación entre el eje y el diente principal es < 90°, el diente secundario está estrechamente cercano al diente principal; sin sedas acompañantes. Setígero 5 está moderadamente modificado; aproximadamente del mismo tamaño que los setígeros 4 y 6. El fascículo de sedas superiores dorsales son unilimbadas y largas; el lóbulo neuropodial es prominente con neurosedas capilares limbadas

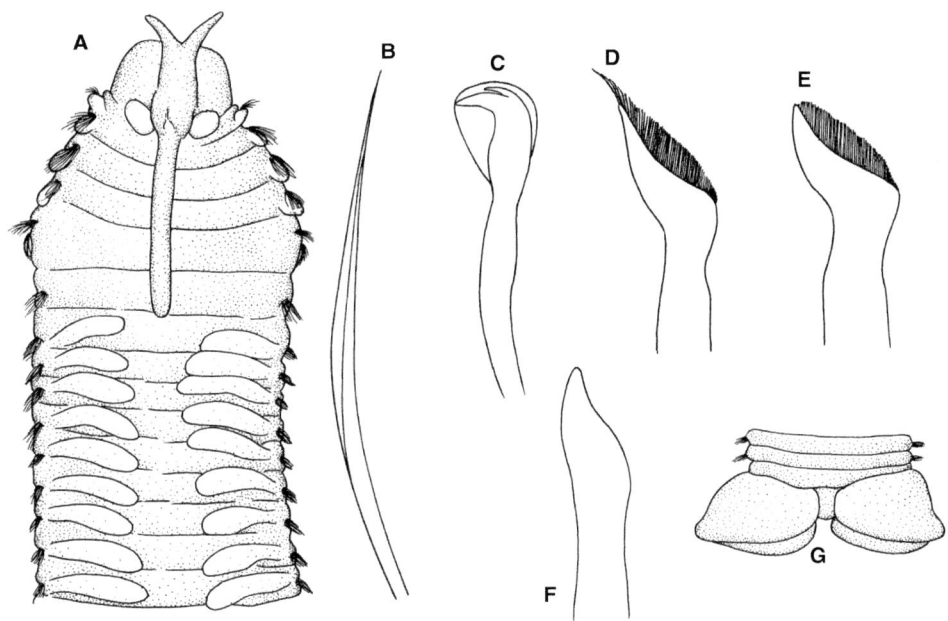

Fig. 102. Extremo anterior en vista dorsal (A), seda capilar limbada (B), gancho encapuchado (C), *sedas modificadas de la hilera anterior (D-E) y posterior (F) del setígero 5 y pigidio en vista dorsal* *(G) de* Pseudopolydora antennata. *Redibujados de Simon* et al. *(2019).*

dispuestas en una sola hilera de setas; con dos filas de espinas modificadas (fig. 102D) dispuestas en forma de U; las de la fila anterior tienen el extremo subdistal expandido, con una concavidad con forma de cuchara revestida de finas cerdas; estas sedas pueden presentarse con el extremo distal aguzado, en aquellas que no se han usado aún o tienen poco uso (fig. 102D), y con el extremo distal romo producto del desgaste de las mismas por el uso (fig. 102E). La segunda fila está conformada por gruesas sedas con la porción subdistal expandida seguida por una ligera curvatura y terminando en una punta roma (fig. 102F). Las branquias comienzan en el setígero 7 y son, en los primeros branquíferos, triangulares y robustas, pero se van haciendo filiformes en los setígeros posteriores. Pigidio con muescas dorsales y ventrales lo que le confiere una apariencia tetralobulada, siendo estos lóbulos cortos y anchos (fig. 102G). Descripción basada en Simon *et al.* (2019).

Distribución geográfica.— Esta especie ha sido considerada durante mucho tiempo como cosmopolita; sin embargo, Simon *et al.* (2019) señalaron que en algunos lugares representa un complejo de especies morfológicamente similares. En el citado trabajo, donde se realizaron análisis moleculares y exámenes morfológicos, se determinó que esta especie es un complejo de al menos cinco especies pseudocrípticas. En el ámbito íbero-balear se ha citado en el País Vasco (Aguirrezabalaga, 1984; Sola e Ibáñez, 1986; Sola, 1994; García Arberas, 1998), Cantabria (Lastra, 1991; Serrano López, 2002), Galicia (Ibáñez, 1973; Planas *et al.*, 1984; López Serrano y Viéitez, 1987; Currás, 1990; Parapar, 1991; Gómez Gesteira, 2001), Portugal (Amoureux y Calvário, 1981; Calvário, 1984; Quintino *et al.*, 1987), Atlántico andaluz (López Serrano, 1999); Mediterráneo andaluz (Ibáñez, 1973; Amoureux, 1976; San Martín *et al.*, 1982; Sardá, 1986; Estacio Gil, 1996) y Mediterráneo levantino-balear (Cardell Corral, 1986; Martín Sintes, 1991; Méndez Ubach, 1994).

Biología.— *Pseudopolydora antennata* fue descrita originalmente habitando el interior de las galerías de moluscos bivalvos marinos del género *Teredo* Linnaeus, 1758, también conocidos como gusanos perforadores de la madera (Simon *et al.*, 2019).

Pseudopolydora pulchra (Carazzi, 1893) (fig. 103)
Polydora antennata var. *pulchra* Carazzi, 1893. *Mitt. Zool. Stn. Neapel Zugleich Repert. Mittelmeerkd.*, 11: 26

El cuerpo puede alcanzar unos 40 mm de longitud, con unos 80 segmentos. El prostomio es anteriormente entero (figs. 103A, 103B) o puede presentar una escotadura en su parte anterior produciendo dos proyecciones subtriangulares; en su parte posterior este se prolonga en una carúncula redondeada que llega hasta el margen anterior del setígero 1 (fig. 103A); tres pares de ojos negros, los dos pares anteriores muy cercanos, casi coalescentes, dando la apariencia de estar fusionados; el tercer par más desplazado posterior y dorsalmente; un pequeño tentáculo occipital está situado en la poste posterior del prostomio, entre los palpos (fig. 103A). El peristomio es largo y ancho, solapa lateralmente al prostomio y está completamente fusionado con el primer setígero (fig. 103A). Los palpos carecen de funda palpal, con constricciones sutiles que dan la apariencia de estar anillados; esta anulación se hace más evidente por la pigmentación; la longitud de los palpos es variable. La región media-anterior del cuerpo está pigmentada; esta pigmentación es más profusa en el extremo anterior del prostomio, el peristomio, el tentáculo occipital y, de manera variable, en el borde anterior de los primeros seis a ocho segmentos setígeros. Las notosedas están dispuestas en dos filas en la región media-anterior y en una sola fila en los segmentos medioposteriores; las de los parápodos anteriores (2-6) son todas capilares limbadas (fig. 103C), excepto en el primer setígero donde solo se observa el lóbulo setígero, pero las notosetas están ausentes; las notosedas posteriores al sexto segmento son capilares con un limbo muy corto y estrecho, llegando a parecer ausente, el número de las mismas va disminuyendo hacia el extremo posterior del cuerpo. Las neurosedas de los segmentos anteriores son limbadas y están dispuestas en dos filas paralelas, la anterior con un limbo estrecho. A partir de los segmentos 6 y 7 las dos filas comienzan a fusionarse y a partir del 8 hasta el final del cuerpo, se disponen en una sola fila; a partir el segmento 8 aparecen ganchos encapuchados bidentados (fig. 103D) insertos entre las capilares. El setígero 5 presenta sedas modificadas dispuestas en forma de herradura, con los mangos orientados posterodorsalmente. Estas sedas son de tres tipos (fig. 103E) y están dispuestas en dos filas. La fila interna consta de espinas gruesas con una cavidad hacia afuera, la fila externa se compone de sedas limbadas aladas reemplazadas por sedas unilimbadas en el ápice anterodorsal de la herradura. Las branquias aparecen en el séptimo segmento (figs. 103A, 103B) y los primeros 3-4 pares son largos y ciliados. La banda ciliada se extiende a la parte dorsal del cuerpo formando bandas ciliares transversales. El número de branquias varía con la edad y, en consecuencia, con el número de segmentos. En los especímenes con más de 50 segmentos setígeros, el número de branquias varía entre 19 y 22 pares, llegando a ser progresivamente indistinguibles y confundiéndose con los pequeños lóbulos notopodiales, hacia la parte posterior del cuerpo. En el extremo posterior los segmentos son alargados y cilíndricos y los parápodos se reducen notablemente. El pigidio consiste en una copa anal bien desarrollada, con escotadura dorsal.

Descripción basada en Eleftheriou (1970).

Carazzi (1893) describió esta especie como una variedad de *P. antennata* (*Polydora antennata* var. *pulchra*) con material proveniente de la Bahía de Nápoles (mar Mediterráneo). Hannerz (1956) la elevó a especie como *Polydora pulchra*, pero fue Hartman (1959) quien la movió de género, adoptando la propuesta de Czerniavsky (1881).

Distribución geográfica.— La especie se ha registrado en varias localidades en aguas europeas, desde Noruega hasta Francia. En el ámbito íbero-balear lo ha sido en Cantabria (López Cotelo *et al.*, 1982); Galicia (Rioja, 1923; Viéitez, 1981; López-Jamar, 1982; Planas *et al.*, 1984; López-Jamar y González, 1986; Junoy, 1988; Parra Descalzo, 2007) y Mediterráneo andaluz (Malonda, 2008).

Biología.— La especie suele habitar en los tramos medios y altos de los estuarios, en ambientes de baja salinidad, en sedimentos fangosos y arenosos;

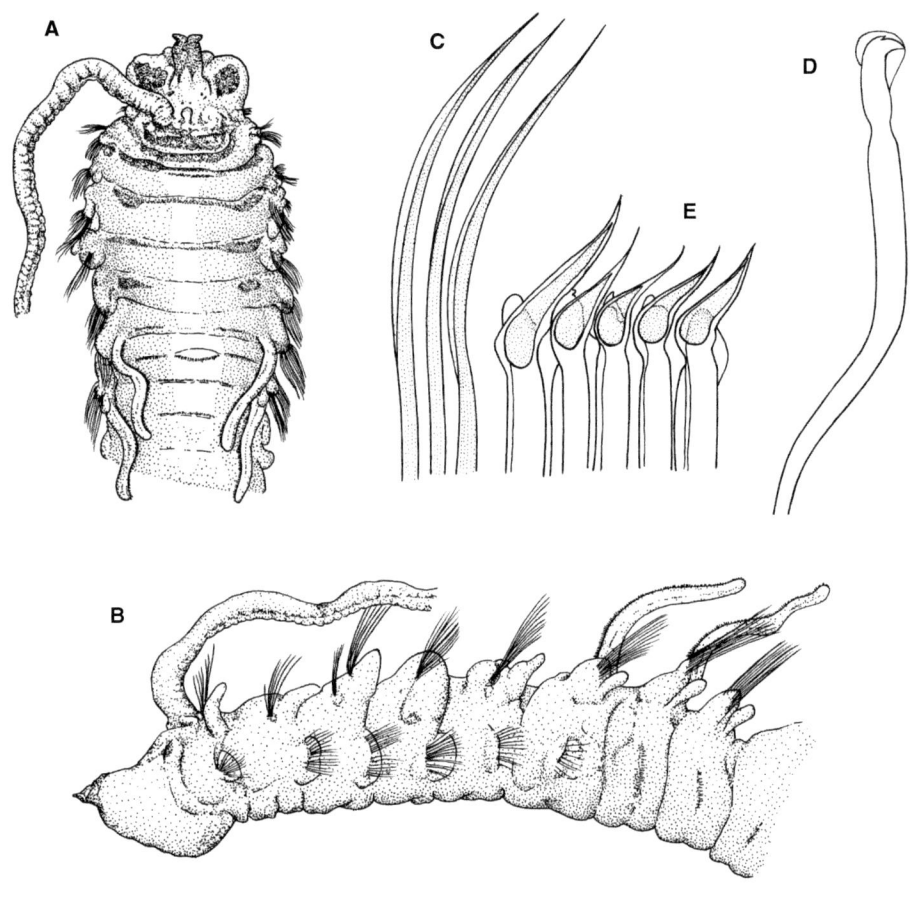

Fig. 103. Extremo anterior en vista dorsal (A) y lateral (B), sedas limbadas (C), gancho encapuchado (D) y sedas modificadas del setígero 5 (E) de Pseudopolydora pulchra. *Redibujados de Eleftheriou (1970).*

soporta altos contenidos de materia orgánica, de hasta 8%. En hembras maduras se observan huevos por transparencia en el interior de cámaras incubadoras en la cavidad celomática, entre los setígeros 21-58, con diámetros que oscilan entre 125-250 µm.

OTRAS ESPECIES

López-Jamar *et al.* (1995) registraron a *Pseudopolydora paucibranchiata* para Galicia, como *Pseudopolydora* cf. *paucibranchiata*, aunque dicen que es muy abundante en la localidad estudiada, no hicieron la caracterización morfológica de la misma. Posteriormente, Zorita *et al.* (2009) refieren la presencia de *P. paucibranchiata* en un informe para el gobierno vasco, incluida en una lista de especies introducidas, pero tampoco la describen morfológica ni esquemáticamente, y el material no estuvo disponible para ser examinado. Por otro lado, Radashevsky *et al.* (2021) consideran que *P. paucibranchiata* conforma un complejo de especies e intentan, por medio de análisis molecular, aclarar el caso de las invasiones marinas. *Pseudopolydora paucibranchiata* fue descrita originalmente en Japón y desde entonces se ha informado como una especie no autóctona en comunidades de fondos blandos en el Pacífico nororiental, el mar Mediterráneo, alrededor de Europa, Australia, Brasil y Florida. Radashevsky *et al.* (2021), a partir de ejemplares de *Pseudopolydora* de varias partes del mundo, realizaron una comparación mediante análisis molecular y encontraron que estos forman un grupo monofilético que comprende cuatro clados genéticamente diferentes con especies pseudocrípticas posiblemente introducidas por varios mecanismos en localidades alejadas del Pacífico noroccidental. Debido a que el material no estuvo disponible para su análisis y la ausencia de caracterizaciones morfológicas locales que nos permitieran valorar la presencia de la especie en la Península no se incluye en esta monografía la caracterización de la misma.

Género **Pygospio** Claparède, 1863

Pygospio Claparède, 1863. *Beob. Anat. Entwickl.gesch Wirbelloser Thiere Küste Normandie Angest.*: 37
Especie Tipo: *Pygospio elegans* Claparède, 1863, por monotipia

Prostomio cónico o redondeado anteriormente, o débilmente inciso; cuernos frontales ausentes. Tentáculo occipital presente o ausente. Manchas oculares presentes. Branquias presentes después del setígero 10 y fusionadas con las lamelas notopodiales postsetales; los machos con un par adicional de branquias simples erguidas en el setígero 2, no fusionadas a las lamelas notopodiales. Todas las notosedas son capilares; las neurosedas incluyen capilares y ganchos bidentados encapuchados; *P. elegans* tiene algunos setígeros con ganchos neuropodiales inusuales en forma de cuchara, además de los típicos ganchos bidentados encapuchados. Pigidio con cuatro lóbulos glandulares gruesos.

Algunos autores han puesto en duda que la condición de las branquias del primer par, en los machos, sean homólogas de las del resto del cuerpo y se refieren a ellas como "cuernos del macho" (Radashevsky, 2012). Nosotros seguiremos denominándolas branquias, ya que así se citan en la inmensa mayoría de la bibliografía.

Existen tres especies válidas de *Pygospio*: la especie tipo *P. elegans*, que es oportunista y está ampliamente distribuida en todo el hemisferio norte (Radashevsky *et al.*, 2016a; Thonig *et al.*, 2016), *P. californica* que se conoce solo en California central (Hartman, 1936; Blake, 1996b) y *P. muscularis* en Hawái (Ward 1981). Sin embargo, es necesario revisar los registros de *P. elegans* de todo el hemisferio norte pues posiblemente se encuentren algunas especies no descritas. Tanto, en *P. elegans* como en *P. californica* hay reproducción asexual por arquitomia (Blake, 2006). Se ha descrito el desarrollo larvario de *P. elegans* (Hannerz, 1956; Rasmussen, 1973) y de las larvas pelágicas de *P. californica* (Blake, 2006). Las tres especies se han encontrado en la zona intermareal. En el ámbito íbero-balear solo se ha registrado una especie.

Pygospio elegans Claparède, 1863 (fig. 104)

Pygospio elegans Claparéde, 1863. *Beob. Anat. Entwickl.gesch Wirbelloser Thiere Küste Normandie Angest.*: 37

Cuerpo alargado con una longitud de unos 15 mm y una anchura de 1 mm aproximadamente. Unos 60 setígeros. Coloración amarillo-verdosa, en la que resalta por transparencia el intestino de color pardo oscuro. Prostomio con forma de botella, con el margen anterior con una escotadura central (a veces imperceptible) (figs. 104A, 104B) y borde posterior prolongado en una carúncula aguda que alcanza el límite anterior del setígero 2; presencia de ojos en número y disposición variable desde 4 hasta 8. Sin tentáculo occipital. En la parte posterior del prostomio, aparecen a cada lado órganos nucales ciliados que en conjunto dibujan una V (figs. 104A, 104B). Palpos largos y relativamente voluminosos. Esta especie presenta dimorfismo sexual, ya que las branquias, presentan distinta distribución según el sexo. Así en los machos aparece un primer par digitiforme y bien desarrollado, erguidas e independientes de la notolamela en el setígero 2 (fig. 104E), seguido de un número variable de setígeros abranquiados (fig. 104A), para reaparecer en el setígero 11-13, extendiéndose por 21 a 28 setígeros más. El lugar de aparición en las hembras, que carecen del primer par en el setígero 2 (fig. 104B), varía entre los mismos setígeros que en los machos, pero presentan menor número de pares de branquias, 7-10. Estas branquias, están unidas a las notolamelas de cada parápodo en prácticamente toda su longitud en los primeros setígeros branquíferos, pero después la lamela es menor alcanzando solo hasta la mitad o algo menos de la branquia (fig. 104D). En los parápodos anteriores, abranquiados (excepto el del setígero 2 en machos), las noto- y neurolamelas postsetales son semiovaladas, las notolamelas más agudas y de tamaño parecido entre sí (figs. 104C, 104F); a partir del setígero 2, y hasta llegar a los setígeros con branquias, hay unos pequeños órganos laterales ciliados entre el notopodio y neuropodio (figs. 104E, 104F); en la región branquial, las notolamelas postsetales son muy alargadas y casi fusionadas a toda la branquia; las neurolamelas son más grandes con respecto a las anteriores; en las noto- y neurolamelas postbranquiales se atrofian, desapareciendo completamente. Las noto- y neurosedas capilares limbadas, dispuestas en dos hileras en el notopodio y en una hilera en el neuropodio (figs. 104C, 104E). A partir del setígero 7-8 y hasta el 11-12 aparecen ganchos unidentados con forma de

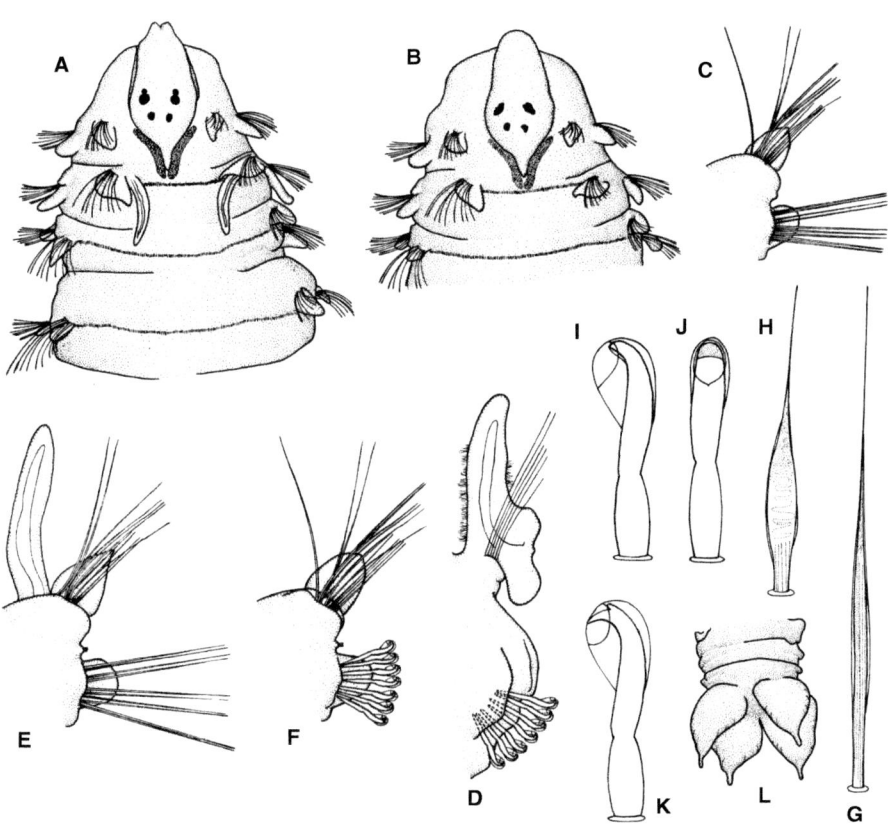

Fig. 104. Extremo anterior de un macho (A) y de una hembra (B), setígero 1 (C), setígero 2 de un macho (D), setígeros 7-10 (E), setígero posterior (F), sedas capilares limbadas (G, H), ganchos encapuchados unidentados con forma de cuchara (I, J), ganchos encapuchados bidentados (K) y región final (L) de Pygospio elegans.

cuchara (figs. 104I, 104J); en los setígeros siguientes estos ganchos encapuchados son bidentados con el diente superior notablemente más pequeño (fig. 104K); se observa un ligero ensanchamiento fusiforme en el mango seguido de una constricción; son 3-7 ganchos en cada neuropodio y no van acompañados de sedas capilares. No hay notoganchos. Bolsas glandulares ventrales a partir del setígero 2-3, con un marcado patrón de distribución: en el setígero 2 un par centrales y otras dos a cada lado dispuestas longitudinalmente; en el 3 unas cuatro centrales y cuatro a cada lada en fila longitudinal; en los setígeros 4, 5, 6 y 7 muy numerosas, pequeñas y dispuestas de forma irregular; a partir del setígero 8 forman una banda muy densa rectangular ocupando toda la cara ventral del segmento. Órganos sensoriales dorsales rudimentarios en la hembra, desarrollados sobre varios segmentos en el macho. Pigidio con 4 apéndices más o menos foliáceos, papilosos (fig. 104L).

Distribución geográfica.— Atlántico oriental y mares Báltico, Cantábrico y Mediterráneo. En el ámbito íbero-balear se ha colectado en el País Vasco (Ibáñez *et al.*, 1984; Sola, 1994; García Arberas, 1998), Cantabria (Rioja, 1925; Ibáñez, 1973; López Cotelo *et al.*, 1982; Lastra, 1991; Serrano López, 2002), Galicia (Viéitez, 1976; 1981; Planas *et al.*, 1984; Junoy, 1988; Sánchez Mata, 1996; García Gallego, 1998; Gómez Gesteira, 2001; Parapar *et al.*, 2009), Portugal (Costa *et al.*, 1984; Quintino y Gentil, 1987; Quintino *et al.*, 1989; Dexter, 1992; Pardal *et al.*, 1992), Atlántico andaluz (López Serrano, 1999), Mediterráneo andaluz (Ibáñez, 1973; Sardá, 1984) y Mediterráneo levantino-balear (Desbruyères *et al.*, 1972).

Biología.— Especie típica del intermareal o del sublitoral a poca profundidad, con sedimento areno-fangoso, o en sustrato rocoso en el sedimento que se acumula entra conchas o tubos de serpúlidos. Es relativamente frecuente encontrar tubos en cuyo interior están las larvas en diferentes estados de desarrollo. Esta especie es conocida como un buen ejemplo de poecilogonia.

Género **Scolelepis** Blainville, 1828
Scolelepis Blainville, 1828. *Dict. Sci. Nat.*, ed. 2, 57: 492
Especie Tipo: *Lumbricus squamata* Müller, 1806, por monotipia

Prostomio puntiagudo en la región anterior, y se extiende posteriormente como una carúncula estrecha y corta; carúncula adherida o separada posteriormente; antena occipital presente o ausente. Peristomio bien desarrollado, formando alas laterales o peristomio completamente fusionado al prostomio y sin alas laterales (*Scolelepis vossae* Delgado-Blas, 2006). Palpos sin surcos ciliados, generalmente con funda basal engrosada. Branquias desde el setígero 2, y casi hasta el final de la región posterior; las anteriores completamente fusionadas a las lamelas notopodiales, parcialmente fusionadas, o completamente libres; las branquias posteriores usualmente libres de las lamelas notopodiales.

Branquias accesorias pueden estar presentes o ausentes. Setígeros anteriores con sedas capilares limbadas; ganchos neuropodiales encapuchados presentes; ganchos notopodiales encapuchados presentes o ausentes; los ganchos falcados con 0-2 dientes apicales pequeños y el eje recto o con una débil curvatura (subgénero *Scolelepis* Maciolek, 1987); o ganchos multidentados con un gran colmillo principal y coronado con varios dientes apicales y un eje fuertemente curvo (subgénero *Parascolelepis* Maciolek, 1987). Pigidio con un disco ovalado o multilobulado.

Scolelepis es un género grande, con 84 especies conocidas de las que 70 se distribuyen en el subgénero *Scolelepis* y 14 en el subgénero *Parascolelepis*. Las especies parecen estar restringidas a ambientes someros y hasta la plataforma continental, no hay reportes del mar profundo. La especie más ampliamente reportada es *Scolelepis squamata*, que fue descrita originalmente en Dinamarca, pero esto se debe en gran parte a que varias especies locales fueron sinonimizadas con *S. squamata* por Pettibone (1963). Delgado-Blas (2006) revisó y restableció varias especies de esa sinonimia; también describió tres nuevas especies del Caribe. Surugiu (2016) ha proporcionado la redescripción más completa, con la variabilidad incluida de *S. squamata* de aguas europeas. En las aguas íbero-baleares se han reportado 7 especies.

Clave de subgéneros

1. Ganchos falcados con 0-2 dientes apicales pequeños y el eje recto o con una débil curvatura . . . . *Scolelepis* (p. 306)

• Ganchos multidentados con un gran diente principal coronado con varios dientes apicales y un eje fuertemente curvo . . . . *Parascolelepis* (p. 303)

Subgénero *Parascolelepis* Maciolek, 1987

Parascolelepis Maciolek, 1987. *Bull. Biol. Soc. Wash.*, 7: 33

Especie Tipo: *Nerinides tridentata* Southern, 1914, por designación original

Prostomio puntiagudo en la región anterior, y se extiende posteriormente como una carúncula estrecha y corta; carúncula adherida o separada posteriormente; antena occipital presente o ausente. Peristomio bien desarrollado, con alas laterales. Palpos sin surcos ciliados, generalmente con funda basal engrosada. Las branquias desde el setígero 2, y casi hasta el final de la región posterior; las branquias anteriores completamente fusionadas a las lamelas notopodiales, parcialmente fusionadas, o completamente libres; las branquias posteriores usualmente libres de las lamelas notopodiales. Las branquias accesorias pueden estar presentes o ausentes. Los setígeros anteriores con sedas capilares limbadas; ganchos neuropodiales encapuchados presentes; ganchos notopodiales encapuchados presentes o ausentes; los ganchos multidentados con un gran diente principal coronado con varios dientes apicales menores y un eje fuertemente curvo. Pigidio con disco ovalado o multilobulado.

Scolelepis (Parascolelepis) tridentata (Southern, 1914) (fig. 105)
Nerinides tridentata Southern, 1914. *Proc. R. Ir. Acad., B Biol. Geol. Chem. Sci.,*
31(47): 98

Cuerpo alargado, de pequeña talla, de 15-21 mm de longitud por 1,5 mm de ancho; unos 60-70 segmentos. El color de los ejemplares en alcohol es beige pálido o blanquecino. Prostomio fusiforme, puntiagudo en ambos extremos, con tentáculo occipital próximo al margen posterior; 4 ojos redondeados dispuestos casi en línea recta transversa (fig. 105A). Dos palpos cortos, gruesos. El peristomio forma alas laterales bajas. Setígero 1 con pequeñas notolamelas postsetales redondeadas y con neurolamela postsetal redondeada (fig. 105A). Notolamelas del setígero 2 y los siguientes próximos, amplias (figs. 105B, 105C); después se van haciendo más estrechas y disminuyendo poco a poco de tamaño, hasta que en los setígeros finales se separan de la branquia, se disponen oblicuamente y se hacen cordiformes (fig. 105D). Neurolamelas del setígero 2, anchas y redondeadas, con un pequeño saliente en el borde superior; en los segmentos próximos posteriores se hacen algo más anchas y subtriangulares con el ápice hacia la parte superior (figs. 105B, 105C); en los segmentos posteriores se hacen redondeadas y foliáceas, más altas en la parte externa que en la base de inserción al parápodo (fig. 105D). Branquias presentes a partir del setígero 2, están fusionadas totalmente a las notolamelas postsetales desde la base hasta su ápice, en los primeros setígeros son más altas y erguidas (figs. 105B, 105C), ciliadas en su cara interna, después se van haciendo gradualmente más pequeñas. Notosedas capilares dispuestas en dos hileras verticales, las anteriores más cortas, anchas y granulosas y las posteriores largas finas y estriadas. Las neurosedas también capilares, similares a las notosedas, pero más cortas y anchas. Neuroganchos encapuchados a partir del setígero 15-16; son fuertemente arqueados y claramente tridentados en la mayoría de los casos, con dos dientecillos muy agudos sobre el grueso diente principal, que también es agudo (fig. 105E). Maciolek (1987) revisó cuatro ejemplares recolectados por Southern en septiembre de 1910, y señala 10-12 ganchos encapuchados en cada neuropodio, hasta un máximo de 15, que estos tienen entre 3 y 5 dientes; y que los ganchos están acompañados por 3-4 sedas capilares largas y finas. Sin ganchos en el notopodio. Pigidio con una ancha expansión aplastada, más o menos bilobulada.

Descripción basada en Maciolek (1987),

Tanto en la descripción original como en la realizada por Maciolek (1987), se indica la presencia de un tentáculo occipital en el margen posterior del prostomio. Sin embargo, hay dos aspectos que Southern (1914) no refleja en sus esquemas. El primero es el tentáculo occipital y la presencia de sedas en el primer notopodio. Light (1978) revisó los sintipos y corrigió la ausencia de sedas en el primer notopodio, pero no hizo los esquemas correspondientes; por otro lado, Maciolek (1987) tampoco esquematizó a esta especie. Los esquemas mostrados en este estudio corresponden a los originales realizados por Southern.

Distribución geográfica.— Fue descrita de las costas de Irlanda y parece que su distribución está restringida al océano Atlántico, ya que Maciolek (1987) pone en duda algunas citas de California. En el ámbito íbero-balear se ha citado en Cantabria (Rioja, 1918a), Galicia (Parapar, 1991; García Gallego, 1998; Gómez Gesteira, 2001; Parada Encisa, 2005; Parra Descalzo, 2007), Portugal (Monteiro-Marques, 1987; Dexter, 1992; Pardal *et al.*,1992; Sprung, 1994; Cancela da Fonseca *et al.*, 2006). Atlántico andaluz (López Serrano, 1999), Mediterráneo andaluz (Sardá, 1984) y Mediterráneo levantino-balear (Desbruyères *et al.*, 1972; Cardell Corral, 1986; Alós, 1988; Martín Sintes, 1991; Méndez Ubach, 1994; Pinedo, 1998).

Biología.— Fondos arenosos del intermareal y submareal; también entre las laminarias y entre los rizomas de *Posidonia*.

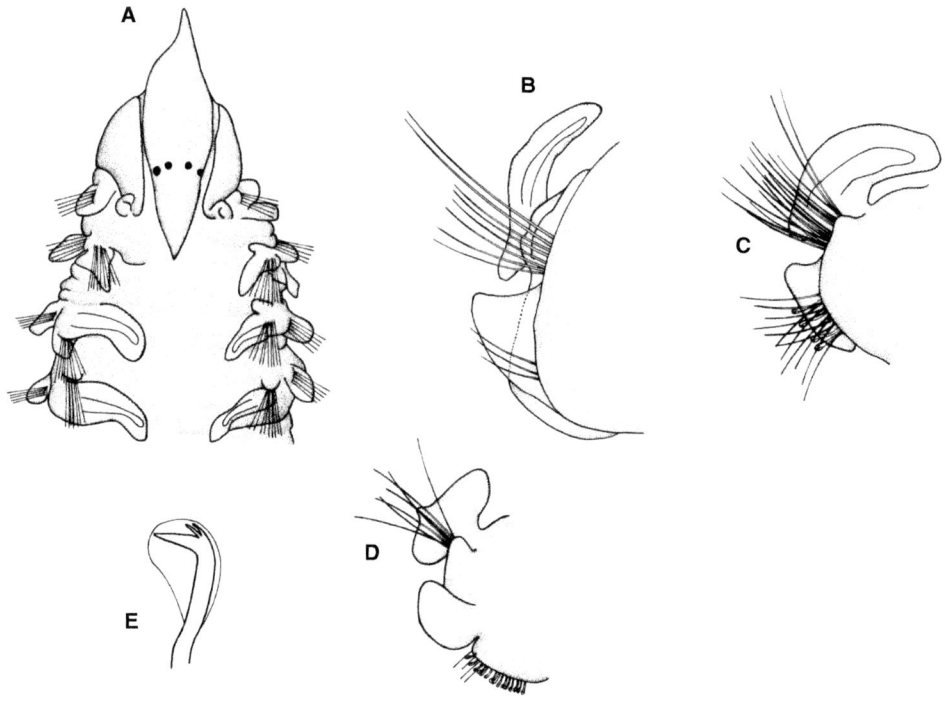

Fig. 105. Extremo anterior (A), setígeros 10 (B), 21 (C) y de la región posterior (D) y gancho encapuchado ventral (E) de Scolelepis (Parascolelepis) tridentata. *Redibujados de Southern (1914).*

Subgénero *Scolelepis* Blainville, 1828

Prostomio puntiagudo en la región anterior, que se extiende posteriormente como una carúncula estrecha y corta; carúncula adherida o separada posteriormente; antena occipital presente o ausente. Peristomio bien desarrollado, que forma alas laterales o peristomio completamente fusionado al prostomio y carece de alas laterales (*Scolelepis vossae* Delgado-Blas, 2006). Palpos sin surcos ciliados, generalmente con funda basal engrosada. Las branquias desde el setígero 2, y casi hasta el final de la región posterior; las branquias anteriores completamente fusionadas a las lamelas notopodiales, parcialmente fusionadas, o completamente libres; las branquias posteriores usualmente libres de las lamelas notopodiales. Las branquias accesorias pueden estar presentes o ausentes. Los setígeros anteriores con sedas capilares limbadas; ganchos neuropodiales encapuchados presentes; ganchos notopodiales encapuchados presentes o ausentes; los ganchos falcados con 0-2 dientes apicales pequeños y el eje recto o con una débil curvatura. El pigidio con un disco ovalado o multilobulado.

Clave de especies

1. Antena occipital presente 2
- Antena occipital ausente 3
2. Carúncula extendida hasta la mitad del setígero 3; peristomio con alas laterales; palpos con funda basal; setígero 1 sin notosedas; sin muesca neuropodial en setígeros medios o posteriores; ganchos encapuchados neuropodiales desde los setígeros 21-45; sin ganchos encapuchados notopodiales . . . . *S. (S.) cantabra* (p. 308)
- Carúncula extendida hasta la región posterior del setígero 1; peristomio sin alas laterales; palpos sin funda basal; setígero 1 con notosedas; muesca neuropodial en setígeros medios y posteriores; ganchos encapuchados neuropodiales desde los setígeros 43-68; ganchos encapuchados notopodiales . . . . *S. (S.) foliosa* (p. 310)
3. Prostomio cónico; lamela notopodial postsetal del setígero 1 auricular o redondeada; lamela neuropodial del setígero 1 cordiforme o redondeada 4
- Prostomio trilobado; lamela notopodial y neuropodial postsetal del setígero 1 digitiforme y aguda, respectivamente . . . . *S. (S.) neglecta* (p. 314)
4. Lamelas notopodial y neuropodial postsetal del setígero 1 en forma auricular; 1-13 ganchos encapuchados por neuropodio . . . .*S. (S.) squamata* (p. 318)
- Lamela notopodial y neuropodial postsetal del setígero 1 en forma redondeada . . . 5
5. Notolamelas anteriores con una escotadura que las divide en 2 lóbulos; ganchos encapuchados unidentados . . . .*S. (S.) bonnieri* (p. 306)
- Notolamelas anteriores enteras; ganchos encapuchados con 2 dientes apicales . . . .*S. (S.) mesnili* (p. 312)

Scolelepis (Scolelepis) bonnieri (Mesnil, 1896) (fig. 106)
Nerine bonnieri Mesnil, 1896. *Bull. Sci. Fr. Belg.*, 29: 168

Cuerpo alargado de unos 50-60 mm de largo por 4 mm de ancho; unos 80-90 setígeros; color salmón. Prostomio cónico poco agudo, terminado posteriormente en punta corta; sin antena occipital (fig. 106A); 4 ojos pequeños dispuestos casi en línea recta; a veces sin ojos. Setígero 1 con noto- y neurolamelas ovaladas con una extensión subtriangular en el extremo dorsal y ventral respectivamente y sedas capilares en ambas ramas (fig. 106B). Notolamelas subsiguientes puntiagudas, adheridas en casi toda su longitud a las branquias, si bien en la porción apical se separa de la branquia y se dirige hacia el exterior; en el setígero 2 presenta una escotadura que la divide en dos lóbulos (fig. 106C), hacia el setígero 30, su parte basal presenta un par de escotaduras (fig. 106E) y hacia el setígero 50-60, el lóbulo basal se solapa con el superior (fig. 106F).

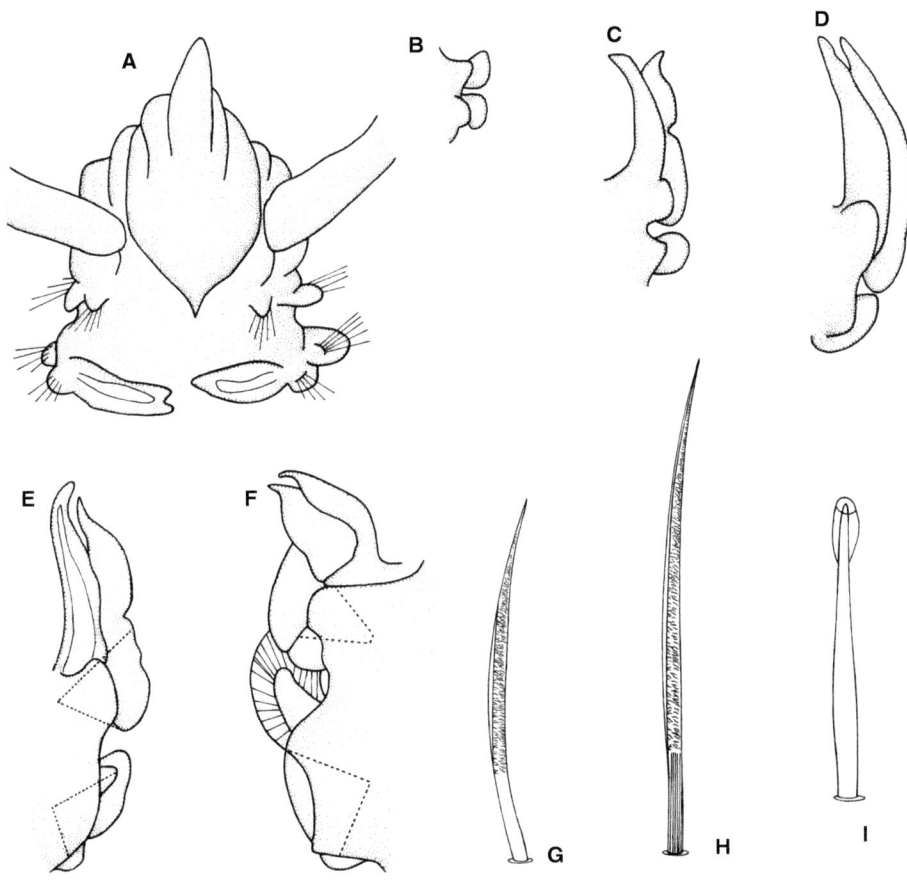

Fig. 106. Extremo anterior (A), setígeros 1 (B), 2 (C), 10 (D), 31 (E) y 59 (F), sedas capilares unilimbadas y granulosas (G, H) y ganchos encapuchados (I) de Scolelepis (Scolelepis) bonnieri. Redibujados de Fauvel (1927).

Neurolamelas de los parápodos anteriores cortas y enteras (figs. 106B-D), con una ligera escotadura a partir del setígero 30 y en los posteriores aparece dividida en dos lóbulos (fig. 106E), al principio próximos entre sí, pero posteriormente (hacia el setígero 50-60) netamente separados, contactando el superior con la parte inferior de la notolamela (fig. 106F); lamelas presetales, tanto las dorsales como la ventrales más o menos redondeadas y poco conspicuas; en los segmentos posteriores las ventrales son un poco puntiagudas. Branquias digitiformes y aguzadas a partir del setígero 2, hasta el extremo caudal. Noto- y neurosedas capilares unilimbadas y granulosas (figs. 106G, 106H). Ganchos encapuchados con una sola punta, con el capuchón muy corto, restringido a la parte apical (fig. 106I); en los neuropodios aparecen en el setígero 31, muy numerosos, entre 21-28, mientras que en los notopodios lo hacen en el setígero 55 y son menos numerosos, 12. Pigidio en almohadilla, sin cirros.

Descripción basada en Fauvel (1927).

Distribución geográfica.— Especie del océano Atlántico europeo (desde el mar del Norte hasta la península Ibérica) y del Caribe y Mediterráneo. En el ámbito íbero-balear se ha hallado en el País Vasco (Sanz Acha, 1987), Galicia (García Gallego, 1998; Gómez Gesteira, 2001; Parra Descalzo, 2007) y Portugal (Amoureux y Calvário, 1981; Calvário, 1984; Dexter, 1992 –todos los anteriores como *Nerine bonnieri* Mesnil, 1896–; Pardal *et al.*, 1992).

Biología.— Intermareal y hasta 50 m de profundidad, en fondos de arenas y areno-fangosos; en bancos de ostras y arenas de *Echinocardium* Gray, 1825.

Scolelepis (*Scolelepis*) *cantabra* (Rioja, 1918) (fig. 107)
Nerinides cantabra Rioja, 1918. *Rev. R. Acad. Cien. Exac. Fís. Nat.*, 17: 55

Cuerpo alargado con una longitud de entre 60 y 80 mm y unos 5 mm de ancho; posee unos 115 segmentos. Coloración amarillento rojiza en la parte anterior y verde oscuro en la porción posterior. Prostomio redondeado en su parte anterior, con un ligero ensanchamiento en su porción medioposterior de la que sobresale una antena occipital; carúncula que alcanza hasta el setígero 3 (fig. 107A). Cuatro ojos de disposición trapezoidal, con el par anterior de menor tamaño. Un par de palpos muy caedizos, con funda basal. Peristomio formando un lóbulo a cada lado del prostomio, quedando en su borde anterior prácticamente al mismo nivel que el prostomio. Setígero 1, con noto- y neurolamelas redondeadas, la ventral de mayor tamaño (fig. 107B); en los 25-30 setígeros anteriores con lamelas dorsales postsetales muy anchas y están adheridas al borde externo de la branquia en toda su longitud, su borde externo con algunos pliegues, que le confieren apariencia ondulada (fig. 107C); a partir del segmento 25-30 aparece en ella una escotadura que se va agrandando paulatinamente en los sucesivos setígeros hasta quedar dividida en dos lóbulos, el superior de aspecto subtriangular, más ancho en la parte más próxima al ápice de la branquia y el inferior se ensancha y redondea, pero con su porción superior erguida hacia la parte dorsal; en principio ambos lóbulos unidos por una estrecha porción lamelar; en los siguientes setígeros se separan completamente, el lóbulo dorsal se hace muy pequeño y digitiforme, quedando como una prolongación hacia el exterior del ápice branquial; el lóbulo ventral se hace piriforme, con la base ensanchada y adherido a la porción basal de la branquia (fig. 107D); en segmentos posteriores la branquia se va reduciendo significativamente hasta quedar como un simple apéndice digitiforme sin resto alguno de la lamela, mientras que la porción

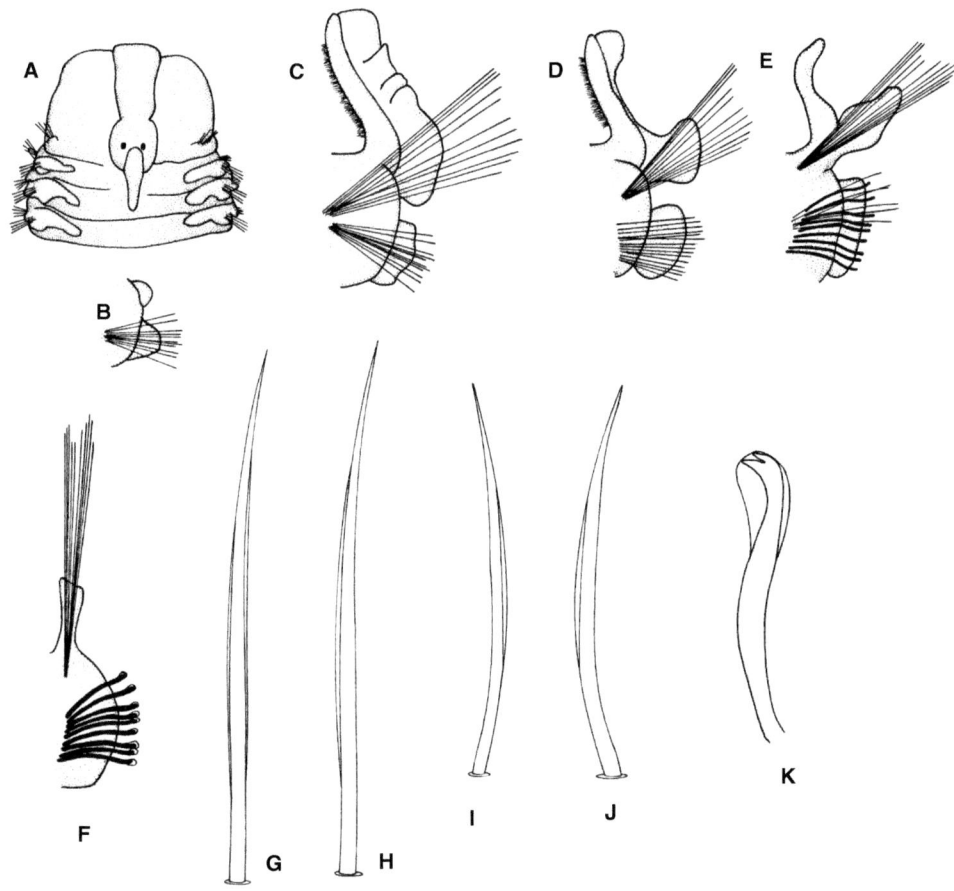

Fig. 107. Extremo anterior (A), setígeros 1 (B), 15 (C), 32 (D), medio (E) y posterior (F), notosedas capilares limbadas (G, H), neurosedas capilares limbadas (I, J) y gancho encapuchado (K) de Scolelepis (Scolelepis) cantabra. *Redibujados de Rioja (1918).*

ventral de dicha lamela se alarga considerablemente y queda justo detrás del fascículo de sedas dorsales (fig. 107E); cuando las branquias desaparecen (setígeros 90-100) esta lamela se hace todavía más estrecha (fig. 107F). Las neurolamelas postsetales son anchas y presentan en los primeros segmentos, en su porción central, una ligera extensión redondeada (fig. 107C); en los segmentos siguientes se hace más larga en sentido dorsoventral, siempre entera, sin escotaduras (fig. 107D); en los sucesivos setígeros se va estrechando paulatinamente, hasta desaparecer prácticamente (fig. 107F). Branquias a partir del setígero 2 (figs. 107C-E), hasta el 90-100, reduciendo su tamaño gradualmente de modo en los últimos 15 segmentos están prácticamente atrofiadas (fig. 107F); presentan largos cilios en su cara interna. Sedas de la rama dorsal capilares limbadas (excepto en el setígero 1 en el que no hay notosedas) (fig. 107B), con un fascículo superior de mayor longitud (figs. 107G, 107H); estas son las únicas que permanecen cuando, en los segmentos posteriores, la lamela dorsal se queda reducida a su lóbulo inferior; sin ganchos encapuchados en el notopodio. Neurosedas capilares limbadas, más gruesas y cortas que las dorsales (figs. 107I, 107J); ganchos encapuchados a partir del setígero 21-25, en la primera porción junto con capilares finas; el número de ganchos va aumentando hasta alcanzar 14-16 en cada parápodo, dispuestos en una sola fila; son bidentados, con un diente accesorio con la mitad de longitud que el diente principal, ambos bien afilados; capuchón restringido al tercio final del gancho (fig. 107K). Pigidio con una especie de almohadilla. En la descripción original Rioja (1918a), señala la presencia de dos pares de ojos; sin embargo, en sus ilustraciones solo muestra un par.

Descripción basada en Rioja (1918a).

Distribución geográfica.— Típica de la costa atlántica europea (Irlanda, Francia) y del Mediterráneo occidental. En la península Ibérica se conoce en el País Vasco (Sanz Acha, 1987), Cantabria (Rioja, 1918; Ibáñez, 1973; López Cotelo *et al.*, 1982), Galicia (Laborda, 1984; San Martín *et al.*, 1985; Mazé, 1987; Sánchez Mata, 1996; García Gallego, 1998; Gómez Gesteira, 2001; Parra Descalzo, 2007), Portugal (Sousa-Reis *et al.*, 1982; Monteiro-Marques, 1987; Dexter, 1992; Pardal *et al.*, 1992; Sprung, 1994), Mediterráneo andaluz (Ibáñez, 1973; Rodríguez *et al.*, 1980) y Mediterráneo levantino-balear (Desbruyères *et al.*, 1972; Campoy y Jordana, 1978).

Biología.— Habita el intermareal areno-fangoso con preferencia por praderas de *Zostera*.

Scolelepis (Scolelepis) foliosa (Audouin y Milne-Edwards, 1833) (fig. 108)
Aonis foliosa Audouin y Milne-Edwards, 1833. *Ann. Sci. Nat.*, 29: 402

Cuerpo largo y ancho, de aspecto foliáceo, con una longitud de hasta 160 mm y 9 mm de ancho, y con unos 210-250 setígeros. El prostomio presenta su porción anterior trilobulada; con antena occipital en la región media posterior del

prostomio; el extremo posterior con forma subcordiforme se extiende formando
una carúncula que llega hasta el final del setígero 1; 4 ojos pequeños dispuestos

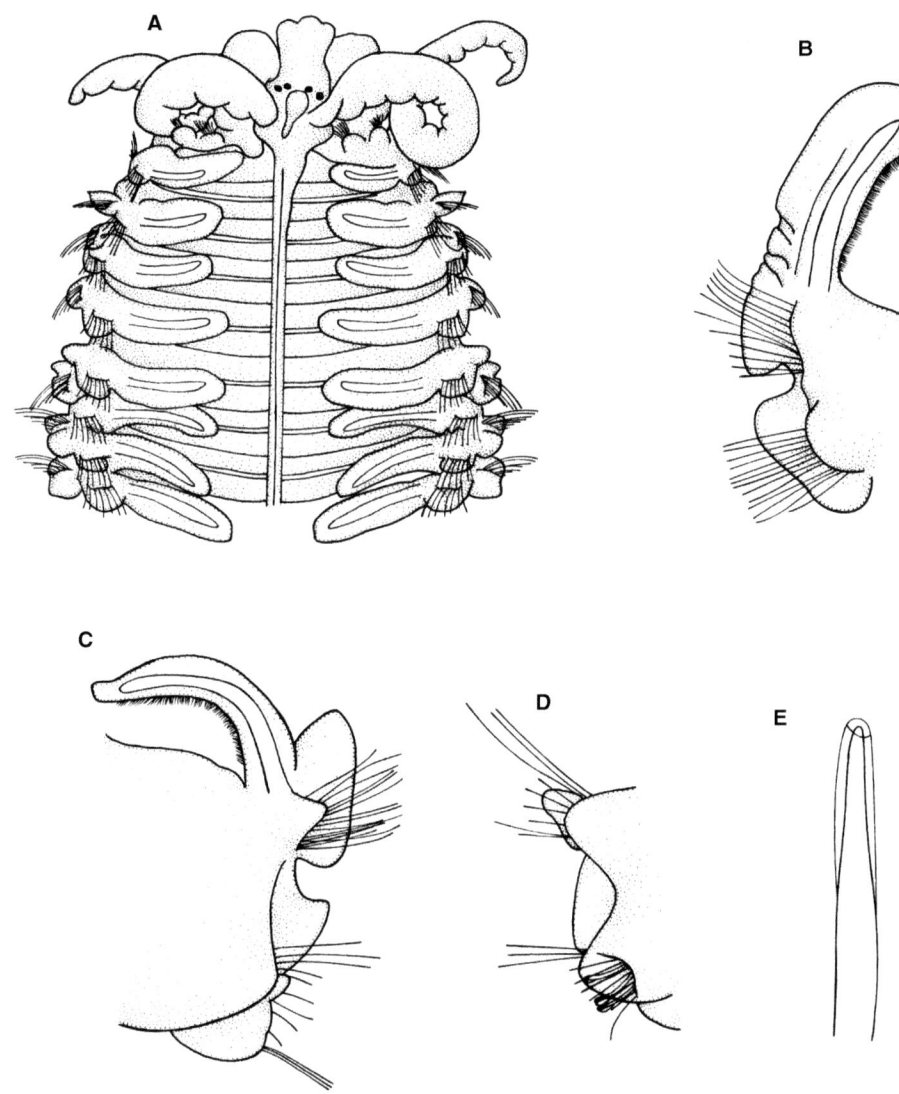

Fig. 108. Extremo anterior
(A), setígeros 40 (B),
70 (C) y de la región
posterior (D) y gancho
encapuchado (E) de
Scolelepis (Scolelepis)
foliosa. Redibujados de
Fauvel (1927).

casi en línea recta transversal, a menudo escondidos bajo el tegumento. Un par de gruesos palpos rizados con engrosamiento en su base, que se enrollan como cuernos de ariete (fig. 108A). Setígero uno con noto- y neurolamela redondeadas y sedas capilares en ambas ramas. Notolamelas postsetales del setígero 2 y siguientes, adheridas al borde externo de la branquia en toda su longitud y presentando un aspecto plisado (fig. 108B); a partir del setígero 50-60 se hacen cortas y no se adhieren a la branquia más que en su base (fig. 108C). Neurolamelas postsetales de los primeros setígeros alargadas de bordes redondeados; hacia el setígero 70 presentan una muesca (fig. 108C) y en los posteriores se hacen bilobuladas (fig. 108D). Lamelas presetales noto- y neuropodiales bien desarrolladas de aspecto más o menos redondeado en los primeros setígeros; en los segmentos medios las notolamelas presetales son pequeñas y puntiagudas; en los posteriores vuelven a ser redondeadas. Branquias desde el setígero 2, muy desarrolladas hasta el setígero 50-70 (figs. 108B, 108C), después van disminuyendo de tamaño y desaparecen en el tercio posterior del cuerpo (fig. 108D); su borde interno está profusamente ciliado. Sedas notopodiales y neuropodiales capilares, dispuesta en dos hileras desde el setígero 2. Ganchos encapuchados, de una sola punta (fig. 108E), en el neuropodio a partir del setígero 43-68, en número de 21 y a partir del 60-70 también en el notopodio, con alrededor de 10 ganchos por rama. Pigidio con una corta ventosa anal oblicua, sin cirros.

Descripción basada en Fauvel (1927).

Distribución geográfica.— Ambas costas del océano Atlántico norte, Mediterráneo y mar Egeo. En la península Ibérica se ha citado en el País Vasco (Sanz Acha, 1987), Galicia (García Gallego, 1998; Gómez Gesteira, 2001; Parra Descalzo, 2007) y Portugal (Dexter, 1992).

Biología.— En la parte baja del intermareal, preferentemente, aunque se ha recolectado hasta 800 m de profundidad en fondos de arenas ligeramente fangosas y fondos con *Zostera*.

Scolelepis (Scolelepis) mesnili (Bellan y Lagardère, 1971) (fig. 109)
Nerine mesnili Bellan y Lagardère, 1971. *Bull. Soc. Zool. Fr.*, 96(4): 572

Cuerpo alargado y delgado, con hasta 100 segmentos setígeros y con hasta 2 cm de longitud. El prostomio es aguzado anteriormente, sin cuernos laterofrontales y con una carúncula muy pronunciada que se extiende hasta el margen anterior del setígero 2; dos pares de ojos localizados en la región medioposterior del prostomio y dispuestos trapezoidalmente, el par anterior más pequeño que el par posterior. Los palpos son relativamente cortos y normalmente alcanzan hasta el setígero 10 (fig. 109A). El primer parápodo posee sedas capilares en ambas ramas, con notolamelas postsetales semicirculares (figs. 109A, 109B). Las branquias están presentes a partir del segundo setígero y alcanzan su mayor desarrollo a partir de los setígeros 8-10, donde superan en $1/3$ la notolamela postsetal. En los

segmentos anteriores las branquias están parcialmente fusionadas a las notolamelas (fig. 109C), pero en los segmentos de la región media estas se separan casí
en su totalidad (fig. 109D). La notolamela postsetal varía morfológicamente a lo
largo del cuerpo del animal; las anteriores suelen ser alargadas, puntiagudas y estrechas, ligeramente plegadas en su borde exterior y fusionadas aproximadamente en dos tercios de su longitud a la branquia (fig. 109C). En los setígeros medios

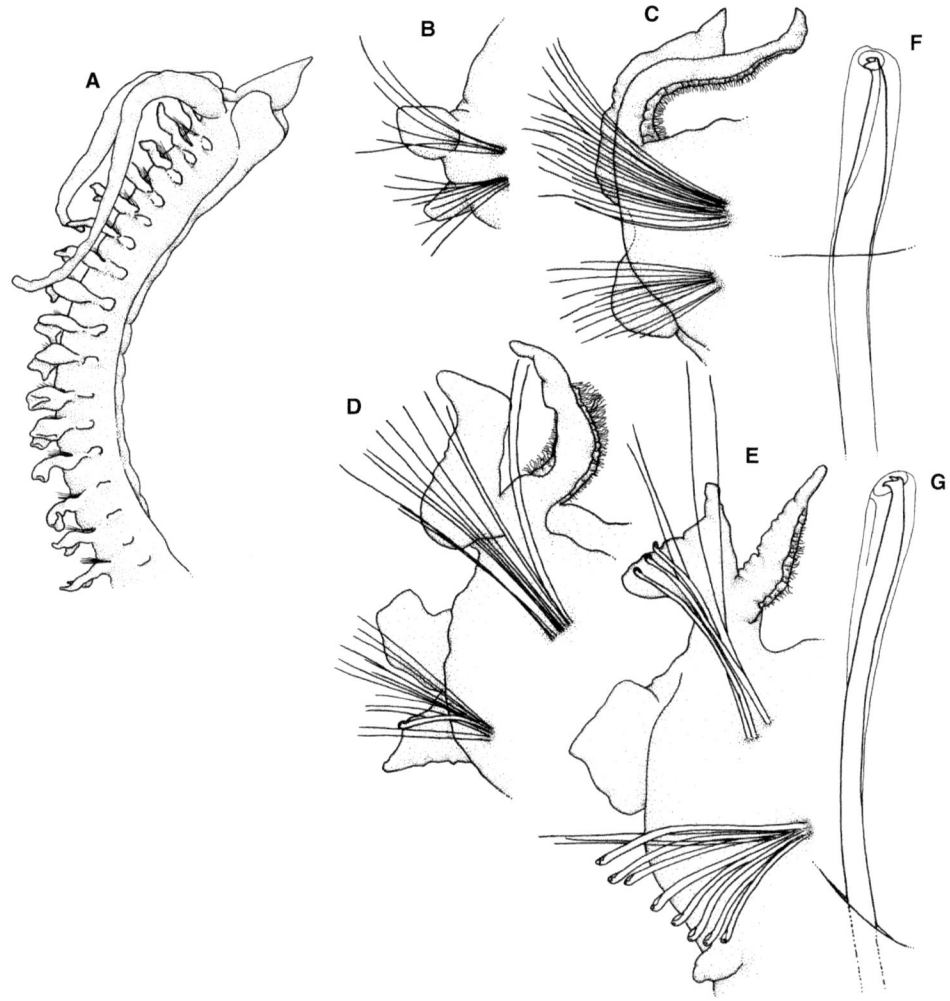

*Fig. 109. Extremo anterior
(A), setígero 1 (B), setígero
anterior (C), setígero de la
región media (D), setígero*
*de la región posterior(E),
gancho encapuchado
ventral (F) y gancho
encapuchado dorsal (G)*
de Scolelepis (Scolelepis)
mesnili. *Redibujado
de Bellan y Lagardère
(1971),*

las notolamelas son cortas y basalmente ensanchadas, con forma subtriangular con una incisión basal que le confiere una apariencia bilobulada, el lóbulo dorsal mantiene su forma triangular mientras que el ventral adquiere una forma ligeramente redondeada (fig. 109D), en estos setígeros, las branquias están fusionadas solo basalmente a la notolamela. Las neurolamelas también presenta variaciones morfológicas a lo largo del cuerpo. En los setígeros anteriores son estrechas y convexas (fig. 109C), y se van haciendo anchas y bajas, casi rectas, a partir del setígero 21 una escotadura divide la lamela en dos lóbulos, el superior marcadamente más grande que el inferior, hacia los setígeros posteriores ambos lóbulos se hacen divergentes (figs. 109D, 109E). Las sedas capilares están presentes en ambas ramas desde el primer setígero y son más numerosas a partir del segundo. Las notosedas más largas y estrechas que las neurosedas. El número de sedas disminuye en los setígeros medios y posteriores, ya en los más posteriores solo se obaservan pocas notosedas y ninguna neuroseda. Los ganchos encapuchados son tridentados (figs. 109F, 109G), con un diente principal agudo coronado por 2 pequeños ubicados en el mismo plano (figs. 109F, 109G). Los ganchos neuropodiales aparecen entre los setígeros 18 y 35; mientras que los notopodiales aparecen en el tercio posterior del cuerpo, entre 11 y 22 segmentos prepigidiales. El pigidio es un lóbulo redondeado con aspecto de ventosa.

Descripción basada en Bellan y Lagardère (1971).

Distribución geográfica.— Atlántico oriental: desde la isla de Oléron (Lagardère, 1966), isla de Puerto Santo en Madeira (Bellan, 1969) hasta Marruecos (Elkaim, 1976). En el ámbito íbero-balear se ha citado en Galicia (Laborda, 1984; Mazé, 1987; Junoy, 1988; Viéitez y Baz, 1988; Junoy *et al.*, 2014) y en el Mediteráneo levantino-balear (Capaccioni, 1988).

Biología.— Según Bellan y Lagardère (1971), el biotopo óptimo para la especie parece ser la arena fina, enriquecida con restos vegetales en aguas bien oxigenadas y limpias; sin embargo, también se ha registrado en los niveles superiores del infralitoral, siendo abundante, por lo general, en las playas cercanas a zonas rocosas (Bellan y Lagardère, 1971). En la península Ibérica, Laborda (1984) encontró la especie en sedimentos de moderadamente bien clasificados a bien clasificados, con poca materia orgánica y a poca profundidad (0,37-1,79 m); características similares registra Capaccioni-Azzati (1991) para los ejemplares recolectados en Alfaques, en aguas muy someras (0,3-0,4 m).

Scolelepis (Scolelepis) neglecta Surugiu, 2016 (fig. 110)
Scolelepis neglecta Surugiu, 2016. *Zootaxa*, 4161(2): 161

No se conocen ejemplares enteros por el momento; el fragmento de mayor tamaño mide 51 mm de longitud con 93 setígeros y el de mayor anchura, 2,75 mm. Prostomio trilobulado, con el lóbulo central cónico y agudo que sobresale notoriamente, los anterolaterales redondeados; posteriormente se prolonga en una corta carúncula claramente roma, ligeramente rizada que alcanza el margen posterior del primer setígero, con una constricción transversa en su tercio posterior; sin antena occipital (fig. 110A). Generalmente sin ojos, pero en algunos ejemplares se observan 4 ojos subcuticulares despigmentados, en disposición trapezoidal; órganos nucales como unas estructuras inconspicuas en forma de J, en los márgenes latero posteriores de la carúncula, justo detrás de la base de los palpos. Peristomio corto, bien diferenciado del prostomio mediante un leve surco, formando unas alas dorsolaterales bien desarrolladas, indistinguiblemente separadas del setígero 1 (fig. 110A). Con probóscide evertida en forma de saco inflado. Los palpos se desprenden muy fácilmente, son muy pequeños y agudos alcanzando como máximo el setígero 5; presentan dos bandas ciliadas longitudinales de disposición frontal, constituidas por hileras transversas de cortos cilios no móviles. Setígero 1 bien desarrollado con sedas capilares en ambas ramas, en menor número que en los siguientes setígeros; lamela notopodial alargada, digitiforme, aguda subdistalmente; lamela neuropodial más corta, ovalada con una pequeña proyección puntiaguda en la región media del margen externo de la misma (fig. 110B); capilares notopodiales dispuestos en una indistinguible doble fila y un haz superior de hasta 10 capilares largas y finas, más largas que las ventrales y tanto como las del haz superior de los setígeros siguientes (figs. 110B-E); capilares neuropodiales más numerosos, dispuestos en dos filas de 7-9 cada fila más un haz ventral inferior, todos más cortos que los de los setígeros siguientes (figs. 110B-F). En la parte central de cada setígero, hay una banda ciliada transversal que se continúa con la ciliación de la branquia; en el borde externo de la branquia, entre su porción distal y la de la notolamela, se forma una banda adicional de cortos cilios. En los setígeros anteriores (hasta alrededor del 26-30) se presenta una segunda banda ciliada transversal en posición anterior (fig. 110A); en los setígeros medios y posteriores en la superficie dorsal lisa hay pliegues transversos uniéndose a las branquias (a partir del 25 aproximadamente). Superficie ventral lisa con un surco mediano longitudinal. Lamelas notopodiales postsetales bien desarrolladas desde el setígero 2, en los segmentos anteriores alargadas, estrechas, adheridas a las branquias, con el margen exterior liso, entero, con el ápice puntiagudo (figs. 110C, 110D); en los medianos y posteriores se hacen gradualmente más cortas, anchas y se adhieren solo a la base de las branquias con la porción inferior dirigida ventralmente hacia la neurolamela postsetal (figs. 110E, 110F). Lamelas notopodiales presetales subtriangulares, con ápice obtuso con su mejor desarrollo desde el setígero 2 hasta el 29 (figs. 110C, 110D), a partir de aquí, van decreciendo, llegando a ser pliegues más bajos, anchos e inconspicuos. Neurolamelas postsetales de los 25 setígeros anteriores agudas, con un pequeño botón mediano, tan largo como ancho, que se hace en los demás setígeros progresivamente más redondeado, semicircular, entero, más ancho que largo (figs. 110C-F); en los setígeros 14-41 (35-41 en adultos) aparece una ligera muesca en el tercio inferior de la neurolamela; esta muesca se va haciendo más profunda en los setígeros medios, dividiendo la neurolamela en dos lóbulos separados, el superior el doble de ancho que el inferior, el cual es subtriangular y está localizado a nivel del haz inferior de capilares ventrales (fig. 110E); en los setígeros más posteriores el hueco entre los lóbulos se hace más amplio, el lóbulo superior se hace estrecho, redondeado con su porción superior dirigida hacia la parte inferior de la notolamela postsetal y el lóbulo más ventral reducido a un cirro triangular (fig. 110F). Sin neurolamelas presetales. Las branquias comienzan en el setígero 2, y llegan hasta el final de los fragmentos, con mayor desarrollo entre los setígeros 5-21; están ciliadas en su borde interno; el ápice branquial es agudo, glandular y sin cilios; en los setígeros anteriores la branquia está fusionada a la notolamela postsetal hasta aproximadamente la mitad de su longitud; en los setígeros posteriores se fusionan solo en la base (figs. 110C-F). Sedas de los setígeros anteriores, exclusivamente capilares que se disponen en tres grupos tanto en el noto- como en el neuropodio; las del notopodio son largas y finas, dispuestas en dos hileras verticales (7-11 por hilera) y un haz dorsal superior de 2-10 capilares más largas y finas (hasta dos veces la longitud branquial) (figs. 110B-D); las capilares de la hilera anterior son unilimbadas de núcleo fibroso (fig. 110G), mientras que las de la hilera posterior, de aproximadamente el mismo tamaño, son también unilimbadas pero de núcleo uniformemente granulado (fig. 110H); el número y la longitud de las capilares va decreciendo gradualmente hacia la parte posterior. Sedas del neuropodio de aspecto muy similar a las del notopodio, aunque más cortas y anchas, con limbo estrecho y núcleo granulado (si se observa con luz directa) o fibroso (si se observa con luz reflejada), dispuestas así mismo en doble fila vertical (6-16 por fila), las de la fila anterior ligeramente más cortas y anchas que las de la posterior, más un haz ventral inferior de 1-4 capilares unilimbadas en posición de sedas sable. Ganchos encapuchados neuropodiales a partir del setígero 19-49 (40-49 en adultos) dispuestos en la hilera posterior, hasta 13 por fascículo, acompañados en lo setígeros medios y posteriores por 0-4 capilares alternas y 0-7 capilares limbadas más cortas en haz ventral inferior (fig. 110I). Ganchos con un diente claramente redondo que porta encima un neto diente apical redondo, dispuesto con un ángulo de 85°-95° respecto al eje; justo bajo la inserción del diente principal hay una constricción en el eje. Capuchón largo, más de 5 veces la longitud del diente con una abertura en forma de hendidura apical rostral (fig. 110J). Sin sedas sable neuropodiales. No se observan notoganchos encapuchados. Pigidio desconocido.

Descripción basada en Surugiu (2016).

Patrón de tinción con verde metilo. Tinción intensa en alas peristomiales, márgenes de las noto- y neurolamelas postsetales, puntas de las lamelas notopodiales presetales, puntas de las branquias y bordes superiores de las fundas basales de los palpos. Lado ventral uniformemente teñido en cada setígero con franjas transversales poco claras.

Distribución geográfica.— Océano Atlántico norte, mar Cantábrico, mar Tirreno y mar Negro. En el ámbito íbero-balear se ha encontrado en Asturias (Surugiu, 2016) y Galicia (Viéitez, 1976, 1981; Parapar, 1991, como *S. cantabra* en todos los casos). Deberían revisarse las citas de *S. cantabra*, ya que, en realidad, es posible que se refieran a esta especie.

Biología.— Intermareal y sublitoral a poca profundidad, hasta 32 m, en fondos areno-fangosos, a veces con cascajo.

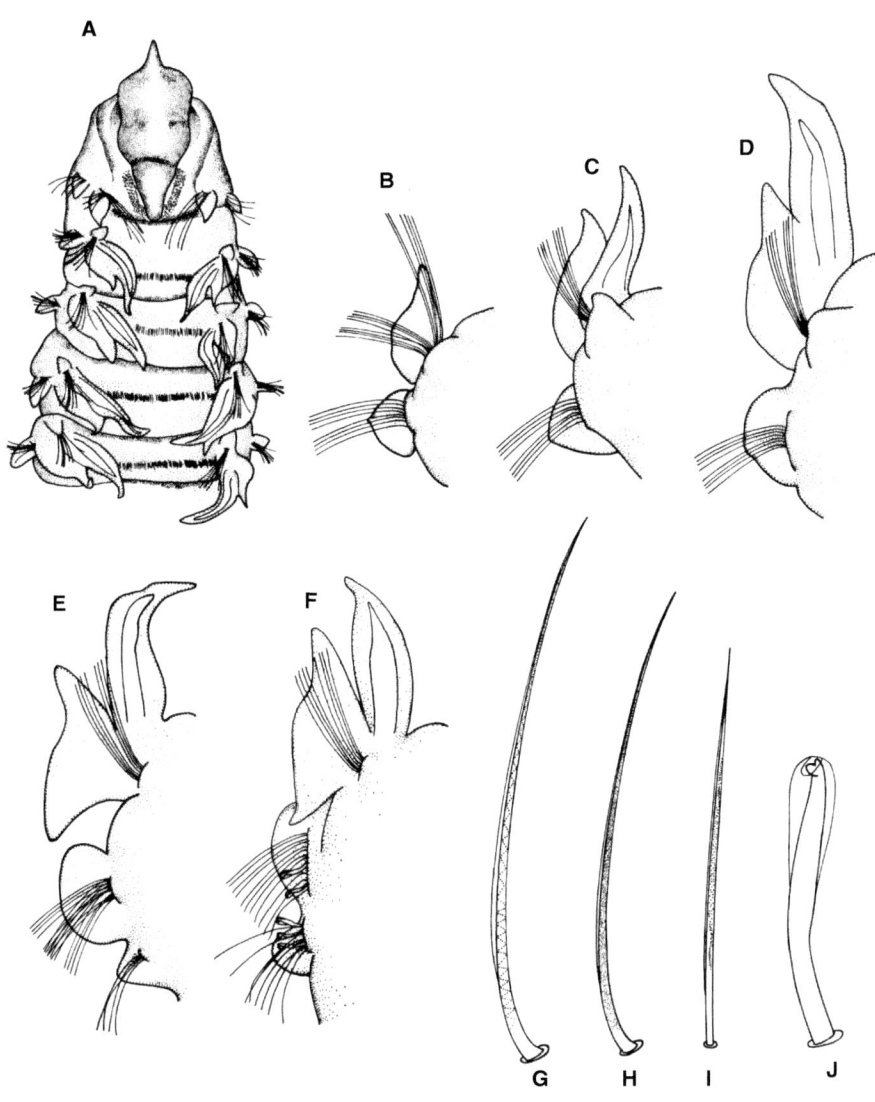

Fig. 110. Extremo anterior (A), setígeros 1 (B), 2 (C), 15 (D), 42 (E) y 56 (F), notoseda del fascículo posterior del setígero 9 (G), neuroseda del setígero 13 (H), neuroseda del fascculo inferior (I) y gancho encapuchado (J) de Scolelepis (Scolelepis) neglecta. Redibujados de Surugiu (2016).

Scolelepis (Scolelepis) squamata (O.F. Müller, 1806) (fig. 111)
Lumbricus squamatus O.F. Müller, 1806. *Zool. Dan.*, 4: 39

Cuerpo alargado relativamente grande, hasta unos 65 mm de longitud por una anchura de unos 3,5 mm, excluidas las sedas, con hasta 140 segmentos. Prostomio cónico, agudo en su extremo anterior y triangular y algo elevado en la parte posterior, que llega hasta el setígero 2; carece de antena occipital (fig. 111A). Dos pares de ojos pequeños pardo-rojizos, de disposición más o menos en trapecio, con los del par anterior ligeramente más anchos y más separados que los posteriores (fig. 111A). Peristomio grande, bien diferenciado del setígero 1 formando alas laterales bajas (fig. 111A). Probóscide protrusible, sacciforme que puede presentarse muy inflada. Palpos largos, que pueden alcanzar el setígero 21, cuya ciliación consiste en dos bandas longitudinales de hileras transversales de cilios. La funda de los palpos está anillada y fusionada a su base. Parápodos del setígero 1 pequeños pero bien desarrollados; su lamela notopodial postsetal es auricular y su lamela neuropodial postsetal es cordiforme; ambas ramas con sedas capilares (fig. 111B); lamelas notopodiales postsetales enteras, ligeramente rizadas en el setígero 2 (fig. 111C), con una escotadura que lo divide en dos lóbulos en el setígero 3 (fig. 111D), de los que el inferior es ancho y redondeado, disminuyendo en los siguientes setígeros y el lóbulo superior de punta redondeada, mejor desarrollados en los segmentos 3-27 (fig. 111E); lamelas medias y posteriores enteras (fig. 111F). Lamelas neuropodiales postsetales redondeadas en los setígeros anteriores (figs. 111C, 111D), con una escotadura en los setígeros 33-42, la cual se hace más profunda a partir del 43 dividiendo la lamela en dos lóbulos separados; en los siguientes setígeros el lóbulo inferior se hace triangular y se sitúa bajo las neurosedas; el lóbulo superior ampliamente redondeado y situado entre las noto- y las neurosedas (fig. 111F). Branquias desde el setígero 2 hasta el final del cuerpo (ausentes en el último setígero), con las puntas subtriangulares provistas de gruesas glándulas; están casi completamente fusionadas a las notolamelas postsetales (figs. 111C-F); cada branquia posee una banda ciliada a lo largo de su borde interno; también se observa una banda ciliada transversal en el dorso de cada segmento, pero no se continúa con la de la branquia (fig. 111A). En los setígeros anteriores las neurosedas se disponen en dos hileras, todas capilares, siendo las de la hilera anterior más anchas, moderadamente granuladas, débilmente bilimbadas y de menor tamaño que las de la hilera posterior (figs. 111G, 111H); ganchos encapuchados neuropodiales a partir del setígero 43 (fig. 111I), con 9, como máximo, por neuropodio acompañados de dos largas sedas por encima y dos más cortas bajo los ganchos, los cuales presentan un mango principal claramente redondeado sobre el que hay uno o dos dientes accesorios situados uno al lado del otro, con un eje largo ligeramente curvado (fig. 111I). Sin sedas sable. Sedas capilares notopodiales similares a las del neuropodio aunque más alargadas, dispuestas también en dos filas, siendo las de la posterior más largas. Los ganchos notopodiales encapuchados comienzan en el setígero 85-92, con un máximo de 6 por notopodio, acompañados de 4 largas sedas en la parte superior (fig. 111J) y dos cortas en la inferior (fig. 111K); los ganchos presentan un mango principal claramente redondeado sobre el que hay uno o dos dientes accesorios situados uno al lado del otro, con el eje largo, casi recto (figs. 111L, 111M). Pigidio con almohadilla ventral (fig. 111N).

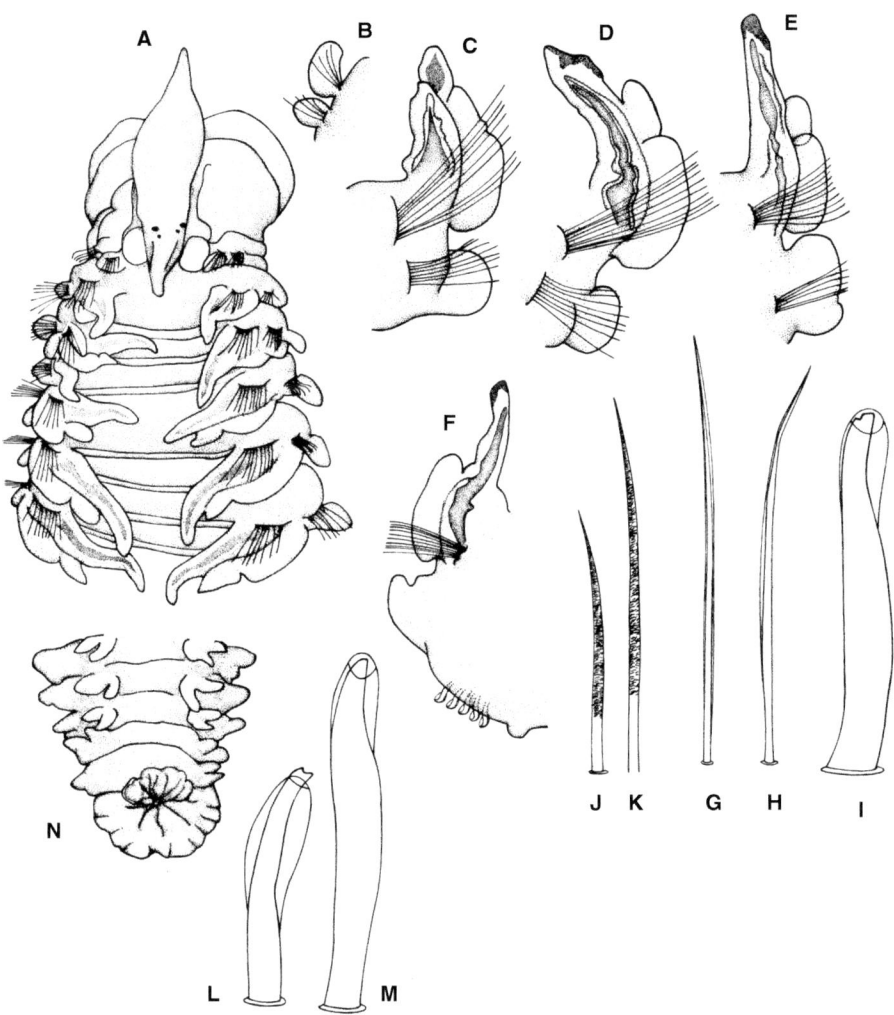

Fig. 111. Extremo anterior (A), setígeros 1 (B), 2 (C), 3 (D), 15 (E) y de las regiones media o posterior (F), neurosedas capilares (G, H), notosedas capilares de los últimos segmentos (J, K), ganchos encapuchados (I, L, M) y extremo posterior (N) de Scolelepis (Scolelepis) squamata. *Redibujados de Delgado-Blas (2006).*

Descripción basada en Delgado-Blas (2006).

Distribución geográfica.— Esta especie presenta una distribución muy amplia, en ambas costas del océano Atlántico, en la occidental desde Nueva Inglaterra hasta Brasil y en la oriental desde Irlanda hasta Sudáfrica; Mediterráneo; océano Índico, Madagascar, y océano Pacífico, desde Canadá hasta el sur de California. En el ámbito íbero-balear también se ha citado profusamente del País Vasco (Sanz Acha, 1987; García Arberas, 1998), Cantabria (Rioja, 1916, 1917a, 1925; Ibáñez, 1973; López Cotelo *et al.*, 1982), Asturias (Rioja, 1917c; Gómez y San Martín, 1985), Galicia (Rioja, 1923; Ibáñez, 1973; Viéitez, 1981; Viéitez y López Cotelo, 1982; Laborda, 1984; Planas *et al.*, 1984; López-Jamar y González, 1986; López Serrano y Viéitez, 1987; Mazé, 1987; Junoy, 1988; Parapar, 1991; García Gallego, 1998; Gómez Gesteira, 2001; Parra Descalzo, 2007), Portugal (Amoureux y Calvário, 1981; Sousa-Reis *et al.*, 1982; Pardal *et al.*, 1992; Dexter, 1992; Sprung, 1994; Cancela da Fonseca *et al.*, 2006), Atlántico andaluz (Ibáñez, 1973; López Serrano, 1999), Mediterráneo andaluz (Ibáñez, 1973; Rodríguez *et al.*, 1980; Sardá, 1986; Estacio Gil, 1996) y Mediterráneo levantino-balear (Giordani-Soika, 1962; Desbruyères *et al.*, 1972; Ibáñez, 1973; Sardá, 1984; Cardell Corral, 1986; Capaccioni, 1988; Martín Sintes, 1991; Méndez Ubach, 1994; Pinedo, 1998).

Biología.— Habita en fondos arenosos con poca materia orgánica. Desde el intermareal hasta unos 70 m de profundidad.

Género **Spio** O. Fabricius, 1785
Spio O. Fabricius, 1785. *Schr. Berl. Ges. Nat.forsch. Freunde*, 6: 259
ESPECIE TIPO: *Nereis filicornis* Müller, 1776, designada por Söderström (1920)

Prostomio redondeado anteriormente, truncado o ligeramente inciso, carente de cuernos frontales o laterales. Manchas oculares presentes o ausentes; antena occipital ausente, pero la porción posterior del prostomio puede elevarse o inflarse. Órganos nucales con bandas ciliares laterales largas y aquellas de posición media, cortas, extendiéndose hasta el setígero 2 o 3. Órganos ciliados dorsales metaméricos generalmente presentes; bandas ciliadas dorsales transversales presentes. Branquias presentes desde el setígero 1 y continúan casi por todo el cuerpo, completamente separadas o fusionadas basalmente con las lamelas notopodiales, frecuentemente reducidas en tamaño aquellas del setígero 1. Glándulas epidérmicas ventrales generalmente presentes en los setígeros anteriores y medios. Todas las notosedas y neurosedas anteriores son capilares; en los neuropodios medios y posteriores además de las sedas capilares, hay ganchos encapuchados y sedas sable. Pigidio con cuatro cirros anales.
Bick *et al.* (2010) revisaron las especies de *Spio* del norte de Europa, incluidos los registros referidos a la especie tipo *S. filicornis*, e identificaron al menos seis especies del área, dos de las cuales eran similares a *S. filicornis*. Meißner

et al. (2011) resolvieron la identidad de *S. filicornis* recolectando especímenes de la localidad tipo y designaron un neotipo. Además de proporcionar una redescripción de la especie tipo, dos especies anteriormente referidas a *S. filicornis* del norte de Europa en Bick *et al.* (2010) fueron descritas como nuevas. Bick y Meißner (2011) redescribieron varias especies poco conocidas del Pacífico noroccidental. En la actualidad, se reconocen 36 especies de *Spio* y tres se encuentran en la península ibérica.

Clave de especies

1. Ganchos encapuchados neuropodiales bidentados desde los setígeros 28-32; prostomio en forma de T con una ligera incisión anterior; 1er par de branquias menor que los otros; región posterior del prostomio en forma de quilla redondeada que alcanza el setígero 3 . . . . ***S. multioculata*** (p. 326)

• Ganchos encapuchados neuropodiales tridentados desde los setígeros 10-14 2

2. Ganchos encapuchados neuropodiales tridentados desde los setígeros 10-11; prostomio redondeado con ligeras expansions laterales sin incisión; 1er par de branquias de igual tamaño que el resto; región posterior del prostomio que se estrecha y se extiende hasta casi alcanzar el setígero 1 . . . .***S. decorata*** (p. 321)

• Ganchos encapuchados neuropodiales tridentados desde los setígeros 13-14; región posterior del prostomio cónica; bandas ciliares laterales curvasa posteriormente y se remontan solo parcialmente a la banda ciliar transversal del setígero 2; doble par de órganos ciliados dorsales metaméricos . . . . ***S. martinensis*** (p. 323)

Spio decorata Bobretzky, 1870 (fig. 112)
Spio decoratus Bobretzky, 1870. *Zap. Kiev. Obŝ. Estestvoispyt.*, 1: 256

Cuerpo alargado, relativamente pequeño, 15 mm de longitud por 0,8 mm de ancho máximo y unos 50 segmentos. Los ejemplares conservados en alcohol presentan manchas pigmentarias pardusças más o menos netas sobre el peristomio y algunos de los primeros segmentos. El prostomio sobresale anteriormente del peristomio y presenta su borde anterior redondeado, con ligeras expansiones laterales, que nunca llegan a ser cuernos frontales; se continúa hacia atrás, ensanchándose ligeramente, para después ir estrechándose hasta casi alcanzar el segundo setígero (fig. 112A). Cuatro ojos dispuestos en forma de trapecio, con el par anterior más separado y generalmente de menor tamaño; a veces se observa otro par más posterior (fig. 112A). El peristomio en vista dorsal flanquea el prostomio a ambos lados casi en toda su longitud; hay un surco marcando la separación entre prostomio y peristomio (fig. 112A). Los palpos peristomiales pueden llegar hasta el setígero 10 aproximadamente. Los órganos nucales están constituidos por un par de bandas ciliadas longitudinales medianas paralelas, cortas, que llegan hasta el límite del setígero 1 y 2; hay un segundo par, más largo, formado también por dos bandas ciliadas laterales, que van divergiendo y llegan hasta el final del setígero 2; dichas bandas en este segmento se curvan hacia el interior formando una voluta. El setígero 2 presenta una pequeña banda ciliada transversal, que queda por detrás de las bandas ciliadas medianas y entre medio de las bandas laterales. En todos los demás setígeros hay una banda ciliada transversal que prácticamente une las branquias de uno y otro lado. Presentan órganos dorsales metaméricos, constituidos por un par de bandas ciliadas longitudinales paralelas a cada lado, de tal forma que en los primeros setígeros en que aparecen, a partir de los setígeros 5-6, son pequeños y van aumentando de tamaño hacia atrás; en los setígeros de la región media, aparece una segunda banda ciliada transversal, pequeña, que queda entre los órganos dorsales laterales. Las branquias aparecen desde el setígero 1 hasta casi el final del cuerpo. Están erguidas, las del primer par como mínimo de igual tamaño a las de los segmentos siguientes; en estos primeros setígeros, la parte basal de las branquias está ensanchada y fusionada con la notolamela postsetal (figs. 112A, 112B), pero en los segmentos posteriores se hacen independientes (fig. 112C). Las branquias de los segmentos anteriores y medios son agudas, pero en los segmentos posteriores se hacen digitiformes y de menor tamaño (fig. 112C). El primer notopodio

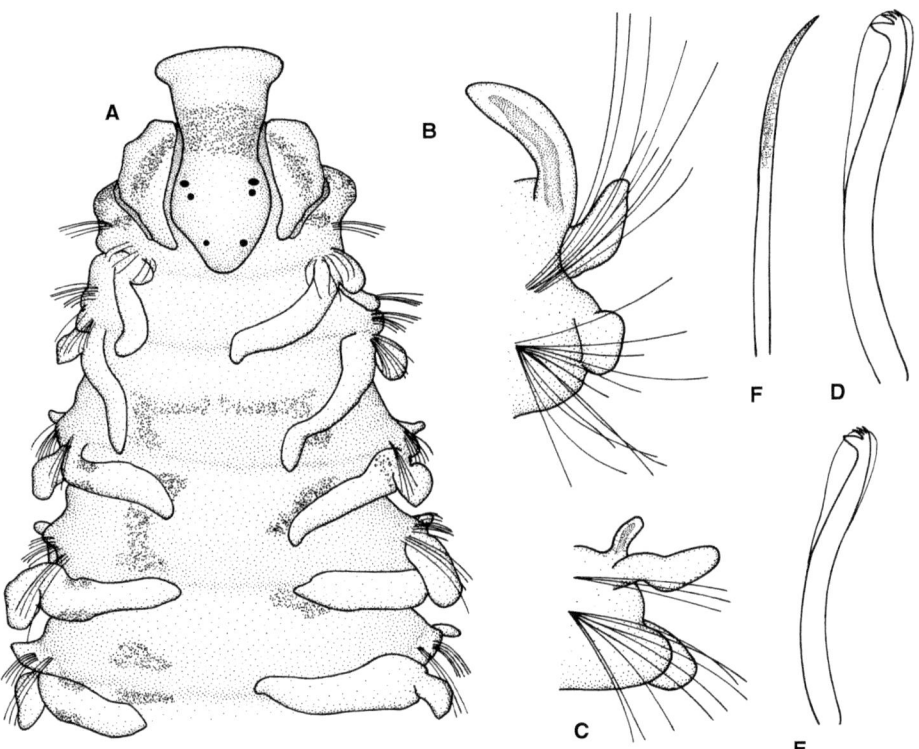

Fig. 112. Extremo anterior en vista dorsal (A), setígero 1 (B), setígero posterior (C), gancho bidentado encapuchado (D, E) y seda sable (F) de Spio decorata. *Redibujados de Bick* et al. *(2010).*

está desplazado hacia el lado dorsal y su lamela postsetal es ligeramente aguzada, al igual que en los siguientes setígeros, pero paulatinamente se va haciendo más corta y redondeada para pasar a ser de aspecto alargado en los segmentos más posteriores (fig. 112C). Las neurolamelas postsetales son redondeadas en los dos primeros setígeros (fig. 112B), algo ovaladas en los setígeros subsiguientes, y disminuyen su tamaño en los segmentos medios del cuerpo y se hacen redondeadas en los últimos (fig. 112C). Las sedas de las notolamelas de los segmentos anteriores constan de un fascículo superior de sedas capilares muy largas, lisas y, bajo este, dos hileras paralelas de sedas capilares bilimbadas: las de la hilera anterior presentan una ligera granulación y son más anchas y cortas que las de la hilera posterior, que son lisas; en los segmentos posteriores las sedas se disponen de una forma más irregular y son capilares lisas de tamaño variable. Las sedas de las neurolamelas se disponen también en dos filas paralelas de sedas capilares bilimbadas de forma similar a las del notopodio, a las que se añade un fascículo de sedas capilares; a partir del setígero 11 (menos frecuentemente del 12), la fila posterior está formada por sedas en gancho, con capucha transparente, con tres dientes uno principal más grueso y dos encima más finos (el tercer diente no siempre se observa con claridad en algunos podios) (figs. 112D, 112E); a estos ganchos, que pueden ser hasta 8 en cada podio, los acompañan entre una y tres finas sedas capilares. El fascículo más ventral de sedas capilares se ve sustituido a partir del setígero 21 por dos sedas sable, granuladas y ligeramente curvadas en su último tramo (fig. 112F). El pigidio con cuatro cirros anales: dos dorsales puntiagudos, y dos ventrales de forma ovalada; en ocasiones los dorsales son de mayor longitud que los ventrales.

Descripción basada en Bick *et al.* (2010).

Distribución geográfica.— Especie descrita del mar del Norte y citada en el Atlántico noreste, océano Ártico, mar Mediterráneo y mar Negro. En el ámbito íbero-balear se ha encontrado en Galicia (Junoy 1988; Parapar, 1991; Sánchez Mata, 1996; García Gallego, 1998; Gómez Gesteira, 2001; Parada Encisa, 2005; Parra Descalzo, 2007), Portugal (Dexter, 1992; Pardal *et al.*, 1992, 1993; Gil, 2011), Mediterráneo andaluz (Sardá, 1986) y Mediterráneo levantino-balear (San Martín y Alvarado, 1982, como *Paraspio mecznikowianus*; Alós, 1984, como *Microspio mecznikowianus*; Cardell Corral, 1986; Capaccioni, 1988; Martín Sintes, 1991; Méndez Ubach, 1994; Pinedo, 1998; Malonda, 2008).

Biología.— Ocupa fondos arenosos del intermareal e infralitoral.

Spio martinensis Mesnil, 1896 (fig. 113)
Spio martinensis Mesnil, 1896. *Bull. Sc. Fr. Bel.*, 29: 122

Cuerpo alargado, relativamente grande, de 33 mm de longitud por 1,3 mm de anchura máxima y 79 setígeros. Los ejemplares conservados carecen prácticamente de pigmentación, aunque en algunos ejemplares se observan manchas pigmentarias parduscas difusas en los laterales del peristomio y en algunos segmentos. El prostomio presenta su borde anterior redondeado y que sobresale ligeramente del peristomio; se continúa hacia atrás con los lados prácticamente paralelos y en la porción posterior se va ensanchando ligeramente hasta terminar en un relieve con forma de botón, en algunos casos, y formando como una quilla en otros, un poco por delante del setígero 1 (fig. 113A). Cuatro ojos situados en forma de trapecio, con el par anterior más separado. El peristomio, en vista dorsal, flanquea el prostomio a ambos lados casi en toda su longitud; hay un ligero surco marcando la separación entre prostomio y peristomio, pero solo en la parte anterior y media; a la altura de los ojos dicho surco desaparece (fig. 113A). Los palpos peristomiales son cortos ya que pueden llegar hasta el setígero 6, aproximadamente. Los órganos nucales, están constituidos por un par de bandas ciliadas medianas paralelas, cortas, en la parte posterior del prostomio, por detrás de la base de los palpos que, en algunos ejemplares, en su parte posterior cada una de ellas gira hacia la parte lateral; llegan hasta el límite del setígero 1; hay un segundo par, más largo, formado también por dos bandas ciliadas laterales, que van divergiendo y llegan casi hasta la banda ciliada transversal del setígero 3; dichas bandas en este segmento se curvan hacia el interior formando una voluta. Presentan órganos dorsales metaméricos, constituidos por un par de bandas ciliadas paralelas a cada lado, de tal forma que, en los primeros setígeros en que aparecen, a partir del setígero 4 o 5, son pequeños y van aumentando de tamaño hacia atrás; en algunos ejemplares se prolongan más allá del setígero 21. Las branquias aparecen desde el setígero 1 hasta casi el final del cuerpo. Están erguidas, las del primer par son prácticamente iguales en tamaño a las de los segmentos siguientes; en estos primeros setígeros, la parte basal de las branquias está fusionada con la notolamela postsetal (fig. 113B), pero en los segmentos posteriores se hacen independientes (fig. 113C), y las de los segmentos anteriores y medios son esbeltas, pero en los segmentos posteriores se hacen digitiformes. El primer notopodio está desplazado hacia el lado dorsal y su lamela postsetal es ligeramente aguzada (fig. 113B), mientras que en los siguientes setígeros se hace ovalada, y paulatinamente más corta y redondeada para pasar a ser digitiforme en los segmentos más posteriores (fig. 113C). Las neurolamelas postsetales son redondeadas en los setígeros 1 y 2, algo ovaladas en los setígeros subsiguientes (fig. 113B) y se hacen subtriangulares (fig. 113C) y pequeñas en los últimos. Las sedas de las notolamelas de los segmentos anteriores constan de un fascículo superior de sedas capilares muy largas, lisas y, bajo este, dos hileras paralelas de sedas capilares bilimbadas: las de la hilera anterior presentan una ligera granulación y son más anchas y cortas que las de la hilera posterior, que son lisas; en los segmentos posteriores las sedas se disponen de una forma más irregular y son capilares lisas de tamaño variable. Las sedas de las neurolamelas se disponen también en dos filas paralelas de sedas capilares bilimbadas de forma similar a las del notopodio, a las que se añade un fascículo de sedas capilares; a partir del setígero 15 (menos frecuentemente del 14 y en algún caso aislado del 13), la fila posterior está formada por ganchos encapuchados tridentados, con un diente principal más grueso y dos encima más finos (el tercer diente no siempre se observa con claridad) (fig. 113D); a estos ganchos, que pueden ser hasta 8 en cada podio, los acompañan finas sedas capilares. El fascículo más ventral de sedas capilares se ve sustituido a partir del setígero 22-24 por dos sedas sable, granuladas y ligeramente curvadas en su último tramo. El pigidio presenta cuatro cirros anales: los dorsales puntiagudos y los ventrales de forma ovalada.

Descripción basada en Bick *et al.* (2010).

Distribución geográfia.— Especie descrita del Canal de La Mancha que se ha citado en el mar Báltico, mar del Norte, Atlántico este, océano Ártico y Pacífico noreste. En el ámbito íbero-balear se ha hallado en el País Vasco (García Arberas, 1988; Rallo, 1988), Cantabria (Rioja, 1918a, 1931; Pereda *et al.*, 1979), Galicia (Viéitez, 1979; Laborda, 1984; Junoy, 1988; Parapar, 1999; García Gallego, 1998), Portugal (Amoureux y Calvário, 1981; Pinto, 1984; Costa *et al.*, 1984; Quintino *et al.*, 1987), Atlántico andaluz (Baratech y San Martín, 1987), Medi-

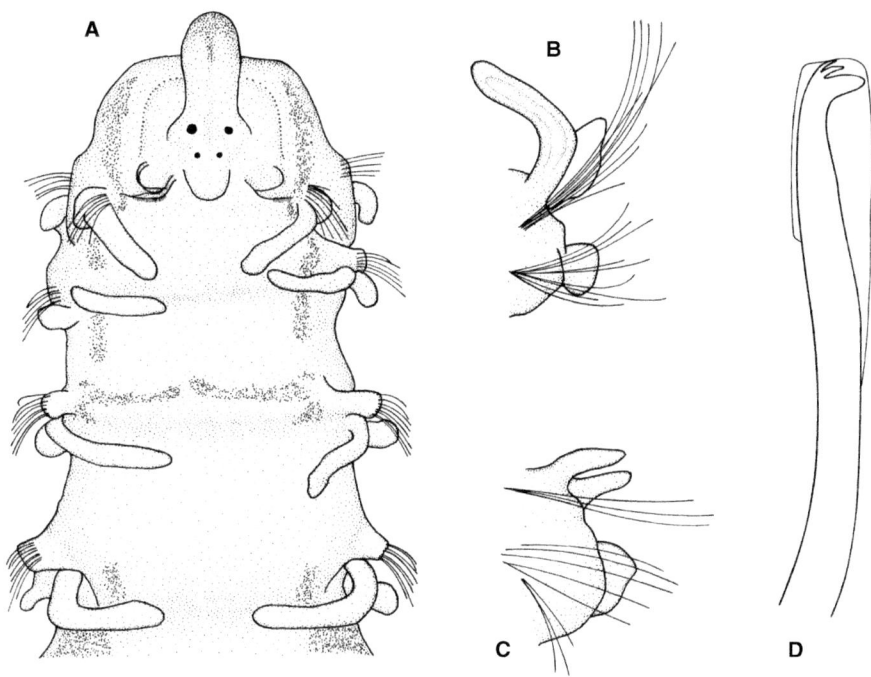

Fig. 113. Extremo anterior, en vista dorsal (A), setígeros 1 (B) y 34 (C) y gancho tridentado encapuchado (D) de Spio martinensis. *Redibujados de Bick* et al. *(2010).*

terráneo andaluz (Amoureux, 1976; Rodríguez *et al.*, 1980. Sardá, 1982, 1986; Estacio Gil, 1996) y costa catalana (Desbruyères *et al.*, 1972; Pinedo, 1998).

Biología.— Se encuentra en fondos arenosos del intermareal e infralitoral.

Spio multioculata (Rioja, 1918) (fig. 114)
Euspio multioculata Rioja, 1918. *Rev. R. Acad. Cienc Exact. Fís. Nat.*, 17: 60

Los ejemplares miden unos 25 mm de longitud, con una anchura máxima de 2 mm. El color general de cuerpo es rojizo, que se intensifica en las branquias. El prostomio tiene forma de T, con una ligera depresión en la parte media frontal, que da lugar a dos lóbulos laterales redondos; su parte posterior forma una quilla redondeada y alcanza el margen anterior del setígero 3; en la parte media del prostomio presenta de 3 a 7 pares de ojos, de disposición irregular; dichos grupos pueden ser muy concentrados o estar bastante dispersos; es frecuente que no guarden simetría. El peristomio forma dos lóbulos laterales al prostomio (fig. 114A). Las branquias del setígero 1 son algo menores de tamaño que las de los setígeros siguientes, levemente puntiagudas y contactan con la base de sus respectivas notolamelas sin fusionarse a ellas (fig. 114B); en los segmentos siguientes las branquias presentan su ápice romo (figs. 114C-E); se extienden hasta los últimos segmentos del cuerpo; las branquias son siempre de mayor longitud que las notolamelas, pero si se abaten sobre el dorso no llegan hasta la línea media del cuerpo. Las notolamelas postsetales del primer setígero, tienen una longitud aproximadamente igual a $2/3$ de la longitud de la branquia y presentan su extremo superior agudo (fig. 114B); las notolamelas del segundo setígero son más grandes y más agudas (fig. 114C); paulatinamente las notolamelas se van haciendo más pequeñas y menos agudas (figs. 114D, 114E), siendo en los setígeros medios cerca de la mitad de la longitud de las branquias y en los posteriores hasta un tercio de la longitud de estas. Las neurolamelas postsetales del setígero 1 son triangulares, de base pequeña (fig. 114B); en el segundo setígero, se hacen ovoideas (fig. 114C); en los setígeros siguientes dichas neurolamelas se hacen más anchas y ovoideas con una pequeña proyección o pico hacia su mitad (fig. 114D); en la parte posterior las neurolamelas se observan más separadas de las notolamelas de los setígeros anteriores, son más pequeñas y carecen del saliente mediano (fig. 114E). Las notosedas son capilares unilimbadas (fig. 114F), dispuestas de forma que hay un haz situado más dorsalmente con las sedas más largas; a partir del setígero 6 u 8 aparecen algunas sedas de aspecto granuloso (fig. 114G). Las neurosedas son también capilares limbadas; a partir del setígero 6-10 en la porción inferior aparecen sedas sable curvadas (fig. 114H), en número de dos al principio, aumentando después hasta cinco en la región posterior; a partir del setígero 28-32 aparecen ganchos encapuchados bidentados (fig. 114I), de 4 a 8 por neuropodio; generalmente coexisten con 3 sedas capilares limbadas. El pigidio está provisto de 4 cirros, dos dorsales más largos y dos ventrales (fig. 114J).

La descripción presentada está basada en Rioja (1918a); sin embargo, hay dos aspectos a considerar respecto a la morfología, en primer lugar Rioja describe el prostomio con forma de T, cuando realmente su apariencia asemeja más a una campana que a una T; la segunda tiene que ver con el grado de fusión de las branquias a las notolamelas postsetales, Rioja señala que aunque

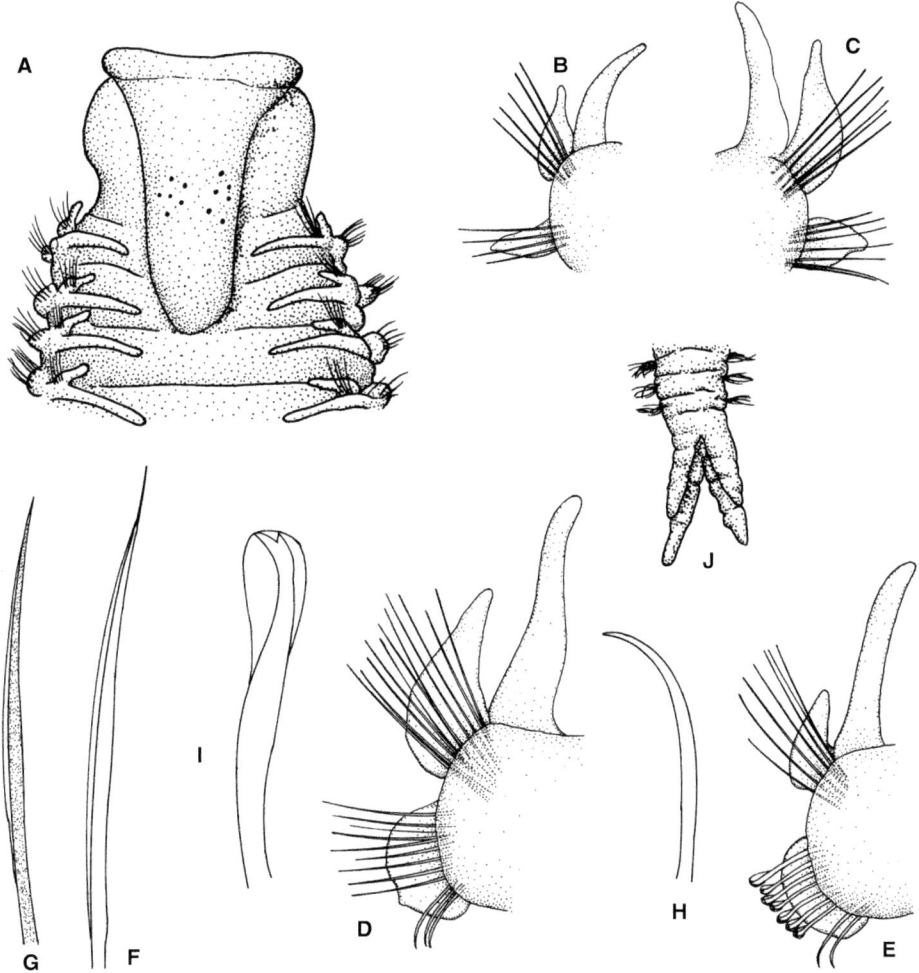

Fig. 114. Extremo anterior en vista dorsal (A), setígero 1 en vista anterior (B), setígero 2 (C), setígero medio en vista anterior (D), setígero posterior en vista anterior (E), sedas unilimbadas (F, G), seda sable (H), gancho bidentado encapuchado (I) y extremo posterior, en vista ventral (J) de Spio multioculata. Redibujados de Rioja (1918).

se tocan en la base no se fusionan a estas, pero en sus propios esquemas en el setígero 2 y en los posteriores, las branquias aparecen fusionadas basalmente.

Distribución geográfica.— Atlántico este: Canal de La Mancha, Roscoff; mar Adriático; mar Egeo y mar Negro. También se ha citado procedente del océano Ártico (mar de Beaufort). En el ámbito íbero-balear se ha registrado en la bahía de Santander (Rioja, 1918a; Lastra, 1991), Galicia (García Gallego, 1998; Parada Encisa, 2005), Portugal (Monteiro-Marques, 1987; Dexter, 1992; Pardal *et al.*, 1992) y el Mediterráneo andaluz (Amoureux, 1976).

Biología.— Suele encontrarse en fondos areno-fangosos, a poca profundidad.

Género **Spiogalea** Aguirrezabalaga y Ceberio, 2005
Spiogalea Aguirrezabalaga y Ceberio, 2005. *Mar. Biol. Res.*, 1(4): 276
ESPECIE TIPO: *Spiogalea vieitezi* Aguirrezabalaga y Ceberio, 2005, por monotipia

Prostomio redondeado anteriormente o con cortas proyecciones anterolaterales, posteriormente se estrecha para formar una carúncula; órganos nucales ausentes. Con dos placas quitinosas en forma de chevrón, o placa quitinosa única que rodea la parte anterior del prostomio. Manchas oculares ausentes. Peristomio bien desarrollado formando posteriormente un cuello abierto que rodea el prostomio. Branquias ausentes. Los parápodos del primer setígero reducidos y sin lamela notopodial postsetal y la lamela neuropodial postsetal pequeña. Parápodos posteriores más grandes y bien desarrollados con lamelas postsetales noto- y neuropodiales redondeadas. Lamelas notopodiales posteriores conectadas por unas costillas dorsales pequeñas o costillas ausentes. Todas las sedas notopodiales capilares o con sedas capilares y ganchos encapuchados multidentados en setígeros posteriores. Ganchos neuropodiales encapuchados, multidentados, con capucha completa. Con sedas sable presentes. La morfología del pigidio es incierta, posiblemente redondeada con un par de pequeños cirros anales.
Se conocen dos especies, ambas de aguas profundas. *Spiogalea* es uno de los tres géneros de espiónidos conocidos que carecen por completo de branquias. Es totalmente único por la presencia de una o dos placas quitinosas grandes que rodean el extremo anterior del amplio prostomio. Una especie está descrita para las aguas ibéricas.

Spiogalea vieitezi Aguirrezabalaga y Ceberio, 2005 (fig. 115)
Spiogalea vieitezi Aguirrezabalaga y Ceberio, 2005. *Mar. Biol. Res.*, 1(4): 277

Cuerpo alargado, aplastado dorsoventralmente y sin dividir en regiones bien diferenciadas; región anterior ancha aunque se estrecha hacia la parte posterior. Holotipo con longitud de 2,18 mm y anchura de 0,35 mm al nivel del setígero 4, excluidas las lamelas parapodiales; posee 19 setígeros. Prostomio redondeado en la parte anterior y se estrecha hacia la región posterior hasta formar una carúncula, que se extiende hasta el setígero 1; no presenta ojos, pero en la parte anterior posee un par de placas quitinosas muy características con forma de chevrón, dispuestas simétricamente una a cada lado, a modo de un casco, observables tanto en vista dorsal como ventral (figs. 115A, 115B). Peristomio separado del setígero 1; comienza justo detrás de los chevrones y, visto desde

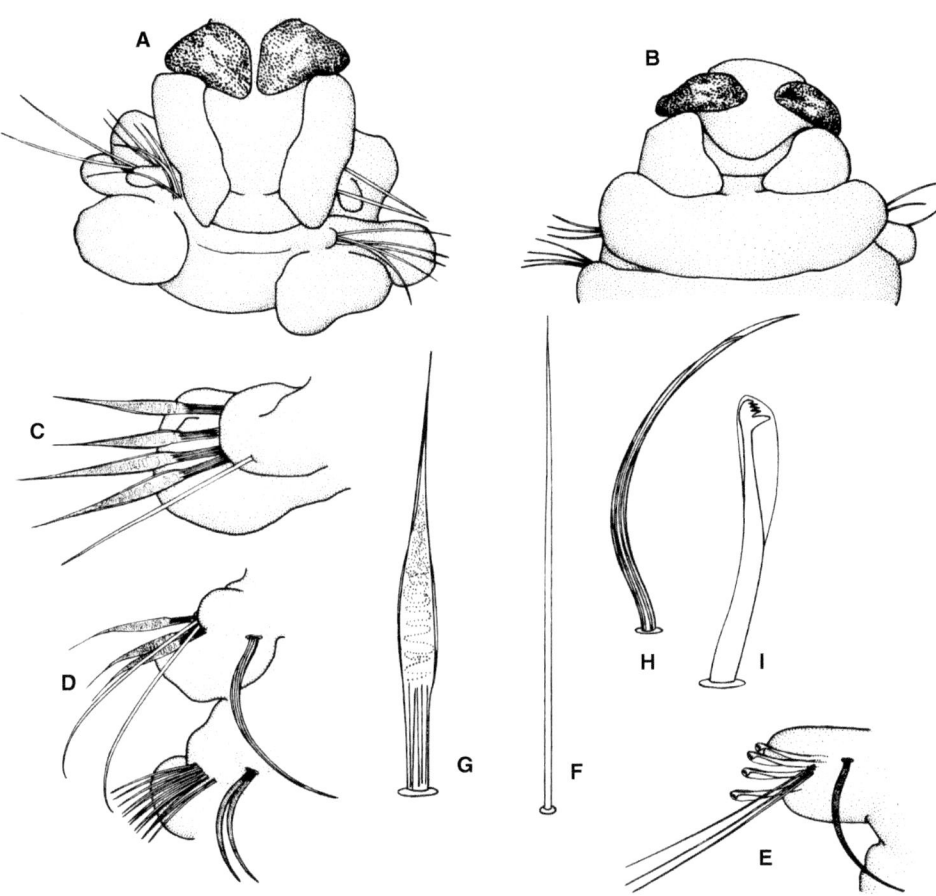

Fig. 115. Extremo anterior en vista dorsal (A) y ventral (B), parápodo 9 en vista dorsal (C), parápodo 10 en vista ventral (D), parápodo

18 en vista ventral (E), notoseda capilar (F), seda bilimbada (G), seda sable (H) y gancho encapuchado multidentado (I) de

Spiogalea vieitezi. *Redibujados de Aguirezabalaga y Ceberio (2005).*

el lado dorsal, aparece como un lóbulo alargado a cada lado del prostomio, agudo en su parte posterior (fig. 115A). No se han observado palpos. Carece de branquias. Primer setígero con parápodos de menor tamaño que los siguientes, de modo que los notopodios quedan ocluidos por el peristomio, observándose solo las notosedas (fig. 115A); resto de podios mucho más desarrollados. Notolamelas postsetales, desde el setígero 2-4 hasta 5, grandes y redondeadas; a partir de aquí, se van haciendo gradualmente menores en tamaño (fig. 115C); a partir del setígero 10-11 las notolamelas se extienden sobre el dorso del animal y, a partir del setígero 14-15, contactan con sus simétricas, formando una cresta dorsal baja. Neurolamelas postsetales del setígero 1 redondeadas y pequeñas, pero a partir del setígero 2 son más grandes, aunque siempre menores que las dorsales (figs. 115D, 115E). Setígero 1 con notosedas y neurosedas capilares finas (fig. 115F). Notosedas del resto de setígeros todas capilares, ampliamente limbadas con su parte central ligeramente granulosa (fig. 115G). Neurosedas, a partir del setígero 2, dispuestas en dos fascículos: uno formado por 8-10 sedas anchas y cortas, limbadas, con mango medio granuloso, y el otro, compuesto por 2-3 sedas capilares finas y largas; a partir del setígero 16-17 aparecen 4 o 5 ganchos encapuchados de mango largo y capucha completa, con cuatro pares de dientes pequeños sobre el diente principal (fig. 115I); además aparecen 2-3 sedas capilares finas y largas; a partir del setígero 10, destacan sedas sable largas, fuertes y curvadas hacia el lado ventral con punta larga y fina (figs. 115D, 115E, 115H). No se ha observado claramente el pigidio, pero hay un par de pequeños cirros anales.

Descripción basada en Aguirrezabalaga y Ceberio (2015).

Distribución geográfica.— Esta especie se ha descrito del golfo de Vizcaya, Capbreton, en un punto casi equidistante entre la costa francesa y la española del País Vasco. También se ha encontrado, en el mismo golfo de Vizcaya, en una localidad más al norte y más al oeste, frente a las costas de Cantabria (Aguirrezabalaga y Ceberio, 2005). Hasta el momento son las únicas citas conocidas.

Biología.— Vive en fondos blandos, entre 1.000 y 1.739 m de profundidad.

Género **Spiophanes** Grube, 1860
Spiophanes Grube, 1860. *Arch. Naturgesch.*, 26(1): 88
Especie Tipo: *Spiophanes kroyeri* Grube, 1860, por monotipia

Prostomio subtriangular, acampanado o raramente redondeado; con proyecciones anterolaterales formando, en ocasiones, cuernos frontales o laterales. Ojos y antena occipital presentes o ausentes. Un par de órganos nucales en forma de bandas ciliadas paralelas a lo largo del dorso, pudiéndose extender hasta el setígero 17, o como un par de órganos ovales dorsales que no se extienden más allá del setígero 6. Branquias ausentes. Crestas o bandas ciliadas dorsales y transversales generalmente están presentes. Cuerpo dividido en tres regiones: a) región anterior que se extiende hasta el setígero 4, con los parápodos 1-4 exhibiendo lamelas neuro y notopodiales bien desarrolladas comparadas con los setígeros subsecuentes, frecuentemente posicionados dorsal o dorsolateralmente; b) región media del cuerpo a partir del setígero 5 y hasta el último segmento, con sedas capilares (setígeros 13-15). Setígeros usualmente con órganos glandulares interramales: en setígeros 5-8 con glándulas de diferentes aberturas (ondulado, semicircular, subtriangular, horizontal), a partir del setígero 9 con abertura vertical glandular, frecuentemente rodeados por células pigmentadas; c) región posterior: indica la presencia de ganchos neuropodiales. Bolsas ventrolaterales intersegmentarias pueden estar presentes o ausentes entre los neuropodios. Neuropodio del setígero 1 con 1-2 sedas tipo garfio y sedas capilares simples, dispuestas en 1-2 filas en la región anterior y media del cuerpo; y en la región posterior con ganchos tetradentados, con capucha presente o ausente. Todas las notosedas son capilares en la región media del cuerpo y generalmente dispuestas en 2-3 filas o en filas indistintas. Sedas bacilares presentes o ausentes en la región glandular de los setígeros 5-8. Una a dos sedas sable usualmente desde el setígero 4, raramente en los setígeros 5 o 10, o algunas veces no están presentes hasta que aparecen los ganchos neuropodiales. Pigidio con dos o más cirros anales.

Actualmente se reconocen 31 especies (Meißner y Hutchings, 2003; Meißner, 2005; Meißner y Blank, 2009), de las cuales cinco se encuentran registradas en la península ibérica.

Clave de especies

1. Antena occipital ausente; órganos ciliados dorsales presentes como un par de bucles dorsales que no se extienden más allá del setígero 3, o hasta el inicio del setígero 4; abertura glandular ondulada del "tipo 0 + 1", bien desarrollada en los setígeros 5, 7 y 8; reducida a una rendija corta en el setígero 6; bolsas intersegmentales ventrolaterales ausentes 2

• Antena occipital presente; órganos ciliados dorsales presentes como un par de bandas ciliadas extendidas a lo largo del dorso, que difieren en longitud y alcanzan como máximo hasta el setígero 17; abertura glandular semicircular ondulada del "tipo 0+1" en los setígeros 5-7, ausente en el setígero 8, o "tipo 2+3"; bolsas intersegmentarias ventrolaterales presentes 4

2. Prostomio truncado anteriormente; peristomio de moderado desarrollo 3

• Prostomio convexo anteriormente; peristomio poco desarrollado; setígeros 3-9 con órganos ciliados dorsales como un par de bandas ciliadas segmentadas cortas oblicuas; bandas ciliadas en forma de C en los setígeros 10-14; parches ciliados, en forma de C, claramente oblicuos en los setígeros 15-16; láminas neuropodiales postsetales en los setígeros 1-4 subtriangulares; láminas notopodiales postsetales lanceoladas en los setígeros 2-4 . . . .*S. convexus* (p. 340)

3. Órganos ciliados dorsales presentes como pares de bandas ciliadas dorsales, casi angulosamente rectas en los setígeros 3-15; bandas ciliadas a menudo algo más cortas después del setígero 15, a veces en forma de coma o ligeramente oblicuas; láminas postsetales neuropodiales de subtriangulares a redondeadas en los setígeros 2-4 . . . .*S. bombyx* (p. 334)

- Órganos ciliados dorsales presentes como pares de bandas ciliadas oblicuas, cortas sobre el setígero 4; setígeros 10-14 con pequeñas bandas ciliadas metaméricas en forma de C; parches ciliados claramente oblicuos y bandas ciliares transversales desde los setígeros 15-16; lamelas postsetales neuropodiales lanceoladas en los setígeros 2-4 . . . . ***S.*** cf. ***bombyx*** (p. 337)

4. Abertura glandular semicircular de "tipo 0+1" sobre los setígeros 5-7; órganos ciliados dorsales presentes como 2 bandas anchas y rectas que alcanzan los setígeros 16-17 . . . . ***S. pulchram*** (p. 342)

- Abertura glandular ondulada de "tipo 2+3" sobre los setígeros 5-7; órganos ciliados dorsales presentes como 2 bandas anchas, rectas que alcanzan los setígeros 13-15 . . . . ***S. afer*** (p. 332)

Spiophanes afer Meißner, 2005 (fig. 116)
Spiophanes afer Meißner, 2005. *Mitt. Mus. Nat.kd. Berl., Zool. Reihe*, 81(1): 36

Los ejemplares presentan una longitud aproximada de 13 mm por una anchura de 1,4 mm. Se observa una pigmentación pardusca entre los setígeros 9-13 que abarca todos los parápodos y una pequeña área inferior a dichos parápodos; esta pigmentación es más débil en el parápodo 9 y se acentúa hacia el 10-13. El prostomio presenta su parte anterior ancha, tiene aspecto de campana y muestra unas proyecciones anterolaterales cortas; en la parte posterior posee una antena occipital (fig. 116A); los ejemplares adultos generalmente carecen de ojos, pero sí se observan en los juveniles; presentan un par de órganos dorsales como bandas ciliadas longitudinales y paralelas que se extienden hasta aproximadamente el setígero 13-15 (fig. 116A) (en los juveniles pueden ser más cortas). El peristomio está moderadamente desarrollado y no forma alas laterales al prostomio. Los dos primeros parápodos están situados en posición dorsal y los dos siguientes en posición dorsolateral; el resto de los parápodos están en posición claramente lateral. Las notolamelas postsetales de los cuatro primeros setígeros son subuladas o subtriangulares, ligeramente infladas y con su parte distal aguzada (fig. 116B); en un ejemplar hemos observado una papila distal en cada una de dichas notolamelas (fig. 116B); en los setígeros 5-8 las notolamelas son redondeadas (fig. 116C), del 9-13, triangulares (fig. 116D) y a partir del 14 poseen la base inflada y su ápice aguzado (fig. 116E). Hay crestas dorsales ciliadas moderadamente desarrolladas en los setígeros 18-19, y bien desarrolladas en los setígeros posteriores. Las neurolamelas del setígero 1 son prácticamente del mismo tamaño que sus correspondientes notolamelas, pero en los tres siguientes setígeros son claramente más pequeñas y de los setígeros 5 hasta el final del cuerpo están muy reducidas. Los órganos glandulares interramales son del tipo 2+3 con una abertura glandular bien desarrollada en los setígeros 5-7; en el 8 no existe y en los setígeros 9-14 aparece como una hendidura vertical. Presenta bolsas intersegmentarias ventrolaterales a partir del intersegmento 14-15, pero es a partir del intersegmento 15-16 cuando están bien desarrolladas (fig. 116E). Las notosedas del setígero 1 son todas capilares,

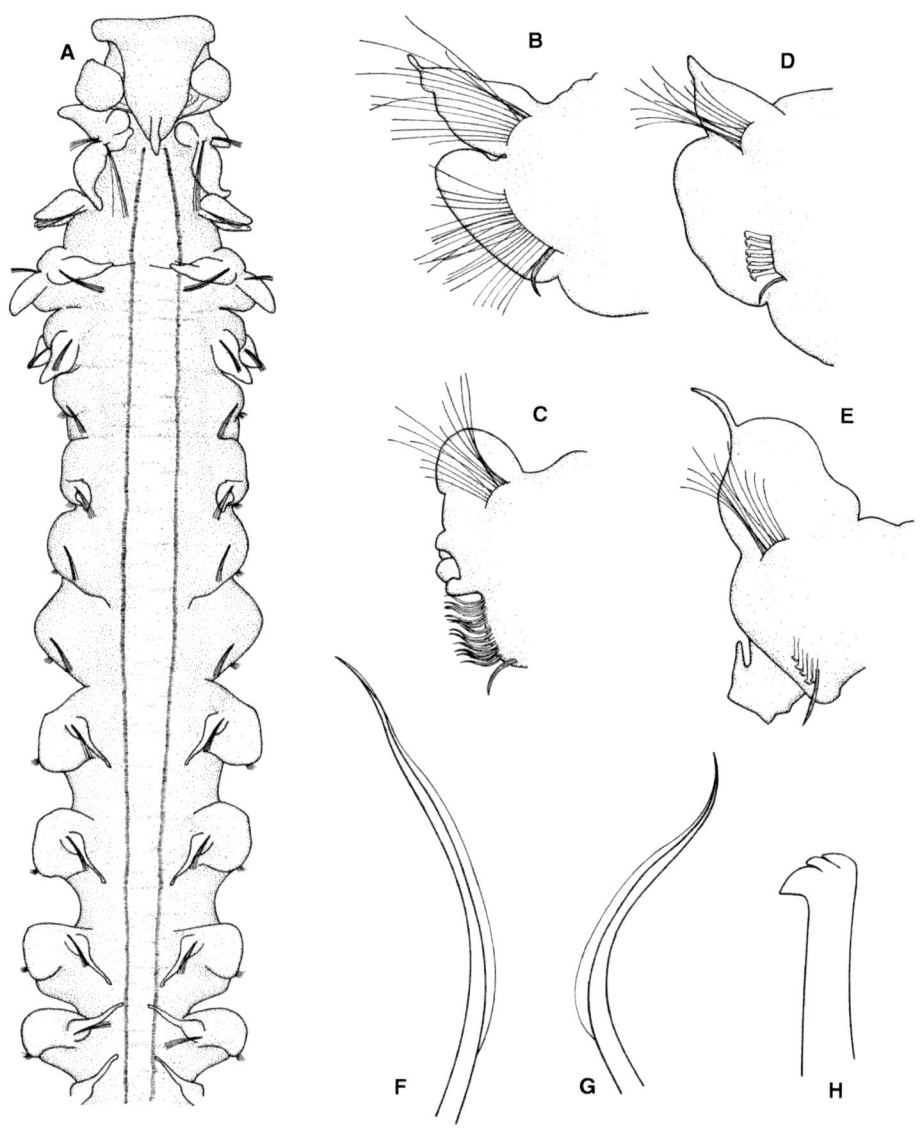

Fig. 116. Extremo anterior (A), setígeros 4 (B), 6 (C), 11 (D) y 19 (E), notosedas de los setígeros 2-4 (F) y 5-14 (G) y gancho encapuchado (H) de Spiophanes afer. Redibujados de Meißner (2005).

dispuestas en un fascículo y son de mayor longitud que las de los siguientes setígeros; en los setígeros 2-4 las notosedas son capilares simples y capilares con un limbo estrecho (fig. 116F), pero en el setígero 4 están dispuestas en dos haces; de los setígeros 5-14, las notosedas se disponen en tres haces y son capilares claramente unilimbadas (fig. 116G); a partir del setígero 15 hay capilares simples y capilares con limbo estrecho. Las neurosedas del setígero 1 son capilares simples, menos largas que las notosedas y dispuestas en dos filas verticales; además en la parte inferior aparecen una o dos sedas gruesas curvadas; de los setígeros 2-4, las neurosedas se disponen en dos hileras verticales, las de la hilera anterior son simples capilares claramente unilimbadas y las de la posterior son capilares más largas con el limbo fino; las de los setígeros 5-14 son capilares con un grueso limbo y punta afilada, dispuestas en una o dos hileras; a partir del setígero 15 aparecen ganchos de cuatro dientes, sin capuchón (fig. 116H), en número de 6 a 8. Sedas sable a partir del setígero 4, con granulación cerca del ápice. No se conoce el pigidio.

Descripción basada en Delgado-Blas *et al.* (2019b).

Patrón de tinción con verde metilo. Las áreas glandulares dorsales de los parápodos 9-14 se tiñen más intensamente.

Distribución geográfica.— Mar Mediterráneo: costas de España; mar Adriático, mar Egeo, costas de Israel; océano Atlántico sudeste: costas de Namibia; océano Índico: costas de Sudáfrica y Mozambique. En el ámbito íbero-balear se ha registrado en Portugal (Gil, 2011) y el Mediterráneo levantino-balear (Meißner, 2005; Malonda, 2008). De acuerdo con Gil (2011), la mayoría de las citas (si no todas) de *S. kroyeri* Grube, 1860, de nuestras costas corresponden en realidad a *S. afer*.

Biología.— Se desarrolla en fondos blandos de arena o de arenas fangosas; entre 5 y 435 m de profundidad. En las costas españolas se ha encontrado un ejemplar, capturado en el mes de abril de 1996, con numerosos huevos esféricos entre los setígeros 21-38; que miden entre 0,08 y 0,1 mm de diámetro.

Spiophanes bombyx (Claparède, 1870) (fig. 117)
Spio bombyx Claparède, 1870. *Mém. Soc. Phys. Hist. Nat. Genève*, 20(2): 485

El cuerpo es largo y fino, un poco aplastado dorsoventralmente, con una longitud máxima de unos 60 mm por una anchura de 1,5 mm y unos 180 setígeros; coloración entre rojiza y pardusca. El prostomio es subtriangular, con su parte frontal muy ensanchada, de la que salen un par de largos cuernos anterolaterales digitiformes, y su parte posterior estrecha redondeada; carece de antena occipital; carece de ojos o bien presenta 4, dispuestos de forma trapezoidal (fig. 117A); el peristomio no está muy desarrollado (fig. 117A); un par de palpos gruesos y cortos que pueden llegar al setígero 10. Con un par de órganos ciliados dorsales, que comienzan justo detrás del prostomio, como bandas ciliadas continuas que llegan hasta el final del setígero 2 (fig. 117A). A partir del setígero 3 aparecen un par de bandas ciliadas dorsales en cada segmento, que se van incrementando en tamaño hasta el setígero 15 (fig. 117A), a partir del cual se disponen como un pequeño arco ligeramente oblicuo o con forma de coma en un buen número de setígeros; no están presentes en los segmentos finales. Al teñir los ejemplares con Shirlastain A, se observan unas muy finas bandas ciliadas transversales entre las bandas ciliadas metaméricas. El primer parápodo se orienta hacia el lado dorsal; sus lamelas postsetales son aproximadamente del mismo tamaño tanto las dorsales como las ventrales y tienen forma de bolo. Los tres setígeros siguientes presentan sus parápodos en posición laterodorsal; sus notolamelas tienen forma de bolo y las neurolamelas son subtriangulares redondeadas; a partir del setígero 5 son claramente laterales (fig. 117A). Las notolamelas postsetales de los setígeros 5-8 son subtriangulares y a partir del 9 se van haciendo de aspecto cirriforme con base ancha. Las neurolamelas a partir del setígero 5 están muy reducidas. Los órganos glandulares interramales son del tipo 0+1 con una abertura ondulada bien desarrollada en los setígeros 5, 7 y 8; en el setígero 6 aparece como una hendidura vertical (fig. 117B) al igual que en los setígeros 9-14. A partir del setígero 3 hay crestas dorsales ciliadas, que aumenten de tamaño en los segmentos siguientes. Las notosedas del setígero 1 son capilares de aspecto granuloso y están dispuestas en un solo haz; las de los setígeros 2-4 también son capilares granulosas dispuestas en un solo haz, pero presentan un estrecho limbo (fig. 117C); desde los setígeros 5-14 capilares limbadas dispuestas en tres hileras verticales; a partir del setígero 15, capilares con un limbo muy estrecho; en los parapodios posteriores hay notosedas capilares fuertes y largas, curvadas. Las neurosedas del setígero 1 son similares a las notosedas, pero dispuestas en dos hileras verticales y, además, hay generalmente una seda muy gruesa y fuerte, curvada hacia el lado ventral (fig. 117D); en los setígeros 2-4, las sedas son todas capilares dispuestas también en dos hileras, pero presentan un limbo estrecho; de los setígeros 5-14, son capilares fuertes y claramente limbadas, con la punta muy fina, dispuestas en una o dos hileras. A partir del setígero 15 aparecen ganchos encapuchados con cuatro dientes (fig. 117E), en número de 7 a 9 dispuestos en una hilera; desde ese punto también aparece en cada neuropodio una seda sable (fig. 117F). El pigidio presenta un par de cirros anales cilíndricos.

Descripción basada en Meißner y Blank (2009).

Patrón de tinción con verde metilo. No se observa.

Distribución geográfica.— Océano Atlántico noreste y mar mediterráneo. En el ámbito íbero-balear se trata de una especie profusamente citada, con reportes del País Vasco (Campoy, 1982; Aguirrezabalaga, 1984; Sanz Acha, 1987), Cantabria (Lastra, 1991), Asturias (Gómez y San Martín, 1985), Galicia (Ibáñez, 1973; Viéitez, 1976, 1977, 1979, 1981; López-Jamar, 1981, 1982; Laborda y Viéitez, 1984; Tenore *et al.*, 1984; López-Jamar y Mejuto, 1985; López-Jamar y González, 1986; López Serrano y Viéitez, 1987; Mazé, 1987; Junoy, 1988; Currás, 1990; Sánchez Mata, 1996; García Gallego, 1998; Gómez Gesteira, 2001;

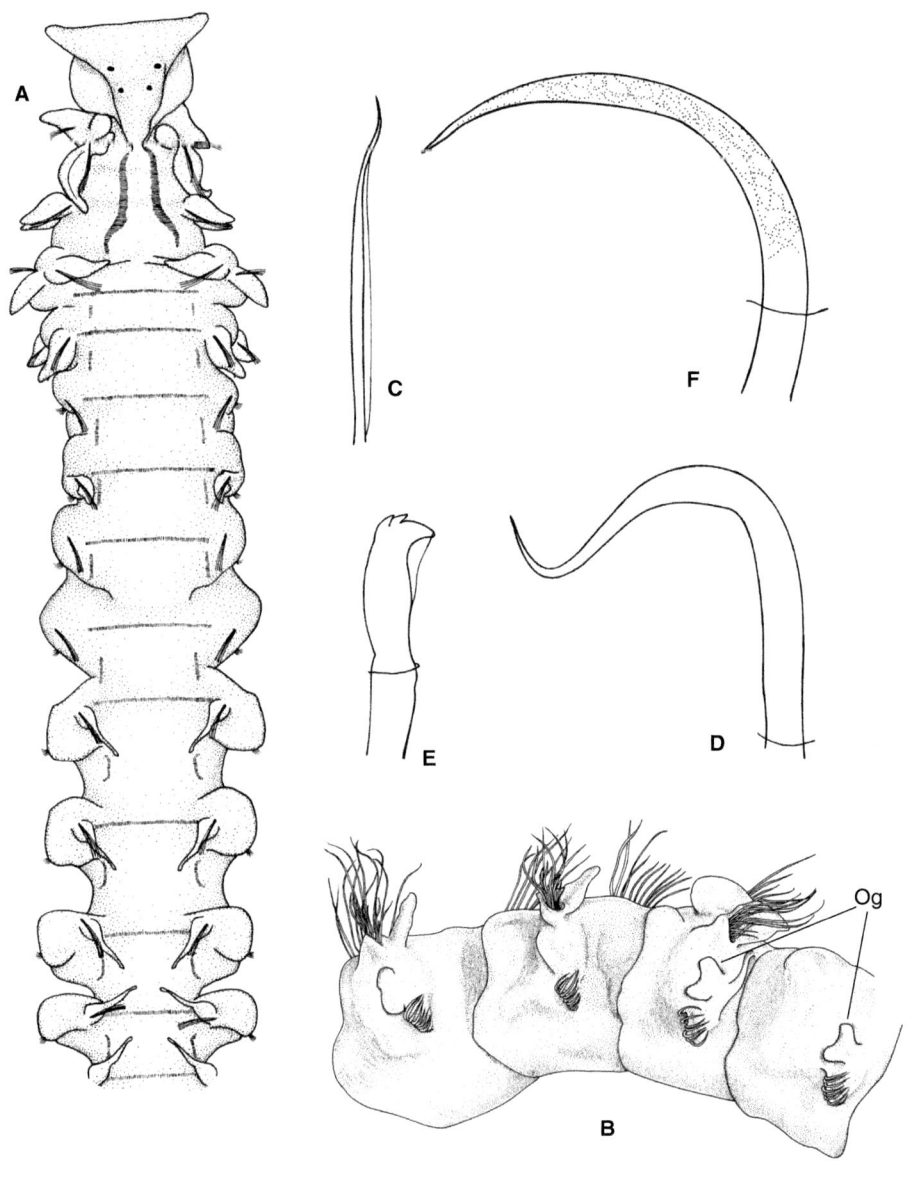

Fig. 117. Extremo anterior (A), setígeros 5-8 (B), notosedas capilares de los setígeros 2-4 (C), gruesa neuroseda del setígero 1 (D), gancho encapuchado (E), seda sable (F) de Spiophanes bombyx. B, C, E, Redibujados de Meißner (2005). Abreviatura: Og, órganos glandulares.

Parada Encisa, 2005; Parra Descalzo, 2007), Portugal (Amoureux y Calvário, 1981; Sousa Reis *et al.*, 1982; Costa *et al.*, 1984; Pinto, 1984; Amoureux, 1987; Monteiro-Marques, 1987; Quintino y Gentil, 1987; Quintino *et al.*, 1989; Dexter, 1992; Pardal *et al.*, 1992; Gil, 2011), Mediterráneo andaluz (Ibáñez, 1973) y Mediterráneo levantino-balear (Desbruyères *et al.*, 1972; Cardell Corral, 1986; Sardá, 1986; Capaccioni, 1988; Méndez Ubach, 1994; Pinedo, 1998).

Biología.— Se ha obtenido desde el intermareal hasta 1.300 m de profundidad, en fondos de arena, areno-fangosos y arena con conchas.

Spiophanes cf. *bombyx* (Claparède, 1870) (fig. 118)

Spio bombyx Claparède, 1870. *Mém. Soc. Phys. Hist. Nat. Genève*, 20(2): 485
Spiophanes cf. *bombyx* Delgado-Blas, Díaz-Díaz y Viéitez, 2019. *Cah. Biol. Mar.*, 60: 340-343

Los ejemplares estudiados están todos incompletos; se trata de fragmentos de la parte anterior de entre 31 y 79 setígeros, que miden entre 9,8 y 12,3 mm de longitud por una anchura de entre 0,8 y 1,8 mm en el octavo setígero. Presenta manchas parduscas en el margen del prostomio y el borde del peristomio. El prostomio es triangular, ancho y con su parte anterior truncada; presenta cuernos frontales largos y digitiformes, mientras que su porción posterior, estrecha y corta, se extiende hasta el margen mediodorsal del setígero 1 (fig. 118A); sin antena occipital; 2 ejemplares pequeños presentan dos pares de ojos, rojos o negros, en disposición trapezoidal, con el par anterior más separado que el posterior (fig. 118A); en varios no se observan los ojos. El peristomio no está fusionado al setígero 1 y está moderadamente desarrollado; los palpos son cortos y gruesos, pudiendo alcanzar el setígero 5; la probóscide, cuando está evertida, muestra una membrana sacciforme (fig. 118A). Los órganos ciliados dorsales se presentan como bandas ciliadas continuas, ligeramente divergentes, que comienzan en la parte posterior del prostomio y continúan hasta el borde anterior del setígero 3 (fig. 118A); a partir del setígero 4 los órganos dorsales son pequeñas bandas ciliadas oblicuas y cortas, que van aumentando de tamaño (fig. 118A); a partir del setígero 10 y hasta el 14 aproximadamente, aparecen pequeñas bandas ciliadas metaméricas en forma de C, difíciles de observar, cuya orientación es cada vez más oblicua; a partir de los setígeros 15-16 las bandas metaméricas son claramente oblicuas acompañadas de gruesas crestas ciliadas transversales y otras bandas ciliadas transversales finas y cortas situadas entre manchas ciliadas estrechas oblicuas en forma de L. Presenta bandas ciliadas dorsales a partir del setígero 3 que van incrementando en tamaño hacia los segmentos posteriores (fig. 118A). El primer parápodo está orientado hacia el lado dorsal; tanto sus noto- como sus neurolamelas postsetales son subuladas (fig. 118A), siendo las ventrales de mayor tamaño; los setígeros 2-4 están en posición laterodorsal; sus noto- y neurolamelas postsetales son lanceoladas (fig. 118A); los setígeros 5-8 presentan las lamelas notopodiales subuladas y las neuropodiales reducidas (fig. 118B); a partir del setígero 9 las lamelas postsetales notopodiales son de base ancha y ápice delgado; las lamelas neuropodiales postsetales reducidas; a partir del setígero 15, las notolamelas postsetales presentan la base hinchada y la parte distal acuminada (fig. 118C). Órganos glandulares del "tipo 0+1" con abertura generalmente ondulada o casi semicircular, bien desarrolladas en los setígeros 5, 7 y 8; en el setígero 6 se reduce a una corta ranura; en los setígeros 9-14, la abertura es una hendidura vertical lateral; no presenta bolsas intersegmentarias ventrolaterales. El setígero 1 presenta generalmente en cada neuropodio una (en un ejemplar dos) seda muy gruesa y fuerte, ligeramente granulada distalmente, curvada hacia el lado ventral, con aspecto de garfio (fig. 118D); el resto de las neurosedas son capilares lisas unilimbadas dispuestas en dos hileras (fig. 118E); las notosedas son granulosas y dispuestas en una sola hilera; en los setígeros 2-4, tanto las sedas dorsales como las ventrales son capilares unilimbadas granulosas (figs. 118F-H), siendo las dorsales más largas, más finas y menos granulosas; en ambas ramas se disponen en dos hileras. Las notosedas de los setígeros 5-9 son capilares unilimbadas, anchas y ligeramente granulosas, dispuestas en tres hileras, las de la hilera anterior más cortas; las neurosedas son también capilares unilimbadas, pero son más densamente granulosas y se disponen en dos hileras; a partir del setígero 10 las notosedas son capilares sin limbo, ligeramente granulosas y dispuestas en un haz; en los neuropodios a partir del setígero 15 aparecen los ganchos con capuchón no muy desarrollado, en número de 5-10 por fascículo; son tridentados, con un diente impar sobre el mango principal y un par de dientecillos más distales (fig. 118J). A partir del setígero 15, aparecen las sedas sable en los neuropodios; son fuertes, sin limbo, curvadas y densamente granulosas (fig. 118I); como máximo dos por fascículo. No se conoce el pigidio.

Descripción basada en Delgado-Blas *et al.* (2019b).

Patrón de tinción con verde metilo. El peristomio se tiñe profusamente, los segmentos 1-3 se tiñen en su lado ventral y también el margen externo.

Los ejemplares de *S.* cf. *bombyx* coinciden con *S. bombyx* (Claparède, 1870), *S. norrisi* Meißner y Blank, 2019, *S. uschakowi* Zachs, 1953, *S. aucklandicus* Meißner, 2015 y *S. convexus* Delgado-Blas, Díaz-Díaz y Viéitez, 2019, en varias características importantes, como la presencia de "cuernos" anterolaterales muy largos, de órganos glandulares bien desarrollados del "tipo 0+1" con abertura generalmente ondulada o casi semicircular en los setígeros, 5, 7 y 8 y de órganos ciliados dorsales que comienzan como dos bandas continuas cortas que se extienden hasta el final del setígero 2, seguidas de bandas metaméricas que siguen un patrón específico. Además, los ejemplares de *S.* cf. *bombyx* son similares a *S. bombyx* y *S. convexus*, en la presencia exclusiva de sedas sable en los setígeros portadores de ganchos, y presentar ganchos de capuchón no muy desarrollado en los neuropodios de la región corporal posterior. Las diferencias con *S. convexus* se sustentan en que *S.* cf. *bombyx* presenta un prostomio triangular, ancho y con su parte anterior truncada (en lugar de convexo en la parte anterior), tiene el peristomio moderadamente desarrollado (en lugar de escasamente), presenta lamelas neuropodiales triangulares a subtriangulares (en lugar lanceoladas) en los setígeros 2-4 y tiene las notosedas de los setígeros 2-9 dispuestas en dos o tres hileras (en lugar de dos hileras más un fascículo dorsal en los setígeros 3-14). Sin embargo, estos ejemplares difieren de *S. bombyx* por poseer órganos ciliados dorsales a partir del setígero 4 como pequeñas bandas ciliadas oblicuas y cortas y porque a partir del setígero 10 hasta el 14 aproximadamente, aparecen pequeñas bandas ciliadas metaméricas en forma de C, cuya orientación es cada vez más oblicua. Además, en los setígeros 2-4 las notolamelas postsetales son lanceoladas (en lugar de subuladas) y en los setígeros 5-7 son subuladas (en lugar de triangulares) y las neurolamelas postsetales de los setígeros 2-4 son lanceoladas (en lugar de subtriangulares a redondeadas). También difieren en la disposición de las notosedas, las cuales forman una única hilera en el setígero 1 y dos o tres en los setígeros 2-9 (en lugar de disponerse en un fascículo en los setígeros 1-4). Podría pensarse que estos ejemplares pertenecen a una nueva especie, pero dado que el material no se encuentra en muy buenas condiciones, hemos preferido nombrarlos *S.* cf. *bombyx*

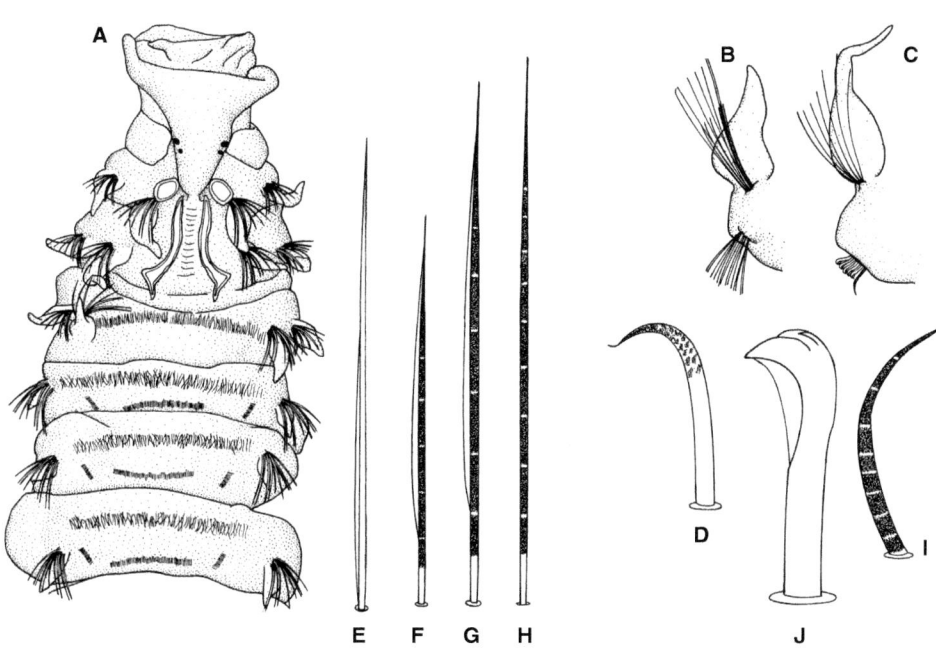

Fig. 118. *Extremo anterior (A), setígeros 5-8 (B), setígero 15 (C), neurosedas capilares del setígero 1 (H), sedas capilares monolimbadas granulosas de los setígeros 2-4 (E-G), neuroseda gruesa del setígero 1 (D), seda sable (I) y ganchos encapuchados (J) de* Spiophanes *cf.* bombyx. *Redibujados de Delgado-Blas* et al. *(2019b).*

Distribución geográfica.— Los ejemplares provienen de muestras tomadas en la playa de Meira (ría de Vigo, Pontevedra) y de la ría de Muros (La Coruña).

Biología.— Viven desde el intermareal hasta unos 80 m de profundidad, en fondos de arenas medias o finas, con bajo contenido de materia orgánica.

Spiophanes convexus Delgado-Blas, Díaz-Díaz y Viéitez, 2019 (fig. 119)
Spiophanes convexus Delgado-Blas, Díaz-Díaz y Viéitez, 2019. *Cah. Biol. Mar.*, 60: 344

Especie de unos 11 mm de longitud, por una anchura de 1,1 mm en el setígero 8 y unos 84 setígeros. Color blanquecino en alcohol, pero en algunos juveniles se aprecia coloración rojiza en los podios de los setígeros 10-15. El prostomio es triangular, ancho y convexo en su porción anterior, con dos cuernos frontales, largos y digitiformes (fig. 119A); en su porción posterior acaba en un borde romo y corto que llega hasta el borde anterior del setígero 1; sin antena occipital; posee dos pares (a veces uno) de ojos, de forma arriñonada y dispuestos en trapecio. El peristomio está poco desarrollado. Los órganos ciliados dorsales empiezan detrás del prostomio, como dos bandas ciliadas divergentes hasta el setígero 3; en los segmentos subsiguientes como un par de manchas ciliadas en cada setígero aumentando de tamaño, finalmente llegando a ser un par de bandas ciliadas cortas oblicuas hasta los setígeros 7-9 (fig. 119A); desde el setígero 10, hasta aproximadamente el 14, son bandas ciliadas metaméricas en forma de C y de orientación oblicua; a partir del setígero 15-16 son bandas claramente oblicuas y transversales; además hay una cresta ciliada gruesa entre las manchas metaméricas y una banda transversal corta y fina, entre cada banda ciliada recta, en forma de C y oblicuas; posee crestas ciliadas dorsales a partir del setígero 3, que aumentan de tamaño en los segmentos posteriores (fig. 119A). El primer parápodo está orientado dorsalmente (fig. 119A); sus notolamelas postsetales son subuladas, ligeramente más grandes que las neurolamelas (fig. 119B); los parápodos de los setígeros 2-4 en posición dorsolateral a lateral y sus notolamelas postsetales son lanceoladas (figs. 119C, 119D); en los setígeros 5-8 son subuladas y cortas; a partir del setígero 9 son subuladas de base ancha y ápice fino (fig. 119E); desde el setígero 15, el parápodo se orienta ventralmente y son cirriformes de base ancha (fig. 119F). Las neurolamelas postsetales del setígero 1 son subtriangulares (fig. 119B); las del setígero 2-4, triangulares o subtriangulares (figs. 119C, 119D); del setígero 5 en adelante están reducidas (figs. 119E, 119F). Los órganos glandulares interramales son del tipo 0+1, generalmente con apertura glandular ondulada o casi semicircular; están bien desarrollados en los setígeros 5, 7 y 8; en el setígero 6 la apertura del órgano glandular se reduce a una corta hendidura; en los setígeros 9-14 las aperturas son hendiduras laterales verticales. Carece de bolsas ventrolaterales intersegmentarias. En el neuropodio del setígero 1 aparece una seda tipo gancho, lisa y fuerte (fig. 119G); las demás neurosedas son capilares unilimbadas lisas, dispuestas en dos hileras; las notosedas son capilares finamente granulosas dispuestas en una hilera (fig. 119H); los setígeros 2-4 con capilares unilimbadas granulosas (fig. 119I) en ambas ramas, dispuestas en dos hileras; más finas, largas y menos granulosas que las notosedas, pero en el notopodio de los setígeros 3-4 hay además un fascículo superior de sedas del mismo tipo; desde el setígero 5 hasta el 14, las notosedas son del mismo tipo y se disponen igual que las precedentes, pero su granulación es menos acusada; las capilares de la fila anterior (fig. 119J) son más cortas que las de la posterior

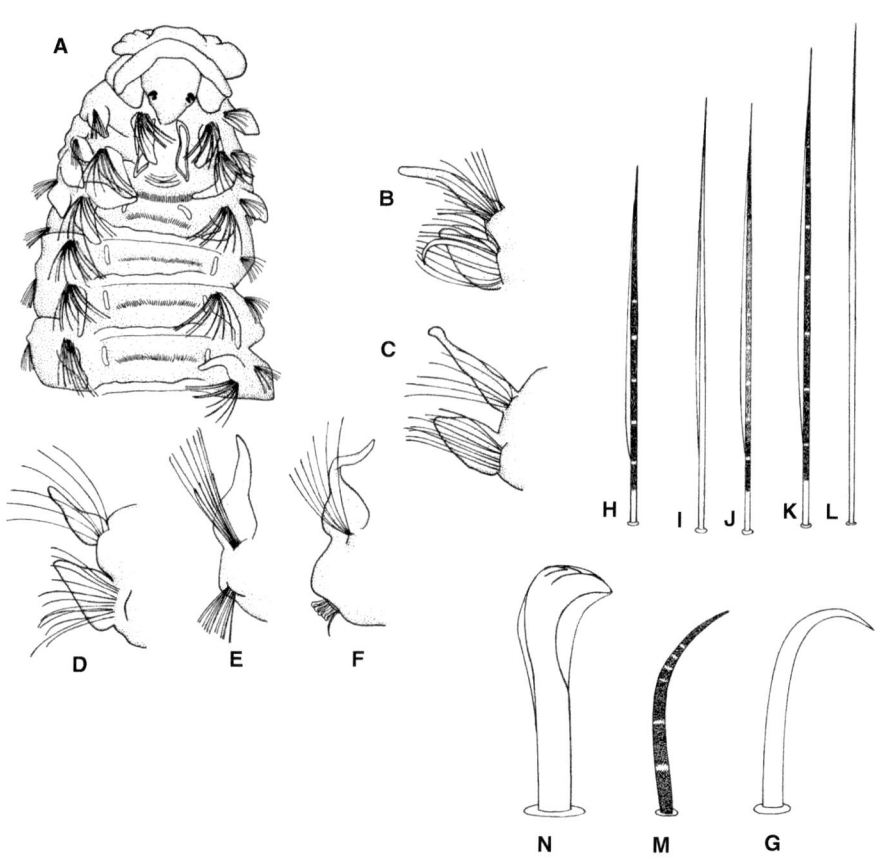

Fig. 119. Extremo anterior (A), setígeros 1 (B), 2 (C), 4 (D), 10 (E) y 16 (F), neuroseda gruesa del setígero 1 (G), notosedas capilares del setígero 1 (H), del setígero 3 (I) y de la fila anterior (J) y posterior (K) del setígero 10, notosedas de los setígeros medios y posteriores (L), seda sable (M) y gancho encapuchado (N) de Spiophanes convexus. Redibujados de Delgado-Blas et al. (2019b).

(fig. 119K); las neurosedas son capilares unilimbadas, densamente granulosas y dispuestas en dos hileras; a partir del setígero 15 las notosedas se disponen en un único haz y son capilares sin limbo y lisas (fig. 119L); en el neuropodio de este setígero aparecen los ganchos con capuchón parcialmente reducido; presentan un diente principal sobremontados de dos pares de pequeños dientecitos (fig. 119N); algunos pueden ser hexadentados, con una cresta de cinco dientecillos sobre el principal; se presentan en número de 5 a 11 por fascículo; en los neuropodios portadores de ganchos de capuchón aparecen sedas sable, sin limbo, gruesas, curvadas y densamente granuladas; dos como máximo por parápodo (fig. 119M). Pigidio desconocido.

Descripción basada en Delgado-Blas *et al.* (2019b).

Patrón de tinción con verde metilo no relevante.

Distribución geográfica.— Hasta el momento solamente se ha descrito de las costas de la península Ibérica: Galicia, Atlántico andaluz y Mediterráneo levantino-balear (Delgado-Blas *et al.*, 2019b).

Biología.— Suele encontrarse en sustratos de arena fina o media. En el intermareal o submareal a poca profundidad.

Spiophanes pulchram Delgado-Blas, Díaz-Díaz y Viéitez, 2019 (fig. 120)
Spiophanes pulchram Delgado-Blas, Díaz-Díaz y Viéitez, 2019b. *Cah. Biol. Mar.*, 60: 347

La longitud del cuerpo es de más de 11 mm, con una anchura de unos 1,4 mm y más de 47 setígeros. Presenta pigmentación pardusca en la base posterior de los neuropodios del setígero 1-7 y coloración parda más intensa alrededor de las aberturas glandulares de los parápodos 9-13 y la región ventral de los setígeros 2-8 de un ligero color marrón claro. El prostomio tiene forma de campana, con la región anterior ensanchada y con prolongaciones anteriores, a modo de cuernos frontales, cortas y romas; con dos pares de ojos dispuestos trapezoidalmente, los del primer par más grandes y más separados; posee antena occipital; El peristomio está moderadamente desarrollado como dos protuberancias laterales (figs. 120A, 120B). Los órganos ciliados dorsales comienzan justo detrás del prostomio y se extienden por el dorso hasta el setígero 16-17; son dos bandas ciliadas anchas, largas y rectas (fig. 120A); a partir de estos setígeros aparece otra estructura dorsal, rectilínea que se extiende a través de las crestas dorsales hasta el final de los fragmentos estudiados. Los parápodos del setígero 1 se orientan dorsalmente; sus notolamelas postsetales son cirriformes, igual que sus neurolamelas, pero estas son más largas y gruesas (figs. 120A, 120B); los parapodios del setígero 2 están ligeramente orientados hacia el lado dorsal, pero a partir del setígero 3 ya son completamente laterales; sus notolamelas postsetales tiene forma intermedia entre subulada y foliácea con punta aguda (fig. 120B), siendo gradualmente más pequeñas desde el setígero 2-4; sus neurolamelas postsetales son subtriangulares, gradualmente más pequeñas y robustas en la base (figs. 120A, 120B); los setígeros 5-8 con notolamelas redondeadas (figs. 120B, 120C) y neurolamelas reducidas (fig. 120C); en el setígero 9 las notolamelas postsetales son triangulares de base ancha y prolongación apical digitiforme (fig. 120D) y neurolamelas reducidas y así siguen hasta el final; de los setígeros 10-22 las notolamelas son foliáceas

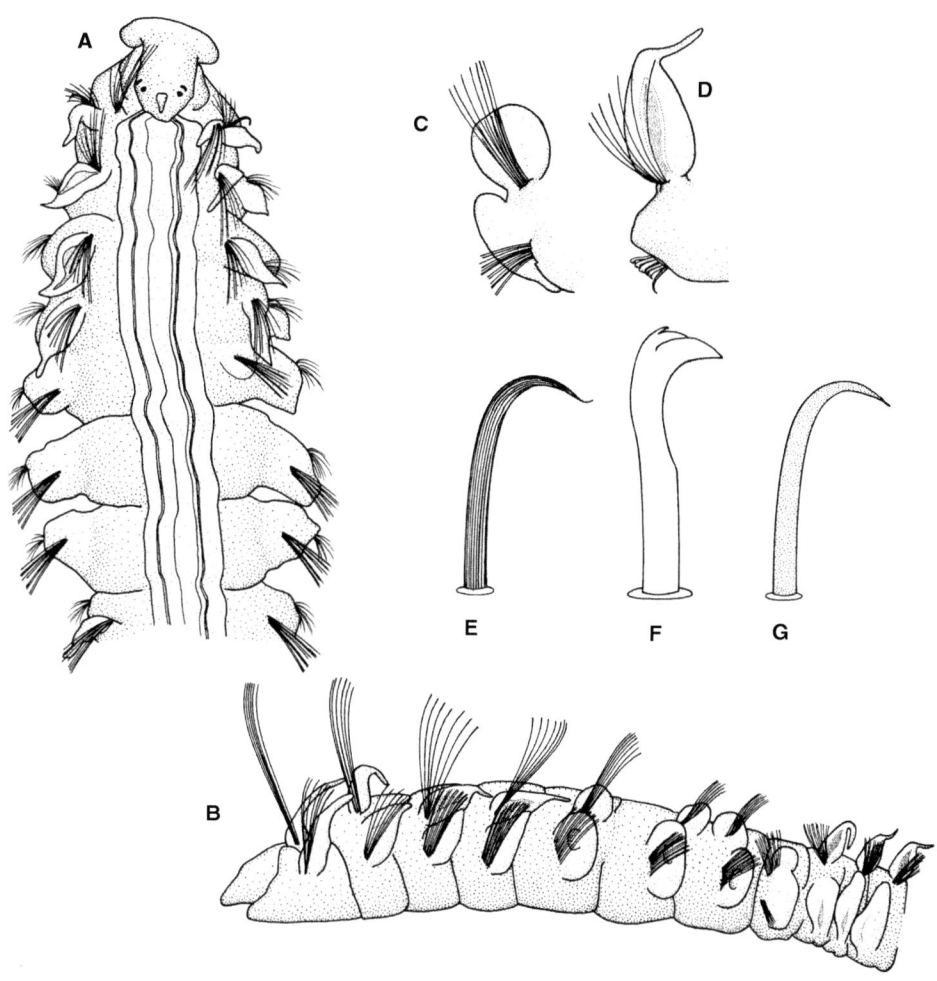

Fig. 120. Extremo anterior en vista dorsal (A), extremo anterior, hasta el setígero 11, en vista lateral (B), setígeros 5 (C) y 10 (D), neuroseda gruesa del setígero 1 (E), gancho encapuchado (F) y seda sable (G) de Spiophanes pulchram. Redibujados de Delgado-Blas et al. (2019b).

incrementando su tamaño en los segmentos subsiguientes, presentando en los setígeros 16-18 su mayor tamaño; en los posteriores van decreciendo gradualmente. A partir del setígero 14 los parápodos se orientan ventralmente. Los órganos glandulares interramales son del tipo 0+1, con abertura glandular semicircular bien desarrollada en los setígeros 5-7 y ausente en el 8 (fig. 120B); los órganos glandulares de los setígeros 9-14 aparecen como hendiduras verticales laterales (fig. 120B). Presentan bolsas intersegmentales ventrolaterales a partir del setígero 14-15. Poseen crestas membranosas dorsales con margen ciliado, sobre los setígeros 18-30. Las notosedas del setígero 1 son sedas capilares muy largas dispuestas en una hilera; el neuropodio presenta una seda de color pardo muy gruesa, fuerte, curvada y estriada (fig. 120E) y sedas capilares tenuemente unilimbadas y lisas, dispuestas en dos hileras; los setígeros 2-4, con sedas capilares lisas estrechamente unilimbadas; las notosedas son finas y largas (pero menos que las del setígero 1), en dos hileras; las neurosedas más gruesas y largas que las dorsales, dispuestas también en dos hileras; en los setígeros 5-14 las neurosedas son lisas claramente unilimbadas, dispuestas en dos hileras y las notosedas también netamente unilimbadas, pero dispuestas en tres hileras hasta el setígero 11 ya que a partir de este se disponen en un único haz. A partir del setígero 15 en los neuropodios aparecen las sedas en gancho, que no tienen capuchón y son tetradentadas, con un diente principal, otro más pequeño encima y un par de dientecillos distales (fig. 120F); están en número de 6 a 8. En los setígeros 6-7 hay sedas en pincel; a partir del setígero 4 aparecen sedas sable, hasta dos por neuropodio, que no tienen limbo, curvadas, densamente granulosas y de ápice puntiagudo (fig. 120G). No se conoce el pigidio.

Descripción basada en Delgado-Blas *et al.* (2019b).

Patrón de tinción con verde metilo. Las noto- y neurolamelas, así como las crestas dorsales, se tiñen profusamente.

Distribución geográfica.— Hasta el momento solamente se ha citado procedente de las costas de la península Ibérica: mar Cantábrico, golfo de Vizcaya, Galicia y Mediterráneo levantino-balear (Delgado-Blas *et al.*, 2019b).

Biología.— Vive en aguas costeras a poca profundidad, en sedimentos areno-fangosos.

Género **Streblospio** Webster, 1879

Streblospio Webster, 1879. *Annu. Rep. N.Y. State Mus. Nat. Hist.*, 32: 120
ESPECIE TIPO: *Streblospio benedicti* Webster, 1879, por monotipia

Prostomio redondeado anteriormente, a veces con una almohadilla subdistal larga y delgada que rodea la región ventral; prostomio con forma ovalado, fusiforme o cónico, posteriormente alargado extendiéndose hasta al margen anterior de setígero 1; con 2-4 pares de ojos o ausentes. Tentáculo pequeño o papila entre las branquias del setígero 1. Peristomio fusionado con el primer setígero, formando pequeñas alas laterales que envuelven al prostomio. Un par de palpos densamente ciliados en la superficie frontal, sin funda basal. Un par de branquias presentes en el setígero 1. Setígero 1 con lamelas notopodiales postsetales ausentes y notosedas capilares escasas o ausente. Un collar membranoso dorsal completo o bilobulado a través del dorso del setígero 2. Crestas dorsales transversales prominentes desde la mitad del cuerpo hasta el final. Lamelas notopodiales y neuropodiales postsetales pequeñas, ovales, redondeadas o en forma de solapa en los setígeros anteriores, y digitiformes, o reducidas o ausentes en los setígeros posteriores. Todas las sedas notopodiales son capilares; las sedas neuropodiales incluyen capilares, ganchos encapuchados multidentados que aparecen desde los setígeros 6-9, y las sedas sable inician desde los setígeros 3-7; los ganchos notopodiales están ausentes. Pigidio es simple o lobulado, con o sin faldones ventrales, y cirros ausentes.

Todas las especies tienen formas inusuales de viviparidad o cría de larvas en bolsas o con branquias y se conocen formas tanto lecitotróficas como planctotróficas de desarrollo larvario (Blake, 2006). Delgado-Blas *et al.* (2018a), además de describir una nueva especie, enmendaron el género y elevaron a nivel de especie a *S. japonica* Imajima, 1990, que había sido considerada como subespecie (Imajima, 1990b). Con la descripción de *S. eunateae* Martínez y Adarraga, 2019, se descubre un nuevo carácter morfológico, las crestas dorsales que no se habían encontrado en las especies descritas hasta ahora en el género. Se han registrado cuatro especies para la península Ibérica; sin embargo, la presencia de *S. shrubsolii* y *S. benedicti* es cuestionable, la primera tiene distribución restringida al estuario del río Támesis, Inglaterra; mientras que la segunda se distribuye a lo largo de la costa del Atlántico americana, desde Canadá hasta Brasil.

Clave de especies

1. Papila dorsal presente sobre el setígero 1; collar dorsal membranoso bilobado; crestas dorsales . . . .*S. eunateae* (p. 345)

• Papila dorsal ausente sobre el setígero 1; collar dorsal membranoso entero, sin crestas dorsales . . . .*S. padventralis* (p. 348)

Streblospio eunateae Martínez y Adarraga, 2019 (fig. 121)
Streblospio eunateae Martínez y Adarraga, 2019. *Bol. R. Soc. Esp. Hist. Nat.*, 113: 10

El cuerpo puede alcanzar unos 24,5 mm de longitud, con unos 77 segmentos. El prostomio es redondeado en su parte anterior y presenta en los laterales unas papilas marginales eversibles; por su parte posterior se prolonga hasta el margen anterior del setígero 1; dos pares de ojos negros (en ocasiones tres) dispuestos en trapecio. Una pequeña papila dorsal localizada cerca del margen posterior del prostomio (fig. 121A). El peristomio está completamente fusionado con el primer setígero (fig. 121B), el cual envuelve la mitad posterior del prostomio. Los palpos son largos, se disponen lateralmente al prostomio, poseen bandas transversales oscuras (en los ejemplares fijados) a intervalos irregulares, y se extienden hasta el setígero 9. Sobre el setígero 1, dorsalmente, hay un par de branquias, de margen fruncido, justo detrás de los palpos de los que se distinguen por ser algo más gruesas (fig. 121A). Todos los podios son birrámeos; el setígero 1 carece de notolamelas postsetales y posee unas neurolamelas postsetales de pequeño tamaño y de forma ovalada a redondeada (fig. 121B); las notolamelas postsetales del setígero 2 son redondeadas en su margen inferior, pero contactan las de uno y otro lado mediante una cresta dorsal que presenta en su zona media una concavidad (fig. 121C); las neurolamelas postsetales de este setígero son trapezoidales con el margen truncado y son de mayor tamaño que cualquier otra neurolamela (fig. 121C); tanto las noto- como las neurolamelas de los subsiguientes setígeros son redondeadas (figs. 121D, 121E) y van disminuyendo de tamaño hasta hacerse prácticamente inexistentes a partir de los setígeros 15-21 en el caso de las notolamelas y entre los setígeros 10-15 en el caso de las neurolamelas (fig. 121F). En los ejemplares adultos y especialmente en hembras ovígeras, hay crestas dorsales transversales prominentes desde la mitad del cuerpo hasta el final; habitualmente con una pequeña elevación en la confluencia con las notosedas. Las notosedas del primer setígero con 4-7 sedas capilares, limbadas, ligeramente granuladas mientras que las neurosedas son similares, pero menos robustas y en número de 6-8; en el segundo setígero hay 10-12 notosedas y 8-15 neurosedas, todas capilares; en los siguientes setígeros el número va disminuyendo poco a poco; en los neuropodios de los setígeros 3-6 hay una o dos sedas acompañantes, más robustas y estrechamente limbadas y granuladas, recurvadas bajo el cuerpo del animal (fig. 121G); a partir del setígero 7 (en ocasiones el 6) aparecen las sedas sable, gruesas, granuladas y sin limbo (fig. 121H); los ganchos encapuchados solo aparecen en los neuropodios y a partir del setígero 9-10 (en algunos juveniles en el 8); presentan un diente principal sobremontado por 3-5 pares de dientes secundarios (fig. 121I); van acompañados por 1-2 sedas sable y 4-6 sedas capilares limbadas. En la región media, los notopodios llevan 6-8 sedas capilares estrechamente limbadas y, los neuropodios, 2-4 sedas capilares, 6-8 ganchos encapuchados y 1-2 sedas sable. En los notopodios de la región posterior hay 1-4 sedas capilares sin limbo muy largas y en los neuropodios pueden aparecer hasta 2 sedas capilares finas y de pequeña talla (fig. 121J), 8-12 ganchos encapuchados y 1-2 sedas sable. El pigidio posee un par de lóbulos ventrales redondeados y pequeños.

Descripción basada en Martínez y Adarraga (2019b).

Distribución geográfica.— Dado que es una especie descrita muy recientemente, hasta ahora solo se ha encontrado en las costas ibéricas, concretamente en los estuarios de Artibai, Urola y Oria (Vizcaya), en el País Vasco (Martínez y Adarraga, 2019b). Muy probablemente las citas de *S. benedicti* de la misma área (Ibáñez *et al.*, 1984) correspondan a esta especie.

Biología.— Especie de los tramos medios y altos de los estuarios, en ambientes de baja salinidad, en sedimentos fangosos y arenosos; soporta altos contenidos de materia orgánica, de hasta 8%. En hembras maduras, se observan huevos por transparencia en el interior de cámaras incubadoras en la cavidad celómica, entre los setígeros 21-58, con diámetros que oscilan entre 125 y 250 µm.

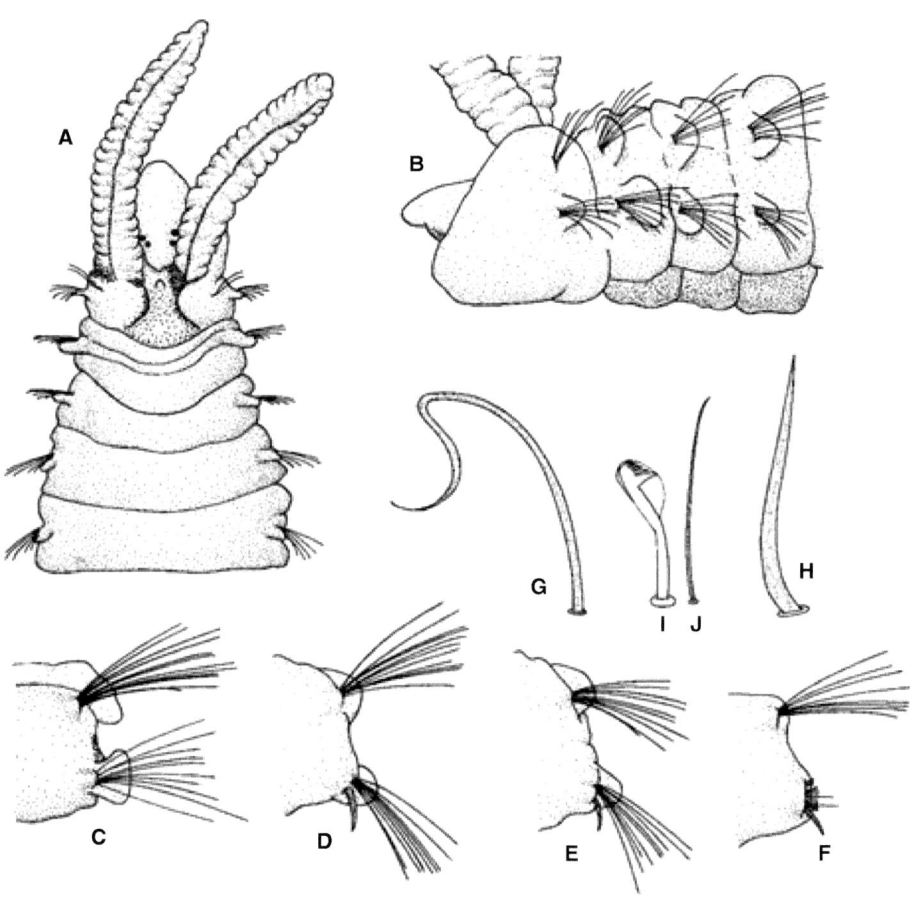

Fig. 121. Extremo anterior en vista dorsal (A) y lateral (B), vista anterior de los setígeros 2 (C), 9 (D), 25 (E) y de un setígero posterior de una hembra ovígera (F), neuroseda acompañante de los setígeros 3-6 (G), seda sable (H), gancho encapuchado multidentado (I) y seda capilar acompañante (J) de Streblospio eunateae. Redibujados de Martínez y Adarraga (2019b).

Streblospio padventralis Delgado-Blas, Díaz-Díaz y Viéitez, 2018 (fig. 122)
Streblospio padventralis Delgado-Blas, Díaz-Díaz y Viéitez, 2018. *Zootaxa*, 4410(3): 534

El cuerpo puede alcanzar unos 13 mm de longitud, por una anchura de 0,6 mm en el setígero 6, con unos 54 segmentos. Color en alcohol, blanquccino. El prostomio es oblongo, de margen anterior redondeado, con una almohadilla subdistal alargada que envuelve la región ventral anterior (figs. 122A-C); la parte posterior alcanza claramente el borde anterior del setígero 1; presenta dos pares de ojos dispuestos de forma trapezoidal, con el par anterior más separado y con forma de media luna, mientras que los del par posterior son de mayor tamaño y circulares; los palpos se sitúan lateralmente al prostomio y llegan hasta el setígero 5; presentan su superficie frontal densamente ciliada. El peristomio es ancho, está expandido lateralmente, rodeando parte del prostomio, porta los palpos y forma unas alas laterales cortas, fusionadas dorsalmente al setígero 1 (figs. 122A-C). Poseen un par de branquias en el setígero 1, insertas tras el prostomio muy próximas a los palpos; son gruesas, de superficie rugosa, y están densamente ciliadas; de aspecto y longitud bastante similares a los palpos, pueden alcanzar el setígero 6, son sin embargo algo más gruesas; no hay papila entre las branquias. El setígero 1 carece de notolamelas (figs. 122A, 122B, 122D); las postsetales del setígero 2 son redondeadas dorsalmente y triangulares en su borde inferior y ambas están unidas entre sí por una alta cresta dorsal membranosa (fig. 122E); las notolamelas del setígero 3 son ovaladas anchas (fig. 122F); las de los 4-8, son menos anchas, más bajas y redondeadas (fig. 122G); a partir del setígero 11-13 y hasta el final del cuerpo, las notolamelas desaparecen (fig. 122H); las presetales de los segmentos anteriores son pequeñas y en los setígeros medios y posteriores no existen. Las neurolamelas postsetales del setígero 1 son anchas y ovales, ligeramente inclinadas (figs. 122A-D); las del setígero 2 tienen forma trapezoidal, expandidas por la parte ventral (fig. 122E) y son de mayor tamaño que cualquier otra; las de los setígeros subsiguientes son redondeadas, pero a partir del setígero 8-10, desaparecen (fig. 122H); las neurolamelas presetales del setígero 1 son pequeñas, en los demás rudimentarias. No hay bolsas interparapodiales. Tanto las notosedas como las neurosedas de cada parápodo se disponen en una única hilera vertical en cada rama; las notosedas del setígero 1 forman un fascículo de 4 sedas capilares largas (figs. 122A, 122B); todas las sedas de los setígeros siguientes son capilares sin limbo, ligeramente granulosas (figs. 122I, 122J) excepto las notosedas de los setígeros medios y posteriores que son capilares sin limbo, estrechas y lisas; las sedas sable aparecen en el setígero 3; son fuertes, curvadas ligeramente granulosas y sin limbo (fig. 122K); hay una o dos por parápodo; a partir de los setígeros 7-9 a parecen en los neuropodios ganchos de capuchón, con un máximo de 9; tienen cuatro o cinco pares de pequeños dientes sobre el diente principal, su capuchón es muy amplio y carecen de capuchón secundario (figs. 122L, 122M); van acompañados por sedas capilares sin limbo, cortas y delgadas (fig. 122N). No hay ganchos de capuchón en los notopodios. El pigidio presenta lamelas.

Descripción basada en Delgado-Blas *et al.* (2018a).

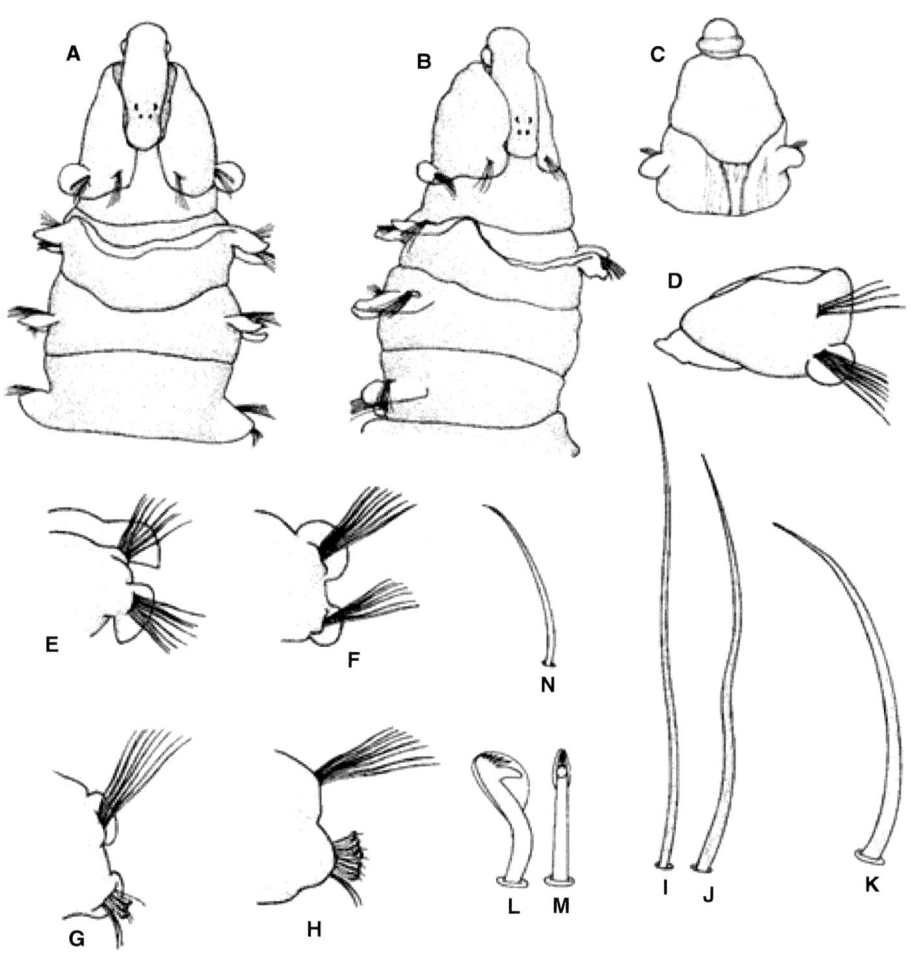

Fig. 122. Extremo anterior en vista dorsal (A) y latero-dorsal (B), prostomio y setígero 1 en vista ventral (C) y vista lateral (D), vista anterior de los setígeros 2 (E), 3 (F), 7 (G) y un setígero posterior (H), sedas capilares alimbadas (I, J), seda sable (K), gancho encapuchado, en vista lateral (L) y frontal (M) y seda acompañante del gancho encapuchado (N) de Streblospio padventralis. *Redibujados de Delgado-Blas* et al. *(2018a).*

Patrón de tinción con verde metilo. Entre el borde posterior del setígero 3 y el 8 se tiñe muy intensamente.

Distribución geográfica.— Esta especie hasta el momento solo se ha encontrado en las costas ibéricas: Galicia (Viéitez, 1981; Junoy, 1988) y Andalucía (López-Serrano, 1999), en todos los casos como *S. shrubsolii* (Buchanan, 1890). Las demás citas de *S. shrubsolii* y de *S. benedicti* Webster, 1859 (Ibáñez *et al.*, 1984), de cuyo material no hemos dispuesto, deberían ser comprobadas.

Biología.— Especie del intermareal de fondos areno-fangosos. Algunos ejemplares de primavera llevaban ovocitos en su cavidad celómica.

Familia *TROCHOCHAETIDAE* Pettibone, 1963

Trochochaetidae Pettibone, 1963. *Bull. U.S. Natl. Mus.,* 227(1): 308

Los trocoquétidos son poliquetos de talla pequeña a mediana que por lo general no superan los 90 mm (Gilbert, 1984); son sedentarios que suelen habitar en sedimentos blandos, donde construyen tubos membranosos, generalmente ramificados, a los que incorporan partículas finas de sedimento. Lamentablemente, como a menudo sucede con otros espioniformes, los organismos y sus tubos son muy frágiles y se rompen con facilidad, por lo que es difícil encontrar ejemplares completos en colecciones de referencia (Pettibone, 1976). Se distribuyen desde el submareal somero (2 m de profundidad) hasta grandes profundidades (3.700 m) (Pettibone, 1976; Fauchald y Jumars, 1979). Por lo general, no son abundantes; algunos estudios han señalado que su densidad es menor que 100 ind. m^{-2} (Buzhinskaja y Jorgensen, 1997; Quijón y Snelgrove, 2005; Gogina *et al.*, 2010). Son considerados alimentadores de depósito superficial (detritívoros), seleccionando con sus palpos las partículas alimenticias de la superficie del sedimento. La familia es monogenérica, siendo *Trochochaeta* Levinsen, 1883 el único género reconocido, que incluye 12 especies, de las cuales solo *Trochochaeta multisetosa* (Örsted, 1843) se ha registrado en aguas europeas. Si bien es cierto que la localidad tipo de esta especie es Dinamarca, ha sido recolectada en localidades muy distantes como Japón, California y el Atlántico norteamericano. Hernández-Alcántara y Solís-Weiss (2011) señalaron que la distribución de la familia estaría restringida al hemisferio norte; sin embargo, la descripción de la nueva especie *Trochochaeta ankeae* Bochert y Zettler, 2013 para Angola (África) y el primer registro de *Trochochaeta japonica* para las costas de São Paulo (Brasil) por Radashevsky *et al.* (2018) cambiaron esta perspectiva.

Los trocoquétidos poseen el cuerpo largo, delgado y cilíndrico o subcilíndrico, son dorsoventralmente aplanados en los segmentos anteriores y pueden llegar a estar constituidos hasta por 200 setígeros. Suelen ser bastante frágiles por lo que resulta excepcional encontrar ejemplares completos (Pettibone, 1976). El prostomio varía de ovalado a fusiforme y, en la porción anterior, de truncado a redondeado y, en algunas especies, puede presentar una pequeña muesca mediofrontal que le confiere apariencia bilobulada. En algunas especies el extremo posterior del prostomio se extiende como una carúncula más o menos desarrollada, que puede prolongarse sobre el setígero dos o tres, aunque en algunos casos está muy reducida. En la parte posterior del prostomio se ubican los órganos nucales representados por dos surcos ciliados. Los ojos, cuando están presentes, suelen ser uno o dos pares, estando en este último caso dispuestos trapezoidalmente. El prostomio está rodeado por los primeros dos setígeros torácicos que ventralmente rodean la boca, llegando a formar los labios bucales. Un par de largos palpos cilíndricos, con surco ventral en toda su longitud, emergen entre el margen latero-posterior del prostomio y el anterior del primer segmento; como en la mayoría de los espioniformes estos se desprenden fácilmente. La probóscide es lobulada, con la superficie densamente ciliada. El cuerpo de estos poliquetos está regionalizado, una región anterior o torácica constituida por un número limitado de segmentos (9-12) y una región posterior o abdominal larga y constituida por numerosos segmentos cilíndricos. Ventralmente, a lo largo del cuerpo, a cada lado de la línea media de los segmentos puede haber papilas retráctiles cortas (Radashevsky *et al.,* 2018). Pettibone (1963) consideró la existencia de una región de transición constituida por 1-5 segmentos; sin embargo, estudios recientes indican que estos setígeros constituyen los primeros setígeros de la región abdominal. El primer setígero torácico se encuentra dirigido anterodorsalmente, cubriendo lateralmente al prostomio, con lóbulos postsetales cónicos y sedas capilares en ambas ramas; el segundo segmento setígero, aunque con lóbulos setígeros similares a los del primero, generalmente carece de notosedas y las neurosedas son capilares. Los parapodios están dispuestos más ventralmente formando el labio inferior de la boca. Sin embargo, en *T. carica* (Birula, 1897) las sedas capilares son bipinadas, y en *T. mexicana* Hernández-Alcántara y Solís-Weiss, 2011, además de las capilares, aparecen espinas aciculares. En el tercer setígero los lóbulos postsetales son cortos, anchos, ovales o planos, con los bordes completos o aserrados; las notosedas son capilares, el neuropodio tiene espinas aciculares gruesas que pueden ser negras o ámbar, débilmente recurvadas y distalmente aguzadas o romas, y acompañadas por algunas sedas capilares intercaladas con las espinas rectas. En el cuarto setígero los lóbulos postsetales son ovalados o truncados, con los márgenes enteros o multilobulados, similares en forma a los de los setígeros torácicos posteriores, portando notosedas y neurosedas capilares. En el resto de los setígeros torácicos los lóbulos notopodiales son redondeados, anchos o cortos, con haces de sedas capilares dispuestas en forma de abanico, mientras que los lóbulos neuropodiales son subcilíndricos con neurosedas capilares limbadas y de otros tipos (rectas, lanceoladas, aciculares o curvas, con el borde estriado y puntas erectas finas, o bien provistas de una cubierta irregular que les confiere una apariencia espinosa o hirsuta). Generalmente estas sedas suelen ser más gruesas hacia el centro del haz. La región abdominal está conformada por numerosos segmentos menos muscularizados que los de la región torácica, lo que hace que esta sea más delgada y frágil, razón por la cual en las colecciones biológicas difícilmente se encuentran ejemplares completos. Los parápodos de los setígeros abdominales anteriores (1-5) son unirrámeos y están representados solo por el neuropodio, en algunas ocasiones, en ciertos segmentos puede observarse una pequeña papila que corresponde a un notopodio vestigial. El neuropodio está representado por pequeños lóbulos, con proyecciones lamelares postsedales a manera de delgadas membranas con el margen liso o festoneado; portan pocas espinas aciculares gruesas y pocas sedas capilares. Estos segmentos abdominales anteriores se han denominado segmentos transicionales (Pettibone, 1963). Por otro lado, los parápodos posteriores de la región abdominal son birrámeos, los lóbulos notopodiales tienen un reborde bajo y poseen pocas notosedas aciculares expuestas parcialmente, negras, gruesas y aguzadas en su extremo que, aun cuando están retraídas, son visibles a través de la pared del cuerpo; cuando están expuestas se disponen formando una especie de rueda. La presencia de parápodos unirrámeos y birrámeos en el abdomen establece la distinción de los trocoquétidos con el resto de los espioniformes (Rouse, 2001a).

El pigidio tiene forma de collar, y el margen puede presentar papilas o cirros. El número de cirros anales parece estar relacionado con el tamaño del organismo. Así, en individuos más grandes el número de cirros anales es mayor que en aquellos de menor tamaño. Blake y Maciolek (2018) refieren que las papilas retráctiles ventrales presentes en algunas especies podrían ser branquias. El ano es terminal.

Se desconoce el color de los especímenes vivos, pero se ha observado que los ejemplares conservados en alcohol son blancos, de tonos café o amarillentos, y algunas veces los parápodos o áreas glandulares son de color café, distinguiéndose del resto del cuerpo (Blake y Macioleck, 2018).

Los trocoquétidos son gonocóricos con producción de larvas planctotróficas (*Trochochaeta multisetosa*) o lecitotróficas (*Trochochaeta carica*); inicialmente, estas larvas se desarrollan dentro del tubo materno, el cual se cree que abandonan una vez que las largas sedas transitorias se han desarrollado, permitiéndoles mantenerse en la columna de agua y así dispersarse (Buzhinskaja y Jørgensen, 1997). Weitbrecht (1984) señaló las funciones de las principales regiones corporales de *Trochochaeta multiseto*sa, indicando que la región anterior del cuerpo interviene en la locomoción, y las espinas neuropodiales son empleadas para sujetarse al interior del tubo, mientras que los segmentos de la región abdominal se mueven para permitir la circulación del agua a través del tubo. Finalmente, los segmentos abdominales más posteriores sirven para almacenar gametos, localizándose en ellos los conductos genitales.

Originalmente la familia fue definida por Mesnil (1897) bajo el nombre de *Disomidae* y que incluía a las especies de los géneros *Disoma y Poecilochaetus*; posteriormente, Chamberlin (1919) la renombró como *Disomididae*, la cual incluía a las especies de los géneros *Disoma* Örsted, 1844; *Nevaya* Chamberlin, 1911, *Disomides*, Chamberlin, 1919 y *Poecilochaetus* Claparède,

1875. En 1956 Hannerz erigió a la familia *Poecilochaetidae* para incluir a las especies del género *Poecilochaetus* y donde también incluyó a las del género *Trochochaeta*.

La primera especie fue descrita por Örsted (1843) como *Disoma multisetosum*, agrupada con los géneros *Spio* y *Leucodore* Johnston, 1838 (= *Polydora* Bosc, 1802). Posteriormente, Levinsen (1883) incluyó a *Disoma* y *Poecilochaetus* dentro de la familia *Spionidae*. Luego Levinsen estableció un nuevo género (*Trochochaeta*) y describió una nueva especie, *Trochochaeta sarsi* Levinsen, 1883. Sin embargo, la ubicó dentro de la familia *Amphinomidae* Lamarck, 1818. Luego de 14 años, Michaelsen (1897) consideró a *T. sarsi* como sinónima de *D. multisetosum*, reubicándola en la familia *Spionidae*. En ese mismo año Mesnil (1897) estableció formalmente *Disomidae* como una nueva familia de poliquetos, conformada por los géneros *Disoma* y *Poecilochaetus*. Chamberlin (1919) renombró la familia como *Disomididae*, proponiendo a *Disomides* como género tipo basado en el Principio de Prioridad, ya que *Disoma* Ehrenberg, 1831 había sido preocupado por un grupo de protozoarios. Hannerz (1956) consideró que *Poecilochaetus* presentaba características diferentes de los disomídidos y erigió la familia *Poecilochaetidae* con lo cual ambas familias quedaron como monogenéricas. Pettibone (1963) reubicó a las especies de *Disoma* en *Trochochaeta* Levinsen, 1883 con base en lo señalado por Chamberlin (1919), estableciendo la familia *Trochochaetidae*, actualmente aceptada, y conformando junto a otras cinco familias, el suborden *Spioniformia* (Fauchald, 1977). Así, Blake y Arnofsky (1999) y Hausen (2007) demostraron, mediante análisis cladísticos basados en el desarrollo ontogénico, la estrecha relación entre *Trochochaetidae* y *Spionidae*. Por otro lado, estudios moleculares (Struck *et al.*, 2008; Zrzavý *et al.*, 2009) confirman que la estrecha relación entre *Spionidae*, *Trochochaetidae* y *Poecilochaetidae* no parecen ser concluyentes y, ante la falta de claridad taxonómica de estos tres taxones, las familias *Trochochaetidae* y *Poecilochaetidae* son consideradas válidas e independientes de *Spionidae*. Zrzavy *et al.* (2009), a través de análisis filogenéticos usando 93 caracteres morfológicos y los genes 18S, 28S, 16S rRNA, EFI α, H3 y COI, evaluaron la filogenia de los anélidos, obteniendo que los géneros *Poecilochaetus* y *Trochochaeta* son cercanos a *Spionidae*, mientras que Capa *et al.* (2012), estudiando la relación de *Sabellaridae* con otras familias de poliquetos, confirmaron esta relación como grupo hermano con el orden *Spionida*, incluyendo entre otras a *Polydora* sp., *Trochochaeta* sp. y *Poecilochaetus serpens*. A pesar de ello, Radashevsky *et al.* (2018) consideran que los trocoquétidos deberían ser incluidos dentro de la familia *Spionidae*, pero mientras los estudios filogenéticos no arrojen resultados más robustos y detallados sobre la sistemática de estos grupos de poliquetos, será mejor continuar reconociendo la individualidad de las familias que conforman el suborden *Spioniformia*.

La revisión más detallada que se conoce de la familia la realizó Pettibone (1976), quien reconocía cinco especies, a las que se sumaba una nueva especie descrita en ese trabajo. Posteriormente, se publicaron otros estudios en los cuales se describieron nuevas especies y se realizaron revisiones parciales (Gilbert, 1984; Mackie, 1990; Fauchald y Rouse, 1997; Rouse, 2001a; Hernández-Alcántara y Solís-Weiss, 2011; Bouchert y Zettler, 2013). Luego, Blake y Maciolek (2018) hicieron una recopilación de toda la información hasta entonces conocida de la familia.

Finalmente, la familia incluye 13 especies en dos géneros *Trochochaeta*, con 12 especies, y *Cherusca* Müller, 1858, con una sola especie (*Cherusca nitens* Müller, 1858) . Hasta el presente solo una de ellas está presente en la Península.

Familia *TROCHOCHAETIDAE* Pettibone, 1963
Género *Trochochaeta* Levinsen, 1884
  Trochochaeta watsoni (Fauvel, 1916)

Género **Trochochaeta** Levinsen, 1884
Trochochaeta Levinsen, 1884. *Vidensk. Medd. Dan. Naturhist. Foren.*, [1883], 45: 129
Especie Tipo: *Trochochaeta sarsi* Levinsen, 1884 = *Trochochaeta multisetosa* (Örsted, 1844)

Los trocoquétidos de este género son poliquetos sedentarios, tubícolas, espioniformes, de cuerpo alargado, delgado, subcilíndrico, con numerosos segmentos, dividido en regiones más o menos distintas: la torácica anterior corta y la abdominal larga, cambiando gradualmente con algunos segmentos de transición. El prostomio es pequeño, fusiforme, con una cresta mediana y una carúncula que se extiende posteriormente sobre el primer segmento o más allá, con o sin antena mediana pequeña, con 2-4 ojos pequeños u ojos ausentes. Con un par de palpos largos surcados longitudinalmente. Los parapodios de los dos segmentos anteriores están estrechamente yuxtapuestos, dirigidos anteriormente y envuelven parcialmente al prostomio. El segmento dos puede o no portar notosedas. Los parapodios de la región torácica son birrámeos, con notosedas y neurosedas capilares simples y lóbulos postsetales bien desarrollados, subtriangulares a lameliformes, con márgenes enteros o aserrados; grupo en forma de abanico de neurosedas aciculares gruesas en el segmento 3 y, a veces, también en el segmento 2. A partir del segmento 5, algunas neurosedas son más robustas, y de varios tipos: rectas, lanceoladas, aciculares, lisas, espinosas o hirsutas, distalmente curvadas, limbadas, pilosas. La región abdominal es más delgada, con notopodios anteriores reducidos; neuropodios con pocas neurosedas capilares y aciculares, y lóbulos postsetales subcónicos a digitiformes, que se extienden posteriormente como rebordes delgados. Región abdominal posterior con notopodios con forma de montículos bajos y pocas espinas aciculares oscuras, a veces formando estructuras estrelladas. El pigidio es grueso, en forma de collar, ligeramente lobulado o con círculo de cirros anales, y con ano terminal. Tubo largo, cilíndrico, formado por finas partículas de barro cementadas entre sí por fibras secretadas por el organismo.

Trochochaeta watsoni (Fauvel, 1916) (figs. 123 y 124)
Disoma watsoni Fauvel, 1916. *Bull. Inst. Océanogr. (Monaco)*, 316: 1

El cuerpo es muy frágil y se fragmenta fácilmente; se desconoce el extremo posterior de esta especie. El prostomio es alargado, fusiforme, ancho y redondeado o ligeramente bilobulado anteriormente, con una cresta longitudinal y una pequeña antena media de forma cónica en la parte posterior; la carúncula se extiende posteriormente en el primer segmento; sin ojos. Los palpos emergen entre el margen posterior del prostomio y los parapodios del primer segmento. Los parapodios de los primeros cuatro segmentos de la región torácica son birrámeos y están considerablemente modificados, siendo diferentes entre sí. Los parapodios del primer segmento están desplazados dorsalmente y dirigidos anteriormente, envolviendo parcialmente al prostomio. Los lóbulos notopodiales y neuropodiales portan sedas capilares cortas y otras más largas y delgadas; las notosedas son más cortas y menos numerosas que las neurosedas; los lóbulos postsetales notopodiales son alargados y lanceolados. Los parapodios del segundo segmento están desplazados ventralmente y porta notosedas delgadas, capilares, lisas; las neurosedas son más gruesas que las notosedas y se disponen en dos hileras y en forma de abanico. La fila anterior está constituida por sedas más gruesas y la fila posterior con sedas ligeramente más delgadas; ambos tipos son ligeramente limbadas, con el extremo distal aguzado y ligeramente recurvado. Los lóbulos postsetales notopodial y neuropodial son subcónicos, el último más corto que el anterior. En el tercer segmento los notopodios son similares a los del segundo segmento; los lóbulos setales neuropodiales son bajos, anchos, con haces de neurosedas dispuestas en forma de abanico, fila anterior porta entre 4-6 espinas aciculares robustas con puntas romas; la fila posterior porta neurosedas delgadas y curvas con puntas finas; los lóbulos postsetales neuropodiales son subcuadrados, más cortos que el notopodial. El cuarto segmento posee lóbulos notopodiales y neuropodiales bajos y redondeados similares; las notosedas son capilares delgadas y lisas; los lóbulos notopodiales postsetales son gruesos y subcónicos, con neurosedas limbadas, pero con el velo muy fino, más cortas y ligeramente más robustas que las notosedas; los lóbulos neuropodiales postsetales son gruesos y subrectangular. Los siete segmentos torácicos siguientes (segmentos 5-11) son similares, con parapodios birrámeos. Los lóbulos notopodiales son bajos, redondeados, con notosedas capilares delgadas, ligeramente limbadas; los lóbulos postsetales neuropodiales son gruesos, y ovalados, excepto en los segmentos 8-10 donde se hacen ligeramente más alargados y con el margen redondeado. En el setígero 11, el notopodio está representado por un haz de pocas sedas capilares y los lóbulos postsetales están ausentes, mientras que en el neuropodio el lóbulo postsetal es redondeado y presenta dos tipos de neurosedas: sedas limbadas robustas y ligeramente curvadas, y sedas capilares largas y ligeramente limbadas; lóbulos postsetales gruesos y subcónicos a ovalados. La región abdominal inicia en el segmento 12, sin notopodios; los neuropodios con el lóbulo postsetal subcónico y con neurosedas de 2 tipos:

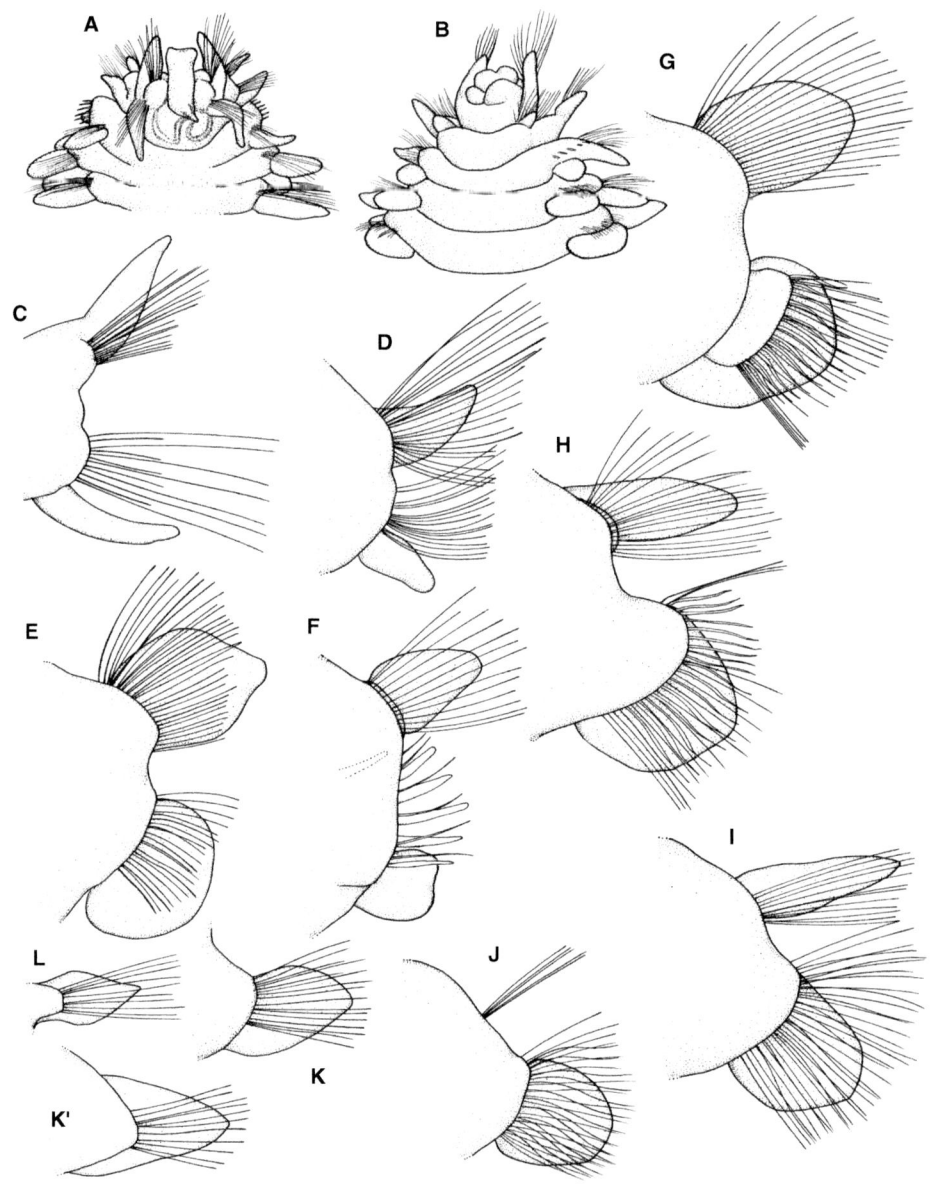

Fig. 123. Extremo anterior en vista dorsal (A) y ventral (B), vista anterior de los parápodos 1 (C), 2 (D), 3 (E), 4 (F), 5 (G), 8 (H), 10 (I) y 11 (J), vista anterior de los parápodos abdominales (segmentos 12 y 15) (K, K´) y vista anterior del parápodo abdominal 24 (L) de Trochochaeta watsoni. Redibujados de Pettibone (1976).

capilares lisas y gruesas, y capilares ligeramente limbadas y delgadas; lóbulos postsetales, continuando posteriormente como delicados rebordes ligeramente ondulados. La región abdominal posterior es desconocida.

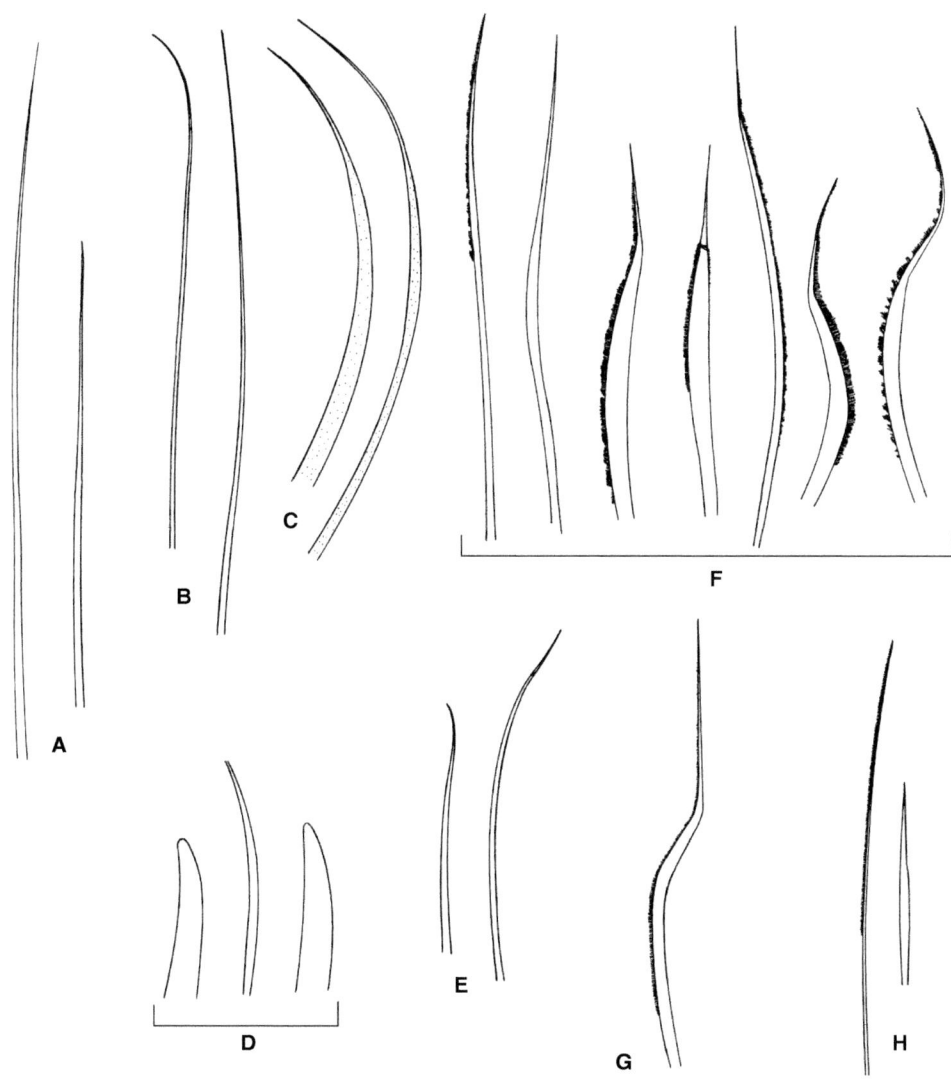

Fig. 124. Neurosedas del parápodo 1 (A), notosedas del parápodo *2 (B) y neurosedas de los parápodos 2 (C), 3 (D), 4 (E), 6 (F), 10 (G) y 24 (H)* *de* Trochochaeta watsoni. *Redibujados de Pettibone (1976).*

Distribución geográfica.— Atlántico norte, frente a Nueva Escocia y Nueva Inglaterra. En el ámbito íbero-balear se ha encontrado en Portugal (Amoreux, 1974).

Biología.— Viven en sedimentos fangosos entre 530 y 3.753 m de profundidad.

Familia *POECILOCHAETIDAE* Hannerz, 1956
Poecilochaetidae Hannerz, 1956. *Zool. Bidr. Upps.,* 31: 136

Los *Poecilochaetidae* Hannerz, 1956 conforman una pequeña familia de poliquetos excavadores en sustratos blandos próximos filogenéticamente a *Spionidae* Grube, 1850 (Blake y Maciolek, 2019a). Su cuerpo es largo y delgado, alcanza los 90 mm de longitud, 2 mm de anchura y 150 setígeros. Entre sus muchas peculiaridades corporales destacan la presencia de sedas largas en el setígero 1 que, dispuestas hacia adelante, forman la conocida como *caja cefálica*, así como una prolongación anteroventral delante de la boca que algunos autores denominan tubérculo facial (Mackie, 1990; Blake, 1996c; Blake y Maciolek, 2019a), pero que en ocasiones se ha identificado como una antena (Rouse y Pleijel, 2001), así como unos característicos lóbulos parapodiales postsetales anteriores, tanto dorsales como ventrales, en forma de ampolla. Además, presentan una extraordinaria diversidad de sedas, con hasta un total de 14 tipos diferentes (Mackie, 1990), las cuales incluyen espinosas, pectinadas, plumosas y aciculares. El cuerpo no está organizado en regiones claramente diferenciadas, si bien se observan diferencias en sentido anteroposterior en la forma de los cirros parapodiales y la distribución de las sedas (Rouse y Pleijel, 2001). Todas estas características, así como la presencia de unos órganos nucales largos y trilobulados, únicos entre los poliquetos, permiten la fácil identificación de esta familia (Blake y Maciolek, 2019a).

Allen (1904) realiza un exhaustivo estudio morfológico, anatómico y biológico de *Poecilochaetus serpens* Allen, 1904. Posteriormente, Hannerz (1956) crea la familia para ubicar el género *Poecilochaetus* Claparède, 1875 y trabajos como los de Orrhage (1964), Pilato y Cantone (1976), Read (1986), Imajima (1989), Mackie (1990) y Santos y Mackie (2008) han incrementado sustancialmente la información disponible sobre la diversidad y morfología corporal de sus componentes. Por su parte, Blake (1996c) y Rouse y Pleijel (2001) sintetizan y actualizan el conocimiento presente hasta ese momento de esta familia y recientemente Blake y Maciolek (2019a) realizan una profunda recapitulación histórica de su sistemática, actualizando la terminología e ilustrando nuevos detalles morfológicos.

Los poeciloquétidos poseen la pared corporal transparente, por lo que su coloración está relacionada con la de su medio interno. Así, la parte anterior presenta una coloración roja debido al sistema circulatorio y la sangre circulante mientras que la parte posterior se torna verde, marrón o negra por la presencia del aparato digestivo y reproductor, la cual puede cambiar a blanquecina en la madurez sexual, especialmente en machos, en función del desarrollo gonadal (Rouse y Pleijel, 2001).

Gracias a la citada transparencia corporal, la morfología y anatomía de esta familia es bien conocida desde principios del siglo XX. Así, Allen (1904) realiza un profundo estudio tanto de la morfología externa como de la anatomía interna de *P. serpens* complementado posteriormente por Orrhage (1964). El aparato digestivo se encuentra dividido en dos regiones: una anterior (molleja) y una posterior constituida por un tubo estrecho con constricciones causadas por la presencia de los septos internos. El sistema circulatorio es cerrado; está formado por un vaso dorsal en la región anterior que se ensancha hacia atrás actuando aquí como un corazón que impulsa la sangre hacia adelante, un seno sanguíneo alrededor del digestivo a continuación, así como vasos laterales que se dirigen hacia las branquias y finalmente un vaso ventral. Estos autores describen además unos órganos segmentarios en la región anterior de naturaleza metanefridial con función excretora los primeros y también liberadora de gametos los siguientes, pues poseen largos embudos que Goodrich (1945) y posteriormente Fauchald y Rouse (1997) identifican como mixonefridios.

El cuerpo de los poeciloquétidos se fragmenta con facilidad por lo que las regiones posteriores desprendidas del resto del cuerpo se han interpretado y descrito en ocasiones como especies, o incluso géneros, nuevos. Este ha sido el caso de *Elicodasia mirabilis* Laubier y Ramos, 1973 (Laubier y Ramos, 1973), descrita en la costa mediterránea ibérica (ver más abajo) y *Poecilochaetus gallardoi* Pilato y Cantone, 1976 (Pilato y Cantone, 1976; Mackie, 1990; Rouse y Pleijel, 2001).

Si bien se sabe que los poeciloquétidos son dioicos, su comportamiento reproductivo se desconoce, aunque se asume que la fertilización es externa. *Poecilochaetus serpens* produce gametos a lo largo de todo el año (Allen, 1904). La larva es de tipo planctotrófico y aparentemente tiene un largo período de vida en el medio planctónico (Hannerz, 1956).

Los adultos habitan sustratos sedimentarios de granulometría fina fundamentalmente en aguas someras y templadas de todo el mundo (Miura, 1988, 1989; Imajima, 1989; Mackie, 1990; Léon-González, 1992; Brantley, 2009) si bien alguna especie se ha encontrado hasta los 1.000 m de profundidad (Read, 1986). Viven en tubos en forma de U que horadan en el sedimento, mediante el empleo de las citadas sedas del setígero 1; los tubos están forrados de moco a través del cual generan una corriente de agua (Allen, 1904). Fauchald y Jumars (1979) y Jumars *et al.* (2015) indican que pueden comportarse ya sea como suspensívoros o sedimentívoros, empleando para ello sus característicos palpos acanalados anteriores, si bien no existen observaciones directas ni experimentales.

La biología de sus poblaciones es poco conocida si bien Fauchald y Jumars (1979) los reportan como numéricamente dominantes en algunas localidades. Taylor (1966) encuentra en la costa atlántica norteamericana agrupaciones de numerosos tubos de *Poecilochaetus johnsoni* Hartman, 1939 alojando cangrejos comensales de la familia *Pinnotheridae* y Santi *et al.* (2006) registran *Poeci-*

lochaetus australis Nonato, 1963 como la especie dominante en la bahía de Guanabara, Brasil.

La familia está compuesta por un único género, *Poecilochaetus*, y 33 especies (Blake y Maciolek, 2019a; Read y Fauchald, 2024b) si bien Mackie (1990) propuso dividir el género en 6 grupos basándose en la composición setígera y forma de los órganos nucales.

La primera especie descrita fue *Poecilochaetus fulgoris* Claparède, 1875 en aguas profundas frente a la costa francesa (Claparède, 1875). En su estudio cladístico de los "Espioniformes", Blake y Arnofsky (1999) proponen que *Poecilochaetus* se incluya dentro de *Spionidae* junto con *Heterospio* Ehlers, 1874, *Trochochaeta* Levinsen, 1884 y *Uncispionidae* Green, 1982, una opinión también sostenida por Rouse y Fauchald (1997) y recientemente por Struck *et al.* (2008) y Capa *et al.* (2012). En esta obra seguimos el criterio de autores como Santos y Mackie (2008), Magalhães *et al.* (2015), Blake y Maciolek (2019a), Delgado-Blas (2021) y Mercado-Santiago *et al.* (2021) que les otorgan rango de familia.

Familia *POECILOCHAETIDAE* Hannerz, 1956
 Género *Poecilochaetus* Claparède, 1875
     Poecilochaetus fauchaldi Pilato y Cantone, 1976
     Poecilochaetus serpens Allen, 1904

Género **Poecilochaetus** Claparède, 1875
Poecilochaetus Claparède, 1875. En: Ehlers, *Z. Wiss. Zool.*, 25(1): 9
Especie Tipo: *Poecilochaetus fulgoris* Claparède, 1875

Prostomio pequeño y redondeado, con dos pares de manchas oculares; tubérculo facial prominente, proyectado anteriormente desde el peristomio; uno a tres órganos nucales extendidos hacia atrás, tentaculiformes o reducidos a cortos lóbulos. Dos palpos largos y acanalados. Parápodos birrámeos, sin cirros dorsales ni ventrales y sin acículas. Parápodos del primer setígero dirigidos hacia adelante, portando lóbulos postsetales largos provistos de noto- y neurosedas largas que forman una característica caja/jaula cefálica. Setígeros 2 a 3-5 con gruesas espinas, habitualmente curvas (ganchos), en el neuropodio. Lóbulos postsetales de característica forma ampulácea presentes en algunos parápodos anteriores, casi siempre entre los setígeros 7 a 10-17. Branquias ausentes o presentes de tipo filiforme o ramificado y localizadas en la parte posterior de algunos parápodos de la región media/posterior del cuerpo. Sedas compuestas de tipo aristado, así como simples de diferentes tipos: lisas, plumosas, híspidas y espinosas; *ca.* 20 últimos parápodos provistos también de espinas/ganchos notopodiales.

Descripción obtenida de Neal *et al.* (2022) modificada de Blake y Maciolek (2019a).

Entre los caracteres diagnósticos del género/familia se incluye la forma y tamaño de los órganos nucales, la presencia o ausencia de papilas epidérmicas y la distribución de los lóbulos postsetales con forma de ampolla (Imajima, 1989), así como el número de cirros anales, la presencia/ausencia de branquias y la dotación y distribución setígera (Eibye-Jacobsen, 2005; Gil, 2011).

Género compuesto por 33 especies válidas (Read y Fauchald, 2024b) de las cuales *Poecilochaetus serpens* y *P. fauchaldi* Pilato y Cantone, 1976 se han citado en la península Ibérica.

El género *Elicodasia* Laubier y Ramos, 1973 se considera en la actualidad sinónimo de *Poecilochaetus* siguiendo la propuesta de Mackie (1990) (ver Rouse y Pleijel, 2001) y Read y Fauchald (2024b). Este género fue creado para la descripción de *Elicodasia mirabilis* Laubier y Ramos, 1973 (bahía de Rosas, costa catalana ibérica), y encuadrado en *Poecilochaetidae*. Sin embargo, autores posteriores consideran que el ejemplar en el que se basa su descripción pertenece muy probablemente al género *Poecilochaetus* ya que tanto los elementos ilustrados de la morfología externa general como parapodial, así como su dotación setígera se corresponden indudablemente con este género. Mackie (1990) sugiere, además, que la supuesta región anterior de este individuo, en la que Laubier y Ramos (1973) basan buena parte de sus diferencias con *Poecilochaetus*, se trata muy probablemente de la región posterior de un ejemplar de *P. fauchaldi*, especie descrita en aguas italianas, mar Egeo y golfo de Cádiz (ver abajo). Más tarde, Gil (2011) examina material recolectado en el sur de Francia y muestra su apoyo a esta propuesta de sinonimia entre ambas especies, si bien considera que de acuerdo con el artículo 23.3.2.1 de la 4ª edición del Código Internacional de Nomenclatura Zoológica (ICZN, 1999), el Principio de Prioridad puede aplicarse a cualquier parte de un animal, sin necesidad de que este se encuentre completo, lo que implicaría que la denominación correcta del taxon sería *Poecilochaetus mirabilis* (Laubier y Ramos, 1973) ya que tendría prioridad sobre *P. fauchaldi* Cantone, 1976 por haber sido descrita antes. De cualquier manera, nosotros seguimos la denominación empleada en WoRMS (Read y Fauchald, 2024b) quienes si bien reconocen la sinonimia de *E. mirabilis* con *P. fauchaldi* siguen empleando esta última como denominación de la especie.

Clave de especies

Clave elaborada a partir de Eibye-Jacobsen (2005) y Santos y Mackie (2008) quienes realizan una importante actualización/síntesis de buen número características morfológicas de todas las especies asignadas hasta ese momento al género *Poecilochaetus*, así como también la clave de Gil (2011) de las especies europeas.

1. Branquias presentes a partir del setígero 21[1]; lóbulo medio del órgano nucal que alcanza al menos el setígero 5; lóbulos laterales del órgano nucal elongados, alcanzan el setígero 4; órganos sensoriales interramales en los setígeros 1 a 5 y a partir del 10; máximo de 1 a 3 ganchos en el neuropodio del setígero 2; 2 pares de cirros anales; sedas aristadas presentes (figs. 125A, 125B, 125D, 126A-D, 127C) . . . . . . ***P. serpens*** (p. 362)

• Branquias ausentes, lóbulo medio del órgano nucal no sobrepasa el setígero 4; lóbulos laterales del órgano nucal cortos y discoidales; órganos sensoriales interramales en los setígeros 1 a 5 y a partir del 11[2]; máximo de 4 a 9 ganchos en el neuropodio del setígero 2; tres cirros anales, 2 laterodorsales y 1 mediodorsal, sedas aristadas ausentes (fig. 128A) . . . . **P. fauchaldi** (p. 366)

[1] Inicio de la presencia de branquias, según Gil (2011).
[2] Presencia de órganos sensoriales a partir del setígero 11, según Eibye-Jacobsen (2005). Santos y Mackie (2008), siguiendo la descripción original de Pilato y Cantone (1976) (ver abajo), solo los localiza entre los setígeros 1 y 5.

Poecilochaetus serpens Allen, 1904 (figs. 125-127)

Poecilochaetus serpens Allen, 1904. *Q.J. Microsc. Sci.*, 48: 85

Cuerpo largo y delgado, de hasta 55 mm de longitud, 1,5 a 1,7 mm de ancho (sin incluir parápodos), y con 110 segmentos setígeros. Prostomio redondeado (figs. 125A, 125B) provisto de dos pares de manchas oculares, un par pequeño dorsal y otro par más grande ventral. La boca se localiza en la cara ventral del peristomio y está característicamente lobulada en su borde posterior (fig. 125C). Tubérculo facial (o tentáculo medio) corto y digitiforme que surge de la cara anterior de la boca (fig. 125C). Un par de palpos largos, acanalados y papilados habitualmente deciduos (figs. 125A, 125B). Tres largos órganos nucales, también en ocasiones denominados procesos tentaculares, surgen de la región occipital de la cabeza, uno medio y dos laterales alcanzando los setígeros 5 y 3 respectivamente (figs. 125A, 125B). Primer setígero bien desarrollado, con gruesos lóbulos postsetales papilados y sedas dispuestos hacia adelante formando una característica caja/jaula cefálica (figs. 125A, 125B); lóbulo postsetal notopodial vestigial y un lóbulo postsetal neuropodial largo y cirriforme (fig. 125B). Entre el notopodio y el neuropodio hay un órgano sensorial lateral bien desarrollado con forma de botón (figs. 126A-D). Setígeros 2 a 6, con lóbulos postsetales tanto noto- como neuropodiales bien desarrollados, con forma de ampolla, adelgazándose progresivamente desde su base ensanchada hacia su extremo distal (figs. 125B, 125C, 126A, 126B); en los setígeros 7 a 13 la mitad adelgazada distal mucho más marcada con su extremo en forma de bola, adquiriendo forma de maza (fig. 126C). Desde el setígero 14 y en sentido posterior los cirros muestran una pérdida de este adelgazamiento distal (fig. 126D), y desde el setígero 17 hacia los más posteriores del cuerpo muestran una reducción progresiva de su tamaño (figs. 126E, 126F). A partir del setígero 21 y hasta casi el extremo posterior del cuerpo, los parápodos están provistos dorsalmente de branquias formadas por largos filamentos (fig. 126A) asociados a los propios lóbulos parapodiales (fig. 126F). Setígero 1 dotado de sedas capilares largas apuntadas hacia adelante (figs. 125A, 125B). Con 2-4 sedas ganchudas (ganchos) en el neuropodio de los setígeros 2 y 3 (figs. 125C, 126A). El resto de las sedas de la región anterior son de tipo capilar liso (fig. 127A) y algunas de tipo piloso/plumoso en los segmentos medios (fig. 127D), las cuales persisten en los setígeros posteriores. En los últimos 16-17 setígeros, las notosedas son reemplazadas por sedas capilares serradas (fig. 127B), espinas con cepillo piloso distal (aristadas) (fig. 127C), así como una

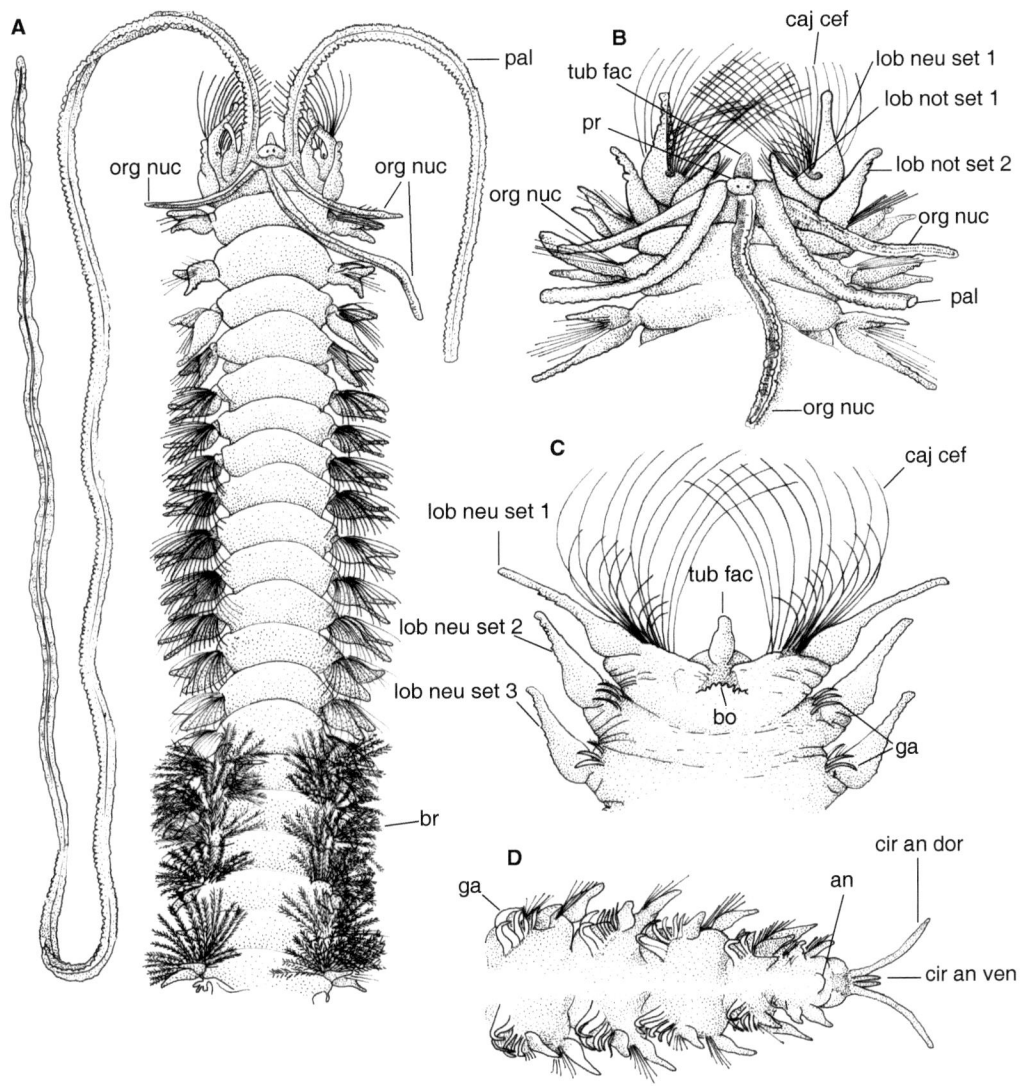

Fig. 125. Vista dorsal de
la región anterior (A),
detalle de la cabeza en
vista dorsal (B) y ventral
(C) y región posterior
en vista dorsal (D) de
Poecilochaetus serpens.
Abreviaturas: an, ano;

bo, boca; br, branquias;
caj cef, caja cefálica;
cir an dor, cirros anales
dorsales; cir an ven,
cirros anales ventrales;
ga, ganchos; lob neu set
1/2/3, lóbulo neuropodial
setígero 1/2/3; lob not set

1/2, lóbulo notopodial
setígero 1/2; org nuc,
órgano nucal; pal,
palpo; pr, prostomio; tub
fac, tubérculo facial.
Redibujados de Allen
(1904).

fila transversal de 5 o 6 ganchos con un grado de curvatura progresivamente mayor de un extremo a otro de la línea (figs. 125D, 127E).

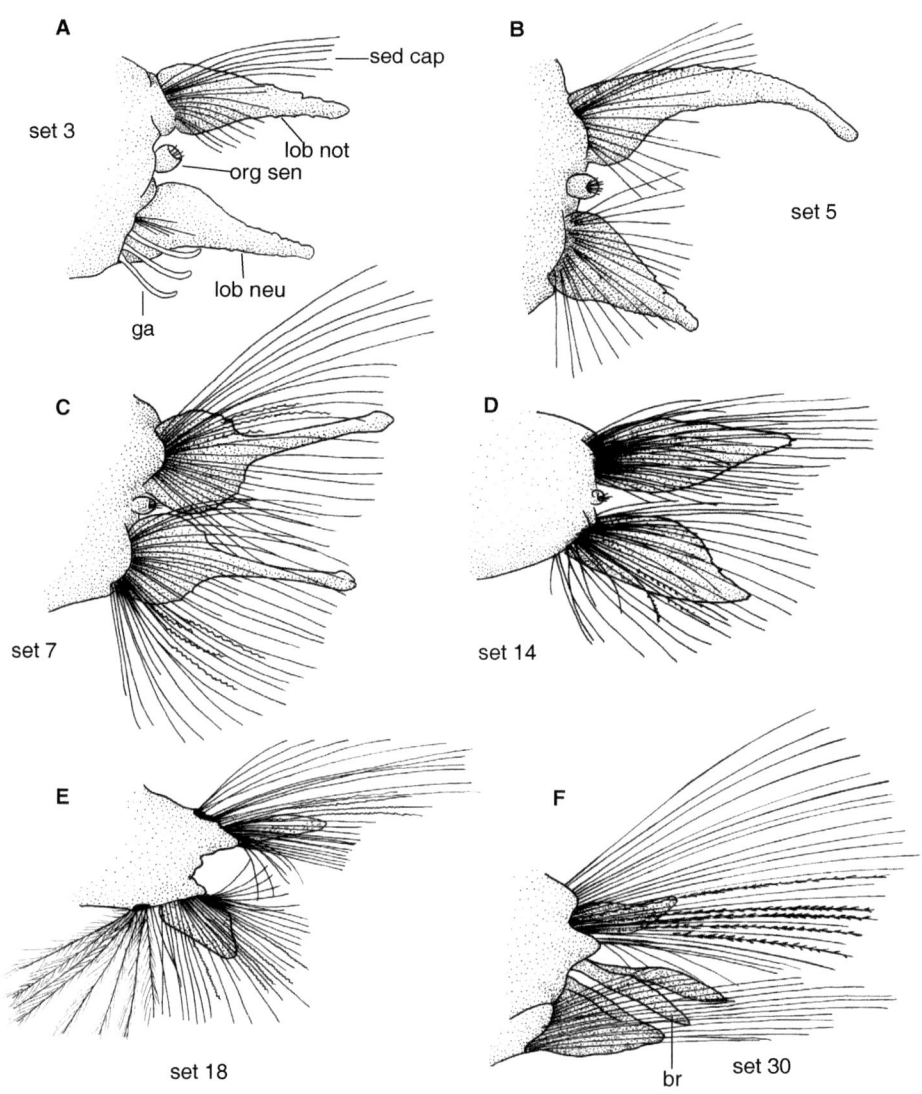

Fig. 126. Variación anteroposterior de la morfología parapodial de Poecilochaetus serpens, en vista anterior. Setígeros 3 (A), 5 (B), 7 (C), 14 (D), 18 (E) y 30 (F). Abreviaturas: br, branquias; ga, ganchos; lob neu, lóbulo neuropodial; lob not, lóbulo notopodial; org sen, órgano sensorial; sed cap, seda capilar; set, setígero. Redibujados de Allen (1904).

Descripción elaborada a partir de Allen (1904) quien presenta una extensa descripción, profusamente ilustrada, de los ejemplares, incluyendo aspectos tanto de anatomía interna como de comportamiento y hábitos de vida. El estilo de descripción que aquí presentamos sigue el de Day (1967) y Hartmann-Schröder (1996) si bien completado con observaciones del trabajo original. Terminología actualizada según Santos y Mackie (2008), Magalhaes *et al.* (2015) y Neal *et al.* (2022).

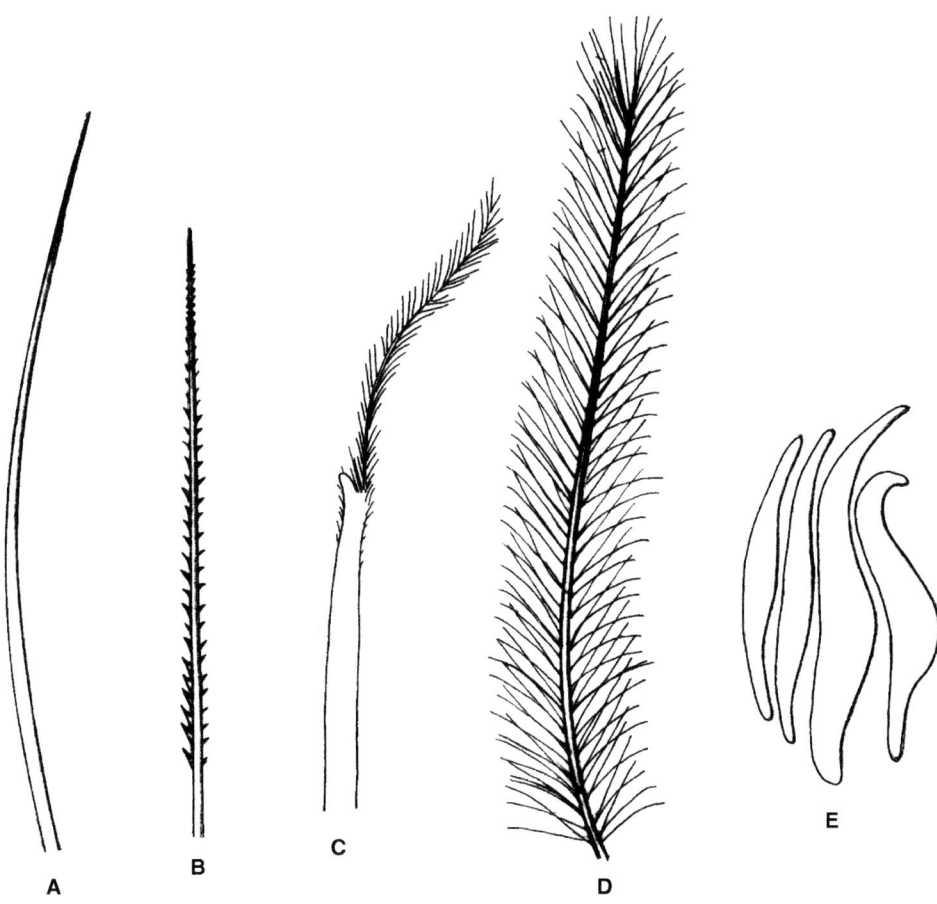

A   B   C   D   E

Fig. 127. Tipos de sedas de Poecilochaetus serpens. *Seda capilar lisa del parápodo 7 (A), seda capilar espinosa/serrada del parápodo 10 (B), espina con cepillo piloso distal (aristada) de un parápodo posterior (C), seda plumosa/pilosa del parápodo 30 (D) y sedas ganchudas (ganchos) de los setígeros posteriores (E). Redibujados de Allen (1904).*

Distribución geográfica.— Especie descrita originalmente en el Canal de La Mancha por Allen (1904) y citada en el Ártico (Jirkov, 2001) y Atlántico nororiental, desde Escocia e Irlanda hasta Marruecos, y mar Mediterráneo (Day, 1967; Hartmann-Schröder, 1996; Muller, 2004), con referencias en localidades muy distantes de todo el mundo como Sudáfrica (Day, 1961, 1963), la India (Kumaraswamy Achari, 1968) o la costa de China (Liu, 2008). En el litoral de la península Ibérica hay registros tanto en la costa atlántica y mediterránea española (Rioja, 1931; Campoy, 1982; Ariño, 1987; Parapar *et al.*, 1996; Besteiro *et al.*, 2017), como en la portuguesa (Costa *et al.*, 1984; Amoureux, 1987; Mucha y Costa, 1999; Gil, 2011).

Biología.— Especie típica de arena fina, muy fina y fangos intermareales y submareales someros (Allen, 1904; Parapar *et al.*, 1996).

Poecilochaetus fauchaldi Pilato y Cantone, 1976 (figs. 128 y 129)
Poecilochaetus fauchaldi Pilato y Cantone, 1976. *Animalia (Catania)*, 3(1-3): 43

Prostomio subrectangular provisto de dos pares de manchas oculares, las anteriores más grandes y ligeramente más alejadas entre sí que las posteriores. Tubérculo facial de tamaño desigual. Palpos no observados, deciduos. Tres órganos nucales surgen de la región occipital de la cabeza, el intermedio alcanza el setígero 3 o 4 y los dos laterales cortos y discoidales. El tegumento dorsal es liso mientras que detrás de la boca se encuentran unas papilas hemisféricas en la superficie ventral de los primeros 6-7 setígeros. Primer setígero bien desarrollado, con lóbulos postsetales papilados y sedas dispuestas hacia adelante formando una característica caja/jaula cefálica; sedas notopodiales mucho más largas que las neuropodiales. El lóbulo postsetal neuropodial es claramente más largo que el notopodial. Del setígero 2 a 6, lóbulo notopodial también papilado (fig. 128A) y un poco más largo que el neuropodial; del setígero 7 a 13 muestran la forma ampulácea típica del género adelgazándose progresivamente desde su base ensanchada hacia su extremo distal, mostrando la mitad adelgazada distal mucho más marcada con su extremo en forma de bola. Desde el setígero 14 en sentido posterior los cirros adquieren de nuevo forma cónica por la pérdida del adelgazamiento distal. En el setígero 9 el dorso del cuerpo presenta un engrosamiento cuticular en forma triangular especialmente en su línea mediodorsal. No existen branquias. Entre el notopodio y el neuropodio de los cinco primeros setígeros se observa un órgano sensorial semiesférico. Sedas capilares largas en el setígero 1 apuntando hacia adelante; las notopodiales más largas y delgadas que las neuropodiales. El notopodio de los setígeros 2 y 3 tiene sedas capilares y algunas sedas aparentemente plumosas/pilosas (fig. 128C) pero que son realmente pectinadas observadas con microscopía de contraste (fig. 128D). En el neuropodio de los mismos se observan sedas capilares, siempre provistas de bárbulas muy finas, y 3-5 ganchos robustos con el extremo distal pubescente y de sección circular (fig. 128B). A partir del se-

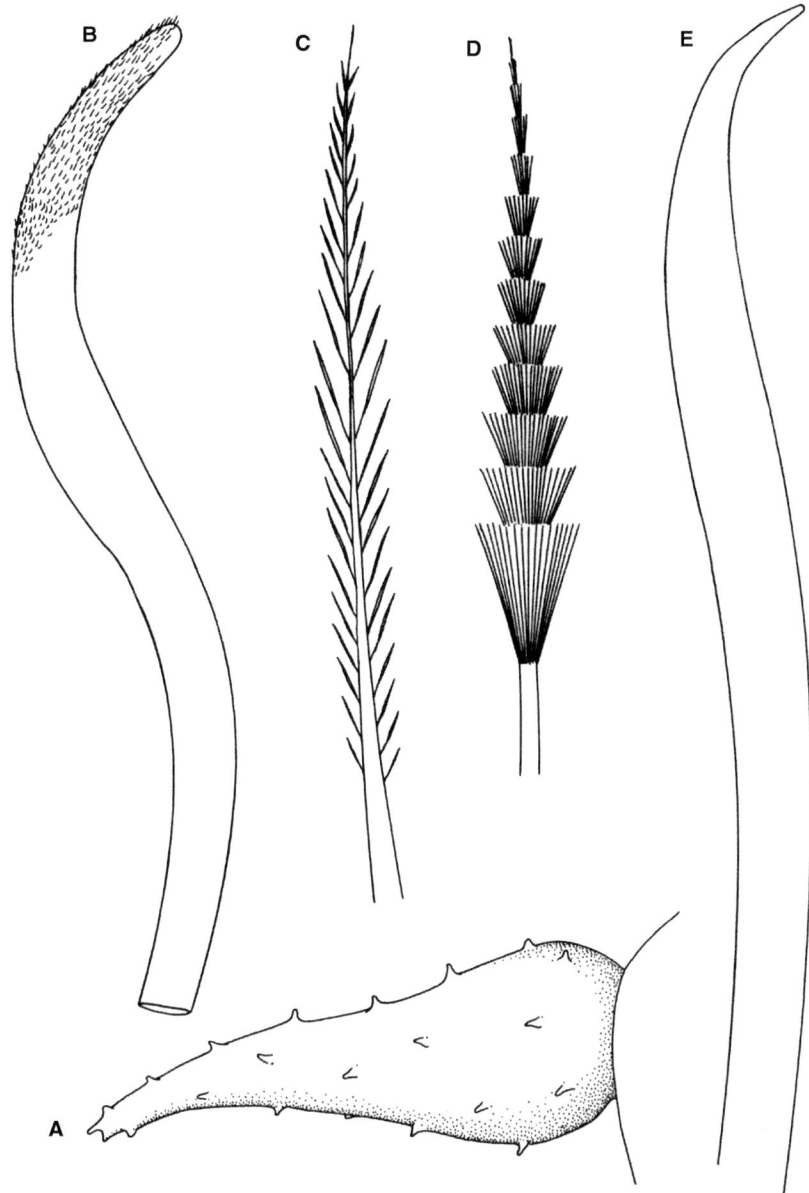

Fig. 128. Cirro del
parápodo 4 (A), gancho
neuropodial anterior (B),
seda plumosa/pilosa (C) y

la misma observada con
microscopía de contraste
(D) y gancho de un
setígero posterior (E) de

Poecilochaetus fauchaldi.
*Redibujados de Pilato y
Cantone (1976).*

tígero 4, el notopodio presenta los mismos tipos de sedas ya reportados pero el número de sedas en forma de púa continúa aumentando y las delgadas bárbulas se hacen gradualmente más evidentes. En el neuropodio, solo hay sedas capilares hasta el setígero 8-9 a partir de los cuales aparecen sedas puntiagudas en forma de púa. A partir del setígero 16-19 se añaden sedas plumosas. En los últimos segmentos del cuerpo se reduce el número de sedas capilares y aparecen sedas capilares robustas, rectas y completamente desprovistas de bárbulas; el número de sedas en forma de púa se reduce considerablemente, las sedas plumosas desaparecen y aparecen 1-2 ganchos muy robustos de sección aplanada en el notopodio (fig. 128E). Ano dispuesto dorsalmente y provisto de tres cirros, uno dorsal y un par ventral.

No hay información sobre longitud/anchura ni número máximo de segmentos setígeros.

Descripción elaborada a partir de la original de *P. fauchaldi* en Pilato y Cantone (1976). Los autores solamente ilustran ciertos elementos de la composición setígera y un cirro parapodial de la especie (fig. 128), no incluyendo ilustración de la región anterior ni de parápodos, elementos muy relevantes en la taxonomía de *Poecilochaetus*, por lo que sería necesaria una redescripción de la especie incluyendo un mayor número de ilustraciones.

Laubier y Ramos (1973), en su descripción de *Elicodasia mirabilis*, ilustran tanto la composición setígera como la supuesta región anterior y dos parápodos de la especie (fig. 129). En este caso, y siguiendo la opinión actual generalizada de que se trataría de un fragmento corporal correspondiente a la región posterior de una especie de *Poecilochaetus* y probablemente de *P. fauchaldi* (ver arriba), hemos decidido no emplear esta información en la descripción de esta especie, dado que no se ha realizado hasta el momento una revisión formal de este material y considerando además el hecho de que la orientación del ejemplar empleado en la descripción original de Laubier y Ramos (1973) es muy probablemente la opuesta a la real, tanto en sentido anteroposterior como dorsoventral, lo cual puede comprobarse en la identificación como "boca ventral" en *E. mirabilis* de lo que sería realmente el "ano dorsal" de *P. fauchaldi*, y lo mismo en cuanto a la posición y orientación de los parápodos ilustrados. Por todo ello, la nomenclatura empleada por Laubier y Ramos (1973) en su descripción de la especie ha sido aquí ligeramente modificada en la figura 129 destacando aquellos cambios con comillas ("…"). Así, la supuesta región anterior de *E. mirabilis* representaría realmente la región posterior girada en sentido dorsoventral de *P. fauchaldi*, en la que se observaría el par de cirros anales laterales y un cirro anal ventral impar (fig. 129A). De la misma manera, los parápodos del supuesto setígero 35 (fig. 129B) y de la región media (fig. 129C), según los autores, considerando que el fragmento corporal estudiado se trata realmente de la mitad posterior, y no anterior, del cuerpo de *P. fauchaldi*, se corresponderían realmente a dos parápodos de la región media y medioposterior respectivamente y de nuevo ilustrados en sentido contrario al real. Además, ninguno de los dos trabajos mencionados estudia ejemplares completos por lo que no hay datos exactos de longitud/anchura ni número total de setígeros.

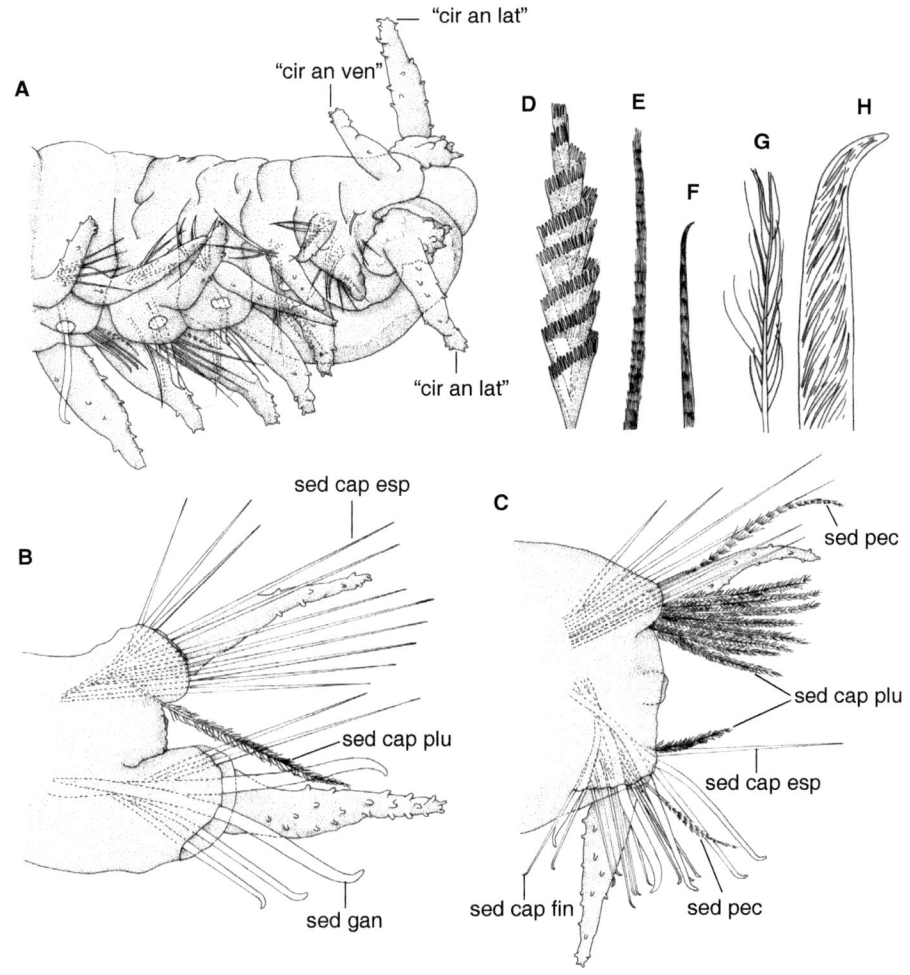

Fig. 129. Región "posterior" en vista lateral (A), vista anterior de un setígero de la región "media" (B) y de la región "medioposterior" del cuerpo (C), seda pectinada (D), seda capilar espinosa (E), seda capilar lisa (F), seda capilar plumosa (G) y seda ganchuda (gancho) (H) de Elicodasia mirabilis. *Abreviaturas:* "cir an lat", cirro anal lateral; "cir an ven", cirro anal ventral; sed gan, seda ganchuda; sed cap esp, seda capilar espinosa; sed cap fin, seda capilar fina; sed cap plu, seda capilar plumosa; sed pec, seda pectinada. Probablemente las figuras A-C se encuentren en orientación opuesta a la real. Las abreviaturas incluidas entre comillas indican que han sido modificadas respecto al texto original siguiendo esta idea; en la nomenclatura setígera se ha evitado cualquier referencia a dorsal (noto-) y ventral (neuro-). Redibujados de Laubier y Ramos (1973).

Distribución geográfica.— Especie descrita originalmente en el litoral italiano (Siracusa) por Pilato y Cantone (1976) y citada posteriormente en el mismo litoral y por Gambi y Giangrande (1985) y Cantone (1989) y en el mar Egeo por Arvanitidis (2000). La única cita en la península Ibérica corresponde al golfo de Cádiz (Rueda *et al.*, 2012).

Biología.— Se encuentra entre 2 y 400 m de profundidad en fondos fangosos y detríticos (Laubier y Ramos, 1973; Cantone, 1989; Arvanitidis, 2000).

Familia *LONGOSOMATIDAE* Hartman, 1944

Longosomidae Hartman, 1944. *Allan Hancock Pacific Exped.,* 10(3): 321

Los miembros de la familia *Longosomatidae* (= *Heterospionidae* Hartman, 1965) son anélidos de cuerpo elongado y cilíndrico con un tamaño medio de 1 mm de ancho y 50-70 mm de largo (Wilson, 2000). El cuerpo se organiza en tres regiones; una corta región anterior, también denominada torácica, dotada de 7-9 setígeros comprimidos anteroposteriormente; una región media o abdominal, con numerosos segmentos alargados; y una región posterior de forma globosa, compuesta por segmentos muy comprimidos anteroposteriormente, y provista de varios pares de espinas ganchudas y un pigidio terminal (Uebelacker, 1984; Rouse, 2001b; Parapar *et al.*, 2016; Blake y Maciolek, 2019b). Esta última región tradicionalmente se ha observado en muy pocas especies, como por ejemplo *Heterospio longissima* Ehlers, 1874 descrita de aguas noratlánticas, *Heterospio peruana* Borowski, 1994 frente a la costa de Perú y *Heterospio indica* Parapar, Vijapure, Moreira y Sukumaran, 2016 de la costa occidental de la India, si bien Blake y Maciolek (2023) en su revisión mundial del género la han descrito en muchas de las especies contempladas en su trabajo: *Heterospio africana* Blake y Maciolek, 2023, de la costa oriental del océano Indico, *Heterospio bathyala* Blake y Maciolek, 2023, *Heterospio dibranchiata* Blake y Maciolek, 2023 y *Heterospio hartmanae* Blake y Maciolek, 2023 las tres recogidas en el Atlántico noroccidental, *Heterospio alata* Blake y Maciolek, 2023 y *Heterospio brunei* Blake y Maciolek, 2023 ambas de la costa meridional de China, Brunéi y Borneo, *Heterospio ehlersi* Blake y Maciolek, 2023 del sur de China y golfo de Tailandia, *Heterospio canariensis* Blake y Maciolek, 2023 de las islas Canarias y *Heterospio catalinensis* (Hartman, 1944) de la costa de California, Costa Rica y golfo de Nicoya.

Una de las principales características de los longosomátidos es la posesión en la mitad del cuerpo de segmentos extraordinariamente alargados y provistos de círculos casi completos de sedas capilares y aciculares, las cuales, según Fauchald y Rouse (1997), determinan su monofilia. La composición setígera es amplia y variada: espinas aristadas, sedas capilares, espinas aciculares, subuncinos y espinas ganchudas de la región posterior (Blake y Maciolek, 2019b, 2023). Estos autores destacan la existencia de una cierta controversia en relación con el tipo setal denominado subuncino, término empleado también en los *Orbiniidae* y que se corresponde con una morfología diferente a esta, y el cual además se ha empleado en diferente sentido por otros autores como Wu y Chen (1966), quienes emplean por primera vez esta denominación en *Longosomatidae*, Borowski (1994) y Parapar *et al.* (2014).

La especie tipo, *Heterospio longissima* Ehlers, 1874, fue descrita a partir de ejemplares recogidos en la costa de Irlanda, pero no ubicada en ese momento en ninguna familia (Hernández-Alcántara y Solís-Weiss, 2021). Posteriormente, Hartman (1944b) crea la familia *Longosomidae*, con un nuevo género, *Longosoma* Hartman, 1944, para la especie *L. catalinensis* Hartman, 1944, descrita del sur de California. Hartman (1965) reubica más tarde esta especie en *Heterospio* Ehlers, 1874 reconociendo *Longosoma* como sinónimo de este, redescribiendo *H. longissima* y reubicando en él a *L. catalinensis*, y propone por tanto cambiar el nombre de la familia a *Heterospionidae*. Borowski (1994) analiza las seis especies ubicadas hasta ese momento en esta familia, junto con varias no descritas formalmente, y concluye que todas ellas deberían ser incluidas dentro de *Heterospio*. Además, corrige el nombre original de la familia de *Longosomidae* a *Longosomatidae*, y establece que este tiene prioridad sobre *Heterospionidae* (Hernández-Alcántara y Solís-Weiss, 2021).

Actualmente, la familia *Longosomatidae* Hartman, 1944 está únicamente compuesta por el género *Heterospio*, que incluye 23 especies descritas formalmente (Blake y Maciolek, 2023). De ellas, cuatro se han descrito en aguas europeas: *H. longissima* Ehlers, 1874, *H. mediterranea* Laubier, Picard y Ramos, 1974, *H. reducta* Laubier, Picard y Ramos, 1974 y *H. southwardorum* Blake y Maciolek, 2023. Blake y Maciolek (2023) revisaron el material original con el cual Hartman (1965) cita *H. longissima* en el Atlántico y observaron diferencias significativas con la descripción original de Ehlers (1874) en relación con el número de branquias y forma del prostomio entre otras, concluyendo que esos ejemplares pertenecen a dos nuevas especies: *H. hartmanae* Blake y Maciolek, 2023 de zonas abisales de Nueva Inglaterra a Bermudas y *H. guiana* Blake y Maciolek, 2023 del talud superior de Surinam. Además, comentan que el concepto *H. longissima* de Ehlers no ha vuelto a ser encontrado y que la cita de Parapar *et al.* (2014) de *L. longissima* Ehlers *sensu* Hartman en la costa de Islandia podría tratarse de una nueva especie y con ello la quinta para las costas de Europa.

La longitud relativa de los primeros segmentos elongados de la región media, el número de pares de branquias ubicadas en los segmentos de la región anterior y los tipos setales, son los principales caracteres empleados en la taxonomía de este género/familia para diferenciar especies (p.ej., Wu y Chen, 1966; Laubier *et al.*, 1974; Wilson, 2000; Bochert y Zettler, 2009; Parapar *et al.*, 2014; Blake y Maciolek, 2019b) si bien Blake y Maciolek (2023) proponen también la morfología oral.

Los *Longosomatidae* fueron ubicados dentro del clado *Spionida* por Rouse y Fauchald (1997) debido a la presencia de palpos peristomiales acanalados –también denominados tentáculos dorsales por Blake y Maciolek (2023)– y densos fascículos setales en segmentos anteriores, lo cual los asemejaría a la familia *Spionidae* (Hernández-Alcántara y Solís-Weiss, 2021). Sin embargo, estos autores reconocen que los caracteres que soportan este clado en muchos de los análisis realizados por Rouse y Fauchald (1997) son aparentemente homoplásicos o reversiones. En este sentido, los longosomátidos también podrían ser cercanos a los *Cirratulidae* (clado *Terebellida*), debido a la distribución de las sedas formando cinturas en los segmentos medios y posteriores, similares a los observados en el género *Chaetozone* Malmgren, 1867, a la presencia de filamentos branquiales y palpos peristomiales, a la morfología de la cabeza y parápodos, a los tipos setales (Fauchald y Rouse, 1997) y a la forma expandida de los segmentos medios (Wilson, 2000).

Blake y Arnofsky (1999) realizaron un estudio sobre la reproducción, desarrollo larvario y filogenia de los espionimorfos, proponiendo que el género *Heterospio* podría ser incluido dentro de los *Spionidae*; así, el reconocimiento de la familia *Longosomatidae* por separado resultaría en la parafilia de *Spionidae*. Por lo tanto, *Heterospio* debería ser transferido a la familia *Spionidae*. Por su parte, Blake y Maciolek (2019b) reconocen los escasos datos moleculares disponibles de esta familia, pero consideran que estos respaldan sus observaciones morfológicas que la sitúan más cerca de *Cirratuliformia* que de *Spionidae*. Por todo ello, Hernández-Alcántara y Solís-Weiss (2021) indican que es necesario profundizar en el estudio de las relaciones filogenéticas de este grupo, incluyendo datos moleculares, para aclarar su posición taxonómica y su posible inclusión o no dentro de esta familia.

Los longosomátidos son habitantes típicos de sedimentos marinos con registros en sustratos fangosos del margen y talud continental de todos los mares del mundo (Wilson, 2000). Probablemente tienen una movilidad moderada y hábitos tubícolas (Pettibone, 1982) y aunque su tipo de alimentación es desconocido, la presencia de palpos sugiere que está basada en la recogida de materia orgánica depositada superficialmente en el sedimento (Fauchald y Jumars, 1979; Jumars *et al.*, 2015).

Se conoce poco sobre su reproducción, aunque se ha observado que los huevos tienen una envoltura compleja, similar a la de *Poecilochaetus* Allen, 1904, *Trochochaeta* Örsted, 1844 y numerosos *Spionidae* (Blake y Arnofsky, 1999).

En cuanto a su distribución geográfica, existen registros en regiones muy distantes entre sí, en localidades tanto de los océanos Pacífico y Atlántico y mar Mediterráneo, como del mar de China Oriental y mar Rojo (Uebelacker, 1984; Wilson, 2000; Parapar *et al.*, 2014, 2016). Se han citado desde aguas someras hasta regiones abisales, y si bien no son especies habitualmente localizadas en los estudios de comunidades bentónicas marinas, en Nueva Zelanda parecen ser comunes en sedimentos fangosos someros, con densidades de más de 16 ejemplares por 0,25 m² (Estcourt, 1967).

En el litoral de la península Ibérica se han descrito dos especies, *Heterospio mediterranea* Laubier, Picard y Ramos, 1974 y *H. southwardorum* Blake y Maciolek, 2023.

Familia *LONGOSOMATIDAE* Hartman, 1944
  Género *Heterospio* Ehlers, 1874
    Heterospio mediterranea Laubier, Picard y Ramos, 1974
    Heterospio southwardorum Blake y Maciolek, 2023

Género **Heterospio** Ehlers, 1874
Heterospio Ehlers, 1874. *Ann. Mag. Nat. Hist.*, (4), 13: 296
Especie Tipo: *Heterospio longissima* Ehlers, 1874

Cuerpo delgado y alargado, dividido en tres regiones. Región anterior (= torácica), con 6–8 setígeros cortos (figs. 130B, 131A); región media o abdominal con setígeros muy alargados (fig. 130A) y región posterior globosa con pocos setígeros cortos (fig. 130C). Parte posterior del prostomio provista de un par de órganos nucales laterales (fig. 131B). Probóscide eversible en una pequeña bolsa epitelial. Peristomio provisto de un par de palpos acanalados (fig. 130B), que se pierden fácilmente, pero dejando cicatrices en la superficie del cuerpo (fig. 131B). Región anterior provista de 3 a 8 pares de branquias cirriformes (figs. 130B, 131A), generalmente muy largas, un par por segmento, que surgen por encima de los notopodios y comienzan en el setígero 2; segmentos con parápodos birrámeos (fig. 130B) siempre con sedas capilares simples (fig. 131G), con o sin espinas aciculares. Segmentos alargados de la región media con sedas que suelen formar una cintura localizada cerca de su margen anterior (figs. 130A, 130B, 131D, 131E); con sedas capilares simples (fig. 131G), si bien pueden estar acompañadas de subuncinos, espinas aristadas y espinas aciculares (figs. 131F, 131H, 131I). Región posterior con forma globosa, provista de segmentos muy acortados anteroposteriormente y dotados de gruesas espinas ganchudas (figs. 130C, 131J).

Descripción basada en Parapar *et al.* (2016).

El género consta de 23 especies aceptadas (Read y Fauchald, 2023), de las cuales dos se han descrito en la costa ibérica.

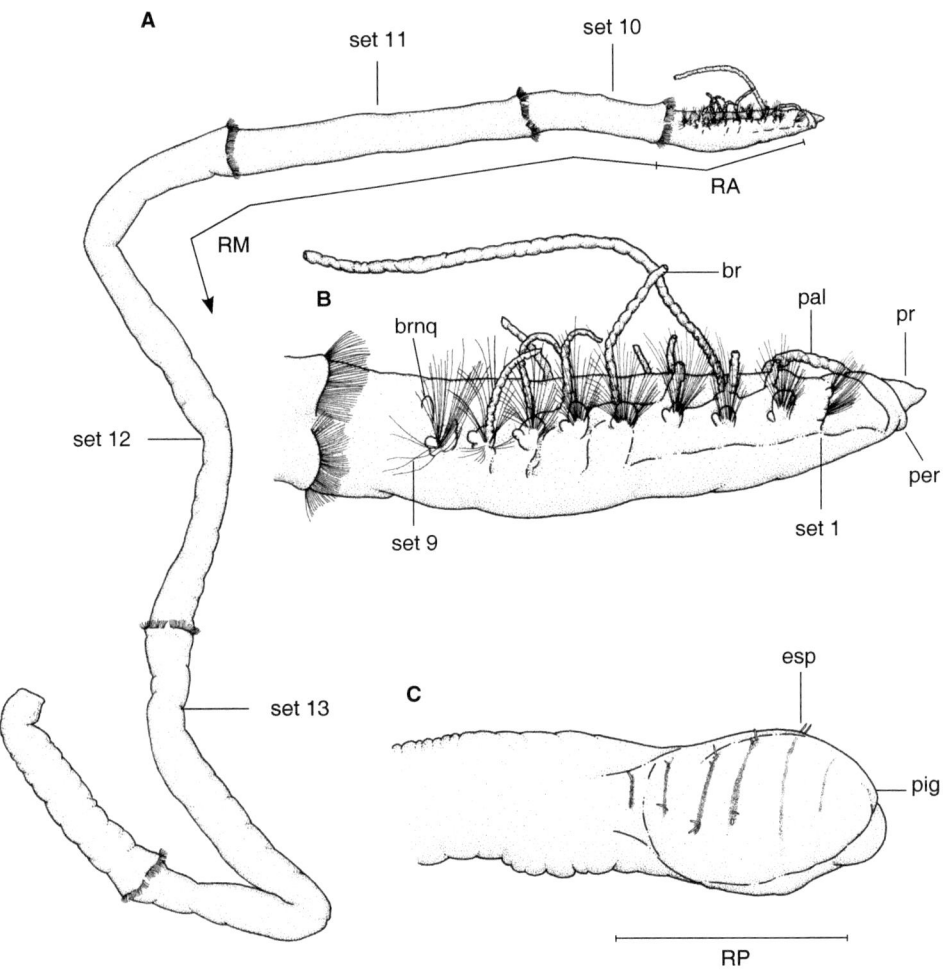

A

set 11   set 10

RA

RM

B

br

brnq   pal   pr

set 12

set 9   set 1   per

set 13

C

esp

pig

RP

Fig. 130. Caracteres
generales de
Longosomatidae. *Vista
lateral del cuerpo
mostrando los setígeros
de la región anterior
(torácicos) cortos y
los medioanteriores*

*alargados (abdominales)
(A) y detalles de la
región anterior (B)
y de la posterior
(C) de* Heterospio
indica. *Abreviaturas:
br, branquia; brnq,
branquióforo; esp, espina;*

*pal, palpo; per, peristomio;
pig, pigidio; pr, prostomio;
RA, región anterior; RM,
región media; RP, región
posterior; set, setígero.
Modificado de Parapar*
et al. *(2016).*

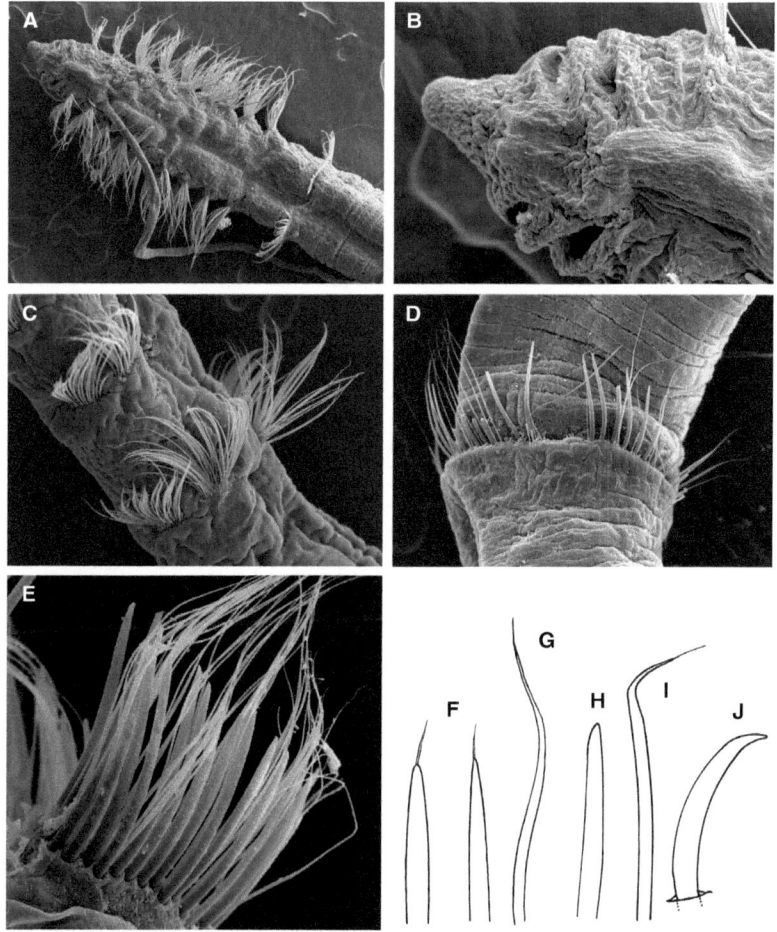

Fig. 131. Caracteres generales de Longosomatidae. *Fotomicrografías al MEB de varias especies de* Heterospio. *Vista dorsal de la región anterior de* Heterospio indica *mostrando los setígeros anteriores (torácicos) y el primer setígero medio (abdominal) (A); detalle del extremo anterior del cuerpo mostrando el prostomio, órganos nucales y cicatriz de los palpos (perdidos) de* H. indica *(B); detalle de los setígeros 7 y 8 de* H. reducta *(C) y 10 y 11 de* H. longissima *(D); detalle de la composición setígera del setígero 14 de* H. longissima *sensu Hartman (1965) (E); espinas aristadas (F), seda capilar (G), espina acicular (H) y subuncino (I) de* H. paulolanai; *y gancho posterior (J) de* H. alata. *Abreviaturas: br 1, branquia 1; esp acic, espina acicular; neu, neuropodio; not, notopodio; org nuc, órgano nucal; pal (cic), palpo (cicatriz); per, peristomio; pr, prostomio; sed cap, seda capilar; set, setígero. A y B, modificados de Parapar* et al. *(2016); C-E, de Parapar* et al. *(2014); F-J, redibujados de Blake y Maciolek (2023).*

Clave de especies

A continuación, se presenta una clave para las especies de *Heterospio* del océano Atlántico nororiental, elaborada a partir de Parapar *et al.* (2014) y Blake y Maciolek (2023), en la que se incluyen las dos especies tratadas en este capítulo, junto con otras tres descritas en las proximidades de la costa ibérica: *H. longissima*, descrita de la costa de Irlanda, *H. reducta*, con localidad no indicada pero en el mar Mediterráneo y *H. longissima sensu* Hartman (1965) caracterizada por Parapar *et al.* (2014) de aguas de Islandia, y referida como una posible nueva especie por Blake y Maciolek (2023). De

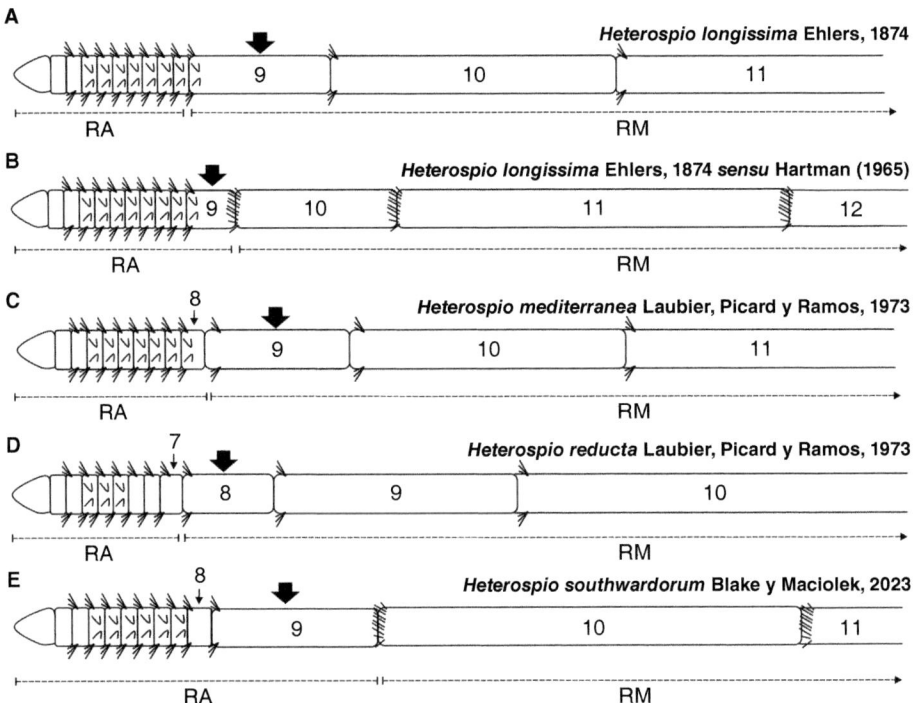

Fig. 132. *Caracteres generales de* Longosomatidae. *Dibujos esquemáticos mostrando, en vista dorsal, la organización setígera de la región anterior de las cinco especies de* Heterospio *descritas en la costa ibérica o en aguas atlánticas próximas.* Heterospio longissima *(A)*, H. longissima sensu *Hartman (1965) fide* Parapar et al. *(2014) (B)*, H. mediterranea *(C)*, H. reducta *(D) y* H. southwardorum *(E). La numeración identifica los setígeros de transición entre la región anterior y media a los que hace referencia la clave. La extensión de las regiones corporales indicadas responde a la descripción original. Las flechas gruesas indican el primer setígero elongado según Blake y Maciolek (2023). Abreviaturas: RA, Región anterior; RM, Región media. Modificado de Parapar et al. (2014).*

modo complementario se presentan dibujos esquemáticos para mostrar la organización segmentaria y setígera de las regiones anterior y medioanterior del cuerpo, así como la distribución branquial y tamaños relativos de los distintos segmentos (fig. 132) de acuerdo con Parapar *et al.* (2014). La identificación del primer setígero elongado (PSE) sigue el criterio de Blake y Maciolek (2023).

1. Tres pares de branquias en setígeros 2 a 4. PSE = 8 (fig. 132D) . . . .**H. reducta**
• Entre seis y ocho pares de branquias. PSE = 9/10 (figs. 132A-C, 132E) 2
2. Ocho pares de branquias en setígeros 2 a 9 (figs. 132A, 132B) 3
• Seis o siete pares de branquias en setígeros 2 a 7 o 2 a 8 (figs. 132C, 132E) . . .4
3. Primer setígero elongado (9) de longitud semejante a la suma de los setígeros 1 a 8. Sin sedas modificadas formando cinturas (fig. 132A) . . . .**H. longissima**
• Primer setígero elongado (9)[1] tres veces la longitud del setígero 8. Con sedas modificadas formando cinturas a partir del setígero 10 (fig. 132B) . . . .
. . . . **H. longissima** *sensu* Hartman (1965)
4. Setígero 8 sin branquias. 6 pares de branquias en setígeros 2 a 7. Anillo peristomial anterior más estrecho que el posterior. Con sedas modificadas formando cinturas a partir del setígero 10 (figs. 132E, 134A) . . . . **H. southwardorum** (p. 380)
• Setígero 8 con branquias. 7 pares de branquias en setígeros 2 a 8. Ambos anillos peristomiales de tamaño semejante. Con sedas modificadas formando cinturas a partir del setígero 12 (figs. 132C, 133A). . . . . **H. mediterranea** (p. 377)

[1] Para la identificación del PSE en esta especie, así como otros caracteres morfológicos, se sigue el criterio de Parapar *et al.* (2014) en lugar de la descripción original de Hartman (1965).

Heterospio mediterranea Laubier, Picard y Ramos, 1974 (figs. 132 y 133)

Heterospio mediterranea Laubier, Picard y Ramos, 1974. *Vie Milieu, Sér. A Biol. Mar.*, [1972-73], 23(2): 159

Cuerpo filiforme. Prostomio cónico, anteriormente redondeado y sin manchas oculares; órganos nucales como surcos posterolaterales al prostomio (fig. 133A). Región anterior (= torácica) ligeramente aplanada dorsoventralmente y provista de nueve segmentos (seg1-seg9); el primero (seg1) corresponde al segmento bucal o peristomio, aqueto, abranquio y bianillado (figs. 132C, 133A). Palpos peristomiales en el segmento 1 pero desprendidos habitualmente, si bien dejan marcas profundas (fig. 133A). Morfología oral desconocida. Los ocho setígeros siguientes (segmentos 2-9) portan sedas capilares dispuestas en dos ramas y los siete últimos (segmentos 3-9) presentan branquias filiformes (figs. 132C, 133A) localizadas dorsalmente a la rama dorsal del parápodo, siendo solamente visible la región basal (branquióforo) con pérdida habitual de la región distal (branquiostilo) (fig. 133A). La región media (= abdominal) es abranquia y comienza en el setígero 9 (segmento 10). Los tres primeros setígeros elongados (segmentos 10-12) portan sedas capilares (fig. 132C) dispuestas en ambas ramas parapodiales; a partir del cuarto setígero elongado (segmento 13) las sedas se disponen en crestas alargadas formando un cíngulo en forma de reborde casi completo localizado cerca del margen anterior del setígero (fig. 133B). Sedas de tipo subuncino si bien a menudo con su extremo afinado distal roto por lo que se asemejan a las sedas aciculares. Estas sedas se alternan con las sedas capilares; sin embargo, en la región más dorsal del parápodo, las sedas capilares están claramente arqueadas en forma de hoz. Esta disposición y composición setígera continúa en los cuatro segmentos siguientes en el espécimen más largo recolectado. Se desconoce la organización de la región posterior, así como el pigidio. Color en alcohol blanco opaco; sin presencia de manchas pigmentarias.

Descripción elaborada a partir de la descripción original de Laubier *et al.* (1974) y siguiendo la nomenclatura empleada por Blake y Maciolek (2023). Existe una aparente discrepancia entre la descripción y la ilustración de la especie en Laubier *et al.* (1974), que radica en la disposición setígera de al menos el setígero 10. La descripción original hace referencia a una disposición setal en los tres primeros segmentos setígeros abdominales semejante a la que se encuentra en los de la región anterior (torácicos) (*Les trois premiers segments postérieurs portent des soies capillaires groupées en deux rames, comme dans la région antérieure*; Laubier *et al.*, 1974: 160), lo cual se ilustra en la figura 132C. Sin embargo, en la ilustración original (fig. 133A) los autores parecen mostrar en el setígero 10 (segundo de esta región) una disposición diferente en forma de cresta cingular, la cual se continuará en el resto de los setígeros de esta región abdominal. Desafortunadamente, la reciente revisión del género de Blake y Maciolek (2023) solo hace referencia al tipo setal capilar presente este segmento setígero, pero no a su disposición.

Heterospio mediterranea se distingue de las otras especies de este género descritas de las costas europeas en el número de pares de branquias (fig. 132). Así, *H. mediterranea* porta 7 pares mientras que *H. longissima* Ehlers, 1874 y *H. longissima sensu* Hartman (1874) descrita por Parapar *et al.* (2014) poseen 8 pares, *H. reducta* 3 pares y *H. southwardorum* 6 pares (ver abajo).

En relación con la ubicación del primer setígero elongado, se trata de un carácter cuya localización en las distintas especies no muestra total unanimidad entre los autores. No obstante, este corresponde al setígero 9 en *H. mediterranea*, *H. longissima* y *H. southwardorum*, mientras que en *H. longissima sensu* Hartman (1965) de Parapar *et al.* (2014) y *H. reducta* corresponden, respectivamente, al setígero 10 y 8. En cualquier caso, la presencia en *H. mediterranea* y *H. longissima sensu* Hartman (1965) de Parapar *et al.* (2014) de un último setígero en la región anterior con una longitud mayor que los anteriores, ha motivado que varios autores lo consideren como el verdadero setígero elongado; debido a estas discrepancias en los criterios para la identificación de este carácter, creemos no es recomendable su empleo para la discriminación entre especies.

Distribución geográfica.— Especie descrita de la región de Marsella (Francia) y costa catalana española (Laubier *et al.*, 1974). Las coordenadas (4º03′ N, 3º15.33′ E) y profundidad (308 m) incluidas en la descripción original para el holotipo se localizan frente a las islas Medas y golfo de Rosas (Gerona). Des-

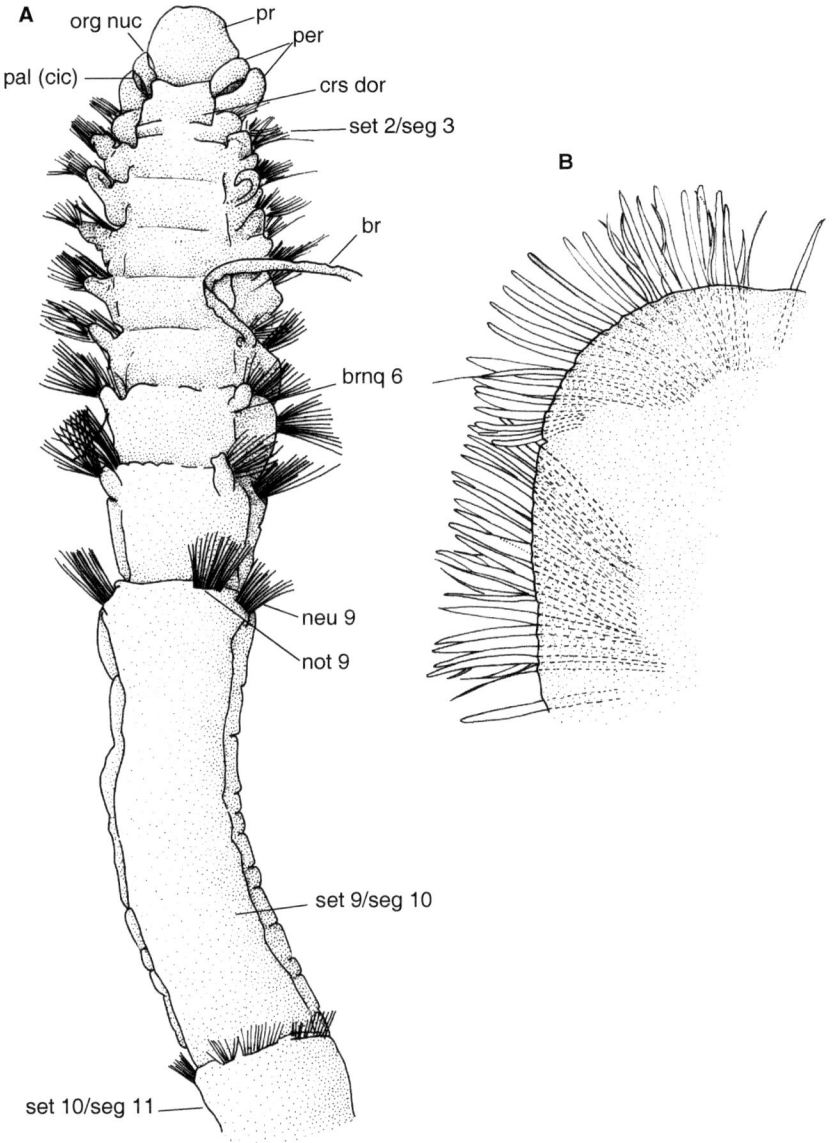

Fig. 133. Región anterior
del cuerpo (setígeros 1 a
10) en vista dorsal (A) y
detalle de la disposición
setígera del parápodo
del setígero 12 (B) de
Heterospio mediterranea.

Abreviaturas: br,
branquia; brnq 6,
branquióforo 6; crs
dor, cresta dorsal;
neu, neuropodio; not,
notopodio; org nuc,
órgano nucal; pal (cic),

palpo (cicatriz); per,
peristomio; pr, prostomio;
seg, segmento; set,
setígero. Redibujados de
Laubier et al. (1974).

bruyères *et al.* (1972) citan esta especie para la costa catalana. Encontrada también en la costa turca por Dağli *et al.* (2008), en la costa griega por Faulwetter *et al.* (2017) y de Sicilia por Langeneck *et al.* (2017).

Biología.— Vive entre 100 y 350 m de profundidad frente a la costa catalana y francesa (Laubier *et al.*, 1974) pero alcanza mayores profundidades frente a la costa siciliana (1.220 a 1.800 m) (Langeneck *et al.*, 2017).

Heterospio southwardorum Blake y Maciolek, 2023 (figs. 132 y 134)
Heterospio southwardorum Blake y Maciolek, 2023. *Zootaxa*, 5260(1): 30

Cuerpo filiforme. Prostomio cónico, redondeado anteriormente; sin manchas oculares; órganos nucales como surcos elongados anteriores al anillo anterior peristomial (fig. 134A). Peristomio provisto de dos anillos; el primero estrecho, visible dorsalmente y detrás del órgano nucal, pero no continuado ventralmente; segundo anillo peristomial más grande, similar en tamaño y forma a los setígeros siguientes, interrumpido por una amplia cresta dorsal que se une al setígero 1 y continúa ventralmente, pero se interrumpe por la presencia de la boca (figs. 134A, 134B). Palpos peristomiales no presentes, pero las cicatrices de su presencia son evidentes como una marca entre los dos anillos peristomiales. Boca triangular rodeada lateralmente por unos gruesos lóbulos (fig. 134B); probóscide no observada (no evertida). Branquias cortas, de forma oval, y presentes en los setígeros 2 a 7, todas con branquióforo definido (fig. 134A). Todos los parápodos birrámeos, con fascículos setales surgiendo cerca del extremo anterior del segmento. Región anterior (= torácica) provista de ocho setígeros cortos y uno largo, cada uno de los cortos ligeramente más ancho que largo, si bien el setígero 8 es algo más largo que los anteriores (figs. 132E, 134A). Setígero 9 elongado, tan largo como los setígeros 1-8 combinados (fig. 132E). Todos los setígeros torácicos ligeramente aplastados dorsalmente, con los notopodios de los setígeros 1-7 ligeramente inflados y elevados sobre el dorso; notopodios de los setígeros 8 y 9 provistos de lóbulos engrosados de los cuales surgen las sedas (fig. 134A); neuropodios de los setígeros 1-9 con cortos lóbulos postsetales, más evidentes en los setígeros 1-7. Segmentos de la región media (abdominales) a partir del setígero 10 (fig. 132E), de sección circular con parápodos en su borde anterior como crestas transversales de sedas rodeando todo el cuerpo, solo interrumpidas dorsal, ventral y lateralmente demarcando la presencia de notopodio y neuropodio. Todos los notopodios torácicos de los setígeros 1 a 9 poseen 12 a 16 largas sedas capilares (fig. 134C) dispuestas en amplios fascículos; sedas capilares neuropodiales más numerosas, con 25 a 30 dispuestas en fascículos densos y apretados. Sedas noto- y neuropodiales de los setígeros siguientes en dos líneas transversas; setígeros 10 y 11 solamente con sedas capilares, tanto notopodiales como neuropodiales; setígero 12 con solo sedas capilares en el notopodio y unas pocas espinas aciculares (fig. 134D) en la línea anterior del neuropodio; setígero 13 con cinturas de 10-12 espinas en la

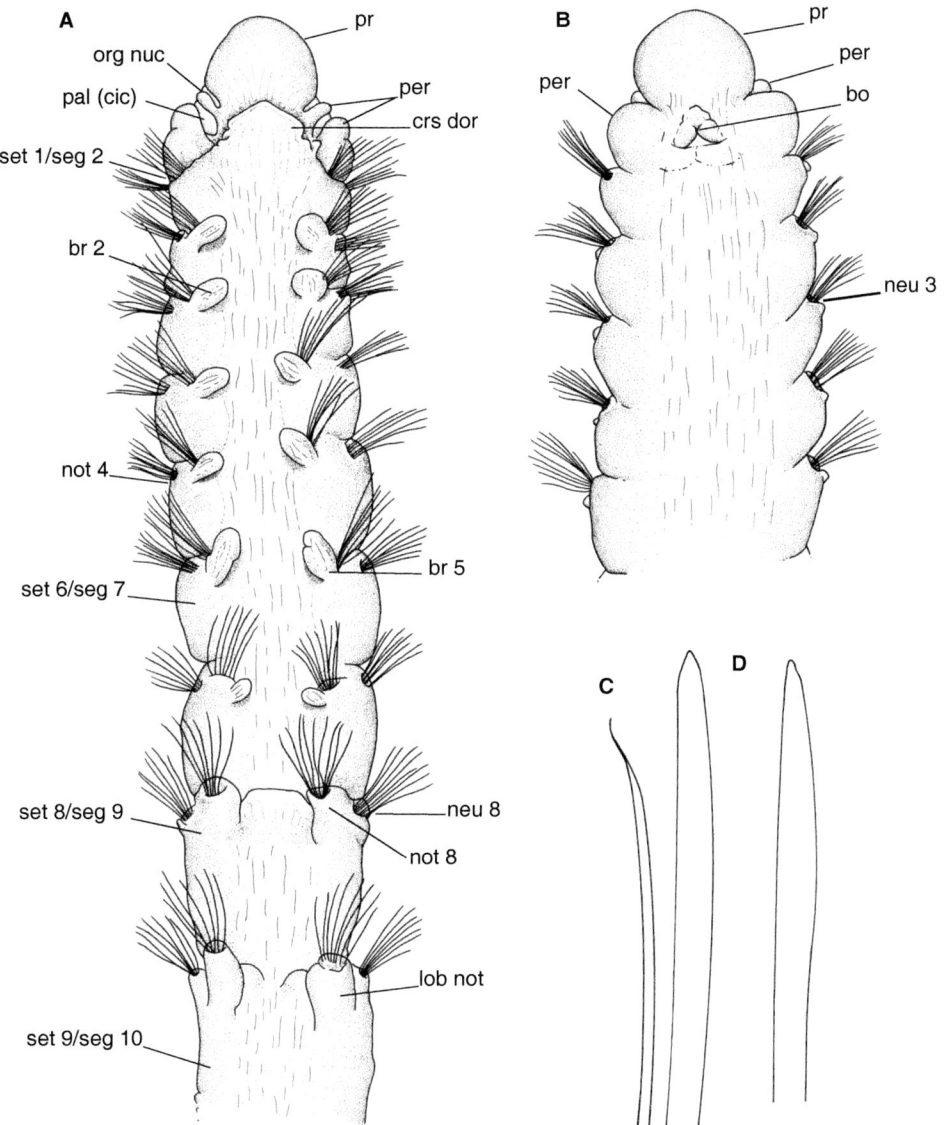

Fig. 134. Región anterior del cuerpo (setígeros 1 a 9) en vista dorsal (A), región anterior (setígeros 1 a 5) en vista ventral (B), neuroseda capilar del setígero 13 (C) y espinas aciculares del setígero 13 (D) de Heterospio southwardorum. Abreviaturas: bo, boca; br 2/5, branquia 2 y 5; crs dor, cresta dorsal; lob not, lóbulo notopodial; neu, neuropodio; not, notopodio; org nuc, órgano nucal; pal (cic), palpo (cicatriz); per, peristomio; pr, prostomio; seg, segmento; set, setígero. Redibujados de Blake y Maciolek (2023).

línea anterior y 25-30 capilares en la línea posterior; sedas capilares con extremo distal afinado; espinas aplastadas, estrechándose hacia el extremo distal hasta volverse puntiagudas, ninguna con el extremo aristado. Región posterior corporal bulbosa no observada. Color en alcohol blanco opaco; sin presencia de manchas pigmentarias.

Descripción elaborada a partir de la descripción original de Blake y Maciolek (2023).

Heterospio southwardorum se asemeja a *H. mediterranea*, la especie más próxima morfológicamente, en la forma ancha y redondeada del prostomio, la presencia de dos anillos y cresta peristomial, y que en ambas el primer segmento elongado es el setígero 9, siendo tan largo como los setígeros 1 a 8 combinados. En *H. southwardorum* el primer anillo peristomial es estrecho y separado del peristomio por el órgano nucal, las branquias están presentes en los setígeros 2 a 7, las sedas capilares hasta los setígeros 10 y 11, con espinas aciculares a partir de los setígeros 12-13, y carece de subuncinos. Por el contrario, *H. mediterranea* presenta ambos anillos peristomiales de tamaño equivalente, branquias presentes en los setígeros 2 a 8, y sedas capilares presentes hasta los setígeros 10-12, con espinas aciculares y subuncinos a partir del setígero 13.

De acuerdo con la descripción original de esta especie, Blake y Maciolek (2023) reconocen el inicio de la región media o abdominal en el setígero 10, en donde cambia la disposición setal de los típicos haces noto- y neuropodial, habituales en la región torácica anterior, a la disposición en cresta transversal (fig. 132E). Este criterio no es el mismo que el empleado por autores anteriores que localizan el inicio del abdomen en el primer segmento elongado, lo que haría avanzar esta región en esta especie al setígero 9.

Distribución geográfica.— Especie descrita originalmente del golfo de Vizcaya, frente a Bilbao (43.717° N, 03.797° W) (Blake y Maciolek, 2023).

Biología.— Recogida a 641 m de profundidad (Blake y Maciolek, 2023).

Familia *STERNASPIDAE* Carus, 1863
Sternaspidea Carus, 1863. *Handb. Zool.*, 2: 453

Los miembros de la familia *Sternaspidae* son bien conocidos desde el siglo XVIII por su abundancia en determinados ambientes y su extraño aspecto (Sendall y Salazar-Vallejo, 2013), corto y más o menos ovalado. Sin embargo, la estructura externa más llamativa es un gran escudo ventrocaudal plano y generalmente pigmentado. En un principio, se consideró que este escudo ocupaba una posición anterior y de ahí se deriva el nombre inglés de *mud owls* (búhos de fango), por la semejanza de esta estructura con la máscara de lechuzas y otras rapaces nocturnas; esta confusión fue resuelta por Audouin y Milne-Edwards (1829). Externamente, la superficie del cuerpo presenta papilas, aunque la cantidad y distribución de las mismas es muy diferente entre las distintas especies; además, se desprenden fácilmente, por lo que su distribución puede ser modificada por los distintos tratamientos del material colectado (Sendall y Salazar-Vallejo, 2013; Fiege, 2019).

En todas las especies el cuerpo está dividido en tres regiones (Fiege, 2019). En la anterior se encuentran un pequeño prostomio de forma más o menos esférica y un peristomio en forma de anillo aqueto (Rouse y Pleijel, 2001; Sendall y Salazar-Vallejo, 2013), que algunos autores han considerado un primer segmento (Petersen, 2000). La boca ocupa el centro del peristomio y está rodeada de labios carnosos y, en varias especies, densamente cubierta de pequeñas papilas. Detrás del peristomio se encuentran tres segmentos provistos de gruesas sedas en forma de ganchos alargados y dos o tres segmentos aquetos. La región anterior puede ser invaginada, incluyendo algunos de los segmentos portadores de setas (Sendall y Salazar-Vallejo, 2013), por lo que algunos autores se han referido a ella como introverto (Fiege, 2019; Drennan *et al.*, 2019). La contracción del introverto se produce por la acción de unos músculos retractores que se anclan internamente al escudo ventrocaudal, mientras que la proyección se produce por el aumento de la presión hidrostática causado por la retracción de la musculatura circular (Fiege, 2019). El grado de proyección del introverto en los ejemplares conservados depende en gran medida de los procesos de fijación, con lo que sus características no siempre son útiles para la identificación de especies (Méndez y Yáñez-Rivera, 2015).

La región central está formada por pocos segmentos (generalmente solo el 6 y el 7) y carece de sedas en los ejemplares adultos, aunque en su comienzo presenta un par de papilas genitales en posición ventral (Sendall y Salazar-Vallejo, 2013). Entre los dos segmentos de esta región se localiza un par de papilas genitales, y es posible observar los poros que dejan al invaginarse, aunque no siempre son claramente apreciables (Sendall y Salazar-Vallejo, 2013). Habitualmente la región central es mucho más estrecha que la anterior (Fiege, 2019), aunque esta condición no siempre es fácil de observar y depende mucho del grado de contracción del cuerpo.

A su vez, la región posterior, o abdomen, está claramente ensanchada, pero sobre todo se caracteriza por la presencia del escudo ventrocaudal, al que rodean varios fascículos de sedas marginales, y que puede estar cubierto de sedimento adherido. Además, en esta región hay dos grupos dorsales de branquias, que se suelen insertar cada uno en una placa branquial bien delimitada (Sendall y Salazar-Vallejo, 2013) y pueden estar acompañadas de numerosas papilas interbranquiales más finas, rectas y blanquecinas que las propias branquias. Por delante del escudo se pueden encontrar siete (en los géneros *Sternaspis* Otto, 1820 y *Caulleryaspis* Sendall y Salazar-Vallejo, 2013) u ocho (en *Petersenaspis* Sendall y Salazar-Vallejo, 2013 y *Mauretanaspis* Fiege y Barnich, 2020) segmentos abdominales aquetos. El escudo es aproximadamente rectangular, más ancho que largo, y está constituido por dos placas simétricas con los bordes externos sujetos por una gruesa cutícula. Las placas están fusionadas entre sí, aunque la sutura resultante de la fusión es claramente apreciable en muchas especies. En ausencia de otros caracteres, las proporciones relativas de las placas, su forma y la escultura que presentan son valiosos caracteres taxonómicos. La mayoría de las especies presentan un grupo de crestas que se proyectan en forma de abanico hacia el borde posterior del escudo, que puede ser recto o tener una escotadura central. Por su parte, el borde anterior presenta una quilla laminar que se incrusta bajo el tegumento formando una depresión más o menos marcada, según la especie. Finalmente, la forma rectilínea o curva de los bordes anterior, laterales y posterior pueden ser útiles en la identificación de las especies. Aunque el escudo está claramente esclerotizado, su composición química ha sido estudiada por varios autores y se ha comprobado que su naturaleza no es quitinosa sino una matriz férrica (Lowenstam, 1972; Goldberg, 1974). El grado de rigidez del escudo es también un importante carácter taxonómico, siendo este más flexible en el género *Caulleryaspis* (Sendall y Salazar-Vallejo, 2013). Al igual que otras regiones del cuerpo, el escudo puede estar cubierto por papilas más o menos densamente distribuidas, así como por sedimento adherido, que podría enmascarar la verdadera apariencia de esta estructura.

Dentro de la familia, se pueden encontrar varios tipos de sedas, aunque apenas muestran diferencias interespecíficas y su forma es un carácter taxonómico útil solo a nivel de género. En la región anterior, presentan filas laterales de ganchos lisos, terminados en punta afilada en los géneros *Sternaspis*, *Caulleryaspis* y *Mauretanaspis* o en punta ensanchada o espatulada en *Petersenaspis*; al formar líneas continuas resulta imposible determinar si se trata de noto- o neurosedas (Sendall y Salazar-Vallejo, 2013). En algunos ejemplares, se encuentran unas sedas simples más finas insertadas en una posición dorsal respecto a los ganchos, lo que ha llevado a algunos autores a considerar estas sedas notosedas y a los ganchos, neurosedas (Petersen, 2000; Zhadan *et al.*, 2017). En los setígeros 8 a 15 se pueden encontrar las sedas anteriores al escudo, que son muy finas, cortas y delicadas; pueden aparecer en solitario o formar fascículos reducidos. Por su posición dorsolateral es probable que sean notosedas (Sendall y Salazar-Vallejo, 2013). Mucho más llamativas son las sedas que rodean al escudo y que se disponen formando 9-11 pares de fascículos laterales (aunque a veces los más retrasados pueden estar tan juntos que son difíciles de individualizar) y 5-7 pares de fascículos posteriores. Los laterales están formados por sedas progresivamente más largas, mientras que los posteriores son todos de similar longitud. Tanto en unos como en otros las sedas de cada fascículo se pueden disponer formando una sola fila recta, una fila en forma de arco o un haz de forma circular u ovalada. La mayor parte de las sedas de estos fascículos son capilares gruesos y muy largos e hirsutos, con frecuencia cubiertos de sedimento. Sin embargo, en los últimos fascículos laterales se localiza un tipo particular de sedas denominadas en estaquilla, cuya interpretación ha variado de unos a otros autores. Tradicionalmente se ha considerado que cada seda en estaquilla estaba formada por un pequeño grupo de sedas cortas que se unían para formar una estructura de forma más o menos triangular (Petersen, 2000; Sendall y Salazar-Vallejo, 2013), cuya altura y amplitud de la base se trataban como carácter taxonómico. Sin embargo, estudios de microestructura más recientes (Zhadan *et al.*, 2017) indican que en realidad se trata de haces formados por más de 100 sedas capilares de diámetro muy fino embebidas en una matriz fibrosa que forma una especie de vaina, una estructura única en anélidos. En cualquier caso, el valor taxonómico de estas sedas es escaso, ya que se pierden fácilmente y su aparición en el cuerpo es bastante irregular (Fiege, 2019). Normalmente, las sedas en estaquilla están acompañadas de algunas sedas capilares cortas y finas. Rallo y Moya (1987) describieron algunos ganchos bidentados en los fascículos laterales, pero esta observación no ha podido ser confirmada (Fiege, 2019).

Los primeros estudios de la anatomía interna de esternáspidos fueron realizados por Krohn (1842) y Müller (1852). La pared del cuerpo está formada externamente por un tegumento consistente en cutícula y epidermis. La cutícula está integrada por fibras organizadas ortogonalmente y embebidas en una matriz amorfa (Fiege, 2019), mientras que la epidermis subyacente está formada por una única capa de células cúbicas (Bartolomaeus, 1992). Bajo la epidermis se encuentra la capa epiteliomuscular, formada por la musculatura longitudinal y la circular, que contactan entre sí en los surcos intersegmentarios (Fiege, 2019). La capa de musculatura circular rodea el interior del cuerpo completamente en los primeros seis segmentos, pero se va reduciendo hacia la parte posterior, donde se limita a los costados de la misma (Fiege, 2019). Además de la capa epiteliomuscular, existen unas series de pares de bandas musculares que se insertan en el escudo ventrocaudal (Sendall y Salazar-Vallejo, 2013) y músculos retractores de las sedas en los primeros tres segmentos (Fiege, 2019). La musculatura somática está separada de la cavidad interna por un peritoneo compuesto por una matriz extracelular perimuscular y las propias células peritoneales (Bartolomaeus, 1994). En la región anterior (Sendall y Salazar-Vallejo, 2013), la cavidad corporal presenta varios mesenterios y fibras musculares septales (Zhadan *et al.*, 2017), mientras que en la parte posterior hay un único septo horizontal (Fiege, 2019).

El tubo digestivo ocupa casi toda la cavidad interna y es muy retorcido (Fiege, 2019). La faringe se ha estudiado en algunas especies, en las que se ha observado que es eversible gracias a la contracción de la porción anterior de la cavidad corporal, regulada por los septos internos (Zhadan *et al.*, 2017), aunque otros autores (Jumars *et al.*, 2015) consideraban a estos animales incapaces de proyectar este órgano. En estos casos, es simétrica respecto al plano longitudinal y presenta una boca central rodeada de aproximadamente ocho lóbulos marginales. Este tipo de estructura es similar a la que presentan otras familias como Orbiniidae o Scalibregmatidae, lo que llevó a los últimos autores a suponer un estilo de alimentación parecido, seleccionando las partículas nutritivas gracias al moco o los cilios de los lóbulos marginales. Tras la faringe se extiende el esófago, recto al principio, pero que en su tramo final forma varias asas muy apretadas antes de desembocar en el estómago. El estómago forma varias asas en dirección anteroposterior y finalmente se abre al intestino sin que exista un límite definido entre ambos (Fiege, 2019). El intestino forma la mayor parte del tubo digestivo, que con numerosas vueltas ocupa casi toda la cavidad interior. En algunas descripciones se ha representado un recto protusible, pero esto podría resultar de una confusión con el pedúnculo caudal (Sendall y Salazar-Vallejo, 2013) o un artefacto de la fijación de ejemplares muertos (Fiege, 2019). Sin embargo, Zhadan *et al.* (2017) pudieron apreciar que en esta estructura podían observarse dos capas de tejido claramente diferentes, una ectodérmica y provista de papilas y otra endodérmica, además de una serie de paquetes musculares posiblemente responsables de su proyección y retracción, lo que indicaría su naturaleza permanente.

El sistema circulatorio (Fiege, 2019) está formado principalmente por los vasos longitudinales dorsal y ventral, los vasos laterales de la pared del cuerpo, los vasos branquiales y las propias branquias. El vaso dorsal comienza en las proximidades del recto, formándose a partir de dos ramificaciones anastosomadas laterales; desde ahí acompaña al tubo digestivo hasta la región anterior. Ahí se bifurca para rodear la faringe y formar el vaso ventral, que discurre hacia la parte posterior y por lo común da origen a los vasos laterales que irrigan los órganos segmentarios, las gónadas y otros órganos internos. Durante todo su recorrido los vasos ventral y dorsal se comunican entre sí a través de los vasos menores que rodean al tubo digestivos y discurren por la pared del cuerpo. Además de estos vasos, el sistema circulatorio se extiende por los filamentos branquiales, dentro de cada uno de los cuales hay un vaso aferente y otro eferente, cuya compleja estructura fue descrita por Goodrich (1905). Los vasos branquiales se originan en el vaso dorsal y comienzan con una región claramente engrosada, una segunda región también gruesa, pero de aspecto claramente distinta de la anterior, y de una región mucho más larga y delgada que es la que discurre por el interior del filamento branquial. Las regiones media y distal tienen paredes contráctiles debido a una serie de células mioepiteliales en forma de anillo dispuestas regularmente en la pared interna y cuya contracción rítmica hace circular la sangre por los vasos (Bartolomaeus, 1992).

El cerebro consiste en un ganglio supraesofágico localizado en el interior del prostomio y que, a través de un par de conectivos esofágicos, entra en contacto con la cadena nerviosa ventral, que no presenta ganglios definidos. De la cadena ventral surgen pares de nervios laterales, aunque ni su número ni posición se corresponden con los segmentos apreciables en el exterior. A partir del segmento 14, la cadena ventral se va engrosando progresivamente para formar el llamado ganglio terminal, que contacta con el escudo ventrocaudal (Dahl, 1955). Los esternáspidos no muestran órganos sensoriales externos llamativos, como podrían ser los órganos nucales o los ojos de otros anélidos. Las papilas orales están directamente inervadas desde el cerebro, mientras que el resto de papilas epidérmicas, que también tienen función sensorial (Dahl, 1955), están inervadas por los nervios epidérmicos (Fiege, 2019). Además de las papilas, los esternáspidos presentan algunos grupos de células de función supuestamente quimio- y mecanorreceptora en el extremo anterior del prostomio y algunos grupos de pequeñas células sensoriales en la parte dorsal del mismo que podrían ser fotorreceptores ciliares (Fiege, 2019).

En la parte anterior de la cavidad interna se encuentran los órganos segmentarios, formados por un par de sacos entrelazados entre sí y que conectan mediante unos finos túbulos con la parte ventrolateral del surco intersegmentario

6-7. Se les supone una función excretora, aunque la presencia de poros que se abran al exterior o de una conexión con la cavidad celómica está aún por demostrarse (Fiege, 2019).

Se sabe muy poco de la biología reproductora de los esternáspidos. Aparentemente, la mayoría de las especies son dioicas, con gónadas en forma de pequeños sacos constituidos por divertículos (Fiege, 2019) detrás del sexto segmento. La expulsión de los gametos se produce a través de un par de papilas genitales ventrales conectadas con las gónadas a través de conductos pareados. Aunque externamente no hay un marcado dimorfismo sexual, el aspecto de ovarios y testículos es diferente, siendo los primeros rojizos y los segundos, blancos. Los óvulos poco maduros tienen forma de pera y están unidos a la pared del ovario por un pedúnculo, pero al madurar se vuelven redondeados y quedan sueltos por el interior del ovario (Fiege, 2019). Se supone que los gametos se descargan a través de los gonoductos y las papilas genitales para que se produzca la fecundación externamente; aunque existe la posibilidad de que las papilas actúen como órganos de fecundación interna (Dales, 1963) no hay evidencias que apoyen dicha información (Fiege, 2019) Las larvas, que están completamente cubiertas de cilios y presentan un penacho apical (Fiege, 2019), son lecitotróficas (Strathmann, 1987) y pasan poco tiempo en el plancton, resultando en una escasa capacidad dispersiva (Sendall y Salazar-Vallejo, 2013). En la especie japonesa *Sternaspis costata* Marenzeller, 1879 se observó (Yoshino *et al.*, 2016) que se podían encontrar hembras ovadas durante casi todo el año, aunque eran particularmente abundantes en septiembre. También observaron que, a partir de este mes, el número de ejemplares adultos sufría una drástica caída, lo que sugiere un tipo de reproducción semélpara, con un ciclo de vida que para la mayoría de los individuos maduros no se prolongaba mucho más allá de un año.

Los esternáspidos habitan normalmente enterrados en fondos sublitorales, donde actúan como sedimentívoros no selectivos (Sendall y Salazar-Vallejo, 2013). Aunque en algunos casos se han citado a mayor profundidad (Kirkegaard, 1983; Salazar-Vallejo y Buzhinskaja, 2013), la familia parece haberse originado en aguas más someras (Kobayashi *et al.*, 2018). En las especies estudiadas, se ha observado que son capaces de desplazarse por el interior del sedimento utilizando el movimiento rítmico de proyección y retracción de la parte anterior del cuerpo (Drennan *et al.*, 2019). Respecto al tipo de sedimento, no parecen ser demasiado selectivos y se han encontrado en diferentes tipos de sustratos, aunque su naturaleza parece condicionar en gran medida su modo de vida. Así, cuando habitan fondos arenosos se sitúan con la parte anterior enterrada más profundamente y exponen las branquias (posteriores) a la columna de agua (Sendall y Salazar-Vallejo, 2013), mientras que en fondos fangosos se posicionan horizontalmente, justo debajo de la interfase fondo-agua (Dorgan *et al.*, 2006). En muchos ambientes pueden ser dominantes en cuanto a número de individuos y se han citado densidades de población muy notables en diferentes localidades de todo el mundo, como en Chile meridional (Rozbaczylo *et al.*, 2006), China (Wu *et al.*, 2015), el Mediterráneo nororiental (Harmelin-Vivien *et al.*, 2009), la costa sudoccidental de India (Joydas y Damodaran, 2009) o el norte de Brasil (Pires-Vanin *et al.*, 2011). Algunas especies han demostrado ser bastante tolerantes a condiciones de impacto ambiental de origen humano. Por ejemplo, se ha observado en el mar Adriático que los ejemplares del género *Sternaspis* son mucho más abundantes en las zonas objeto de pesca que en aquellas en la que no se produce tal actividad (de Biasi y de Raineri, 2006) y en algunas localidades de Japón son muy abundantes durante todo el año, pese a situaciones estacionales de hipoxia en el sedimento (Yoshino *et al.*, 2016). En al menos una ocasión, una especie ha demostrado una actividad invasora notable. La presencia de *S. scutata* se conocía desde los años 80 del siglo anterior en una única localidad del sur de Gran Bretaña, donde se considera una especie introducida. Sin embargo, Townsend *et al.* (2006) detectaron una rápida expansión de la especie a partir de 2004. En los nuevos lugares colonizados, la especie puede alcanzar enormes densidades de población, hasta el punto de alterar la concentración de nitrógeno en el sedimento, aunque no se pudieron observar otros cambios en la estructura de las comunidades bentónicas afectadas (Shelley *et al.*, 2008). Existe un segundo taxón citado como introducido, *S. nana* Zhadan, Tzetlin y Salazar-Vallejo, 2017, que pese a ser originario de Vietnam se ha encontrado en las costas de Brasil (Craveiro y Souza Filho, 2021), aunque en densidades mucho menores que la anterior especie. Al menos una especie, *S. costata*, se ha citado en aguas salobres (Southern, 1928).

En la actualidad, *Sternaspidae* está formada por algo más de 40 especies válidas, de las que 35 pertenecen al género *Sternaspis*, cuatro a *Caulleryaspis* Sendall y Salazar-Vallejo, 2013 y tres a *Petersenaspis* Sendall y Salazar-Vallejo, 2013 (Fiege, 2019). Recientemente (Fiege y Barnich, 2020) se ha añadido un cuarto género monotípico de aguas profundas de África occidental, *Mauretanaspis* Fiege y Barnich, 2020. La primera descripción formal de un miembro de la familia fue la de *Thalassema scutatus* por Ranzani (1817), aunque se conocen descripciones muy anteriores de invertebrados que seguramente perteneciesen a esta familia (Petersen, 2000). El nombre de la familia fue erigido por Carus (1863) para incluir al género *Sternaspis* Otto, 1820, quien a su vez había erigido el nombre genérico al renombrar la especie descrita por Ranzani. Hasta 1966 se habían descrito 13 especies de la familia (Fiege, 2019), pero muchos autores dudaban de la validez de las mismas. Por ejemplo, Hartman (1959) en su catálogo solo consideraba válidas cinco especies, pero en otros trabajos clásicos (Fauvel, 1927; Day, 1967) se consideraba que la familia estaba constituida por una única especie cosmopolita. Sin embargo, el minucioso y extenso trabajo de Sendall y Salazar-Vallejo (2013) llevó a una reevaluación de los caracteres previamente utilizados en la taxonomía de la familia. En consecuencia, en esta publicación se reinstauraron varias especies, se describieron otras y se erigieron dos nuevos géneros. Posteriormente a este trabajo, el número de especies y el conocimiento de la familia se han visto aumentados notablemente por los trabajos de Salazar-Vallejo y Buzhinskaja (2013), Salazar-Vallejo (2014a, 2014b, 2017), Díaz-Díaz y Rozbaczylo (2017), Wu y Xu (2017), Zhadan *et al.* (2017), Drennan *et al.* (2019) y Fiege (2019).

Tanto los estudios morfológicos (Rouse y Fauchald, 1997), como los más recientes moleculares (Rousset *et al.*, 2007; Struck *et al.*, 2007; Andrade *et al.*, 2015) coinciden en considerar a los esternáspidos como el grupo hermano de *Fauve-*

liopsidae, con los que compartirían la presencia de una región anterior invaginable, de papilas genitales en la mitad del cuerpo y de un escudo ventrocaudal esclerotizado. Sin embargo, su relación con otras familias no resulta tan clara. La propuesta más clásica, basada en estudios morfológicos, indicaba una afinidad con *Cirratulidae* y *Flabelligeridae* (Rouse y Pleijel, 2001), junto a los cuales se incluirían en el taxón suprafamiliar *Cirratuliformia*. Sin embargo, existen discrepancias respecto a su posición dentro de este grupo. Los resultados del estudio morfológico de Salazar-Vallejo *et al.* (2008) incluso los situaban dentro de *Cirratulidae*, aunque los propios autores ponían en duda la fiabilidad de dicho dato por el escaso número de especies estudiadas. Por el contrario, estudios moleculares consideran a *Sternaspidae* más próxima a *Flabelligeridae* (Andrade *et al.*, 2015), como un grupo hermano del clado formado por flabeligéridos y cirratúlidos, solos (Kobayashi *et al.*, 2018), o formando parte de un clado que también incluiría a *Travisiidae* y *Scalibregmatidae* (Drennan *et al.*, 2019). Incluso la monofilia de *Cirratuliformia* ha sido puesta en duda y varios autores consideran que la inclusión de *Fauveliopsidae* y *Sternaspidae* en el mismo no está justificada (Rousset *et al.*, 2007; Struck *et al.*, 2007; Osborn y Rouse, 2011). Otros estudios moleculares apuntan en una dirección muy diferente y encuentran una mayor afinidad con *Paraonidae* (Bleidorn, 2005; Langeneck *et al.*, 2019), de los que serían el grupo hermano, aunque los mismos autores reconocen la dificultad de encontrar algún rasgo morfológico compartido que pudiera sustentar dicha relación.

Hasta la fecha, únicamente *S. scutata* (Ranzani, 1817) ha sido citada en el ámbito íbero-balear. La presencia de *S. thalassemoides* Otto, 1820 en el área de estudio no puede ser descartada, ya que pese a ser la especie tipo del género, tradicionalmente se ha considerado un sinónimo posterior de *S. scutata*, situación mantenida hasta su restauración por Sendall y Salazar-Vallejo (2013). Sin embargo, los caracteres definidos por estos autores para separar ambas especies parecen ser bastante variables y ejemplares que podrían pertenecer a una u otra aparecen frecuentemente en la misma población, incluso en ausencia de diferencias genéticas relevantes (Drennan *et al.*, 2019).

Familia *STERNASPIDAE* Carus, 1863
Género *Sternaspis* Otto, 1820
Sternaspis scutata (Ranzani, 1817)

Género **Sternaspis** Otto, 1820

Sternaspis Otto, 1820. *Sternasp. Thalassem.*: 5
ESPECIE TIPO: *Sternaspis thalassemoides* Otto, 1820

Cuerpo formado por 18-20 segmentos, dividido en introverto y abdomen, este último provisto de un llamativo escudo ventrocaudal esclerotizado con costillas radiales y líneas concéntricas; cuerpo de forma ovoidea cuando el introverto está retraído, más o menos cilíndrica cuando está evaginado. Cutícula a menudo cubierta de finas papilas con partículas de sedimento adheridas. Introverto formado por el prostomio, el peristomio y los primeros cinco segmentos; prostomio habitualmente esférico y pequeño, sin ojos diferenciables; peristomio cubierto de papilas; primeros tres segmentos del introverto provistos de fascículos notopodiales de ganchos recurvados y puntiagudos dispuestos en una fila, con o sin sedas acompañantes; resto de segmentos del introverto aquetos. Un par de papilas genitales entre los segmentos 6 y 7. Abdomen formado por siete segmentos aquetos anteriores al escudo y cinco o seis sobre él. Sedas abdominales de dos tipos: sedas capilares lisas y delgadas que forman fascículos a los costados y detrás del escudo ventrocaudal y sedas en estaquilla situadas en la transición entre los fascículos laterales y los posteriores. Filamentos branquiales dispuestos sobre dos áreas laterales bien definidas.

Género formado por 35 especies de las que únicamente *S. scutata* ha sido previamente citada en el ámbito ibero-balear.

Sternaspis scutata (Ranzani, 1817) (figs. 135 y 136)
Thalassema scutatus Ranzani, 1817. *Opusc. Sci. (Bologna)*, 1: 116

Cuerpo de color blanquecino o gris, tegumento cubierto de finas papilas filiformes de aproximadamente 20-30 μm, más evidentes en ejemplares juveniles, e incrustado con partículas de sedimento, translucido en los ejemplares de menor tamaño; de forma más o menos cilíndrica cuando el introverto está evaginado (figs. 135A, 135B), ovoide cuando este se invagina (fig. 135C). Ejemplar mayor de 29 mm de largo, abdomen con 11 mm de anchura. Prostomio blanco o rosado, esférico y de pequeño tamaño (figs. 135A, 136A). Papilas orales esféricas, distribuidas regularmente alrededor de la boca (figs. 135A, 136A). Primeros tres setígeros del introverto con filas de hasta 17 ganchos ambarinos y ligeramente curvados en cada costado (figs. 135A, 135B); ganchos más dorsales largos y gruesos; ganchos ventrales más cortos y delgados, dispuestos más próximos entre sí (figs. 135D, 135E); notosedas acompañantes de los ganchos ausentes. Papilas genitales triangulares, proyectándose ventralmente entre los setígeros 6 y 7 (figs. 135A, 135C). Región del abdomen previa al escudo formada por siete segmentos aquetos. Escudo ventrocaudal rectangular (figs. 135A, 135C); pardo o marrón oscuro (figs. 136B, 136C); con líneas concéntricas y costillas poco desarrolladas; ocasionalmente cubierto de partículas sedimentarias; sutura entre placas evidente en toda la longitud del escudo; placa izquierda del escudo del ejemplar mayor con 4,4 mm de longitud y 4,5 mm de anchura; placa derecha con 4,5 mm de longitud y 4,9 mm de anchura. Borde anterior del escudo ligeramente redondeado; depresión anterior poco profunda; quilla anterior cubierta; bordes laterales redondeados; abanico posterior que se proyecta poco más allá de las esquinas posteriores o recto, con borde suavemente crenulado y con una muesca en su centro. Sedas marginales del escudo de color similar al de los ganchos del introverto, dispuestas en nueve fascículos laterales y seis posteriores (figs. 135A, 135C, 136B, 136C); sedas de los fascícu-

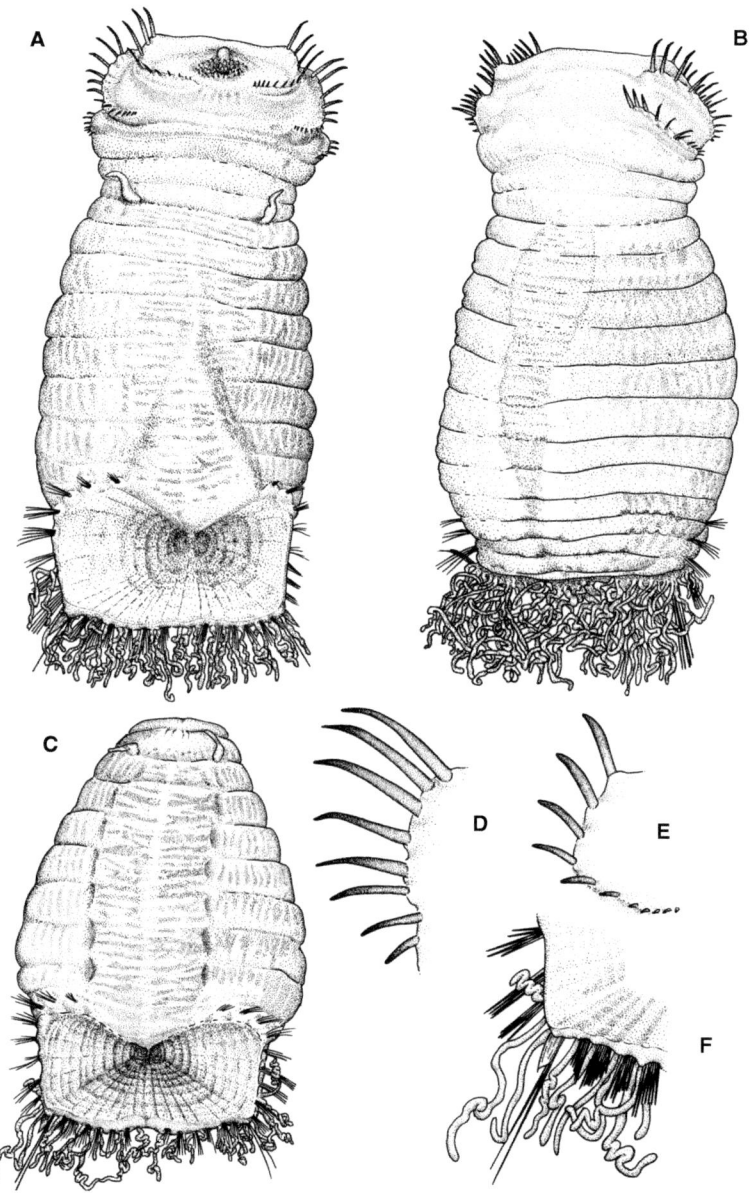

Fig. 135. Ejemplar completo con el introverto evertido en vista ventral (A) y dorsal (B), ejemplar completo con el introverto invaginado en vista ventral (C), ganchos del primer (D) y del segundo (E) setígero del introverto y detalle del extremo posterior del escudo mostrando una seda en estaquilla (F) de Sternaspis scutata.

los laterales y posteriores dispuestas en forma de arco. Sedas en estaquilla situadas entre el final de los fascículos laterales y el comienzo de los posteriores (figs. 135F, 136E); de longitud algo menor que las de los fascículos posteriores. Presencia de un fascículo de finas sedas capilares entre las sedas en estaquilla y los fascículos posteriores (figs. 135A, 135C, 135F). Numerosas branquias retorcidas, insertadas en un par de placas ovales claramente separadas entre sí (figs. 135A, 135C, 136C, 136D). Pedúnculo anal no observado.

Distribución geográfica.— Muchas citas de la familia *Sternaspidae* han sido referidas a *Sternaspis scutata*, que hasta recientemente se ha considerado una especie cosmopolita. Se ha citado en aguas árticas (Wesenberg-Lund, 1953), Pacífico noroccidental (Hartman, 1971), nororiental (Imajima, 2005) y sudoriental (Gallardo, 1968), mar Rojo (Fauvel, 1957), océano Índico (Hartman, 1976),

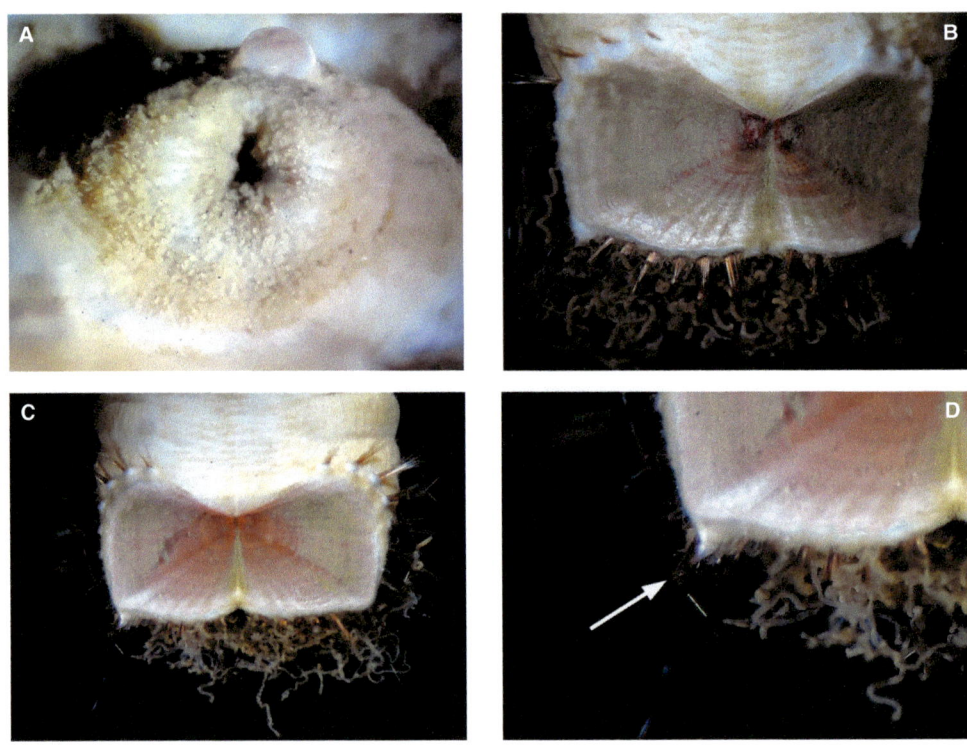

Fig. 136. Extremo anterior en vista ventral mostrando el prostomio esférico y la región peristomial cubierta de papilas (A), escudo ventrocaudal de dos ejemplares diferentes (B, C) y detalle del borde lateroposterior del escudo mostrando la seda en estaquilla señalada con una flecha (D) de Sternaspis scutata.

océano Atlántico tropical (Fauvel, 1936), Sudáfrica (Day, 1967), Nueva Zelanda (Augener, 1926) y océano Austral (Parapar *et al.*, 2011). Sin embargo, los estudios morfológicos (Sendall y Salazar-Vallejo, 2013) y moleculares (Drennan *et al.*, 2019) indican que el área de distribución de la especie se limita al mar Mediterráneo y al Atlántico oriental, desde la península Ibérica hasta el Canal de La Mancha, donde es una especie introducida (Townsend *et al.*, 2006). En el ámbito íbero-balear, se ha citado en la costa catalana (Desbruyères *et al.*, 1972), mar de Alborán (Torres-Gavilá, 2008), Portugal (Dexter, 1992), Galicia (López-Jamar, 1981) y País Vasco (Rallo y Moya, 1987).

Biología.— Se encuentra generalmente en aguas poco profundas (Fiege, 2019), donde habita fondos fangosos en los que puede ser muy abundante (Serrano *et al.*, 2008). Habitualmente, permanecen sobre el fondo apoyándose en su parte ventral y con los filamentos branquiales extendidos hacia la columna de agua (Fiege, 2019), aunque también pueden enterrarse rápidamente con ayuda del introverto y sus ganchos (Dales, 1963). Jumars *et al.* (2015), consideran a todos los miembros de la familia como sedimentívoros subsuperficiales selectivos.

BIBLIOGRAFÍA

ACERO, M.I. y SAN MARTÍN, G., 1986. Poliquetos epibiontes del primer horizonte de algas fotófilas en las provincias de Cádiz y Málaga. Estudio faunístico comparado. *Boletín de la Real Sociedad Española de Historia Natural*, 82: 5-24.

ACUÑA, R., DURÁN, C., RODRÍGUEZ, M. y SANJUÁN, A., 1984. Campañas de estudio del macrobentos infralitoral rocoso en el parque natural de las islas Cíes (NW España). II. Primeros resultados. *Actas do IV Simpósio Ibérico de Estudos do Benthos Marinho*, Lisboa, 1: 287-305.

AGUIRRE, O., SAN MARTÍN, G. y BARATECH, L., 1986. Presencia de la especie *Polydora colonia* Moore, 1907 (Polychaeta, Spionidae) en las costas españolas. *Miscelanea Zoológica*, 10: 375-377.

AGUIRREZABALAGA, F., 1984. Contribución al estudio de los Anélidos Poliquetos de la costa de Guipúzcoa. *Munibe*, 36: 119-130.

AGUIRREZABALAGA, F. y CEBERIO, A., 2005. Spionidae (Annelida: Polychaeta) from the Capbreton Canyon (Bay of Biscay, NE Atlantic) with decriptions of a new genus and three new species. *Marine Biology Research*, 1: 267-280. https://doi.org/10.1080/17451000500262066

AGUIRREZABALAGA, F., ARRARÁS, M.D., ARTECHE, I., ROMERO, A., RUIZ de OCENDA, M.J., TORRES, J.A., URIZ, M.J., ZABALA, M. e IBÁÑEZ, M., 1985. Contribución al conocimiento de la fauna marina de la Costa Vasca III. *Lurralde*, 8: 121-140.

AGUIRREZABALAGA, F., CEBERIO, A. y PAXTON, H., 2002. Onuphidae (Polychaeta) from the Capbreton (Bay of Biscay, NE Atlantic), with the description of *Paradiopatra capbretonensis* sp. nov. *Steenstrupia*, 27(1): 19-28.

ÅKESSON, B., 1967. The embryology of the polychaete *Eunice kobiensis*. *Acta Zoologica*, 48: 141-192. https://doi.org/10.1111/j.1463-6395.1967.tb00136.x

ALLEN, E.J., 1904. The anatomy of *Poecilochaetus*, Claparède. *Quarterly Journal of Microscopical Science*, 48: 79-151. https://doi.org/10.1242/jcs.s2-48.189.79

ALÓS, C., 1983. Anélidos poliquetos del cabo de Creus. II. Hojas de *Posidonia oceanica*. *Publicaciones del departamento de Zoología. Barcelona*, 9: 23-30.

ALÓS, C., 1984. Anélidos Poliquetos del cabo de Creus. I. Rizomas de *Posidonia oceanica*. *Cuadernos Marisqueros Publicaciones Técnicas*, 7: 89-101.

ALÓS, C., 1988. *Anélidos poliquetos del cabo de Creus (Alt Emporda). Estudio sistemático y faunístico de los anélidos Poliquetos del litoral norte de la península del cabo de Creus*. Tesis doctoral. Universidad de Barcelona. Barcelona. 939 pp.

ALÓS, C., CAMPOY, A. y PEREIRA, F., 1982. Contribución al estudio de los Anélidos Poliquetos endobiontes de esponjas. *Actas del II Simposio Ibérico de Estudios del Bentos Marino*, Barcelona, 3: 139-157.

ALTUNA, A., ROMERO, A., SANZ, A., TORRES, J.A. de IBÁÑEZ, M., 1983. Contribución al conocimiento de la fauna marina de la costa de Guipúzcoa I. *Lurralde*, 6: 127-155.

AMARAL, A.C.Z. y COSTA, M. H., 1999. Macrobenthic communities of saltpans from the Sado estuary (Portugal). *Acta Oecologica*, 21(4): 327-332. https://doi.org/10.1016/S1146-609X(99)00134-4

AMOUREUX, L., 1970. Annélides Polychètes du Golfe de Tarente, résultats de nouvelles croisières de l'Albatros (1968-1969). *Annali del Museo Civico di Storia Natural di Genova,* 78: 1-20.

AMOUREUX, L., 1971. Problèmes biologiques suggérés par certaines répartitions d'Annélides Polychètes dans la zone meuble intertidale. Divers problèmes sont évoqués à propos de la répartition de *Travisia forbesi* et d'*Ophelia bicornis*. *Vie et Milieu*, Suppl. 22(2): 701-705.

AMOUREUX, L., 1972. Annèlides polychétes recuillies sur les pentes du talus continental, au large de la Galice (Espagne), campagnes 1967 et 1968 de la "Thalassa". *Cahiers de Biologie Marine*, 12(1): 63-90.

AMOUREUX, L., 1973a. Annélides Polychètes recueillies sur les pentes du talus continental au nord de la côte espagnole. Campagne 1970 de la «Thalassa». *Cahiers de Biologie Marine*, 14: 429-452.

AMOUREUX, L., 1973b. Annélides Polychètes du banc Le Danois. Campagne 1971 de la "Thalassa". *Boletín de la Real Sociedad española de Historia Natural (Sección Biológica)*, 72: 101-127.

AMOUREUX, L., 1974. Annélides Polychètes recuillies sur les pentes du talus continental au Nord-Ouest de l'Espagne et du Portugal (Campagne 1972 de la "Thalassa"). *Cuadernos de Ciencias Biológicas*, 3: 121-154.

AMOUREUX, L., 1976. Annélides Polychètes récoltés par J. Stirn en 1969 sur les côtes Marocaines du détroit de Gibraltar. *Cuadernos de Ciencias Biológicas de la Universidad de Granada*, 5: 5-33.

AMOUREUX, L. 1977., Annélides polychètes errantes recueillies sur les pentes du talus continental à l'entrée de la Manche, avec la description de deux espèces nouvelles. Campagne 1973 de la "Thalassa". *Cahiers de Biologie Marine*, 18(4): 391-411.

AMOUREUX, L., 1987. Annèlides polychétes du talus continental européen. Donnés complémentaires concernant les campagnes 1970-1971-1972 de la "Thalassa". Donnés globales sur l'ensemble des six campagnes (1967 à 1973). *Cahiers de Biologie Marine*, 28(4): 569-567.

AMOUREUX, L. y CALVÁRIO, J., 1981. Annélides polychètes du Portugal. Donnés nouvelles. *Arquivos do Museu Bocage, série B,* 1(2): 145-156.

ANADÓN, R., 1977. *Estudio ecológico de la playa de La Foz, ría de Vigo, España, durante los años 1973-1975*. Tesis doctoral. Universidad Complutense de Madrid. Madrid. 192 pp.

ANDRADE, F., 1984. Estructura bionomica da parte terminal do estuario do rio Mira (V.N. Milfontes – Portugal). *Actas do IV Simpósio Ibérico de Estudos do Benthos Marinho*, Lisboa, 1: 171-178.

ANDRADE, S.C.S., NOVO, M., KAWAUCHI, G.Y., WORSAAE, K., PLEIJEL, F., GIRIBET, G. y ROUSE, G.W., 2015. Articulating "archiannelids": phylogenomics and annelid relationships, with emphasis on meiofaunal taxa. *Molecular Biology and Evolution*, 32(11): 2860-2875. https://doi.org/10.1093/molbev/msv157

ANDRÉ, C. y PLEIJEL, F., 1989. *Nothria maremontana,* a new onuphid species off the Portuguese Coast. *Cahiers de Biologie Marine,* 30(1): 11-16.

ANGULO, R., CAMPOY, A. e IBÁÑEZ, M., 1978. Ecología de la costa Guipuzcoana. I. *Bulletin du Centre d'Études et de Recherches Scientifiques Biarritz,* 12(1): 157-184.

ARIAS, A., 2016. *Onuphis* and *Mooreonuphis* (Annelida: Onuphidae) from West Africa with the description of three new species and the reinstatement of *O. landanaensis* Augener, 1918. *Zootaxa,* 4168(3): 481-511. https://doi.org/10.11646/zootaxa.4168.3.3

ARIAS, A. y PAXTON, H., 2014a. First record of the polychaetous annelid *Diopatra micrura* Pires *et al.,* 2010 in the Mediterranean Sea. *Mediterranean Marine Science,* 15: 5-8. https://doi.org/10.12681/mms.377

ARIAS, A. y PAXTON, H., 2014b. Hidden diversity within the polychaete *Onuphis eremita sensu lato* (Annelida: Onuphidae)-redescription of *O. eremita* Audouin & Milne-Edwards, 1833 and reinstatement of *Onuphis pancerii* Claparède, 1868. *Zootaxa.* 3861(2): 145-169. https://doi.org/10.11646/zootaxa.3861.2.3

ARIAS, A. y PAXTON, H., 2015a. *Onuphis* and *Aponuphis* (Annelida: Onuphidae) from southwestern Europe, with the description of a new species. *Zootaxa,* 3949(3): 345-369. https://doi.org/10.11646/zootaxa.3949.3.3

ARIAS, A. y PAXTON, H., 2015b. The cryptogenic bait worm *Diopatra biscayensis* Fauchald *et al.,* 2012 (Annelida: Onuphidae) – revisiting its history, biology and ecology. *Estuarine, Coastal and Shelf Science,* 163: 22-36. https://doi.org/10.1016/j.ecss.2015.05.033

ARIAS, A. y PAXTON H., 2015c. *Paradiopatra* Ehlers, 1887 (Annelida: Onuphidae) from southwestern Europe with the description of a new species and new ultramorphological data for the genus. *Zootaxa,* 4040(2): 22-36. https://doi.org/10.11646/zootaxa.4040.2.3

ARIAS, A. y PAXTON, H., 2016. *Hyalinecia (sic) Edwardsi* Roule, 1898—the enigmatic ghost from abyssal depths–redescribed as *Nothria edwardsi* (Annelida: Onuphidae). *Zootaxa,* 4147(1): 97-100. https://doi.org/10.11646/zootaxa.4147.1.9

ARIAS, A. y PAXTON, H., 2020. First record of the rare deep-sea polychaeta *Rhamphobrachium (Rhamphobrachium) agassizii* (Annelida: Onuphidae) in European waters. *Journal of the Marine Biological Association of the United Kingdom,* 100(5): 1-6. https://doi.org/10.1017/S0025315420000673

ARIAS, A. y PAXTON, H., 2022. Life history and reproductive traits of the East Atlantic deepsea quill worm *Hyalinoecia robusta* Southward, 1977 (Annelida: Onuphidae). *Estuarine, Coastal and Shelf Science,* 270: 1-12. https://doi.org/10.1016/j.ecss.2022.107850

ARIAS, A., ANADÓN, N. y PAXTON, H., 2010. New records of *Diopatra marocensis* (Annelida: Onuphidae) from northern Spain. *Zootaxa,* 2691: 67-68. https://doi.org/10.11646/zootaxa.2691.1.5

ARIAS, A., FERNÁNDEZ-ÁLVAREZ, F.A., MARTINS, R. y ANADÓN, N., 2015. Rediscovery and redescription of *Leodice laurillardi* (Quatrefages, 1866) comb. nov. (Annelida: Eunicidae) – a rare European polychaete or just an overlooked species? *Zootaxa,* 3964(4): 475-481. https://doi.org/10.11646/zootaxa.3964.4.6

ARIAS, A., NÚÑEZ, J. y PAXTON, H., 2017. Onuphid polychaetes associated with the *Cymodocea nodosa* meadows of La Gomera (Canary Islands, NW Africa) – new species and new records from the eastern North Atlantic. *Journal of the Marine Biological Association of the United Kingdom,* 97(5): 857-869. https://doi.org/10.1017/S0025315417000194

ARIAS, A., PAXTON, H. y ANADÓN, N., 2013b. *Mooreonuphis vespa,* a new brooding species of Onuphidae (Annelida) from northern Spain (Bay of Biscay). *Zootaxa,* 3741(4): 583-592. https://doi.org/10.11646/3898

ARIAS, A., PAXTON, H. y BUDAEVA, N., 2016. Redescription and biology of *Diopatra neapolitana* (Annelida: Onuphidae), a protandric hermaphrodite with external spermaducal papillae. *Estuarine, Coastal and Shelf Science,* 174: 1-17. https://doi.org/10.1016/j.ecss.2016.03.002

ARIAS, A., RICHTER, A., ANADÓN, N. y PAXTON, H., 2013a. Evidence of simultaneous hermaphroditism in the brooding *Diopatra marocensis* (Annelida: Onuphidae) from northern Spain. *Journal of the Marine Biological Association of the United Kingdom,* 93: 1533-1542. https://doi.org/10.1017/S002531541300012X

ARIAS, A., WOODIN, S.A. y PAXTON, H., 2023. An introduction to *Diopatra,* the amazing ecosystem engineering polychaete. *Biology,* 12(7): 1027. https://doi.org/10.3390/biology12071027

ARIÑO, A., 1987. Bibliografía ibérica de poliquetos: Base de datos y catálogo de especies. *Publicaciones de Biología de la Universidad de Navarra, Serie Zoológica,* 16: 1-169.

ARVANITIDIS, C., 2000. Polychaete fauna of the Aegean Sea: Inventory and new information. *Bulletin of Marine Science,* 66(1): 73-96.

ARVANITIDIS, C. y KOUKOURAS, A., 1997. The genus *Paradiopatra* (Polychaeta, Onuphidae) in the Mediterranean with the description of *Paradiopatra calliopae* sp. nov. *Ophelia,* 46(1): 51-63. https://doi.org/10.1080/00785326.1997.10432477

AUDOUIN, V. y MILNE-EDWARDS, H., 1829 *Résumé d'Entomologie, ou d'Histoire Naturelle des Animaux Articulés. Tome Premier: Histoire Naturelle des Annélides, Crustacés et Arachnides.* Encyclopédie Portative, Paris. 311 pp.

AUDOUIN, J.V. y MILNE-EDWARDS, H., 1833. Classification des Annélides et description de celles qui habitent les côtes de la France. *Annales des Sciences Naturelles,* 28: 187-247. https://doi.org/10.5962/bhl.part.8010

AUGENER, H., 1926. Papers from Dr. Th. Mortensen's Pacific Expedition 1914-16, 24. Polychaeta 3. Polychaeten von Neuseeland, 2. Sedentaria. *Videnskabelige Meddelelser fra Dansk naturhistorisk Forening I Kobenhavn,* 81: 157-194.

BAILEY-BROCK, J.H., 1984. Ecology of the tube-building polychaete *Diopatra leuckarti* Kinberg, 1865 (Onuphidae) in Hawaii: community structure and sediment stabilizing properties. *Zoological Journal of the Linnean Society,* 80: 191-199. https://doi.org/10.1111/j.1096-3642.1984.tb01972.x

BAIRD, W., 1869. Remarks on several genera of Annelides, belonging to the group Eunicea, with a notice of such species as are contained in the Collection of the British Museum, and a description of some others hitherto undescribed. *Journal of the Linnean Society of London, Zoology,* 10: 341-361. https://doi.org/10.1111/j.1096-3642.1869.tb00665.x

BANSE, K., 1972. On some species of Phyllodocidae, Syllidae, Nephtyidae, Goniadidae, Apistobranchidae, and Spionidae (Polychaeta). *Pacific Science,* 26: 191-222.

BANSE, K. y HOBSON, K.D., 1968. Benthic polychaetes from Puget Sound, Washington, with remarks on four other species. *Proceedings of the United States National Museum,* 125(3667): 1-53. https://doi.org/10.5479/si.00963801.125-3667.1

Baratech, L. y San Martín, G., 1987. Contribución al conocimiento de los Anélidos Poliquetos (Annelida: Polychaeta) de las costas andaluzas. *Boletín del Instituto Español de Oceanografía*, 4(2): 37-48.

Barroso, M., Moreira, J. y Parapar, J., 2022. Long forgotten: *Eunice woodwardi* Baird, 1869 (Annelida, Eunicidae) revisited, with an insight on internal anatomy. *PeerJ*, 10: e13126. https://doi.org/10.7717/peerj.13126

Bartolomaeus, T., 1992. On the ultrastructure of the cuticle, the epidermis and the gills of *Sternaspis scutata* (Annelida). *Microfauna Marina*, 7: 237-252.

Bartolomaeus, T., 1994. On the ultrastructure of the coelomic lining in the Annelida, Sipuncula and Echiura. *Microfauna Marina*, 9: 171-220.

Bellan, G., 1964. Contribution à l'étude systématique, bionomique et écologique des Annélides Polychètes de la Méditerranée. *Recueil des Travaux de la Station Marine d'Endoume*, 49(33): 1-372.

Bellan, G., 1969. Annélides Polychètes recueillies dans l'archipel de Madère au cours de la champagne scientifique du navire océanographique "Jean Charcot". *Cahiers de Biologie Marine*, 10: 35-57.

Bellan, G. y Lagardère, F., 1971. *Nerine mesnili*, n. sp., spionidien méconnu des plages sableuses de la province lusitanienne. *Bulletin de la Société Zoologique de France*, 96(4): 571-579.

Ben-Eliahu, M.N., 1972. Littoral Polychaeta from Cyprus. *Tethys*, 4: 85-94.

Ben-Eliahu, M.N., 1976. Errant polychaete cryptofauna (excluding Syllidae and Nereidae) from rims of similar intertidal vermetid reefs on the Mediterranean coast of Israel and in the Gulf of Elat. *Israel Journal of Zoology*, 25: 156-177.

Bergman, C.F., 1987. Silurian paulinitid jawed polychaetes from Gotland. *Fossils and Strata*, 25: 1-205. https://doi.org/10.18261/8200374246-1989-01

Berke, S.K., Mahon, A.R., Lima, F.P., Halanych, K.M., Wethey, D.S. y Woodin, S.A., 2010. Range shifts and species diversity in marine ecosystem engineers: patterns and predictions for European sedimentary habitats. *Globlal Ecology and Biogeography*, 19: 223-232. https://doi.org/10.1111/j.1466-8238.2009.00509.x

Berthold, A.A., 1827. *Latreille's Natürliche Familien des Thierreichs. Aus dem Franzosischen, mit Anmerkungen und Zusätzen*. Verlage Landes-Industrie-Comptoirs. Weimar. 606 pp. https://doi.org/10.5962/bhl.title.11652

Besteiro, C., Parapar, J., Saiz Salinas, J.I., Martínez-Ansemil, E. y Moreira, J., 2017. Annelida. En: *Inventario de la biodiversidad marina de Galicia: Proyecto LEMGAL*. Bañón, R. (Ed.). Consellería do Mar, Xunta de Galicia. Santiago de Compostela: 339-372.

Bhaud, M., 1987. Description and identification of polychaete larvae: Their implications in current biological problems. *Oceanis*, 13(6): 596-753.

Bick, A., 2001. The morphology and ecology of *Dipolydora armata* (Polychaeta, Spionidae) from the western Mediterranean Sea. *Acta Zoologica (Stockholm)* 82: 177-187. https://doi.org/10.1046/j.1463-6395.2001.00078.x

Bick, A. y Meißner, K., 2011. Redescription of four species of *Spio* and *Microspio* (Polychaeta, Spionidae) from the Kuril Islands and Peter the Great Bay, northwest Pacific. *Zootaxa*, 2968: 39-56. https://doi.org/10.11646/zootaxa.2968.1.3

Bick, A., Otte, K. y Meißner, K., 2010. A contribution to the taxonomy of *Spio* (Spionidae, Polychaeta, Annelida) occurring in the North and Baltic Seas, with a key to species recorded in this area. *Marine Biodiversity*, 40: 161-180. https://doi.org/10.1007/s12526-010-0040-5

Birula, A., 1897. Recherches sur la biologie et la zoogéographie principalement des mers russes. 2. Hydrozoaires, Polychètes et Crustacés recueillis par le Dr A. Botkine en 1895, dans les golfes du Jenisei et de l'Obi). *Eżegodnik Zoologičeskago Muzeâ Imperatorskoj Akademìi Nauk*, 2: 78-116. [En ruso]. https://www.biodiversitylibrary.org/page/8651889.

Blake, J.A., 1969. Reproduction and larval development of *Polydora* from northern New England. *Ophelia*, 7: 1-63. https://doi.org/10.1080/00785326.1969.10419288

Blake, J.A., 1971. Revision of the genus *Polydora* from the east coast of North America (Polychaeta: Spionidae). *Smithsonian Contribution to Zoology*, 75: 1-32. https://doi.org/10.5479/si.00810282.75

Blake, J.A., 1974. The larval development of Polychaeta from the northern California coast. II. *Nothria elegans* (Family Onuphidae). *Ophelia,* 13: 43-61. https://doi.org/10.1080/00785326.1974.10430591

Blake, J.A., 1983. Polychaetes of the family Spionidae from South America, Antarctica and adjacent seas and islands. *Biology of the Antarctic Seas XIV Antarctic Research Series*. 39(3): 215-288.

Blake, J.A., 1996a. Chapter 3. Family Apistobranchidae. En: *Taxonomic Atlas of the Santa Maria Basin and Western Santa Barbara Channel, Vol. 6. Annelida Part 3. Polychaeta: Orbiniidae to Cossuridae.* Blake, J.A., Hilbig, B. y Scott, P.V. (Eds.). Santa Barbara Museum of Natural History, Santa Barbara: 71-79.

Blake, J.A., 1996b. Family Spionidae Grube, 1850. En: *Taxonomic Atlas of the Santa Maria Basin and Western Santa Barbara Channel, Vol. 6. Annelida Part 3. Polychaeta: Orbiniidae to Cossuridae.* Blake, J.A., Hilbig, B. y Scott, P.V. (Eds.). Santa Barbara Museum of Natural History, Santa Barbara: 225-232.

Blake, J.A., 1996c. Family Poecilochaetidae Hannerz, 1956. En: *Taxonomic Atlas of the Benthic Fauna of the Santa Maria Basin and the Western Santa Barbara Channel, Vol. 6. The Annelida Part 3. Polychaeta: Orbiniidae to Cossuridae.* Blake, J.A., Hilbig, B. y Scott, P.V. (Eds.). Santa Barbara Museum of Natural History. Santa Barbara: 225-232.

Blake, J.A., 2006. *Spionida*. En: *Reproductive Biolgy and Phylogeny of Annelida*. Jamieson, B.G.M. (Ed.). CRC Press. Boca Raton: 565-638.

Blake, J.A. y Arnofsky, P.A., 1999. Reproduction and larval development of the spioniform Polychaeta with application to systematics and phylogeny. En: *Reproductive Strategies and Developmental Patterns in Annelids.* Dorresteijn, A.W.C. y Westheide, W. (Eds.). *Hydrobiologia*, 402: 57-106. https://doi.org/10.1023/A:1003784324125

Blake, J.A. y Evans, J.W., 1973. *Polydora* and related genera as borers in mollusk shells and others calcareous substrates. (Polychaeta: Spionidae). *Veliger*, 15: 235-249.

Blake, J.A. y Kudenov, J.D., 1978. The Spionidae (Polychaeta) from Southeastern Australia and adjacent areas with a revision of the genera. *Memoirs of the National Museum of Victoria*, 39: 171-280. https://doi.org/10.24199/j.mmv.1978.39.11

BLAKE, J.A. y KUDENOV, J.D., 1981. Larval development, larval nutrition and growth for two *Boccardia* species (Polychaeta: Spionidae) from Victoria, Australia. *Marine Ecology Progress Series*, 6: 175-182. https://doi.org/10.3354/meps006175

BLAKE, J.A. y MACIOLEK, N.J., 1987. A redescription of *Polydora cornuta* Bosc (Polychaeta: Spionidae) and designation of a neotype. *Biological Society of Washington Bulletin*, 7: 11-15.

BLAKE, J.A. y MACIOLEK, N.J., 2018. Trochochaetidae Pettibone, 1963. En: *Handbook of Zoology. A Natural History of the Phyla of the Animal Kingdom. Annelida: Polychaetes*. Westheide, W. y Purschke, G. (Eds.). De Gruyter, Berlin. (En línea).

BLAKE, J.A. y MACIOLEK, N.J., 2019a. Poecilochaetidae Hannerz, 1956. En: *Handbook of Zoology, Annelida. Vol. 2: Pleistoannelida, Sedentaria II*. Purschke, G., Westheide, W. y Böggemann, M. (Eds.). De Gruyter. Berlin, Boston: 103-119. https://doi.org/10.1515/9783110291681-003

BLAKE, J.A. y MACIOLEK, N.J., 2019b. Longosomatidae Hartman, 1944. En: *Handbook of Zoology. Annelida. Vol 1: Annelida basal groups and Pleistoannelida, Sedentaria I*. Purschke, G., Böggemann, M. y Westheide, W. (Eds.). De Gruyter, Berlin/Boston: 457-466.

BLAKE, J.A. y MACIOLEK, N.J., 2023. New species and records of *Heterospio* (Annelida, Longosomatidae) from continental shelf, slope and abyssal depths of the Atlantic Ocean, Pacific Ocean, Indian Ocean and adjacent seas. *Zootaxa*, 5260(1): 1-74. https://doi.org/10.11646/zootaxa.5260.1.1

BLAKE, J.A. y PETTIT, M.A.V., 2015. Apistobranchidae Mesnil & Caullery, 1898. En: *Handbook of Zoology Online*. Chapter 7.2.2. Schimdt-Rhaesa A. (Ed.). De Gruyter: 1-9.

BLAKE, J.A. y WOODWICK, K.H., 1972. New species of *Polydora* (Polychaeta: Spionidae) from the coast of California. *Bulletin of the Southern California Academy of Sciences*, 70(2): 72-79.

BLAKE, J.A. MACIOLEK, N.J. y MEIßNER, K., 2017. Spionidae, Grube 1850. En: *Handbook of Zoology. A Natural History of the Phyla of the Animal Kingdom. Annelida: Polychaetes. Vol. 2. Pleistoannelida, Sedentaria*. Westheide, W. y Purschke, G. (Eds.). De Gruyter, Berlin: 1-103.

BLAKE, J., MACIOLEK, N. y MEIßNER, K., 2019. Spionidae Grube, 1850. En: *Zoology Online (n.d.)*. De Gruyter, Berlin, Boston. https://www.degruyter.com/view/Zoology/bp_029147–6_66

BLEIDORN, C., 2005. Phylogenetic relationships and evolution of Orbiniidae (Annelida, Polychaeta) based on molecular data. *Zoological Journal of the Linnean Society*, 144: 59-73. https://doi.org/10.1111/j.1096-3642.2005.00160.x

BLEIDORN, C., 2009. Chapter 2. Annelid phylogeny — Molecular analysis with an emphasis on model animals. En: *Annelids in Modern Biology*. Shain, D.H. (Ed.). Wiley-Blackwell, New York: 13-30. https://doi.org/10.1002/9780470455203.ch2

BLEIDORN, C., VOGT, L. y BARTOLOMAEUS, T., 2003. A contribution to sedentary polychaete phylogeny using 18S rRNA sequence data. *Journal of Zoological Systematics and Evolutionary Research*, 41: 186-195. https://doi.org/10.1046/j.1439-0469.2003.00212.x

BOCHERT, R. y ZETTLER, M.L., 2009. A new species of *Heterospio* (Polychaeta, Longosomatidae) from offshore Angola. *Zoological Science*, 26(10): 735-737. https://doi.org/10.2108/zsj.26.735

Bochert, R. y Zettler, M., 2013. A record of the genus *Trochochaeta* (Polychaeta) in the southern hemisphere with description of a new species. *Journal of the Marine Biological Association of the United Kingdom*, 93(4): 967-972. https://doi.org/10.1017/S0025315412001142

Borisova, P.B., Schepetov, D.M. y Budaeva, N.E., 2018. *Aponuphis* Kucheruk, 1978 (Annelida: Onuphidae) from western African waters. *Invertebrate Zoology*, 15(1): 19-41. https://doi.org/10.15298/invertzool.15.1.02

Borja, A., Franco, J. y Pérez, V., 2000. A Marine Biotic Index to establish the ecological quality of soft-bottom benthos within European estuarine and coastal environments. *Marine Pollution Bulletin*, 40(12): 1100-1114. https://doi.org/10.1016/S0025-326X(00)00061-8

Borowski, C., 1994. New records of Longosomatidae (Heterospionidae) (Annelida, Polychaeta) from the abyssal southeast Pacific, with description of *Heterospio peruana* sp. n. and general remarks on the family. *Mitteilungen aus dem Hamburgischen zoologischen Museum und Institut*, 92(Suppl. 1): 129-144.

Borrell, Y.J., Miralles, L., Do Huu. H., Mohammed-Geba, K. y García-Vázquez, E., 2017. DNA in a bottle – Rapid metabarcoding survey for early alerts of invasive species in ports. *PLoS ONE*, 12(9): e0183347. https://doi.org/10.1371/journal.pone.0183347

Brantley, C.A., 2009. A new species of *Poecilochaetus* (Polychaeta: Poecilochaetidae) from coastal waters off Southern California, USA. *Zoosymposia*, 2: 81-89. https://doi.org/10.11646/zoosymposia.2.1.8

Budaeva, N. y Fauchald, K., 2010. Larval development of *Mooreonuphis stigmatis* (Treadwell, 1922) (Polychaeta: Onuphidae) from the north-east Pacific. *Marine Biology Research*, 6: 6-24. https://doi.org/10.1080/17451000902932977

Budaeva, N. y Fauchald, K., 2011. Phylogeny of the *Diopatra* generic complex with a revision of *Paradiopatra* Ehlers, 1887 (Polychaeta: Onuphidae). *Zoological Journal of the Linnean Society*, 163: 319-436. https://doi.org/10.1111/j.1096-3642.2011.00701.x

Budaeva, N., Agne, S., Ribeiro, P.A., Straube, N., Preick, M. y Hofreiter, M., 2024 Wide-spread dispersal in a deep-sea brooding polychaete: the role of natural history collections in assessing the distribution in quill worms (Onuphidae, Annelida). *Frontiers in Zoology*, 21(1): 1-15. https://doi.org/10.1186/s12983-023-00520-0

Budaeva, N., Schepetov, D., Zanol, J., Neretina, T. y Willassen, E., 2016. When molecules support morphology: phylogenetic reconstruction of the family Onuphidae (Eunicida, Annelida) based on 16S rDNA and 18S rDNA. *Molecular Phylogenetics and Evolution*, 94(Pt B): 791-801. https://doi.org/10.1016/j.ympev.2015.10.011

Budaeva, N., Vortsepneva, E., Pyataeva, S. y Meißner, K., 2013. Reproduction and development in onuphid polychaetes. *International Polychaete Conference (IPC) 2013 Sydney, Abstract Book*: 58.

Buzhinskaja, G.N. y Jørgensen, L.L., 1997. Redescription of *Trochochaeta carica* (Birula, 1897) (Polychaeta, Trochochaetidae) with notes on reproductive biology and larvae. *Sarsia*, 82: 69-75. https://doi.org/10.1080/00364827.1997.10413639

Cabrera, A., 1909. *Contribución al estudio de los Eunícidos de las costas cantábricas*. La Hormiga de Oro. Barcelona. 46 pp.

Calvário, J., 1984. Étude preliminaire des peuplements benthiques intertidaux (substrats meubles) de l'Estuaire du Tage (Portugal) et sa cartographie. *Arquivos do Museu Bocage*, 11(11): 187-216.

CAMP, J., 1976. Comunidades bentónicas de sustrato duro del litoral NE español. IV. Poliquetos. *Investigación Pesquera*, 40(2): 533-550.

CAMPOY, A., 1982. Fauna de España. Fauna de Anélidos Poliquetos de la Península Ibérica. *Publicaciones de Biología de la Universidad de Navarra, Serie Zoológica*, 7(1): 1-781.

CANCELA DA FONSECA, L., COSTA, A.M. y BERNARDO, J.M., 1989. Seasonal variation of benthic and fish communities in a shallow land-locked coastal lagoon (St. André, SW Portugal). *Scientia Marina*, 53(23): 663-669.

CANCELA DA FONSECA, L., COSTA, A.M., BERNARDO, J.M., FRANCO, J.E., DUARTE, P., CRISTO, M. y FIDALGO e COSTA, P., 2006. Comunidades de macroinvertebrados bentónicos dos sistemas estuarinos lagunares costeiros das ribeiras de Seixe e de Aljezur. *2° Seminário sobre sistemas lagunares costeiros*, Vila Nova de Santo André: 96-105.

CANTONE, G., 1983. Un nuovo genere di Eunicidae (Annelida: Polychaeta) del Golfo di Catania. *Animalia*, 10(1-3): 81-86.

CANTONE, G., 1989. Censimento dei Policheti dei mari italiani: Poecilochaetidae Hannerz, 1956. *Atti della Societa Toscana di Scienze Naturali, Memorie, Serie B*, 96: 23-29.

CANTONE, G. y BELLAN, G., 1996. *Aponuphis willsiei*, una nuova specie di Onuphidae (Annelida, Polychaeta) delle coste marsigliesi. *Animalia*, 21(1/3): 27-30.

CAPA, M., HUTCHINGS, P. y PEART, R., 2012. Systematic revision of the Sabellariidae (Polychaeta) and their relationships with other polychaetes using morphological and DNA sequence data. *Zoological Journal of the Linnean Society*, 164: 245-284. https://doi.org/10.1111/j.1096-3642.2011.00767.x

CAPACCIONI, R., 1988. *Anélidos poliquetos de la Ensenada de Los Alfaques (Delta del Ebro, Mediterráneo occidental)*. Publicaciones de la Universidad de Valencia. Valencia. 533 pp.

CAPACCIONI-AZZATI, R., 1991. *Lumbrineris cingulata* (Polychaeta, Lumbrineridae) et *Scolelepis mesnili* (Polychaeta, Spionidae) en Méditerranée. *Vie et Milieu*, 41(1): 55-60.

CARAZZI, D., 1893. Revisione del genere *Polydora* Bosc e cenni su due specie che vivono sulle ostriche. *Mittheilungen aus der Zoologischen Station zu Neapel*, 11: 4-45.

CARDELL CORRAL, M.J., 1986. *Estructura y dinámica de la macrofauna bentónica en sedimentos marinos sometidos a vertidos domésticos e industriales: Efecto de las aguas y lodos residuales de la planta depuradora de Sant Adrià de Besòs (Barcelonès)*. Tesis Doctoral. Universidad de Barcelona. Barcelona. 450 pp.

CARREGOSA, V., VELEZ, C., PIRES, A., SOARES, A.M.V.M., FIGUEIRA, E. y FREITAS, R., 2014. Physiological and biochemical responses of the polychaete *Diopatra neapolitana* to organic matter enrichment. *Aquatic Toxicology*, 155: 32-42. https://doi.org/10.1016/j.aquatox.2014.05.029

CARRERA-PARRA, L.F., 2009. Eunicidae. Berthold, 1827. 15. En: *Poliquetos (Annelida: Polychaeta) de México y América Tropical*. de León-González, J.A., Bastida-Zavala, J.R., Carrera-Parra, L.F., García-Garza, M.E., Peña-Rivera, A., Salazar-Vallejo, S.I. y Solís-Weiss, V. (Eds.). Universidad Autónoma de Nuevo León. Monterrey: 165-182.

CARRERA-PARRA, L.F. y MOLINA-ACEVEDO, I.C., 2021. 17. Eunicidae. Berthold, 1827. En: *Anélidos Marinos de México y América Tropical*. de León-González, J.A., Bastida-Zavala, J.R., Carrera-Parra, L.F., García-Garza, M.E., Peña-Rivera, A., Salazar-Vallejo, S.I. y Solís-Weiss, V. (Eds.). Editorial Universitaria, Universidad Autónoma de Nuevo León. Monterrey: 241-265.

CARRERA-PARRA, L.F. y SALAZAR-VALLEJO, S.I., 1998. A new genus and 12 new species of Eunicidae (Polychaeta) from the Caribbean Sea. *Journal of the Marine Biological Association of the United Kingdom*, 78: 145-182. https://doi.org/10.1017/S0025315400040005

CARRERA-PARRA, L.F., RIZZO, A.E. y SALAZAR-VALLEJO, S.I., 2008. Redescription of *Eunice sebastiani* and recognition of *E. riojai* (Polychaeta: Eunicidae). *Journal of the Biological Association of the United Kingdom*, 88(3): 503-507. https://doi.org/10.1017/S002531540800091X

CARUS, J.V., 1863. Vermes. En· *Handbuch der Zoologie. Vol. 2.* Kükenthal, W. (Ed.). Wilhelm Engelmann. Leipzig: 422-454.

CHAIBI, M., ROMANO, C., AZZOUNA, A. y MARTIN, D., 2021. First record of *Marphysa chirigota* (Annelida: Eunicidae) in the Mediterranean Sea (Gulf of Tunis). *Mediterranean Marine Science*, 22(2): 327-339. https://doi.org/10.12681/mms.25248

CHAMBERLIN, R.V., 1919. The Annelida Polychaeta. *Memoirs of the Museum of Comparative Zoology at Harvard College*, 48: 1-514. https://doi.org/10.5962/bhl.title.49195

CLAPARÈDE, E. 1869. Les Annélides chétopodes du Golfe de Naples. *Mémoires de la Société de Physique et d'Histoire Naturelle de Genève*, 19: 313-584. https://doi.org/10.5962/bhl.title.2142

CLAPARÈDE, E., 1875. Annelids of the Lightning and Porcupine expeditions. En: *Beiträge zur Kenntniss der Verticalverbreitung der Borstenwürmer im Meere.* Ehlers, E. (Ed.). *Zeitschrift für Wissenschaftliche Zoologie*, 25: 2-15. https://www.biodiversitylibrary.org/page/45143254

COLBATH, G.K., 1986. Evidence for shedding of maxillary jaws in eunicoid polychaetes. *Journal of Natural History*, 21: 443-447. https://doi.org/10.1080/00222938700771111

COSTA, M.H., GAMITO, S.J. y OLIVEIRA, J.F., 1984. Povoamentos bênticos litorais do Estuário do Sado – Dados preliminares. *Actas do IV Simpósio Ibérico de Estudos do Benthos Marinho*, Lisboa, 1: 89-108.

CRAVEIRO N. y ROSA FILHO, J.S. 2021. Record of the non-indigenous species *Sternaspis* aff. *nana* Zhadan, Tzetlin & Salazar-Vallejo, 2017 (Annelida: Sternaspidae) in the Southwest Atlantic Ocean. *Papeis Avulsos de Zoologia*, 61: e202116111. https://doi.org/10.11606/1807-0205/2021.61.11

CUNHA, T., HALL, A. y QUEIROGA, H., 2005. Estimation of the *Diopatra neapolitana* annual harvest resulting from digging activity in Canal de Mira, Ria de Aveiro. *Fisheries Research*, 76: 56-66. https://doi.org/10.1016/j.fishres.2005.05.008

CURRÁS, A., 1990. *Estudio de la fauna bentónica de la Ría del Eo-Lugo.*Tesis doctoral. Universidad de Santiago de Compostela. Santiago de Compostela. 450 pp.

CZERNIAVSKY, V., 1881. Materialia ad zoographiam Ponticam comparatam. Fasc. III Vermes [Second part]. *Bulletin de la Société Impériale des Naturalistes de Moscou,* 56(2): 338-420.

DAĞLI, E., ERGEN, Z., y ÇINAR, M.E., 2008. The taxonomic and ecological characteristics of Longosomatidae and Spionidae (Annelida: Polychaete) distributed in Saros Bay-Turkey. *Journal of Fisheries Sciences*, 2(3): 198-209. [En turco.]

DAHL, E., 1955. On the morphology and affinities of the annelid genus *Sternaspis*. *Lunds Universitets Årsskrift, N.F. Avdelningen*, 2(51): 1-22.

DALES, R.P., 1963. *Annelids.* Hutchinson University Library. London. 200 pp.

Dauer, D.M., 1985. Functional morphology and feeding behavior of *Paraprionospio pinnata* (Polychaeta: Spionidae). *Marine Biology*, 85: 143-151. https://doi.org/10.1007/BF00397433

Dauer, D.M., 1997. Functional morphology and feeding behavior of *Marenzelleria viridis* (Polychaeta: Spionidae). *Bulletin of Marine Science*, 60: 512-516.

Dauer, D.M., Mahon, H.K. y Sardá, R., 2003. Functional morphology and feeding behaviour of *Streblospio benedicti* and *S. shrubsolii* (Polychaeta: Spionidae). *Hydrobiologia*, 496: 217-213. https://doi.org/10.1007/978-94-017-0655-1_19

Dauer, D.M., Maybury, C.A. y Ewing R.M., 1981. Feeding behavior and general ecology of several spionid polychaetes from the Chesapeake Bay. *Journal of Experimental Marine Biology and Ecology*, 54: 21-38.

Day, J.H., 1960. The polychaet fauna of South Africa. Part 5. Errant species dredged off Cape coasts. *Annals of the South African Museum*, 45: 261-373.

Day, J.H., 1961. The polychaet fauna of South Africa. Part 6. Sedentary species dredged off Cape coasts with a few new records from the shore. *Journal of the Linnean Society of London*, 44(299): 463-560. https://doi.org/10.1111/j.1096-3642.1961.tb01623.x

Day, J.H., 1963. The polychaet fauna of South Africa. Part 7. *Annals of the South African Museum*, 46(14): 353-371.

Day, J.H., 1967. *A monograph on the Polychaeta of southern Africa, 2 vols: Pt 1, Errantia; Pt 2, Sedentaria.* Trustees of the British Museum of Natural History, Publication No. 656. London. xxix + 458 pp., xvii + 459-878 pp.

de Biasi, A.M. y de Raineri, S., 2006. Seabed morphology, sediment grain size, and microbenthic communities in a fished area and an area unaffected by fishing in the central Adriatic (Italy). *Acta Adriatica*, 47: 183-193.

Delgado-Blas, V.H., 2004. Two new species of *Paraprionospio* (Polychaeta: Spionidae) from the Grand Caribbean region and comments of the genus status. *Hydrobiologia*, 521(1-3): 189-198. https://doi.org/10.1023/B:HYDR.0000027719.31685.d3

Delgado-Blas, V.H., 2006. Partial revision of *Scolelepis* (Polychaeta: Spionidae) from the Grand Caribbean Region, with the description of two new species and a key to species recorded in the area. *Contributions to Zoology*, 75(1/2): 75-97. https://doi.org/10.1163/18759866-0750102003

Delgado-Blas, V.H., 2008. *Polydora* and related genera (Polychaeta: Spionidae) from the Grand Caribbean region. *Journal of Natural History*, 42(1-2): 1-19. https://doi.org/10.1080/00222930701831240

Delgado-Blas, V.H., 2014. Redescriptions and reestablishments of some species belonging to the genus *Prionospio* (Polychaeta, Spionidae) and descriptions of three new species. *Helgoland Marine Research*, 68: 113-132. https://doi.org/10.1007/s10152-013-0372-1

Delgado-Blas, V.H., 2015. *Prionospio* (Polychaeta, Spionidae) from the Grand Caribbean Region, with the description of five new species and a key to species recorded in the area. *Zootaxa*, 3905(1): 69-90. https://doi.org/10.11646/zootaxa.3905.1.4

Delgado-Blas, V.H., 2021. Capítulo 56, Spionidae. En: *Anélidos Marinos de México y América Tropical*. De León-González, J.A., Bastida-Zavala, J.R., Carrera-Parra, L.F., García-Garza, M.E., Salazar-Vallejo, S.I., Solís-Weiss, V. y Tovar-Hernández, M.A. (Eds.). Universidad Autónoma de Nuevo León. Monterrey, 913-945.

DELGADO-BLAS, V.H. y CARRERA-PARRA, L.F., 2018. New phylogenetic analysis of *Paraprionospio* Caullery (Polychaeta: Spionidae), with description of a new species from the Gulf of Mexico. *Zoological Studies*, 57: 52-84.

DELGADO-BLAS, V.H. y DÍAZ-DÍAZ, O., 2016. Redescription of two species and five new species of *Dispio* Hartman, 1951 (Spionidae: Polychaeta) from the Eastern Pacific coast and Caribbean Sea, with a review of the genus. *Zootaxa*, 4178(2): 151-181. https://doi.org/10.11646/zootaxa.4178.2.1

DELGADO-BLAS, V.H., DÍAZ-DÍAZ, O. y VIÉITEZ, J.M., 2018a. New species of *Dispio* Hartman, 1951 and *Streblospio* Webster, 1879 (Polychaeta, Spionidae) from the coast of the Iberian Peninsula. *Zootaxa*, 4410(3): 525-538. https://doi.org/10.11646/Zootaxa.4410.3.6

DELGADO-BLAS, V.H., DÍAZ-DÍAZ, O. y VIÉITEZ, J.M., 2018b. *Prionospio* from the coast of the Iberian Peninsula, with the description of two new species (Annelida, Polychaeta). *ZooKeys*, 810: 1-18. https://doi.org/10.3897/zookeys.810.26910

DELGADO-BLAS, V.H., DÍAZ-DÍAZ, O. y VIÉITEZ, J.M., 2019a. Two new species from the genera *Dispio* and *Prionospio* (Polychaeta, Spionidae) from the Iberian Peninsula with notes on the description of *Prionospio* (*Minuspio*) *multibranchiata* Berkeley, 1927. *Zootaxa*, 4604(3): 562-574. https://doi.org/10.11646/zootaxa.4604.3.11

DELGADO-BLAS, V.H., DÍAZ-DÍAZ, O. y VIÉITEZ, J.M., 2019b. On the diversity of the genus *Spiophanes* Grube, 1860 (Annelida: Spionidae) in the Spanish peninsular coast, with descriptions of two new species. *Cahiers de Biologie Marine*, 60: 335-351

DESBRUYÈRES, D., GUILLE, A. y RAMOS, J., 1972. Bionomie benthique du plateau continental de la cote catalane espagnole. *Vie et Milieu, Série B*, 23(2): 335-363.

DESIÈRE, M., 1967. Morphologie de l'organe buccal ventral de *Marphysa bellii* (Audouin & Edwards) (Polychète, Eunicidae). *Annales de la Société Royale Zoologique de Belgique*, 97: 65-90.

DEXTER, D. 1992. Soft bottom invertebrates of the Portuguese benthos. *Boletim do Instituto Nacional de Investigação das Pescas,* 17: 61-88.

DÍAZ-DÍAZ, Ó. y ROZBACZYLO, N., 2017. *Sternaspis chilensis* n. sp., a new species from austral Chilean channels and fjords (Annelida, Sternaspidae). *Zootaxa*, 4254(2): 269-276. https://doi.org/10.11646/zootaxa.4254.2.7

DÍAZ-DÍAZ, O., DELGADO-BLAS, V.H. y VIÉITEZ, J.M., 2018. Redescription of spionid polychaete, *Laonice junoyi* (Aguirrezabalaga and Ceberio, 2005) (Polychaeta: Spionidae). *Saber, Universidad de Oriente,* 30: 176-179.

DORGAN, K.M., JUMARS, P.A., JOHNSON, B.D. y BOUDREAU, B.P., 2006. Macrofaunal burrowing: the medium is the message. *Oceanography and Marine Biology, Annual Review*, 44: 85-121. https://doi.org/10.1201/9781420006391.ch3

DORSETT, D.A., 1961. The behaviour of *Polydora ciliata* (Johnst.). Tube-building and burrowing. *Journal of the Marine Biological Association of the United Kingdom*, 41: 577-590. https://doi.org/10.1017/S0025315400016167

DRENNAN, R., WIKLUND, H., ROUSE, G.W., GEORGIEVA, M.N., WU, X., KOBAYASHI, G., YOSHINO, K. y GLOVER, A.G., 2019. Taxonomy and phylogeny of mud owls (Annelida: Sternaspidae), including a new synonymy and new records from the Southern Ocean, North East Atlantic Ocean and Pacific Ocean: challenges in morphological delimitation. *Marine Biodiversity*, 49: 2659-2697. https://doi.org/10.1007/s12526-019-00998-0

EHLERS, E., 1868. *Die Borstenwürmer (Annelida Chaetopoda) nach systematischen und anatomischen Untersuchungen dargestellt.* Vol. 2. Wilhelm Engelmann. Leipzig: 269-748.

EHLERS, E. 1874. Annulata nova vel minus cognita in Expeditione 'Porcupine' capta. *Annals and Magazine of Natural History*, Series 4, 13: 292-298. https://doi.org/10.1080/00222937408680863

EHLERS, E., 1875. Beiträge zu Kenntniss der Verticalverbreitung der Borstenwürmer in Meere. *Zeitschrift für Wissenschaftliche Zoologie*, 25: 1-102.

EHLERS, E., 1901. *Die polychaeten des magellanischen und chilenischen Strandes. Ein faunistischer Versuch. Festschrift zur Feierdes Hundertfünfzigjärigen bestehens der königlischenGesellschaft der Wissenschaft zu Göttingen.* Weidmannsche Buchhandlung, Berlin. 272 pp.

EIBYE-JACOBSEN, D., 2005. A preliminary phylogenetic analysis of Poecilochaetidae (Annelida: Polychaeta) at the species level. *Marine Ecology*, 26: 171-180. https://doi.org/10.1111/j.1439-0485.2005.00056.x

EISIG, H., 1914. Zur Systematik, Anatomie und Morphologie der Ariciiden nebst Beiträgen zur generellen Systematik. *Mitteilungen der Zoologischen Station zu Neapel*, 21: 153-600.

ELEFTHERIOU, A., 1970. Notes on the Polychaete *Pseudopolydora pulchra* (Carazzi) from British waters. *Cahiers de Biologie Marine*, 11(4): 459-474.

ELIASON, A., 1916. Biologisch-faunistische Untersuchungen aus dem Öresund. Zwei für unsere Fauna neue Polychaeten, *Sphaerodorum philippi* Fauvel und *Apistobranchus tullbergi* Théel. *Lunds Universitets Årsskrift N.S.*, 12(10): 1-10.

ELIASON, A., 1962. Die Polychaeten der Skagerak-Expedition 1933. *Zoologiska Bidrag från Uppsala*, 33: 207-293.

ELKAIM, B., 1976. Bionomie et écologie des peuplements des substrats meubles d'un estuaire atlantique marocain: l'estuaire du Bou Regreg. II. Unités indicatrices peu liées à l'étagement ou médiolittorales. *Vie et Milieu*, 26(2B): 199-241.

ESTCOURT, I.N., 1967. Distributions and associations of benthic invertebrates in a sheltered water soft-bottom environment (Marlborough Sounds), New Zealand. *New Zealand Journal of Marine and Freshwater Research*, 1: 352-370. https://doi.org/10.1080/00288330.1967.9515211

ESTACIO GIL, F.J., 1996. *Distribución y variación espacio-temporal de las comunidades macrobentónicas del sedimento en la Bahía de Algeciras. Implicaciones en la variación de la calidad ambiental en el medio marino.* Tesis Doctoral. Universidad de Sevilla. Sevilla. 482 pp.

FAUCHALD, K., 1970. Polychaetous annelids of the families Eunicidae, Lumbrineridae, Iphitimidae, Arabellidae, Lysaretidae and Dorvilleidae from Western Mexico. *Allan Hancock Monographs in Marine Biology*, 5: 1-335.

FAUCHALD, K., 1977. The polychaete worms. Definitions and keys to the orders, families, and genera. *Natural History Museum of Los Angeles County, Science Series*, 28: 1-188. https://repository.si.edu/handle/10088/3435

FAUCHALD, K., 1982. Revision of *Onuphis, Nothria* and *Paradiopatra* (Polychaeta: Onuphidae) based upon type material. *Smithsonian Contributions to Zoology*, 356: 1-109. https://doi.org/10.5479/si.00810282.356

FAUCHALD, K., 1986. Review of the types and key to the species of *Eunice* (Eunicidae: Polychaeta) from the Australian Region. *Records of the Australian Museum*, 38(5): 241-262. https://doi.org/10.3853/j.0067-1975.38.1986.182

FAUCHALD, K., 1987. Redescription of the genus *Nauphanta* Kinberg, 1865 (Polychaeta: Eunicidae). *Proceedings of the Biological Society of Washington*, 100(2): 375-380.

FAUCHALD, K., 1992a. A review of the genus *Eunice* (Polychaeta: Eunicidae) based upon type material. *Smithsonian Contributions to Zoology*, 523: 1-422. https://doi.org/10.5479/si.00810282.523

FAUCHALD, K., 1992b. Review of the types of *Palola* (Eunicidae: Polychaeta). *Journal of Natural History*, 26: 1177-1225. https://doi.org/10.1080/00222939200770681

FAUCHALD, K. y HANCOCK, D.R., 1981. Deep-water polychaetes from a transect off central Oregon. *Allan Hancock Monographs in Marine Biology*, 11: 1-73.

FAUCHALD, K. y JUMARS, P.A., 1979. The diet of worms: A study of polychaete feeding guilds. *Oceanography and Marine Biology, An Annual Review*, 17: 193-284.

FAUCHALD, K. y ROUSE, G., 1997. Polychaete systematics: Past and present. *Zoologica Scripta*, 26: 71-138. https://doi.org/10.1111/j.1463-6409.1997.tb00411.x

FAULWETTER, S., SIMBOURA, N., KATSIARAS, N., CHATZIGEORGIOUM, G. y ARVANITIDIS, C., 2017. Polychaetes of Greece: an updated and annotated checklist. *Biodiversity Data Journal*, 5: e20997. https://doi.org/10.3897/BDJ.5.e20997

FAUVEL, P., 1914. Annélides Polychètes non pelagiques provenentes des campagnes de l'*Hirondelle* et de la *Princesse-Alice* (1885-1910). *Résultats des Campagnes Scientifiques accomplies sur son yatch, par Albert 1er*, 46: 1-432. https://doi.org/10.5962/bhl.title.2169

FAUVEL, P., 1916. Deux polychètes nouvelles (*Disoma watsoni* n. sp. et *Hyalinoecia b004 brementi* n. sp.). *Bulletin de l'Institut Océanographique de Monaco*, 316: 1-10.

FAUVEL, P., 1923. Polychètes errantes. *Faune de France*, 5: 1-488.

FAUVEL, P., 1927. Polychètes sedentaires. Addenda aux errantes, Archiannélides, Myzostomaires. *Faune de France*, 16: 1-494.

FAUVEL, P., 1928. Annélides polychètes nouvelles du Maroc. *Bulletin de la Societé Zoologique de France*, 53: 9-13.

FAUVEL, P., 1932. Annélides Polychètes Provenant des Campagnes des *l'Hirondelle II* (1911-1915). *Résultats des Campagnes Scientifiques accomplies sur son yatch, par Albert 1er*, 85: 1-50.

FAUVEL, P., 1936. Contribution a la faune des annélides polychètes du Maroc. *Mémoires de la Société des Sciences Naturelles du Maroc*, 43: 1-144.

FAUVEL, P., 1957. Contribution a la faune des annélides polychètes des côtes d'Israel, 2. *Bulletin of the Research Council of Israel*, 6B: 213-219.

FERNÁNDEZ-OVIES, C.L. y ORTEA, J.A., 1983. Captura de un ejemplar de *Eunice aphroditois* (Pallas, 1788) (Polychaeta: Eunicidae) en la costa asturiana. *Boletín de Ciencias Naturales I.D.E.A.*, 31: 131-134.

FIEGE, D., 2019. 7.3.1.8. Sternaspidae Carus, 1863. En: *Handbook of Zoology Online. Annelida: Basal groups and Pleistoannelida, Sedentaria I. Vol. 1*. Purschke, G., Boggemann, M. y Westheide, W. (Eds.). De Gruyter. Berlin: 440-457.

FIEGE, D. y BARNICH, R., 2020. A new genus and species of Sternaspidae (Annelida: Polychaeta) from deep eastern Atlantic. *European Journal of Taxonomy*, 699: 1-13. https://doi.org/10.5852/ejt.2020.699

FOSTER, N.M., 1971. Spionidae (Polychaeta) of the Gulf of Mexico and the Caribbean Sea. *Studies of the fauna of Curaçao and other Caribbean Islands*, 36: 1-183.

FRANZÉN, Å., 1956. On spermiogenesis, morphology of the spermatozoon, and biology of fertilization among invertebrates. *Zoologiska Bidrag från Uppsala*, 31: 355-482.

FREITAS, R., PIRES, A., QUINTINO, V., RODRIGUES, A.M. y FIGUEIRA, E., 2012. Subcellular partitioning of elements and availability for trophic transfer: comparison between the Bivalve *Cerastoderma edule* and the polychaete *Diopatra neapolitana*. *Estuarine Coastal and Shelf Science*, 99: 21-30. https://doi.org/10.1016/j.ecss.2011.11.039

GALASKA, M.P., WETHEY, D.S., ARIAS, A., DUBOIS, S.F., HALANYCH, K.M. y WOODIN, S.A., 2021. The impact of aquaculture on the genetics and distribution of the onuphid annelid *Diopatra biscayensis*. *Ecology and Evolution*, 11: 6184-6194. https://doi.org/10.1002/ece3.7447

GALLARDO, V.A., 1968. Polychaeta from the Bay of Nha Trang, South Viet Nam. Scientific Results of Marine Investigations of the South China Sea and the Gulf of Thailand, 1959-1961. *Scripps Institution of Oceanography NAGA Report*, 4: 35-279.

GAMBI, M.C. y GIANGRANDE, A., 1985. Caratterizzazione e distribuzione delle categori trofiche dei policheti nei fondi mobili del golfo di Salerno. *Oebalia*, 11: 223-240.

GAMBI, M.C. y GIANGRANDE, A., 1986. Distribution of soft-bottom polychaetes in two coastal areas of the Tyrrhenian Sea (Italy): structural analysis. *Estuarine, Coastal and Shelf Science*, 23: 847-862. https://doi.org/10.1016/0272-7714(86)90076-4

GAMBI, M.C., CASTELLI, A., GIANGRANDE, A., PREVEDELLI, D. y ZUNARELLI-VANDINI, R., 1994. Polychaetes of commercial and applied interest in Italy: an overview. *Mémoires du Muséum National d'Histoire Naturelle, Zoologie*, 162: 593-602.

GARCÍA, O.L., GARCÍA, M.A., MORA, J. y RODRÍGUEZ, C., 1979. Contribución al estudio de los Anélidos Poliquetos del litoral gallego. *Actas del Primer Simposio Ibérico de Estudios del Bentos Marino*, San Sebastián: 161-171.

GARCÍA ARBERAS, L., 1998. *Estudio del zoobentos intermareal de los fondos blandos de los estuarios de la Arena, Plencia y Gernika (Bizkaia)*. Tesis Doctoral. Universidad del País Vasco. Bilbao. 497 pp.

GARCÍA GALLEGO, M.A., 1998. *Seguimiento del impacto causado por la marea negra del "Aegean Sea" sobre el macrozoobentos submareal de la Ría de Ares-Betanzos: Dinámica de poblaciones, 1993; Cartografía biosedimentaria, 1994*. Tesis Doctoral. Universidad de Santiago de Compostela. Santiago de Compostela. 435 pp.

GATHOF, J.M., 1984a. Family Eunicidae Savigny, 1818. En: *Taxonomic Guide to the Polychaetes of the Northern Gulf of Mexico, Vol. 6*. Uebelacker, J.M. y Johnson, P.G. (Eds.). Barry A. Vittor & Associates. Mobile: 40.1-40.31.

GATHOF, J.M., 1984b. Family Apistobranchidae Mesnil and Caullery, 1898. En: *Taxonomic Guide to the Polychaetes of the Northern Gulf of Mexico, Vol. 5*. Uebelacker, J.M. y Johnson, P.G. (Eds.). Barry A. Vittor & Associates. Mobile: 5-1.

GEORGE, J.D. y HARTMANN-SCHRÖDER, G., 1985. Polychaetes: British Amphinomida, Spintherida and Eunicida. *Synopsis of the British Fauna (n.s.)*, 32: 1-221. https://doi.org/10.1163/9789004627574

GIANGRANDE, A., 1997. Polychaete reproductive patterns, life histories: an overview. *Oceanography and Marine Biology: An Annual Review*, 35: 323-386.

GIBSON, G., PATERSON, I.G., TAYLOR, H. y WOOLRIDGE, B., 1999. Molecular and morphological evidence of a single species, *Boccardia proboscidea* (Polychaeta: Spionidae), with multiple development modes. *Marine Biology*, 134: 743-751. https://doi.org/10.1007/s002270050591

GIL, J., 2011. *The European Fauna of Annelida Polychaeta*. Tesis Doctoral. Universidade de Lisboa. 1554 pp. Inédita.

GIL, J. y MACHADO, M., 2014. A new species of *Onuphis* (Polychaeta: Onuphidae) from Southern Portugal, with comments on the validity of *O. pancerii* Claparède, 1868. *Zootaxa,* 3860(4): 343-360. https://doi.org/10.11646/zootaxa.3860.4.3

GIL, J.C. y SARDÁ, R., 1999. New records of annelida polychaeta for the Portuguese fauna (with comments on some already known species). *Arquivos do Museu Bocage (n.s.),* 3(10): 287-334.

GILBERT, K.M., 1984. Family Trochochaetidae Pettibone, 1963. En: *Taxonomic Guide to the Polychaetes of the Northern Gulf of Mexico, Vol. 2.* Uebelacker, J.M. y Johnson, P.G. (Eds.). Barry A.Vittor and Associates, Mobile: 8.1-8.4.

GILLET, P. y DAUVIN, J.C., 2003. Polychaetes from the Irving, Meteor and Plato seamounts, North Atlantic Ocean: origin and geographical relationships. *Journal of the Marine Biological Association of the United Kingdom,* 83: 49-53. https://doi.org/10.1017/S0025315403006799h

GIORDANELLA, E., 1969. Contribution à l'étude de quelques Spionidae. *Recueil des Travaux de la Station Marine d'Endoume,* 45(61): 325-349.

GIORDANI-SOIKA, A., 1962. Influenza di fattori paleografici e paleoclimatici sul popolamento intercotidale delle spiagge mediterranee. *Pubblicazioni della Stazione Zoologica di Napoli,* 32 suppl.: 145-151.

GLASBY, C.J. y HUTCHINGS, P.A., 2010. A new species of *Marphysa* Quatrefages, 1865 (Polychaeta: Eunicida: Eunicidae) from northern Australia and a review of similar taxa from the Indo-west Pacific, including the genus *Nauphanta* Kinberg, 1865. *Zootaxa*, 2352: 29-45. https://doi.org/10.11646/zootaxa.2352.1.2

GLASBY, C.T. y TIMM, T., 2008. Global diversity of polychaetes (Polychaeta; Annelida) in freshwater. *Hydrobiologia*, 595: 107-115. https://doi.org/10.1007/s10750-007-9008-2

GLÉMAREC, M., 1969. *Les peuplements benthiques du plateau continental Nord-Gascogne.* Tesis Doctoral. Universidad de Brest. Brest. 167 pp.

GOGINA, M., GLOCKZIN, M. & ZETTLER, M.L., 2010. Distribution of benthic macrofaunal communities in the western Baltic Sea with regard to near-bottom environmental parameters. 1. Causal analysis. *Journal of Marine Systems*, 79: 112-123. https://doi.org/10.1016/j.jmarsys.2009.07.006

GOLDBERG, E.D., 1974. *Marine Chemistry.* Wiley. Nueva York. 904 pp.

GÓMEZ, J.J. y SAN MARTÍN, G., 1985. Estudio faunístico-ecológico de las taxocenosis de Poliquetos y Moluscos de la playa de Ribeira (Asturias). *Boletín del Instituto Español de Oceanografía,* 2(3): 111-118.

GÓMEZ GESTEIRA, J.L., 2001. *Seguimiento del impacto causado por la marea negra del "Aegean Sea" sobre el macrozoobentos submareal de la Ría de Ares y Betanzos.*

Dinámica de poblaciones. Diciembre 1992-noviembre 1996. Tesis Doctoral. Universidad de Santiago de Compostela. Santiago de Compostela. 446 pp.

GOODRICH, E.S., 1905. On the branchial vessels of *Sternaspis. Quarterly Journal of Microscopical Science,* 86: 113-301.

GOODRICH, E.S., 1945. The study of nephridia and genital ducts since 1845. *Quarterly Journal of Microscopical Science,* 86: 113-392. https://doi.org/10.1242/jcs.s2-86.343.303

GRAVINA, M.F., PIERRI, C., MERCURIO, M., MARZANO, C.N. y GIANGRANDE, A., 2021. Polychaete diversity related to different mesophotic bioconstructions along the Southeastern Italian coast. *Diversity,* 13(6): 239. https://doi.org/10.3390/d13060239

GRUBE, A.E., 1850. Die Familien der Anneliden. *Archiv für Naturgeschichte,* 16(1): 249-364.

GRUBE, A.E., 1878. Untersuchungen ueber die Familie Eunicea. *Naturwissenschaftlichen Schlesischen Gesellschaft,* 1878: 37-62.

GUÉRIN, J.-P., 1990. Description d'une nouvelle espèce de spionidé (annélides, polychètes) *Boccardia semibranchiata. Annales de l'Institut Océanographique,* 66(1-2): 37-45.

GUILLE, A., 1971. Bionomie benthique de plateau continental de la côte catalane française. VI. Données autoécologiques (macrofaune). *Vie et Milieu,* 22: 469-527.

HANNERZ, L., 1956. Larval development of the polychaete families Spionidae Sars, Disomidae Mesnil, and Poecilochaetidae n. fam. in the Gullmar Fjord (Sweden). *Zoologiska bidrag från Uppsala,* 31: 1-204.

HARMELIN-VIVIEN, M.L., BĂNARU, D., DIERKING, J., HERMAND, R., LETOURNER, Y. y SALEN-PICARD, C., 2009. Linking benthic biodiversity to the functioning of coastal ecosystems subjected to river runoff (NW Mediterranean). *Animal Biodiversity and Conservation,* 32: 135-145. https://doi.org/10.32800/abc.2009.32.0135

HARTMAN, O., 1936. New species of Spionidae (Annelida Polychaeta) from the coast of California. *University of California Publications in Zoology,* 41(6): 45-52.

HARTMAN, O., 1940. *Boccardia proboscidea,* a new species of spionid worm from California. *Journal of the Washington Academy of Sciences,* 30(9): 382-387.

HARTMAN, O., 1944a. Polychaetous annelids. Part V. Eunicea. *Allan Hancock Pacific Expeditions,* 10(1): 1-237.

HARTMAN, O., 1944b. Polychaetous annelids. Part VI. Paraonidae, Magelonidae, Longosomidae, Ctenodrilidae, and Sabellariidae. *Allan Hancock Pacific Expeditions,* 10(3): 311-389.

HARTMAN, O., 1951. The littoral marine annelids of the Gulf of Mexico. *Publications of the Institute of Marine Science,* 2(1): 7-124.

HARTMAN, O., 1959. Catalogue of the polychaetous annelids of the world. Parts 1 and 2. *Allan Hancock Foundation. Occasional Papers,* 23: 1-628.

HARTMAN, O., 1965. Deep-water benthic polychaetous annelids off New England to Bermuda and other North Atlantic areas. *Allan Hancock Foundation. Occasional Papers,* 28: 1-384.

HARTMAN, O., 1969. *Atlas of the Sedenteriate Polychaetous Annelids from California.* Allan Hancock Foundation, University of Southern California, Los Angeles. 812 pp.

HARTMAN, O., 1971. Abyssal polychaetous annelids from the Mozambique basin off Southeast Africa, with a compendium of abyssal polychaetous annelids from worldwide areas. *Journal of the Fisheries Research Board of Canada*, 28: 1407-1428. https://doi.org/10.1139/f71-219

HARTMAN, O., 1976. Polychaetous annelids of the Indian Ocean including an account of species collected by members of the International Indian Ocean Expeditions, 1963-64 and a catalogue and bibliography of the species from India. *Journal of the Marine Biological Association of India*, 16: 191-252.

HARTMAN, O., 1978. Polychaeta from the Weddell Sea quadrant, Antarctica. Biology of Antarctic Seas VI. *Antarctic Research Series*, 26: 125-223.

HARTMANN-SCHRÖDER, G., 1971. Annelida, Borstenwürmer, Polychaeta. En: *Die Tierwelt Deutschlands* 58. Dahl, M. y Peus, F. (Eds.). Gustav Fischer, Jena: 1-594.

HARTMANN-SCHRÖDER, G., 1975. Polychaeten der Iberischen Tiefsee, gesammelt auf der 3. Reise der METEOR im lahre 1966. *Mitteilungen aus dem Hamburgischen Zoologischen Museum und Institut*, 72: 47-73.

HARTMANN-SCHRÖDER, G., 1977. Polychaeten aus dem Sublitoral und Bathyal vor der portugesischen und marokkanischen Küste. Auswertung der Fahrt 8 (1976) von F.S. "Meteor". *Meteor Forschungsergebnisse, Reihe D*, 26: 65-99.

HARTMANN-SCHRÖDER, G., 1979. Die Polychaeten der "Atlantischen Kuppenfahrt" von F.S. "Meteor", 1. Proben aus Schleppgeräten. *Meteor Forschungsergebnisse, Reihe D*, 31: 63-90.

HARTMANN-SCHRÖDER, G., 1996. Annelida, Borstenwürmer, Polychaeta. En: *Die Tierwelt Deutschlands* 58 (2nd Edition). Dahl, M. y Peus, F. (Eds.). Gustav Fischer. Jena: 1-648.

HARTMANN-SCHRÖDER, G. y ROSENFELDT, P., 1988. Die Polychaeten der "Polarstern"-Reise ANT III/2 in die Antarktis 1984. Teil 1: Euphrosinidae bis Chaetopteridae. *Mitteilungen aus dem Hamburgischen Zoologischen Museum und Institut*, Supplement 85: 5-72.

HARTMANN-SCHRÖDER, G. y ZIBROWIUS, H., 1998. Polychaeta associated with Antipatharia (Cnidaria: Anthozoa): description of Polynoidae and Eunicidae. *Mitteilungen aus dem Hamburgischen Zoologischen Museum und Institut*, 95: 29-44.

HAUENSCHILD, C., FISCHER, A. y HOFMANN, D.K., 1968. Untersunchungen am pazifischen Palolowurm *Eunice viridis* (Polychaeta) in Samoa. *Helgoländer Wissenschaftliche Meeresuntersuchungen*, 18: 254-295. https://doi.org/10.1007/BF01613354

HAUSEN, H., 2005. Chaetae and chaetogenesis in polychaetes (Annelida). *Hydrobiologia*, 535/536: 37-52. https://doi.org/10.1007/s10750-004-1836-8

HAUSEN, H., 2007. Ultrastructure of presumptive light sensitive ciliary organs in larvae of Poecilochaetidae, Trochochaetidae, Spionidae, Magelonidae (Annelida) and its phylogenetic significance. *Zoomorphology*, 126(3): 185-201. https://doi.org/10.1007/s00435-007-0040-6

HERNÁNDEZ-ALCÁNTARA, P. y SOLÍS-WEISS, V., 2011. *Trochochaeta mexicana*, a new species from an unusual family of Polychaeta, with comments on the world distribution of Trochochaetidae. *Journal of the Marine Biological Association of the United Kingdom*, 91: 403-413. https://doi.org/10.1017/S002531541000144X

HERNÁNDEZ-ALCÁNTARA, P. y SOLÍS-WEISS, V., 2021. Longosomatidae Hartman, 1944. En: *Anélidos Marinos de México y América Tropical*. de León-González, J.A., Bastida-Zavala, J.R., Carrera-Parra, L.F., García-Garza, M.E., Peña-Rivera, A., Salazar-Vallejo,

S.I. y Solís-Weiss, V. (Eds.). Editorial Universitaria, Universidad Autónoma de Nuevo León, Monterrey: 361-366.

Herpin, R., 1925. Recherches biologiques sur la reproduction et le développement de quelques Annélides polychètes. *Bulletin de la Société des Sciences Naturelles de l'ouest de France*, 5: 1-250.

Herrando-Pérez, S., San Martín, G. y Núñez, J., 2001. Polychaete patterns from an oceanic island in the eastern Central Atlantic: La Gomera (Canary Archipelago). *Cahiers de Biologie Marine*, 42: 275-287.

Hints, O. y Eriksson, M.E., 2007. Diversification and biogeography of scolecodont bearing polychaetes in the Ordovician. *Palaeogeography, Palaeoclimatology, Palaeoecology*, 245: 95-114. https://doi.org/10.1016/j.palaeo.2006.02.029

Hints, O. y Nõlvak, J., 2006. Early Ordovician scolecodonts and chitinozoans from Tallinn, North Estonia. *Review of Palaeobotany and Palynology*, 139: 189-209. https://doi.org/10.1016/j.revpalbo.2006.01.004

Hobson, K.D. y Banse, K., 1981. Sedentariate and archiannelid polychaetes of British Columbia and Washington. *Canadian Bulletin of Fisheries and Aquatic Sciences*, 209: 1-144.

Hoffmann, S. y Hausen, H., 2007. Chaetal arrangement in Orbiniidae (Annelida, Polychaeta) and its significance for systematics. *Zoomorphology*, 126(4): 215-227. https://doi.org/10.1007/s00435-007-0042-4

Hutchings, P. y Karageorgopoulos, P., 2003. Designation of a neotype of *Marphysa sanguinea* (Montagu, 1813) and a description of a new species of *Marphysa* from Eastern Australia. *Hydrobiologia*, 496: 87-94. https://doi.org/10.1007/978-94-017-0655-1_9

Hutchings, P., Glasby, C.J. y Wijnhoven, S., 2012. Note on additional diagnostic characters for *Marphysa sanguinea* (Montagu, 1813) (Annelida: Eunicida: Eunicidae), a recently introduced species in the Netherlands. *Aquatic Invasions*, 7(2): 277-282. https://doi.org/10.3391/ai.2012.7.2.014

Iannotta, M.A., Gambi, M.C. y Patti, F.P., 2009. Molecular evidence of intraspecific variability in *Lysidice ninetta* (Polychaeta: Eunicidae) in the Mediterranean Sea. *Aquatic Biology*, 6: 121-132. https://doi.org/10.3354/ab00160

Iannotta, M.A., Patti, F.P., Ambrosino, M., Procaccini, G. y Gambi, M.C., 2007. Phylogeography of two species of *Lysidice* (Polychaeta, Eunicidae) associated to the seagrass *Posidonia oceanica* in the Mediterranean Sea. *Marine Biology*, 150: 1115-1126. https://doi.org/10.1007/s00227-006-0405-2

Ibáñez, M., 1973. *Contribución al estudio ecológico de los Anélidos Poliquetos de la península Ibérica*. Tesis doctoral. Universidad Complutense de Madrid. 125 pp.

Ibáñez, M. y Viéitez, J.M., 1973. Presencia en la costa Cantábrica española de *Dispio uncinata* Hartman (Spionida). Contribución a su estudio sistemático y ecológico. *Boletín de la Real Sociedad Española de Historia Natural (Sección Biológica)*, 71: 5-8.

Ibáñez, M., Romero, A., Feliú, J. Borja, A., Altuna, A. y Aguirrezabalaga, F., 1984. Consideraciones sobre la biogeografía de la costa vasca. *Actas IV Simposio Ibérico de Estudos do Bentos Marinho*, Lisboa, 1: 47-56.

Iberfauna 2008. Species *Apistobranchus tullbergi*. Theel, 1879. En: IBERFAUNA. El Banco de Datos de la Fauna Ibérica. Museo Nacional de Ciencias Naturales (CSIC). http://iberfauna.mncn.csic.es/showficha.aspx?rank=T&idtax=6322

ICZN (INTERNATIONAL COMMISSION ON ZOOLOGICAL NOMENCLATURE) 1999. *International Code of Zoological Nomenclature, 4th Ed.* International Commission on Zoological Nomenclature, London. https://www.iczn.org/the-code/the-international-code-of-zoological-nomenclature/the-code-online/

IMAJIMA, M., 1974., Occurrence of species of three families, Eulepethidae, Apistobranchidae, and Heterospionidae (Polychaeta) from Japan. *Bulletin of the National Science Museum, Tokyo*, 17: 57-64.

IMAJIMA, M., 1989. Poecilochaetidae (Annelida, Polychaeta) from Japan. *Bulletin of the National Science Museum, Tokyo, Series A (Zoology)*, 15: 61-103.

IMAJIMA, M., 1990a. Spionidae (Annelida, Polychaeta) from Japan III. The genus *Prionospio* (*Minuspio*). *Bulletin of the National Science Museum, Tokyo, Series A (Zoology)*, 16: 61-78.

IMAJIMA, M., 1990b. Spionidae (Annelida, Polychaeta) from Japan. V. The genera *Streblospio* and *Dispio*. *Bulletin of the National Science Museum, Tokyo, Series A (Zoology)*, 16(4): 155-163.

IMAJIMA, M., 2005. Deep-sea benthic polychaetous annelids from around Nansei Islands. *National Science Museum Monographs, Tokyo*, 29: 37-99.

JAMIESON, B.G.M. y ROUSE, G.W., 1989. The spermatozoa of the Polychaeta (Annelida): an ultrastructural review. *Biological Reviews,* 64(2): 93-157. https://doi.org/10.1111/j.1469-185X.1989.tb00673.x

JIRKOV, I.A., 2001. *Polychaeta of the Arctic Ocean.* Yanus-k. Moskva. 632 pp. [En ruso.]

JOHNSON, P.G., 1984. Family Spionidae, Grube 1850. En: *Taxonomic Guide to the Polychaetes of the Northern Gulf of Mexico*, 2-6. Uebelacker, J.M. y Johnson, P.G. (Eds.). Vittor and Associates, Mobile: 1-69.

JOYDAS, T.V. y DAMODARAN, R., 2009. Infaunal macrobenthos along the shelf waters of the west coast of India, Arabian Sea. *Indian Journal of Marine Science*, 38: 191-204.

JUMARS, P.A., DORGAN, K.M y LINDSAY, S.M., 2015. Diet of worms emended: an update of Polychaete feeding guilds. *Annual Review of Marine Science*, 7: 497-520. https://doi.org/10.1146/annurev-marine-010814-020007

JUNOY, J., 1988. *Estudio de la macrofauna intermareal de sustrato blando de la ría de Foz (Lugo).* Tesis doctoral. Universidad de Alcalá. Alcalá de Henares. 619 pp.

JUNOY, J., CASTELLANOS, C., BERNARDO-MADRID, R., RIERA, R. y VIÉITEZ, J.M., 2014. Macroinfaunal recovery on the beach most severely affected by the "Prestige" oil spill (O Rostro, Galicia, north-west Spain). *Journal of the Marine Biological Association of the United Kingdom*, 94(19): 17-24. https://doi.org/10.1017/S002531541300132X

JUNOY, J., CASTELLANOS, C. VIÉITEZ, J.M., DE LA HUZ, M.R. y LASTRA, M., 2005. The macroinfauna of the galician sandy beaches (NW Spain) affected by the Prestige oil-spill. *Marine Pollution Bulletin*, 50: 526-536. https://doi.org/10.1016/j.marpolbul.2004.11.044

KEDRA, M., KULINSKI, K., WALKUSZ, W. y LEGEZYNSKA, J., 2012. The shallow benthic food web structure in the high Arctic does not follow seasonal changes in the surrounding environment. *Estuarine Coastal and Shelf Science*, 114: 183-191. https://doi.org/10.1016/j.ecss.2012.08.015

KIELAN-JAWOROWSKA, K., 1966. Polychaete jaw apparatuses from the Ordovician and Silurian of Poland and a comparison with modern forms. *Palaeontologica Polonica*, 16: 1-52.

Kinberg, J.G.H., 1865. Annulata Nova. *Öfversigt af Kongliga Vetenskaps-Akademiens Förhandlingar (Stockholm)*, 21: 559-574. https://www.biodiversitylibrary.org/page/32289129

Kirkegaard, J.B., 1983. Bathyal benthic polychaetes from the N.E. Atlantic Ocean, S.W. of the British Isles. *Journal of the Marine Biological Association of the United Kingdom*, 63: 593-608. https://doi.org/10.1017/S0025315400070909

Knox, G.A. y Green, K.M., 1972. The Polychaetes of New Zealand. Part 4. Eunicidae. *Journal of the Royal Society of New Zealand*, 2(4): 459-470. https://doi.org/10.1080/03036758.1972.10423294

Kobayashi, G., Mukai, R., Alalykina, I., Miura, T. y Kojima, S., 2018. Phylogeography of benthic invertebrates in deep waters: A case study of *Sternaspis* cf. *williamsae* (Annelida: Sternaspidae) from the northwestern Pacific Ocean. *Deep-Sea Research Part II*, 154: 159-166. https://doi.org/10.1016/j.dsr2.2017.12.016

Kozur, H., 1970. Zur Klasiffikation und phylogenetischen Entwicklundg der fossilen Phyllodocida und Eunicida (Polychaeta). *Freiberger Forschungshefte, Paläontologie, Series C*, 260: 35-81.

Krohn, A., 1842. Ueber den *Sternaspis thalassemoides*. *Archiv für Anatomie, Physiologie und wissenschaftliche Medicin*, 1842: 426-432.

Kucheruk, N.V., 1978. Deep-water Onuphidae (Polychaeta) from the collections of the 16th cruise of the R/V *Dmitry Mendeleev* (to the generic classification of the family Onuphidae). *Trudy Institutyi Okeanologii Akademia Nauk SSSR*, 113: 88-106. [En ruso.]

Kumaraswamy Achari, G.P., 1968. Studies on new or little-known polychaetes from Indian Seas. I: *Trochochaeta watsoni* (Fauvel) and *Poecilochaetus serpens* Allen. *Journal of the Marine Biological Association of India*, 10(1): 99-106.

Kurt-Sahin, G., 2014. *Marphysa cinari*, a new species of Eunicidae (Polychaeta) from the coasts of Turkey (eastern Mediterranean) and re-descriptions of *Marphysa kinbergi* McIntosh, 1910 and *Marphysa disjuncta* Hartman, 1961. *Journal of Natural History*, 48(33-34): 1989-2006. https://doi.org/10.1080/00222933.2014.905125

Kurt-Sahin, G. y Çinar, M.E., 2009. Eunicidae (Polychaeta) species in and around Iskenderun Bay (Levantine Sea, Eastern Mediterranean) with a new alien species for the Mediterranean Sea and a re-description of *Lysidice collaris*. *Turkish Journal of Zoology*, 33: 331-347. https://doi.org/10.3906/zoo-0806-19

Laborda, A., 1984. *Estudio de la macrofauna bentónica sobre sustrato blando en el piso intermareal de la playa de Covas (o El Grallal), Ría de Vivero, Lugo*. Tesis doctoral. Universidad de León. León. 270 pp.

Laborda, A.J. y Viéitez, J.M., 1984. Anélidos poliquetos intermareales endémicos de Galicia (con la descripción de una nueva especie del género *Nephtys*). *Cuadernos Marisqueros Publicaciones Técnicas*, 7: 217 -221.

Lagardère, J.P., 1966. Recherches sur la biologie et l'écologie de la macrofaune des substrats meubles de la côte des Landes et de la côte basque. *Bulletin du Centre d'Études et de Recherches Scientifiques, Biarritz*, 6: 143-219.

Langeneck, J., Barbieri, M., Maltagliati, F. y Castelli, A., 2019. Molecular phylogeny of Paraonidae (Annelida). *Molecular Phylogenetics and Evolution*, 136: 1-13. https://doi.org/10.1016/j.ympev.2019.03.023

Langeneck, J., Busoni, G., Aliani, S. y Castelli, A., 2017. Deep-sea polychaetes (Annelida) from the Malta Escarpment (western Ionian Sea). *The European Zoological Journal*, 84(1): 142-152. https://doi.org/10.1080/24750263.2017.1287964

Langerhans, P., 1880. Die Wurmfauna von Madeira. III. *Zeitschrift für wissenschaftliche Zoologie*, 34(1): 87-143. https://biodiversitylibrary.org/page/42353743

Lastra, M., 1991. *Cartografía y dinámica de la macrofauna bentónica submareal de los sustratos blandos de la bahía de Santander*. Tesis Doctoral. Universidad de Santiago de Compostela. Santiago de Compostela. 383 pp.

Laubier, L., 1962. Quelques Annélides Polychètes de la Lagune de Venise description de *Prionospio caspersi* n. sp. *Vie et Milieu*, 13(1): 123-159.

Laubier, L. y Paris, J., 1962. Faune marine des Pyrénées Orientales 4: Annélides Polychètes. *Vie et Milieu*, 13(1): 1-80.

Laubier, L. y Ramos, J., 1973. A new genus of Poecilochaetidae (Polychaetous annelids) in the Mediterranean: *Elicodasia mirabilis*. *Proceedings of the Biological Society of Washington*, 86: 69-78.

Laubier, L. y Ramos, J., 1974. *Polydora guillei* sp. nov. Nouvelle espèce de Polychète spionidioen en Mediterranée occidental. *Vie et Milieu*, Série A, 24(3): 480-484.

Laubier, L., Picard, C. y Ramos, J., 1974 [1972-73]. Les Heterospionidae (Annélides Polychètes Sédentaires) de Méditerranée occidentale. *Vie et Milieu, Série A: Biologie Marine*, 23(2): 245-246.

Lavesque, N., Daffe, G., Bonifácio, P. y Hutchings, P., 2017. A new species of the *Marphysa sanguinea* complex from French waters (Bay of Biscay, NE Atlantic) (Annelida, Eunicidae). *ZooKeys*, 716: 1-17. https://doi.org/10.3897/zookeys.716.14070

Lavesque, N., Daffe, G., Grall, J., Zanol, J., Gouillieux, B. y Hutchings, P.A., 2019. Guess who? On the importance of using appropriate name: case study of *Marphysa sanguinea* (Montagu, 1813). *ZooKeys*, 859: 1-15. https://doi.org/10.3897/zookeys.859.34117

Léon-González, J.A. de, 1992. Soft-bottom polychaetes from the western coast of Baja California Sur, México. II. Poecilochaetidae. *Cahiers de Biologie Marine*, 33: 109-114.

Levin, L.A., 1981. Interference interaction between tube-dwelling polychaetes in a dense infaunal assemblage. *Journal of Experimental Biology and Ecology*, 65(2): 107-119. https://doi.org/10.1016/0022-0981(82)90039-9

Levinsen, G.M.R., 1883. Systematisk-geografisk Oversigt over de nordiske Annulata, Gephyrea, Chaetognathi og Balanoglossi. *Videnskabelige Meddelelser fra Dansk naturhistorisk Forening i Köbenhavn*, 1882: 160-251. https://doi.org/10.5962/bhl.title.16117

Light, W.J., 1978. Spionidae Polychaeta Annelida. En: *Invertebrates of the San Francisco Bay Estuary System*. Lee, W.L. (Ed.). The Boxbook Press, San Francisco: 1-211.

Linnaeus, C., 1767. *Systema naturae per regna tria naturae: secundum classes, ordines, genera, species, cum characteribus, differentiis, synonymis, locis. Regnum Animale 1 & 2. Tomus 1. Editio 12*. Laurentii Salvii, Holmiae [Stockholm]. https://doi.org/10.5962/bhl.title.156783

Liu, J.Y. (Ed.), 2008. *Checklist of Marine Biota of China Seas*. China Science Press. 1267 pp.

Loosanoff, V.L. y Engle, J.B., 1943. *Polydora* in oysters suspended in the water. *Biological Bulletin, Marine Biological Laboratory, Woods Hole*, 85(1): 69-78. https://doi.org/10.2307/1538270

López, E., 1995. *Anélidos Poliquetos de sustratos duros de las Islas Chafarinas*. Tesis Doctoral. Facultad de Ciencias, Universidad Autónoma de Madrid. 672 pp. Inédita.

López, E. y San Martín, G., 1992. Familias de poliquetos errantes (Polychaeta), excepto Syllidae, recolectadas en las Islas de Cabo Verde por la "I Expedición Ibérica". *Revista de Biología Tropical*, 40(2): 161-169.

López, E. y Viéitez, J.M., 1999. Polychaete assemblages on non-encrusting infralitoral algae from the Chafarinas Islands (SW Mediterranean). *Cahiers de Biologie Marine*, 40(4): 375-384.

López Cotelo, I., Viéitez, J.M. y Díaz Pineda, F., 1982. Tipos de comunidades bentónicas de la playa del Puntal (Bahía de Santander). *Cahiers de Biologie Marine*, 23: 53-69.

López Serrano, L., 1999. *Estudio de la macrofauna bentónica de la desembocadura del río Piedras (Huelva)*. Tesis Doctoral. Universidad Complutense de Madrid. 438 pp.

López Serrano, L. y Viéitez, J.M., 1987. Estudio faunístico de la playa de Chancelas (ría de Pontevedra). *Cuadernos Marisqueros Publicaciones Técnicas*, 11: 291-304.

López-Jamar, E., 1981. Spatial distribution of the infaunal benthic communities of the Ría de Muros, north-west Spain. *Marine Biology*, 63(1): 29-37. https://doi.org/10.1007/BF00394660

López-Jamar, E., 1982. *Estudio comparativo de las comunidades infaunales de la zona submareal de las Rías de Arosa y de Muros (NW de España)*. Tesis doctoral. Universidad Complutense de Madrid. 181 pp.

López-Jamar, E., 1989. Primera cita para el litoral de la península Ibérica del género *Aonidella* (Polychaeta: Spionidae), con una redescripción de la especie *Aonidella dayi* Maciolek, 1983. *Boletín del Instituto Español de Oceanografía*, 5(2): 107-110.

López-Jamar, E. y González, G., 1986. Infaunal macrobenthos of Galician continental shelf off La Coruña Bay, North-west Spain. *Biological Oceanography*, 4(2): 165-192.

López-Jamar, E. y Mejuto, J., 1985. Bentos infaunal en la zona submareal de la Ría de La Coruña. I. Estructura y distribución espacial de las comunidades. *Boletín del Instituto Español de Oceanografía*, 2(3): 99-109.

López-Jamar, E., González, G. y Mejuto, J., 1986. Temporal changes of community structure and biomass in two subtidal macroinfaunal assemblages in La Coruña Bay, NW Spain. *Hydrobiologia*, 142: 137-150. https://doi.org/10.1007/BF00026754

Louzao, M., Anadón, N., Arrontes, J., Álvarez-Claudio, C., Fuente, D.M., Ocharan, F., Anadón, A. y Acuña, J.L., 2010. Historical macrobenthic community assemblages in the Avilés Canyon, N Iberian Shelf: baseline biodiversity information for a marine protected area. *Journal of Marine Systems*, 80: 47-56. https://doi.org/10.1016/j.jmarsys.2009.09.006

Lowenstam, H.A., 1972. Phosphatic hard tissues of marine invertebrates: Their nature and mechanical function, and some fossil implications. *Chemical Geology*, 9: 153-166. https://doi.org/10.1016/0009-2541(72)90053-8

Maciolek, N., 1981. A new genus and species of Spionidae (Annelida: Polychaeta) from the North and South Atlantic. *Proceedings of the Biological Society of Washington*, 94(1): 228-239.

MACIOLEK, N., 1985. A revision of the genus *Prionospio* Malmgren, with special emphasis on the species of the Atlantic Ocean, and new records of species belonging to the genera *Apoprionospio* Foster and *Paraprionospio* Caullery (Polychaeta, Annelida, Spionidae). *Zoological Journal of the Linnean Society*, 84: 325-338. https://doi.org/10.1111/j.1096-3642.1985.tb01804.x

MACIOLEK, N., 1987. New species and records of *Scolelepis* (Polychaeta: Spionidae) from the east coast of north America, with a review of the subgenera. *Proceedings of the Biological Society of Washington*, 7: 16-40

MACIOLEK, N., 2000. New species and records of *Aonidella*, *Laonice*, and *Spiophanes* (Polychaeta: Spionidae) from shelf and slope depths of the Western North Atlantic. *Bulletin of Marine Science*, 67: 529-547.

MACKIE, A.S.Y., 1990. The Poecilochaetidae and Trochochaetidae (Annelida: Polychaeta) of Hong Kong. En: *The Marine Flora and Fauna of Hong Kong and Southern China II*, Vol. 1, *Proceedings of the Second International Marine Biological Workshop*, Hong Kong, 1986. Morton, B. (Ed.). Hong Kong University Press. Hong Kong: 337-362.

MACKIE, A.S.Y. y DUFF, A.A., 1986. *Atherospio disticha* gen. et sp. nov. (Polychaeta: Spionidae) from Loch Tuirnaig, West Coast of Scotland. *Ophelia*, 25(3): 139-146. https://doi.org/10.1080/00785326.1986.10429745

MACKIE, A.S.Y. y HARTLEY, J.P., 1990. *Prionospio saccifera* sp. nov. (Polychaeta: Spionidae) from Hong Kong and the Red Sea, with a redescription of *Prionospio ehlersi* Fauvel, 1928. En: *Proceedings of the Second International Marine Biological Workshop: The Marine Flora and Fauna of Hong Kong and Southern China, Hong Kong, 1986*. Morton B. (Ed.). Hong Kong University Press, Hong Kong: 363-375.

MACKIE, A.S.Y., PLEIJEL, F. y ROUSE, G.W., 2005. Revision of *Aberranta* Hartman, 1965 (Aberrantidae: Annelida), with descriptions of new species from the Mediterranean and Hong Kong. *Marine Ecology*, 26: 197-208. https://doi.org/10.1111/j.1439-0485.2005.00064.x

MAEKAWA, N. y HAYASHI, I., 1989. Onuphid polychaetes from Wakasa Bay, Sea of Japan. *Memoirs of the College of Agriculture, Kyoto University,* 134: 61-93.

MAEKAWA, N. y HAYASHI, I., 1999. Taxonomic study on the genus *Onuphis* (Polychaeta, Onuphidae) from Japan and adjacent seas, with descriptions of six new species. *Bulletin of the National Science Museum, Series A (Zoology),* 25 (3): 163-214.

MAGALHÃES, W.F., BAILEY-BROCK, J.H. y SANTOS, C.S.G., 2015. A new species and two new records of *Poecilochaetus* (Polychaeta: Poecilochaetidae) from Hawaii. *Journal of the Marine Biological Association of the United Kingdom*, 95(1): 91-100. https://doi.org/10.1017/S002531541400109X

MALMGREN, A.J., 1866. *Annulata Polychaeta Spetsbergiae, Groenlandiae, Islandiae et Scandinaviae hactenus cognita*. Ex Officina Frenckelliana. Helsingfors. 127 pp. https://doi.org/10.5962/bhl.title.13358

MALONDA, I., 2008. *Estudio de la taxocenosis de poliquetos como parte de la evaluación de la calidad ambiental en el puerto de Cartagena (Murcia, España)*. Tesis doctoral. Universidad Autónoma de Madrid. Madrid. 319 pp.

MARQUES, J.C., ANDRE, J., GIRAO, R., GONÇALVES, F., GUILLERMINO, L. y MORTAGUA, A., 1984. Estudo bionomico dos povoamentos bentónicos do estuário do Mondego (Portugal):

Resultados preliminares. *Actas do IV Simpósio Ibérico de Estudos do Benthos Marinho*, Lisboa, 1: 147-156.

MARTIN, D., 1987. Anélidos poliquetos asociados a las concreciones de algas calcáreas del litoral catalán. *Micel·lània Zoológica*, 11: 61-75.

MARTIN, D., 1996. A new species of *Polydora* (Polychaeta, Spionidae) associated with the excavating sponge *Cliona viridis* (Porifera, Hadromerida) in the northwestern Mediterranean Sea. *Ophelia*, 45(3): 159-174. https://doi.org/10.1080/00785326.1996.10432469

MARTIN, D., GIL, J., ZANOL, J., MECA, M.A. y PÉREZ PORTELA, R., 2020. Digging the diversity of Iberian bait worms *Marphysa* (Annelida, Eunicidae). *PLoS ONE*, 15(1): e0226749. https://doi.org/10.1371/journal.pone.0226749

MARTIN SINTES, D., 1991. *Macroinfauna de una bahía mediterránea. Estudio de los niveles de organización de las poblaciones de Anélidos Poliquetos*. Tesis Doctoral Universidad de Barcelona. Barcelona. 456 pp.

MARTÍNEZ, J. y ADARRAGA, I., 2001a. Nuevas citas de anélidos poliquetos y de un anfípodo marino en la Península Ibérica. *Boletín de la Real Sociedad Española de Historia Natural*, 96(3-4): 137-150.

MARTÍNEZ, J. y ADARRAGA, I., 2001b. Distribución batimétrica de comunidades macrobentónicas de sustrato blando en la plataforma continental de Guipúzcoa (golfo de Vizcaya). *Boletín del Instituto Español de Oceanografía*, 17(1-2): 33-48

MARTÍNEZ, J. y ADARRAGA, I., 2006a. *Programa de vigilancia y control de la introducción de especies invasoras en los ecosistemas litorales de la costa vasca. Costa de Bizkaia.* Programa Financiado por la Dirección de Biodiversidad. Departamento de Medio Ambiente y Ordenación del Territorio del Gobierno Vasco. 267 pp.

MARTÍNEZ, J. y ADARRAGA, I., 2006b. *Programa de vigilancia y control de la introducción de especies invasoras en los ecosistemas litorales de la costa vasca. 2. Costa de Gipuzkoa.* Programa Financiado por la Dirección de Biodiversidad. Departamento de Medio Ambiente y Ordenación del Territorio del Gobierno Vasco. 267 pp.

MARTÍNEZ, J. y ADARRAGA, I., 2019a. Una nueva especie del género *Prionospio* Malmgren, 1867 (Annelida, Spionidae) procedente del sureste del Golfo de Vizcaya. *Graellsia*, 75(2): 1-10. https://doi.org/10.3989/graellsia.2019.v75.244

MARTÍNEZ, J. y ADARRAGA, I., 2019b. Una nueva especie del género *Streblospio* Webster, 1879 (Annelida, Spionidae) procedente del sureste del golfo de Vizcaya. *Boletín de la Real Sociedad Española de Historia Natural*, 113: 9-17. https://doi.org/10.29077/bol/113/ce02_martinez

MARTÍNEZ, J., ADARRAGA, I. y LÓPEZ, E., 2006. Nuevos datos del género *Boccardia* Carazzi, 1893 (Polychaeta: Spionidae) para la península Ibérica y el océano Atlántico. *Boletín del Instituto Español de Oceanografía*, 22(1-4): 53-64.

MARTÍNEZ, J., ADARRAGA, I. y RUIZ, J.M., 2010. Tipificación de poblaciones bentónicas de los fondos blandos de la plataforma continental de Guipúzcoa (sureste del golfo de Vizcaya). *Boletín del Instituto Español de Oceanografía*, 23(1-4): 85-110.

Mazé, R., 1987. *Estudio ecológico de la macrofauna bentónica intermareal del banco natural de* Donax trunculus *L. en la Ría del Barquero*. Tesis doctoral. Universidad de León. León. 219 pp.

McIntosh, W.C., 1885. Report on the Annelida Polychaeta collected by H.M.S. Challenger during the years 1873-76. *Report on the Scientific Results of the voyage of H.M.S. Challenger (Zoology)*, 12: 1-554.

McIntosh, W.C., 1910. *A Monograph of the British Annelids*. Vol. 2, Part 2. *Polychaeta. Syllidae to Ariciidae*. Ray Society. London: 233-524. https://doi.org/10.5962/bhl.title.54725

Meißner, K., 2005. Revision of the genus *Spiophanes* (Polychaeta, Spionidae); with new synonymies, new records and descriptions of new species. *Mitteilungen aus dem Museum für Naturkunde in Berlin, Zoologische Reihe*, 81(1): 3-65. https://doi.org/10.1002/mmnz.200310001

Meißner, K. y Bick, A., 2005. *Atherospio guillei* (Laubier and Ramos, 1974) comb. nov. (Polychaetae: Spionidae) and closest relatives. *Zoologischer Anzeiger*, 244: 115-123. https://doi.org/10.1016/j.jcz.2005.07.001

Meißner, K. y Blank, M., 2009. *Spiophanes norrisi* sp. nov. (Polychaeta: Spionidae) – a new species from the NE Pacific coast, separated from the *Spiophanes bombyx* complex based on both morphological and genetic studies. *Zootaxa*, 2278: 1-25. https://doi.org/10.11646/zootaxa.2278.1.1

Meißner, K. y Hutchings, P., 2003. *Spiophanes* species (Polychaeta: Spionidae) from Eastern Australia – with descriptions of new species, new records and an emended generic diagnosis. *Records of the Australian Museum*, 55: 117-140. https://doi.org/10.3853/j.0067-1975.55.2003.1379

Meißner, K., Bick, A. y Bastrop, R., 2011. On the identity of *Spio filicornis* (O.F. Müller, 1776) — with the designation of a neotype, and the description of two new species from the North East Atlantic Ocean based on morphological and genetic studies. *Zootaxa*, 2815: 1-27. https://doi.org/10.11646/zootaxa.2815.1.1

Meißner, K., Bick, A., Guggolz, T. y Götting, M., 2014. Spionidae (Polychaeta: Canalipalpata: Spionida) from seamounts in the NE Atlantic. *Zootaxa*, 3786(3): 211-245. https://doi.org/10.11646/zootaxa.3786.3.1

Méndez N. y Yáñez-Rivera, B., 2015. Distribution and morphometry of the deep-sea sternaspids, *Sternaspis maior*, *Sternaspis uschakovi*, and *Caulleryaspis fauchaldi* (Polychaeta), in Mexican Pacific waters. *Bulletin of Marine Science*, 91(4): 457-467. https://doi.org/10.5343/bms.2015.1046

Méndez Ubach, N., 1994. *Perturbaciones antropocéntricas en el litoral: Comunidad de Poliquetos y dinámica de poblaciones de* Capitella capitata *en fondos arenosos frente a Barcelona*. Tesis Doctoral. Universidad de Barcelona. Barcelona. 256 pp.

Mercado-Santiago, A.C., Hernández-Alcántara, P. y Solís-Weiss, V., 2021. Capítulo 63, Trochochaetidae. En: *Anélidos Marinos de México y América Tropical*. de León-González, J.A., Bastida-Zavala, J.R., Carrera-Parra, L.F., García-Garza, M.E., Salazar-Vallejo, S.I., Solís-Weiss, V. y Tovar-Hernández, M.A. (Eds.). Universidad Autónoma de Nuevo León. Monterrey: 1041-1047.

MESNIL, F., 1893. Sur le genre *Polydora* Bosc (*Leucodore* Johnston). *Comptes Rendus Hebdomadaires des Séances de l'Académie des Sciences*, 117(19): 643-645. https://www.biodiversitylibrary.org/page/4798874

MESNIL, F. 1896. Études de morphologie externe chez les Annélides. Les spionidiens des côtes de la Manche. *Bulletin Scientifique de France et de la Belgique*, 29: 110-287. https://doi.org/10.5962/bhl.part.19052

MESNIL, F., 1897. Études de morphologie externe chez les Annélides; remarques complémentaires sur les spionidens; la famille nouvelle des Disomidiens, la place des *Aonides* (sensu Tauber, Levinsen). *Bulletin Scientifique de la France et de la Belgique*, 30: 83-100.

MESNIL, F. y CAULLERY, M., 1898. Étude de morphologie externe chez les annélides. La famille nouvelle des levinséniens. Révision des ariciens. Affinités des deux families. Les apistobranchiens. *Bulletin Biologique de la France et de la Belgique*, 31: 126-150.

MEYER, K.S., WAGNER, J.K.S., BALL, B., TURNER, P.J., YOUNG, C.M. y VAN DOVER, C.L., 2016. *Hyalinoecia artifex*: Field notes on a charismatic and abundant epifaunal polychaete on the US Atlantic continental margin. *Invertebrate Biology,* 135(3): 211-224. https://doi.org/10.1111/ivb.12132

MICHAELSEN, W., 1897. Die Polychaetenfauna der deutschen Meere, einschliesslich der benachbarten und verbindenden Gebiete. *Wissenschaftliche Meeresuntersuchungen (N.F.)*, 2: 1-216. https://www.biodiversitylibrary.org/page/14747634

MIURA, T., 1977a. Eunicid polychaetous annelids from Japan – I. *La Mer*, 15(1): 1-20.

MIURA, T., 1977b. Eunicid polychaetous annelids from Japan – II. *La Mer*, 15(2): 61-81.

MIURA, T., 1977c. Eunicid polychaetous annelids from Japan – III. *La Mer*, 17(1): 33-42.

MIURA, T., 1986. Japanese polychaetes of the genera *Eunice* and *Euniphysa*: Taxonomy and branchial distribution patterns. *Publications of the Seto Marine Laboratory*, 31(3/6): 269-325. https://doi.org/10.5134/176125

MIURA, T., 1988. *Poecilochaetus koshikiensis*, a new polychaete species from Shimo-Koshiki Island, Japan. *Proceedings of the Biological Society of Washington*, 101: 671-675.

MIURA, T., 1989. Two new species of the genus *Poecilochaetus* (Polychaeta, Poecilochaetidae) from Japan. *Proceedings of the Japanese Society of Systematic Zoology*, 39: 8-19.

MOLINA-ACEVEDO, I.C., 2018. Morphological revision of the Subgroup 1 Fauchald, 1970 of *Marphysa* de Quatrefages, 1865 (Eunicidae: Polychaeta). *Zootaxa*, 4480(1): 1-125. https://doi.org/10.11646/zootaxa.4480.1.1

MOLINA-ACEVEDO, I.C. y CARRERA-PARRA, L.F., 2015. Reinstatement of three species of the *Marphysa sanguinea* complex (Polychaeta: Eunicidae) from the Grand Caribbean Region. *Zootaxa*, 3925(1): 37-55. https://doi.org/10.11646/zootaxa.3925.1.3

MOLINA-ACEVEDO, I.C. y CARRERA-PARRA, L.F., 2017. Revision of *Marphysa* de Quatrefages, 1865 and some species of *Nicidion* Kinberg, 1865 with the erection of a new genus (Polychaeta: Eunicidae) from the Grand Caribbean. *Zootaxa*, 4241(1): 1-62. https://doi.org/10.11646/zootaxa.4241.1.1

MONRO, C.C.A., 1930. Polychaete worms. *Discovery Reports*, 2: 1-222.

MONRO, C.C.A., 1939. Polychaeta. *B.A.N.Z. Antarctic Research Expeditions, 1929-31. Reports - Series B (Zoology and Botany)*, 4(4): 89-156.

MONTEIRO-MARQUES, V., 1987. A plataforma continental do Algarve. Definição qualitativa das biocenoses de substrato móvel. *Documentos Técnicos do Instituto Hidrográfico, Lisboa*, 31: 1-214.

MONTEIRO-MARQUES, V., SOUSA-REIS, CALVÁRIO, J., MARQUES, J.C. MELO, R. y SANTOS, R., 1982. Contribuição para o estudo dos povoamentos bentónicos (substrato rochoso) da costa ocidental portuguesa zona intertidal. *Oecologia Aquatica*, 6: 119-145.

MOREIRA, J., PARAPAR, J. y TRONCOSO, J.S., 2000. On the presence of *Prinospio pulchra* (Polychaeta: Spionidae) in the Atlantic Ocean. *Cahiers de Biologie Marine*, 41: 233-239.

MORGAN, T.S., PATERSON, G.L.J., HAWKINS, L.E. y SHEADER, M., 1999. Evidence for poecilogony in *Pygospio elegans* (Polychaeta: Spionidae). *Marine Ecology Progress Series*, 178: 121-132. https://doi.org/10.3354/meps178121

MUCHA, A.P. y COSTA, M.H., 1999. Macrozoobenthic community structure in two Portuguese estuaries: relationship with organic enrichment and nutrient gradients. *Acta Oecologica*, 20(4): 363-376. https://doi.org/10.1016/S1146-609X(99)00130-7

MÜLLER, F., 1858. Einiges über die Annelidenfauna der Insel Santa Catharina an der brasilianischen Küste. *Archiv für Naturgeschichte*, 24(1): 211-220. https://www.biodiversitylibrary.org/page/7460059

MÜLLER, M., 1852. *Observationes anatomicae de vermibus quibusdam maritimis* Sternaspis thalassemoides *(Otto)*. Dissertatio inauguralis Universitate Friderica Guilelma, Typis Gustavi Schade, Berolini [Berlín]. 30 pp.

MULLER, Y., 2004. *Faune et flore du littoral du Nord, du Pas-de-Calais et de la Belgique: inventaire*. Commission Régionale de Biologie, *Région Nord Pas-de-Calais*. 307 pp.

MUSTAQUIM, J., 1986. Morphological variation in *Polydora ciliata* complex (Polychaeta: Annelida). *Zoological Journal of the Linnean Society*, 86(1): 75-88. https://doi.org/10.1111/j.1096-3642.1986.tb01808.x

NEAL, L., WIKLUND, H., RABONE M., DAHLGREN, T.G. y GLOVER, A.G., 2022. Abyssal fauna of polymetallic nodule exploration areas, eastern Clarion-Clipperton Zone, central Pacific Ocean: Annelida: Spionidae and Poecilochaetidae. *Marine Biodiversity*, 52: 1-51. https://doi.org/10.1007/s12526-022-01277-1

NOGUEIRA DE CARVALHO, R., 1929. Catálogo da coleccao de Invertebrados de Portugal existentes no Museu Zoológico da Universidade de Coimbra. *Memórias e Estudos do Museu Zoológico da Universidade de Coimbra, Série 1*, 37: 1-16.

NÚÑEZ, J., NÚÑEZ, L. y MAGGIO, Y., 2011. *Invertebrados que se comercializan en Canarias como cebo vivo para la pesca deportiva*. Consejería de Medioambiente y Ordenación Territorial, Gobierno de Canarias. 40 pp.

NÚÑEZ, J., PASCUAL, M., DELGADO, J.D. y BRITO, M.C., 1997. Anélidos poliquetos de Canarias: familia Eunicidae. *Vieraea*, 26: 47-75.

OLIVE, P.J.W., 1994. Polychaeta as a world resource: a review of patterns of exploitation as sea angling baits, and the potential for aquaculture based production. *Mémoires du Muséum National d'Histoire Naturelle, Zoologie*, 162: 603-610.

ORENSANZ, J.M., 1975. Los anélidos poliquetos de la provincia biogeográfica argentina. VII. Eunicidae y Arabellidae. *Physis*, 34(88): 85-111.

ORENSANZ, J.M., 1990. The eunicemorph polychaete annelids from Antarctic and subantarctic seas. With addenda to the Eunicemorpha of Argentina, Chile, New Zealand, Australia, and the southern Indian Ocean. *Biology of the Antarctic Seas XXI, Antarctic Research Series*, 52: 1-183.

ORRHAGE, L., 1962. Über die äussere Morphologie der Familie Apistobranchidae Mesnil und Caullery (Polychaeta Sedentaria). *Zoologiska Bidrag från Uppsala*, 33: 42-446.

ORRHAGE, L., 1964. Anatomische und morphologische studien über die polychaetenfamilie Spionidae, Disomiodae und Poecilochaetidae. *Zoologiska Bidrag från Uppsala*, 36: 335-405.

ORRHAGE, L., 1974. Über die Anatomie, Histologie und Verwandtschaft der Apistobranchidae (Polychaeta Sedentaria) nebst Bemerkungen über die systematische Stellung der Archianneliden. *Zeitschrit für Morphologie der Tiere*, 79: 1-45. https://doi.org/10.1007/BF00298840

ORRHAGE, L., 1995. On the innervation and homologues of the anterior end appendages of the Eunicea (Polychaeta), with a tentative outline of the fundamental constitution of the cephalic nervous system of the polychaetes. *Acta Zoologica*, 76: 229-248. https://doi.org/10.1111/j.1463-6395.1995.tb00996.x

ÖRSTED, A.S., 1843. *Annulatorum Danicorum Conspectus. Fasc. I. Maricolæ*. Sumtibus Librariæ Wahlianæ. Hafniæ [Copenhagen]. https://doi.org/10.5962/bhl.title.11849

ÖRSTED, A.S., 1844. Zur Classification der Annulaten, mit Beschreibung einiger neuer oder unzulänglich bekannter Gattungen und Arten. *Archiv für Naturgeschichte*, 10(1): 99-112. https://www.biodiversitylibrary.org/page/13704002

OSBORN, K.J. y ROUSE, G.W., 2011. Phylogenetics of Acrocirridae and Flabelligeridae (Cirratuliformia, Annelida). *Zoologica Scripta*, 40(2): 204-219. https://doi.org/10.1111/j.1463-6409.2010.00460.x

OUG, E., 2010. *Key to* Nothria *(Onuphidae) in north east Atlantic waters (provisional)*. Unpublished key, Norwegian Institute of Water Research.

PARADA ENCISA, J.M., 2005. *Cartografía biosedimentaria y comunidades bentónicas de los fondos blandos submareales de las rías de Pontevedra y Aldán y la ensenada de A Lanzada*. Tesis doctoral. Universidad de Santiago de Compostela. Santiago de Compostela. 563 pp.

PARAPAR, J., 1991. *Anélidos poliquetos bentónicos de la Ría de Ferrol (Galicia)*. Tesis doctoral. Universidad de Santiago de Compostela. Santiago de Compostela. 1104 pp.

PARAPAR, J. y HARTO, I., 2001. Sobre la presencia en aguas ibéricas y variabilidad morfológica en *Eunice roussaei* Quatrefages, 1866 (Polychaeta, Eunicidae). *Boletín de la Real Sociedad Española de Historia Natural (Sección Biología)*, 96(3-4): 165-174.

PARAPAR, J., ADARRAGA, I., AGUADO, M.T., AGUIRREZABALAGA, F., ARIAS, A., BESTEIRO, C., BLEIDORN, C., CAPA, M., CAPACCIONI-AZZATI, R., EL-HADDAD, M., FERNÁNDEZ-ÁLAMO, M.A., LÓPEZ, E., MARTÍNEZ, J., MARTÍNEZ-ANSEMIL, E., MOREIRA, J., NÚÑEZ, J. y RAVARA, A., 2018. *Annelida Polychaeta V*. En: Fauna Ibérica, vol. 45. Ramos, M.A. *et al.* (Eds.). Museo Nacional de Ciencias Naturales. CSIC. Madrid. 631 pp.

PARAPAR, J., AGUIRREZABALAGA, F. y MOREIRA, J., 2014. First record of Longosomatidae (Annelida: Polychaeta) from Iceland with a worldwide review of diagnostic characters of the family. *Journal of Natural History*, 48: 983-998. https://doi.org/10.1080/00222 933.2013.859316

PARAPAR, J., ALÓS, C., NÚÑEZ, J., MOREIRA, J., LÓPEZ, E., AGUIRREZABALAGA, F., BESTEIRO, C. y MARTÍNEZ, A., 2012. *Annelida Polychaeta III*. En: *Fauna Ibérica*, vol. 36. Ramos, M.A. *et al.* (Eds.). Museo Nacional de Ciencias Naturales. CSIC. Madrid. 416 pp.

PARAPAR, J., BESTEIRO, C. y URGORRI, V., 1993a. Aportaciones a la taxonomía y autoecología de los anélidos de la península ibérica: poliquetos de la ría de Ferrol. *Cahiers de Biologie Marine*, 34: 411-432.

PARAPAR, J., BESTEIRO, C. y URGORRI, V., 1996. *Inventario dos Poliquetos de Galicia (Annelida: Polychaeta)*. Cadernos da Area de Ciencias Biolóxicas (Inventarios), XVI. Publicacións do Seminario de Estudos Galegos. A Coruña. 178 pp.

PARAPAR, J., FREIRE, J., URGORRI, V. y BESTEIRO, C., 1993b. Morphological variability in *Eunice vittata* (Chiaje, 1828) (Polychaeta: Eunicidae) in the ria de Ferrol (Galicia, NW Spain). *Ophelia*, 37(2): 117-125. https://doi.org/10.1080/00785326.1993.10429912

PARAPAR, J., LÓPEZ, E., GAMBI, M.C., NÚÑEZ, J. y RAMOS, A., 2011. Quantitative analysis of soft-bottom polychaetes of the Bellingshausen Sea and Gerlache Strait (Antarctica). *Polar Biology*, 34: 715-730. https://doi.org/10.1007/s00300-010-0927-4

PARAPAR, J., MARTÍNEZ-ANSEMIL, E., CARAMELO, C. COLLADO, R. y SCHMELZ, R., 2009. Polychaetes and oligochaetes associated with intertidal rocky shores in a semi-enclosed industrial and urban embayment, with the description of two new species. *Helgoland Marine Research*, 63: 293-308. https://doi.org/10.1007/s10152-009-0158-7

PARAPAR, J., MOREIRA, J., NÚÑEZ, J., BARNICH, R., BRITO, M. DEL C., FIEGE, D., CAPACCIONI-AZZATI, R. y EL-HADDAD, M., 2015. *Annelida Polychaeta IV*. En: Fauna Ibérica, vol. 41. Ramos, M.A. *et al.* (Eds.). Museo Nacional de Ciencias Naturales. CSIC. Madrid. 416 pp.

PARAPAR, J., VIJAPURE, T., MOREIRA, J. y SUKUMARAN, S., 2016. A new species of *Heterospio* (Annelida, Longosomatidae) from the Indian Ocean. *European Journal of Taxonomy*, 220: 1-17. https://doi.org/10.5852/ejt.2016.220

PARDAL, M., CALDEIRA, A.M. y MARQUES, J.C., 1992. Contribution to knowledge of the polychaete fauna of Portugal. Part I. Orbiniida, Cossurida and Spionida. *Ciência Biológica. Ecology and Systematics*, 12(1/2): 1-25.

PARRA DESCALZO, S., 2007. *Efecto del vertido del crudo del "Aegean Sea" sobre el bentos infaunal submareal de la ría de La Coruña, la ría de Ferrol y la plataforma continental adyacente (Galicia, NO de la península Ibérica)*. Tesis doctoral Universidad Complutense de Madrid. Madrid. 598 pp.

PATERSON, G.L.J., NEAL, L., ALTAMIRA, I., SOTO, E.H., SMITH, C.R., MENOT, L., BILLET, D.S.M., CUNHA, R.M., MARCHAIS-LAGUIONIE, C. y GLOVER, A.G., 2016. New *Prionospio* and *Aurospio* species from the Deep Sea (Annelida: Polychaeta). *Zootaxa*, 4092(1): 1-32. https://doi.org/10.11646/zootaxa.4092.1.1

PAUTARD, F.U.E. y ZOLA, H., 1966. Studies of onuphic acid: Part I. Extraction and general characterisation. *Carbohydrate Research* 3, 1: 58-68. https://doi.org/10.1016/S0008-6215(00)82296-X

PAXTON, H., 1986a. Generic revision and relationships of the family Onuphidae (Annelida: Polychaeta). *Records of the Australian Museum*, 38(1): 1-74. https://doi.org/10.3853/j.0067-1975.38.1986.175

PAXTON, H., 1986b. Revision of the *Rhamphobrachium* complex (Polychaeta: Onuphidae). *Records of the Australian Museum*, 38(2): 75-104. https://doi.org/10.3853/j.0067-1975.38.1986.176

PAXTON, H., 1993. *Diopatra* Audouin and Milne Edwards (Polychaeta: Onuphidae) from Australia, with a discussion of developmental patterns in the genus. *The Beagle Records*, 10: 115-154. https://doi.org/10.5962/p.271283

PAXTON, H., 1996. *Hirsutonuphis* (Polychaeta: Onuphidae) from Australia, with a discussion of setal progression in juveniles. *Invertebrate Taxonomy*, 10: 77-96. https://doi.org/10.1071/IT9960077

PAXTON, H., 2000. *Eunicida*. En: *Polychaetes & Allies: The Southern Synthesis. Fauna of Australia*. Vol. 4A. *Polychaeta, Myzostomida, Pogonophora, Echiura, Sipuncula*. Beesley, P.L., Ross, G.J.B. y Glasby, C.J. (Eds.). CSIRO. Melbourne: 89-106.

PAXTON, H., 2009. Phylogeny of Eunicida (Annelida) based on morphology of jaws. *Zoosymposia*, 2: 241-264. https://doi.org/10.11646/zoosymposia.2.1.18

PAXTON, H. y ARIAS, A., 2014. Brooding deep-water onuphid polychaetes (Annelida) from the Bay of Biscay. *Marine Biology Research*, 10(9): 892-905. https://doi.org/10.1080/17451000.2013.863354

PAXTON, H. y ARIAS A., 2016. The identity of *Paradiopatra bihanica* (Annelida: Onuphidae) and reinstatement of *P. calliopae*. *Zootaxa*, 4132: 283-286. https://doi.org/10.11646/zootaxa.4132.2.10

PAXTON, H. y ARIAS, A., 2017. Unveiling a surprising diversity of the genus *Diopatra* Audouin & Milne Edwards, 1833 (Annelida: Onuphidae) in the Macaronesian region (eastern North Atlantic) with the description of four new species. *Zootaxa*, 4300(4): 505-535. https://doi.org/10.11646/zootaxa.4337.4.11

PAXTON, H., BUDAEVA, N. y GUNTON, L.M., 2023. Amazing diversity of *Nothria* (Annelida, Onuphidae) in the Australian deep sea. In RV Investigator-Abyssal Annelida. *Records of the Australian Museum*, 75(3): 215-247. https://doi.org/10.3853/j.2201-4349.75.2023.1802

PEIXOTO, A.J.M. y PAIVA, P.C., 2019. New *Prionospio* and *Laubieriellus* (Annelida: Spionidae) species from Southeastern Brazil. *Zootaxa*, 4577(3): 529-547. https://doi.org/10.11646/zootaxa.4577.3.7

PEREDA, P., CÁRDENAS, E. y FERNÁNDEZ, A., 1979. Contribución al conocimiento del zoobentos de la Bahía de Santander: primeros resultados. *Actas I Simposio Ibérico de Estudios del Bentos Marino*, San Sebastián, 1: 657-670.

PÉRÈS, J.M., 1954. Contribution à l'étude des Annélides Polychètes de la Méditerranée Occidentale. *Recueil des Travaux de la Station Marine d'Endoume*, 8(13): 83-155.

PETERSEN, M.E.P., 2000. 11. Family Sternaspidae Carus, 1963. En: *Taxonomic Atlas of the benthic Fauna of the Santa Maria Basin and Western Santa Barbara Channel. Volume 7 – The Annelida Part 4. Polychaeta; Flabelligeridae to Sternaspidae*. Blake, J.A., Hilbig, B. y Scott, P.V. (Eds.). Santa Barbara Museum of Natural History. Santa Barbara: 311-336.

Petti, M.A.V., Nonato, E.F., Bromberg, S., Gheller, P.F., Paiva, P.C. y Corbisier, T.N., 2007. On the taxonomy of *Apistobranchus* species (Polychaeta: Apistobranchidae) from Antarctica. *Zootaxa*, 1440: 51-59. https://doi.org/10.11646/zootaxa.1440.1.4

Pettibone, M.H., 1954. Marine polychaete worms from Point Barroe, Alaska, with additional records from the North Atlantic and North Pacific. *Proceedings of the United States Natural Museum*, 103: 213-356. https://doi.org/10.5479/si.00963801.103-3324.203

Pettibone, M.H., 1963. Marine polychaete worms of the New England region. I. Aphroditidae through Trochochaetidae. *Bulletin of the United States National Museum*, 227(1): 1-356. https://doi.org/10.5479/si.03629236.227.1

Pettibone, M.H., 1970. Polychaeta Errantia of the Siboga-Expedition. Part IV: Some additional polychaetes of the Polynoidae, Hesionidae, Nereidae, Goniadidae, Eunicidae and Onuphidae, selected as new species by the late Dr. Hermann Augener with remarks on other related species. *Siboga Expeditie*, 24: 1-72.

Pettibone, M.H., 1976. Contribution to the polychaete family Trochochaetidae Pettibone. *Smithsonian Contributions to Zoology*, 230: 1-21. https://doi.org/10.5479/si.00810282.230

Pettibone, M.H., 1982. Annelida. En: *Synopsis and Classification of Living Organisms, Vol. 2*. Parker, S.P. (Ed.). McGraw-Hill, New York: 1-43.

Pilato, G. y Cantone, G., 1976. Nuove specie di *Poecilochaetus* e considerazioni sulla famiglia dei Poecilochaetidae (Annelida: Polychaeta). *Animalia*, 3(1/3): 29-63.

Pillai, T.G., 1958. Studies on a brackish-water polychaetous annelid, *Marphysa borradailei*, sp. n. from Ceylon. *Ceylon Journal of Science: Biological Sciences*, 1: 94-106.

Pinedo, S., 1998. *Structure and dynamics of western Mediterranean soft-bottom communities along a disturbance gradient. Natural and man-induced variability in the Bay of Blanes*. Tesis Doctoral. Universidad de Barcelona. Barcelona. 177 pp.

Pinto, P., 1984. Nota preliminar sobre a detecçao da heterogeneidade do padrao de distribuçao espacial em povoamentos bentónicos. *Actas do IV Simpósio Ibérico de Estudos do Benthos Marinho*, Lisboa, 1: 159-170.

Pires, A., Figueira, E., Moreira, A., Soares, A.M.V.M. y Freitas, R., 2015. The effects of water acidification, temperature and salinity on the regenerative capacity of the polychaete *Diopatra neapolitana*. *Marine Environmental Research*, 106: 30-41. https://doi.org/10.1016/j.marenvres.2015.03.002

Pires, A., Paxton, H., Quintino, V. y Rodrigues, A.M., 2010. *Diopatra* (Annelida: Onuphidae) diversity in European waters with the description of *Diopatra micrura*, new species. *Zootaxa*, 2395: 17-33. ttps://doi.org/10.11646/zootaxa.2395.1.2

Pires, A., Quintino, V., Gentil, F., Freitas, R. y Rodrigues, A.M., 2012. Reproductive biology of a brooding *Diopatra* species: *Diopatra marocensis* Paxton *et al.*, 1995. *Estuarine, Coastal and Shelf Science*, 110: 85-92. https://doi.org/10.1016/j.ecss.2012.03.027

Pires-Vanin, A.M.S., Muniz, P. y De Léo, F.C., 2011. Benthic macrofauna structure in the northeast area of Todos os Santos Bay, Bahia State, Brazil: patterns of spatial and seasonal distribution. *Brazilian Journal of Oceanography*, 59: 27-42. https://doi.org/10.1590/S1679-87592011000100003

PLANAS, M., 1986. *Dinámica de las poblaciones de la macrofauna bentónica intermareal de la ensenada de Lourizan, Ría de Pontevedra.* Tesis Doctoral. Universidad de Santiago de Compostela. 533 pp.

PLANAS, M., RODRÍGUEZ REY, L. y MORA, J., 1984. Cartografía bentónica de la ensenada de Campelo (Ría de Pontevedra, NW España). *Actas do IV Simpósio Ibérico de Estudos do Benthos Marinho*, Lisboa, 1: 1-10.

QUATREFAGES, A. DE, 1866 [1865]. *Histoire Naturelle des Annelés marins et d'eau douce. Annélides et Géphyriens,*. Vol. 1. Librarie Encyclopédique de Roret. Paris. 588 pp. https://doi.org/10.5962/bhl.title.122818

QUIJÓN, P.A. y SNELGROVE P.V., 2005. Polychaete assemblages of a sub-arctic Newfoundland fjord: habitat, distribution, and identification. *Polar Biology*, 28: 495-505. https://doi.org/10.1007/s00300-005-0719-4

QUILLIEN, N., LE GARREC, V. y GRALL, J., 2012. Nouvelles données sur la limite de distribution septentrionale d'*Onuphis eremita* (Audouin & Milne Edwards, 1833). *Les Cahiers Naturalistes de l'Observatoire Marin*, 1: 5-19.

QUINTINO, V. y GENTIL, F., 1987. Étude faunistique et coenotique de la faune annélidienne des lagunes d'Albufeira et Obidos (Portugal). *Cahiers de Biologie Marine*, 28: 59-72.

QUINTINO, V., RODRIGUES, A.M. y GENTIL, F., 1989. Assessment of macrozoobenthic communities in the lagoon of Obidos, western coast of Portugal. *Scientia Marina*, 53(2-3): 645-654.

QUINTINO, V., RODRIGUES, A.M., GENTIL, F. y PENEDA, M.C., 1987. Macrozoobenthic community structure in the Lagoon of Albufeira, western of Portugal. *Journal of Experimental Marine Biology Ecology*, 106: 229-241. https://doi.org/10.1016/0022-0981(87)90095-5

RADASHEVSKY, V.I., 1993. Revision of the genus *Polydora* and related genera from the northwest Pacific. I (Polychaeta: Spionidae). *Publications of the Seto Marine Biological Laboratory,* 36(112): 1-60. https://doi.org/10.5134/176224

RADASHEVSKY, V.I., 1994. Recapitulations in the development in the spionid polychaetes. En: *Polychaeta and their ecological significance. Explorations of the fauna of the seas*, 43(51): 62-69. Buzhinskaja, G.N. (Ed.). Zoological Institute, St. Petersburg. [En ruso con resumen en inglés.]

RADASHEVSKY, V.I., 2012. Spionidae (Annelida) from shallow waters around the British Islands: an identification guide for the NMBAQC Scheme with an overview of spionid morphology and biology. *Zootaxa*, 3152: 1-35. https://doi.org/10.11646/zootaxa.3152.1.1

RADASHEVSKY, V.I., 2015. Spionidae (Annelida) from Lizard Island, Great Barrier Reef, Australia: the genera *Aonides*, *Dipolydora*, *Polydorella*, *Prionospio*, *Pseudopolydora*, *Rhynchospio*, and *Tripolydora*. *Zootaxa*, 4019(1): 635-694. https://doi.org/10.11646/zootaxa.4019.1.22

RADASHEVSKY, V.I. y FAUCHALD, K., 2000. Chaetal arrangement and homology in spionids (Polychaeta: Spionidae). *Bulletin of Marine Science*, 67: 13-23.

RADASHEVSKY, V.I. y HSIEH, H.-L., 2000. Polydora (Polychaeta: Spionidae) species from Taiwan. *Zoological Studies*, 39(3): 203-217.

RADASHEVSKY, V.I. y NOGUEIRA, J., 2003. Life history, morphology and distribution of *Dipolydora armata* (Polychaeta: Spionidae). *Journal of the Marine Biological*

Association of the United Kingdom, 83(2): 375-384. https://doi.org/10.1017/S0025315403007227h

RADASHEVSKY, V.I., CHOI, J.W. y GAMBI, M.C., 2017. Morphology and biology of *Polydora hoplura* Claparède, 1868 (Annelida: Spionidae). *Zootaxa*. 4282(3): 543-555. https://doi.org/10.11646/zootaxa.4282.3.7

RADASHEVSKY, V.I., MALYAR, V.V., PANKOVA, V.V., GAMBI, M.C., GIANGRANDE, A., KEPPEL, E., NYGREN, A., AL-KANDARI, M. & CARLTON, J.T., 2021. Disentangling invasions in the sea: molecular analysis of a global polychaete species complex (Annelida: Spionidae: *Pseudopolydora paucibranchiata*). *Biological Invasions,* 22: 3621-3644. https://doi.oeg/10.1007/s10530-021-02346-x

RADASHEVSKY, V.I., MALYAR, V.V., PANKOVA, V.V. y NUZDHIN, S.V., 2016b. Molecular analysis of six *Rhynchospio* Hartman, 1936 species (Annelida: Spionidae) with comments of the evolution of brooding within the group. *Zootaxa*, 4127: 579-590. https://doi.org/10.11646/zootaxa.4127.3.10

RADASHEVSKY, V.I., NERETINA, T.V., PANKOVA, V.V., TZETLIN, A.B. y CHOI, J.W., 2014. Molecular identity, morphology and taxonomy of the *Rhynchospio glutaea* complex with a key to *Rhynchospio* species (Annelida, Spionidae). *Systematics and Biodiversity*, 12(4): 424-433. https://doi.org/10.1080/14772000.2014.941039

RADASHEVSKY, V.I., PANKOVA, V.V., NERETINA, T.V., STUPNOKOVA, A.N. y TZETLIN, A.B., 2016a. Molecular analysis of the *Pygospio elegans* group of species (Annelida: Spionidae). *Zootaxa*, 4083: 239-250. https://doi.org/10.11646/zootaxa.4083.2.4

RADASHEVSKY, V., RIZZO, A.E. y PEIXOTO, A.J.M., 2018. First record of *Trochochaeta japonica* (Annelida: Spionidae) in Brazil with identification key to species of the genus. *Zootaxa*, 4462: 566-578. https://doi.org/10.11646/zootaxa.4462.4.8

RALLO, A., 1988. Anélidos Poliquetos recogidos en la plataforma litoral vizcaína (Golfo de Vizcaya, Atlántico Oriental). *Cuadernos de Investigación Biológica*, 13: 135-143.

RALLO, A. y MOLLA, J. 1987. Contribución al conocimiento de la anatomía externa de *Sternaspis scutata* (Renier, 1807) (Annelida. Polychaeta). Estudiada por microscopía electrónica de barrido. *Actas de la VIII Bienal de la Real Sociedad Española de Historia Natural*, Pamplona: 45-50.

RALLO, A., ARTECHE, I., ASCACIBAR, M. e ITURRONDOBEITIA, J.C., 1987. Una colección de invertebrados recogida en el Caño del Trocadero (Bahía de Cádiz), con notas de su biología. *Cuadernos Marisqueros Publicaciones Técnicas*, 11: 255-274.

RAMOS, J.M., 1976. *Aonides oxycephala* (Sars, 1862). Remarques taxinomiques. *Vie et Milieu*, 26(1A): 11-21.

RANZANI, C., 1817. Descrizione di una nova specie del genere *Thalassema*. *Opusculi Scientifici*, 1: 112-116.

RASMUSSEN, E., 1973. Systematics and ecology of the Isefjord marine fauna (Denmark). With a survey of the eelgrass (*Zostera*) vegetation and its communities. *Ophelia*, 11: 1-507. https://doi.org/10.1080/00785326.1973.10430115

READ, G.B., 1986. New deep-sea Poecilochaetidae (Polychaeta: Spionida) from New Zealand. *Journal of Natural History*, 20: 399-413.

READ, G. y FAUCHALD, K. (Eds.), 2023. World Polychaeta Database. Longosomatidae Hartman, 1944. https://www.marinespecies.org/aphia.php?p=taxdetails&id=22608

READ, G. y FAUCHALD, K., 2024a. World Polychaeta Database. *Hyalinoecia* Malmgren, 1867. http://www.marinespecies.org/aphia.php?p=taxdetails&id=129400

READ, G. y FAUCHALD, K. (Eds.), 2024b. World Polychaeta Database. *Poecilochaetus serpens* Allen, 1904. https://www.marinespecies.org/aphia.php?p=taxdetails&id=130711

REISH, D.J., 1965. Benthic polychaetous annelids from Bering, Chukchi, and Beaufort Seas. *Proceedings of the United States National Museum*, 117(3511): 131-158. https://doi.org/10.5479/si.00963801.117-3511.131

RICE, S.A. y LEVIN, L.A., 1998. *Streblospio gynobranchiata* a new spionid polychaete species (Annelida: Polychaeta) from Florida and the Gulf of Mexico with an analysis of phylogenetic relationships within the genus *Streblospio. Proceedings of the Biological Society of Wasington*, 111: 694-707.

RICE, S.D., 1981. *Review: Effects of oil on fish. Environmental assessment of the Alaskan continental shelf.* Workshop on the petroleum in the environment. November 1981. Auker Bay, AK: U.S. Dept. of Commerce, National Oceanic and Atmospheric environment Administration, National Marine Fisheries Service. Auke Bay Laboratory. Outer contienental shelf environmental assessment program.

RIOJA, E., 1916. Nota de algunos anélidos recogidos en las costas de Gijón y San Vicente de la Barquera. *Boletín de la Real Sociedad Española de Historia Natural*, 16: 462-466.

RIOJA, E., 1917a. Datos para el conocimiento de la fauna de Anélidos Poliquetos del Cantábrico. *Trabajos del Museo Nacional de Ciencias Naturales, Serie Zoológica*, 29: 1-92.

RIOJA, E., 1917b. Notas sobre algunos anélidos poliquetos recogidos en Málaga. *Boletín de la Real Sociedad Española de Historia Natural*, 17: 176-185.

RIOJA, E., 1917c. Nota sobre una excursión por las costas de Gijón. *Boletín de la Real Sociedad Española de Historia Natural*, 17: 488-494.

RIOJA, E., 1918a. Adiciones a la fauna de Anélidos Poliquetos del Cantábrico. *Memorias de la Academia de Ciencias Exactas Físicas y Naturales de Madrid*, 17: 54-80.

RIOJA, E., 1918b. Datos para el conocimiento de la fauna de Anélidos Poliquetos del Cantábrico (2ª parte). *Trabajos del Museo de Ciencias Naturales, Serie Zoológica*, 37: 1-99.

RIOJA, E., 1919. Adiciones a la fauna de anélidos poliquetos del Cantábrico. *Revista de la Real Academia Academia de Ciencias Exactas, Físicas y Naturales de Madrid*, 16(2): 1-26.

RIOJA, E., 1920. Una campaña biológica en el Golfo de Valencia. *Anales del Instituto General y Técnico de Valencia*, 21: 1-36.

RIOJA, E., 1923. Algunas especies de Anélidos Poliquetos de las costas de Galicia. *Boletín de la Real Sociedad Española de Historia Natural*, 23: 333-345.

RIOJA, E., 1925. Anélidos Poliquetos de San Vicente de la Barquera. *Trabajos del Museo Nacional de Ciencias Naturales, Serie Zoológica*, 53: 1-62.

RIOJA, E. 1929. *Los Animales Marinos.* Colección Labor Sección IV: Ciencias Naturales. Barcelona. 203 pp.

RIOJA, E., 1931. Estudio de los Poliquetos de la Península Ibérica. *Memorias de la Academia de Ciencias Exactas Físicas y Naturales de Madrid. Serie de Ciencias Naturales*, 2: 1-471.

RIOJA, E., 1935. Anélidos Poliquetos procedentes de las campañas del Instituto Español de Oceanografía. *Trabajos del Instituto Español de Oceanografía*, 13: 1-44.

RIVAIN, V., 1983. *Contribution à l'étude dynamique et fonctionnelle des peuplements de sables fins du Golfe normano-breton*. Thèse 3ème cycle, Océanographie Biologique. Université de Paris VI. 166 pp.

RODRIGUES, A.M., PIRES, A., MENDO, S. y QUINTINO, V., 2009. *Diopatra neapolitana* and *Diopatra marocensis* from the Portuguese coast: morphological and genetic comparison. *Estuarine, Coastal and Shelf Science*, 85: 609-617. https://doi.org/10.1016/j.ecss.2009.10.004

RODRÍGUEZ, F., GUTIÉRREZ, M.E., RALLO, A. y SAIZ, I., 1979. Anélidos Poliquetos de la costa rocosa de Vizcaya. *Actas I Simposio Ibérico de Estudios del Bentos Marino*, San Sebastián: 149-161.

RODRÍGUEZ, V., IBÁÑEZ, M. y RODRÍGUEZ, J., 1980. Ecologie des Annélides Polychètes de quelques plages de la Baie d'Algeciras (Espagne). *Vie et Milieu*, 30(2): 131-138.

ROULE, L., 1898. Notice préliminaire sur les espèces d'annélides recueillies dans les explorations sous-marines du Travailleur et du Talisman. *Bulletin du Muséum d'Histoire Naturelle*, 4(1): 190-195. https://doi.org/10.5962/bhl.part.14410

ROULE, L. 1906. *Annélides et Géphyriens*. En: *Expéditions Scientifiques du "Travailleur" et du "Talisman" pendant les années 1880, 1881, 1882, 1883*, Vol. 7. Milne Edwards, A. y Perrier, E. (Eds.). Masson et Cie. Paris: 1-101. https://doi.org/10.5962/bhl.title.98313

ROUSE, G.W., 2000. Polychaetes have evolved feeding larvae numerous times. *Bulletin of Marine Science*, 67: 393-409.

ROUSE, G.W., 2001a. *Trochochaeta* Örsted, 1843. En: *Polychaetes*. Rouse, G.W. y Pleijel, F. (Eds.). Oxford University Press, Oxford: 273-275.

ROUSE, G.W., 2001b. *Heterospio* Ehlers, 1875. En: *Polychaetes*. Rouse, G.W. y Pleijel, F. (Eds.). Oxford University Press, Oxford: 264-265.

ROUSE, G.W. y FAUCHALD, K., 1997. Cladistics and polychaetes. *Zoologica Scripta*, 26(2): 139-214. https://doi.org/10.1111/j.1463-6409.1997.tb00412.x

ROUSE, G.W. y JAMIESON, B.G.M., 1987. An ultrastructural study of the spermatozoa of the polychaetes *Eurythoe complanata* (Amphinomidae), *Clymenella* sp. and *Micromaldane* sp. (Maldanidae), with definition of spermtypesin relation tore productive biology. *Journal of Submicroscopical Cytology*, 19: 573-584.

ROUSE, G.W. y PLEIJEL, F., 2001. *Polychaetes*. Oxford University Press. Oxford. 354 pp.

ROUSSET, V., PLEIJEL, F., ROUSE, G.W., ERSÉUS, C. y SIDDALL, M.E., 2007. A molecular phylogeny of annelids. *Cladistics*, 23(1): 41-63. https://doi.org/10.1111/j.1096-0031.2006.00128.x

ROZBACZYLO, N., MORENO, R., DÍAZ-DÍAZ, Ó. y MARTÍNEZ, S., 2006. Poliquetos bentónicos submareales de fondos blandos de la región de Aysén, Chile: Clado Terebellida (Annelida, Polychaeta). *Ciencia y Tecnología Marina*, 29: 71-90. https://doi.org/10.4067/S0717-71782006000100004

RUEDA, J.L., GONZÁLEZ-GARCÍA, E., MARINA, P., OPORTO, T., RITTIEROTT, C., LÓPEZ-GONZÁLEZ, N., FARIAS, C., MOREIRA, J., LÓPEZ, E., MEGINA, C., LÓPEZ-GONZÁLEZ, P.J., GARCÍA RASO, J.E., GOFAS, S., SALAS, C., BRUQUE, G., LÓPEZ, F.J., VÁZQUEZ, J.T., FERNÁNDEZ-SALAS, L.M. y DÍAZ-DEL-RÍO, V., 2012. Biodiversity and geodiversity in the mud volcano field of the Spanish margin (Gulf of Cádiz). *7º Simpósio sobre a Margem Ibérica Atlântica – MIA 2012*, Lisboa: 137-141.

Ruellet, T., 2014. *Infestation des coquilles d'huîtres* Crassostrea gigas *par les polydores en Basse-Normandie: recommandations et mise au point d'un traitement pour réduire cette nuisance*. Tesis doctoral. Université de Caen/Basse-Normandie, France.

Rullier, F., 1965. Contribution à la faune des annélides polychètes du Dahomey et du Togo. *Cahiers ORSTOM (Office de la Recherche Scientifique et Technique Outre-Mer), Série Océanographie*, 3(3): 5-66. https://doi.org/10.1016/0022-1694(65)90021-1

Salazar-Vallejo, S.I., 2014a. *Sternaspis piotrowskiae* sp. nov. (Polychaeta: Sternaspidae) from the Philippine Islands. En: *The Coral Triangle; The Hearst Philippine Biodiversity Expedition*. Williams, G.C. y Gosliner, T.M. (Eds.). California Academy of Sciences. San Francisco: 165-169.

Salazar-Vallejo, S.I., 2014b. Three new polar species of *Sternaspis* Otto, 1821 (Polychaeta: Sternaspidae). *Zootaxa*, 3861: 333-344. https://doi.org/10.11646/zootaxa.3861.4.3

Salazar-Vallejo, S.I., 2017. Six new tropical sternaspid species (Annelida, Sternaspidae) with keys to identify genera and species. *Zoological Studies*, 56(32): 1-16.

Salazar-Vallejo, S.I. y Buzhinskaja, G., 2013. Six new deep-water sternaspid species (Annelida, Sternaspidae) from the Pacific Ocean. *ZooKeys*, 348: 1-27. https://doi.org/10.3897/zookeys.348.5449

Salazar-Vallejo, S.I., Carrera-Parra, L.F. y de León González, J.A., 2011. Giant eunicid polychaetes (Annelida) in shallow tropical and temperate seas. *Revista de Biología Tropical*, 59(4): 1463-1474. https://doi.org/10.15517/rbt.v59i4.3411

Salazar-Vallejo, S.I., Carrera-Parra, L.F. y Fauchald, K., 2008. Phylogenetic affinities of the Flabelligeridae (Annelida, Polychaeta). *Journal of Zoological Systematics and Evolutionary Research*, 46(3): 203-216. https://doi.org/10.1111/j.1439-0469.2008.00464.x

Saldanha, L., 1974. Estudo do povoamento dos horizontes superiores da rocha litoral da costa da Arrabida (Portugal). *Arquivos do Museu Bocage, 2ª serie*, 5(1): 326-328.

Saldanha, L., 1984. *Fauna Submarina Atlántica*. Publicaçoes Europa-América. Lisboa. 180 pp.

Saldanha, L., 1995. *Fauna Submarina Atlântica: Portugal Continenetal, Açores Madeira*. 3ª ediçao. Europa América. Lisboa. 361 pp.

San Martín, G., 2003. *Annelida, Polychaeta II: Syllidae*. En: *Fauna Ibérica*, vol. 21. Ramos, M.A. *et al.* (Eds.). Museo Nacional de Ciencias Naturales. CSIC. Madrid. 554 pp.

San Martín, G. y Alvarado, R., 1982. Nota sobre poliquetos de la Isla de Cabrera. *Boletín de la Real Sociedad Española de Historia Natural*, 79: 221-234.

San Martín, G. y Viéitez, J.M., 1979. Contribución al conocimiento de los anélidos poliquetos epibiontes de la Bahía de Palma de Mallorca. *Actas I Simposio Ibérico de Estudios del Bentos Marino*, San Sebastián: 193-214.

San Martín, G., Acero, M.I., Contonente, M. y Gómez, J.J., 1982. Una colección de anélidos poliquetos de las costas mediterráneas andaluzas. *Actas II Simposio Ibérico de Estudios del Bentos Marino*, Barcelona, 3: 171-182.

San Martín, G., González, G. y López Jamar, E., 1985. Aspectos sistemáticos y ecológicos sobre algunas especies de sílidos (Polychaeta: Syllidae) de las costas gallegas. *Boletín del Instituto Español de Oceanografía*, 2(2): 27-36.

SÁNCHEZ MATA, A., 1996. *El macrozoobentos submareal de la Ría de Betanzos: Estructura sedimentaria; impacto de la marea negra del Aegean Sea.* Tesis Doctoral. Universidad de Santiago de Compostela. Santiago de Compostela. 628 pp.

SANTELLI, A., PUNZO, E., STRAFELLA, P., CUICCHI, C., BRUNETTI, B., SPAGNOLO, A. y FABI, G., 2015. First record of *Paradiopatra bihanica* (Polychaeta, Onuphidae) in the Adriatic Sea. *Acta Adriatica*, 56 (2): 269-274.

SANTI, L., TAVARES, M. y OMENA, E., 2006. Patterns of species richness and species density of sublittoral soft bottom Polychaetes in a grossly polluted urban bay: Guanabara Bay, Rio de Janeiro, Brazil. *Journal of Coastal Research*, Special Issue 39. 1127 1131.

SANTOS, C.S.G. y MACKIE, A.S.Y., 2008. New species of *Poecilochaetus* Claparède, 1875 (Polychaeta, Spionida, Poecilochaetidae) from Paranaguá Bay, southeastern Brazil. *Zootaxa*, 1790: 53-68. https://doi.org/10.11646/zootaxa.1790.1.2

SANZ ACHA, A., 1987. *Dinámica de las poblaciones de Anélidos Poliquetos del sur del Golfo de Vizcaya.* Tesis Doctoral, Universidad de Navarra. Pamplona. 284 pp.

SARDÁ, R., 1982. Anélidos Poliquetos de la Bahía de Algeciras. Nota sobre una colección próxima a la desembocadura del río Guadarranque. *Actas II Simposio Ibérico de Estudios del Bentos Marino*, Barcelona, 3: 175-170.

SARDÁ, R., 1984. *Contribución al conocimiento de los anélidos litorales ibéricos. Estudio sobre la fauna de anélidos poliquetos de las zonas mediolitoral e infralitoral, en la región del Estrecho de Gibraltar.* Tesis doctoral. Universidad de Barcelona. 901 pp.

SARDÁ, R., 1986. Contribución al conocimiento de las poblaciones anelidianas infaunales de la costa catalana. *Publicaciones del Departamento de Zoología de la Universidad de Barcelona,* 12: 27-36.

SARDÁ, R., 1991. Polychaete communities related to plant covering in the mediolittoral and infralittoral zones of the Balearic Islands (Western Mediterranean). *Marine Ecology*, 12(4): 341-360. https://doi.org/10.1111/j.1439-0485.1991.tb00263.x

SATO-OKOSHI, W., ABE, H., NISHITANI, G. y SIMON, C.A., 2016. And then there was one: *Polydora uncinata* and *Polydora hoplura* (Annelida: Spionidae), the problematic polydorid pest species represent a single species. *Journal of the Biological Association of the United Kingdom,* 1(8): 1-10. https://doi.org/10.1017/S002531541600093X

SAVIGNY, J.C., DE, 1822. Système des annélides, principalement de celles des côtes de l'Égypte et de la Syrie, offrant les caractères tant distinctifs que naturels des Ordres, Familles et Genres, avec la Description des Espèces. En: *Description de l'Égypte ou Recueil des Observations et des Recherches qui ont été faites en Égypte pendant l'Expédition de l'Armée Française, publié par les Ordres de sa Majesté l'Empereur Napoléon le Grand. Histoire Naturelle*, vol. 1(3). Commission d'Égypte. Paris: 1-128. https://doi.org/10.5962/bhl.title.66284

SCHROEDER, C. y HERMANS, O., 1975. Annelida: Polychaeta. En: *Reproduction of Marine Invertebrates. Vol. III. Annelids and Echiurans.* Giese A.C. y Pearse, J.S. (Eds.). Academic Press, London: 1-213. https://doi.org/10.1016/B978-0-12-282503-3.50007-9

SCHULZE, A., 2006. Phylogeny and genetic diversity of Palolo worms (*Palola*, Eunicidae) from the tropical North Pacific and the Caribbean. *Biological Bulletin*, 210: 25-37. https://doi.org/10.2307/4134534

SENDALL, K. y SALAZAR-VALLEJO, S.I., 2013. Revision of *Sternaspis* Otto, 1821 (Polychaeta, Sternaspidae). *ZooKeys*, 286: 1-74. https://doi.org/10.3897/zookeys.286.4438

SERRANO, A., PRECIADO, I., ABAD, E., SÁNCHEZ, F., PARRA, S., y FRUTOS, I., 2008. Spatial distribution patterns of demersal and epibenthic communities on the Galician continental shelf (NW Spain). *Journal of Marine Systems*, 72(1-4): 87-100. https://doi.org/10.1016/j.jmarsys.2007.05.012

SERRANO LÓPEZ, A., 2002. *Ecología de las poblaciones de poliquetos del entorno de la Isla de Mouro (Santander, Mar Cantábrico)*. Tesis Doctoral Universidad Autónoma de Madrid. Madrid. 439 pp.

SERRANO SAMANIEGO, L.G., 2012. *Distribution of soft-bottom polychaetes assemblages at different scales in shallow waters of the northern mediterranean spanish coast*. Tesis Doctoral. Universidad Politécnica de Cataluña. Barcelona. 168 pp.

SHELLEY, R., WIDDICOMBE, S., WOODWARD, M., STEVENS, T., MCNEILL, C.L. y KENDALL, M.A., 2008. An investigation of the impacts on biodiversity and ecosystem functioning of soft sediments by the non-native polychaete *Sternaspis scutata* (Polychaeta: Sternaspidae). *Journal of Experimental Marine Biology and Ecology*, 366(1-2): 146-150. https://doi.org/10.1016/j.jembe.2008.07.018

SIGVALDADÓTTIR, E., 1998. Cladistic analysis and classification of *Prionospio* and related genera (Polychaeta, Spionidae). *Zoologica Scripta*, 27: 175-187. https://doi.org/10.1111/j.1463-6409.1998.tb00435.x

SIGVALDADÓTTIR, E. y MACKIE, A.S.Y., 1993. *Prionospio steensntrupi, P. fallax* and *P. dubia* (Polychaeta, Spionidae): reevaluation of identity and status. *Sarsia*, 78: 213-219. https://doi.org/10.1080/00364827.1993.10413535

SIGVALDADÓTTIR, E., MACKIE A.S.Y y PLEIJEL, E., 1997. Genetic interrelationships within the Spionidae (Annelida, Polychaeta). *Zoological Journal of the Linnean Society*, 119: 473-500. https://doi.org/10.1111/j.1096-3642.1997.tb00144.x

SIKORSKI, A.V., 1999. Redescription of *Laonice appelloefi* (Polychaeta, Spionidae). *Zoologicheskii Zhurnal*, 78(12): 1465-1467.

SIKORSKI, A.V., 2003. *Laonice* (Polychaeta, Spionidae) in the Arctic and the North Atlantic. *Sarsia*, 88(5): 316-345. https://doi.org/10.1080/00364820310002551

SIKORSKI, A.V., PAVLOVA, L.V., SARDÁ, R., LANGENECK, J., GIL, J. y RAVARA, A., 2021b. Two new deep-sea species of *Laonice* (Annelida: Spionidae) from the Mediterranean Sea. *Zootaxa*, 4908(4): 515-526. https://doi.org/10.11646/zootaxa.4908.4.5

SIKORSKI, A.V., RADASHEVSKY, V.I., CASTELLI, A., PAVLOVA,L.V., NYGREN, A., MALYAR, V.V., BORISOVA, P.B., MIKAC, B., ROUSOU,M., MARTIN, D., GIL, J., PACCIARDI, L. y LANGENECK, J., 2021a. Revision of the *Laonice bahusiensis* complex (Annelida: Spionidae) with a description of three new species. *Zootaxa*, 4996(2): 253-283. https://doi.org/10.11646/zootaxa.4996.2.2

SIMBOURA, N., 1994. Some new additions to the polychaete fauna of Greece with remarks on their taxonomy, zoogeography and ecology. *Bios. Scientific Annals School Biology*, 2: 53-58.

SIMON, C., KARA, J., DU TOIT, A., VAN RENSBURG, A., NAIDOO, C. y MATTHEE, C.A., 2021. Reeling them in: taxonomy of marine annelids used as bait by anglers in the Western Cape Province, South Africa. *PeerJ*, 9: e11847. https://doi.org/10.7717/peerj.11847

Simon, C.A., Sato-Okoshi, W. y Abe, H., 2019. Hidden diversity within the cosmopolitan species *Pseudopolydora antennata* (Claparède, 1869) (Spionidae: Annelida). *Marine Biodiversity*, 49: 25-42. https://doi.org/10.1007/s12526-017-0751-y

Söderström, A., 1920. *Studien über die polychätenfamilie Spionidae*. Almquist and Wicksells. Uppsala University. 286 pp.

Sola, J.C., 1994. *Estudio de la Comunidad reducida de* Macoma *en el estuario del Bidasoa*. Tesis Doctoral. Universidad de Navarra. Pamplona. 526 pp.

Sola, J.C. e Ibáñez, M., 1986. Estudio de la fauna de Anélidos Poliquetos de los fondos blandos del estuario del Bidasoa. *Lurralde*, 9: 165-181.

Sola, C., Zaballa, K., San Vicente, C. e Ibáñez, M., 1986. Distribución de la fauna de Anélidos Poliquetos de cinco rías de Guipúzcoa. *Actas V Simposio de Estudios del Bentos Marino*, Tenerife: 148-156.

Sousa-Reis, C., Monteiro-Marques, V., Calvário, J., Marques, J.C., Melo, R. y Santos, R., 1982. Contribuição para o estudo dos povoamentos bentónicos (substrato móvel) da costa ocidental portuguesa. *Oecologia Aquatica*, 6: 91-105.

Southern, R., 1914. Clare Island Survey. Archiannelida and Polychaeta. *Proceedings of the Royal Irish Academy*, 31(47): 1-160.

Southern, R., 1928. Polychaeta of the Chilka Lake and also of fresh and brackish waters in other parts of India. *Memoirs of the Indian Museum*, 5: 565-659.

Southward, E.C., 1977. A new species of *Hyalinoecia* (Polychaeta: Eunicidae) from deep water in the Bay of Biscay. *Essays on Polychaetous Annelids in Memory of Dr. Olga Hartman. The Allan Hancock Foundation, California*: 173-187.

Sprung, M., 1994. Macrobenthic secondary production in the intertidal zone of the Ria Formosa – a Lagoon in Southern Portugal. *Estuarine, Coastal and Shelf Science*, 38: 539-558. https://doi.org/10.1006/ecss.1994.1037

Sthratmann, M.F., 1987. *Reproduction and development of marine invertebrates of the northern Pacific coast. Data and methods for the study of eggs, embryos, and larvae*. University of Washington Press. Seattle. 670 pp.

Støp-Bowitz, C., 1948. Polychaeta. *Report on the Scientific Results of the 'Michael Sars' North Atlantic Deep-sea Expedition 1910*, 5(8): 1-91.

Struck, T.H., Nesnidal, M.P., Purschke, G. y Halanych, K.M., 2008. Detecting possibly saturated positions in 18S and 28S sequences and their influence on phylogenetic reconstruction of Annelida (Lophotrochozoa). *Molecular Phylogenetics and Evolution*, 48(2): 628-545. https://doi.org/10.1016/j.ympev.2008.05.015

Struck, T., Purschke, G. y Halanych, K., 2006. Phylogeny of Eunicida (Annelida) and exploring data congruence using a Partition Addition Bootstrap Alteration (PABA) Approach. *Systematic Biology*, 55: 1-20. https://doi.org/10.1080/10635150500354910

Struck, T.H., Schult, N., Kusen, T., Hickman, E., Bleidorn, C., McHugh, D. y Halanych, K.M., 2007. Annelid phylogeny and the status of Sipuncula and Echiura. *BMC Evolutionary Biology*, 7 (1): 57. https://doi.org/10.1186/1471-2148-7-57

Surugiu, V., 2016. On the taxonomic status of the European *Scolelepis* (*Scolelepis*) *squamata* (Polychaeta: Spionidae), with description of a new species from Southern Europe. *Zootaxa*, 4161(2): 151-176. https://doi.org/10.11646/zootaxa.4161.2.1

TAGHON, G.L., JUMARS, P.A, y NOWELL, A.R.M., 1980. Induction of suspension feeding in spionid polychaetes by hight particle fluxes. *Science*, 210: 562-564. https://doi.org/10.1126/science.210.4469.562

TAYLOR, J.L., 1966. A Pacific polychaete in southeastern United States. *Quarterly Journal of the Florida Academy of Science*, 29: 21-26.

TEMPLADO, J., GARCÍA-CARRASCOSA, M., BARATECH, L., CAPACCIONI, R., JUAN, A., LÓPEZ-IBOR, A., SILVESTRE, R. y MASSÓ, C., 1986. Estudio preliminar de la fauna asociada a los fondos coralíferos del Mar de Alborán (SE de España). *Boletín del Instituto Español de Oceanografía,* 3(4): 93-104.

TENA, J., CAPACCIONI-AZZATI, R., PORRAS, R. y TORRES-GAVILÁ, F.J., 1991. Cuatro especies de poliquetos nuevas para las costas mediterráneas españolas en los sedimentos del antepuerto de Valencia. *Miscel·lània Zoològica*, 15: 29-41.

TENA MEDIALDEA, J., 1996. *Faunística y ecología de los Anélidos Poliquetos de los fondos de sustrato duro del Archipiélago de las Chafarinas (S.W. Mar de Alborán)*. Tesis Doctoral. Universidad de Valencia. Valencia. 549 pp.

TENORE, K.R., CAL, R.M. HANSON, R.B., LÓPEZ-JAMAR, E., SANTIAGO, G. y TIETJEN, J.H., 1984. Coastal upwelling off the Rías Bajas, Galicia, Northwest Spain. *II. Benthic studies. Rapports et procès-verbaux des réunions Commission internationale pour l'exploration scientifique de la Mer Méditerranée,* 183: 91-100.

THÉEL, H.J., 1879. Les annélides polychètes des mers de la Nouvelle-Zemble. *Konglika Svenska Vetenskaps-Akademiens Handlingar*, 16(3): 1-75.

THOMPSON, I. y JOHNSON, R.G., 1977. New fossil polychaete from Essex. Illinois. *Fieldiana, Geology*, 33: 471-487.

THOMSEN, M.S. y McGLATHERY, K., 2005. Facilitation of macroalgae by the sedimentary tube forming polychaete *Diopatra cuprea*. *Estuarine, Coastal and Shelf Science*, 62: 63-73. https://doi.org/10.1016/j.ecss.2004.08.007

THOMSEN, M.S., MUTH, M.H. y McGLATHERY, K.J., 2011. Tube-forming polychaetes enhance invertebrate diversity and abundance in sandy sediments of Mozambique, Africa. *African Journal of Marine Science*, 33(2): 327-332. https://doi.org/10.2989/181423 2X.2011.600433

THONIG, A., KNOTT, K.E., KESÄNIEMI, J.E., HANSEN, B.W. y BANTA, G.T., 2016. Population and reproductive dynamics of the polychaete *Pygospio elegans* in a boreal estuary complex. *Invertebrate Biolgy*, 135(4): 370-384. https://doi.org/10.1111/ivb.12149

TORRES-GAVILÁ, F.J., 2008. *Estudio faunístico, ecológico y ambiental de la fauna de Anélidos Poliquetos de sustratos sueltos de las islas Chafarinas (Mar de Alborán, S.W. Mediterráneo)*. Servei de Publicacions. Universitat de València. 695 pp.

TOWNSEND, M., WORSFOLD, T.M., SMITH, P.R.J., MARTINA, L.J., McNEILL, C.L. y KENDALL, M.A., 2006. Occurrence of *Sternaspis scutata* (Polychaeta: Sternaspidae) in the English Channel. *Cahiers de Biologie Marine*, 47(3): 281-285.

UEBELACKER, J.M., 1984. Family Heterospionidae Hartman, 1963. En: *Taxonomic Guide to the Polychaetes of the Northern Gulf of Mexico, Vol. II*. Uebelacker, J.M., Johnson, P.G., Vittor, B.A. y Associates (Eds.). U.S. Department of the Interior, Minerals Management Service, Metairie, Alabama: 1-6.

VIÉITEZ, J.M., 1976. Ecología de Poliquetos y Moluscos de la playa de Meira (Ría de Vigo) I. Estudio de las comunidades. *Investigación Pesquera*, 40(1): 223-248.

VIÉITEZ, J.M., 1977. Primera cita para España de la especie *Phoronis psammophila* Cori. *Boletín de la Real Sociedad Española de Historia Natural (Sección Biológica)*, 75: 243-248.

VIÉITEZ, J.M., 1979. Ecología comparada de dos playas de las Rías de Pontevedra y Vigo. *Fundación Juan March, Serie Universidad*, 91: 1-46.

VIÉITEZ, J.M., 1981. Estudio de las comunidades bentónicas de dos playas de las rías de Pontevedra y Vigo (Galicia, España). *Boletín del Instituto español de Oceanografía*, 6: 242-258.

VIÈITEZ, J.M. y BAZ, A., 1988. Comunidades bentónicas del sustrato blando intermareal de la playa de Lapaman (Ría de Pontevedra, Galicia). *Cahiers de Biologie Marine*, 29(2): 261-276.

VIÉITEZ, J.M. y LÓPEZ COTELO, I., 1982. Estudio faunístico de la playa de Barra (Ría de Vigo). Primeros resultados. *Oecologia Aquatica*, 6: 37-40.

VIÉITEZ, J.M., ALÓS, C., PARAPAR, J., BESTEIRO, C., MOREIRA, J., NÚÑEZ, J., LABORDA, J. y SAN MARTÍN, G., 2004. *Annelida, Polychaeta I*. En: *Fauna Ibérica*, vol. 25. Ramos, M.A. *et al.* (Eds.). Museo Nacional de Ciencias Naturales. CSIC. Madrid. 530 pp.

VILLALBA, A. y VIÉITEZ, J.M., 1985. Estudio de la fauna de Anélidos Poliquetos del substrato rocoso intermareal de una zona contaminada de la Ría de Pontevedra. *Cahiers de Biologie Marine*, 26: 359-377.

WARD, L.A., 1981. Spionidae (Polychaeta: Annelida) from Hawaii, with descriptions of five new species. *Proceedings of the Biological Society of Washington*, 94(3): 713-730.

WARGO, R.N. y FORD S.E., 1993. The effect of shell infestation by *Polydora* sp. and infection by *Haplosporidium nelsoni* (MSX) on the tissue condition of oysters, *Crassostrea virginica*. *Estuaries*, 16(2): 229-234. https://doi.org/10.2307/1352494

WEBSTER, H.E., 1879. On the Annelida Chaetopoda of the Virginian Coast. *Transactions of the Albany Institute*, 9: 1-72. https://doi.org/10.5962/bhl.title.11296

WEBSTER, H.E. y BENEDICT, J.E., 1887. The Annelida Chaetopoda from Eastport, Maine. *Reports of the U.S. Fish Commission for 1885*: 707-755.

WEITBRECHT, B.E., 1984. Muscular anatomy of *Trochochaeta multisetosum* (Polychaeta; Trochochaetidae). En: *Proceedings of the First International Polychaete Conference*, Sydney. Hutchings, P.A. (Ed.). The Linnean Society of New South Wales, Sydney: 401-412.

WESENBERG-LUND, E., 1950. Polychaeta. *Danish Ingolf-Expedition*, 4(14): 1-92.

WESENBERG-LUND, E., 1951. Polychaeta. *The Zoology of Iceland*, 2(19): 1-182.

WESENBERG-LUND, E., 1953. The Zoology of East Greenland: Polychaeta. *Meddelelser om Gronland udgivne af Kommissionen for Videnskabelige undersogelser I Gronland*, 122(3): 1-169.

WETHEY, D.S. y WOODIN, S.A., 2008. Ecological hindcasting of biogeographic responses to climate change in the European intertidal zone. *Hydrobiologia*, 606: 139-151. https://doi.org/10.1007/s10750-008-9338-8

WETHEY, D.S., WOODIN, S.A., HILBISH, T.J., JONES, S.J., LIMA, F.P. y BRANNOCK, P.M., 2011. Response of intertidal populations to climate: effects of extreme events versus long term change. *Journal of Experimental Marine Biology and Ecology*, 400: 132-144. https://doi.org/10.1016/j.jembe.2011.02.008

Williams, J.D., 2004. Reproduction and morphology of *Polydorella* (Polychaeta: Spionidae), including the description of a new species from the Philippines. *Journal of Natural History*, 38: 1339-1358. https://doi.org/10.1080/0022293031000155395

Williams, J.D. y Radashevsky, V.I., 1999. Morphology, ecology and reproduction of a new *Polydora* species (Polychaeta: Spionidae) from the east coast of North America. *Ophelia*, 51(22): 115-127. https://doi.org/10.1080/00785326.1999.10409403

Wilson, R.S., 1990. *Prionospio* and *Paraprionospio* (Polychaeta: Spionidae) from Southern Australia. *Memoirs of National Museum Victoria*, 50: 243-274. https://doi.org/10.24199/j.mmv.1990.50.02

Wilson, R.S., 2000. Family Longosomatidae. En: *Polychaetes and Allies: The Southern Synthesis*: Beesley, P.L., Ross, G.J.B. y Glasby, C.J. (Eds.). CSIRO. Melbourne: 193.

Winsnes, I.M., 1989. Eunicid polychaetes (Annelida) from Scandinavian and adjacent waters. Family Eunicidae. *Zoologica Scripta*, 18(4): 483-500. https://doi.org/10.1111/j.1463-6409.1989.tb00142.x

Wirén, A., 1883. Chaetopoder från Sibiriska Ishafvet och Berings Haf Insamlade under Vega-Expeditionen 1878-1879. *Vega-expeditionens Vetenskapliga iakttagelser bearbetade af deltagare i resan och andra forskare*, 2: 383-428. https://www.biodiversitylibrary.org/page/27392832

Woodin, S., Wethey, D. y Dubois, S., 2014. Population structure and spread of the Polychaete *Diopatra biscayensis* along the French Atlantic Coast: Human-assisted transport by-passes larval dispersal. *Marine Environmental Research*, 102: 110-121. https://doi.org/10.1016/j.marenvres.2014.05.006

Woodwick, K.H., 1964. *Polydora* and related genera (Annelida, Polychaeta) from Eniwetok, Majuro, and Bikini Atolls, Marshall Islands. *Pacific Science*, 18(2): 146-159.

WoRMS (World Register of Marine Species), 2024. *World Register of Marine Species*. http://www.marinespecies.org

Worsaae, K., Nygren, A., Rouse, G.W., Giribet, G., Persson, J., Sundberg, P. y Pleijel, F., 2004. Phylogenetic position of Nerillidae and *Aberranta* (Polychaeta, Annelida), analyzed by direct optimization of combined molecular and morphological data. *Zoologica Scripta*, 34: 313-328. https://doi.org/10.1111/j.1463-6409.2005.00190.x

Wu, B.L. y Chen, M., 1966. A new and interesting species of the genus *Heterospio* (Polychaeta, Heterospionidae). *Oceanology and Limnology Sinica*, 8: 163-167.

Wu, X. y Xu, K., 2017. Diversity of Sternaspidae (Annelida: Terebellida) in the South China Sea, with description of four new species. *Zootaxa*, 4244(3): 403-415. https://doi.org/10.11646/zootaxa.4244.3.8

Wu, X., Salazar-Vallejo, S. I. y Xu, K., 2015. Two new species of *Sternaspis* Otto, 1821 (Polychaeta: Sternaspidae) from China seas. *Zootaxa*, 4052(3): 373-382. https://doi.org/10.11646/zootaxa.4052.3.7

Yokoyama, H., 1981. Larval development of a spionid polychaete *Paraprionospio pinnata* (Ehlers). *Publications of the Seto Marine Biological Laboratory*, 26: 157-170. https://doi.org/10.5134/176017

Yokoyama, H., 2007. A revision of the genus *Paraprionospio* Caullery (Polychaeta: Spionidae). *Zoological Journal of the Linnean Society*, 151: 253-284. https://doi.org/10.1111/j.1096-3642.2007.00323.x

Yoshino, K., Nagayoshi, M., Sato, M. y Katano, T., 2016. Life history of *Sternaspis costata* (Sternaspidae: Polychaeta) in Ariake Bay, Japan. *Journal of the Marine Biological Association of the United Kingdom*, 96(3): 647-655. https://doi.org/10.1017/S0025315415000880

Zaballa, K., Romero, A. e Ibáñez, M., 1983. La contaminación marina en Guipúzcoa: 1 Estudio de los indicadores biológicos de la contaminación en los sedimentos de la Ría de Pasajes. *Lurralde*, 1983: 177-189.

Zanol, J. y Bettoso, N., 2006. Identity of *Eunice roussaei* (Eunicidae: Polychaeta: Annelida) from the Adriatic and Mediterranean Seas. *Journal of the Marine Biological Association of the United Kingdom*, 86: 1017-1024. https://doi.org/10.1017/S0025315406013993

Zanol, J. y Budaeva, N., 2021. Eunicidae. En: *Handbook of Zoology Annelida, Volume 3: Sedentaria III, Errantia I*. Purschke, G., Westheide, W. y Böggemann, M. (Eds.). De Gruyter. Berlin-Boston: 414-452. https://doi.org/10.1515/9783110291704-020

Zanol, J., Carrera-Parra, L.F., Steiner, T.M., Amaral, A.C.Z., Wiklund, H., Ravara, A. y Budaeva, N., 2021. The current state of Eunicida (Annelida) systematics and biodiversity. *Diversity*, 13(2): 74. https://doi.org/10.3390/d13020074

Zanol, J., Fauchald, K. y Paiva, P.C., 2007. A phylogenetic analysis of the genus *Eunice* (Eunicidae, polychaete, Annelida). *Zoological Journal of the Linnean Society*, 150: 413-434. https://doi.org/10.1111/j.1096-3642.2007.00302.x

Zanol, J., Halanych, K.M. y Fauchald, K., 2014. Reconciling taxonomy and phylogeny in the bristleworm family Eunicidae (polychaete, Annelida). *Zoologica Scripta*, 43(1): 79-100. https://doi.org/10.1111/zsc.12034

Zanol, J., Silva, T.S.C. y Hutchings, P., 2016. *Marphysa* (Eunicidae, polychaete, Annelida) species of the Sanguinea group from Australia, with comments on pseudo-cryptic species. *Invertebrate Biology*, 135(4): 328-344. https://doi.org/10.1111/ivb.12146

Zhadan, A.E., Tzetlin, A.B. y Salazar-Vallejo, S.I., 2017. Sternaspidae (Annelida, Sedentaria) from Vietnam with description of three new species and clarification of some morphological features. *Zootaxa*, 4226(1): 75-92. https://doi.org/10.11646/zootaxa.4226.1.3

Zhou, J. y Li, X.Z., 2009. Report of *Prionospio* complex (Annelida: Polychaeta: Spionidae) from China's waters, with description of a new species. *Acta Oceanologica Sinica*, 28(1): 116-127.

Zorita, I., Solaun, O., Galparsoro, I. y Borja, A., 2009. *Especies exóticas en el medio marino del País Vasco, en relación con el cambio global*. Informe para Dirección de Biodiversidad de la Viceconsejería de Medio Ambiente. Gobierno Vasco. 60 pp.

Zrzavý, J., Říha, P., Piálek, L. y Janouškovec, J. 2009. Phylogeny of Annelida (Lophotrochozoa): total evidence analysis of morphology and six genes. *BMC Ecology and Evolution*, 9: 189. https://doi.org/10.1186/1471-2148-9-189

APÉNDICE 1. NOMENCLATURA: LISTA DE SINÓNIMOS Y COMBINACIONES

Solo se incluyen las denominaciones científicas de *Polychaeta* íbero-baleares comprendidas en este tomo.

Familia **ONUPHIDAE** Kinberg, 1865
Onuphidae Kinberg, 1865. *Öfvers. K. Vetensk.-Akad. Förh.,* [1864], 21(10): 559

Subfamilia **Hyalinoeciinae** Paxton, 1986
Hyalinoeciinae Paxton, 1986. *Rec. Aust. Mus.,* 38(1): 25

Género **Hyalinoecia** Malmgren, 1867
Hyalinoecia Malmgren, 1867. *Annulata Polych. Spetsbergiae Groenl. Isl. Scand.:* 67
Paronuphis Ehlers, 1887. *Mem. Mus. Comp. Zool. Harv. Coll.,* 15(6): 73
Paraonuphis Kucheruk, 1977. *Tr. Inst. Okeanol. im. P.P. Širšova,* 108: 44 (grafía posterior incorrecta)

Hyalinoecia robusta Southward, 1977
Hyalinoecia robusta Southward, 1977. En: Reish y Fauchald (Eds.), *Essays Polych. Annel.:* 175

Hyalinoecia tubicola (O.F. Müller, 1776)
Nereis tubicola O.F. Müller, 1776. *Zool. Dan. Prodromus:* 217
Onuphis filicornis Delle Chiaje, 1841. *Descr. Notomia Anim. Invertebr. Sicil. Citeriore,* 3: 94
Onuphis sicula Quatrefages, 1866. *Hist. Nat. Annelés Mar. Eau Douce,* [1865], 1: 352
Hyalinoecia platybranchis Grube, 1877. *Mon.ber. K. Preus. Akad. Wiss. Berl.,* 1877: 527
Hyalinecia tubicola (O.F. Müller): Roule, 1898. *Bull. Mus. Hist. Nat.,* 4(4): 193

Género **Leptoecia** Chamberlin, 1919
Leptoecia Chamberlin, 1919. *Mem. Mus. Comp. Zool. Harv. Coll.,* 48: 264
Parhyalinoecia Hartmann-Schröder, 1975. *Mitt. Hambg. Zool. Mus. Inst.,* 72: 65
Neonuphis Kucheruk, 1978. *Tr. Inst. Okeanol. im. P.P. Širšova,* 113: 93

Leptoecia apalpata (Hartmann-Schröder, 1975)
Parhyalinoecia apalpata Hartmann-Schröder, 1975. *Mitt. Hambg. Zool. Mus. Inst.,* 72: 65
Leptoecia apalpata (Hartmann-Schröder): Paxton, 1986. *Rec. Aust. Mus.,* 38(1): 30

Género **Nothria** Malmgren, 1867
Northia Johnston, 1865. *Cat. Br. Non-Parasit. Worms Collect. Br. Mus.:* 136 (non Gray, 1847; nec Walker, 1854)
Nothria Malmgren, 1867. *Annulata Polych. Spetsbergiae Groenl. Isl. Scand.:* 66

Nothria conchylega (M. Sars, 1835)
Onuphis conchylega M. Sars, 1835. *Beskr. Iagttag. Nogle Maerkelige Nye Havet Bergen*.: 61
Onuphis eschrichtii Örsted, 1843. *Dan. Vidensk. Selsk. Skr., Nat.vidensk. Math. Afd.*, (4), 10: 213
Northia conchylega (M. Sars): Johnston, 1865. *Cat. Br. Non-Parasit. Worms Collect. Br. Mus*.: 136 (grafía posterior incorrecta)
Onuphis hyperborea Hansen, 1878. *Nyt Mag. Naturvidensk.*, 24(1): 5
Onuphis jourdei Marion, 1883. *Ann. Mus. Hist. Nat. Marseille*, 1(Mém. 2): 44
Nothria conchyphila Verrill, 1885. *Rep. U.S. Fish Fish. Comm.*, 11: 524
Onuphis britannica McIntosh, 1903. *Ann. Mag. Nat. Hist.*, (7), 11: 555
Nothria conchylega (M. Sars): Paxton, 1986. *Rec. Aust. Mus.*, 38(1): 25

Nothria edwardsi (Roule, 1898)
Hyalinoecia edwardsi Roule, 1898. *Bull. Mus. Hist. Nat.*, 4(4): 193
Nothria edwardsi (Roule): Arias y Paxton, 2016. *Zootaxa*, 4147(1): 97

Nothria maremontana André y Pleijel, 1989
Nothria maremontana André y Pleijel, 1989. *Cah. Biol. Mar.*, 30(1): 11

Subfamilia **Onuphinae** Kinberg, 1865
Onuphidae Kinberg, 1865. *Öfvers. K. Vetensk.-Akad. Förh.*, [1864], 21(10): 559

Género **Aponuphis** Kucheruk, 1978
Aponuphis Kucheruk, 1978. *Tr. Inst. Okeanol. im. P.P. Širšova*, 113: 91

Aponuphis bilineata (Baird, 1870)
Hyalinoecia bilineata Baird, 1870. *J. Linn. Soc. Lond. Zool.*, 10: 358
Hyalinoecia rubra Langerhans, 1880. *Z. Wiss. Zool.*, 33(1-2): 292
Aponuphis bilineata (Baird): Kucheruk, 1978. *Tr. Inst. Okeanol. im. P.P. Širšova*, 113: 91

Aponuphis brementi (Fauvel, 1916)
Hyalinoecia brementi Fauvel, 1916. *Bull. Inst. Océanogr. (Monaco)*, 316: 5
Hyalinoecia fauveli Rioja, 1918. *Trab. Mus. Nac. Cienc. Nat. Ser. Zool.*, 37: 45
Aponuphis brementi (Fauvel): Paxton, 1986. *Rec. Aust. Mus.*, 38: 54
Aponuphis fauveli (Fauvel): Paxton, 1986. *Rec. Aust. Mus.*, 38: 54

Aponuphis ornata (Fauvel, 1928)
Hyalinoecia bilineata ornata Fauvel, 1928. *Bull. Soc. Zool. Fr.*, 53: 12
Aponuphis ornata (Fauvel): Paxton, 1986. *Rec. Aust. Mus.*, 38: 54

Aponuphis willsiei Cantone y Bellan, 1996
Aponuphis willsiei Cantone y Bellan, 1996. *Animalia (Catania)*, 21(1/3): 27

Género **Diopatra** Audouin y Milne Edwards, 1833
Diopatra Audouin y Milne Edwards, 1833. *Ann. Sci. Nat.*, 28: 229

Diopatra biscayensis Fauchald, Berke y Woodin, 2012
Diopatra biscayensis Fauchald, Berke y Woodin, 2012. *Zootaxa*, 3395: 49

Diopatra marocensis Paxton, Fadlaoui y Lechapt, 1995
Diopatra marocensis Paxton, Fadlaoui y Lechapt, 1995. *J. Mar. Biol. Assoc. U.K.*, 75: 950

Diopatra micrura Pires, Paxton, Quintino y Rodrigues, 2010
Diopatra micrura Pires, Paxton, Quintino y Rodrigues, 2010. *Zootaxa*, 2395: 22

Diopatra neapolitana Delle Chiaje, 1841
Diopatra neapolitana Delle Chiaje, 1841. *Descr. Notomia Anim. Invertebr. Sicil. Citeriore*, 3: 97

Género **Mooreonuphis** Fauchald, 1982
Mooreonuphis Fauchald, 1982. *Smithson. Contrib. Zool.*, 356: 55

Mooreonuphis vespa Arias, Anadón y Paxton, 2013
Mooreonuphis vespa Arias, Anadón y Paxton, 2013. *Zootaxa*, 3741(4): 584

Género **Onuphis** Audouin y Milne Edwards, 1833
Onuphis Audouin y Milne Edwards, 1833. *Ann. Sci. Nat.*, 28: 225

Onuphis anadonae Arias y Paxton, 2015
Onuphis anadonae Arias y Paxton, 2015. *Zootaxa*, 3949(3): 347

Onuphis eremita Audouin y Milne Edwards, 1883
Onuphis eremita Audouin y Milne Edwards, 1833. *Ann. Sci. Nat.*, 28: 226
Onuphis falesia Castelli, 1982. *Boll. Zool.*, 49(1-2): 45
Onuphis eremita oculata Hartman: Cinar, 2009. *J. Nat. Hist.*, 43(37-38): 2297 (non Hartman, 1951)

Onuphis farensis Gil y Machado, 2014
Onuphis farensis Gil y Machado, 2014. *Zootaxa*, 3860(4): 345

Onuphis pancerii Claparède, 1868
Onuphis pancerii Claparède, 1868. *Mém. Soc. Phys. Hist. Nat. Genève*, 19: 438
Onuphis eremita Audouin y Milne Edwards: Fauvel, 1923. *Faune Fr.*, 5: 413 (non Audouin y Milne Edwards, 1833)

Onuphis rullieriana (Amoureux, 1977)
Nothria rullieriana Amoureux, 1977. *Cah. Biol. Mar.*, 18(4): 399
Onuphis rullieriana (Amoureux): Fauchald, 1982. *Smithson. Contrib. Zool.*, 356: 51

Género **Paradiopatra** Ehlers, 1887
Paradiopatra Ehlers, 1887. *Mem. Mus. Comp. Zool. Harv. Coll.*, 15: 73
Notonuphis Kucheruk, 1978. *Tr. Inst. Okeanol. im. P.P. Širšova*, 113: 93
Sarsonupis Fauchald, 1982. *Smithson. Contrib. Zool.*, 356: 64

Paradiopatra calliopae Arvanitidis y Koukouras, 1997
Onuphis lepta Chamberlin: Amoureux, 1970. *Ann. Mus. Civ. Stor. Nat. Genova*, 78: 1 (non Chamberlin, 1919)

Nothria lepta (Chamberlin): Amoureux, 1972. *Cah. Biol. Mar.*, 12(1): 13–14 (non Chamberlin, 1919)
Paradiopatra bihanica (Intes y LeLoeuff): Budaeva y Fauchald, 2011. *Zool. J. Linn. Soc.*, 163: 350–353 (en parte) (non Intes y LeLoeuff, 1975)
Paradiopatra calliopae Arvanitidis y Koukouras, 1997. *Ophelia (Helsingør)*, 46(1): 52

Paradiopatra capbretonensis Aguirrezabalaga, Ceberio y Paxton, 2002
Paradiopatra capbretonensis Aguirrezabalaga, Ceberio y Paxton, 2002. *Steenstrupia (Cph.)*, 27: 23

Paradiopatra ehlersi (McIntosh, 1885)
Nothria ehlersi McIntosh, 1885. *Rep. Sci. Results Voyag. "Challenger", Zool.*, 12: 327
Nothria armandi McIntosh, 1885. *Rep. Sci. Results Voyag. "Challenger", Zool.*, 12: 330
Diopatra paucibranchis Ehlers, 1908. *Wiss. Ergeb. Dtsch. Tiefsee-Exped. "Valdivia" 1898-1899*, 16(1): 81
Onuphis pachytmema Chamberlin, 1919. *Mem. Mus. Comp. Zool. Harv. Coll.*, 48: 279
Onuphis socia Chamberlin, 1919. *Mem. Mus. Comp. Zool. Harv. Coll.*, 48: 284
Onuphis (Onuphis) iberica Hartmann-Schröder, 1975. *Mitt. Hambg. Zool. Mus. Inst.*, 72: 63
Sarsonuphis ehlersi (McIntosh): Fauchald, 1982. *Smithson. Contrib. Zool.*, 356: 70
Paradiopatra ehlersi (McIntosh): Paxton, 1986. *Rec. Aust. Mus.*, 38(1): 38

Paradiopatra florencioi Arias y Paxton, 2015
Onuphis quadricuspis M. Sars: Amoureux, 1973. *Cah. Biol. Mar.*, 14: 114 (non M. Sars, 1872)
Paradiopatra quadricuspis (M. Sars): Aguirrezabalaga, Ceberio y Paxton, 2002. *Steenstrupia*, 27: 23 (non M. Sars, 1872)
Paradiopatra florencioi Arias y Paxton, 2015. *Zootaxa*, 4040(2): 156

Paradiopatra hispanica (Amoureux, 1972)
Nothria hispanica Amoureux, 1972. *Cah. Biol. Mar.*, 13: 76
Paradiopatra hispanica (Amoureux): Paxton, 1986. *Rec. Aust. Mus.*, 38(1): 38

Género **Rhamphobrachium** Ehlers, 1887
Rhamphobrachium Ehlers, 1887. *Mem. Mus. Comp. Zool. Harv. Coll.*, 15: 70

Subgénero **Rhamphobrachium** Ehlers, 1887

Rhamphobrachium (Rhamphobrachium) agassizii Ehlers, 1887
Rhamphobrachium agassizii Ehlers, 1887. *Mem. Mus. Comp. Zool. Harv. Coll.*, 15: 70

Subgénero **Spinigerium** Paxton, 1986
Spinigerium Paxton, 1986. *Rec. Aust. Mus.*, 38(2): 87

Rhamphobrachium (Spinigerium) brevibrachiatum (Ehlers, 1875)
Diopatra brevibrachiata Ehlers, 1875. *Z. Wiss. Zool.*, 25: 49
Rhamphobrachium brevibrachiatum (Ehlers): Paxton, 1986. *Rec. Aust. Mus.*, 38(2): 87

Familia **EUNICIDAE** Berthold, 1827
Eunicea Berthold, 1827. *Latreille's Nat. Fam. Thierreichs*: 227 (grafía original incorrecta)
Euniphysidae Shen y Wu, 1991. *Acta Oceanol. Sin.*, 10(1): 129

Género **Eunice** Cuvier, 1817
Eunice Rafinesque, 1815. *Anal. Nat.*: 135 (*nomen nudum*)
Eunice Cuvier, 1817. *Règne Anim.*, 2: 524
Eunicea Bosch, 1817. *Nouv. Dict. Hist. Nat.*, 10: 541
Tibiana Lamarck, 1816. *Hist. Nat. Anim. sans Vertèbr.*, 2: 148
Nereidonta Blainville, 1828. *Dict. Sci. Nat.*, ed. 2, 57: 475
Eriphyle Kinberg, 1865. *Öfvers. K. Vetensk.-Akad. Förh.*, [1864], 21(10): 561
Nicidion Kinberg, 1865. *Öfvers. K. Vetensk.-Akad. Förh.*, [1864], 21(10): 564
Euuice Stossich, 1882. *Boll. Soc. Adriat. Sci. Nat., Trieste,* 7: 115 (grafía posterior
    incorrecta)
Mayeria Verrill, 1900. *Trans. Conn. Acad. Arts Sci.*, 10(2): 650

Eunice dubitata Fauchald, 1974
Eunice dubitatus Fauchald, 1974. *Sarsia (Bergen. Trykt utg.)*, 57: 18 (grafía original
    incorrecta)

Eunice norvegica (Linnaeus, 1767)
Nereis norvegica Linnaeus, 1767. *Syst. Nat.*, ed. 12, 2: 1086
Nereis madreporae pertusae Gunnerus, 1768. *K. Nor. Vidensk. Selsk. Skr.*, 4: 51 (*nomen
    dubium*)
Eunice norvegica (Linnaeus): Cuvier, 1817. *Règne Anim.*, 2: 525
Leodice norvegica (Linnaeus): Lamarck, 1818. *Hist. Nat. Anim. sans Vertèbr.*, 5: 323
Nereidonta norvegica (Linnaeus): Blainville, 1828. *Dict. Sci. Nat.*, ed. 2, 57: 476
Eunice norvegica (Linnaeus): Audouin y Milne-Edwards, 1833. *Ann. Sci. Nat.,* 28(110): 219
Leodice norvegica (Linnaeus): Storm, 1879. *K. Nor. Vidensk. Selsk. Skr.*, 1878(2): 35

Eunice pennata (O.F. Müller, 1776)
Nereis pennata O.F. Müller, 1776. *Zool. Dan. Prodromus*: 217
Nereidonta pennata (O.F. Müller): Blainville, 1828. *Dict. Sci. Nat.*, ed. 2, 57: 476
Eunice pennata (O.F. Müller): Marenzeller, 1902. *Denskchr. Kais. Akad. Wiss., Math.-
    Nat.wiss. Kl.*, 74: 310

Eunice purpurea Grube, 1866
Eunice purpurea Grube, 1866. *Jahresber. Schles. Ges. Vaterl. Cult.*, 44: 68

Eunice roussaei Quatrefages, 1866
Eunice roussaei Quatrefages, 1866. *Hist. Nat. Annelés Mar. Eau Douce*, [1865], 2(1): 309

Eunice schizobranchia Claparède, 1870
Eunice schizobranchia Claparède, 1870. *Mém. Soc. Phys. Hist. Nat. Genève*, 20(2): 394

Eunice vittata (Delle Chiaje, 1829)
Nereis vittata Delle Chiaje, 1829. *Mem. Stor. Notomia Anim. senza Vertebr. Regno
    Napoli*, 4: 195

Eunice minuta Grube, 1850. *Arch. Naturgesch.*, 16: 292
Eunice vittata (Delle Chiaje): Grube, 1850. *Arch. Naturgesch.*, 16: 293

Eunice woodwardi Baird, 1869
Eunice woodwardi Baird, 1869. *J. Linn. Soc. Lond. Zool.*, 10: 347

Género **Leodice** Lamarck, 1818
Leodice Lamarck, 1818. *Hist. Nat. Anim. sans Vertèbr.*, 5: 321

Leodice harassii (Audouin y Milne Edwards, 1833)
Eunice harassii Audouin y Milne-Edwards, 1833. *Ann. Sci. Nat.*, 28(110): 215
Leodice harassii (Audouin y Milne-Edwards): Zanol, Halanych y Fauchald, 2014. *Zool. Scr.*, 43: 90

Leodice laurillardi (Quatrefages, 1866)
Eunice laurillardi Quatrefages, 1866. *Hist. Nat. Annelés Mar. Eau Douce*, [1865], 2(1): 314
Leodice laurillardi (Quatrefages): Arias, Fernández-Álvarez, Martins y Anadón, 2015. *Zootaxa*, 3964(4): 476

Leodice torquata (Quatrefages, 1866)
Eunice torquata Quatrefages, 1866. *Hist. Nat. Annelés Mar. Eau Douce*, [1865], 2(1): 312
Leodice torquata (Quatrefages): Zanol, Halanych y Fauchald, 2014. *Zool. Scr.*, 43: 90

Género **Lysidice** Lamarck, 1818
Lysidice Lamarck, 1818. *Hist. Nat. Anim. sans Vertèbr.*, 5: 324
Nereidice Blainville, 1828. *Dict. Sci. Nat.*, ed. 2, 57: 474
Lycidice Williams, 1851. *Rep. Br. Assoc. Adv. Sci.*, 21: 196 (grafía posterior incorrecta)
Nematonereis Schmarda, 1861. *Neue Wirbellose Thiere*, 1(2): 119
Blainvillea Quatrefages, 1866. *Hist. Nat. Annelés Mar. Eau Douce*, [1865], 1: 370
Bleinvillea Grube, 1878. *Jahresber. Schles. Ges. Vaterl. Cult.*, 55: 83 (grafía posterior incorrecta)

Lysidice collaris Ehrenberg y Grube, 1870
Lysidice robusta Stimpson, 1856. *Proc. Acad. Nat. Sci. Phila.*, 7(10): 392 **(1)**
Lycidice lunae Kinberg, 1865. *Öfvers. K. Vetensk.-Akad. Förh.*, [1864], 21(10): 566 **(1)**
Lycidice pectinifera Kinberg, 1865. *Öfvers. K. Vetensk.-Akad. Förh.*, [1864], 21(10): 566 **(1)**
Lysidice collaris Ehrenberg y Grube, 1870. En: Grube, *Mon.ber. K. Preus. Akad. Wiss. Berl.*, 1869: 495
Lysidice fallax Ehlers, 1908. *Wiss. Ergeb. Dtsch. Tiefsee-Exped. "Valdivia" 1898-1899*, 16(1): 93
Lysidice sulcata Treadwell, 1901. *Bull. U.S. Fish Comm.*, 20(2): 200
Lysidice fusca Treadwell, 1922. *Publ. - Carnegie Inst. Wash.*, 312: 154
Lysidice parva Treadwell, 1922. *Publ. - Carnegie Inst. Wash.*, 312: 155

Lysidice ninetta Audouin y Milne-Edwards, 1833
Lysidice ninetta Audouin y Milne-Edwards, 1833. *Ann. Sci. Nat.*, 28(110): 235
Lysidice mahagoni Claparède, 1864. *Mém. Soc. Phys. Hist. Nat. Genève*, 17(2): 116

Lycidice brevicornis Kinberg, 1865. *Öfvers. K. Vetensk.-Akad. Förh.*, [1864], 21(10): 566
Lysidice brachycera Schmarda, 1861. *Neue Wirbellose Thiere*, 1(2): 121
Lysidice margaritacea Claparède, 1868. *Mém. Soc. Phys. Hist. Nat. Genève*, 19(2): 453
Lysidice bilobata Verrill, 1900. *Trans. Conn. Acad. Arts Sci.*, 10(2): 645

Lysidice unicornis (Grube, 1840)
Lumbriconereis unicornis Grube, 1840. *Actin. Echinoderm Würmer Adriat. Mittelmeers*: 80
Lombrineris pectinifera Quatrefages, 1843. *Mag. Zool. Anat. Comp. Paléontol.*, (2), 5: 6
Nematonereis unicornis Schmarda, 1861. *Neue Wirbellose Thiere*, 1(2): 119 (non Grube, 1840)
Nematonereis grubei Quatrefages, 1866. *Hist. Nat. Annelés Mar. Eau Douce*, [1865], 1: 373 (nombre de reemplazo injustificado)
Nematonereis oculata Ehlers, 1868. *Borstenwürmer Syst. Anat. Unters. Dargestellt*: 374
Nematonereis unicornis (Grube): Saint-Joseph, 1888. *Ann. Sci. Nat., Zool. Paléontol.*, (7), 5(2): 207
Lysidice unicornis (Grube): Zanol, Halanych y Fauchald, 2014. *Zool. Scr.*, 43: 93

Género **Marphysa** Quatrefages, 1866
Nauphanta Kinberg, 1865. *Öfvers. K. Vetensk.-Akad. Förh.*, [1864], 21(10): 564   **(2)**
Amphiro Kinberg, 1865. *Öfvers. K. Vetensk.-Akad. Förh.*, [1864], 21(10): 565
Nausicaa Kinberg, 1865. *Öfvers. K. Vetensk.-Akad. Förh.*, [1864], 21(10): 565
Marphysa Quatrefages, 1866. *Hist. Nat. Annelés Mar. Eau Douce*, [1865], 1: 331
Morphysa Grube, 1869. *Abh. Schles. Ges. Vaterl. Cult., Abth. Naturwiss.*, 1868-69: 126 (grafía posterior incorrecta)
Nauphante Carus, 1884. *Prodromus Faunae Mediterr.*, 1(1): 212 (grafía posterior incorrecta)
Macduffia McIntosh, 1885. *Rep. Sci. Results Voyag. "Challenger", Zool.*, 12(34): 303
Paramarphysa Ehlers, 1887. *Mem. Mus. Comp. Zool. Harv. Coll.*, 15: 99
Marphya Pruvot y Racovitza, 1895. *Arch. Zool. Exp. Gén.*, (3), 3: 406 (grafía posterior incorrecta)
Aphelotrix Chamberlin, 1919. *Mem. Mus. Comp. Zool. Harv. Coll.*, 48: 231
Amphiron Chamberlin, 1919. *Mem. Mus. Comp. Zool. Harv. Coll.*, 48: 231 (grafía posterior incorrecta)
Amphelothrix Chamberlin, 1919. *Mem. Mus. Comp. Zool. Harv. Coll.*, 48: 495 (grafía posterior incorrecta)

Marphysa chirigota Martin, Gil y Zanol, 2020
Marphysa chirigota Martin, Gil y Zanol, 2020. En: Martin *et al.*, *PLoS ONE*, 15(1): 17

Marphysa gaditana Martin, Gil y Zanol, 2020
Marphysa gaditana Martin, Gil y Zanol, 2020. En: Martin *et al.*, *PLoS ONE*, 15(1): 9

Marphysa sanguinea (Montagu, 1813)
Nereis sanguinea Montagu, 1813. *Trans. Linn. Soc. Lond.*, 11(1): 20
Lysidice multicirrata Claparède, 1863. *Beob. Anat. Entwickl.gesch Wirbelloser Thiere Küste Normandie Angest.*: 60
Marphysa sanguinea (Montagu): Saint-Joseph, 1888. *Ann. Sci. Nat., Zool. Paléontol.*, (7), 5(2): 201

Género **Palola** Gray, 1847
Nereidonta Blainville, 1828. *Dict. Sci. Nat.*, ed. 2, 57: 475 **(3)**
Palola Gray, 1847. En: Stair, *Proc. Zool. Soc. Lond.*, 15: 17
Palolo Macdonald, 1858. *Trans. Linn. Soc. Lond.*, 22: 237 (grafía posterior incorrecta)
Lithognatha Stewart, 1881. *J. R. Microsc. Soc.*, (2), 1(2): 717

Palola siciliensis (Grube, 1840)
Eunice siciliensis Grube, 1840. *Actin. Echinoderm Würmer Adriat. Mittelmeers*: 83
Eunice adriatica Schmarda, 1861. *Neue Wirbellose Thiere*, 1(2): 124
Eunice taenia Claparède, 1864. *Mém. Soc. Phys. Hist. Nat. Genève*, 17(2): 580
Leodice siciliensis (Grube): Chamberlin, 1919. *Mem. Mus. Comp. Zool. Harv. Coll.*, 48: 236
Palola siciliensis (Grube): Fauchald, 1992. *J. Nat. Hist.*, 26: 1182

Género **Paucibranchia** Molina-Acevedo, 2018
Paucibranchia Molina-Acevedo, 2018. *Zootaxa*, 4489(1): 6

Paucibranchia bellii (Audouin y Milne Edwards, 1833)
Eunice bellii Audouin y Milne-Edwards, 1830. En: Cuvier, *Règne Anim.*, ed. 2, 3: 200 (*nomen nudum*)
Eunice bellii Audouin y Milne Edwards, 1833. *Ann. Sci. Nat.*, 28: 223
Marphysa belli (Audouin y Milne Edwards): Quatrefages, 1866. *Hist. Nat. Annelés Mar. Eau Douce*, [1865], 1: 333
Paucibranchia bellii (Audouin y Milne Edwards): Molina-Acevedo, 2018. *Zootaxa*, 4489(1): 20

Paucibranchia fallax (Marion y Bobretzky, 1875)
Marphysa fallax Marion y Bobretzky, 1874. En: Marion, *C.R. Hebd. Séances Acad. Sci.*, 79: 399 (*nomen nudum*)
Marphysa fallax Marion y Bobretzky, 1875. *Ann. Sci. Nat., Zool.*, 6(2): 13
Amphiro johnsoni Langerhans, 1880. *Z. Wiss. Zool.*, 33(1-2): 294
Paucibranchia fallax (Marion y Bobretzky): Molina-Acevedo, 2018. *Zootaxa*, 4489(1): 48

Paucibranchia kinbergi (McIntosh, 1910)
Marphysa kinbergi McIntosh, 1910. *Monogr. Br. Annel.*, 2(2): 451
Paucibranchia kinbergi (McIntosh): Molina-Acevedo, 2018. *Zootaxa*, 4489(1): 67

Familia **APISTOBRANCHIDAE** Mesnil y Caullery, 1898
Apistobranchiens Mesnil y Caullery, 1898. *Bull. Sci. Fr. Belg.*, 31: 147 (grafía original incorrecta)

Género **Apistobranchus** Levinsen, 1883
Apistobranchus Levinsen, 1883. *Vidensk. Medd. Dan. Naturhist. Foren.*, 45: 114
Ethocles Webster y Benedict, 1887. *Rep. U.S. Fish Fish. Comm.*, 13 [1885]: 733
Skardaria Wesenberg-Lund, 1951. En: Fridriksson y Tuxen (Eds.), *Zool. Icel.*, 2(19): 59

Apistobranchus tullbergi (Théel, 1879)
Aricia tullbergi Théel, 1879. *K. Sven. Vetensk.akad. Handl.*, 16(3): 45
Apistobranchus tullbergi (Théel): Eliason, 1916. *Lunds Univ. Årsskr. (n.s.)*, 12(10): 8
Skardaria fragmentata McIntyre, 1961. *J. Mar. Biol. Assoc. U.K.*, 41: 604

Familia **SPIONIDAE** Grube, 1850
Spiodea Grube, 1850. *Arch. Naturgesch.*, 16(1): 314

Género **Aonidella** Maciolek, 1989
Aonidella Maciolek, 1983. *Syst. Atl. Spionidae*: 400 (no disponible).
Aonidella Maciolek, 1989. En: López-Jamar, *Bol. Inst. Esp. Oceanogr.*, 5(2): 107

Aonidella cf. **dayi** Maciolek, 1989
Aonidella dayi Maciolek, 1989. En: López-Jamar, 1989. *Bol. Inst. Esp. Oceanogr.*, 5(2): 107

Género **Aonides** Claparède, 1864
Aonides Claparède, 1864. *Mém. Soc. Phys. Hist. Nat. Genève*, 17(2): 505

Aonides oxycephala (M. Sars, 1862)
Nerine oxycephala M. Sars, 1862. *Forh. Vidensk.-Selsk. Christiania*, 1861: 64
Aonides auricularis Claparède, 1864. *Mém. Soc. Phys. Hist. Nat. Genève*, 17(2): 505
Aonides oxycephala (M. Sars): Mesnil, 1896. *Bull. Sci. Fr. Belg.*, 29: 242

Aonides paucibranchiata Southern, 1914
Aonides paucibranchiata Southern, 1914. *Proc. R. Ir. Acad., B Biol. Geol. Chem. Sci.*,
    31(47): 100

Género **Atherospio** Mackie y Duff, 1986
Atherospio Mackie y Duff, 1986. *Ophelia (Helsingør)*, 25(3): 140

Atherospio guillei (Laubier y Ramos, 1974)
Polydora guillei Laubier y Ramos, 1974. *Vie Milieu, Sér. A Biol. Mar.*, 24(3): 480
Atherospio guillei (Laubier y Ramos): Meißner y Bick, 2005. *Zool. Anz.*, 244: 115

Género **Aurospio** Maciolek, 1981
Aurospio Maciolek, 1981. *Proc. Biol. Soc. Wash.*, 94(1): 229

Aurospio abranchiata Neal, Paterson y Soto, 2016
Aurospio abranchiata Neal, Paterson y Soto, 2016. En: Paterson *et al.*, 2016. *Zootaxa*,
    4092(1): 24

Aurospio dibranchiata Maciolek, 1981
Aurospio dibranchiata Maciolek, 1981. *Proc. Biol. Soc. Wash.*, 94(1): 230

Género **Boccardia** Carazzi, 1893
Perialla Kinberg, 1866. *Öfvers. K. Vetensk.-Akad. Förh.*, 22(4): 253   **(4)**
Boccardia Carazzi, 1893. *Mitth. Zool. Stn. Neapel Zugleich Repert. Mittelmeerkd.*, 11: 15

Paraboccardia Rainer, 1973. *J. R. Soc. N.Z.*, 3(4): 550
Neoboccardia Buzhinskaja, 1985. *Issled. Fauny Morej*, 30(38): 129

Boccardia cf. **proboscidea** Hartman, 1940
Boccardia proboscidea Hartman, 1940. *J. Wash. Acad. Sci.*, 30(9): 383

Boccardia polybranchia (Haswell, 1885)
Perialla claparedei Kinberg, 1866. *Öfvers. K. Vetensk.-Akad. Förh.*, 22(4): 253   **(4)**
Polydora (Leucodore) polybranchia Haswell, 1885. *Proc. Linn. Soc. N.S.W.*, 10(2): 275
Boccardia polybranchia (Haswell): Carazzi, 1893. *Mitth. Zool. Stn. Neapel Zugleich Repert. Mittelmeerkd.*, 11: 16
Polydora euryhalina Hartmann-Schröder, 1960. *Beitr. Neotrop. Fauna.*, 2(1): 33

Boccardia semibranchiata Guérin, 1990
Boccardia semibranchiata Guérin, 1990. *Ann. Inst. Océanogr.*, 66(1-2): 39

Género **Dipolydora** Verrill, 1881
Leipoceras Möbius, 1874. *Ann. Mag. Nat. Hist.*, (4), 13: 200   **(5)**
Leipoceros Tauber, 1879. *Annulata Dan.*: 119 (grafía posterior incorrecta)
Dipolydora Verrill, 1881. *Trans. Conn. Acad. Arts Sci.*, 4: 320

Dipolydora armata (Langerhans, 1880)
Polydora armata Langerhans, 1880. *Z. Wiss. Zool.*, 34(1): 93
Polydora monilaris Ehlers, 1904. *Nachr. Akad. Wiss. Gött. Math.-Phys. Kl. (N.F.)*, 3(1): 43
Polydora rogeri Martin, 1996. *Ophelia (Helsingør)*, 45(3): 161
Dipolydora armata (Langerhans): Blake, 1996. En: Blake *et al.* (Eds.), *Taxon. Atlas Benthic Fauna St. Maria Basin*, 6(3): 201
Dipolydora rogeri (Martin): Bick, 2001. *Acta Zool. (Stockh.)*, 82(3): 177

Dipolydora caulleryi (Mesnil, 1897)
Polydora caulleryi Mesnil, 1897. *Bull. Sci. Fr. Belg.*, 30: 89
Polydora carazzi McIntosh, 1909. *Ann. Mag. Nat. Hist.*, 3: 172
Polydora brachycephala Hartman, 1936. *Univ. Calif. Publ. Zool.*, 41(6): 48
Dipolydora caulleryi (Mesnil): Blake, 1996. En: Blake *et al.* (Eds.), *Taxon. Atlas Benthic Fauna St. Maria Basin,* 6(3): 203

Dipolydora coeca (Örsted, 1843)
Leucodorum coecum Örsted, 1843. *Annulator. Danicor. Conspec.*, (1): 39
Leucodore coecum Örsted, 1844. *Arch. Naturgesch.*, 10(1): 106
Leipoceras uviferum Möbius, 1874. *Ann. Mag. Nat. Hist.*, (4), 13: 200
Polydora coeca (Örsted): Eliason, 1920. *Lunds Univ. Årsskr.*, 16(6): 46
Polydora caeca (Örsted): Hartmann-Schröder, 1996. *Tierwelt Deutschlands*, 2nd revis. ed., 58: 312
Dipolydora coeca (Örsted): Blake, 1996. En: Blake *et al.* (Eds.), *Taxon. Atlas Benthic Fauna St. Maria Basin,* 6(3): 193

Dipolydora flava (Claparède, 1870)
Polydora flava Claparède, 1870. *Mém. Soc. Phys. Hist. Nat. Genève*, 20(2): 487

Polydora pusilla Saint-Joseph, 1894. *Ann. Sci. Nat.,* (7), 17: 65

Polydora dorsomaculata Rainer, 1973. *J. R. Soc. N.Z.,* 3(4): 558

Dipolydora flava (Claparède): Blake, 1996. En: Blake *et al.* (Eds.), *Taxon. Atlas Benthic Fauna St. Maria Basin,* 6(3): 193

Dipolydora giardi (Mesnil, 1893)

Polydora giardi Mesnil, 1893. *C.R. Hebd. Séances Acad. Sci.,* 117(19): 643

Dipolydora giardi (Mesnil): Blake, 1996. En: Blake *et al.* (Eds.), *Taxon. Atlas Benthic Fauna St. Maria Basin,* 6(3): 191

Dipolydora langerhansi (Mesnil, 1896)

Polydora ciliata minuta Langerhans, 1881. *Z. Wiss. Zool.,* 34(1): 91 **(6)**

Polydora langerhansi Mesnil, 1896. *Bull. Sci. Fr. Belg.,* 29: 202

Dipolydora langerhansi (Mesnil): Blake, 1996. En: Blake *et al.* (Eds.), *Taxon. Atlas Benthic Fauna St. Maria Basin,* 6(3): 198

Dipolydora quadrilobata (Jacobi, 1883)

Polydora quadrilobata Jacobi, 1883. *Anat.-histol. Unters. Polydoren Kiel. Bucht.:* 3

Polydora tubifex Verrill, 1885. *Proc. U.S. Natl. Mus.,* 8(27-28): 438

Dipolydora quadrilobata (Jacobi): Blake, 1996. En: Blake *et al.* (Eds.), *Taxon. Atlas Benthic Fauna St. Maria Basin,* 6(3): 203

Dipolydora tentaculata (Blake y Kudenov, 1978)

Polydora tentaculata Blake y Kudenov, 1978. *Mem. Natl. Mus. Vict.,* 39: 250

Dipolydora tentaculata (Blake y Kudenov). En: Blake *et al.* (Eds.), *Taxon. Atlas Benthic Fauna St. Maria Basin,* 6(3): 194

Género **Dispio** Hartman, 1951

Dispio Hartman, 1951. *Publ. Inst. Mar. Sci., Univ.Texas,* 2: 86

Dispio elegans Delgado-Blas, Díaz-Díaz y Viéitez, 2018

Dispio elegans Delgado-Blas, Díaz-Díaz y Viéitez, 2018. *Zootaxa,* 4410(3): 525

Dispio glandulosa Delgado-Blas, Díaz-Díaz y Viéitez, 2019

Dispio glandulosa Delgado-Blas, Díaz-Díaz y Viéitez, 2019. *Zootaxa,* 4604(3): 563

Género **Laonice** Malmgren, 1867

Mandane Kinberg, 1866. *Öfvers. K. Vetensk.-Akad. Förh.,* [1865], 22(4): 253 **(7)**

Laonice Malgren, 1867. *Annulata Polych. Spetsbergiae Groenl. Isl. Scand.:* 91

Spionides Webster y Benedict, 1887. *Rep. U.S. Fish Fish. Comm.,* [1885], 13(2): 735

Aricideopsis Johnson, 1901. *Proc. Boston Soc. Nat. Hist.,* 29(18): 413

Laonice alberti Sikorski, Langeneck y Pavlova, 2021

Laonice alberti Sikorski, Langeneck y Pavlova, 2021. En: Sikorski *et al.,* *Zootaxa,* 4908(4): 517

Laonice appelloefi Söderström, 1920

Laonice appelloefi Söderström, 1920. *Stud. Polychätenfam. Spionidae:* 225

Laonice maciolekae Aguirrezebalaga y Ceberio, 2005. *Mar. Biol. Res.,* 1: 274

Laonice bahusiensis Söderström, 1920
Laonice bahusiensis Söderström, 1920. _Stud. Polychätenfam. Spionidae_: 223

Laonice barcinensis Sikorski, 2021
Laonice barcinensis Sikorski, 2021. En: Sikorski _et al._, _Zootaxa_, 4908(4): 521

Laonice junoyi Aguirrezabalaga y Ceberio, 2005
Laonice junoyi Aguirrezabalaga y Ceberio, 2005. _Mar. Biol. Res._, 1: 272

Género **_Malacoceros_** Quatrefages, 1843
Malacoceros Quatrefages, 1843. _Mag. Zool. Anat. Comp. Paléontol._, (2), 5: 8
Colobranchus Schmarda, 1861. _Neue Wirbellose Thiere_, 1(2): 63
Uncinia Quatrefages, 1866. _Hist. Nat. Annelés Mar. Eau Douce_, [1865], 1: 439
Colobranchus Tauber, 1879. _Annulata Dan._: 115 (grafía posterior incorrecta)

Malacoceros fuliginosus (Claparède, 1868)
Spio fuliginosus Claparéde, 1868. _Annel. Chétop. Golfe Naples_: 322
Malacoceros fuliginosus (Claparède): Hartmann-Schröder, 1996. _Tierwelt Dtschl._
    Angrenz. Meerestl. Merkmalen Lebensw., 2nd rev. ed., 58: 303

Malacoceros girardi Quatrefages, 1843
Malacoceros girardi Quatrefages, 1843. _Mag. Zool. Anat. Comp. Paléontol._, (2), 5:
    10
Nerine floroensis Saint-Joseph, 1894. _Ann. Sci. Nat., Zool. Paléontol._, (7), 17: 77
Scolelepis girardi (Quatrefages): Mesnil, 1896. _Bull. Sci. Fr. Belg._, 29: 140

Malacoceros tetracerus (Schmarda, 1861)
Colobranchus tetracerus Schmarda, 1861. _Neue Wirbellose Thiere_, 1(2): 66
Colobranchus ciliatus Keferstein, 1862. _Z. Wiss. Zool._, 12(1): 118
Uncinia ciliata (Keferstein): Quatrefages, 1865. _Hist. Nat. Annelés Mar. Eau Douce_,
    [1865], 1: 465
Euspio gravieri McIntosh, 1915. _Monogr. Br. Annel._, 3(1): 179
Scolelepis ciliata (Keferstein): Fauvel, 1927. _Faune Fr._, 16: 30
Scolelepis murmanica Zachs, 1948. En: Uschakov, _Tr. Murm. Biol. Inst._, 1: 284
Malacoceros murmanica (Zachs): Uschakov, 1948. _Tr. Murm. Biol. Inst._, 1: 284
Malacoceros tetracerus (Schmarda): Hartmann-Schröder, 1971. _Tierwelt Dtschl._
    Angrenz. Meerestl. Merkmalen Lebensw., 2nd rev. ed., 58: 337
Malacoceros ciliatus (Keferstein): Bellan, 2001. En: Costello _et al._ (Eds.), _Eur. Regist._
    Mar. Spec.: 227

Género **_Microspio_** Mesnil, 1896
Microspio Mesnil, 1896. _Bull. Sci. Fr. Belg._, 29: 119
Mesospio Gravier, 1911. _Bull. Mus. Natl. Hist. Nat._, 17(5): 313

Microspio mecznikowiana (Claparède, 1869)
Spio mecznikowianus Claparède, 1869. _Mém. Soc. Phys. Hist. Nat. Genève_, 20(1):
    64
Microspio mecznikowianus (Claparède): Fauvel, 1927. _Faune Fr._, 16: 42

Género **Polydora** Bosc, 1802

Polydora Bosc, 1802. *Hist. Nat. Vers*, 1: 150

Polidora Rafinesque, 1815. *Anal. Nat.*: 136 (grafía posterior incorrecta)

Polydore Blainville, 1825. *Dict. Sci. Nat.*, ed. 2, 34: 449 (grafía posterior incorrecta)

Polydorus Blainville, 1826. *Dict. Sci. Nat.*, ed. 2, 42: 332 (grafía posterior incorrecta)

Leucodore Johnston, 1838. *Mag. Zool. Bot.*, 2(7): 66

Leucodorum Örsted, 1843. *Annulator. Danicor. Conspec.*, (1): 38 (grafía posterior incorrecta)

Leucodora Claparède, 1863. *Beob. Anat. Entwickl.gesch Wirbelloser Thiere Küste Normandie Angest.*: 36 (grafía posterior incorrecta)

Leucadore Parfitt, [1871]. *Rep. Devonsh. Assoc.*, 4(2): 463 (grafía posterior incorrecta)

Polydoru Czerniavsky, 1881. *Bull. Soc. Imp. Nat. Mosc.*, 56(1, no. 2): 360 (grafía posterior incorrecta)

Blydora Rouville, 1905. *C.R. Assoc. Fr. Av. Sci.*, 33: 793 (grafía posterior incorrecta)

Metadasydytes Roszczak, 1971. *Bull. Acad. Pol. Sci., Sér. Sci. Biol.*, 19: 65

Polydora ciliata (Johnston, 1838)

Leucodore ciliatus Johnston, 1838. *Mag. Zool. Bot.*, 2(7): 66

Leucodore nasutus Quatrefages, 1866. *Hist. Nat. Annelés Mar. Eau Douce*, [1865], 2(1): 296

Leucodore audax Quatrefages, 1866. *Hist. Nat. Annelés Mar. Eau Douce*, [1865], 2(1): 298

Leucodore fabricii Quatrefages, 1866. *Hist. Nat. Annelés Mar. Eau Douce*, [1865], 2(1): 300

Leucodore dubius Quatrefages, 1866. *Hist. Nat. Annelés Mar. Eau Douce*, [1865], 2(1): 301

Polydora agassizii Claparède, 1869. *Mém. Soc. Phys. Hist. Nat. Genève*, 20(1): 54

Polydora ciliata (Johnston): Carazzi, 1893. *Mitt. Zool. Stn. Neapel Zugleich Repert. Mittelmeerkd.*, 11: 17

Metadasydytes quadrimaculatus Roszczak, 1971. *Bull. Acad. Pol. Sci., Sér. Sci. Biol.*, 19: 65

Polydora colonia Moore, 1907

Polydora colonia Moore, 1907. *Proc. Acad. Nat. Sci. Phila.*, 59: 199

Polydora hoplura inhaca Day, 1957. *Ann. Natal Mus.*, 14(1): 99

Polydora ancistrata Jones, 1962. *Bull. Am. Mus. Nat. Hist.*, 124(5): 185

Polydora cornuta Bosc, 1802

Polydora cornuta Bosc, 1802. *Hist. Nat. Vers*, 1: 151

Polydora ligni Webster, 1879. *Annu. Rep. N.Y. State Mus. Nat. Hist.*, 32: 119

Polydora littorea Verril, 1881. *Smithson. Misc. Collect.*, 22: 301

Polydora amarincola Hartman, 1936. *Univ. Calif. Publ. Zool.*, 41(6): 49

Polydora hoplura Claparède, 1868

Polydora hoplura Claparède, 1868. *Annel. Chétop. Golfe Naples*: 318

Leucodore sanguinea Giard, 1881. *Bull. Sci. Dép. Nord Pays Voisins*, 13(2): 70

Polydora uncinata Sato-Okoshi, 1998. *Species Divers.*, 3(2): 279

Polydora triglanda Radashevsky y Hsieh, 2000
Polydora triglanda Radashevsky y Hsieh, 2000. *Zool. Stud.*, 39(3): 209

Género **Prionospio** Malmgren, 1867
Prionospio Malmgren, 1867. *Annulata Polych. Spetsbergiae Groenl. Isl. Scand.*: 93
Ctenospio M. Sars, 1867. *Forh. Vidensk.-Selsk. Christiania*, 1867: 291 (*nomen nudum*)
Periptyches Grube, 1873. *Jahresber. Schles. Ges. Vaterl. Cult.*, 50: 58
Kinbergella McIntosh, 1909. *Ann. Mag. Nat. Hist.*, (8), 3: 177
Anaspio Chamberlin, 1920. *Rep. Can. Arct. Exped. 1913-1918*, 9B: 18
Apoprionospio Foster, 1969. *Proc. Biol. Soc. Wash.*, 82(38): 383
Aquilaspio Foster, 1971. *Stud. Fauna Curaçao Caribb. Isl.*, 36(129): 105

Subgénero **Minuspio** Foster, 1971
Minuspio Foster, 1971. *Stud. Fauna Curaçao Caribb. Isl.*, 36(129): 106

Prionospio (Minuspio) fauchaldi Maciolek, 1985
Prionospio fauchaldi Maciolek, 1985. *Zool. J. Linn. Soc.*, 84: 347

Prionospio (Minuspio) hermesia Neal y Paterson, 2016
Prionospio hermesia Neal y Paterson, 2016. En: Paterson *et al.*, 2016. *Zootaxa*, 4092(1): 13

Prionospio (Minuspio) pulchra Imajima, 1990
Prionospio pulchra Imajima, 1990. *Bull. Natl. Sci. Mus., Tokyo, Ser. A (Zool.)*, 16(2): 68

Prionospio (Minuspio) rikardoi Martínez y Adarraga, 2019
Prionospio (Minuspio) rikardoi Martínez y Adarraga, 2019. *Graellsia*, 75(2): 3

Prionospio (Minuspio) sanmartini Delgado-Blas, Díaz-Díaz y Viéitez, 2019
Prionospio (Minuspio) sanmartini Delgado-Blas, Díaz-Díaz y Viéitez, 2019. *Zootaxa*, 4604(3): 568

Prionospio (Minuspio) vallensis Neal y Paterson, 2016
Prionospio vallensis Neal y Paterson, 2016. En: Paterson *et al.*, 2016. *Zootaxa*, 4092(1): 8

Subgénero **Prionospio** Malmgren, 1867

Prionospio (Prionospio) amarsupiata Neal y Altamira, 2016
Prionospio amarsupiata Neal y Altamira, 2016. En: Paterson *et al.*, *Zootaxa*, 4092(1): 5

Prionospio (Prionospio) caspersi Laubier, 1962
Prionospio caspersi Laubier, 1962. *Vie Milieu, Sér. A Biol. Mar.*, 13(2):135
Apoprionospio caspersi (Laubier): Foster, 1969. *Proc. Biol. Soc. Wash.*, 82(38): 387

Prionospio (Prionospio) cf. ehlersi Fauvel, 1928
Prionospio ehlersi Fauvel, 1928. *Bull. Soc. Zool. Fr.*, 53: 10

Prionospio (Prionospio) cristaventralis Delgado-Blas, Díaz-Díaz y Viéitez, 2018
Prionospio cristaventralis Delgado-Blas, Díaz-Díaz y Viéitez, 2018. *ZooKeys*, 810: 8

Prionospio (Prionospio) dubia Day, 1961
Prionospio dubia Day, 1961. *J. Linn. Soc. Lond. Zool.*, 44(299): 489

Prionospio (Prionospio) ehlersi Fauvel, 1928
Prionospio ehlersi Fauvel, 1928. *Bull. Soc. Zool. Fr.*, 53: 10

Prionospio (Prionospio) fallax Söderström, 1920
Prionospio fallax Söderström, 1920. *Stud. Polychätenfam. Spionidae*: 235

Prionospio (Prionospio) parapari Delgado-Blas, Díaz-Díaz y Viéitez, 2018
Prionospoio (Prionospio) parapari Delgado-Blas, Díaz-Díaz y Viéitez, 2018. *ZooKeys*, 810: 12

Género **Pseudopolydora** Czerniavsky, 1881
Pseudopolydora Czerniavsky, 1881. *Bull. Soc. Imp. Nat. Mosc.*, 56(2): 362
Carazzia Mesnil, 1896. *Bull. Sci. Fr. Belg.*, 29: 227
Carrazia Chamberlin, 1919. *Mem. Mus. Comp. Zool. Harv. Coll.*, 48: 369 (grafía
posterior incorrecta)
Neopygospio Berkeley y Berkeley, 1954. *J. Fish. Res. Board Can.*, 11(4): 462

Pseudopolydora antennata (Claparède, 1869)
Polydora antennata Claparède, 1869. *Mém. Soc. Phys. Hist. Nat. Genève*, 20(1): 60
Pseudopolydora antennata (Claparède): Woodwick, 1964. *Pac. Sci.*, 18: 148

Pseudopolydora paucibranchiata (Okuda, 1937)
Polydora (Carazzia) derjugini Zachs, 1933. *Gos. Gidrol. Inst., Issled. Morei SSSR*,
14: 130   **(8)**
Polydora (Carazzia) paucibranchiata Okuda, 1937. *J. Fac. Sci., Hokkaido Imp., Series
6, Zool.*, 5(3): 170
Polydora (Pseudopolydora) paucibranchiata Okuda, 1937. *J. Fac. Sci., Hokkaido Imp.,
Series 6, Zool.*, 5(3): 231
Polydora (Carazzia) orientalis Annenkova, 1937. *Issled. Fauny Morei*, 23: 170
Pseudopolydora orientalis (Annenkova): Radashevsky, 1993. *Publ. Seto Mar. Biol.
Lab.*, 36(1/2): 50

Pseudopolydora pulchra (Carazzi, 1893)
Polydora antennata var. pulchra Carazzi, 1893. *Mitt. Zool. Stn. Neapel Zugleich Repert.
Mittelmeerkd.*, 11: 26
Pseudopolydora pulchra (Carazzi): Hartmann-Schröder y Stripp, 1968. *Veröff. Inst.
Meeresforsch. Bremerhav.*, 11: 1-24

Género **Pygospio** Claparède, 1863
Pygospio Claparède, 1863. *Beob. Anat. Entwickl.gesch Wirbelloser Thiere Küste
Normandie Angest.*: 37

Pygospio elegans Claparéde, 1863
Pygospio elegans Claparéde, 1863. *Beob. Anat. Entwickl.gesch Wirbelloser Thiere Küste
Normandie Angest.*: 37

Spio rathbuni Webster y Benedict, 1884. *Rep. U.S. Fish Fish. Comm.*, 1881: 726
Pygospio minutus Giard, 1897. *C.R. Séances Soc. Biol. Fil.*, 46: 246
Spio inversa Kuhlgaltz, 1898. *Wiss. Meeresunters., Abt. Kiel (N.F.)*, 3: 91-157

Género **Scolelepis** Blainville, 1828
Scolelepis Blainville, 1828. *Dict. Sci. Nat.*, ed. 2, 57: 492
Aonis sensu Audouin y Milne Edwards, 1833. *Ann. Sci. Nat.*, 1(29): 400
Nerine Johnston, 1838. *Mag. Zool. Bot.*, 2(7): 68
Nerinne Johnston, 1840. *Ann. Mag. Nat. Hist.*, 4: 373 (grafía posterior incorrecta)
Scolelepe Westwood, 1840. En: Blyth, *Cuvier's Anim. Kingd.*: 395 (grafía posterior incorrecta)
Scolecolepis Agassiz, 1846. *Nomencl. Zool. Index Univers.*: 335 (enmienda injustificada)
Nerina Burmeister, 1856. *Zoonom. Briefe*, 2: 303 (grafía posterior incorrecta)
Nerino Quatrefages 1866. *Hist. Nat. Annelés Mar. Eau Douce*, [1865], 2(2): 663 (grafía posterior incorrecta)
Scolecolepis Malmgren, 1867. *Öfvers. K. Vetensk.-Akad. Förh.*, 24: 90 (non Agassiz, 1846)
Pseudomalacoceros Czerniavsky, 1881. *Bull. Soc. Imp. Nat. Mosc.*, 56(1, no. 2): 361
Nerinides Mesnil, 1896. *Bull. Sci. Fr. Belg.*, 29: 152
Scololepis Attems, 1902. *Arb. Zool. Inst. Univ. Wien Zool. Stn. Triest*, 14: 173 (grafía posterior incorrecta)
Nerinopsis Ehlers, 1913. *Dtsch. Südpolar-Exped.*, 13: 512
Scolicolepis McIntosh, 1915. *Monogr. Br. Annel.*, 3: 133 (grafía posterior incorrecta)
Scolecolipis Chamberlin, 1919. *Mem. Mus. Comp. Zool. Harv. Coll.*, 48: 369 (grafía posterior incorrecta)
Pseudonerine Augener, 1926. *Vidensk. Medd. Dan. Naturhist. Foren.*, 81: 159 (non Czerniavsky, 1881)
Asetocalamyzas Tzetlin, 1985. *Zool. Ž.*, 64(2): 296

Subgénero **Parascolelepis** Maciolek, 1987
Parascolelepis Maciolek, 1987. *Bull. Biol. Soc. Wash.*, 7: 33

Scolelepis (Parascolelepis) tridentata (Southern, 1914)
Nerinides tridentata Southern, 1914. *Proc. R. Ir. Acad., B Biol. Geol. Chem. Sci.*, 31(47): 98
Pseudomalacoceros tridentata (Southern): Parapar, Besteiro y Urgorri, 1992. *Nova Acta Cient. Compostel. (Biol.)*, 3: 112
Scolelepis tridentata (Southern): Kirkegaard, 1996. *Dan. Fauna*, 86: 101

Subgénero **Scolelepis** Blainville, 1828

Scolelepis (Scolelepis) bonnieri (Mesnil, 1896)
Nerine bonnieri Mesnil, 1896. *Bull. Sci. Fr. Belg.*, 29: 168
Scolelepis bonnieri (Mesnil): Kirkegaard, 1996. *Dan. Fauna*, 86: 95

Scolelepis (Scolelepis) cantabra (Rioja, 1918)
Nerinides cantabra Rioja, 1918. *Rev. R. Acad. Cienc. Exac. Fís. Nat.*, 17: 55
Scolelepis cantabra (Rioja): Kirkegaard, 1996. *Dan. Fauna*, 86: 96

Scolelepis (Scolelepis) foliosa (Audouin y Milne-Edwards, 1833)
Aonis foliosa Audouin y Milne-Edwards, 1833. *Ann. Sci. Nat.,* 29: 402
Nerine coniocephala Johnston, 1838. *Mag. Zool. Bot.,* 2: 70
Nerine foliata Dalyell, 1853. *Powers Creator Disp. Creat.,* 2: 155
Aonis vittata Grube, 1855. *Arch. Naturgesch.,* 21(1): 110
Nerine foliosa (Audouin y Milne-Edwards): Malmgren, 1867. *Annulata Polych.*
    Spetsbergiae Groenl. Isl. Scand.: 80
Nerine sarsiana Claparède, 1869. *Mém. Soc. Phys. Hist. Nat. Genève,* 20(1): 70
Scolelepis (Scolelepis) foliosa (Audouin y Milne-Edwards): Maciolek, 1987. *Bull. Biol.*
    Soc. Wash., 7: 27

Scolelepis (Scolelepis) mesnili (Bellan y Lagardère, 1971)
Nerine mesnili Bellan y Lagardère, 1971. *Bull. Soc. Zool. Fr.,* 96(4): 572
Scolelepis mesnili (Bellan y Lagardère): Capaccioni-Azzati, 1991. *Vie Milieu,* 41(1): 57

Scolelepis (Scolelepis) neglecta Surugiu, 2016
Scolelepis (Scolelepis) neglecta Surugiu, 2016. *Zootaxa,* 4161 (2): 161

Scolelepis (Scolelepis) squamata (O.F. Müller, 1806)
Lumbricus squamatus O.F. Müller, 1806. *Zool. Dan.,* 4: 39
Lumbricus cirratulus Delle Chiaje, 1831. *Mem. Stor. Notomia Anim. senza Vertebr.*
    Regno Napoli, [1829], 4: 196
Nereis foliata Dalyell, 1853. *Powers Creator Disp. Creat.,* 2: 155
Nerine heteropoda Webster, 1879. *Trans. Albany Inst.,* 9: 249
Nerine capensis McIntosh, 1924. *Ann. Mag. Nat. Hist.,* (9), 14: 1-52
Spio hirsuta Treadwell, 1928. *Zoologica (N.Y.),* 8(8): 478

Género **Spio** O. Fabricius, 1785
Spio O. Fabricius, 1785. *Schr. Berl. Ges. Nat.forsch. Freunde,* 6: 259
Spionereis Blainville, 1818. *Bull. Sci. Soc. Philomat.,* 1818: 84 (grafía posterior incorrecta)
Spo Cuvier, 1836. *Règne Anim.,* ed. 3, 2: 124 (grafía posterior incorrecta)
Paraspio Czerniavsky, 1881. *Bull. Soc. Imp. Nat. Mosc.,* 56(1, no. 2): 360, 367
Euspio McIntosh, 1915. *Monogr. Br. Annel.,* 3(1): 176

Spio decorata Bobretzky, 1870
Spio decoratus Bobretzky, 1870. *Zap. Kîev. Obŝ. Estestvoispyt.,* 1: 256

Spio martinensis Mesnil, 1896
Spio martinensis Mesnil, 1896. *Bull. Sci. Fr. Belg.,* 29: 122

Spio multioculata (Rioja, 1918)
Euspio multioculata Rioja, 1918. *Rev. R. Acad. Cienc Exact. Fís. Nat.,* 17: 60
Spio multioculata (Rioja): Fauvel, 1927. *Faune Fr.,* 16: 44

Género **Spiogalea** Aguirrezabalaga y Ceberio, 2005
Spiogalea Aguirrezabalaga y Ceberio, 2005. *Mar. Biol. Res.,* 1(4): 276

Spiogalea vieitezi Aguirrezabalaga y Ceberio, 2005
Spiogalea vieitezi Aguirrezabalaga y Ceberio, 2005. *Mar. Biol. Res.*, 1(4): 277

Género ***Spiophanes*** Grube, 1860
Spiophanes Grube, 1860. *Arch. Naturgesch.*, 26(1): 88
Spiophane Quatrefages, 1866. *Hist. Nat. Annelés Mar. Eau Douce*, [1865], 2(1): 305
    (grafía posterior incorrecta)
Spiophagnes Ehlers, 1874. *Z. Wiss. Zool.*, 25: 84 (grafía posterior incorrecta)
Morants Chamberlin, 1919. *Pom. Coll. J. Entomol. Zool.,* 11(1): 17
Moranis Chamberlin, 1919. *Mem. Mus. Comp. Zool. Harv. Coll.*, 48: 514 (grafía posterior
    incorrecta)

Spiophanes afer Meißner, 2005
Spiophanes afer Meißner, 2005. *Mitt. Mus. Nat.kd. Berl., Zool. Reihe*, 81(1): 36

Spiophanes bombyx (Claparède, 1870)
Spio bombyx Claparède, 1870. *Mém. Soc. Phys. Hist. Nat. Genève*, 20(2): 485
Spiophanes verrilli Webster y Benedict, 1884. *Rep. U.S. Fish Fish. Comm.,* 1881: 728
Spiophanes bombyx (Claparède): Mesnil, 1896. *Bull. Sci. Fr. Belg.*, 29: 249

Spiophanes* cf. *bombyx (Claparède, 1870)
Spio bombyx Claparède, 1870. *Mém. Soc. Phys. Hist. Nat. Genève*, 20(2): 485
Spiophanes cf. *bombyx* Delgado-Blas, Díaz-Díaz y Viéitez, 2019. *Cah. Biol. Mar.*, 60:
    340-343

Spiophanes convexus Delgado-Blas, Díaz-Díaz y Viéitez, 2019
Spiophanes convexus Delgado-Blas, Díaz-Díaz y Viéitez, 2019. *Cah. Biol. Mar.*, 60: 344

Spiophanes pulchram Delgado-Blas, Díaz-Díaz y Viéitez, 2019
Spiophanes pulchram Delgado-Blas, Díaz-Díaz y Viéitez, 2019. *Cah. Biol. Mar.*, 60: 347

Género ***Streblospio*** Webster, 1879
Streblospio Webster, 1879. *Annu. Rep. N.Y. State Mus. Nat. Hist.*, 32: 120
Hekaterobranchus Buchanan, 1890. *Q. J. Microsc. Sci. (n.s.)*, 122 (31, Part 2): 196

Streblospio eunateae Martínez y Adarraga, 2019
Streblospio eunateae Martínez y Adarraga, 2019. *Bol. R. Soc. Esp. Hist. Nat.*, 113: 10

Streblospio padventralis Delgado-Blas, Díaz-Díaz y Viéitez, 2018
Streblospio padventralis Delgado-Blas, Díaz-Díaz y Viéitez, 2018. *Zootaxa*, 4410(3): 534

Familia ***TROCHOCHAETIDAE*** Pettibone, 1963
Disomidae Mesnil, 1897. *Bull Sci. Fr. Belg.,* 30: 97
Disomididae Chamberlin, 1919. *Mem. Mus. Comp. Zool. Harv. Coll.*, 48: 370
Trochochaetidae Pettibone, 1963. *Bull. U.S. Natl. Mus.*, 227(1): 308 (nombre de
    reemplazo)

Género **Trochochaeta** Levinsen, 1884
Disoma Örsted, 1844. *Arch. Naturgesch.*, 10(1): 107 (non Ehrenberg, 1831)
Trochochaeta Levinsen, 1884. *Vidensk. Medd. Dan. Naturhist. Foren.*, [1883], 45: 129
   (nombre de reemplazo)
Thaumastoma Webster y Benedict, 1884. *Rep. U.S. Fish Fish. Comm.*, [1881], 9: 737
Nevaya McIntosh, 1911. *Ann. Mag. Nat. Hist.*, (8), 7: 149
Disomides Chamberlin, 1919. *Mem. Mus. Comp. Zool. Harv. Coll.*, 48: 370 (nombre de
   reemplazo innecesario)

Trochochaeta watsoni (Fauvel, 1916)
Disoma watsoni Fauvel, 1916. *Bull. Inst. Océanogr. (Monaco)*, 316: 1
Trochochaeta watsoni (Fauvel): Pettibone, 1963. *Bull. U.S. Natl. Mus.*, 227(1): 315

Familia **POECILOCHAETIDAE** Hannerz, 1956
Poecilochaetidae Hannerz, 1956. *Zool. Bidr. Upps.*, 31: 136

Género **Poecilochaetus** Claparède, 1875
Poecilochaetus Claparède, 1875. En: Ehlers, *Z. Wiss. Zool.*, 25(1): 9
Elicodasia Laubier y Ramos, 1973. *Proc. Biol. Soc. Wash.*, 86(6): 69

Poecilochaetus fauchaldi Pilato y Cantone, 1976
Poecilochaetus fauchaldi Pilato y Cantone, 1976. *Animalia (Catania)*, 3(1-3): 43

Poecilochaetus serpens Allen, 1904
Poecilochaetus serpens Allen, 1904. *Q. J. Microsc. Sci.*, 48: 85

Familia **LONGOSOMATIDAE** Hartman, 1944
Longosomidae Hartman, 1944. *Allan Hancock Pac. Exped.*, 10(3): 321 (grafía original
   incorrecta)
Heterospionidae Hartman, 1965. *Allan Hancock Found. Publ., Occas. Pap.*, 28: 162
Longosomatidae Borowski, 1994. *Mitt. Hambg. Zool. Mus. Inst.*, 92(Suppl. 1): 130

Género **Heterospio** Ehlers, 1874
Heterospio Ehlers, 1874. *Ann. Mag. Nat. Hist.*, (4), 13: 296
Longosoma Hartman, 1944. *Allan Hancock Pac. Exped.*, 10(3): 322

Heterospio mediterranea Laubier, Picard y Ramos, 1974
Heterospio mediterranea Laubier, Picard y Ramos, 1974. *Vie Milieu, Sér. A Biol. Mar.*,
   [1972-73], 23(2): 159

Heterospio southwardorum Blake y Maciolek, 2023
Heterospio southwardorum Blake y Maciolek, 2023. *Zootaxa*, 5260(1): 30

Familia **STERNASPIDAE** Carus, 1863
Sternaspidea Carus, 1863. *Handb. Zool.*, 2: 453

Género **Sternaspis** Otto, 1820

Sternaspis Otto, 1820. *Sternasp. Thalassem.*: 5

Sternapsis Blainville, 1828. *Dict. Sci. Nat.*, ed. 2, 57: 425 (grafía posterior incorrecta)

Sphenaspis Verrill, 1874. *Proc. Am. Assoc. Adv. Sci.*, [1873], 22(2): 367 (grafía posterior incorrecta)

Sternaspis scutata (Ranzani, 1817)

Thalassema scutatus Ranzani, 1817. *Opusc. Sci. (Bologna)*, 1: 116

Sternaspis scutata (Ranzani)· Malmgren, 1867. *Annulata Polych. Spetsbergiae Groenl. Isl. Scand.*: 85

Notas editoriales

(1).- Lysidice robusta Stimpson, 1856, **Lycidice lunae** Kinberg, 1865 y **Lycidice pectinifera** Kinberg, 1865. Para el caso de estas tres denominaciones, con aparente prioridad, seguimos el criterio de WoRMS que las considera sinónimos de *L. collaris*.

(2).- Nauphanta Kinberg, 1865, **Amphiro** Kinberg, 1865, **Nausicaa** Kinberg, 1865. En la actualidad se considera a *Nauphanta* como sinónimo de *Marphysa* desde el trabajo de Glasby y Hutchings (2010). WoRMS indica que la fecha de descripción de *Marphysa* es 1866 si bien al consultar el título de la obra con la descripción original aparece como Quatrefages, A. de. (1866 (1865)). *Histoire naturelle des Annelés marins et d'eau douce. Annélides et Géphyriens.* Librarie Encyclopédique de Roret. Paris. Volume 1. 1-588. Glasby y Hutchings (2010) atribuyen la fecha de la obra de Quatrefages a 1865. A la vista de la situación, preferimos seguir la opinion de WoRMS en este caso.

El caso de *Amphiro* es similar al de *Nauphanta* en cuanto a las fechas de publicación; además, es posible que las especies descritas de *Amphiro* correspondan a formas juveniles de especies de *Marphysa* que aún no presentaban el número definitivo de apéndices prostomiales (3 en lugar de 5).

Según Molina-Acevedo (2018), la especie tipo del género *Nausicaa* es indeterminable, la descripción es muy breve, no se ha vuelto a encontrar desde su descripción y lo único que queda del tipo son unos pocos segmentos; por ello, seguimos nuevamente a WoRMS en este caso.

(3).- Nereidonta Blainville, 1828. De acuerdo con Fauchald (1992b), existiría la posibilidad de utilizar esta denominación por tener prioridad, pero, según este autor, la descripción de la especie tipo *Nereidonta paretti* es muy breve, carece de ilustraciones, y podría coincidir con la de varias especies de eunicídos; esta posibilidad no se ha dilucidado todavía así que mantenemos la opinión de WoRMS, si bien el propio Fauchald la considera sinónima de *Eunice* en lugar de *Palola*.

(4).- Perialla Kinberg, 1866. Blake (1983) afirmó que, aunque el nombre *Perialla claparedei* Kinberg, 1866 tiene claramente prioridad, los nombres *Boccardia* Carazzi, 1893, y *B. polybranchia* (Haswell, 1885) están bien establecidos y fuertemente arraigados por lo que en lugar de reemplazar los sinónimos, declaró su intención de solicitar a la Comisión Internacional de Nomenclatura Zoológica (ICZN) que *Perialla claparedei* fuese incluido en el Índice Oficial de Nombres Rechazados.

(5).- Leipoceras Möbius, 1874. Seguimos el criterio de Read y Fauchald (2023: World Polychaeta Database. *Leipoceras* Möbius, 1874. https://www.marinespecies.org/aphia.php?p=taxdetails&id=325861

(6).- Polydora ciliata minuta Langerhans, 1881. Mesnil (1896) describió los ejemplares que Langerhans había asignado a *P. ciliata minuta* como pertenecientes a una nueva especie a la cual dio el nombre de *Polydora langerhansi*, como dedicatoria a dicho autor.

(7).-Mandane Kinberg, 1866. Según Read y Fauchald (2023: World Polychaeta Database. *Laonice* Malmgren, 1867. https://www.marinespecies.org/aphia.php?p=taxdetails&id=129613

(8).- Polydora (Carazzia) derjugini Zachs, 1933. Según Read y Fauchald (2023: World Polychaeta Database. *Polydora (Carazzia) derjugini* Zachs, 1933. https://www.marinespecies.org/aphia.php?p=taxdetails&id=330898

ÍNDICE ALFABÉTICO DE NOMBRES TAXONÓMICOS DE *POLYCHAETA* ÍBERO-BALEARES

Solo se incluyen las denominaciones científicas de *Polychaeta* íbero-baleares comprendidas en este tomo. Los nombres de familias y subfamilias se indican en mayúsculas, los de géneros en negrita, los de especies en cursiva y los sinónimos entre paréntesis.

SERIE FAUNA IBÉRICA

Esta Serie, dedicada a inventariar la fauna íbero-balear, se viene publicando desde 1990. El lector interesado puede encontrar más información sobre todos los volúmenes aparecidos en la página web de Fauna Ibérica (www.faunaiberica.es) y acerca de su distribución y venta en la página de Editorial CSIC (http://editorial.csic.es/publicaciones/).

Últimos volúmenes publicados